APP UI
系统组件设计

王红蕾　王建红　时延辉◎编著

清华大学出版社
北京

内 容 简 介

这是一本专门介绍使用Photoshop设计、制作APP元素的图书。

全书共分8章，包括初识UI界面基础、使用基本形状绘制UI元素、扁平化设计风格、写实风格图标设计与制作、UI小控件元素、UI导航设计与制作、登录框设计与制作、UI界面设计与制作等内容，通过案例讲解，使读者由浅入深、逐步地了解使用Photoshop设计与制作APP元素的整体设计思路和制作过程。本书将APP UI元素设计的相关理论与实例操作相结合，不仅能使读者学到专业知识，也能使读者掌握实际应用，全面掌握APP UI的元素设计。

本书不仅适合APP UI设计爱好者，以及准备从事APP UI设计的人员，也适合Photoshop的使用者，包括平面设计师、网页设计师等；同时也可作为相关培训机构的辅助教材。

图书在版编目(CIP)数据

APP UI系统组件设计/王红蕾，王建红，时延辉编著.—北京：清华大学出版社，2022.6
ISBN 978-7-302-60654-3

Ⅰ.①A… Ⅱ.①王… ②王… ③时… Ⅲ.①移动电话机—应用程序—程序设计 Ⅳ.①TN929.53

中国版本图书馆CIP数据核字(2022)第068160号

责任编辑：韩宜波
装帧设计：杨玉兰
责任校对：李玉茹
责任印制：朱雨萌
出版发行：清华大学出版社
　　　　网　　　址：http://www.tup.com.cn, http://www.wqbook.com
　　　　地　　　址：北京清华大学学研大厦A座　　　　邮　　编：100084
　　　　社 总 机：010-83470000　　　　邮　　购：010-62786544
　　　　投稿与读者服务：010-62776969, c-service@tup.tsinghua.edu.cn
　　　　质量反馈：010-62772015, zhiliang@tup.tsinghua.edu.cn
印 装 者：河北华商印刷有限公司
经　　销：全国新华书店
开　　本：185mm×260mm　　印　张：18.25　　字　数：445千字
版　　次：2022年6月第1版　　印　次：2022年6月第1次印刷
定　　价：79.80元

产品编号：069004-01

前 言

FOREWORD

　　随着手机等移动设备的飞速发展，以设备作为依托的 APP，也得到了迅速的发展与壮大。目前，以各种 APP 作为工作对象的 UI 设计师也成了人才市场上炙手可热的职业。

本书内容

　　这是一本专门介绍使用 Photoshop 设计与制作 APP 元素的图书。全书共分 8 章，第 1 章为初识 UI 基础，帮助读者了解 UI 设计的相关知识，在进入专业的 UI 设计领域之前需要掌握相关的基础知识；第 2 章为使用基本形状绘制 UI 元素，主要应用 UI 元素基本形状部分的矩形、圆形、多边形和自定义形状等，通过 Photoshop 软件对各种基本部分的 UI 组件、按钮和图标进行实战式的讲解；第 3 ～ 4 章介绍 APP 中扁平化风格的图标及界面和写实风格的图标的设计与制作，通过理论知识与案例的结合，逐一讲解这些 APP 中最常见的元素设计；第 5 章讲解 UI 小控件元素，主要讲解 UI 设计中的界面组成元素和小控件元素的设计与制作，这些小控件元素可以是按钮、导航、拖动条、滑块、旋钮等；第 6 章讲解 UI 导航设计与制作，从网页导航、手机 APP 导航等方面进行详细的案例式讲解，让读者能够以最快的方式掌握 UI 导航的设计；第 7 章为登录框设计与制作，从网页登录框、移动端登录框进行详细的案例式讲解，让读者能够以最快的方式掌握 UI 登录框的设计。以上各章内容的安排，可使读者由浅入深、逐步地了解使用 Photoshop 设计与制作 APP 元素的设计思路和制作过程。第 8 章为 UI 设计与制作，介绍 APP 完整界面的设计方法，不同类型的 APP，其界面设计基础和风格均有不同。第 8 章还对界面设计的多个案例进行了讲解，通过完整界面的制作案例来综合前面各章内容，帮助读者巩固所学知识，并使其能将理论应用到实际工作中。

本书特色

1．理论结合实际，专业知识全面

本书将 APP UI 元素设计的相关理论与实例操作相结合，不仅能使读者学到专业知识，也能使读者实际应用，全面掌握 APP UI 的元素设计。

2．案例全面丰富，实际操作灵活应用

书中案例涉及 APP 中的界面元素设计，如图标设计、小控件元素设计、导航设计、登录框设计等，第 8 章还介绍了完整的 APP 界面设计，将前面所学知识应用到实际中。

3．视频教学，学习轻松快速

本书配备资源包括书中所有案例的素材、源文件及视频教学。读者可以通过案例与素材结合视频教学，像看电影一样轻松掌握每个案例的制作过程，从而更加轻松地进入学习之中。

本书创作团队

本书由王红蕾、王建红、时延辉编著。其中，北京市商业学校的王红蕾老师负责编写第 1 章和第 2 章，共计 100 千字；牡丹江技师学院的王建红老师负责编写第 3 章和第 4 章，共计 100 千字；北京市商业学校的时延辉老师负责编写第 5 章和第 6 章，共计 100 千字。其他参加编写工作的成员还有陆沁、王秋燕、吴国新、刘冬美、刘绍婕、尚彤、张叔阳、刘爱华、葛久平、殷晓锋、谷鹏、胡渤、赵頔、张猛、齐新、王海鹏、张杰、周荣、周莉、金雨、陆鑫、刘智梅、陈美容、付强、王君赫、潘磊、曹培强、曹培军等。

本书提供了案例所需的素材、源文件及视频文件，读者可扫描下面的二维码，将其推送到自己的邮箱下载获取。

素材、源文件及视频　　　　　　　　视频

由于作者水平有限，书中疏漏在所难免，恳请读者予以批评、指正。

编　者

目 录

CONTENTS

第 1 章　初识 UI 基础 / 1

1.1　认识 UI / 2

1.2　UI 的分类 / 3

1.3　UI 的色彩基础 / 4

　　1.3.1　颜色的概念 / 4

　　1.3.2　色彩三要素 / 4

　　1.3.3　色彩的混合 / 6

　　1.3.4　色彩的分类 / 8

1.4　不同色彩给人的心理影响 / 8

1.5　常用 UI 设计单位解析 / 9

1.6　UI 设计常用的软件 / 9

1.7　UI 设计常用图像格式 / 11

1.8　UI 的设计原则 / 12

1.9　优秀作品欣赏 / 13

第 2 章　使用基本形状绘制 UI 元素 / 14

2.1　了解 Photoshop 中的基本形状 / 15

　　2.1.1　通过选区创建几何图形 / 15

　　2.1.2　绘制工具 / 15

　　2.1.3　形状工具的不同模式 / 16

2.2　使用矩形选区制作下单按钮 / 17

2.3　使用椭圆选区制作圆形按钮 / 19

2.4　使用矩形工具制作简洁风格导航栏 / 23

2.5　使用圆角矩形工具和矩形工具制作提示窗口 / 25

2.6　使用圆角矩形工具和椭圆工具制作拖动条 / 30

2.7　使用多边形工具和椭圆工具制作播放按钮 / 32

2.8　使用自定形状工具和椭圆工具制作供电按钮 / 37

2.9　使用椭圆工具结合图层样式制作金属旋钮 / 43

2.10　使用路径与自定形状工具制作网页广告条 / 51

2.11　优秀作品欣赏 / 54

第 3 章　扁平化设计风格 / 55

3.1　了解扁平化设计 / 56

　　3.1.1　扁平化设计是什么 / 56

　　3.1.2　扁平化风格的优缺点 / 56

　　3.1.3　扁平化风格的设计原则 / 57

3.2　扁平相机图标制作 / 59

3.3　扁平视频播放图标制作 / 62

3.4　扁平收音机图标制作 / 65

3.5　扁平化邮箱界面制作 / 69

3.6　扁平音乐播放器界面制作 / 73

3.7 时间 APP 界面制作 / 76

3.8 天气预报控件制作 / 79

3.9 车载扁平 UI 制作 / 83

3.10 扁平卡通生肖图标制作 / 87

3.11 优秀作品欣赏 / 91

第 4 章 写实风格图标设计与制作 / 92

4.1 了解写实风格设计 / 93

4.1.1 写实的艺术表现 / 93

4.1.2 写实风格的优缺点 / 94

4.1.3 写实风格的设计原则 / 94

4.2 写实麦克风图标制作 / 96

4.3 写实钢琴图标制作 / 104

4.4 写实电视图标制作 / 111

4.5 写实滚动开关图标制作 / 118

4.6 写实日历图标制作 / 125

4.7 写实西瓜图标制作 / 129

4.8 优秀作品欣赏 / 134

第 5 章 UI 小控件元素 / 135

5.1 了解 UI 设计中的控件 / 136

5.1.1 UI 控件是什么 / 136

5.1.2　UI 设计中的控件 / 136

5.1.3　UI 控件的设计原则 / 137

5.2　重要人物电话簿控件制作 / 138

5.3　功能性图标控件制作 / 146

5.4　天气控件制作 / 152

5.5　时间控件制作 / 158

5.6　质感开关控件制作 / 165

5.7　视频播放控件制作 / 173

5.8　音量旋钮控件制作 / 175

5.9　优秀作品欣赏 / 180

第 6 章　UI 导航设计与制作 / 181

6.1　了解 UI 设计中的导航 / 182

6.1.1　导航是什么 / 182

6.1.2　导航的分类 / 182

6.1.3　移动端导航设计的几种形式 / 182

6.1.4　网页端导航设计的几种形式 / 185

6.2　水晶质感网页导航制作 / 188

6.3　底部导航制作 / 193

6.4　顶部导航制作 / 198

6.5　抽屉式导航制作 / 200

6.6 带搜索导航制作 / 204

6.7 APP 顶部导航制作 / 208

6.8 APP 网格式导航制作 / 211

6.9 优秀作品欣赏 / 213

第 7 章 登录框设计与制作 / 215

7.1 了解 UI 设计中的登录框 / 216

　　7.1.1 登录框是什么 / 216

　　7.1.2 UI 中登录框的分类 / 216

　　7.1.3 登录框的几种形式 / 216

7.2 传统登录框制作 / 216

7.3 企业登录框制作 / 221

7.4 漂浮感登录框制作 / 225

7.5 透明登录框制作 / 230

7.6 纯净扁平登录框制作 / 236

7.7 横幅登录框制作 / 238

7.8 皮质登录框制作 / 243

7.9 优秀作品欣赏 / 251

第 8 章 UI 设计与制作 / 252

8.1 了解 UI 设计中的界面 / 253

　　8.1.1 UI 设计中的界面是什么 / 253

8.1.2　常见的界面 / 253

8.1.3　屏幕尺寸 / 253

8.1.4　设计界面时需要注意的固定元素尺寸 / 255

8.1.5　什么是好的界面设计 / 256

8.2　手机开机界面制作 / 256

8.3　鞋子销售界面制作 / 259

8.4　扁平下载界面制作 / 266

8.5　手机界面制作 / 268

8.6　汽车服务 APP 界面制作 / 272

8.7　天气预报界面制作 / 274

8.8　照片处理类 APP 界面制作 / 277

8.9　优秀作品欣赏 / 280

第 **1** 章
初识 UI 基础

本章重点：

❖ 认识 UI

❖ UI 的分类

❖ UI 的色彩基础

❖ 不同色彩给人的心理影响

❖ 常用 UI 设计单位解析

❖ UI 设计常用的软件

❖ UI 设计常用图像格式

❖ UI 的设计原则

❖ 优秀作品欣赏

本章主要讲解 UI 设计的相关知识。在进入专业的 UI 设计领域之前需要掌握相关的基础知识，本书通过对不同的名词剖析，让读者在短时间内理解专业名词的含义，为以后的设计之路打下坚实基础。常见的 UI 设计如图 1-1 所示。

▲ 图 1-1

1.1 认识UI

UI(User Interface) 即用户界面。UI 设计是指对软件的人机交互、操作逻辑、界面美观的整体设计。它是系统和用户之间进行交互和信息交换的媒介，它是实现信息的内部形式与人类可以接受形式之间的桥梁。好的 UI 设计不仅让软件变得有个性、有品位，还让软件的操作变得舒适、简单、自由，充分体现软件的定位和特点。UI 设计大体由图形界面设计 (Graphical User Interface Design)、交互设计 (Interaction Design) 和用户研究 (User Study) 构成。

1. 图形界面设计

图形界面是指采用图形方式显示的用户操作界面。图形界面对于用户来说在完美视觉效果上感觉十分明显。图形界面向用户展示了功能、模块、媒体等信息，如图 1-2 所示。

在国内，通常人们提起的视觉设计师就是指设置图形界面的设计师。一般从事此类行业的设计师大多是经过专业的美术培训，有一定的专业背景或者相关的其他从事设计行业的人员。

2. 交互设计

交互设计在于定义人造物的行为方式（人工制品在特定场景下的反应方式）相关的界面。交互设计的出发点在于研究人和物交流过程中，人的心理模式和行为模式，并在此研究基础上，设计出可提供的交互方式，以满足人对使用人工物的需求。交互设计是设计方法，而界面设计是交互设计的自然结果。界面设计不一定由显意识交互设计驱动，而界面设计必然包含交互设计（人和物是如何进行交流的）。

交互设计师首先对用户进行研究，然后设计人造物的行为，并从有用、可用、易用性等方面来评估设计质量。

▲ 图 1-2

3. 用户研究

同软件开发测试一样，UI 设计中也会有用户测试，其工作的主要内容是测试交互设计的合理性以及图形设计的美观性。一款应用经过交互设计、图形界面设计等工作之后需要通过测试才可上线，这项工作尤为重要。通过测试可以发现应用中某些地方的不足，或者某些方面不合理。

1.2 UI的分类

在设计时，根据界面的具体内容可将 UI 分为以下几类。

1. 环境性界面

环境性 UI 所包含的内容非常广泛，涵盖政治、经济、文化、娱乐、科技、民族和宗教等领域。

2. 功能性界面

功能性 UI 是最常见的网页类型。它的主要目的就是展示各种商品和服务的特性及功能，以吸引引用户消费。我们常见的各种购物应用UI和各个公司的网站UI基本都属于功能性界面。

3. 情感性界面

情感性界面并不是指 UI 内容，而是指界面通过配色和版式构建出某种强烈的情感氛围，引起浏览者的认同和共鸣，从而达到预期目的的一种表现手法。

好的 UI 设计能充分体现产品的定位和符合目标用户群的喜好，让界面能在达到设计创新的同时更有实用性。目前 UI 的设计范畴主要包括 APP 图标、网页界面、电脑系统、平板电脑界面、手机界面、家电类微型液晶屏界面、车载设备界面、全息投影交互界面、可穿戴设备界面等，如图 1-3 所示。

▲ 图 1-3

1.3 UI的色彩基础

UI 设计与其他的设计一样也十分注重色彩的搭配，想要为界面搭配出专业的色彩，给人一种高端、上档次的感觉就需要对色彩基础知识有所了解。

1.3.1 颜色的概念

树叶为什么是绿色的？树叶中的叶绿素大量吸收红光和蓝光，而对绿光吸收最少，大部分绿光被反射出来了，进入人眼，人就看到绿色。

绿色物体反射绿光，吸收其他色光，因此看上去是绿色。白色物体反射所有色光，因此看上去是白色。颜色其实是一个非常主观的概念，不同动物的视觉系统不同，看到的颜色就会不一样。比如，蛇眼不但能察觉可见光，而且还能感应红外线，因此蛇眼看到的颜色就跟人眼不同。

1.3.2 色彩三要素

视觉所感知的一切色彩形象，都具有明度、色相和纯度（饱和度）三种性质，这三种性质是色彩最基本的构成元素。

1. 明度

明度指的是色彩的明暗程度。在无彩色中，明度最高的色为白色，明度最低的色为黑色，中间存在一个从亮到暗的灰色系列，如图 1-4 所示。在有彩色中，任何一种纯度色都有着自己的明度特征。例如，黄色为明度最高的色，处于光谱的中心位置；紫色是明度最低的色，处于光谱的边缘。一个彩色物体表面的光反射率越大，对视觉刺激的程度就越大，人眼看上去就越亮，这一颜色的明度就越高，如图 1-5 所示。

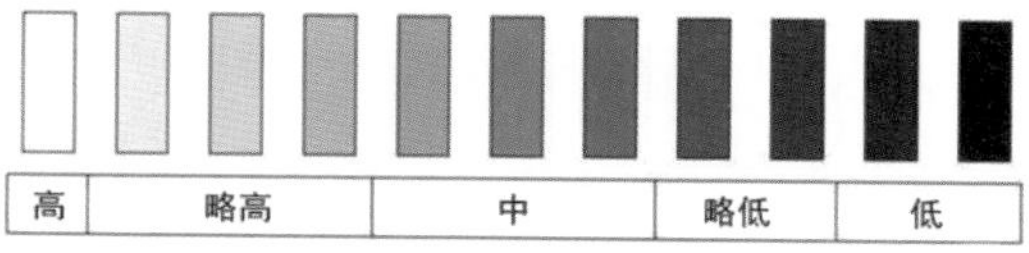

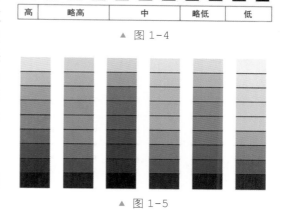

▲ 图 1-4

提示 💡 在 UI 设计中，使用同一颜色时，可用不同明度显示不同的界面。

▲ 图 1-5

2. 色相

色相指的是色彩的相貌。在可见光谱上，人的视觉能感受到红、橙、黄、绿、蓝、紫这些不同特征的色彩。人们给这些可以相互区别的色定出名称。当人们称呼其中某一色的名称时，就会有一个特定的色彩印象，这就是色相的概念。正是由于色彩具有这种具体的特征，我们才能感受到一个五彩缤纷的世界。

如果说明度是色彩隐秘的骨骼，色相就很像色彩外表的华美肌肤。色相体现着色彩外向的性格，是色彩的灵魂。

最基本的色相为红、橙、黄、绿、蓝、紫。在各色中间加插一两个中间色，其首尾色相，按光谱顺序为红、红橙、橙黄橙、黄、黄绿、绿、蓝绿、蓝、蓝紫、紫、红紫。在相邻的两个基本色相中间再加一个中间色，可得到 12 个基本色相，如图 1-6 所示。

这 12 个色相的彩调变化，在光谱色感上是均匀的。如果进一步再找出其中间色，便可以得到 24 个色相，如图 1-7 所示。

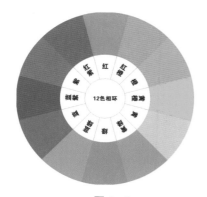

▲ 图 1-6

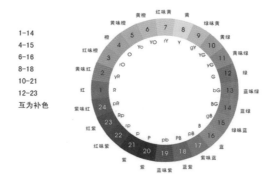

▲ 图 1-7

3. 饱和度

饱和度指的是色彩的鲜艳程度，它取决于某种颜色的波长单一程度。人的视觉能辨认出的有色相感的色，都具有一定程度的鲜艳度。比如红色，当它混入白色时，虽然仍旧具有红色相的特征，但它的鲜艳度降低了，明度提高了，成为淡红色；当它混入黑色时，鲜艳度降低了，明度变暗了，成为暗红色；当它混入与红色明度相似的中性灰时，它的明度没有改变，饱和度降低了，成为灰红色。图 1-8 所示的图像为饱和度色标。

▲ 图 1-8

1.3.3　色彩的混合

　　了解如何创建颜色，以及如何将颜色相互关联，可使设计师在 Photoshop 中更有效地工作。只有对基本颜色理论有所了解，才能将作品生成一致的结果，而不是偶然获得某种效果。在对颜色进行创建的过程中，设计师可以依据加色原色（RGB）、减色原色（CMYK）和色轮来完成最终效果。

　　加色原色是指三种色光（红色、绿色和蓝色），当按照不同的组合将这三种色光添加在一起时，可以生成可见色谱中的所有颜色。添加等量的红色、蓝色和绿色光可以生成白色。完全缺少红色、蓝色和绿色光将生成黑色。计算机的显示器使用加色原理来创建颜色，如图 1-9 所示。

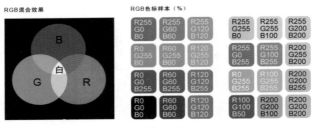

▲ 图 1-9

　　减色原色是指一些颜料，当按照不同的组合将这些颜料添加在一起时，可以创建一个色谱。与显示器不同，打印机使用减色原色（青色、洋红色、黄色和黑色颜料）并通过减色混合来生成颜色。使用"减色"这个术语是因为这些原色都是纯色，将它们混合在一起后生成的颜色都是原色的不纯版本。例如，橙色是通过将洋红色和黄色进行减色混合创建的，如图 1-10 所示。

▲ 图 1-10

　　如果设计师是第一次调整颜色分量，那么在处理色彩平衡时手头最好有一个标准色轮图表，这会很有帮助。使用色轮可以预览一个颜色分量在更改后如何影响其他颜色，并了解这些更改如何在 RGB 和 CMYK 颜色模式之间转换。

　　例如，通过增加色轮中相反颜色的数量，可以减少图像中某一颜色的数量，反之亦然。在标准色轮上，处于相对位置的颜色被称作补色。同样，通过调整色轮中两个相邻的颜色，甚至将两个相邻的色彩调整为其相反的颜色，可以增加或减少一种颜色。

在 CMYK 图像中，通过减少洋红色数量或增加其互补色的数量可以减淡洋红色，洋红色的互补色为绿色（在色轮上位于洋红色的相对位置）。在 RGB 图像中，通过删除红色和蓝色或通过添加绿色可以减少洋红，如图 1-11 所示。

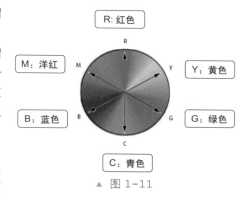

▲ 图 1-11

1. 三原色

由红、绿、蓝三种颜色定义的原色主要运用在电子设备中，比如电视和电脑，但是在传统摄影中也有应用。在电子时代之前，基于人类对颜色的感知，RGB 颜色模型已经有了坚实的理论支撑，如图 1-12 所示。

在美术上又把红、黄、蓝定义为色彩三原色，但是品红加入适量黄可以调出大红（红 = M100+Y100），而大红却无法调出品红；青加适量品红可以得到蓝（蓝 =C100+M100），而蓝加绿得到的却是不鲜艳的青；用黄、品红、青三色能调配出更多的颜色，而且纯正、鲜艳。用青加黄调出的绿（绿 =Y100+C100），比蓝加黄调出的绿更加纯正与鲜艳，而后者调出的却较为灰暗；品红加青调出的紫是很纯正的（紫 =C20+M80），而大红加蓝只能得到灰紫。此外，从调配其他颜色的情况来看，都是以黄、品红、青为其原色，色彩更为丰富，色光更为纯正而鲜艳。在 3ds Max 中，三原色是红、黄、蓝，如图 1-13 所示。

2. 二次色

在 RGB 颜色模式中，由红色 + 绿色变为黄色，红色 + 蓝色变为紫色，蓝色 + 绿色变为青色。在绘画中，三原色的二次色为红色 + 黄色变为橙色，黄色 + 蓝色变为绿色，蓝色 + 红色变为紫色，如图 1-14 所示。

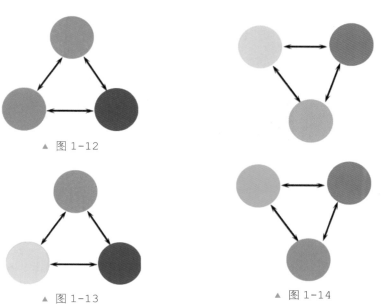

▲ 图 1-12

▲ 图 1-13

▲ 图 1-14

1.3.4　色彩的分类

色彩主要分为两大类：无彩色和有彩色。

1. 无彩色

无彩色是指黑色、白色，以及这两种颜色混合
而成的各种深浅不同的灰色，如图 1-15 所示。

无彩色（黑、白、灰）

▲ 图 1-15

无彩色不具备色相属性，因此也就无所谓饱和度。从严格意义上讲，无彩色只是不同明度的具体体现。

无彩色虽然不像有彩色那样多姿多彩，引人注目，但在设计中却有着无可取代的地位。因为中性色可以和任何有彩色完美地搭配在一起，所以常被用于衔接和过渡多种"跳跃"的颜色。而且在日常生活中，我们所看到的颜色都或多或少地包含一些中性色的成分，所以才会呈现如此丰富多彩的视觉效果。无色彩的设计案例如图 1-16 所示。

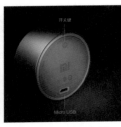

▲ 图 1-16

2. 有彩色

有彩色是指我们能够看到的所有色彩，包括各种原色、原色
混合生成的颜色，以及原色与无彩色混合所生成的颜色。有彩色中的任何一种颜色都具备完整的色相、饱和度和明度属性，如图 1-17 所示。

▲ 图 1-17

1.4　不同色彩给人的心理影响

色彩有各种各样的心理效果和情感效果，会给人以各种各样的感受和遐想。这种反应取决于个人的视觉感、个人审美、个人经验、生活环境、性格等。通常一些色彩的视觉效果还是比较明显的，比如看见绿色，会联想到树叶、草坪的形象；看见蓝色的时候，会联想到海洋、水的形象。不管是看见某种色彩还是听见某种色彩名称的时候，人的心里就会自然地反映出对这种色彩的感受，这就是色彩的心理反应。

红色给人热情、兴奋、勇气、危险等感觉。

橙色给人热情、勇敢、活力的感觉。

黄色给人温暖、快乐、轻松的感觉。

绿色给人健康、新鲜、和平的感觉。

青色给人清爽、寒冷、冷静的感觉。

蓝色给人孤立、认真、严肃、忧郁的感觉。

紫色给人高贵、气质、忧郁的感觉。

黑色给人神秘、阴郁、不安的感觉。

白色给人纯洁、正义、平等的感觉。

灰色给人朴素、模糊、抑郁、犹豫的感觉。

以上这些对色彩的感觉是在大范围的人群中获得认同的结果，但这并不代表所有人都会按照上述的说法产生完全相同的感受。根据不同的国家、地区、宗教、性别、年龄等因素的差异，即使是同一种色彩，也可能会有完全不同的解读。在设计时应该综合考虑多方面因素，避免因色彩使用不当造成不必要的误解。

1.5 常用UI设计单位解析

在 UI 设计中，单位的应用非常关键，下面介绍常用单位的使用方法。

1. 英寸

英寸，长度单位，从电脑屏幕到电视机屏幕再到各类多媒体设备的屏幕大小都使用了这个单位，通常以其屏幕对角线的长度作为规格分类依据。

2. 分辨率

分辨率，屏幕物理像素的总和，用屏幕宽的像素数乘以屏幕高的像素数来表示。比如笔记本电脑上的 1366 像素 ×768 像素，液晶电视上的 1200 像素 ×1080 像素，手机上的480 像素 ×800 像素、640 像素 ×960 像素等。

3. 网点密度

网点密度指屏幕物理面积内所包含的像素数，以 DPI（像素／英寸）为单位来计量。DPI 越高，显示的画面质量就越精细。在手机 UI 设计时，DPI 要与手机相匹配。因为低分辨率的手机无法满足高 DPI 图片对手机硬件的要求，显示效果十分糟糕，所以在设计过程中就涉及一个全新的名词——屏幕密度。

4. 屏幕密度

屏幕密度 (Screen Densities) 规定如下：

iDPI（低密度）：120 像素／英寸。

mDPI（中密度）：160 像素／英寸。

hDPI（高密度）：240 像素／英寸。

xhDPI（超高密度）：320 像素／英寸。

1.6 UI设计常用的软件

如今 UI 设计中常用的软件有 Adobe 公司的 Photoshop 、Illustrator、After Effects，以及 Corel 公司的 CorelDRAW 等。在这些软件中又以 Photoshop 和

Illustrator 最为常用。

1. Photoshop

Photoshop 是美国 Adobe 公司旗下最为出名的图像处理软件之一，是集图像扫描、编辑修改、图像制作、广告创意、图像输入与输出于一体的图形图像处理软件，深受广大平面设计人员和电脑美术爱好者的喜爱。这款软件一直是图像处理领域的"巨无霸"，在出版印刷、广告设计、美术创意、图像编辑等领域有着极为广泛的应用。

Photoshop 的专长在于图像处理，而不是图形创作。图像处理是对已有的位图图像进行加工处理，其重点在于对图像的处理加工。图形创作软件是按照自己的构思创意，使用矢量图形来设计图形。这类软件主要有 Adobe 公司的另一款著名软件 Illustrator 和 Macromedia 公司的 Freehand，不过 Freehand 已经快要淡出历史舞台了。

平面设计是 Photoshop 应用最为广泛的领域，无论是人们正在阅读的图书封面，还是大街上看到的招贴海报，这些具有丰富图像的平面印刷品，基本上都要靠 Photoshop 软件来完成。

2. Illustrator

Illustrator 是美国 Adobe 公司推出的专业矢量绘图工具，是出版、多媒体和在线图像的行业标准矢量插画软件。Adobe 公司始创于 1982 年，是广告、印刷、出版和 Web 领域首屈一指的设计公司，同时也是世界上第二大桌面软件公司。公司为图形设计人员、专业出版人员、文档处理机构和 Web 设计人员，以及商业用户和消费者提供了功能强大且易用的软件。

无论是印刷出版线稿的设计者、专业插画家、多媒体图像的艺术家，还是互联网或在线内容的制作者，都会发现，Illustrator 是一款艺术产品工具，不仅适合大部分小型设计，也适合大型的复杂项目。

3. After Effects

After Effects（简称 AE）是 Adobe 公司开发的一款视频剪辑及设计软件。AE 是用于高端视频特效系统的专业特效合成软件。它借鉴了许多优秀软件的成功之处，将视频特效合成上升到了新的高度：Photoshop 中层的引入，使 AE 可以对多层的合成图像进行控制，从而制作出天衣无缝的合成效果；关键帧、路径的引入，使我们对控制高级的二维动画游刃有余；高效的视频处理系统，确保了高质量视频的输出；令人眼花缭乱的特技系统，使 AE 能实现使用者的一切创意；AE 同样保留有 Adobe 优秀的软件相互兼容性。在 UI 设计中该软件主要用来为 UI 添加动感效果。

4. CorelDRAW

CorelDRAW Graphics Suite 是一款由加拿大顶尖软件公司 Corel 开发的图形图像软件。它是集矢量图形设计、矢量动画、页面设计、网站制作、位图编辑、印刷排版、文字编辑处理和图形高品质输出于一体的平面设计软件，深受广大平面设计人员的喜爱，目前主要在广告制作、图书出版等方面得到广泛的应用。

CorelDRAW 图像软件是一套屡获殊荣的图形图像编辑软件，它包含两个绘图应用程序：一个用于矢量图及页面设计，一个用于图像编辑。这套绘图软件有强大的交互式工具，使用户通过简单的操作即可创作出多种富于动感的特殊效果及点阵图像即时效果。

CorelDRAW 软件非凡的设计能力被广泛应用于商标设计、标志制作、模型绘制、插图描画、排版及分色输出等诸多领域。其被喜爱的程度可用事实说明，用于商业设计和美术设计的电脑上几乎都安装了CorelDRAW。但是由于它与Photoshop、Illustrator不是同一家公司的软件，所以在软件操作上互通性稍差。

1.7 UI设计常用图像格式

界面设计常用的格式主要有以下几种。

1. JPEG

JPEG格式是一种位图文件格式。JPEG的简写是JPG。JPEG几乎不同于当前使用的任何一种数字压缩方法，它无法重建原始图像。由于JPEG优异的品质和杰出的表现，因此应用非常广泛，特别是在网络和电子读物上。目前各类浏览器均支持JPEG这种图像格式，因为JPEG格式的文件尺寸较小，下载速度快，使得网页有可能以较短的下载时间提供大量美观的图像，JPEG也就顺理成章地成为网络上最受欢迎的图像格式，但是它不支持透明背景。

2. GIF

GIF(Graphics Interchange Format)中文含义是"图像互换格式"，是CompuServe公司在1987年开发的图像文件格式。GIF格式的数据，是一种基于LZW算法的连续色调的无损压缩格式，其压缩率一般在50%左右。目前几乎所有相关软件都支持它，公共领域有大量的软件在使用GIF图像文件。GIF图像文件的数据是经过压缩的，而且是采用了可变长度等压缩算法。GIF格式的另一个特点是，在一个GIF文件中可以存储多幅彩色图像。如果把存于一个文件中的多幅图像数据逐幅读出并显示到屏幕上，就可构成一种最简单的动画。GIF格式因其体积小而成像相对清晰，特别适合于初期慢速的互联网，因此大受欢迎。它支持透明背景显示，可以以动态形式存在。制作动态图像时会用到这种格式。

3. PNG

PNG，图像文件存储格式，其目的是试图替代GIF和TIFF文件格式，同时增加一些GIF文件格式所不具备的特性。PNG用来存储灰度图像时，灰度图像的深度可达16位，存储彩色图像时，彩色图像的深度可达48位，并且还可存储16位的α通道数据。PNG使用从LZ77派生的无损数据压缩算法，一般应用于Java程序或S60程序中，这是因为它压缩比高，生成文件容量小。它是一种在网页设计中常用的格式，并且支持透明样式显示。相同的图像，PNG格式的体积要比JPEG、GIF格式的体积稍大，图1-18所示为3种不同格式的显示效果。

▲ 图1-18

1.8 UI的设计原则

UI 设计是一个系统化设计工程，在这套"设计工程"中一定要按照设计原则进行设计。UI 的设计原则主要有以下几点。

1. 简易性

在整个 UI 设计的过程中一定要注意设计的简易性。界面的设计一定要简洁、易用且好用，让用户便于使用，便于了解，并能最大限度地减少选择性的错误。

2. 一致性

一款成功的应用应该拥有一个优秀的界面，应用界面的应用必须清晰一致，风格与实际应用内容相同，所以在整个设计过程中应保持一致性。

3. 提升用户的熟知度

用户在第一时间接触的界面，必须有之前所接触或者已掌握的认知一致，新的应用绝对不能违背用户的一般认知。比如，无论是拟物化的写实图标设计，还是扁平化的界面，都要以用户的一般认知为基准。

4. 可控性

可控性在设计过程中起到了先决性的作用，在设计之初就要考虑用户想要做什么，需要做什么，在设计时就要加入相应的操控提示。

5. 记性负担最小化

一定要科学地分配应用中的功能说明，力求操作最简化，从人脑的思维模式出发，不要打破传统的思维方式，不要给用户增加思维负担。

6. 从用户的角度考虑

想用户所想，思用户所思，研究用户的行为。因为大多数的用户是不具备专业知识的，他们往往只习惯于从自身的行为习惯出发进行思考和操作，在设计的过程中可把自己当作用户，用切身体会去设计。

7. 顺序性

一款应用的功能应该按一定规律进行排列，一方面可以让用户在极短的时间内找到自己需要的功能，另一方面可以使用户拥有直观的、简洁易用的感受。

8. 安全性

任何应用，在用户进行选择操作时，用户的这些动作所产生的结果都应该进行提示说明。比如，在用户做出一个不恰当或者错误的操作时，应当有危险提示。

9. 灵活性

快速高效率及操作人性化对用户而言都是较佳的体验，在设计过程中还需要尽可能地考虑特殊用户群体的操作体验，比如残疾人等。这一点在 iOS 操作系统上得到了最直接的体现。

1.9 优秀作品欣赏

第 2 章
使用基本形状绘制 UI 元素

本章重点：

- ❖ 了解 Photoshop 中的基本形状
- ❖ 使用矩形选区制作下单按钮
- ❖ 使用椭圆选区制作圆形按钮
- ❖ 使用矩形工具制作简洁风格导航
- ❖ 使用圆角矩形工具与矩形工具制作提示窗口
- ❖ 使用圆角矩形工具和椭圆工具制作拖动条

- ❖ 使用多边形工具与椭圆工具制作播放按钮
- ❖ 使用自定形状工具与椭圆工具制作供电按钮
- ❖ 使用椭圆工具结合图层样式制作金属旋钮
- ❖ 使用路径与自定形状工具制作网页广告条
- ❖ 优秀作品欣赏

本章主要对应用 UI 元素的基本形状，以及对各种基本形状的 UI 组件、按钮和图标进行实战式的讲解。基本形状无外乎矩形、圆形、多边形和自定义形状等，通过 Photoshop 软件可以非常轻松地绘制基本形状。通过本章的讲解，读者不但可以学习比较基础的几种 UI 元素，还可以对软件中对应的工具进行相关学习。

2.1 了解Photoshop中的基本形状

基本形状不但可以直接使用相应的形状工具进行绘制，还可以使用软件特有的选区工具进行创建。创建选区后，可以将选区内的区域进行隔离，以便复制、移动、填充或颜色校正。

可以使用 Photoshop 中的形状工具绘制像素、路径或形状。绘制的内容可依据工具模式选取。

2.1.1 通过选区创建几何图形

创建 UI 几何图形时，要想在 photoshop 中通过选区进行创建，软件中只有 ▣（矩形选框工具）和 ◉（椭圆选框工具）两种，使用方法都是在文档或图像上选择一点，然后按住鼠标向对角处拖动，释放鼠标后便可创建一个选区。以 ▣（矩形选框工具）为例，创建过程如图 2-1 所示。创建选区后将其进行填充就可以了。

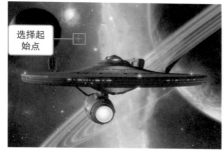
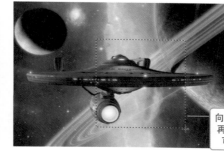

▲ 图 2-1

> 技巧 💡 绘制矩形选区的同时按住 Shift 键，可以绘制出正方形选区。

> 技巧 💡 绘制椭圆选区的同时按住 Shift 键，可以绘制出正圆选区。选择起始点后，按住 Alt 键可以以起始点为中心向外创建椭圆选区。选择起始点后，按住 Alt+Shift 组合键可以以起始点为中心向外创建正圆选区。

2.1.2 绘制工具

在 Photoshop 中可以通过相应的工具直接在页面中绘制矩形、椭圆形、多边形等几何图形，对应的工具分别是 ▣（矩形工具）、▣（圆角矩形工具）、◉（椭圆工具）、⬡（多边形工具）和 ▨（自定形状工具），绘制效果如图 2-2 所示。

▲ 图 2-2

2.1.3 形状工具的不同模式

填充像素、路径与形状，在创建的过程中都是通过钢笔工具或形状工具来创建的。填充像素可以认为是使用选区工具绘制选区后，再以前景色填充。如果不新建图层，那么使用像素填充的区域会直接出现在当前图层中，此时填充的区域是不能被单独编辑的，填充像素不会自动生成新图层，如图 2-3 所示。

▲ 图 2-3

提示　"填充像素"属性只有使用形状工具时，才可以被激活，使用钢笔工具时该属性处于不可用状态。

路径由直线或曲线组合而成，锚点就是这些线段或曲线的端点。使用 （转换点工具）在锚点上拖动便会出现控制杆和控制点，拖动控制点就可以更改路径的形状。路径表现的是绘制图形，且只以轮廓进行显示，不可以打印，如图 2-4 所示。

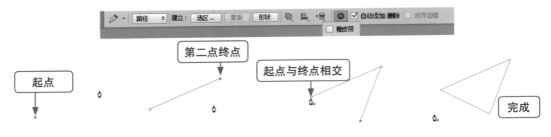

▲ 图 2-4

形状表现的是绘制的矢量图像以蒙版的形式出现在"图层"面板中。绘制形状时系统会自动创建一个形状图层，形状可以参与打印输出和添加图层样式，如图 2-5 所示。

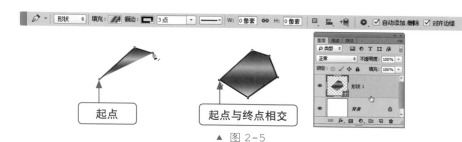

起点

起点与终点相交

▲ 图 2-5

2.2 使用矩形选区制作下单按钮

本例通过创建矩形选区并填充颜色，为其添加渐变叠加和投影图层样式，使其看起来更加具有立体感。

技术要点：

- 使用"打开"命令打开文档；
- 使用"矩形选框工具"绘制矩形选区；
- 使用"填充"命令填充颜色；
- 去掉选区；
- 应用"渐变叠加"图层样式；
- 应用"投影"图层样式；
- 输入文字。

◖ **绘制步骤** ◗

素材路径：	素材 \ 第 2 章 \ 下单按钮背景 .jpg
案例路径：	源文件 \ 第 2 章 \ 使用矩形选区制作下单按钮 .psd
视频路径：	视频 \ 第 2 章 \2.2 使用矩形选区制作下单按钮 .mp4

思路及流程：

本例思路是在圆角矩形上绘制一个矩形，并将其作为商品的下单按钮。打开素材后，使用 ▦（矩形选框工具）绘制矩形选区，为选区填充"前景色"，去掉选区后，为矩形添加"渐变叠加"和"投影"图层样式，最终完成按钮的制作，如图 2-6 所示。

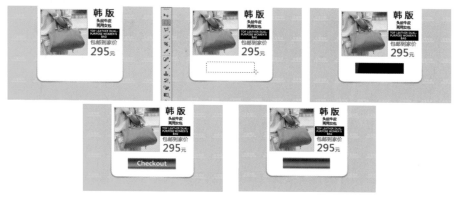

▲ 图 2-6

操作步骤:

❶ 启动 Photoshop 软件,执行菜单栏中的"文件|打开"命令,打开"下单按钮背景.jpg"素材,如图 2-7 所示。

❷ 在工具箱中选择▦(矩形选框工具)后,在素材中按住鼠标左键拖曳出一个矩形选区,如图 2-8 所示。

▲ 图 2-7

▲ 图 2-8

❸ 选区创建完毕后新建一个图层,执行菜单栏中的"编辑|填充"命令,打开"填充"对话框,在"使用"下拉列表中选择"黑色",其他参数不变,如图 2-9 所示。

❹ 设置完毕单击"确定"按钮,为选区填充黑色,如图 2-10 所示。

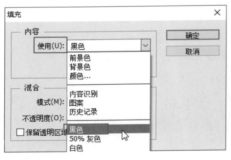

▲ 图 2-9

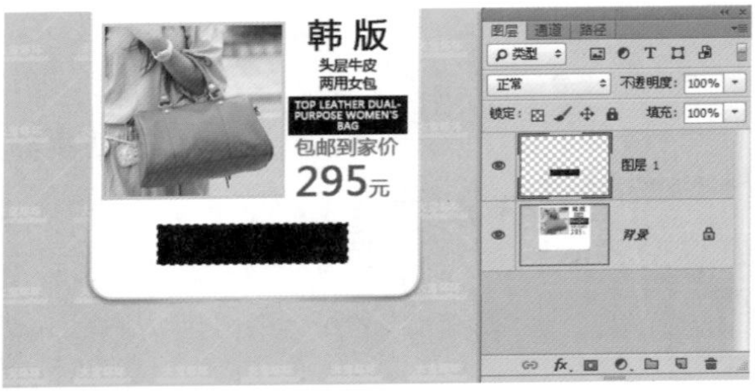

▲ 图 2-10

技巧 💡 在工具箱中设置好前景色或背景色后,可使用快捷键进行填充。填充前景色的快捷键是 Alt+Delete;填充背景色的快捷键是 Ctrl+Delete。

❺ 执行菜单栏中的"选择|取消选择"命令或按 Ctrl+D 组合键去掉选区,如图 2-11 所示。

❻ 执行菜单栏中的"图层|图层样式|渐变叠加、投影"命令,分别打开"渐变叠加"和"投影"的"图层样式"对话框,其中的参数设置如图 2-12 所示。

▲ 图 2-11

❼ 设置完毕单击"确定"按钮,效果如图 2-13 所示。

❽ 使用 T.(横排文字工具)在矩形按钮上输入白色文字。至此,本例制作完毕,效果如图 2-14 所示。

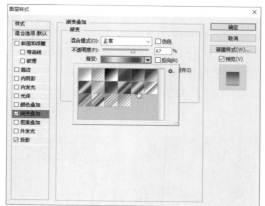
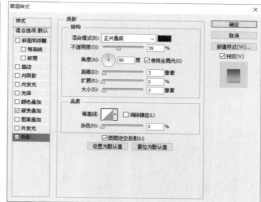

▲ 图 2-12

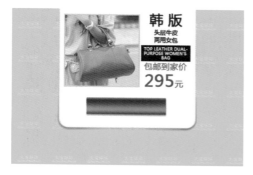

▲ 图 2-13

▲ 图 2-14

2.3 使用椭圆选区制作圆形按钮

　　本例通过创建正圆选区填充像素，为其添加渐变叠加图层样式，使其具有金属质感，为小选区填充渐变色使其具有玻璃质感。两个效果相结合后，会使整个按钮同时具有金属和玻璃质感。

技术要点：

- 新建文档；
- 填充渐变色；
- 绘制正圆选区；
- 填充颜色；
- 添加"渐变叠加、外发光、内阴影"图层样式；
- 选择"透明凝胶"样式；
- 调整混合模式。

━━◀ 绘制步骤 ▶━━

案例路径：	源文件 \ 第 2 章 \ 使用椭圆选区制作圆形按钮 .psd
视频路径：	视频 \ 第 2 章 \ 2.3　使用椭圆选区制作圆形按钮 .mp4

思路及流程：

本例思路是以金属质感结合玻璃质感制作两种质感相混合的按钮效果。为新建文档填充渐变色，将其作为背景，使用■（椭圆选框工具）绘制正圆选区并为其填充颜色，再为其添加"渐变叠加""外发光"图层样式，使其具有金属质感。在金属质感正圆上绘制一个小一点的正圆选区，并为其填充颜色后，通过添加图层样式使其具有玻璃质感，具体流程如图 2-15 所示。

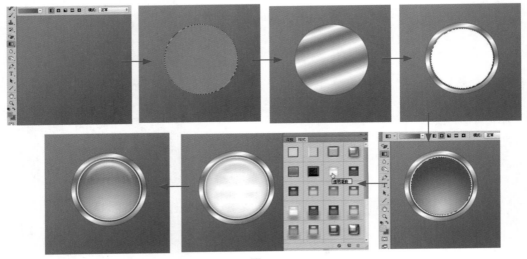

▲ 图 2-15

操作步骤：

❶ 启动 Photoshop 软件，新建一个 400 像素 ×400 像素的空白文档，使用■（渐变工具）在文档中从左上角向右下角拖曳为其填充一个从灰色到深灰色的线性渐变色，如图 2-16 所示。

❷ 新建一个图层，选择■（椭圆选框工具）。按住 Shift 键绘制一个正圆选区，按 Alt+Delete 组合键填充前景色，如图 2-17 所示。

▲ 图 2-16

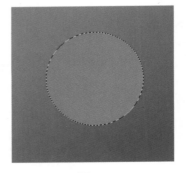

▲ 图 2-17

❸ 按 Ctrl+D 组合键去掉选区，执行菜单栏中的"图层 | 图层样式 | 渐变叠加、外发光"命令，分别打开"渐变叠加"和"外发光"的"图层样式"对话框，其中的参数设置如图 2-18 所示。

❹ 设置完毕单击"确定"按钮，效果如图 2-19 所示。

❺ 新建一个图层，选择■（椭圆选框工具），按住 Shift 键绘制一个正圆选区，再使用■（渐变工具）从选区左上角向右下角拖曳，为其填充一个从灰色到深灰色的径向渐变色，

效果如图 2-20 所示。

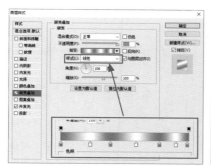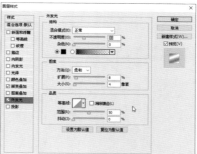

▲ 图 2-18

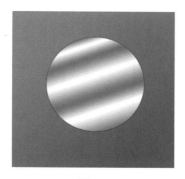

▲ 图 2-19　　　　　　　　　　　　　　　　▲ 图 2-20

❻ 按 Ctrl+D 组合键去掉选区，新建一个图层，再使用 （椭圆选框工具）绘制一个小一点的选区，将其填充为白色，效果如图 2-21 所示。

❼ 按 Ctrl+D 组合键去掉选区，新建一个图层，再使用 （椭圆选框工具）绘制一个小一点的选区，然后使用 （渐变工具）在选区底部向上拖曳，为其填充一个从淡青色到蓝色的径向渐变色，效果如图 2-22 所示。

▲ 图 2-21　　　　　　　　　　　　　　　　▲ 图 2-22

技巧　　　使用 （渐变工具）在选区中创建选区时，起点与终点位置决定渐变色的填充效果。

❽ 按 Ctrl+D 组合键去掉选区，新建一个图层，再使用 （椭圆选框工具）绘制一个椭圆选区，然后使用 （渐变工具）在选区顶部向下拖曳，为其填充一个从白色到透明的线性

渐变色，效果如图 2-23 所示。

❾ 按 Ctrl+D 组合键去掉选区，执行菜单栏中的"图层|创建剪贴蒙版"命令，创建剪贴蒙版后，设置"不透明度"为 75%，效果如图 2-24 所示。

▲ 图 2-23

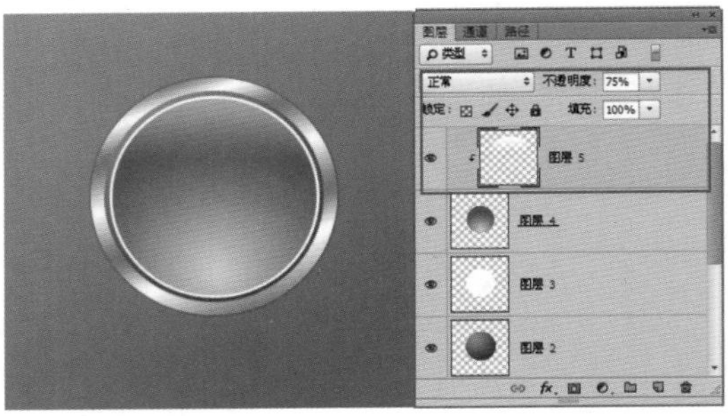

▲ 图 2-24

技巧 💡 在"图层"面板中，将光标放在两个图层之间，然后按住 Alt 键，此时光标会变成 ↓□ 形状，单击即可转换上面的图层为剪贴蒙版图层，如图 2-25 所示。在剪贴蒙版的图层之间单击，此时光标会变成 ↘□ 形状，单击可以取消剪贴蒙版设置。

▲ 图 2-25

❿ 复制"图层 4"得到"图层 4 拷贝"图层，将其放置到最顶层，如图 2-26 所示。

⓫ 执行菜单栏中的"窗口|样式"命令，打开"样式"面板，选择其中的"透明凝胶"样式，效果如图 2-27 所示。

▲ 图 2-26

▲ 图 2-27

提示 💡 在"样式"面板中还可以选择多个不同类型的样式效果，只需单击"弹出按钮"，在弹出的下拉菜单中可以选择其他类型的样式效果，如图 2-28 所示。

⑫ 在"图层"面板中设置"混合模式"为"柔光"，效果如图 2-29 所示。

▲ 图 2-28　　　　　　　　　　　　　　　　▲ 图 2-29

⑬ 选中"图层4拷贝"图层，执行菜单栏中的"图层|图层样式|内阴影"命令，打开"内阴影"的"图层样式"对话框，其中的参数设置如图 2-30 所示。

⑭ 设置完毕单击"确定"按钮，效果如图 2-31 所示。

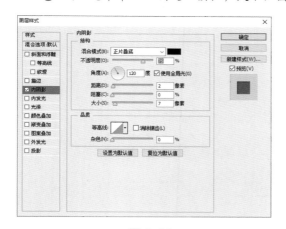

▲ 图 2-30　　　　　　　　　　　　　　　　▲ 图 2-31

⑮ 创建一个"色相/饱和度"调整图层，通过调整可以得到多个不同颜色的按钮效果，如图 2-32 所示。

▲ 图 2-32

2.4　使用矩形工具制作简洁风格导航栏

本例先通过在新建文档中绘制矩形来作为文字的底衬，然后结合色彩知识创建大面积的单色矩形，在矩形上面添加文字，最终完成具有简洁风格的导航栏。

技术要点：

- 新建文档；
- 填充颜色；
- 移入素材，设置"混合模式"；
- 使用"矩形工具"绘制矩形；
- 输入文字。

━━━━━━ ◖ 绘制步骤 ◗ ━━━━━━

素材路径：	素材 \ 第 2 章 \ 乐乐户外（图标）.jpg
案例路径：	源文件 \ 第 2 章 \ 使用矩形工具制作简洁风格导航栏 .psd
视频路径：	视频 \ 第 2 章 \2.4　使用矩形工具制作简洁风格导航栏 .mp4

思路及流程：

　　本例思路是以单色大面积作为导航栏的底衬，加上单色文字就会完成导航栏的制作。本例新建文档后直接填充颜色，将其作为导航栏的主色调，再使用矩形工具绘制单色矩形，在矩形上输入文字即可完成本例的制作，具体流程如图 2-33 所示。

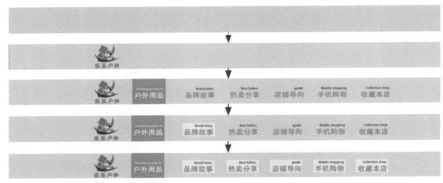

▲ 图 2-33

操作步骤：

　❶　打开 Photoshop 软件，新建一个宽度为 1920 像素、高度为 120 像素的文档。为了看起来方便，将其背景填充为淡紫色，如图 2-34 所示。

　❷　执行菜单栏中的"文件|打开"命令，打开"乐乐户外（图标）"素材，如图 2-35 所示。

▲ 图 2-34	▲ 图 2-35

　❸　使用 ▦（移动工具）将素材中的图像拖曳到新建文档中，调整其大小和位置，设置"混合模式"为"正片叠底"，效果如图 2-36 所示。

▲ 图 2-36

④ 使用 ▢（矩形工具）绘制一个粉红色的矩形，如图 2-37 所示。

▲ 图 2-37

⑤ 使用 **T**（横排文字工具）在文档中输入文字，将文字颜色分别填充为白色、粉色、灰色和青色。将每组文字都设置成"右对齐"，店招的背景色也可以设置成白色，效果如图 2-38 所示。

▲ 图 2-38

⑥ 使用 ▢（矩形工具）在文字后面绘制一个灰色的矩形，效果如图 2-39 所示。

▲ 图 2-39

⑦ 选中矩形图层后，使用 ▸₊（移动工具）并按住 Alt 键向右拖动，复制 4 个副本。至此，本例制作完毕，效果如图 2-40 所示。

▲ 图 2-40

> 技巧 💡 使用 ▸₊（移动工具）并按住 Alt 键拖动图像进行复制时，如果存在选区，被复制的图像不会新建图层。

⑧ 将背景填充为其他颜色，会得到一个另外的效果，如图 2-41 所示。

▲ 图 2-41

2.5 使用圆角矩形工具和矩形工具制作提示窗口

本例首先通过在打开文档中绘制不同颜色的圆角矩形和矩形，来制作窗口的主体部分，再通过增加圆角矩形的按钮使提示窗口变得完整，最后通过文字让窗口的功能更加明显。

技术要点：

- 打开文档；
- 使用"圆角矩形工具"绘制圆角矩形；
- 复制圆角矩形改变颜色；
- 使用"矩形工具"绘制矩形；

- 添加锚点，改变形状；
- 添加"内发光、外发光、投影"图层样式；
- 输入文字。

◀●─ 绘制步骤 ─●▶

素材路径：	素材 \ 第 2 章 \ 提示窗口背景 .jpg
案例路径：	源文件 \ 第 2 章 \ 使用圆角矩形工具和矩形工具制作提示窗口 .psd
视频路径：	视频 \ 第 2 章 \2.5 使用圆角矩形工具和矩形工具制作提示窗口 .mp4

思路及流程：

本例用圆角矩形作为窗口的主体，目的是让整个窗口看起来更加圆滑，整体看起来不是很生硬。本例通过在打开的背景上使用 ■ （圆角矩形工具）、■ （矩形工具），在"属性"面板中将矩形进行圆角化调整，再通过添加锚点将直边变成圆弧，为圆角矩形添加图层样式，使其看起来更加突出，再使用 ■ （多边形工具）绘制六边形并创建剪贴蒙版，最后输入文字对窗口进行功能内容的补充，具体流程如图 2-42 所示。

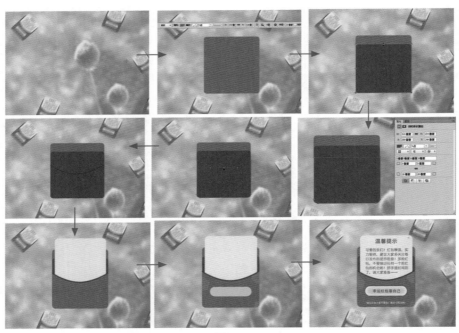

▲ 图 2-42

操作步骤：

❶ 打开 Photoshop 软件，执行菜单栏中的"文件|打开"命令，打开"提示窗口背景 .jpg"素材，如图 2-43 所示。

❷ 使用 ■ （圆角矩形工具）在文档的中间位置绘制一个"半径"为 30 像素的淡红色圆角矩形，如图 2-44 所示。

❸ 复制一个圆角矩形，将"填充"设置为铁红色，按 Ctrl+T 组合键调出变换框，拖动控制点调整其大小，效果如图 2-45 所示。

❹ 按 Enter 键完成变换，使用 ■ （矩形工具）绘制一个铁红色矩形，在"属性"面板中设置底部的两个角均为 20 像素，如图 2-46 所示。

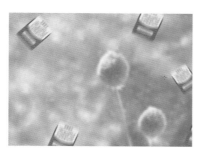
▲ 图 2-43

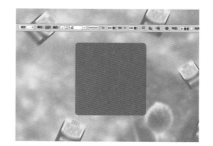
▲ 图 2-44

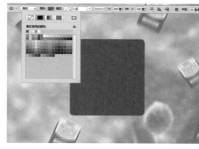

▲ 图 2-45

▲ 图 2-46

> 技巧 💡 使用▢（矩形工具）和▢（圆角矩形工具）绘制形状后，都可以通过"属性"面板再次调整圆角大小。

❺ 使用▨（添加锚点工具）在矩形的顶部中间位置单击，为其添加一个锚点，向下拖动锚点，将直线变为圆弧，效果如图 2-47 所示。

▲ 图 2-47

❻ 执行菜单栏中的"图层|图层样式|投影"命令，打开"投影"的"图层样式"对话框，其中的参数设置如图 2-48 所示。

⑦ 设置完毕单击"确定"按钮，效果如图 2-49 所示。

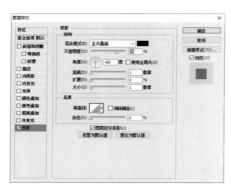

▲ 图 2-48

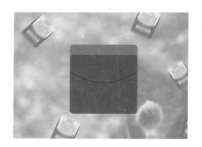

▲ 图 2-49

⑧ 复制矩形，将其调整为淡红色，去掉"矩形 1 拷贝"图层的图层样式，效果如图 2-50 所示。

> **技巧** 要想去掉当前图层的图层样式，只要选中图层后，执行菜单栏中的"图层 | 图层样式 | 清除图层样式"命令，或者在图层上右击，在弹出的快捷菜单中选择"清除图层样式"命令即可。

⑨ 使用 (圆角矩形工具) 在"矩形 1"图层的下方绘制一个淡黄色圆角矩形，效果如图 2-51 所示。

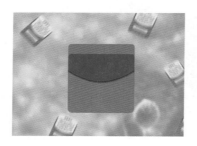

▲ 图 2-50

▲ 图 2-51

⑩ 使用 (多边形工具) 在"矩形 1 拷贝"图层的上方绘制一个六边形，效果如图 2-52 所示。

⑪ 执行菜单栏中的"图层 | 创建剪贴蒙版"命令，创建剪贴蒙版后设置"不透明度"为 15%，复制两个副本并将其移动到其他位置，效果如图 2-53 所示。

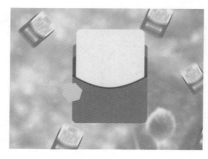

▲ 图 2-52

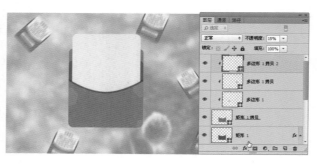

▲ 图 2-53

⑫ 使用▣ (圆角矩形工具)在最顶层绘制一个小一点的圆角矩形,将"半径"设置成30像素,效果如图2-54所示。

⑬ 执行菜单栏中的"图层|图层样式|内发光、外发光"命令,分别打开"内发光"和"外发光"的"图标样式"对话框,其中的参数设置如图2-55所示。

⑭ 设置完毕单击"确定"按钮,效果如图2-56所示。

⑮ 选择最底层的圆角矩形,执行菜单栏中的"图层|图层样式|外发光"命令,打开"外发光"的"图层样式"对话框,其中的参数设置如图2-57所示。

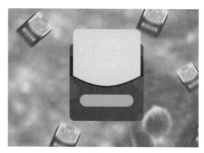

▲ 图2-54

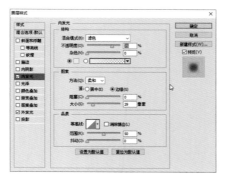

▲ 图2-55

▲ 图2-56

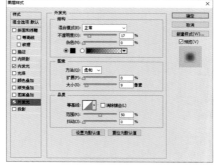

▲ 图2-57

⑯ 设置完毕单击"确定"按钮,效果如图2-58所示。

⑰ 使用T (横排文字工具)在制作的窗口图形上输入合适的文本。至此,本例制作完毕,效果如图2-59所示。

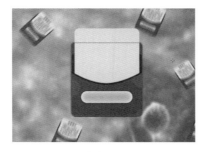

▲ 图2-58

▲ 图2-59

2.6　使用圆角矩形工具和椭圆工具制作拖动条

本例首先在打开的文档中绘制圆角矩形和正圆，然后通过添加相应的图层样式制作出金属质感，让整个拖动条与背景相呼应。

技术要点：

· 打开文档；
· 使用"圆角矩形工具"绘制圆角矩形；
· 复制圆角矩形并改变颜色；
· 使用"椭圆工具"绘制正圆；
· 添加"渐变叠加、描边"图层样式；
· 输入文字。

━━━● 绘制步骤 ●━━━

素材路径：	素材 \ 第 2 章 \ 拖动条背景 .jpg
案例路径：	源文件 \ 第 2 章 \ 使用圆角矩形工具和椭圆制作工具拖动条 .psd
视频路径：	视频 \ 第 2 章 \2.6　使用圆角矩形工具和椭圆制作工具拖动条 .mp4

思路及流程：

本例思路是用打开的素材中的各个图形来配套制作一个拖动条效果，充分利用背景，在中间靠上的位置绘制一个圆角矩形作为拖动条的一部分，绘制一个正圆并添加图层样式，制作出金属质感。本例使用█（圆角矩形工具）绘制圆角矩形，复制圆角矩形将其缩小后改变颜色，使用█（椭圆工具）绘制正圆并为其添加"渐变叠加"和"描边"图层样式，具体流程如图 2-60 所示。

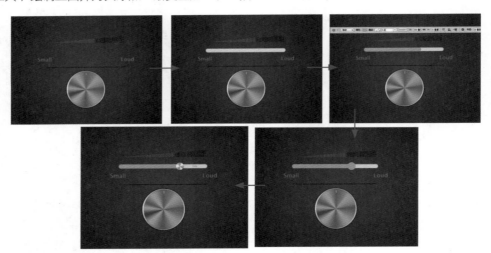

▲ 图 2-60

操作步骤：

❶ 打开 Photoshop 软件，执行菜单栏中的"文件|打开"命令，打开"拖动条背景 .jpg"素材，如图 2-61 所示。

❷ 使用█（圆角矩形工具）在文档中间靠上的区域绘制一个"半径"为 30 像素的白色圆角矩形，如图 2-62 所示。

❸ 执行菜单栏中的"图层|图层样式|内阴影"命令，打开"内阴影"的"图层样式"对话框，其中的参数设置如图 2-63 所示。

❹ 设置完毕单击"确定"按钮，效果如图2-64所示。

▲ 图2-61

▲ 图2-62

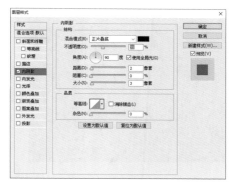

▲ 图2-63

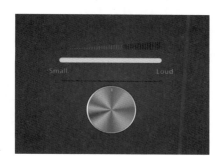

▲ 图2-64

❺ 复制圆角矩形，得到一个复制图层，将其"填充"颜色设置为草绿色，按Ctrl+T组合键调出变换框，拖动控制点将复制图层的图形调短，去掉复制图层的图层样式，效果如图2-65所示。

▲ 图2-65

❻ 使用 ◯（椭圆工具）绘制一个正圆，如图2-66所示。

❼ 执行菜单栏中的"图层|图层样式|渐变叠加、描边"命令，分别打开"渐变叠加"和"描边"的"图层样式"对话框，其中的参数设置如图2-67所示。

❽ 设置完毕单击"确定"按钮，效果如图2-68所示。

❾ 使用 T（横排文字工具）输入文字。至此，本例制作完毕，效果如图2-69所示。

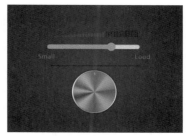

▲ 图2-66

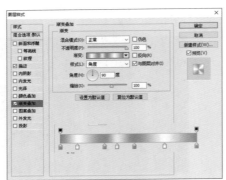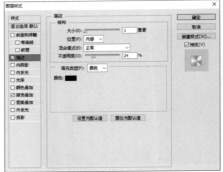

▲ 图 2-67

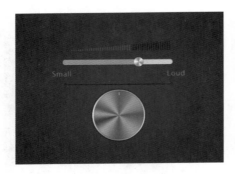

▲ 图 2-68

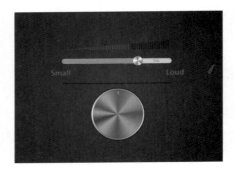

▲ 图 2-69

2.7 使用多边形工具和椭圆工具制作播放按钮

本例首先新建文档，绘制正圆形状并设置形状描边，然后为绘制的正圆添加图层样式，以增强整个图形的质感，最后为其制作阴影让图形看起来更加具有立体感。

技术要点：

· 新建文档，填充颜色；

· 使用"椭圆工具"绘制正圆；

· 设置正圆"填充"和"形状描边"；

· 添加图层样式；

· 使用"椭圆选框工具"绘制羽化选区；

· 使用"多边形工具"绘制三角形。

━━◖ 绘制步骤 ◗━━

案例路径：	源文件 \ 第 2 章 \ 使用多边形工具和椭圆工具制作播放按钮 .psd
视频路径：	视频 \ 第 2 章 \2.7 使用多边形工具和椭圆工具制作播放按钮 .mp4

思路及流程：

本例思路是首先绘制正圆形状，为形状设置描边和填充，使其出现描边图形并添加图层样式的效果，然后加入投影，使整体看起来更加具有立体感。本例使用▣（椭圆工具）绘制正圆，设置"填充"为无，设置"描边"的颜色和宽度，再为描边形状添加图层样式，让图形更加具有视觉冲击力，然后为绘制的小正圆添加图层样式，最后使用▣（多边形工具）

绘制三角形并为其添加图层样式，制作出凹陷的感觉，具体流程如图 2-70 所示。

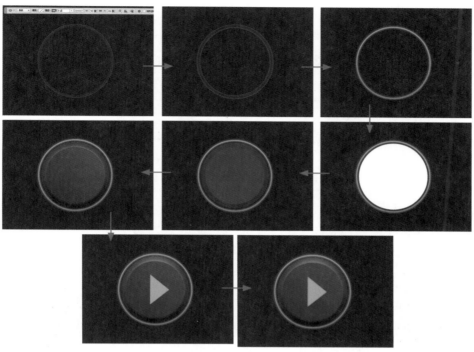

▲ 图 2-70

操作步骤：

❶ 打开 Photoshop 软件，执行菜单栏中的"文件|新建"命令，新建一个800 像素×600 像素的空白文档，将其填充为黑色。使用 ⬭（椭圆工具）绘制一个正圆，在属性栏中设置"填充"为无、"描边颜色"为灰色，设置"形状描边宽度"为6点，在页面中绘制一个正圆，效果如图 2-71 所示。

❷ 执行菜单栏中的"图层|图层样式|内阴影、外发光、投影"命令，分别打开它们的"图层样式"对话框，其中的参数设置如图 2-72 所示。

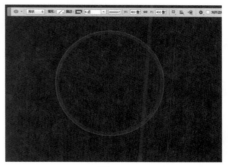

▲ 图 2-71

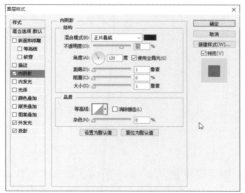
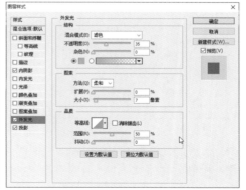

▲ 图 2-72

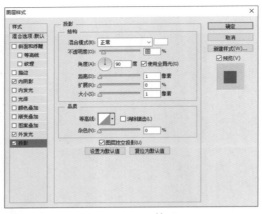

▲ 图 2-72（续）

❸ 设置完毕单击"确定"按钮，效果如图 2-73 所示。

❹ 复制椭圆图层，得到一个"椭圆 1 拷贝"图层，在属性栏中设置"描边颜色"为青色、"形状描边宽度"为 4 点，效果如图 2-74 所示。

▲ 图 2-73

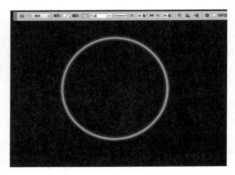

▲ 图 2-74

❺ 执行菜单栏中的"图层|图层样式|内发光、渐变叠加"命令，分别打开 "内发光" 和"渐变叠加"的"图层样式"对话框，其中的参数设置如图 2-75 所示。

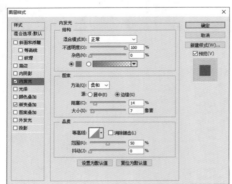

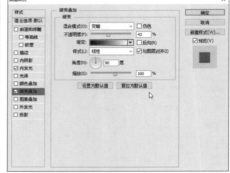

▲ 图 2-75

❻ 设置完毕单击"确定"按钮，效果如图 2-76 所示。

❼ 使用 ◯（椭圆工具）绘制一个白色正圆，将其调整得稍微小一些，效果如图 2-77 所示。

❽ 执行菜单栏中的"图层|图层样式|内阴影、描边、渐变叠加"命令，分别打开它们的"图层样式"对话框，其中的参数设置如图 2-78 所示。

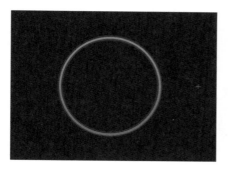

▲ 图 2-76

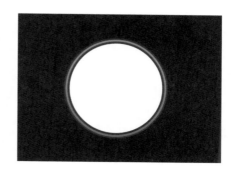

▲ 图 2-77

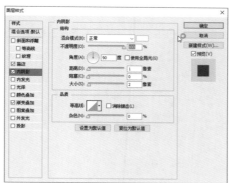

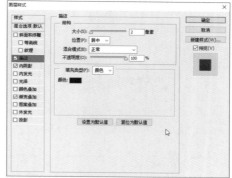

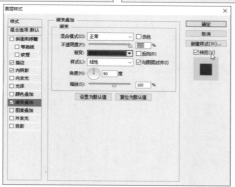

▲ 图 2-78

❾ 设置完毕单击"确定"按钮，效果如图 2-79 所示。

❿ 使用 ◯（椭圆工具）绘制一个再小一些的正圆，效果如图 2-80 所示。

▲ 图 2-79

▲ 图 2-80

⑪ 执行菜单栏中的"图层|图层样式|斜面和浮雕、内阴影、外发光、渐变叠加、投影"命令，分别打开它们的"图层样式"对话框，其中的参数设置如图 2-81 所示。

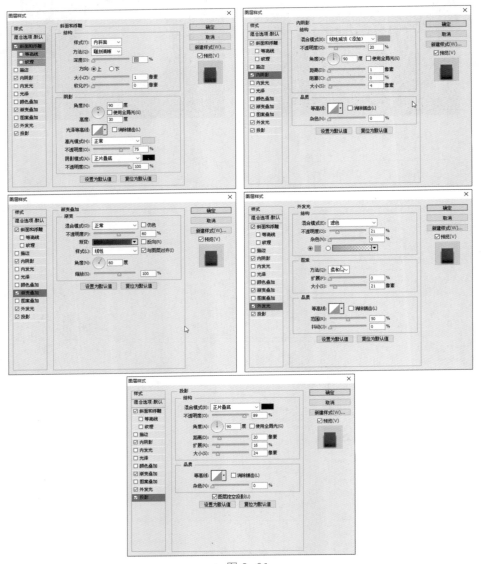

▲ 图 2-81

⑫ 设置完毕单击"确定"按钮，效果如图 2-82 所示。

⑬ 在"椭圆 3"图层下方新建一个图层，将其命名为"影"。使用 （椭圆选框工具）绘制一个"羽化"为 20 像素的正圆选区，将其"填充"设置为青色，"不透明度"设置为 50%，效果如图 2-83 所示。

⑭ 使用 （多边形工具）在最顶层绘制一个青色三角形，效果如图 2-84 所示。

技巧 💡 使用 （多边形工具）绘制多边形时，都可以在绘制过程中以拖动鼠标的方式改变多边形的方向。

⑮ 执行菜单栏中的"图层|图层样式|内阴影"命令，打开"内阴影"的"图层样式"对话框，其中的参数设置如图 2-85 所示。

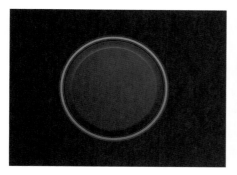

▲ 图 2-82

▲ 图 2-83

▲ 图 2-84

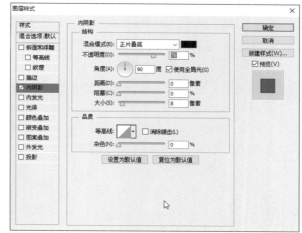

▲ 图 2-85

❶❻ 设置完毕单击"确定"按钮。至此，本例制作完毕，效果如图 2-86 所示。

▲ 图 2-86

2.8 使用自定形状工具和椭圆工具制作供电按钮

本例首先新建文档，绘制正圆形状并设置形状描边，然后为绘制的正圆形状添加锚点，再通过删除锚点制作出圆弧线边，最后添加图层样式增加整个图形的质感，用红色表现电量的多少。

技术要点：

- 新建文档，填充渐变色；
- 使用"椭圆工具"绘制正圆；
- 设置正圆"填充"和"形状描边"；
- 添加锚点及删除锚点；
- 设置"圆头端点"；
- 添加"斜面和浮雕、内阴影、渐变叠加、投影"图层样式；
- 使用"自定形状工具"绘制闪电形状。

━━━━━━━━━━━━━━ ◖ **绘制步骤** ◗ ━━━━━━━━━━━━━━

案例路径：	源文件 \ 第 2 章 \ 使用自定形状工具和椭圆工具制作供电按钮 .psd
视频路径：	视频 \ 第 2 章 \2.8　使用自定形状工具和椭圆工具制作供电按钮 .mp4

思路及流程：

本例思路是先绘制正圆形状，为形状设置描边和填充，再用描边圆弧线体现电量值，用红色符号代表电。本例使用▇（椭圆工具）绘制正圆，设置填充、描边的颜色和宽度，再使用▇（添加锚点工具）在形状描边上添加锚点，删除多余锚点后，设置描边的线段端点，使两头出现圆形端点。添加图层样式后，再使用▇（自定形状工具）绘制 3 个电符号形状，具体流程如图 2-87 所示。

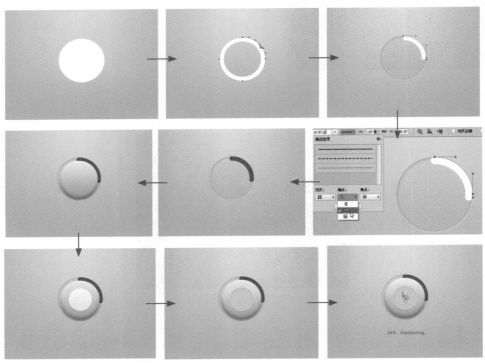

▲ 图 2-87

操作步骤：

❶ 打开 Photoshop 软件，执行菜单栏中的"文件|新建"命令，新建一个 800 像素×600 像素的空白文档，使用▇（渐变工具）在文档中从上向下拖动鼠标为其填充一个从淡灰色到

灰色的径向渐变色，如图 2-88 所示。

❷ 使用（椭圆工具）在文档中间绘制一个白色正圆形状，如图 2-89 所示。

▲ 图 2-88

▲ 图 2-89

❸ 执行菜单栏中的"图层|图层样式|内阴影、渐变叠加、投影"命令，分别打开它们的"图层样式"对话框，其中的参数设置如图 2-90 所示。

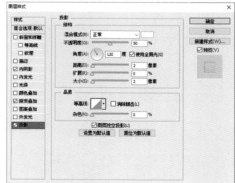

▲ 图 2-90

❹ 设置完毕单击"确定"按钮，效果如图 2-91 所示。

❺ 复制"椭圆 1"图层，得到一个"椭圆 1 拷贝"图层，在属性栏中设置"填充"为无、"描边颜色"为白色、"形状描边宽度"为 11 点，效果如图 2-92 所示。

❻ 使用（添加锚点工具）在形状路径上添加锚点，使用（直接选择工具）选中左侧的两个锚点，按 Delete 键将其删除，效果如图 2-93 所示。

❼ 在"描边选项"面板中设置"端点"为圆头，效果如图 2-94 所示。

❽ 执行菜单栏中的"图层|图层样式|内发光、颜色叠加"命令，分别打开"内发光"

和"颜色叠加"的"图层样式"对话框，其中的参数设置如图 2-95 所示。

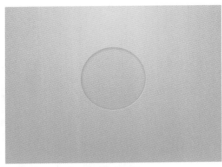

▲ 图 2-91

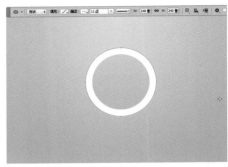

▲ 图 2-92

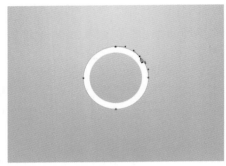

▲ 图 2-93

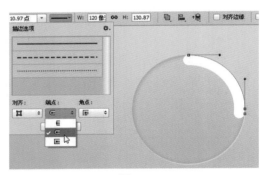

▲ 图 2-94

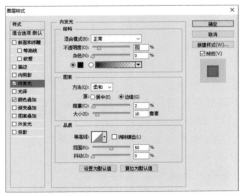

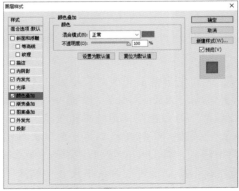

▲ 图 2-95

⑨ 设置完毕单击"确定"按钮,效果如图 2-96 所示。

⑩ 使用 ◉ (椭圆工具) 绘制一个白色正圆,效果如图 2-97 所示。

▲ 图 2-96

▲ 图 2-97

⑪ 执行菜单栏中的"图层 | 图层样式 | 斜面和浮雕、内阴影、渐变叠加、投影"命令,分别打开它们的"图层样式"对话框,其中的参数设置如图 2-98 所示。

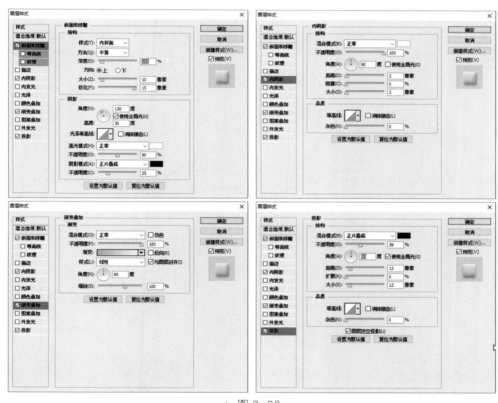

▲ 图 2-98

⑫ 设置完毕单击"确定"按钮,效果如图 2-99 所示。

⑬ 使用 ◉ (椭圆工具) 绘制一个小一些的白色正圆,效果如图 2-100 所示。

⑭ 执行菜单栏中的"图层 | 图层样式 | 内阴影、渐变叠加、投影"命令,分别打开它们的"图层样式"对话框,其中的参数设置如图 2-101 所示。

▲ 图 2-99

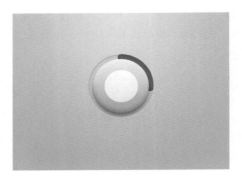

▲ 图 2-100

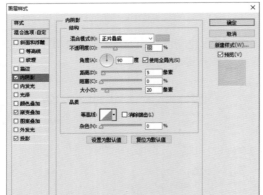

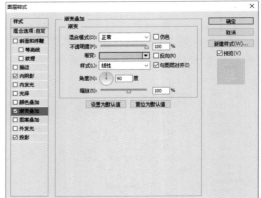

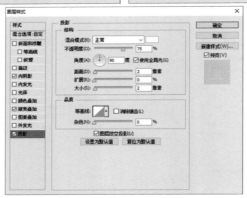

▲ 图 2-101

⑮ 设置完毕单击"确定"按钮，效果如图2-102所示。

⑯ 使用 (自定形状工具)绘制一个红色闪电符号、两个灰色闪电符号，效果如图2-103所示。

⑰ 分别选中这三个图层。执行菜单栏中的"图层|图层样式|内阴影、投影"命令，分别打开"内阴影"和"投影"的"图层样式"对话框，其中的参数设置如图2-104所示。

⑱ 设置完毕单击"确定"按钮，效果如图2-105所示。

⑲ 使用 (横排文字工具)输入灰色文字。至此，本例制作完毕，效果如图2-106所示。

▲ 图 2-102

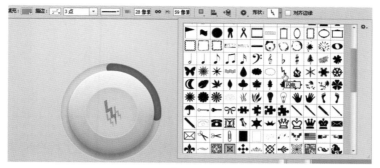

▲ 图 2-103

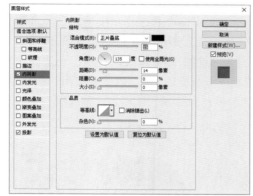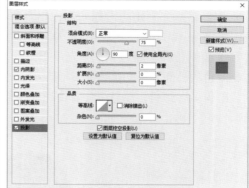

▲ 图 2-104

▲ 图 2-105

▲ 图 2-106

2.9 使用椭圆工具结合图层样式制作金属旋钮

本例首先新建文档创建图案图层制作背景，然后通过背景图案来制作旋钮的主材质，最后绘制正圆并应用图层样式制作出金属效果。

技术要点：

- 新建文档，创建填充图案图层；
- 使用"椭圆工具"绘制正圆；
- 添加图层样式；
- 创建剪贴蒙版；

- 应用"添加杂色"滤镜；
- 应用"径向模糊"滤镜；
- 设置"混合模式"并调整不透明度；
- 使用"多边形工具"绘制三角形；
- 输入文字。

━━●━ 绘制步骤 ━●━━

案例路径：	源文件 \ 第 2 章 \ 使用椭圆工具结合图层样式制作金属旋钮 .psd
视频路径：	视频 \ 第 2 章 \2.9　使用椭圆工具结合图层样式制作金属旋钮 .mp4

思路及流程：

　　本例思路是先利用图层样式制作出金属质感的旋钮，再通过"图案填充"将金属材质与图案相结合，使其成为一个整体。本例创建"图案填充"图层以此来制作背景，使用 ◉（椭圆工具）绘制正圆，通过添加"渐变叠加"图层样式制作出金属效果，通过创建剪贴蒙版制作出双色的正圆，再通过变换快捷键将绘制的直线进行旋转复制，为正圆应用"添加杂色"和"径向模糊"滤镜，最后结合混合模式和不透明度，为金属质感增加一些纹理，具体流程如图 2-107 所示。

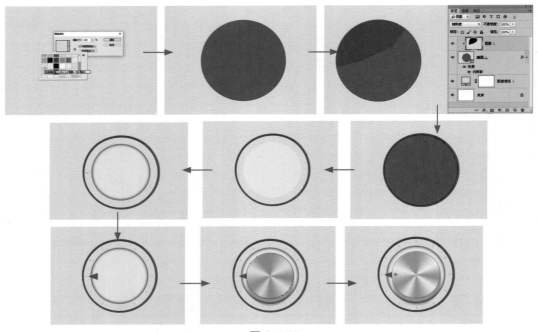

▲ 图 2-107

操作步骤：

　❶　打开 Photoshop 软件，执行菜单栏中的"文件|新建"命令，新建一个 800 像素×600 像素的空白文档，执行菜单栏中的"图层|新建填充图层|图案"命令，打开"新建图层"对话框，其中的参数设置如图 2-108 所示。

　❷　设置完毕单击"确定"按钮，此时系统会打开"图案填充"对话框，在图案拾色器中选择"亚麻编织纸"，如图 2-109 所示。

▲ 图 2-108

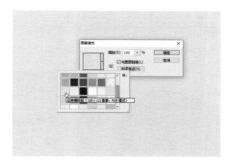

▲ 图 2-109

技巧 💡 为图层创建图案填充，还可以通过在"图层"面板中单击 ◑（创建新的填充或调整图层）按钮，在弹出的下拉菜单中选择相应的命令来实现。

❸ 设置完毕单击"确定"按钮，使用 ◑（椭圆工具）在页面中绘制一个红色的正圆，如图 2-110 所示。

❹ 执行菜单栏中的"图层|图层样式|内阴影"命令，打开"内阴影"的"图层样式"对话框，其中的参数设置如图 2-111 所示。

▲ 图 2-110

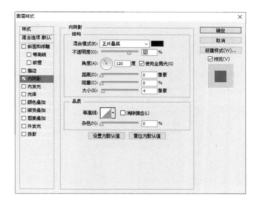

▲ 图 2-111

❺ 设置完毕单击"确定"按钮，效果如图 2-112 所示。

❻ 将"前景色"设置为黑色，新建一个"图层 1"，使用 ◩（多边形套索工具）创建一个封闭选区，之后按 Alt+Delete 组合键填充前景色，效果如图 2-113 所示。

▲ 图 2-112

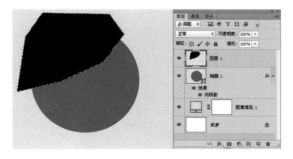

▲ 图 2-113

❼ 按 Ctrl+D 组合键去掉选区，执行菜单栏中的"图层|创建剪贴蒙版"命令，为图层

创建剪贴蒙版，设置"混合模式"为"饱和度"，效果如图 2-114 所示。

⑧ 复制"椭圆 1"图层，得到一个"椭圆 1 拷贝"图层，按 Ctrl+T 组合键调出变换框并拖动控制点将其缩小，之后按 Enter 键完成变换，效果如图 2-115 所示。

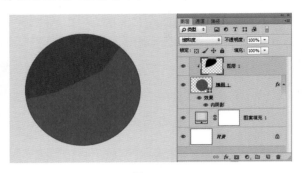

▲ 图 2-114　　　　　　　　　　　　▲ 图 2-115

⑨ 执行菜单栏中的"图层|图层样式|外发光、投影"命令，分别打开"外发光"和"投影"的"图层样式"对话框，其中的参数设置如图 2-116 所示。

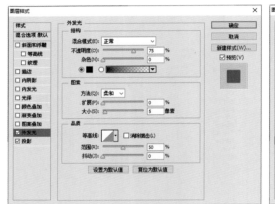
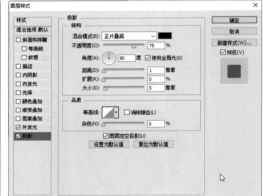

▲ 图 2-116

⑩ 设置完毕单击"确定"按钮，效果如图 2-117 所示。

⑪ 复制"图案填充 1"图层，得到一个"图案填充 1 拷贝"图层，在"图层"面板中将其拖曳到最顶层，执行菜单栏中的"图层|创建剪贴蒙版"命令，为图层创建剪贴蒙版，效果如图 2-118 所示。

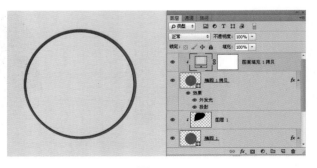

▲ 图 2-117　　　　　　　　　　　　▲ 图 2-118

⑫ 使用 ◯（椭圆工具）绘制一个灰色的"椭圆 2"形状，效果如图 2-119 所示。

⓭ 执行菜单栏中的"图层|图层样式|内发光"命令，打开"内发光"的"图层样式"对话框，其中的参数设置如图 2-120 所示。

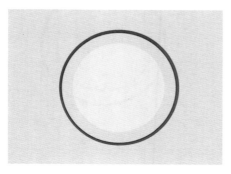

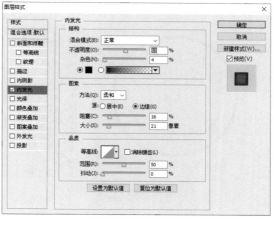

▲ 图 2-119   ▲ 图 2-120

⓮ 设置完毕单击"确定"按钮，效果如图 2-121 所示。

⓯ 使用 ✐（直线工具）绘制一条黑色直线，设置"不透明度"为 27%，效果如图 2-122 所示。

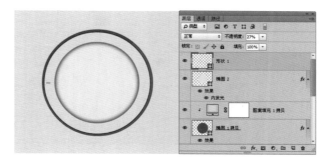

▲ 图 2-121   ▲ 图 2-122

⓰ 复制"形状 1"图层，得到一个"形状 1 拷贝"图层，按 Ctrl+T 组合键调出变换框，将旋转中心点拖曳到正圆中间位置，设置"角度"为 30 度，效果如图 2-123 所示。

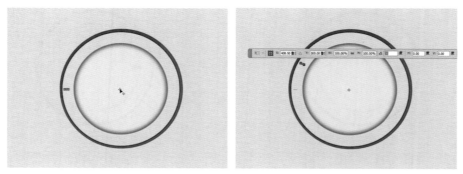

▲ 图 2-123

⓱ 按 Enter 键完成变换，再按 Ctrl+Shift+Alt+T 组合键进行旋转复制，直到一周为止，效果如图 2-124 所示。

⓲ 使用 （多边形工具）绘制一个红色的三角形，效果如图 2-125 所示。

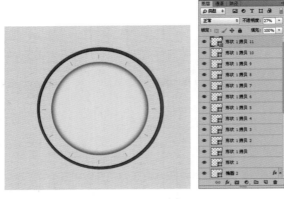

▲ 图 2-124

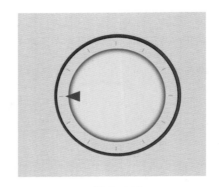

▲ 图 2-125

⓳ 执行菜单栏中的"图层 | 图层样式 | 内发光、投影"命令，分别打开"内发光"和"投影"的"图层样式"对话框，其中的参数设置如图 2-126 所示。

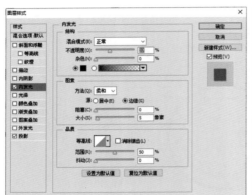

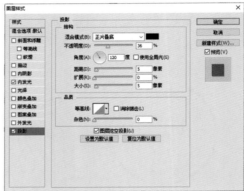

▲ 图 2-126

⓴ 设置完毕单击"确定"按钮，效果如图 2-127 所示。

㉑ 使用 （椭圆工具）绘制一个小一点的灰色的正圆形状，效果如图 2-128 所示。

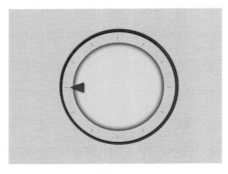

▲ 图 2-127

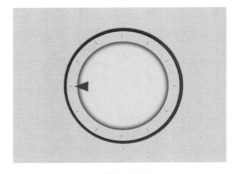

▲ 图 2-128

㉒ 执行菜单栏中的"图层 | 图层样式 | 斜面和浮雕、渐变叠加、外发光、投影"命令，分别打开它们的"图层样式"对话框，其中的参数设置如图 2-129 所示。

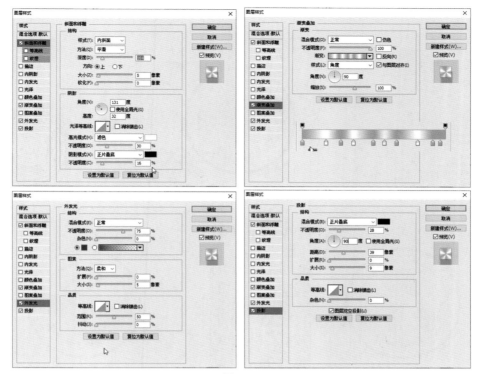

▲ 图 2-129

㉓ 设置完毕单击"确定"按钮,效果如图 2-130 所示。

㉔ 按住 Ctrl 键的同时单击"椭圆 3"图层的缩览图,调出选区后,新建一个图层,将选区填充为灰色,效果如图 2-131 所示。

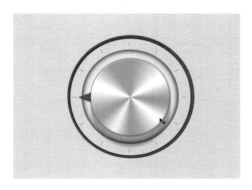

▲ 图 2-130

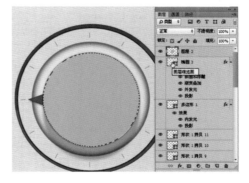

▲ 图 2-131

㉕ 执行菜单栏中的"滤镜|杂色|添加杂色"命令,打开"添加杂色"对话框,其中的参数设置如图 2-132 所示。

㉖ 设置完毕单击"确定"按钮,效果如图 2-133 所示。

㉗ 执行菜单栏中的"滤镜|模糊|径向模糊"命令,打开"径向模糊"对话框,其中的参数设置如图 2-134 所示。

㉘ 设置完毕单击"确定"按钮,设置"混合模式"为"正片叠底"、"不透明度"为40%,如图 2-135 所示。

㉙ 按 Ctrl+D 组合键去掉选区,使用 ◎（椭圆工具）绘制一个小一点的灰色的正圆形状,

效果如图 2-136 所示。

▲ 图 2-132

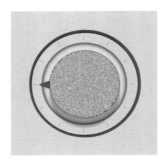

▲ 图 2-133

▲ 图 2-134

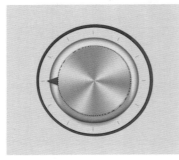

▲ 图 2-135

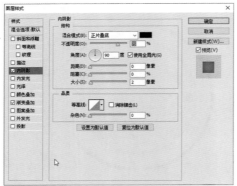

▲ 图 2-136

30 执行菜单栏中的"图层 | 图层样式 | 内阴影、渐变叠加"命令，分别打开"内阴影"和"渐变叠加"的"图层样式"对话框，其中的参数设置如图 2-137 所示。

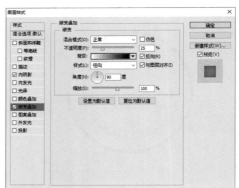

▲ 图 2-137

31 设置完毕单击"确定"按钮，使用 T（横排文字工具）输入一个"+"字符。至此，本例制作完毕，效果如图 2-138 所示。

▲ 图 2-138

2.10 使用路径与自定形状工具制作网页广告条

本例将介绍制作网页广告条的效果。

技术要点：

· 打开文档；

· 使用"自定形状工具"绘制铁轨，将其制作成一个围栏；

· 使用"钢笔工具"绘制图形；

· 使用"矩形工具"绘制矩形；

· 使用"直线工具"绘制直线；

· 输入文字。

━━━●◗ 绘制步骤 ◖●━━━

素材路径：	素材＼第 2 章＼广告条背景 .jpg
案例路径：	源文件＼第 2 章＼使用路径与自定形状工具制作网页广告条 .psd
视频路径：	视频＼第 2 章＼2.10 使用路径与自定形状工具制作网页广告条 .mp4

思路及流程：

本例思路是利用打开的素材内容，将其制作成公益类型的网页广告条，并在内容区制作 3 个选项区。本例先使用 ▨（自定形状工具）绘制围栏效果，再通过 ◿（钢笔工具）制作底部的托举效果，最后结合矩形工具、直线工具和文字制作出内容区，具体流程如图 2-139 所示。

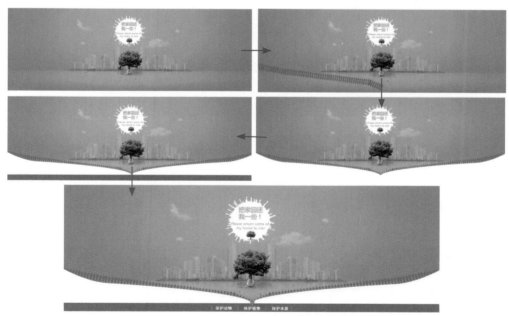

▲ 图 2-139

操作步骤：

❶ 打开 Photoshop 软件，执行菜单栏中的"文件|打开"命令，打开"网页广告条背景 .jpg"

素材，如图 2-140 所示。

▲ 图 2-140

❷ 新建图层组，使用（自定形状工具）在页面中绘制"铁轨"形状，将其作为围栏进行复制并摆放，如图 2-141 所示。

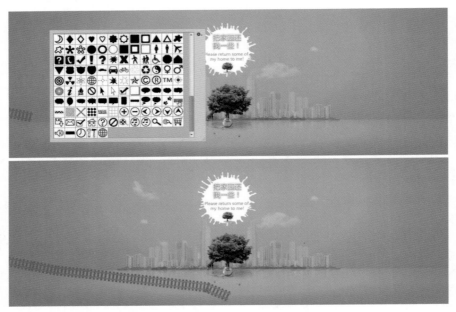

▲ 图 2-141

❸ 复制图层组，执行菜单栏中的"编辑 | 变换 | 水平翻转"命令，翻转后将其移动位置，效果如图 2-142 所示。

▲ 图 2-142

❹ 使用（钢笔工具）绘制一个白色形状图形，如图 2-143 所示。

▲ 图 2-143

❺ 使用■（矩形工具）在底部绘制一个灰色矩形，效果如图 2-144 所示。

▲ 图 2-144

❻ 在灰色矩形上面输入文字，再绘制若干青色直线，将文字隔开。该区域就是广告条的内容导航区，效果如图 2-145 所示。

▲ 图 2-145

❼ 使用■（自定形状工具）在"保护植物"的文字上面绘制一个青色箭头，用它代表当前位置为"保护植物"区。至此，本例制作完毕，效果如图 2-146 所示。

▲ 图 2-146

2.11 优秀作品欣赏

第 **3** 章
扁平化设计风格

本章重点：

❖ 了解扁平化设计

❖ 扁平相机图标制作

❖ 扁平视频播放图标制作

❖ 扁平收音机图标制作

❖ 扁平化邮箱界面制作

❖ 扁平音乐播放器界面制作

❖ 时间 APP 界面制作

❖ 天气预报控件制作

❖ 车载扁平 UI 制作

❖ 扁平卡通生肖图标制作

❖ 优秀作品欣赏

本章主要讲解 UI 设计中扁平化风格的设计。扁平化设计也被称为简约设计、极简设计，主要特点是去除了 UI 设计中的各种特效和装饰。例如，设计时不会出现渐变、3D、纹理等效果元素，主要体现设计中的极简、强调抽象、符号化等特色。扁平化设计与拟物化设计形成鲜明的对比。本章就从图标、UI 控件、简洁界面等方面进行案例式的实战讲解，让读者能够以最快的方式进入扁平化的设计中，并对其能进行相关的应用。

3.1 了解扁平化设计

3.1.1 扁平化设计是什么

扁平化是近几年 UI 设计发展的一种趋势，因此作为一名从事 UI 设计的工作者，扁平化设计风格是必须掌握的一项技能。本节就简单地说一下扁平化 UI 设计风格的特点，希望能够对读者有所帮助。

扁平化是一种二维形态，其核心就是去掉冗余的装饰效果，也就是化繁为简，把一个事物尽可能用最简洁的方式表现出来，但简洁不等于简单。如果拟物化是西方的油画，注重写实，那么扁平化就更像是中国风的水墨画，注重的是写意。尤其是在移动设备上，它能尽量多地在较小的屏幕空间显示内容而不显得臃肿，使人有干净整洁的感觉。

首先，扁平化的界面通常使用鲜艳、明亮的色块进行设计。形态方面，以圆、矩形等简单几何形态为主，界面按钮和选项也更少。扁平化风格中设计元素的减少，使色彩的使用更加规范，字体标准更加统一，使其形态与整体更加相适应，因此更加容易形成完整一致的模式，整个界面简洁大方、充满现代感，呈现极简主义的设计理念。

其次，扁平化的界面提升了系统效率，降低了设计成本。拟物化风格在细节处理时占用大量数据，数据量的增加势必提升系统占用空间，降低运算速度。而扁平化风格由于设计元素、色彩的减少，摒弃了过多的装饰，使人机交互过程中的效率得到提升，系统功耗减少，提高了运算速度，延长了待机时间。

最后，扁平化设计减轻了体验者使用过程中的心理负担。随着硬件设备性能的不断提升，体验者的操作内容和范围也不断增加，拟物化界面的点触样式更容易造成使用过程中的不便，增加体验者的心理负担，造成疲劳。而扁平化设计的点触区域，使体验者在使用过程中更加自如。

作为手机领域风向标的苹果手机就在 iOS8 以后使用了扁平化设计。随着更多苹果产品的出现，扁平化设计已经成为 UI 类设计的大趋势。例如，Windows、Mac OS、iOS、Android 等操作系统的设计已经朝着扁平化设计发展。

3.1.2 扁平化风格的优缺点

扁平化风格的确立，可以引领大批的设计者跟随，从而丰富设计内容。扁平化与拟物化在设计中属于两极化的存在。任何事物只要存在就会有优点和缺点。

1. 扁平化风格设计的优点

扁平化风格能够快速地在设计界拥有一席之地，它的流行绝非偶然，其优点也是有目共睹的。

· **降低移动设备的硬件需求，运行时速度会更快，能耗低，可以延长设备待机时间，**

提高工作效率。

- 无论是图标还是界面，都能够更快地与使用者达成共识，减少应用误区。
- 减少了装饰效果的加持，界面简单、线条明确。设计时不用考虑多个尺寸，可以在多种设备中完美展现，大大地增强了适应性。
- 界面简洁便于更改，设计与开发会因此变得更加容易。
- 简约而不简单，清晰的色彩脉络能够更容易让人产生共鸣，缓解视觉疲劳。

2. 扁平化风格设计的缺点

用户对任何事物都有一个适应的过程，对于始终不适应的人来说，扁平化设计的缺点是显而易见的。

- 界面过于单调，在非移动设备上看起来没有质感。
- 由于设计过于简约，对于初次看到的人来说不懂它的具体含义，需要对其进行学习才能了解，因此会增加用户的一些学习成本和时间。
- 内容过于单调，减少了人们对它的兴趣。因此，会流失一些潜在人群，造成不必要的损失。

3.1.3　扁平化风格的设计原则

了解扁平化风格的优缺点后，要想在扁平化设计方面有更好的成就，就要对其进一步掌握。扁平化设计虽然简单，但也需要特别的技巧，否则整个设计会由于过于简单而缺少吸引力，不能给浏览者留下深刻的印象。没有哪种风格是万能的，不能强行将一种风格应用到不该用的地方，否则会起到相反的作用。在运用扁平化风格进行设计时一定要遵循以下几种设计原则。

1. 去特效化

通过对扁平化设计的了解，我们知道扁平化抛弃一切装饰效果，诸如阴影、透视、纹理、渐变等能制作出 3D 效果的元素一概不用。扁平化完全属于极简设计。所有元素的边界都干净利落，没有任何羽化、渐变或者阴影。尤其是在手机上，因为屏幕的限制，使得这一风格在用户体验上更有优势。更少的按钮和选项使得产品界面干净整齐，使用起来也格外简单，如图 3-1 所示。

▲ 图 3-1

2. 简洁界面元素

扁平化设计通常采用许多简单的界面元素，在按钮、导航、菜单、控件等设计中多使用极简风格的几何元素。设计师们通常坚持使用简单的矩形或圆形，而避免使用圆角，使其尽量突出外形。对于相同的几何元素，可以用不同的色调进行区分，如图 3-2 所示。

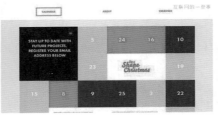

▲ 图 3-2

3. 强化版式设计

由于扁平化设计使用的是特别简单的元素，版式就成了很重要的一环，版式设计得好坏直接影响视觉效果，甚至可能间接影响用户体验。版式与文字的相辅相成能让整体效果看起来更加具有视觉性和统一性，设计时切记注意图片的大小与文字的大小。文字不要添加过多的修饰，避免出现伪扁平化效果，语言和内容要简洁精练。图形或文字都可以以对比的形式进行版式设计，比如颜色对比、大小对比、形状对比、字体对比等。强化版式设计如图 3-3 所示。

▲ 图 3-3

4. 强化颜色搭配

打开扁平化设计作品时，最先映入眼帘的元素恐怕就是配色了。扁平化设计通常采用比其他风格更明亮、更炫丽的颜色。在配色中会以多色彩的形式进行加入，颜色类型以不同的纯色作为各区域的配色，以此来避免整个界面在视觉上过于平淡。在颜色的选择上，有一些颜色会特别地受欢迎，设计者要多用。例如复古的浅橙色、紫色、绿色、蓝色等。强化颜色搭配如图 3-4 所示。

5. 统一风格

在扁平化设计中，设计师要尽量简化自己的设计方案，避免不必要的元素出现在设计中。

对于出现的图形或文字，要将其做到形状统一、位置统一、字体统一等。统一风格不是扁平化设计所特有的要求，在 UI 设计中如果风格不统一，那么会让浏览者有一种无从下手的感觉，完全失去界面间的交互吸引。统一风格如图 3-5 所示。

▲ 图 3-4

▲ 图 3-5

3.2 扁平相机图标制作

本例通过创建圆角矩形、矩形以及椭圆等形状，来拼贴出一个扁平相机图标，使其看起来具有二维平面图形的效果。

技术要点：
- 使用"新建"命令新建文档；
- 使用"圆角矩形工具"绘制圆角矩形；
- 使用"矩形工具"绘制矩形；
- 使用"椭圆工具"绘制正圆及椭圆；
- 设置不透明度。

绘制步骤

案例路径：	源文件 \ 第 3 章 \ 扁平相机图标 .psd
视频路径：	视频 \ 第 3 章 \ 3.2 扁平相机图标 .mp4

思路及流程：
本例思路是以圆角矩形作为相机的机身，以矩形作为相机的修饰部分，以正圆、椭圆、圆角矩形作为相机镜头和闪光区域等。为了让整体看起来更加吸引人，在绘制矩形时使用多种色彩来组成矩形区域。整体的相机制作流程如图 3-6 所示。

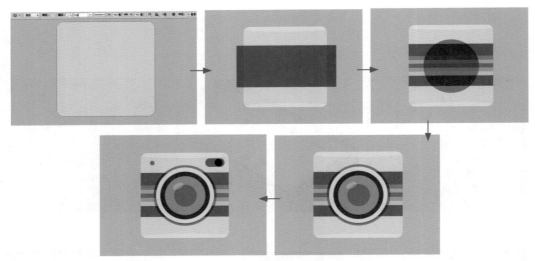

▲ 图 3-6

操作步骤：

❶ 启动 Photoshop 软件，执行菜单栏中的"文件|新建"命令或按Ctrl+N组合键，打开"新建"对话框，新建一个"宽度"为800像素、"高度"为600像素的空白文档，将其填充为灰色，如图3-7所示。

> **技巧** 💡 按Ctrl+N组合键可以快速打开"新建"对话框。按Ctrl+O组合键可以快速打开"打开"对话框。

❷ 在工具箱中选择▣（圆角矩形工具）后，在背景上面绘制一个"填充"为RGB(240、225、201)、"描边"为"无"、"半径"为20像素的圆角矩形，如图3-8所示。

▲ 图 3-7

▲ 图 3-8

❸ 新建图层，使用◉（椭圆工具）绘制白色椭圆，设置"不透明度"为30%，复制一个拷贝图层，调整位置，如图3-9所示。

❹ 选中两个新建的图层，执行菜单栏中的"图层|创建剪贴蒙版"命令，为图层创建剪贴蒙版，效果如图3-10所示。

❺ 新建图层，使用▣（矩形工具）绘制一个黑色矩形，设置"不透明度"为58%，如图3-11所示。

❻ 新建图层，使用▣（矩形工具）绘制一个红色矩形，如图3-12所示。

❼ 复制4个副本，按Ctrl+U组合键打开"色相/饱和度"对话框，将4个副本分别调整成不同的颜色，效果如图3-13所示。

⑧ 将矩形所在的图层一同选中，执行菜单栏中的"图层 | 创建剪贴蒙版"命令，为图层创建剪贴蒙版，效果如图 3-14 所示。

▲ 图 3-9　　　　　　　　　　　　　　　　▲ 图 3-10

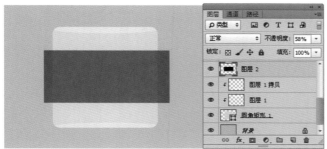

▲ 图 3-11　　　　　　　　　　　　　　　　▲ 图 3-12

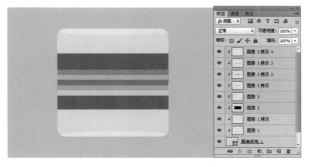

▲ 图 3-13　　　　　　　　　　　　　　　　▲ 图 3-14

⑨ 使用 ◙（椭圆工具）绘制不同颜色的正圆和椭圆，再调整不透明度，此时区域变为相机镜头，效果如图 3-15 所示。

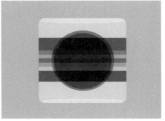

▲ 图 3-15

▲ 图 3-15（续）

⑩ 使用▣（圆角矩形工具）和◎（椭圆工具）绘制闪光灯区域和显示灯。至此，本例制作完毕，效果如图 3-16 所示。

▲ 图 3-16

3.3 扁平视频播放图标制作

本例先通过使用不同的形状工具绘制相关形状，再对其进行相应的变换编辑，最后再将其拼合成一个二维扁平的视频播放图标。

技术要点：

- 新建文档，填充颜色；
- 使用“圆角矩形工具”绘制圆角矩形；
- 使用“矩形工具”绘制矩形；
- 斜切变换；
- 垂直翻转；
- 创建剪贴蒙版；
- 使用“椭圆工具”绘制正圆；
- 使用“多边形工具”绘制三角形。

绘制步骤

案例路径：	源文件 \ 第 3 章 \ 扁平视频播放图标 .psd
视频路径：	视频 \ 第 3 章 \3.3　扁平视频播放图标 .mp4

思路及流程：

本例思路是先用▣（圆角矩形工具）绘制图标的整体外形，再使用▣（矩形工具）绘制小矩形并对其进行斜切变换后，复制多个副本，最后合并图层，创建剪贴蒙版，以此来展现一个扁平的二维视频播放图标。具体流程如图 3-17 所示。

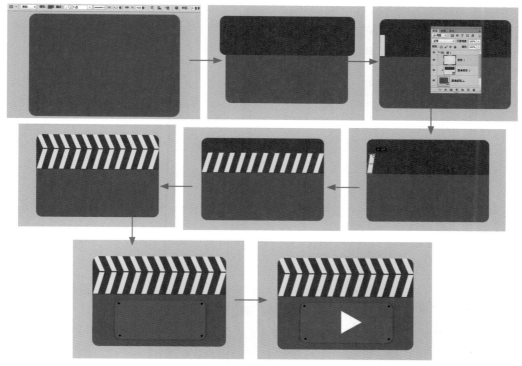

▲ 图 3-17

操作步骤：

❶ 启动 Photoshop 软件，执行菜单栏中的"文件|新建"命令或按 Ctrl+N 组合键，打开"新建"对话框，新建一个"宽度"为 800 像素、"高度"为 600 像素的空白文档，将其填充为灰色。再使用 ▣ (圆角矩形工具) 绘制一个"填充"为 RGB(89、73、63)、"描边"为"无"、"半径"为 20 像素的圆角矩形，如图 3-18 所示。

❷ 使用 ▣ (圆角矩形工具) 绘制一个"填充"为 RGB(54、46、43)、"描边"为"无"、"半径"为 20 像素的圆角矩形，如图 3-19 所示。

▲ 图 3-18

▲ 图 3-19

❸ 执行菜单栏中的"图层|创建剪贴蒙版"命令，为图层创建剪贴蒙版，效果如图 3-20 所示。

❹ 新建一个图层组，使用 ▣ (矩形工具) 绘制一个白色矩形，效果如图 3-21 所示。

> **技巧** 💡 使用形状工具绘制图形时，最好不要在已选中之前的形状图层的情况下绘制第二个形状，应当选中其他普通图层或者新建一个图层，再进行绘制。因为新建一个图层后，绘制形状图层时，会自动将新建的图层转换成绘制的形状图层。

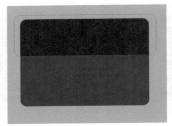

▲ 图 3-20

▲ 图 3-21

❺ 执行菜单栏中的"编辑|变换|斜切"命令，调出变换框，拖动顶部的控制点，将其进行斜切处理，效果如图 3-22 所示。

❻ 按 Enter 键完成变换，按住 Alt 键的同时向右拖动图形，复制副本并放到拷贝层，多复制几个，效果如图 3-23 所示。

❼ 复制图层"组 1"，得到一个"组 1 拷贝"图层，执行菜单栏中的"图层|合并组"命令，将其合并成一个普通图层，如图 3-24 所示。

▲ 图 3-22

▲ 图 3-23

▲ 图 3-24

技巧　按 Ctrl+E 组合键可将当前图层组快速合并为一个图层。如果选中图层按 Ctrl+E 组合键，就可以向下合并一个图层。

❽ 执行菜单栏中的"编辑|变换|垂直翻转"命令，将选中的图层进行翻转变换，再将其向上移动，按 Ctrl+T 组合键调出变换框，拖动控制点将其调矮一点，效果如图 3-25 所示。

❾ 按 Enter 键完成变换，在"图层"面板中将合并后的图层调整到"组 1"的左下方，执行菜单栏中的"图层|创建剪贴蒙版"命令，为图层创建剪贴蒙版，效果如图 3-26 所示。

▲ 图 3-25

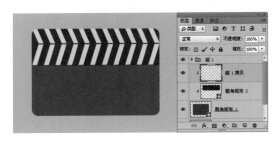

▲ 图 3-26

❿ 使用 █（圆角矩形工具）绘制一个"填充"为 RGB(106、57、6)、"描边"为"无"、"半径"为 20 像素的圆角矩形，效果如图 3-27 所示。

⓫ 使用 █（圆角矩形工具）在圆角矩形上绘制一个"填充"为 RGB(129、81、28)、"描边"为"无"、"半径"为 20 像素的小一点的圆角矩形，效果如图 3-28 所示。

▲ 图 3-27

▲ 图 3-28

⑫ 使用 ◙ (椭圆工具) 绘制 4 个黑色的正圆，效果如图 3-29 所示。

⑬ 使用 ◙ (多边形工具) 绘制一个白色的三角形，调整位置和大小后完成本例的制作，效果如图 3-30 所示。

▲ 图 3-29

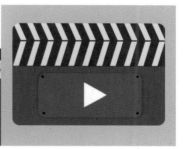

▲ 图 3-30

3.4 扁平收音机图标制作

本例先通过在新建文档中绘制圆角矩形作为收音机主体，再通过矩形、正圆制作收音机中的其他元素。

技术要点：

· 新建文档，填充颜色；

· 使用 "圆角矩形工具" 绘制圆角矩形；

· 使用 "矩形工具" 绘制矩形；

· 使用 "椭圆工具" 绘制正圆；

· 复制多个图形；

· 合并图层；

· 创建剪贴蒙版。

● 绘制步骤 ●

案例路径：	源文件 \ 第 3 章 \ 扁平收音机图标 .psd
视频路径：	视频 \ 第 3 章 \ 3.4　扁平收音机图标 .mp4

思路及流程：

本例思路是先以圆角矩形作为收音机的主体，再用矩形结合剪贴蒙版来制作频道部分，最后使用正圆和矩形制作正面的喇叭、旋钮以及天线。具体流程如图 3-31 所示。

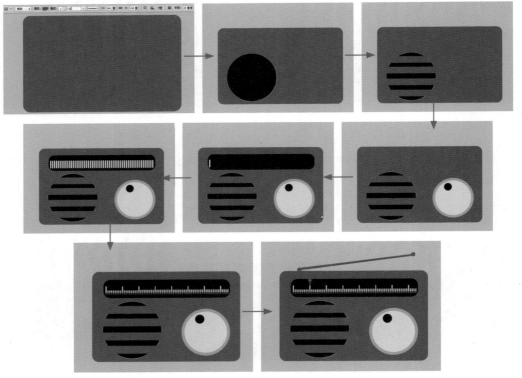

▲ 图 3-31

操作步骤：

❶ 启动 Photoshop 软件，执行菜单栏中的"文件|新建"命令或按 Ctrl+N 组合键，打开"新建"对话框，新建一个"宽度"为 800 像素、"高度"为 600 像素的空白文档，将其填充为灰色。再使用▣（圆角矩形工具）绘制一个"填充"为 RGB(146、67、13)、"描边"为"无"、"半径"为 20 像素的圆角矩形，如图 3-32 所示。

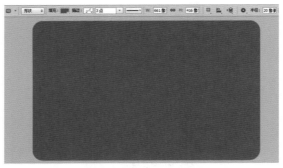

▲ 图 3-32

❷ 使用▣（椭圆工具），在圆角矩形上面绘制一个黑色的正圆，如图 3-33 所示。

❸ 执行菜单栏中的"图层|图层样式|内发光"命令，打开"内发光"的"图层样式"对话框，其中的参数值设置如图 3-34 所示。

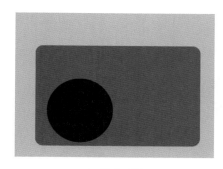

▲ 图 3-33

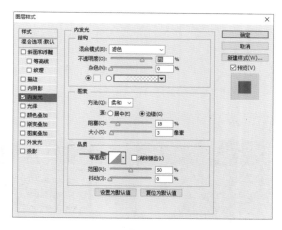

▲ 图 3-34

④ 设置完毕单击"确定"按钮，效果如图 3-35 所示。

⑤ 复制 4 个圆角矩形的副本，调整大小和位置，效果如图 3-36 所示。

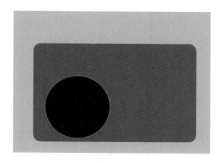

▲ 图 3-35

▲ 图 3-36

⑥ 使用 ▣ (椭圆工具) 在圆角矩形上绘制 3 个大小和颜色不同的正圆，效果如图 3-37 所示。

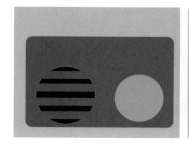 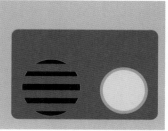 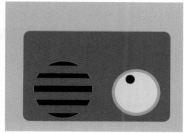

▲ 图 3-37

⑦ 使用 ▣ (圆角矩形工具) 绘制一个黑色圆角矩形，效果如图 3-38 所示。

⑧ 新建一个图层，使用 ▣ (矩形工具) 绘制一个白色的小矩形，如图 3-39 所示。

⑨ 按 Ctrl+J 组合键复制一个图层，按 Ctrl+T 组合键调出变换框后，将其向右移动，如图 3-40 所示。

⑩ 按 Enter 键完成变换，按 Ctrl+Shift+Alt+T 组合键数次，系统会自动向右复制小矩形，直到复制到右侧为止，如图 3-41 所示。

⑪ 在"图层"面板中选中"图层 1"和它的所有复制图层，按 Ctrl+E 组合键将其合并，

如图 3-42 所示。

⑫ 使用▣（矩形选框工具）绘制矩形后，按 Delete 键将其选区内的图像删除，效果如图 3-43 所示。

⑬ 按 Ctrl+D 组合键去掉选区，新建一个图层，使用▣（矩形工具）绘制一个红色矩形，效果如图 3-44 所示。

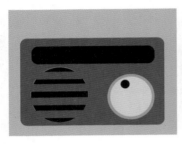

▲ 图 3-38

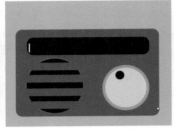

▲ 图 3-39

▲ 图 3-40

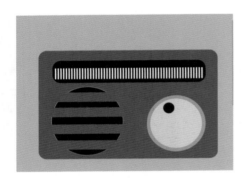

▲ 图 3-41

▲ 图 3-42

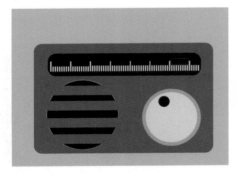

▲ 图 3-43

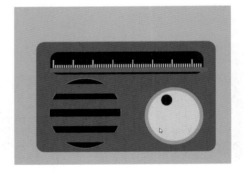

▲ 图 3-44

⑭ 执行菜单栏中的"图层|创建剪贴蒙版"命令，为图层创建剪贴蒙版，效果如图 3-45 所示。

⑮ 使用▣（椭圆工具）和▣（矩形工具）绘制一个红色正圆和一个红色矩形，效果如图 3-46 所示。

⑯ 使用▣（椭圆工具）和▣（矩形工具），在机身上面绘制两个与机身颜色相同的正圆和一个与机身颜色相同的矩形，将矩形进行斜切变换调整。至此，本例制作完毕，效果如图 3-47 所示。

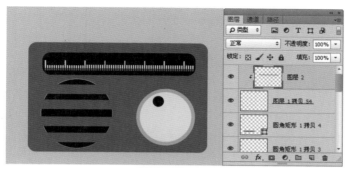

▲ 图 3-45

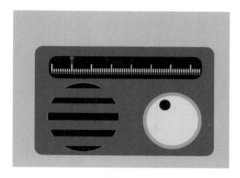

▲ 图 3-46

▲ 图 3-47

3.5 扁平化邮箱界面制作

本例先通过在文档中制作一个 iPad 的界面，以此来显示邮箱，再为其添加一个阴影，使其看起来与背景层次分明。

技术要点：

- 新建文档，填充颜色；
- 使用"圆角矩形工具"绘制圆角矩形；
- 使用"矩形工具"绘制矩形；
- 使用"椭圆工具"绘制正圆；
- 使用"自定形状工具"绘制形状；
- 添加"内阴影"图层样式；
- 输入文字。

━━● **绘制步骤** ●━━

案例路径：	源文件 \ 第 3 章 \ 扁平化邮箱界面 .psd
视频路径：	视频 \ 第 3 章 \3.5 扁平化邮箱界面 .mp4

思路及流程：

本例思路是将界面内容显示在扁平化的 iPad 中，内容包括登录名、密码等。在背景中填充双色，使用◉（椭圆工具）绘制正圆，并为其添加"内阴影"图层样式，将其作为背景。使用▣（圆角矩形工具）、▣（矩形工具）绘制 iPad 图形,在其中使用▣（矩形工具）

绘制矩形。在矩形图层上使用 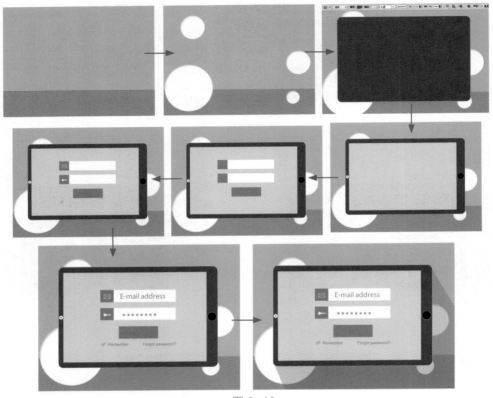（自定形状工具）绘制形状图形，最后输入文字完成邮箱界面的制作。具体流程如图 3-48 所示。

▲ 图 3-48

操作步骤：

❶ 启动 Photoshop 软件，执行菜单栏中的"文件 | 新建"命令或按 Ctrl+N 组合键，打开"新建"对话框，新建一个"宽度"为 800 像素、"高度"为 600 像素的文档，将其填充 RGB(133、210、197) 颜色。使用 ▦（矩形选框工具）在底部绘制一个矩形选区，将其填充 RGB(106、166、158) 颜色，如图 3-49 所示。

❷ 按 Ctrl+D 组合键去掉选区，使用 ◯（椭圆工具）绘制白色正圆，如图 3-50 所示。

▲ 图 3-49

▲ 图 3-50

❸ 执行菜单栏中的"图层|图层样式|内阴影"命令，打开"内阴影"的"图层样式"对话框，其中的参数值设置如图 3-51 所示。

❹ 设置完毕单击"确定"按钮，效果如图 3-52 所示。

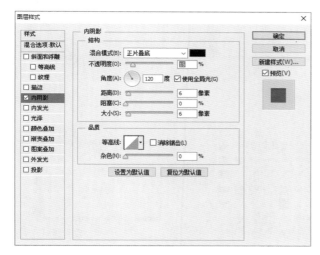

▲ 图 3-51

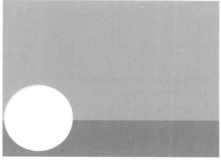

▲ 图 3-52

❺ 复制 3 个正圆副本，调整大小和位置，效果如图 3-53 所示。

❻ 使用 ▨（圆角矩形工具）绘制一个"填充"为 RGB(45、62、80)、"描边"为 RGB(229、229、229)、"描边宽度"为 0.5 点、"半径"为 20 像素的圆角矩形，如图 3-54 所示。

▲ 图 3-53

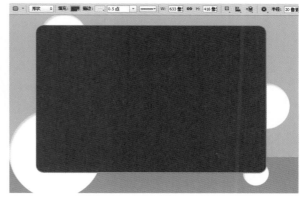

▲ 图 3-54

❼ 使用 ▨（矩形工具）绘制一个灰色矩形，效果如图 3-55 所示。

❽ 使用 ◯（椭圆工具）绘制两个黑色正圆，设置"描边"为灰色，将小正圆的"描边宽度"设置为 2.74 点，大一点的正圆的"描边宽度"设置为 0.5 点，效果如图 3-56 所示。

❾ 使用 ▨（矩形工具）绘制两个白色矩形和三个绿色矩形，效果如图 3-57 所示。

❿ 使用 ▨（自定形状工具），选择形状后，在页面中绘制白色和绿色的形状，效果如图 3-58 所示。

▲ 图 3-55

▲ 图 3-56

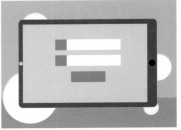

▲ 图 3-57

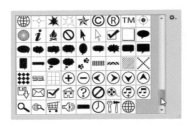

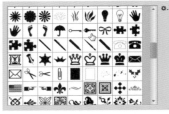

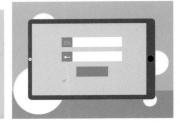

▲ 图 3-58

⑪ 使用 T（横排文字工具）输入对应的文字，效果如图 3-59 所示。

⑫ 在最大的圆角矩形下方新建一个图层，使用 （多边形套索工具）绘制封闭选区后将其填充为墨绿色，设置"不透明度"为 23%，效果如图 3-60 所示。

▲ 图 3-59

▲ 图 3-60

⑬ 按 Ctrl+D 组合键去掉选区。至此，本例制作完毕，效果如图 3-61 所示。

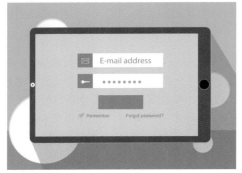

▲ 图 3-61

3.6 扁平音乐播放器界面制作

本例先通过在新建文档中移入素材，使其作为播放器的背景，再通过绘制的形状以及输入的文字作为播放器的组成元素。

技术要点：

- 新建文档，移入素材；
- 使用"矩形工具"绘制矩形；
- 使用"椭圆工具"绘制正圆；
- 使用"多边形工具"绘制三角形；
- 使用"照片滤镜"调整文档色调；
- 添加"外发光、投影"图层样式；
- 输入文字。

◀ 绘制步骤 ▶

素材路径：	素材 \ 第 3 章 \ 海边 .jpg、顶部 .jpg、底部 .jpg
案例路径：	源文件 \ 第 3 章 \ 扁平音乐播放器界面 .psd
视频路径：	视频 \ 第 3 章 \ 扁平音乐播放器界面 .mp4

思路及流程：

本例思路是先在新建的文档中添加素材，将其作为背景，通过"照片滤镜"将图像调整成古典风格，通过 ▣（矩形工具）绘制大面色矩形，结合 ◉（椭圆工具）制作拖动条，再使用 ◧（多边形工具）绘制播放按钮，最后加上文字和移入的素材完成播放器界面的制作。具体流程如图 3-62 所示。

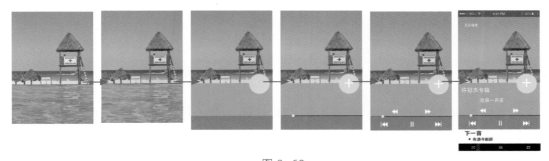

▲ 图 3-62

操作步骤：

❶ 启动 Photoshop 软件，执行菜单栏中的"文件|新建"命令或按 Ctrl+N 组合键，打开"新建"对话框，新建一个"宽度"为 640 像素、"高度"为 1136 像素的空白文档，执行菜单栏中的"文件|打开"命令，打开"海边 .jpg"素材。使用 ✛（移动工具）将"海边"素材中的图像拖曳到新建文档中，调整大小和位置，如图 3-63 所示。

❷ 单击 ◉（创建新的填充或调整图层）按钮，在弹出的下拉菜单中选择"色相/饱和度"命令，在打开的"属性"面板中设置"色相/饱和度"的各项参数，效果如图 3-64 所示。

❸ 使用 ▣（矩形工具），在页面中绘制两个不同绿色的矩形形状，如图 3-65 所示。

❹ 使用 ◉（椭圆工具），在中部靠右的位置上绘制一个红色正圆，效果如图 3-66 所示。

▲ 图 3-63

▲ 图 3-64

▲ 图 3-65

▲ 图 3-66

❺ 执行菜单栏中的"图层 | 图层样式 | 外发光"命令，打开"外发光"的"图层样式"对话框，其中的参数值设置如图 3-67 所示。

❻ 设置完毕单击"确定"按钮，效果如图 3-68 所示。

❼ 使用 T（横排文字工具），在黄色正圆上面输入一个白色"+"号，如图 3-69 所示。

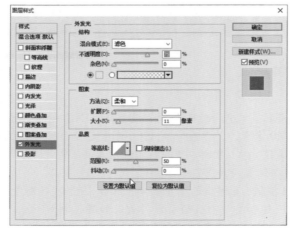

▲ 图 3-67

▲ 图 3-68

▲ 图 3-69

⑧ 使用 ■（矩形工具），在两个绿色矩形之间绘制一个黑色矩形，设置"不透明度"为 50%，效果如图 3-70 所示。

⑨ 使用 ■（矩形工具），在黑色矩形上绘制一个紫色的小矩形，将其作为拖动条，效果如图 3-71 所示。

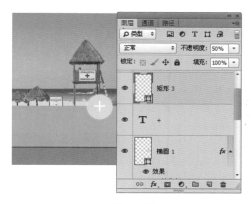

▲ 图 3-70

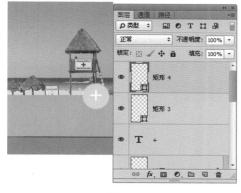

▲ 图 3-71

⑩ 使用 ●（椭圆工具），在黑色与紫色矩形相接的位置绘制一个白色正圆。执行菜单栏中的"图层｜图层样式｜投影"命令，打开"投影"的"图层样式"对话框，其中的参数值设置如图 3-72 所示。

⑪ 设置完毕单击"确定"按钮，设置"填充"为 90%。此时拖动条部分制作完毕，效果如图 3-73 所示。

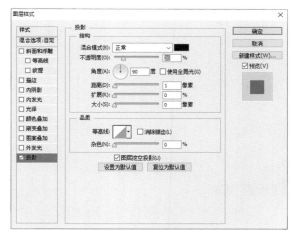

▲ 图 3-72

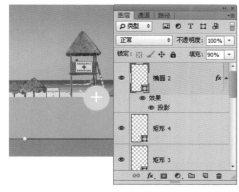

▲ 图 3-73

⑫ 使用 ●（多边形工具），在页面中绘制 8 个白色三角形，将其作为播放器的快进和下一曲按钮，效果如图 3-74 所示。

⑬ 使用 ■（矩形工具），在页面中绘制 4 个白色矩形，将其作为播放器的暂停和下一曲组件按钮，效果如图 3-75 所示。

⑭ 使用 T（横排文字工具），在页面中输入对应的文字。使用 ●（椭圆工具）绘制一个黑色正圆，效果如图 3-76 所示。

⑮ 打开附带的"顶部 .jpg""底部 .jpg"素材，将其拖曳到新建文档中，分别放置到顶端和底部。至此，本例制作完毕，效果如图 3-77 所示。

▲ 图 3-74　　　　　▲ 图 3-75　　　　　▲ 图 3-76　　　　　▲ 图 3-77

3.7　时间APP界面制作

本例先通过新建文档移入素材，以此来作为界面的背景，再通过正圆结合矩形来制作表的效果，使其与背景相呼应，从而展现时间 APP 界面效果。

技术要点：

- 新建文档，移入素材；
- 设置"混合模式"为"滤色"；
- 使用"椭圆工具"绘制正圆；
- 设置正圆"填充"和"描边"；
- 添加图层样式；
- 使用"矩形工具"绘制时间刻度；
- 旋转复制；
- 输入文字。

● 绘制步骤 ●

素材路径：	素材 \ 第 3 章 \ 音乐 .jpg
案例路径：	源文件 \ 第 3 章 \ 时间 APP 界面 .psd
视频路径：	视频 \ 第 3 章 \3.7　时间 APP 界面 .mp4

思路及流程：

本例思路是先新建文档，移入一个跳动音符的素材，目的是让背景看起来更加具有动感，再使用▣（椭圆工具）绘制正圆，设置"填充"和"描边"的颜色和宽度，然后为正圆添加图层样式以此作为表盘，最后使用▣（矩形工具）绘制刻度线。具体流程如图 3-78 所示。

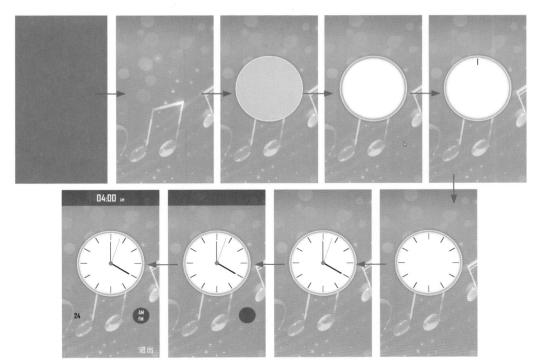

▲ 图 3-78

操作步骤：

❶ 打开 Photoshop 软件，执行菜单栏中的"文件|新建"命令，新建一个 640 像素×1136 像素的空白文档，将其填充为青色，如图 3-79 所示。

❷ 打开附带的"音乐.jpg"素材，使用 ▶ (移动工具)将其拖曳到新建文档中，调整大小和位置，再设置"混合模式"为"滤色"，效果如图 3-80 所示。

❸ 使用 ◯ (椭圆工具)，在属性栏中设置"填充"为灰色、"描边"为白色、"描边宽度"为 2 点，在页面中绘制一个正圆，效果如图 3-81 所示。

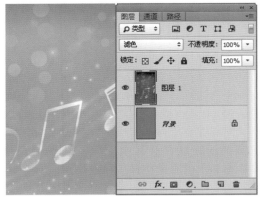

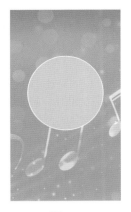

▲ 图 3-79   ▲ 图 3-80   ▲ 图 3-81

❹ 执行菜单栏中的"图层|图层样式|投影"命令，打开"投影"的"图层样式"对话框，其中的参数值设置如图 3-82 所示。

❺ 设置完毕单击"确定"按钮，效果如图 3-83 所示。

❻ 复制一个椭圆，将其缩小一些后，再将其"填充"设置为白色，效果如图 3-84 所示。

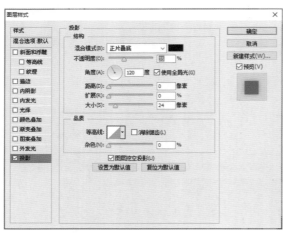
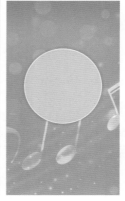

▲ 图 3-82　　　　　　　　▲ 图 3-83　　　　　　▲ 图 3-84

⑦ 执行菜单栏中的"图层|图层样式|内发光"命令,打开"内发光"的"图层样式"对话框,其中的参数值设置如图 3-85 所示。

⑧ 设置完毕单击"确定"按钮,效果如图 3-86 所示。

⑨ 新建一个图层,使用 🔲(矩形工具)绘制一个黑色的小矩形,效果如图 3-87 所示。

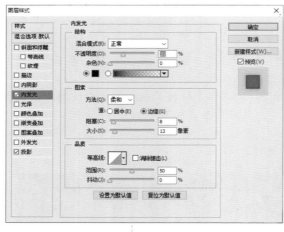

▲ 图 3-85　　　　　　　　▲ 图 3-86　　　　　　▲ 图 3-87

⑩ 按 Ctrl+J 组合键复制一个图层,按 Ctrl+T 组合键调出变换框,将旋转中心点拖曳到正圆中心处,设置旋转角度为 60 度,效果如图 3-88 所示。

⑪ 按 Ctrl+Enter 组合键完成变换。按 Ctrl+Shift+Alt+T 组合键数次,将图像进行旋转复制,直到复制一周为止,效果如图 3-89 所示。

⑫ 将上、下、左、右 4 个矩形调整成红色,效果如图 3-90 所示。

⑬ 使用 ✏(直线工具)和 ⬭(椭圆工具),绘制两条黑色直线、一条红色直线和一个红色正圆,效果如图 3-91 所示。

⑭ 使用 🔲(矩形工具)在页面中绘制一个黑色矩形和一个黑色正圆,将"不透明度"都设置成 53%,效果如图 3-92 所示。

⑮ 使用 🅃(横排文字工具)输入对应的文字。至此,本例制作完毕,效果如图 3-93 所示。

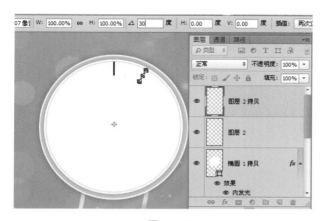

▲ 图 3-88

▲ 图 3-89

▲ 图 3-90

▲ 图 3-91

▲ 图 3-92

▲ 图 3-93

3.8 天气预报控件制作

本例使用白色与绿色作为控件的主体颜色，用旋转复制的正圆制作 24 小时制时间节点，以更加精细地体现天气变化，从而完成天气预报控件的制作。

技术要点：

· 新建文档，填充颜色；

· 使用"矩形工具"绘制矩形；

· 使用"椭圆工具"绘制正圆；

· 设置正圆"填充"和"描边宽度"；

· 旋转复制图形。

●━━━ 绘制步骤 ━━━●

案例路径：	源文件 \ 第 3 章 \ 天气预报控件 .psd
视频路径：	视频 \ 第 3 章 \3.8　天气预报控件 .mp4

思路及流程：

本例思路是用绿色来展现当前的天气，给人一种生机盎然的感觉。本例的时间点放置在控件的右上角。本例使用 （椭圆工具）绘制正圆描边以及正圆，再用小正圆结合数字的方式显示 24 小时。具体流程如图 3-94 所示。

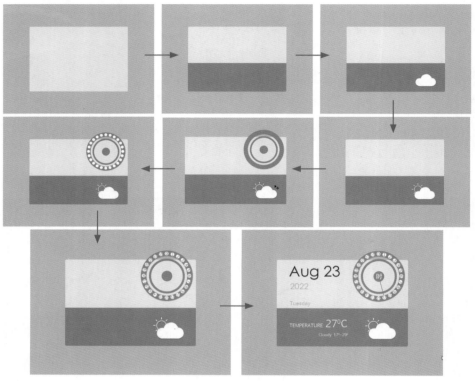

▲ 图 3-94

操作步骤：

❶ 启动 Photoshop 软件，执行菜单栏中的"文件 | 新建"命令或按 Ctrl+N 组合键，打开"新建"对话框，新建一个"宽度"为 800 像素、"高度"为 600 像素的空白文档，将其填充为灰色。使用 （圆角矩形工具）绘制一个白色圆角矩形，如图 3-95 所示。

❷ 使用 （圆角矩形工具），绘制一个绿色圆角矩形，执行菜单栏中的"图层 | 创建剪贴蒙版"命令，为图层创建剪贴蒙版，效果如图 3-96 所示。

▲ 图 3-95

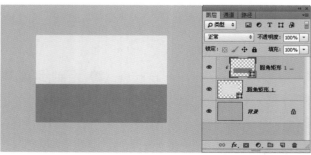

▲ 图 3-96

❸ 将新建图层命名为"云"。使用 （椭圆工具）绘制 4 个椭圆，将其拼成云彩效果，如图 3-97 所示。

❹ 使用 （矩形选框工具）绘制矩形选区，按 Delete 键清除选区内容，效果如图 3-98 所示。

▲ 图 3-97　　　　　　　　　　　　　　　　　　▲ 图 3-98

❺ 按 Ctrl+D 组合键去掉选区，执行菜单栏中的"图层 | 图层样式 | 投影"命令，打开"投影"的"图层样式"对话框，其中的参数值设置如图 3-99 所示。

❻ 设置完毕单击"确定"按钮，效果如图 3-100 所示。

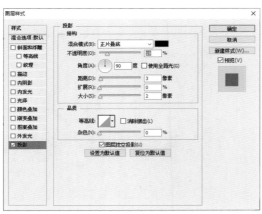

▲ 图 3-99　　　　　　　　　　　　　　　　　　▲ 图 3-100

❼ 使用 （椭圆工具）绘制一个正圆，设置"填充"为"无"、"描边"为白色、"描边宽度"为 1.5 点，效果如图 3-101 所示。

❽ 使用 （直线工具），在正圆边缘绘制白色直线，如图 3-102 所示。

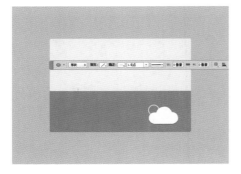

▲ 图 3-101　　　　　　　　　　　　　　　　　　▲ 图 3-102

⑨ 在"云"图层上右击鼠标，在弹出的快捷菜单中选择"拷贝图层样式"命令，选中"椭圆2"和"直线"图层，右击鼠标，在弹出的快捷菜单中选择"粘贴图层样式"命令，如图 3-103 所示。

⑩ 复制图层样式后，效果如图 3-104 所示。

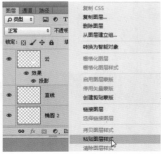 

▲ 图 3-103　　　　　　　　　　　　　　　▲ 图 3-104

⑪ 使用◉(椭圆工具)绘制 3 个正圆。设置第一个正圆的"填充"为绿色、"描边"为"无"；设置第二个、第三个正圆的"填充"为"无"、"描边"为绿色，"描边宽度"分别为 3.91 点和 10 点，效果如图 3-105 所示。

⑫ 使用◉(椭圆工具)在大圆环上绘制一个白色正圆，效果如图 3-106 所示。

▲ 图 3-105　　　　　　　　　　　　　　　▲ 图 3-106

⑬ 按 Ctrl+J 组合键复制得到一个图层，按 Ctrl+T 组合键调出变换框，将旋转中心点移动到圆环中心处，设置"旋转角度"为 15 度，效果如图 3-107 所示。

⑭ 按 Enter 键完成变换，按 Ctrl+Shift+Alt+T 组合键，进行旋转复制，将其复制一周，效果如图 3-108 所示。

▲ 图 3-107　　　　　　　　　　　　　　　▲ 图 3-108

技巧 💡 在进行旋转复制时，如果找不到旋转中心点，可以使用"参考线"先在图形中标出中心点，然后再进行旋转复制。

⓯ 使用 T.（横排文字工具），在白色正圆中输入数字，将其进行旋转复制后更改数字内容，效果如图 3-109 所示。

⓰ 使用 T.（横排文字工具），在页面中输入对应的文字，使用 ∕（直线工具）绘制一条绿色直线。至此，本例制作完毕，效果如图 3-110 所示。

▲ 图 3-109

▲ 图 3-110

3.9 车载扁平UI制作

本例先通过新建文档，绘制矩形后调整不透明度，移入素材设置不透明度，复制 AI 文档中的图标，调整大小、颜色和位置，以此来完成车载界面的设计与制作。

技术要点：
- 新建文档，填充颜色；
- 使用"矩形工具"绘制矩形；
- 添加图层样式；
- 创建剪贴蒙版；
- 设置不透明度；
- 粘贴素材；
- 输入文字。

━━●━ 绘制步骤 ━●━━

素材路径：	素材 \ 第 3 章 \ 路面 .jpg、图标 .ai
案例路径：	源文件 \ 第 3 章 \ 车载扁平 UI.psd
视频路径：	视频 \ 第 3 章 \3.9 车载扁平 UI.mp4

思路及流程：

本例思路是利用调整矩形的不透明度，设置图像的剪贴蒙版及其不透明度，以此制作界面的背景。使用 ■（矩形工具）绘制不同颜色的矩形，将其作为分区底色，粘贴 AI 素材调整大小、颜色和位置，以此制作界面中的名称区域和导航。具体流程如图 3-111 所示。

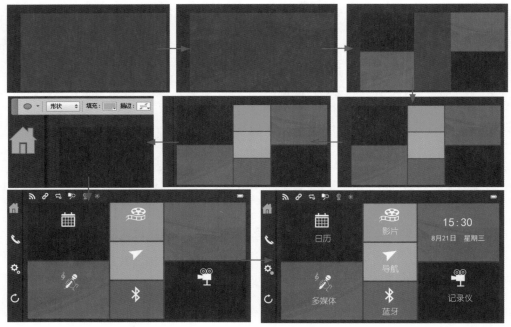

▲ 图 3-111

操作步骤：

❶ 打开 Photoshop 软件，执行菜单栏中的"文件 | 新建"命令，新建一个 1280 像素×720 像素的空白文档，将其填充为深灰色。使用■（矩形工具）绘制一个白色矩形，设置"不透明度"为 10%，效果如图 3-112 所示。

▲ 图 3-112

❷ 执行菜单栏中的"文件 | 打开"命令或按 Ctrl+O 组合键，打开附带的"路面 .jpg"素材，使用■（移动工具）将素材拖曳到新建文档中，设置"不透明度"为 32%。执行菜单栏中的"图层 | 创建剪贴蒙版"命令，为图层创建剪贴蒙版，效果如图 3-113 所示。

❸ 使用■（矩形工具）绘制 4 个绿色矩形，分为两组，分别设置"混合模式"为"变暗"和"颜色减淡"，如图 3-114 所示。

❹ 使用■（矩形工具）绘制 3 个不同颜色的矩形，将其放置到画布中间位置，如图 3-115 所示。

❺ 使用■（矩形工具），在左侧绘制一个深灰色的矩形，执行菜单栏中的"图层 | 图层样式 | 投影"命令，打开"投影"的"图层样式"对话框，其中的参数值设置如图 3-116 所示。

❻ 设置完毕单击"确定"按钮，效果如图 3-117 所示。

▲ 图 3-113

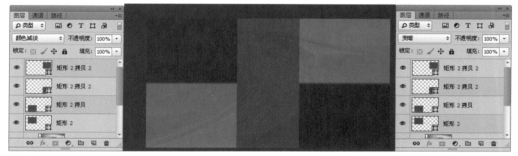

▲ 图 3-114

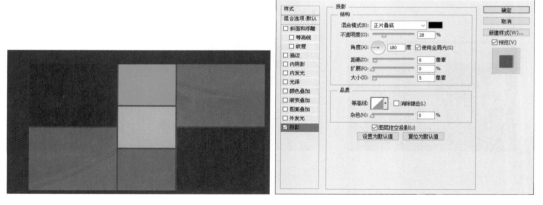

▲ 图 3-115　　　　　　　　▲ 图 3-116

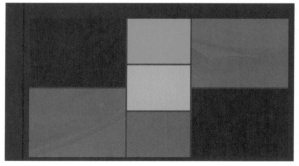

▲ 图 3-117

⑦ 使用 Illustrator 打开附带的"图标 .ai"素材，选择其中的素材，如图 3-118 所示。

⑧ 按 Ctrl+C 组合键复制图形，切换到 Photoshop 中，按 Ctrl+V 组合键，打开"粘贴"对话框，选中"形状图层"单选按钮，如图 3-119 所示。

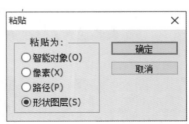

▲ 图 3-118　　　　　　　　　　　　　　　　　▲ 图 3-119

⑨ 选择完毕单击"确定"按钮，将素材粘贴到文档中，在属性栏中改变填充颜色，效果如图 3-120 所示。

⑩ 使用同样的方法将其他素材粘贴到 Photoshop 文档中，调整位置、大小和颜色，效果如图 3-121 所示。

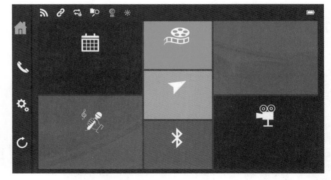

▲ 图 3-120　　　　　　　　　　　　　　　　　▲ 图 3-121

⑪ 使用 T (横排文字工具) 输入对应的文字。至此，本例制作完毕，效果如图 3-122 所示。

▲ 图 3-122

3.10 扁平卡通生肖图标制作

本例通过绘制形状、线条，结合剪贴蒙版，以此来绘制一个卡通生肖兔。

技术要点：

- 新建文档；
- 使用"椭圆工具"绘制正圆和椭圆；
- 使用"钢笔工具"绘制图形；
- 使用"圆角矩形工具"绘制圆角矩形；
- 创建剪贴蒙版；
- 输入文字。

● 绘制步骤 ●

素材路径：	素材 \ 第 3 章 \ 背景 .jpg、胡萝卜 .png
案例路径：	源文件 \ 第 3 章 \ 扁平卡通生肖图标 .psd
视频路径：	视频 \ 第 3 章 \3.10 扁平卡通生肖图标 .mp4

思路及流程：

本例思路是绘制一个抽象化的卡通兔，创意思路来源于麻将。卡通兔的身体部分使用 ▣（圆角矩形工具）进行绘制；嘴巴、眼睛使用 ◕（椭圆工具）进行绘制；牙齿、手臂、耳朵和脚使用 ✐（钢笔工具）进行绘制；不同颜色的形状，应用剪贴蒙版使其形状之间贴合得更加细致，以此绘制成一个扁平的卡通生肖兔图标。具体流程如图 3-123 所示。

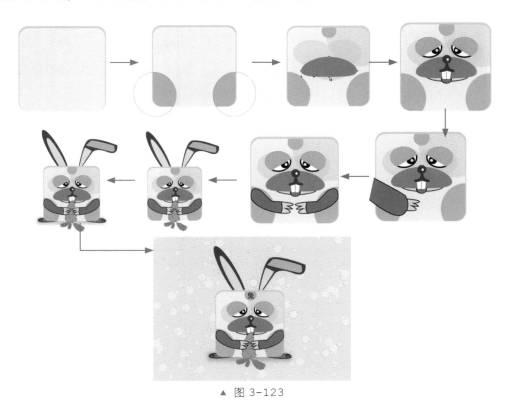

▲ 图 3-123

操作步骤：

❶ 启动 Photoshop 软件，执行菜单栏中的"文件|新建"命令或按 Ctrl+N 组合键，打开"新建"对话框，新建一个"宽度"为 800 像素、"高度"为 600 像素的空白文档。使用▣（圆角矩形工具）绘制一个灰色的圆角矩形，按 Ctrl+J 组合键复制一个图层，将其颜色设置成淡灰色，以此作为卡通兔的身体，如图 3-124 所示。

▲ 图 3-124

❷ 使用▣（椭圆工具），在圆角矩形的下方绘制两个土黄色的椭圆，如图 3-125 所示。

❸ 执行菜单栏中的"图层|创建剪贴蒙版"命令，为图层创建剪贴蒙版，效果如图 3-126 所示。

▲ 图 3-125　　　　　　　　　　　　　　　　▲ 图 3-126

❹ 使用▣（椭圆工具），在圆角矩形的顶部和右上角绘制两个椭圆，并为其创建剪贴蒙版，如图 3-127 所示。

▲ 图 3-127

❺ 使用▣（椭圆工具），在圆角矩形上绘制三个灰色椭圆，将三个椭圆合并为一个图层，设置"不透明度"为 51%，效果如图 3-128 所示。

❻ 使用▣（椭圆工具）绘制一个灰色椭圆，使用▸（直接选择工具）调整椭圆形状，效果如图 3-129 所示。

▲ 图 3-128　　　　　　　　　　　　　　　　　▲ 图 3-129

❼ 使用◉（椭圆工具），在调整后的灰色椭圆底部绘制两个椭圆，设置颜色分别为粉色、红色，设置"描边颜色"都为黑色，效果如图 3-130 所示。

❽ 使用✍（钢笔工具）绘制两个白色的封闭形状，设置成黑色描边，将其作为卡通兔的牙，效果如图 3-131 所示。

❾ 使用✍（钢笔工具）、◉（椭圆工具）分别绘制鼻子和眼睛，效果如图 3-132 所示。

▲ 图 3-130　　　　　　　　　▲ 图 3-131　　　　　　　　　▲ 图 3-132

❿ 使用✍（钢笔工具）绘制卡通兔的手臂，在上面绘制一个灰色图形，为其创建剪贴蒙版，效果如图 3-133 所示。

▲ 图 3-133

⓫ 使用同样的方法制作另一条手臂，效果如图 3-134 所示。

技巧　💡 第二条手臂也可以通过复制副本后，对其进行水平翻转来制作。

⓬ 打开附带的"胡萝卜.png"素材，将其拖曳到文档中，调整图层顺序，效果如图 3-135 所示。

⓭ 使用✍（钢笔工具），在圆角矩形图层的下方绘制耳朵形状，效果如图 3-136 所示。

▲ 图 3-134　　　　　　▲ 图 3-135　　　　　　　　▲ 图 3-136

⑭ 使用 🖊 (钢笔工具)，在圆角矩形的下方绘制脚形状，效果如图 3-137 所示。

⑮ 使用 🖊 (钢笔工具)，在脚形状图层上绘制深灰色线条，将脚制作出脚趾效果，如图 3-138 所示。

⑯ 使用同样的方法制作另一只脚，如图 3-139 所示。

▲ 图 3-137　　　　　　　▲ 图 3-138　　　　　　　▲ 图 3-139

⑰ 在最底层新建一个图层，使用 🔲 (圆角矩形工具) 绘制一个黑色圆角矩形，执行菜单栏中的"滤镜 | 模糊 | 高斯模糊"命令，打开"高斯模糊"对话框，设置"半径"为 15 像素，设置完毕单击"确定"按钮，设置"不透明度"为 27%，效果如图 3-140 所示。

⑱ 在脑门处的椭圆上输入文字"兔"，打开附带的"背景 .jpg"素材，将其拖曳到当前文档中，放置到最底层。至此，本例制作完毕，效果如图 3-141 所示。

▲ 图 3-140　　　　　　　　　　　　　　▲ 图 3-141

3.11 优秀作品欣赏

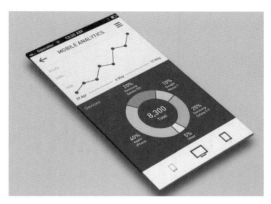

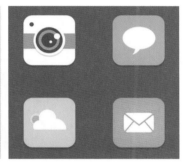

第 **4** 章

写实风格图标设计与制作

本章重点：

❖ 了解写实风格设计

❖ 写实麦克风图标制作

❖ 写实钢琴图标制作

❖ 写实电视图标制作

❖ 写实滚动开关图标制作

❖ 写实日历图标制作

❖ 写实西瓜图标制作

❖ 优秀作品欣赏

本章主要讲解 UI 设计中的写实风格图标的设计与制作。写实风格与前一章的扁平化风格正好相反，具有极强的图形形象化。图标类写实风格无论是外观还是本身的质感，都有极强的特效添加与装饰。例如，设计时都会用渐变、3D、纹理等效果元素，图标效果不仅美观精致，而且在现实生活中能够找到原型，大大提升了浏览者的关注度。本章就以写实风格的图标进行案例式的实战讲解，让读者能够以最快的方式进入到设计中，并对其能进行相关的应用。

4.1　了解写实风格设计

4.1.1　写实的艺术表现

写实风格在不同的领域有其独特的诠释，大致包括写实主义、文学写实、绘画写实、戏剧写实、电影写实等方面。

1. 写实主义

写实主义又名现实主义，一般被定义为关于现实和实际的主义而排斥理想主义。不过，现实主义在博雅人文 (Liberal Arts) 范畴里可以有很多意思（特别是绘画、文学和哲学里）。它还被用于国际关系。现实主义摒弃理想化的想象，而主张细致观察事物的外表。依据这个说法，广义的写实主义便包含了不同文明中的许多艺术思潮。在视觉艺术和文学里，现实主义是 19 世纪的一场运动，起源于法国。

2. 文学写实

文学写实是文学艺术的基本创作方法之一，其实际运用时间相当久远，但直到 19 世纪 50 年代才由法国画家库尔贝和作家夏夫列里作为一个名称提出来，恩格斯为"现实主义"下的定义是：除了细节的真实外，还要真实地再现典型环境中的典型人物。

3. 绘画写实

绘画写实兴起于 19 世纪的欧洲，又称为现实主义画派，或现实画派。这是一个在艺术创作尤其是绘画、雕塑和文学、戏剧中常用的概念。更狭义地讲，它属于造型艺术，尤其是绘画和雕塑的范畴。无论是面对真实存在的物体，还是想象出来的对象，绘画者总是在描述一个真实存在的物质而不是抽象的符号，这样的创作往往被统称为写实。遵循这样的创作原则和方法，就叫现实主义。

4. 戏剧写实

写实主义是现代戏剧的主流。在 20 世纪激烈的社会变迁中，能以对当代生活的掌握来吸引一批新的观众。一般认为它是 18 世纪西方工业社会的历史产物。狭义的现实主义是 19 世纪中叶以后，欧美资本主义社会的新兴文艺思潮。

5. 电影写实

电影新写实主义又叫意大利新写实主义 (NEOREALISM, ITALIAN NEOREALISM)，是第二次世界大战后新写实主义在意大利兴起的一个电影运动。其特点是关怀人类对抗非人社会力的奋斗，以非职业演员在外景拍摄，从头至尾都以尖锐的写实主义来表达。主要代表人物有罗贝多·罗赛里尼、狄西嘉、鲁奇诺·维斯康堤等。这类的电影主题大都围绕大战前后意大利的本土问题，主张以冷静的写实手法呈现中下阶层的生活。在形式上，大部分的新写实主义电影大量采用实景拍摄与自然光，运用非职业演员表演与讲究自然的生活细节描写。相较于战前的封闭与伪装，新写实主义电影反而比较像纪录片，带有不加粉饰的真实感。不过新写实主义电影在国外获得较多的关注，在意大利本土反而没有什么特别反应。1950年以后，意大利国内的诸多社会问题，因为经济复苏已获缓解，加上主管当局的有意消弭，新写实主义的热潮开始慢慢消退。

4.1.2 写实风格的优缺点

写实风格在表现上可以大大提升浏览者的认知度，无须特意去猜想。写实风格又可以看作是拟物化，图标本身就能赋予作品的原型。设计的作品不能让所有人都满意，有喜欢的，就有不喜欢的，任何事物只要存在就会有优点和缺点。

1. 写实风格设计的优点

写实风格设计又称为拟物化风格设计，作品可以真实地还原事物的精髓，让浏览者喜欢。它的优点主要有以下几点。

- 形象直观，无须多想，一眼就能认出是什么。
- 质感强烈，层次分明。
- 视觉效果好，可以吸引浏览者的目光，从而间接产生流量。

2. 写实风格设计的缺点

任何事物都有它的一个适应过程，对于不适应的人群来说，写实风格设计的缺点还是有的。

- 作品过于复杂，为实现对象的视觉表现和质感效果，在设计中花费大量的时间和精力，而忽略了其功能化的实现。许多拟物化设计并没有实现较强的功能化，只是实现了较好的视觉效果。
- 效果过多，对载体要求过高。
- 受制于载体，在移动设备中，受到屏幕尺寸大小的限制，图标的显示尺寸有可能较小，当拟物化图标的尺寸较小时，其辨识度会大大降低。

4.1.3 写实风格的设计原则

了解写实风格的优缺点后，要想在写实风格设计方面有更好的操作和技巧，就要对其进一步地深化掌握，在运用写实风格进行设计时一定要遵循以下几种设计原则。

1. 提高作品的辨识度

写实风格图标又称为拟物化风格图标，设计时要模拟现实生活中对象的外观和质感，要抓住模拟对象的精髓，只有这样才能提高作品的辨识度，无论是什么肤色、什么性别、什么年龄或文化程度的人，都能够认知写实风格的设计。图 4-1 所示的图像是具有高辨识度写实风格图标作品。

2. 增强作品的人性化

写实风格图标在设计制作时要能够体现出人性化特点，其设计的风格、使用方法都与现实生活中的对象相统一，在使用上非常方便，也更容易使用户理解。图 4-2 所示是人性化的写实风格图标设计。

▲ 图 4-1

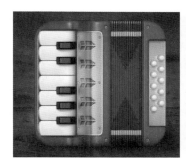

▲ 图 4-2

3. 质感强烈

写实风格设计的作品，在视觉上一定要加强质感，给浏览者加深印象，在其交互效果上能够给人很好的体验，让浏览者对写实风格产生依赖、产生信任。图 4-3 所示是质感强烈的写实风格图标设计。

▲ 图 4-3

4.2 写实麦克风图标制作

本例通过定义图案并结合各个形状工具,绘制出麦克风图标。通过对图标添加图层样式,将其制作出金属质感效果。

技术要点:

- 使用"新建"命令新建文档;
- 定义图案;
- 填充图案;
- 使用"球面化"滤镜;
- 使用"圆角矩形工具"绘制圆角矩形;
- 使用"钢笔工具"绘制形状;
- 使用"矩形工具"绘制矩形;
- 使用"椭圆工具"绘制正圆及椭圆;
- 使用"直接选择工具"编辑椭圆框;
- 为绘制的图形添加"内阴影、投影、渐变叠加、内发光"效果。

━━━● 绘制步骤 ●━━━

案例路径:	源文件 \ 第 4 章 \ 写实麦克风图标 .psd
视频路径:	视频 \ 第 4 章 \4.2　写实麦克风图标 .mp4

思路及流程:

本例思路是绘制一个具有金属质感的麦克风图标。金属质感是通过添加"渐变叠加"图层样式体现出来的,再为其添加"内发光""内阴影""投影"效果,使绘制的图形图标更加形象化。麦克风的头部是通过定义图案后填充得到的,再应用"球面化"滤镜使其变得立体。本图标的绘制过程如图 4-4 所示。

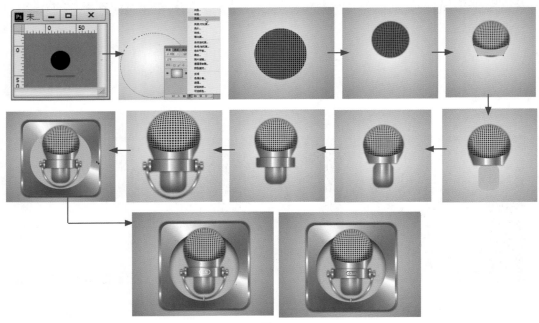

▲ 图 4-4

操作步骤：

❶ 启动 Photoshop 软件，执行菜单栏中的"文件|新建"命令或按 Ctrl+N 组合键，打开"新建"对话框，新建一个"宽度"为 50 像素、"高度"为 50 像素的空白文档，将其填充为灰色。使用 （椭圆工具）绘制一个黑色正圆，如图 4-5 所示。

❷ 执行菜单栏中的"编辑|定义图案"命令，打开"图案名称"对话框，设置"名称"为"黑点"，如图 4-6 所示。

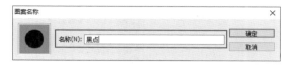

▲ 图 4-5　　　　　　　　　　　　　　　　　　　▲ 图 4-6

❸ 设置完毕单击"确定"按钮。执行菜单栏中的"文件|新建"命令或按 Ctrl+N 组合键，打开"新建"对话框，新建一个"宽度"为 800 像素、"高度"为 600 像素的空白文档。使用 （渐变工具），将背景填充为从白色到灰色的径向渐变，如图 4-7 所示。

❹ 使用 （椭圆选框工具）创建一个正圆选区。单击 （创建新的填充或调整图层）按钮，在弹出的下拉菜单中选择"图案"命令，如图 4-8 所示。

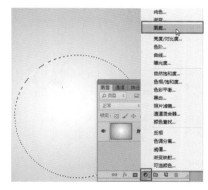

▲ 图 4-7　　　　　　　　　　　　　　　　　　　▲ 图 4-8

❺ 系统会弹出"图案填充"对话框，设置"缩放"为 25%，单击"确定"按钮，效果如图 4-9 所示。

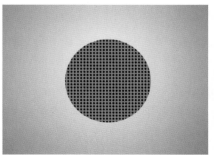

▲ 图 4-9

❻ 执行菜单栏中的"图层|栅格化|填充内容"命令，再执行菜单栏中的"图层|图层

蒙版|应用"命令，执行命令后的"图层"面板如图 4-10 所示。

⑦ 按住 Ctrl 键的同时，单击"图案填充 1"缩览图，调出图层的选区。执行菜单栏中的"滤镜|扭曲|球面化"命令，打开"球面化"对话框，其中的参数值设置如图 4-11 所示。

⑧ 设置完毕单击"确定"按钮，按 Ctrl+T 组合键调出变换框，拖动控制点调整大小，效果如图 4-12 所示。

▲ 图 4-10

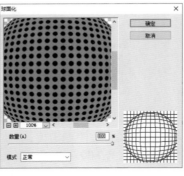
▲ 图 4-11

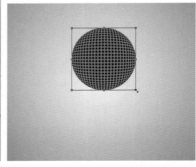
▲ 图 4-12

⑨ 调整完毕按 Enter 键完成变换。执行菜单栏中的"图层|图层样式|投影"命令，打开"投影"的"图层样式"对话框，其中的参数值设置如图 4-13 所示。

⑩ 设置完毕单击"确定"按钮，效果如图 4-14 所示。

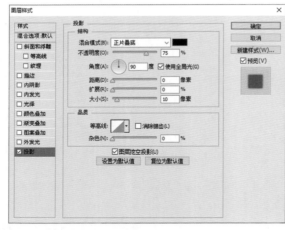
▲ 图 4-13

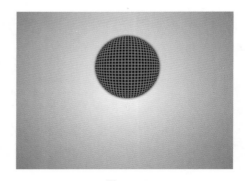
▲ 图 4-14

⑪ 使用 ◎（椭圆选框工具）创建一个正圆选区。单击 ◉.（创建新的填充或调整图层）按钮，在弹出的下拉菜单中选择"亮度/对比度"命令，在"属性"面板中设置各项参数，如图 4-15 所示。

⑫ 调整完毕后，效果如图 4-16 所示。

⑬ 使用 ◢（钢笔工具）在圆球的底部绘制一个封闭的图形，如图 4-17 所示。

⑭ 执行菜单栏中的"图层|图层样式|内发光、渐变叠加、投影"命令，分别打开它们的"图层样式"对话框，其中的参数值设置如图 4-18 所示。

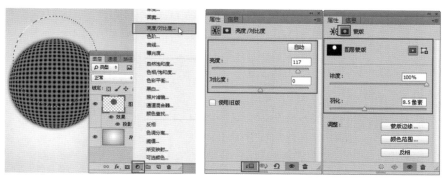

▲ 图 4-15

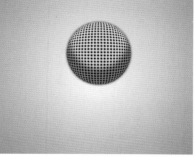

▲ 图 4-16

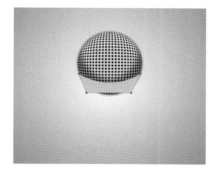

▲ 图 4-17

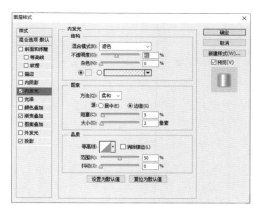

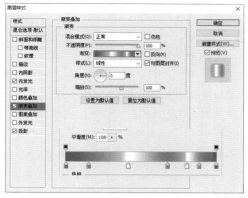

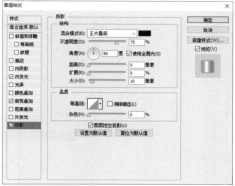

▲ 图 4-18

⑮ 设置完毕单击"确定"按钮,效果如图 4-19 所示。

⑯ 使用 (圆角矩形工具),在"形状 1"的底部绘制一个圆角矩形,如图 4-20 所示。

▲ 图 4-19

▲ 图 4-20

⑰ 在"形状 1"图层上右击鼠标,在弹出的快捷菜单中选择"拷贝图层样式"命令。在"圆角矩形 1"图层上右击鼠标,在弹出的快捷菜单中选择"粘贴图层样式"命令,效果如图 4-21 所示。

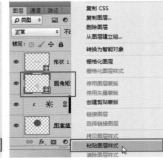

▲ 图 4-21

⑱ 选择"圆角矩形 1"图层,按 Ctrl+J 组合键复制得到一个图层。在"图层"面板中将"投影"拖曳到 (删除图层)按钮上将其删除,只保留"内发光"和"渐变叠加",如图 4-22 所示。

⑲ 双击"渐变叠加"图层样式,打开"渐变叠加"的"图层样式"对话框,将参数值重新进行设置,如图 4-23 所示。

▲ 图 4-22

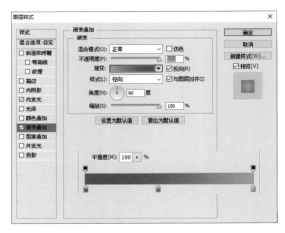

▲ 图 4-23

100

⓴ 设置完毕单击"确定"按钮，效果如图 4-24 所示。

㉑ 单击 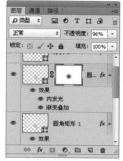（添加图层蒙版）按钮，为"圆角矩形 1 拷贝"图层添加一个图层蒙版，使用 （渐变工具）填充从黑色到白色的径向渐变，效果如图 4-25 所示。

▲ 图 4-24

▲ 图 4-25

㉒ 使用 （矩形工具）绘制一个灰色矩形，在图层中将"圆角矩形 1 拷贝"图层的图层样式复制粘贴到该图层，效果如图 4-26 所示。

▲ 图 4-26

㉓ 使用 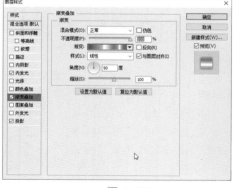（圆角矩形工具）绘制一个灰色圆角矩形，在图层中将"圆角矩形 1 拷贝"图层的图层样式复制粘贴到该图层，然后在图层样式上双击"渐变叠加"，打开"渐变叠加"的"图层样式"对话框，将参数值重新进行设置，设置完毕单击"确定"按钮，效果如图 4-27所示。

▲ 图 4-27

㉔ 按住 Alt 键向右拖曳圆角矩形，复制一个副本，效果如图 4-28 所示。

㉕ 使用 （矩形工具）绘制一个灰色矩形，为其粘贴"圆角矩形 2"的图层样式，效果如图 4-29 所示。

▲ 图 4-28

▲ 图 4-29

㉖ 复制"矩形2",得到3个副本,分别调整其位置和大小,效果如图4-30所示。

㉗ 使用◎(椭圆工具),绘制一个"填充"为"无"、"描边"为灰色、"描边宽度"为3.91点的椭圆,如图4-31所示。

▲ 图 4-30

▲ 图 4-31

㉘ 使用▶(直接选择工具),选择最顶端的锚点,按Delete键将其删除,再为其复制"矩形2"的图层样式,效果如图4-32所示。

▲ 图 4-32

㉙ 使用◎(圆角矩形工具),在最底层绘制一个"圆角矩形3",为其复制"矩形2"的图层样式,效果如图4-33所示。

㉚ 选择"圆角矩形3",隐藏"投影"图层样式,双击"渐变叠加",打开"渐变叠加"的"图层样式"对话框,将参数值重新进行设置。设置完毕单击"确定"按钮,效果如图4-34所示。

㉛ 使用◎(椭圆工具)绘制一个"椭圆2",如图4-35所示。

㉜ 执行菜单栏中的"图层|图层样式|内阴影"命令,打开"内阴影"的"图层样式"对话框,其中的参数值设置如图4-36所示。

▲ 图 4-33

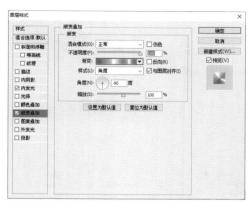

▲ 图 4-34

▲ 图 4-35

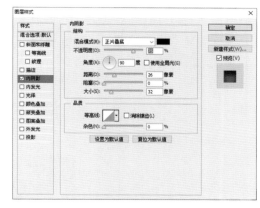

▲ 图 4-36

㉝ 设置完毕单击"确定"按钮，效果如图 4-37 所示。

㉞ 使用 ▭（矩形工具）绘制一个灰色矩形，复制粘贴图层样式后，删除"投影"。双击"渐变叠加"，打开"渐变叠加"的"图层样式"对话框，将参数值重新进行设置，设置完毕单击"确定"按钮，效果如图 4-38 所示。

▲ 图 4-37

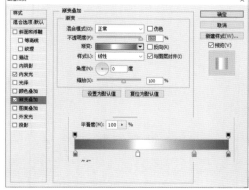

▲ 图 4-38

㉟ 使用 ⊤（横排文字工具）输入文字，使用 ▭（圆角矩形工具）绘制一个圆角矩形框，如图4-39所示。

㊱ 执行菜单栏中的"图层|图层样式|内阴影、投影"命令，分别打开"内阴影"和"投影"的"图层样式"对话框，其中的参数值设置如图4-40所示。

㊲ 设置完毕单击"确定"按钮。至此，本例制作完毕，效果如图4-41所示。

▲ 图 4-39

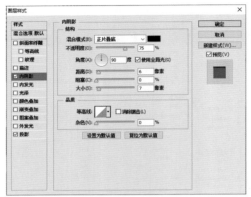 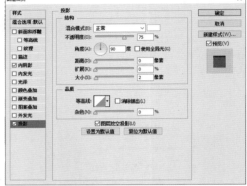

▲ 图 4-40

▲ 图 4-41

4.3 写实钢琴图标制作

本例通过使用不同的形状工具绘制形状后，对其进行相应的编辑并添加图层样式，从而得到一个写实风格的钢琴图标。

技术要点：

- 新建文档，填充颜色；
- 使用"圆角矩形工具"绘制圆角矩形；
- 使用"矩形工具"绘制矩形；
- 编辑圆角值；
- 添加图层样式。

━━━━━ ● 绘制步骤 ● ━━━━━

案例路径：	源文件 \ 第4章 \ 写实钢琴图标 .psd
视频路径：	视频 \ 第4章 \4.3 写实钢琴图标 .mp4

思路及流程：

本例思路是利用形状工具绘制并编辑制作出一个写实钢琴图标。利用对圆角矩形的圆角值进行重新设置，制作出钢琴按键，其余部分使用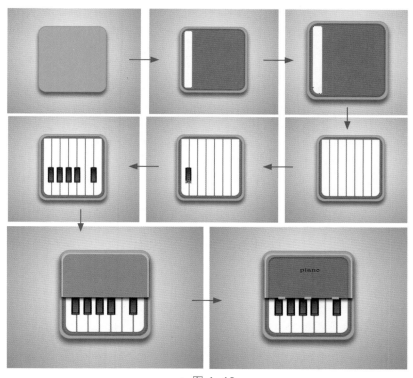（圆角矩形工具）绘制圆角矩形，并为其添加图层样式，再使用（矩形工具）绘制小矩形，并为其添加图层样式，使其作为钢琴的折页部分。具体流程如图 4-42 所示。

▲ 图 4-42

操作步骤：

❶ 启动 Photoshop 软件，执行菜单栏中的"文件|新建"命令或按 Ctrl+N 组合键，打开"新建"对话框，新建一个"宽度"为 800 像素、"高度"为 600 像素的空白文档。使用 ▣（渐变工具），将背景填充为从白色到灰色的径向渐变。背景制作完毕后，使用 ▣（圆角矩形工具）绘制一个"填充"为 RGB(234、154、80)、"描边"为 RGB(136、178、80)、"描边宽度"为 1 点、"半径"为 20 像素的圆角矩形，如图 4-43 所示。

▲ 图 4-43

❷ 执行菜单栏中的"图层|图层样式|投影"命令,打开"投影"的"图层样式"对话框,其中的参数值设置如图 4-44 所示。

❸ 设置完毕单击"确定"按钮,效果如图 4-45 所示。

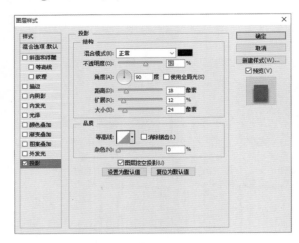

▲ 图 4-44　　　　　　　　　　　　　　▲ 图 4-45

❹ 复制"圆角矩形 1"图层,得到一个"圆角矩形 1 拷贝"图层,设置"填充"为 RGB(162、98、43)、"描边"为 RGB(144、83、32)、"描边宽度"为 4 点、"半径"为 20 像素的圆角矩形,如图 4-46 所示。

❺ 使用◻(圆角矩形工具)绘制一个白色圆角矩形,效果如图 4-47 所示。

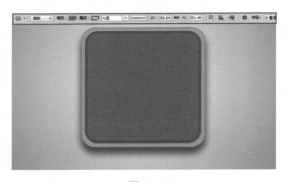

▲ 图 4-46　　　　　　　　　　　　　　▲ 图 4-47

❻ 在"属性"面板中,设置 4 个角的圆角值,效果如图 4-48 所示。

▲ 图 4-48

❼ 执行菜单栏中的"图层|图层样式|内发光、投影"命令,分别打开"内发光"和"投影"的"图层样式"对话框,其中的参数值设置如图 4-49 所示。

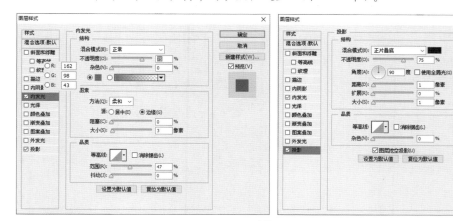

▲ 图 4-49

❽ 设置完毕单击"确定"按钮,效果如图 4-50 所示。

❾ 复制 6 个副本,重新设置各个圆角值,效果如图 4-51 所示。

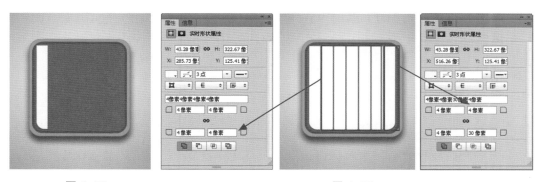

▲ 图 4-50　　　　　　　　　　　　　　　　　　　▲ 图 4-51

❿ 新建图层组,使用▣(圆角矩形工具)绘制黑色"圆角矩形 3",如图 4-52 所示。

⓫ 复制"圆角矩形 3"图层,得到"圆角矩形 3 拷贝"图层,调整大小后,执行菜单栏中的"图层|图层样式|渐变叠加、投影"命令,分别打开"渐变叠加"和"投影"的"图层样式"对话框,其中的参数值设置如图 4-53 所示。

⓬ 设置完毕单击"确定"按钮,效果如图 4-54 所示。

⓭ 复制"圆角矩形 3 拷贝"图层,得到"圆角矩形 3 拷贝 2"图层,删除"投影"图层样式。按 Ctrl+T 组合键调出变换框,拖动控制点调整大小,效果如图 4-55 所示。

▲ 图 4-52

⓮ 按 Enter 键完成变换,按住 Alt 键向右拖曳"组 1",复制若干副本,效果如图 4-56 所示。

⓯ 使用▣(圆角矩形工具)绘制一个"圆角矩形 4",设置各个角的圆角值,设置"填充"为 RGB(243、185、102),效果如图 4-57 所示。

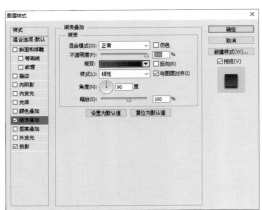
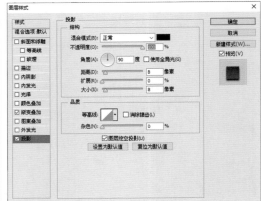

▲ 图 4-53

▲ 图 4-54

▲ 图 4-55

▲ 图 4-56

▲ 图 4-57

⑯ 执行菜单栏中的"图层 | 图层样式 | 投影"命令，打开"投影"的"图层样式"对话框，其中的参数值设置如图 4-58 所示。

⑰ 设置完毕单击"确定"按钮，效果如图 4-59 所示。

⑱ 复制"圆角矩形 4"图层，得到"圆角矩形 4 拷贝"图层，将其缩小后，设置"填充"为 RGB(190、120、60)，删除"投影"图层样式，效果如图 4-60 所示。

⑲ 复制"圆角矩形 4 拷贝"图层，得到"圆角矩形 4 拷贝 2"图层，将其缩小后，设置"填充"为 RGB(162、98、43)，效果如图 4-61 所示。

⑳ 执行菜单栏中的"图层 | 图层样式 | 内阴影"命令，打开"内阴影"的"图层样式"对话框，其中的参数值设置如图 4-62 所示。

㉑ 设置完毕单击"确定"按钮，效果如图 4-63 所示。

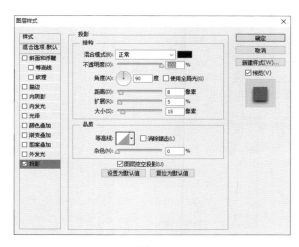

▲ 图 4-58

▲ 图 4-59

▲ 图 4-60

▲ 图 4-61

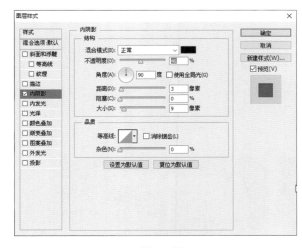

▲ 图 4-62

▲ 图 4-63

㉒ 使用▣（矩形工具）绘制一个小矩形，将其作为钢琴的折页，如图 4-64 所示。

㉓ 执行菜单栏中的"图层|图层样式|内发光、渐变叠加、投影"命令，分别打开它们的"图层样式"对话框，其中的参数值设置如图 4-65 所示。

㉔ 设置完毕单击"确定"按钮，再复制两个副本，效果如图 4-66 所示。

▲ 图 4-64

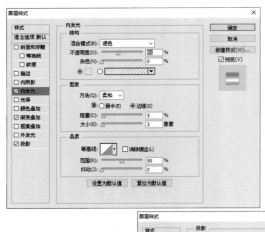

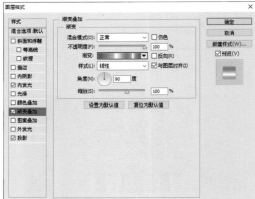

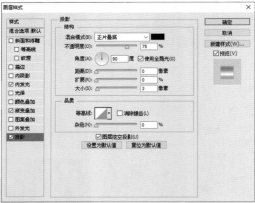

▲ 图 4-65

▲ 图 4-66

㉕ 使用 🔳（横排文字工具）输入文字，效果如图 4-67 所示。

㉖ 执行菜单栏中的"图层|图层样式|内阴影、投影"命令，分别打开"内阴影"和"投影"的"图层样式"对话框，其中的参数值设置如图 4-68 所示。

㉗ 设置完毕单击"确定"按钮，再复制两个副本，效果如图 4-69 所示。

▲ 图 4-67

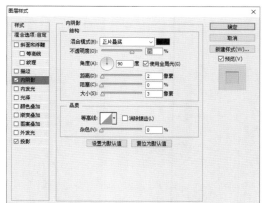 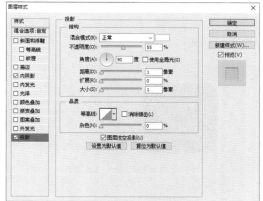

▲ 图 4-68

▲ 图 4-69

4.4 写实电视图标制作

本例先通过绘制的形状与剪贴蒙版的图像结合，制作出电视图标的播放区，再加入正圆、直线等形状来完成电视图标的制作。

技术要点：

· 新建文档，填充渐变色；

· 使用"圆角矩形工具"绘制圆角矩形；

· 使用"椭圆工具"绘制正圆；

- 使用"直接选择工具"编辑路径；
- 复制多个图形；
- 创建剪贴蒙版。

━━● **绘制步骤** ●━━

素材路径：	素材 \ 第 4 章 \ 雪人 .jpg
案例路径：	源文件 \ 第 4 章 \ 写实电视图标 .psd
视频路径：	视频 \ 第 4 章 \4.4　写实电视图标 .mp4

思路及流程：

本例思路是通过对移入素材创建剪贴蒙版，以此来制作出电视的播放区，再通过 ◙（椭圆工具）绘制正圆，对其编辑加工后制作出旋钮区，再用直线体现电视的喇叭区。具体制作流程如图 4-70 所示。

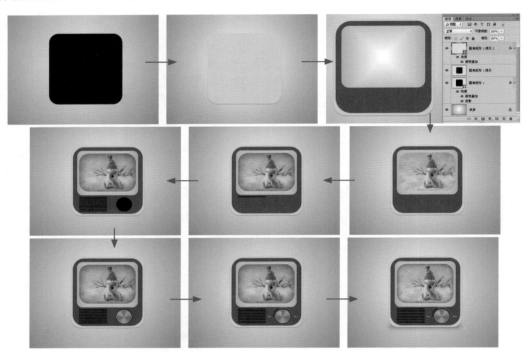

▲ 图 4-70

操作步骤：

❶ 启动 Photoshop 软件，执行菜单栏中的"文件 | 新建"命令或按 Ctrl+N 组合键，打开"新建"对话框，新建一个"宽度"为 800 像素、"高度"为 600 像素的空白文档。使用 ▣（渐变工具），将背景填充为从白色到灰色的径向渐变。背景制作完毕后，使用 ▣（圆角矩形工具）绘制一个"半径"为 20 像素的黑色圆角矩形，如图 4-71 所示。

❷ 执行菜单栏中的"图层 | 图层样式 | 渐变叠加、投影"命令，分别打开"渐变叠加"和"投影"的"图

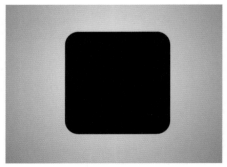

▲ 图 4-71

层样式"对话框，其中的参数值设置如图 4-72 所示。

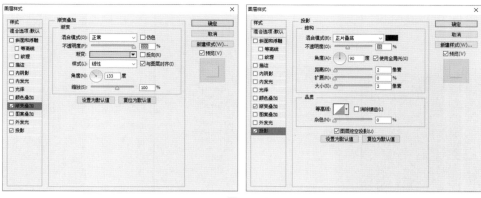

▲ 图 4-72

❸ 设置完毕单击"确定"按钮，效果如图 4-73 所示。

❹ 复制"圆角矩形 1"，得到"圆角矩形 1 拷贝"图层，删除图层样式，按 Ctrl+T 组合键调出变换框，拖动控制点将其缩小，效果如图 4-74 所示。

▲ 图 4-73   ▲ 图 4-74

❺ 按 Enter 键完成变换，执行菜单栏中的"滤镜|杂色|添加杂色"命令，系统会弹出一个警告对话框，直接单击"确定"按钮，打开"添加杂色"对话框，其中的参数值设置如图 4-75 所示。

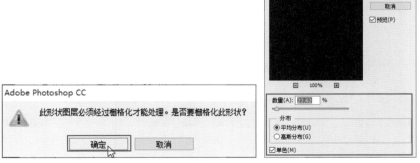

▲ 图 4-75

❻ 设置完毕单击"确定"按钮，在"图层"面板中设置"不透明度"为 71%，效果如图 4-76 所示。

❼ 再复制一个"圆角矩形 1",得到一个"圆角矩形 1 拷贝 2"图层,删除"投影"样式,双击"渐变叠加",打开"渐变叠加"的"图层样式"对话框,其中的参数值设置如图 4-77 所示。

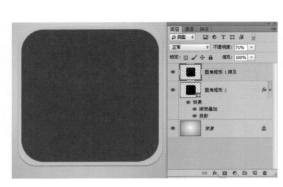

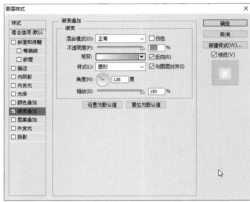

▲ 图 4-76   ▲ 图 4-77

❽ 设置完毕单击"确定"按钮,效果如图 4-78 所示。

❾ 使用 ▣(圆角矩形工具)绘制一个黑色的圆角矩形 2,如图 4-79 所示。

▲ 图 4-78   ▲ 图 4-79

❿ 打开附带的"雪人 .jpg"素材,使用 ▸+(移动工具)将其拖曳到新建文档中,执行菜单栏中的"图层 | 创建剪贴蒙版"命令,效果如图 4-80 所示。

▲ 图 4-80

⓫ 选择"圆角矩形 2"图层,执行菜单栏中的"图层 | 图层样式 | 内发光"命令,打开"内发光"的"图层样式"对话框,其中的参数值设置如图 4-81 所示。

⓬ 设置完毕单击"确定"按钮,效果如图 4-82 所示。

⓭ 新建一个图层组,使用 ╱(直线工具)绘制一条黑色直线,如图 4-83 所示。

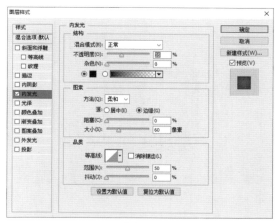

▲ 图 4-81

▲ 图 4-82

▲ 图 4-83

⑭ 执行菜单栏中的"图层|图层样式|投影"命令，打开"投影"的"图层样式"对话框，其中的参数值设置如图 4-84 所示。

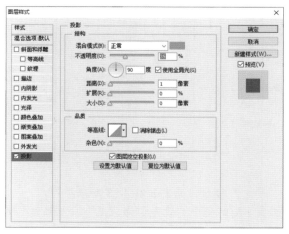

▲ 图 4-84

⑮ 设置完毕单击"确定"按钮，再按住 Alt 键向下拖曳直线，复制若干副本，效果如图 4-85 所示。

⑯ 使用 ◢（椭圆工具）绘制一个黑色正圆，将其作为旋钮，如图 4-86 所示。

⑰ 执行菜单栏中的"图层|图层样式|描边、渐变叠加、外发光、投影"命令，分别

打开它们的"图层样式"对话框，其中的参数值设置如图 4-87 所示。

▲ 图 4-85　　　　　　　　　　　　　　　　　　▲ 图 4-86

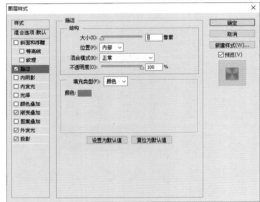 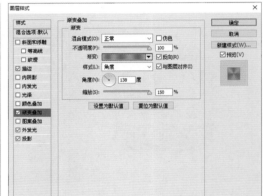

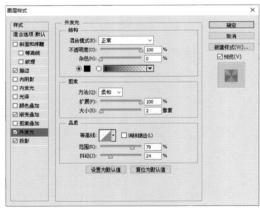 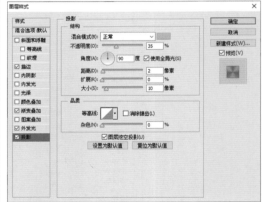

▲ 图 4-87

⑱ 设置完毕单击"确定"按钮，效果如图 4-88 所示。

⑲ 使用 ◉（椭圆工具）绘制一个"填充"为"无"、"描边"为青色的正圆圆环，效果如图 4-89 所示。

⑳ 使用 ▶（直接选择工具）选择正圆圆环底部的锚点，按 Delete 键将其删除，效果如图 4-90 所示。

㉑ 执行菜单栏中的"图层 | 图层样式 | 渐变叠加"命令，打开"渐变叠加"的"图层样式"对话框，其中的参数值设置如图 4-91 所示。

㉒ 设置完毕单击"确定"按钮，使用 ◉（椭圆工具）在大圆上面绘制一个青色正圆，

使用 T.（横排文字工具）输入青色文字，效果如图 4-92 所示。

▲ 图 4-88

▲ 图 4-89

▲ 图 4-90

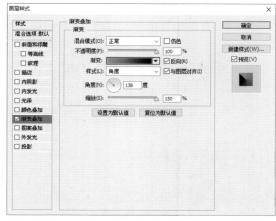

▲ 图 4-91

▲ 图 4-92

㉓ 在最底层新建一个"图层 2"，使用 □（矩形工具）绘制一个黑色矩形，如图 4-93 所示。

㉔ 执行菜单栏中的"滤镜 | 模糊 | 高斯模糊"命令，打开"高斯模糊"对话框，设置"半径"为 9.2 像素，如图 4-94 所示。

㉕ 设置完毕单击"确定"按钮，设置"不透明度"为 40%。至此，本例制作完毕，效果如图 4-95 所示。

▲ 图 4-93

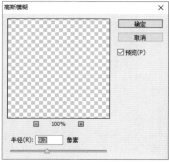

▲ 图 4-94

▲ 图 4-95

4.5 写实滚动开关图标制作

本例先在文档中绘制一个圆角矩形的底座，再在底座中间绘制具有滚轴效果的开关。

技术要点：

* 新建文档，填充渐变颜色；
* 使用"圆角矩形工具"绘制圆角矩形；
* 使用"矩形工具"绘制矩形；
* 使用"自定形状工具"绘制形状；
* 添加图层样式。

━━● 绘制步骤 ●━━

案例路径：	源文件 \ 第 4 章 \ 写实滚动开关图标 .psd
视频路径：	视频 \ 第 4 章 \4.5 写实滚动开关图标 .mp4

思路及流程：

本例思路是在渐变背景中制作一个具有塑料质感的写实滚动开关。使用 ▣（圆角矩形工具）绘制开关的底座，并为其添加图层样式使其出现塑料质感；中间部分使用 ▣（矩形工具）绘制矩形，通过添加的图层样式和制作的阴影，使其在视觉上具有立体效果。具体流程如图 4-96 所示。

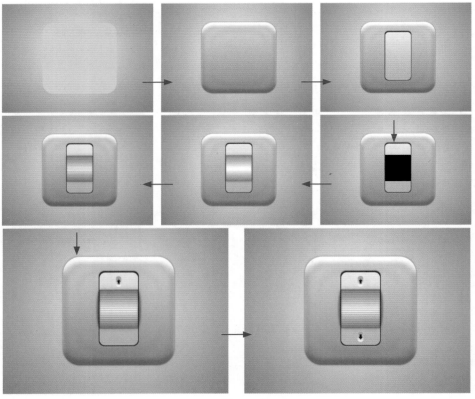

▲ 图 4-96

操作步骤：

❶ 启动 Photoshop 软件，执行菜单栏中的"文件|新建"命令或按 Ctrl+N 组合键，打开"新建"对话框，新建一个"宽度"为 800 像素、"高度"为 600 像素的空白文档。使用 ■（渐变工具），将背景填充为从白色到灰色的径向渐变。背景制作完毕后，使用 ■（圆角矩形工具）绘制一个"半径"为 20 像素的灰色圆角矩形，如图 4-97 所示。

❷ 执行菜单栏中的"图层|图层样式|斜面和浮雕、内阴影、光泽、渐变叠加、投影"命令，分别打开它们的"图层样式"对话框，其中的参数值设置如图 4-98 所示。

▲ 图 4-97

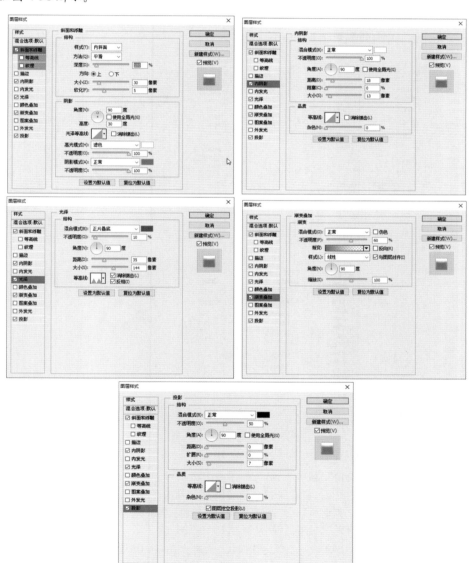

▲ 图 4-98

❸ 设置完毕单击"确定"按钮，效果如图4-99所示。

❹ 使用▣(圆角矩形工具)绘制一个"半径"为20像素的黑色圆角矩形2，效果如图4-100所示。

▲ 图 4-99

▲ 图 4-100

❺ 执行菜单栏中的"图层|图层样式|内阴影、渐变叠加、投影"命令，分别打开它们的"图层样式"对话框，其中的参数值设置如图4-101所示。

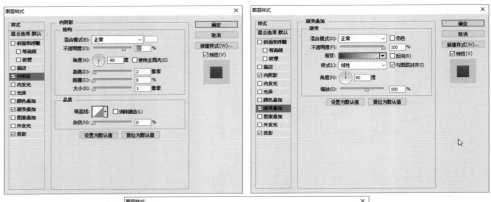

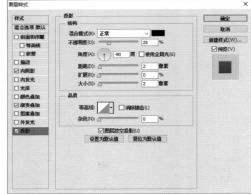

▲ 图 4-101

❻ 设置完毕单击"确定"按钮，效果如图4-102所示。

❼ 复制"圆角矩形1"图层，得到一个"圆角矩形2拷贝"图层，在"图层"面板中双击"渐变叠加"图层样式，打开"渐变叠加"的"图层样式"对话框，其中的参数值设置如图4-103所示。

❽ 设置完毕单击"确定"按钮，效果如图4-104所示。

❾ 使用▣(矩形工具)绘制一个黑色矩形，效果如图4-105所示。

❿ 执行菜单栏中的"图层|图层样式|内发光、渐变叠加、投影"命令，分别打开它们的"图层样式"对话框，其中的参数值设置如图4-106所示。

▲ 图 4-102

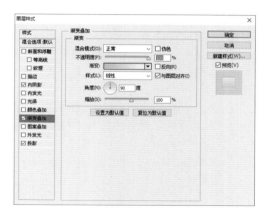

▲ 图 4-103

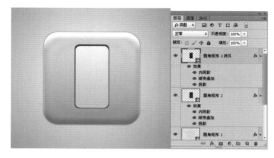

▲ 图 4-104

▲ 图 4-105

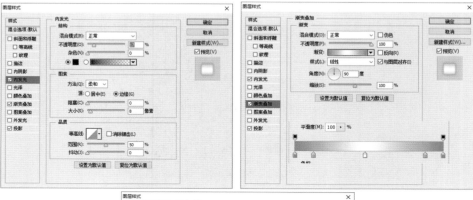

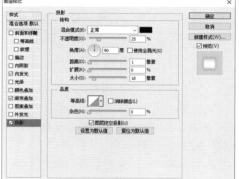

▲ 图 4-106

⓫ 设置完毕单击"确定"按钮，效果如图 4-107 所示。

⓬ 新建一个图层，使用■（矩形工具）绘制一个灰色小矩形，复制多个副本，将小矩形一同选取，按 Ctrl+E 组合键将其合并，效果如图 4-108 所示。

⓭ 执行菜单栏中的"图层 | 图层样式 | 投影"命令，打开"投影"的"图层样式"对话框，其中的参数值设置如图 4-109 所示。

▲ 图 4-107

▲ 图 4-108

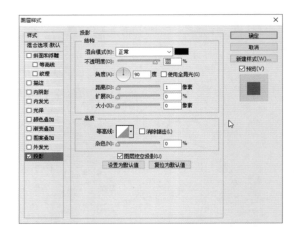

▲ 图 4-109

⓮ 设置完毕单击"确定"按钮，设置"混合模式"为"变亮"，效果如图 4-110 所示。

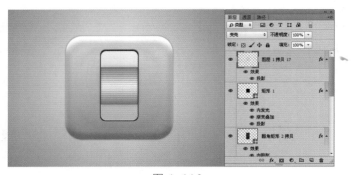

▲ 图 4-110

⓯ 在"矩形 1"图层下方新建一个图层，使用■（椭圆选框工具）绘制一个"羽化"为 15 像素的椭圆选区，将其填充为黑色，设置"不透明度"为 41%，效果如图 4-111 所示。

⓰ 按 Ctrl+D 组合键去掉选区，使用■（移动工具）按住 Alt 键的同时向右拖曳，复制一个副本，效果如图 4-112 所示。

⓱ 使用■（圆角矩形工具）绘制一个白色圆角矩形 3，效果如图 4-113 所示。

⓲ 执行菜单栏中的"图层 | 图层样式 | 渐变叠加、投影"命令，分别打开"渐变叠加"和"投影"的"图层样式"对话框，其中的参数值设置如图 4-114 所示。

⓳ 设置完毕单击"确定"按钮，效果如图 4-115 所示。

⓴ 使用■（自定形状工具），绘制一个黑色箭头，效果如图 4-116 所示。

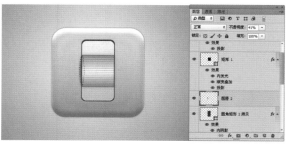

▲ 图 4-111

▲ 图 4-112

▲ 图 4-113

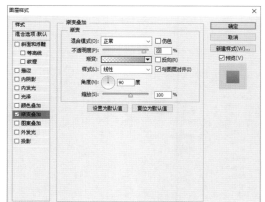

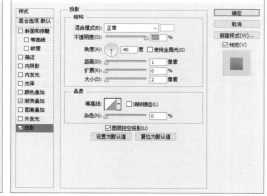

▲ 图 4-114

▲ 图 4-115

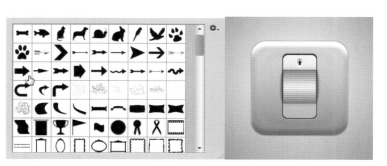

▲ 图 4-116

㉑ 执行菜单栏中的"图层|图层样式|斜面和浮雕、描边"命令，分别打开"斜面和浮雕"和"描边"的"图层样式"对话框，其中的参数值设置如图 4-117 所示。

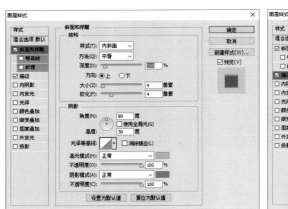
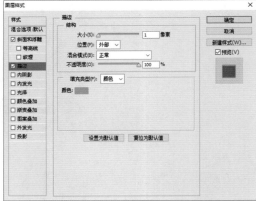

▲ 图 4-117

㉒ 设置完毕单击"确定"按钮，效果如图 4-118 所示。

㉓ 复制圆角矩形和箭头，重新为副本箭头设置"斜面和浮雕"及"描边"效果，分别打开"斜面和浮雕"和"描边"的"图层样式"对话框，其中的参数值设置如图 4-119 所示。

㉔ 设置完毕单击"确定"按钮。至此，本例制作完毕，效果如图 4-120 所示。

▲ 图 4-118

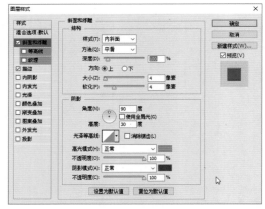
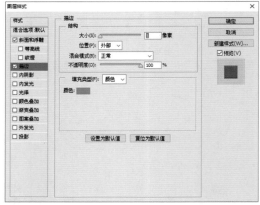

▲ 图 4-119

▲ 图 4-120

4.6 写实日历图标制作

本例通过在新建文档中使用形状进行组合，再结合添加的图层样式，制作出写实风格的日历图标。

技术要点：

* 新建文档，移入素材；
* 使用"矩形工具"绘制矩形；
* 使用"椭圆工具"绘制正圆；
* 使用"圆角矩形工具"绘制圆角矩形；
* 使用"照片滤镜"调整文档色调；
* 添加图层样式；
* 输入文字。

━━● **绘制步骤** ●━━

案例路径：	源文件 \ 第 4 章 \ 写实日历图标 .psd
视频路径：	视频 \ 第 4 章 \4.6　写实日历图标 .mp4

思路及流程：

本例思路是利用形状图形制作出一个具有翻页效果的写实日历图标。本例使用 ▣（圆角矩形工具）绘制日历的主体部分，通过添加的图层样式制作出质感效果，用于挂页的金属环是通过 ▣（矩形工具）绘制矩形后添加"渐变叠加"样式产生金属质感的，通过绘制矩形并为其添加内阴影制作文字效果。具体流程如图 4-121 所示。

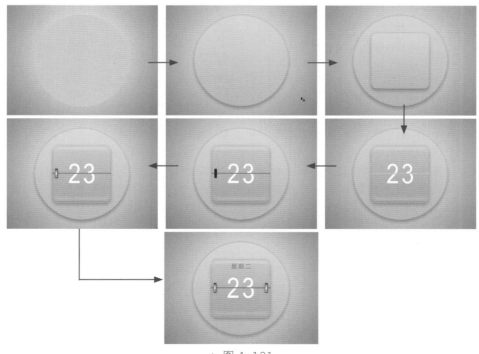

▲ 图 4-121

操作步骤:

❶ 启动 Photoshop 软件, 执行菜单栏中的"文件 | 新建"命令或按 Ctrl+N 组合键, 打开"新建"对话框, 新建一个"宽度"为 800 像素、"高度"为 600 像素的空白文档, 使用 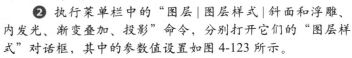 (渐变工具), 将背景填充为从白色到灰色的径向渐变, 背景制作完毕后, 使用 ▣ (椭圆工具) 绘制一个灰色正圆, 如图 4-122 所示。

▲ 图 4-122

❷ 执行菜单栏中的"图层 | 图层样式 | 斜面和浮雕、内发光、渐变叠加、投影"命令, 分别打开它们的"图层样式"对话框, 其中的参数值设置如图 4-123 所示。

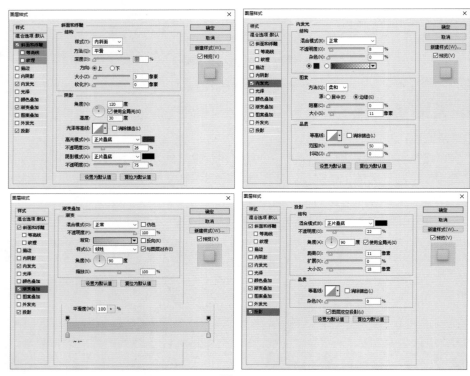

▲ 图 4-123

❸ 设置完毕单击"确定"按钮, 效果如图 4-124 所示。

❹ 使用 ▣ (圆角矩形工具), 在正圆的上面绘制一个"半径"为 20 像素的白色圆角矩形, 效果如图 4-125 所示。

▲ 图 4-124

▲ 图 4-125

❺ 在"椭圆 1"图层上右击鼠标, 在弹出的快捷菜单中选择"拷贝图层样式"命令,

之后在"圆角矩形 1"图层上右击鼠标，在弹出的快捷菜单中选择"粘贴图层样式"命令，如图 4-126 所示。

❻ 执行"粘贴图层样式"命令后，效果如图 4-127 所示。

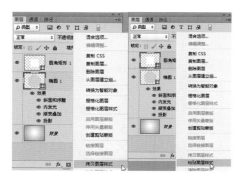
▲ 图 4-126

▲ 图 4-127

❼ 执行菜单栏中的"图层 | 图层样式 | 光泽"命令，打开"光泽"的"图层样式"对话框，其中的参数值设置如图 4-128 所示。

❽ 设置完毕单击"确定"按钮，效果如图 4-129 所示。

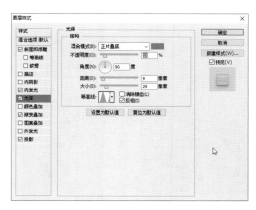
▲ 图 4-128

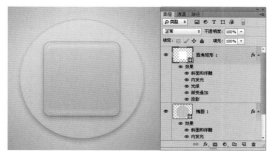
▲ 图 4-129

❾ 复制一个"圆角矩形 1"图层得到一个"圆角矩形 1 拷贝"图层，将两个图层中的图层样式隐藏一些，将"圆角矩形 1 拷贝"图层中的圆角矩形向上移动一些，效果如图 4-130 所示。

❿ 使用 T.（横排文字工具）输入白色数字，再使用 ▢（矩形工具）绘制一个灰色矩形，如图 4-131 所示。

▲ 图 4-130

▲ 图 4-131

⓫ 选择灰色矩形，执行菜单栏中的"图层|图层样式|内阴影"命令，打开"内阴影"的"图层样式"对话框，其中的参数值设置如图4-132所示。

⓬ 设置完毕单击"确定"按钮，效果如图4-133所示。

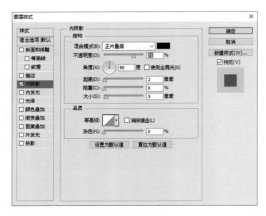

▲ 图 4-132

⓭ 使用▢ (圆角矩形工具)，在页面中绘制黑色圆角矩形2，效果如图4-134所示。

⓮ 执行菜单栏中的"图层|图层样式|内阴影、渐变叠加、投影"命令，分别打开它们的"图层样式"对话框，其中的参数值设置如图4-135所示。

▲ 图 4-134

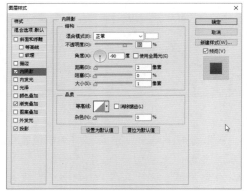

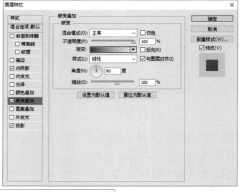

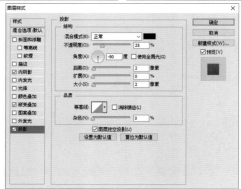

▲ 图 4-135

⑮ 设置完毕单击"确定"按钮，效果如图 4-136 所示。

⑯ 复制"圆角矩形 2"图层，将副本缩小一些，双击"渐变叠加"图层样式，打开"渐变叠加"的"图层样式"对话框，其中的参数值设置如图 4-137 所示。

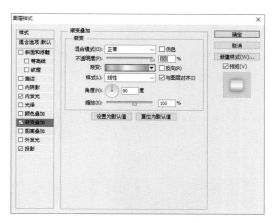

▲ 图 4-136

▲ 图 4-137

⑰ 设置完毕单击"确定"按钮，再使用同样的方法制作右侧的挂环，如图 4-138 所示。

⑱ 使用 ⯅ (横排文字工具) 输入文字"星期二"。至此，本例制作完毕，效果如图 4-139 所示。

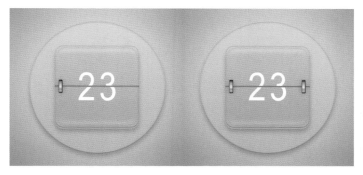

▲ 图 4-138

▲ 图 4-139

4.7 写实西瓜图标制作

本例通过在新建文档中使用形状进行组合，再结合创建剪贴蒙版，制作出具有写实风格的西瓜图标。

技术要点：

· 新建文档，填充渐变色；

· 使用"圆角矩形工具"绘制圆角矩形；

· 添加图层样式；

· 将打开的素材移入新建文档中；

· 创建剪贴蒙版；

· 合并图层；

· 使用"添加杂色"滤镜。

○━ 绘制步骤 ━○

素材路径：	素材\第4章\西瓜.jpg、西瓜1.png
案例路径：	源文件\第4章\写实西瓜图标.psd
视频路径：	视频\第4章\4.7 写实西瓜图标.mp4

思路及流程：

本例思路是利用形状图形结合剪贴蒙版，将圆形的西瓜图案制作成具有圆角矩形形状的写实图标效果。简单地说，就是将圆形变成方形。整个图标就是通过图形形状添加的图层样式，再为移入的素材创建剪贴蒙版，使素材按照绘制的形状显示内容。使用■（圆角矩形工具）绘制一个方形西瓜主体部分，通过添加的图层样式制作出光影质感，之后移入素材应用"剪贴蒙版"命令，得到一个方形西瓜图标，具体流程如图 4-140 所示。

▲ 图 4-140

操作步骤：

❶ 启动 Photoshop 软件，执行菜单栏中的"文件|新建"命令或按 Ctrl+N 组合键，打开"新建"对话框，新建一个"宽度"为 800 像素、"高度"为 600 像素的空白文档。使用■（渐变工具），将背景填充为从白色到灰色的径向渐变，背景制作完毕后，使用■（圆角矩形工具）绘制一个"半径"为 40 像素的灰色圆角矩形，如图 4-141 所示。

❷ 执行菜单栏中的"图层|图层样式|内阴影、内发光、渐变叠加、投影"命令，分别打开它们的"图层样式"对话框，其中的参数值设置如图 4-142 所示。

▲ 图 4-141

❸ 设置完毕单击"确定"按钮，效果如图 4-143 所示。

❹ 执行菜单栏中的"文件|打开"命令或按 Ctrl+O 组合键，打开附带的"西瓜1.png"素材，如图 4-144 所示。

❺ 使用■（移动工具）将"西瓜1.png"素材中的图像拖曳到新建文档中，调整大小和位置，执行菜单栏中的"图层|创建剪贴蒙版"命令，效果如图 4-145 所示。

❻ 复制"圆角矩形1"，得到"圆角矩形1拷贝"图层，调整大小和位置，效果如图 4-146 所示。

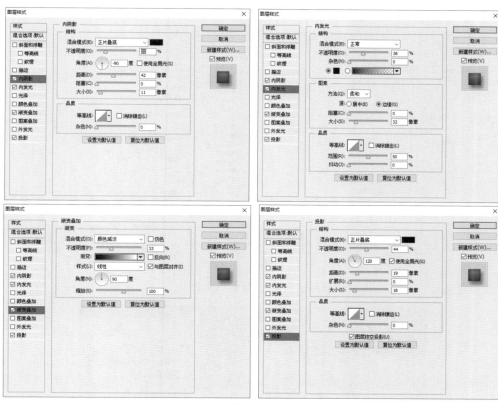

▲ 图 4-142

▲ 图 4-143

▲ 图 4-144

▲ 图 4-145

▲ 图 4-146

⑦ 执行菜单栏中的"图层|图层样式|描边、内发光"命令，分别打开"描边"和"内发光"的"图层样式"对话框，其中的参数值设置如图4-147所示。

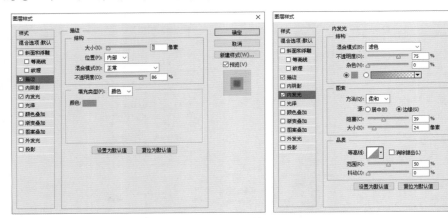

▲ 图4-147

⑧ 设置完毕单击"确定"按钮，效果如图4-148所示。

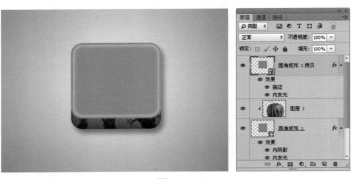

▲ 图4-148

⑨ 执行菜单栏中的"文件|打开"命令或按Ctrl+O组合键，打开附带的"西瓜.jpg"素材，使用 ▶️（移动工具）将"西瓜.jpg"素材中的图像拖曳到新建文档中，调整大小和位置，执行菜单栏中的"图层|创建剪贴蒙版"命令，效果如图4-149所示。

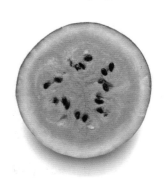
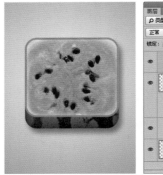
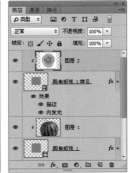

▲ 图4-149

⑩ 将"图层2"和"圆角矩形1拷贝"图层一同选取，按Ctrl+Alt+E组合键，得到一个合并图层，如图4-150所示。

⑪ 执行菜单栏中的"滤镜|杂色|添加杂色"命令，打开"添加杂色"对话框，其中

的参数值设置如图 4-151 所示。

⑫ 设置完毕单击"确定"按钮，效果如图 4-152 所示。

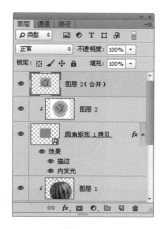
▲ 图 4-150

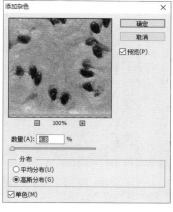
▲ 图 4-151

▲ 图 4-152

⑬ 单击 🔲（添加图层蒙版）按钮，添加图层蒙版后，使用 🖌（画笔工具）在西瓜瓤区域涂抹黑色，效果如图 4-153 所示。

▲ 图 4-153

⑭ 至此，本例制作完毕，效果如图 4-154 所示。

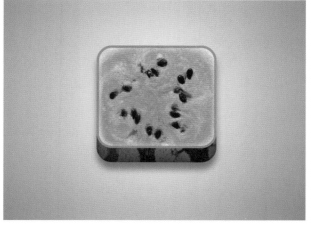
▲ 图 4-154

4.8 优秀作品欣赏

第 **5** 章
UI 小控件元素

本章重点：

❖ 了解 UI 设计中的控件

❖ 重要人物电话簿控件制作

❖ 功能性图标控件制作

❖ 天气控件制作

❖ 时间控件制作

❖ 质感开关控件制作

❖ 视频播放控件制作

❖ 音量旋钮控件制作

❖ 优秀作品欣赏

本章主要讲解 UI 组成元素中的小控件的设计与制作。界面中的小控件元素可以是按钮、导航、拖动条、滑块、旋钮等元素，在设计与制作时一定要与界面主体风格一致，切记不要另起风格，这样会使界面的整体看起来非常不自然，小控件可以是金属风格，也可以是扁平化风格，还可以是界面局部的一个组成小界面，总之，一定要与界面的风格保持一致。本章就从旋钮、拖动条、小界面等方面进行案例式的实战讲解，让读者能够以最快的方式进入到 UI 小控件的设计中，并对其进行相关的应用。

5.1　了解UI设计中的控件

5.1.1　UI 控件是什么

UI 控件即与 UI 系统界面操作有关的单位元件，如电脑端或手机端的输入框、按钮、导航等。UI 控件是能够提供用户界面接口 (UI) 功能的组件。对于设计者来说，UI 控件是具有用户界面功能的组件。

UI 设计中可以通过不同的组成控件来布局，从而在美观程度上、人机交互、操作逻辑等方面达到一个整体化的效果。UI 设计还要让软件的操作变得舒适、简单、自由，充分体现软件的定位和特点。

5.1.2　UI 设计中的控件

UI 设计离不开组成页面的各个控件，一个好的控件图像可以起到引导、交互的作用，会使用户操作起来更加地灵活，便于用户的使用。对于设计 UI 来说了解常用的控件是非常必要的。

- 窗口：UI 设计界面中的弹出或固定的一个显示区域。
- 功能区控件：用来显示特有功能的一个插件显示区域，如天气预报控件、音乐播放控件等。
- 按钮：用来触发交互或执行命令应用。
- 选择按钮：用来设置多个选择项，可以是单选也可以是多选，触发后完成对应功能。
- 开关按钮：控制开启或关闭。
- 滑动条按钮：用来进行拖曳，以此来控制进度。
- 文本框：用来输入或显示文本。
- 表格：控制表格的表头、数据。
- 下拉菜单：点击后弹出下拉列表。
- 搜索条：用于查找。
- 工具栏：用于主页面的框架。
- 进度条：显示当前播放或下载的进度。

> 技巧　UI 设计中的各个控件，可以根据界面的布局来进行不同位置、大小或形状的设计。

5.1.3　UI 控件的设计原则

　　UI 控件的前端设计在发挥上属于比较自由的，但是也不是每个控件都设计成自己独特的风格效果，不然会让 UI 看起来非常难受，让用户不知所云，无从下手。在对各个控件进行设计时一定要秉承风格统一、效果一致、布局合理等原则。

　　1. 统一风格

　　在 UI 设计中，风格统一可以让整个效果看起来非常地舒服，无论是在配色还是外形上都要与主题相一致。如果各个控件太过个性，在视觉上就会让用户产生抵触心理，统一风格可以将其做到形状统一、位置统一、字体统一等，效果对比如图 5-1 所示。

▲ 图 5-1

　　2. 效果一致

　　在设计 UI 控件时，不同区域的配色、外形虽然都一致，但是效果如果不统一，例如有的加投影，有的加斜面和浮雕，就会让设计效果大打折扣，如图 5-2 所示的效果对比。

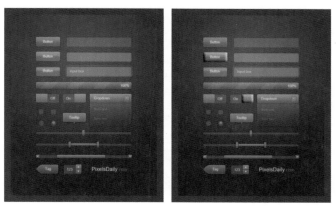

▲ 图 5-2

　　3. 布局合理

　　布局合理，无论是在 UI 设计中，还是其他的平面设计中，都是非常重要的一项内容。页面中的布局如果非常凌乱，不要说视觉上看着难受，即使是操作上也会非常别扭，合理的布局不但可以吸引用户的目光，还可以间接地为创作者带来流量，如图 5-3 所示的效果对比。

▲ 图 5-3

5.2 重要人物电话簿控件制作

本例先通过创建圆角矩形、矩形以及椭圆等形状，再结合移入的人物头像，然后通过添加图层样式制作出一个活页式的电话簿。

技术要点：

- 使用"新建"命令填充图案；
- 使用"圆角矩形工具"绘制圆角矩形；
- 使用"矩形工具"绘制矩形；
- 使用"椭圆工具"绘制正圆；
- 添加图层样式；
- 创建剪贴蒙版；
- 设置不透明度。

●━ 绘制步骤 ━●

素材路径：	素材 \ 第 5 章 \ 人物 .jpg
案例路径：	源文件 \ 第 5 章 \ 重要人物电话簿控件 .psd
视频路径：	视频 \ 第 5 章 \5.2　重要人物电话簿控件 .mp4

思路及流程：

本例思路是以圆角矩形作为电话簿的主体，通过颜色、矩形和挂环将其分为 3 个区域，加上人物头像与文字来凸显重要人物电话簿的展现内容。为了看出是重要人物特意在底部留出了来电、去电和未接数，以此来佐证此人的重要性。整体的电话簿制作流程如图 5-4 所示。

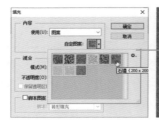  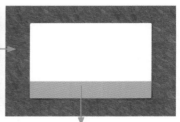

▲ 图 5-4

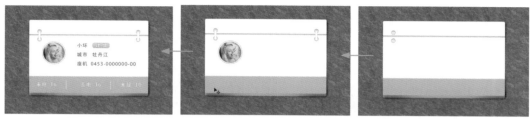

▲ 图 5-4（续）

操作步骤：

1. 背景的制作

❶ 启动 Photoshop 软件，执行菜单栏中的"文件|新建"命令或按 Ctrl+N 组合键，打开"新建"对话框，新建一个"宽度"为 600 像素、"高度"为 400 像素的空白文档。再执行菜单栏中的"编辑|填充"命令，打开"填充"对话框，在"使用"下拉列表中选择"图案"选项，在"自定图案"拾色器中选择"石墙"图案，如图 5-5 所示。

> 技巧 💡 按 Shift+F5 组合键可以快速打开"填充"对话框。

❷ 设置完毕单击"确定"按钮，会将选择的图案填充到背景图层中，效果如图 5-6 所示。

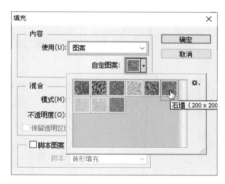

▲ 图 5-5

▲ 图 5-6

❸ 新建一个图层，将其填充为灰色，设置"不透明度"为 73%，此时背景制作完毕，如图 5-7 所示。

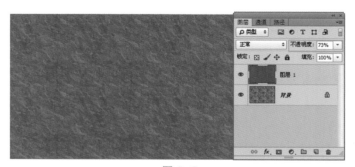

▲ 图 5-7

2. 纸张背景的制作

❶ 新建一个图层"组 1"，使用▣（圆角矩形工具）绘制一个"半径"为 5 像素的白色圆角矩形，效果如图 5-8 所示。

② 执行菜单栏中的"图层|图层样式|投影"命令，打开"投影"的"图层样式"对话框，其中的参数值设置如图 5-9 所示。

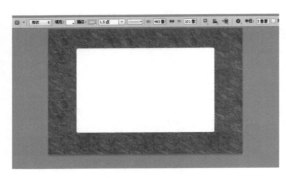

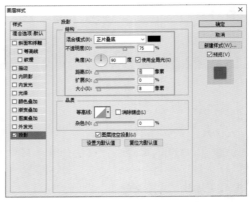

▲ 图 5-8　　　　　　　　　　　▲ 图 5-9

③ 设置完毕单击"确定"按钮，效果如图 5-10 所示。

④ 执行菜单栏中的"图层|图层样式|创建图层"命令，将投影变成单独的一个图层，使用 (椭圆选框工具) 绘制 4 个"羽化"为 20 像素的椭圆，如图 5-11 所示。

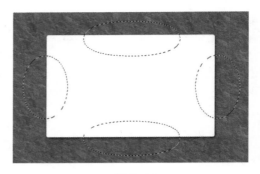

▲ 图 5-10　　　　　　　　　　　▲ 图 5-11

⑤ 按住 Alt 键的同时，单击 (添加图层蒙版) 按钮，为图层创建图层蒙版效果，如图 5-12 所示。

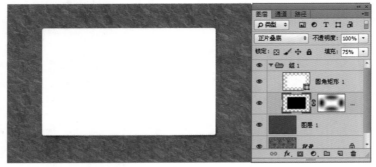

▲ 图 5-12

⑥ 使用 (矩形工具) 绘制一个 RGB(153、108、51) 颜色的矩形，如图 5-13 所示。

⑦ 执行菜单栏中的"图层|创建剪贴蒙版"命令，为图层创建剪贴蒙版，设置"不透明度"

为 48%，效果如图 5-14 所示。

 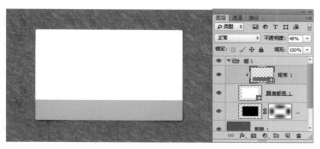

▲ 图 5-13　　　　　　　　　　　　　　　　　　　▲ 图 5-14

⑧ 复制两个图层组，将副本向上移动，效果如图 5-15 所示。

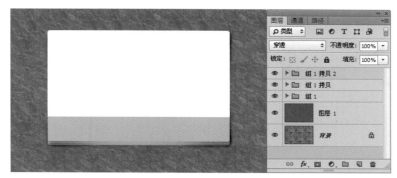

▲ 图 5-15

⑨ 使用 ✍ (钢笔工具) 绘制一个描边为虚线的橘色线条，效果如图 5-16 所示。

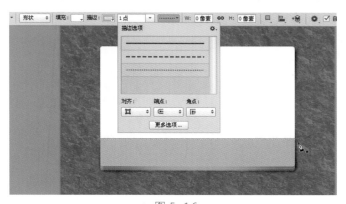

▲ 图 5-16

⑩ 执行菜单栏中的"图层 | 创建剪贴蒙版"命令，为图层与图层组创建剪贴蒙版，效果如图 5-17 所示。

⑪ 新建一个图层，使用 ▣ (矩形工具) 绘制一个白色矩形，执行菜单栏中的"图层 | 图层样式 | 内阴影、投影"命令，分别打开"内阴影""投影"对话框，其中的参数值设置如图 5-18 所示。

⑫ 设置完毕单击"确定"按钮，执行菜单栏中的"图层 | 创建剪贴蒙版"命令，为图层创建剪贴蒙版，此时纸张背景制作完毕，效果如图 5-19 所示。

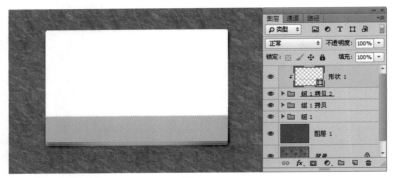

▲ 图 5-17

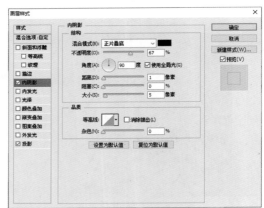
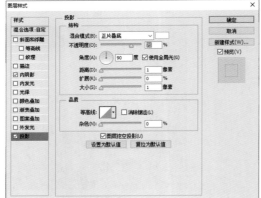

▲ 图 5-18

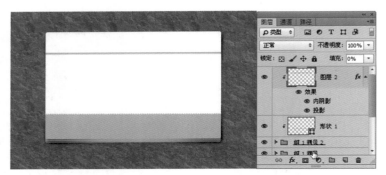

▲ 图 5-19

3. 挂环的制作

❶ 新建一个图层"组2"，使用 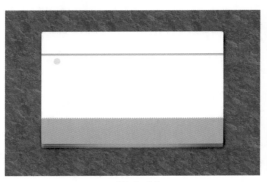（椭圆工具）绘制一个灰色正圆，效果如图 5-20 所示。

❷ 执行菜单栏中的"图层 | 图层样式 | 描边、内阴影"命令，分别打开"描边"和"内阴影"的"图层样式"对话框，其中的参数值设置如图 5-21 所示。

❸ 设置完毕单击"确定"按钮，再复制一个"椭圆 1 拷贝"图层，将其向上移动，效果如图 5-22 所示。

▲ 图 5-20

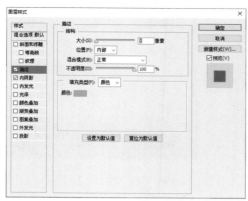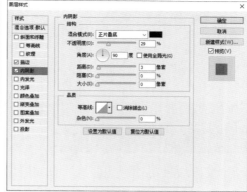

▲ 图 5-21

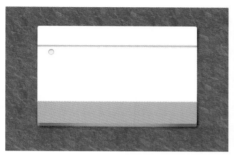

▲ 图 5-22

❹ 使用■（圆角矩形工具）绘制一个白色圆角矩形 2，如图 5-23 所示。

❺ 执行菜单栏中的"图层 | 图层样式 | 描边、内阴影"命令，分别打开"描边"和"内阴影"的"图层样式"对话框，其中的参数值设置如图 5-24 所示。

❻ 设置完毕单击"确定"按钮，效果如图 5-25 所示。

❼ 复制"组 2"，将"组 2 拷贝"图层向右移动，此时挂环部分制作完毕，效果如图 5-26 所示。

▲ 图 5-23

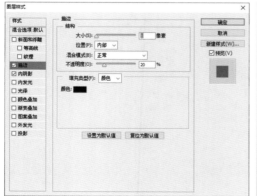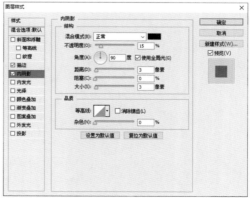

▲ 图 5-24

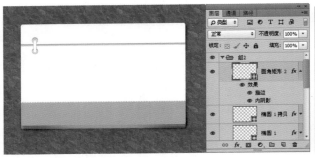

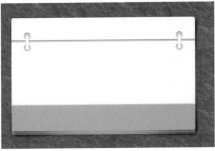

▲ 图 5-25 　　　　　　　　　　　▲ 图 5-26

4. 人物头像及简介部分的制作

❶ 使用 ◯ (椭圆工具) 绘制一个灰色正圆, 效果如图 5-27 所示。

❷ 执行菜单栏中的"图层 | 图层样式 | 描边、内发光、外发光"命令, 分别打开它们的"图层样式"对话框, 其中的参数值设置如图 5-28 所示。

❸ 设置完毕单击"确定"按钮, 效果如图 5-29 所示。

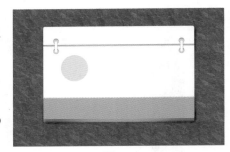

▲ 图 5-27

❹ 打开附带的"人物.jpg"素材, 使用 ▶ (移动工具) 将其拖曳到新建文档中, 执行菜单栏中的"图层 | 创建剪贴蒙版"命令, 为图层创建剪贴蒙版, 效果如图 5-30 所示。

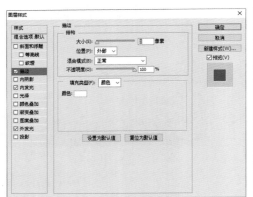

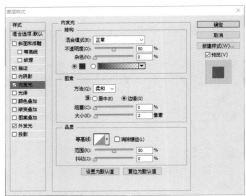

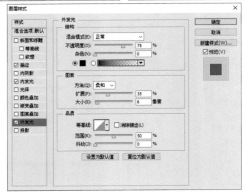

▲ 图 5-28

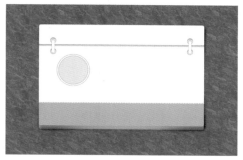

▲ 图 5-29

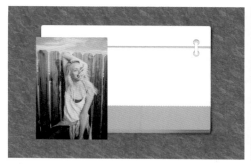
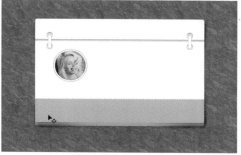

▲ 图 5-30

⑤ 使用 T（横排文字工具）输入对应的文字，使用 ✐（钢笔工具）绘制白色短线，此时人物头像及简介部分制作完毕，效果如图 5-31 所示。

▲ 图 5-31

5. 详情按钮部分的制作

❶ 使用 ▢（圆角矩形工具），在"详情"后面绘制一个灰色圆角矩形 2，如图 5-32 所示。

❷ 执行菜单栏中的"图层|图层样式|描边、渐变叠加"命令，分别打开"描边"和"渐变叠加"的"图层样式"对话框，其中的参数值设置如图 5-33 所示。

❸ 设置完毕单击"确定"按钮，效果如图 5-34 所示。

▲ 图 5-32

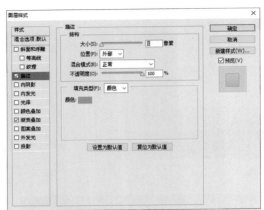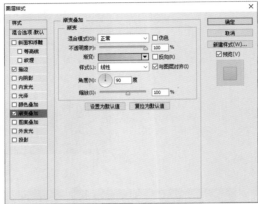

▲ 图 5-33

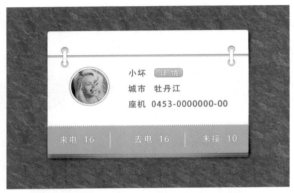

▲ 图 5-34

5.3 功能性图标控件制作

本例先通过"圆角矩形工具"绘制主体部分，在主体上绘制直线、自定义形状，再为其添加图层样式，设置"混合模式"和"不透明度"，从而制作出功能性图标控件。

技术要点：

- 新建文档，填充渐变色；
- 使用"圆角矩形工具"绘制圆角矩形；
- 使用"直线工具"绘制线条；
- 使用"高斯模糊"滤镜；
- 添加图层蒙版；
- 创建剪贴蒙版；
- 使用"椭圆选框工具"绘制羽化后的选区；
- 设置"混合模式"和不透明度。

━━━━● 绘制步骤 ●━━━━

案例路径：	源文件 \ 第 5 章 \ 功能性图标控件 .psd
视频路径：	视频 \ 第 5 章 \5.3 功能性图标控件 .mp4

思路及流程：

本例思路是制作一款清新纯净风格图标控件，用的颜色色调不是太强烈。新建文档后填充与控件颜色相近的渐变色作为背景，使用 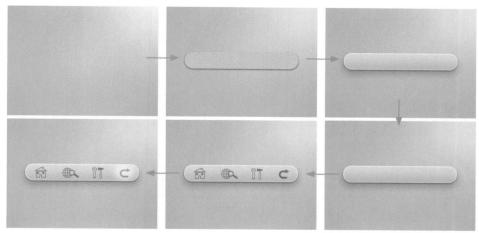（圆角矩形工具）绘制图标的外形整体，使用（直线工具）绘制分隔线，创建剪贴蒙版，添加合适的图层样式让控件看起来更加立体。绘制自定义形状图形完成控件的制作。具体流程如图 5-35 所示。

▲ 图 5-35

操作步骤：

1. 背景的制作

❶ 启动 Photoshop 软件，执行菜单栏中的"文件|新建"命令或按 Ctrl+N 组合键，打开"新建"对话框，新建一个"宽度"为 400 像素、"高度"为 300 像素的空白文档。使用（渐变工具），在页面中填充从 RGB(177、212、221) 色到 RGB(104、207、223) 色的径向渐变，效果如图 5-36 所示。

❷ 新建一个图层，使用（椭圆工具）绘制一个白色正圆，将其拖曳到右上角，如图 5-37 所示。

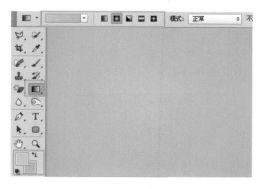

▲ 图 5-36

▲ 图 5-37

❸ 执行菜单栏中的"滤镜|模糊|高斯模糊"命令，打开"高斯模糊"对话框，设置"半径"为 82 像素，如图 5-38 所示。

❹ 设置完毕单击"确定"按钮，此时背景部分制作完毕，效果如图 5-39 所示。

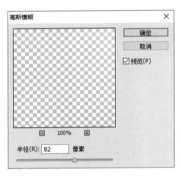

▲ 图 5-38

▲ 图 5-39

2. 功能图标主体部分的制作

❶ 使用 ▣（圆角矩形工具）绘制一个"半径"为 30 像素的圆角矩形 1，将"填充"设置为 RGB(177、212、221) 色，效果如图 5-40 所示。

❷ 执行菜单栏中的"图层｜图层样式｜投影"命令，打开"投影"的"图层样式"对话框，其中的参数值设置如图 5-41 所示。

▲ 图 5-40

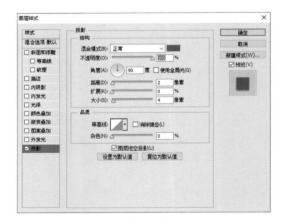

▲ 图 5-41

❸ 设置完毕单击"确定"按钮，效果如图 5-42 所示。

❹ 复制一个"圆角矩形 1"，得到一个"圆角矩形 1 拷贝"图层，执行菜单栏中的"图层｜图层样式｜清除图层样式"命令，将当前图层的图层样式去掉，如图 5-43 所示。

▲ 图 5-42

▲ 图 5-43

⑤ 执行菜单栏中的"图层 | 图层样式 | 斜面和浮雕、内发光、渐变叠加、投影"命令，分别打开它们的"图层样式"对话框，其中的参数值设置如图 5-44 所示。

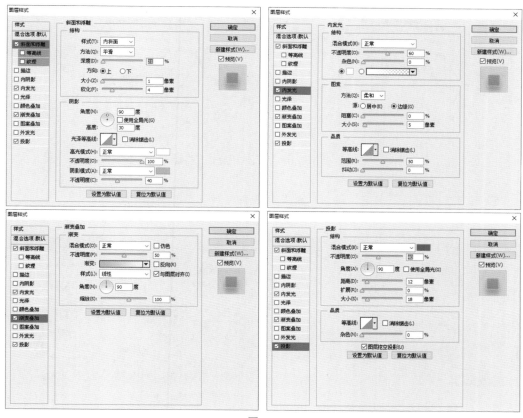

▲ 图 5-44

⑥ 设置完毕单击"确定"按钮，此时主体部分制作完毕，效果如图 5-45 所示。

▲ 图 5-45

3. 分隔线及小图标的制作

① 新建一个图层，将其命名为"隔线"，使用 ✎（直线工具）绘制 3 条白色隔线，效果如图 5-46 所示。

② 执行菜单栏中的"图层 | 图层样式 | 渐变叠加、投影"命令，分别打开"渐变叠加"和"投影"的"图层样式"对话框，其中的参数值设置如图 5-47 所示。

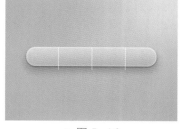

▲ 图 5-46

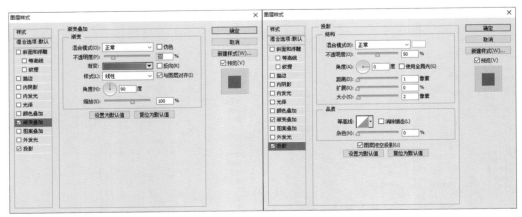

▲ 图 5-47

③ 设置完毕单击"确定"按钮，效果如图 5-48 所示。

④ 执行菜单栏中的"图层|创建剪贴蒙版"命令，设置"填充"为 0，效果如图 5-49 所示。

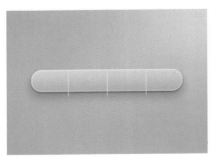

▲ 图 5-48

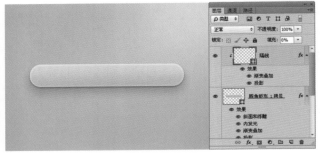

▲ 图 5-49

⑤ 使用 ▩（自定形状工具）在页面中绘制一个"主页"形状，如图 5-50 所示。

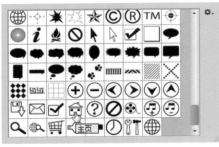

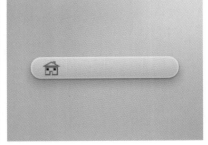

▲ 图 5-50

⑥ 选择"隔线"图层，右击鼠标，在弹出的快捷菜单中选择"拷贝图层样式"命令。再选择"形状 1"图层，右击鼠标，在弹出的快捷菜单中选择"粘贴图层样式"命令，如图 5-51 所示。

⑦ 选择"粘贴图层样式"命令后，设置"填充"为 50%，效果如图 5-52 所示。

⑧ 使用同样的方法，制作出另外 3 个形状小图标，效果如图 5-53 所示。

⑨ 新建一个图层，将其命名为"发光"，使用 ▩（椭圆选框工具）绘制一个"羽化"为 15 像素的正圆选区，将其填充为白色，效果如图 5-54 所示。

⑩ 按住 Ctrl 键单击"圆角矩形 1"图层的缩览图，调出选区后，选择"发光"图层，

单击 ▣ (添加图层蒙版)按钮，为图层添加蒙版，设置"混合模式"为"叠加"、"不透明度"
为 60%，效果如图 5-55 所示。

⑪ 至此，本例制作完毕，效果如图 5-56 所示。

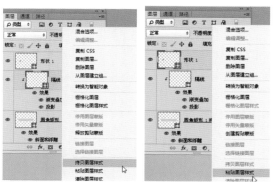

▲ 图 5-51

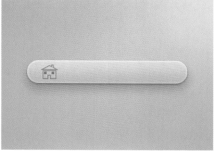

▲ 图 5-52

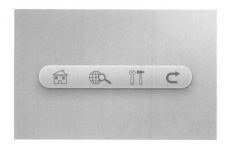

▲ 图 5-53

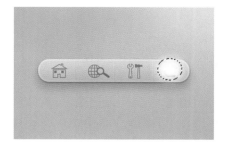

▲ 图 5-54

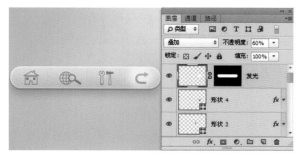

▲ 图 5-55

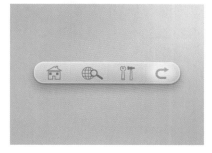

▲ 图 5-56

5.4 天气控件制作

本例先通过在新建文档中移入素材，将其作为控件背景，再通过使用圆角矩形作为控件主体，最后复制图形素材并添加图层样式，最终完成天气控件制作。

技术要点：

- 新建文档，移入素材；
- 应用"高斯模糊"滤镜；
- 设置不透明度；
- 使用"圆角矩形工具"绘制圆角矩形；
- 复制多个图形；
- 添加图层样式。

=== 绘制步骤 ===

素材路径：	素材文件 \ 第 5 章 \ 路面 .jpg、植物 .jpg、图标 .ai
案例路径：	源文件 \ 第 5 章 \ 天气控件 .psd
视频路径：	视频 \ 第 5 章 \5.4 天气控件 .mp4

思路及流程：

本例思路是在制作的背景上添加一个半透明的天气控件。要想出现半透明效果就要对"图层"面板中的"填充"进行调整。调整的前提是一定要应用图层样式后才能行，移入素材后使用"高斯模糊"制作模糊效果，再设置不透明度，使用 ■（圆角矩形工具）绘制控件主体和分隔线，为其应用图层样式，将其制作成半透明效果。输入文字，移入图形后都要添加图层样式，以此来制作出一个具有透明风格的天气控件。具体流程如图 5-57 所示。

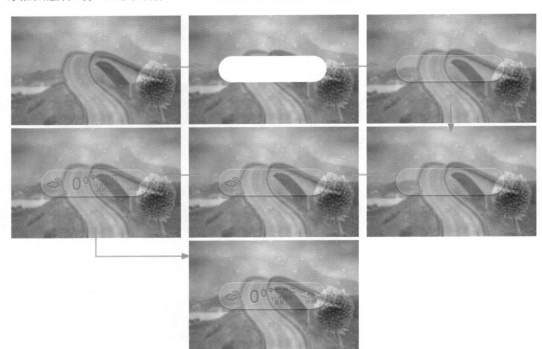

▲ 图 5-57

操作步骤：

1. 背景的制作

❶ 启动 Photoshop 软件，执行菜单栏中的"文件|新建"命令或按 Ctrl+N 组合键，打开"新建"对话框，新建一个"宽度"为 600 像素、"高度"为 400 像素的空白文档。执行菜单栏中的"文件|打开"命令或按 Ctrl+O 组合键，打开附带的"路面 .jpg"素材，将其拖曳到新建文档中，调整大小和位置，效果如图 5-58 所示。

❷ 执行菜单栏中的"滤镜|模糊|高斯模糊"命令，打开"高斯模糊"对话框，设置"半径"为 2.6 像素，效果如图 5-59 所示。

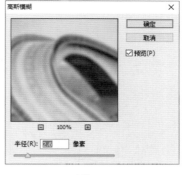

▲ 图 5-58　　　　　　　　　　　　　　　　▲ 图 5-59

❸ 设置完毕单击"确定"按钮，设置"不透明度"为 74%，效果如图 5-60 所示。

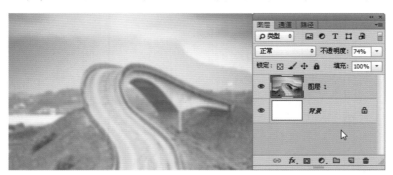

▲ 图 5-60

❹ 打开附带的"植物 .jpg"素材，将其拖曳到新建文档中，设置"不透明度"为 31%，此时背景部分制作完毕，效果如图 5-61 所示。

▲ 图 5-61

2. 控件部分的制作

① 使用 ◻（圆角矩形工具）绘制一个白色圆角矩形 1，效果如图 5-62 所示。

② 执行菜单栏中的"图层 | 图层样式 | 内发光、投影"命令，分别打开"内发光"和"投影"的"图层样式"对话框，其中的参数值设置如图 5-63 所示。

③ 设置完毕单击"确定"按钮，设置"填充"为 15%，让圆角矩形变成半透明状，效果如图 5-64 所示。

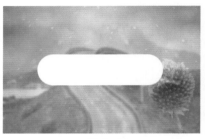

▲ 图 5-62

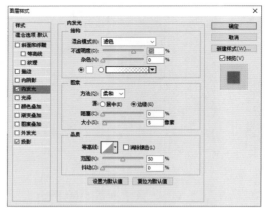 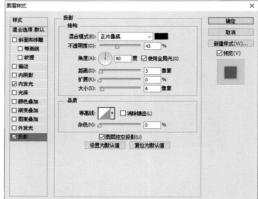

▲ 图 5-63

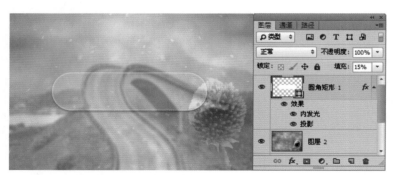

▲ 图 5-64

技巧　不透明度，用来设置当前图层的透明程度，包含像素和图层样式。填充，降低参数后会将图层中的像素变得透明，应用的图层样式不会受影响。

④ 使用 ◻（圆角矩形工具）绘制一个深灰色的细线圆角矩形 2，效果如图 5-65 所示。

⑤ 按住 Ctrl 键单击"圆角矩形 1"图层的缩览图，调出选区后，选择"圆角矩形 2"图层，单击 ◻（添加图层蒙版）按钮，为图层添加蒙版，设置"不透明度"为 35%，效果如图 5-66 所示。

▲ 图 5-65

▲ 图 5-66

⑥ 执行菜单栏中的"图层|图层样式|投影"命令,打开"投影"的"图层样式"对话框,其中的参数值设置如图 5-67 所示。

⑦ 设置完毕单击"确定"按钮,效果如图 5-68 所示。

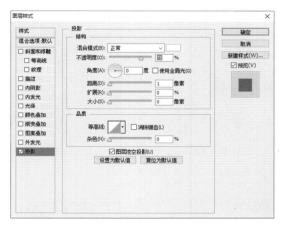

▲ 图 5-67

▲ 图 5-68

⑧ 使用 Illustrator 打开附带的"图标 .ai"素材,选择其中的一个图标,按 Ctrl+C 组合键复制,切换到 Photoshop 中,按 Ctrl+V 组合键,在弹出的对话框中选中"形状图层"单选按钮,如图 5-69 所示。

⑨ 单击"确定"按钮,设置"描边"为"灰色"、"描边宽度"为 1.5 点,效果如图 5-70 所示。

▲ 图 5-69

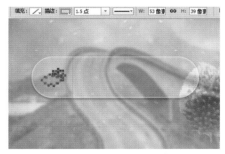

▲ 图 5-70

⑩ 执行菜单栏中的"图层|图层样式|内阴影、投影"命令,分别打开"内阴影"和"投影"的"图层样式"对话框,其中的参数值设置如图 5-71 所示。

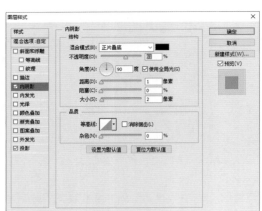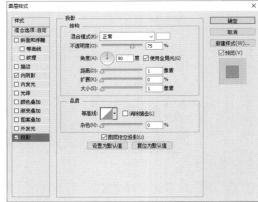

▲ 图 5-71

⓫ 设置完毕单击"确定"按钮，效果如图 5-72 所示。

⓬ 使用 T.（横排文字工具）输入文字，在"形状 1"上右击鼠标，在弹出的快捷菜单中选择"拷贝图层样式"命令，再选择文字图层，右击鼠标，在弹出的快捷菜单中选择"粘贴图层样式"命令，效果如图 5-73 所示。

⓭ 使用 Illustrator 打开附带的"图标"素材，选择其中的一个位置图标，将其粘贴到 Photoshop 新建的文档中，再粘贴图层样式，效果如图 5-74 所示。

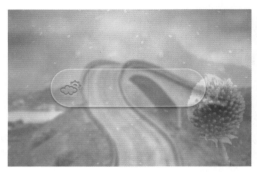

▲ 图 5-72

▲ 图 5-73

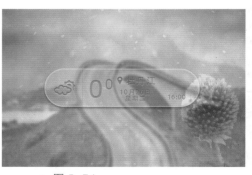

▲ 图 5-74

⑭ 使用 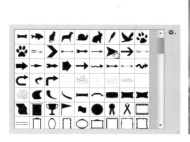（自定形状工具）绘制一个白色箭头，效果如图5-75所示。

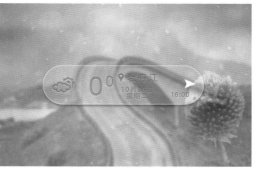

▲ 图5-75

⑮ 为箭头粘贴图层样式，效果如图5-76所示。

⑯ 复制"形状3"，得到一个"形状3拷贝"图层，执行菜单栏中的"编辑|变换|水平翻转"命令，再将其向左移动，效果如图5-77所示。

▲ 图5-76

▲ 图5-77

⑰ 清除"形状3拷贝"的图层样式，执行菜单栏中的"图层|图层样式|内发光、投影"命令，分别打开"内发光"和"投影"的"图层样式"对话框，其中的参数值设置如图5-78所示。

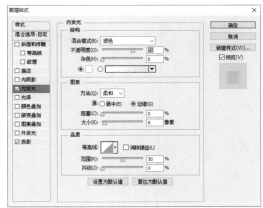

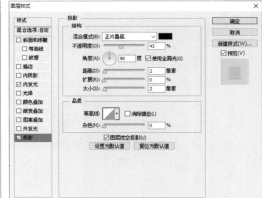

▲ 图5-78

⑱ 设置完毕单击"确定"按钮，设置"填充"为15%。至此，本例制作完毕，效果如图5-79所示。

▲ 图 5-79

5.5 时间控件制作

本例先通过在文档中绘制云彩画笔，使其作为控件背景，再通过绘制的正圆、矩形、圆角矩形来组成形状，最后通过添加图层样式来完成时间控件的制作。

技术要点：

- 新建文档，填充颜色；
- 使用"画笔工具"绘制云彩；
- 使用"圆角矩形工具"绘制圆角矩形；
- 使用"矩形工具"绘制矩形；
- 使用"椭圆工具"绘制正圆；
- 添加图层蒙版；
- 添加图层样式；
- 输入文字。

●━━ 绘制步骤 ━━●

素材路径：	素材文件 \ 第 5 章 \ 丑牛 .png
案例路径：	源文件 \ 第 5 章 \ 时间控件 .psd
视频路径：	视频 \ 第 5 章 \5.5 时间控件 .mp4

思路及流程：

本例思路是制作一个显示当前时间的控件，要显示的内容包括属相、年、月、日、时间、星期等，让其看起来符合当前时间的特性。本例先为新建文档填充青色，再新建图层使用 ✏（画笔工具）绘制云彩，接着使用 ⬭（椭圆工具）、▢（矩形工具）、▢（圆角矩形工具）分别绘制正圆、矩形和圆角矩形并为它们添加图层样式，以此制作出立体效果，最后输入文字制作出时间控件。具体流程如图 5-80 所示。

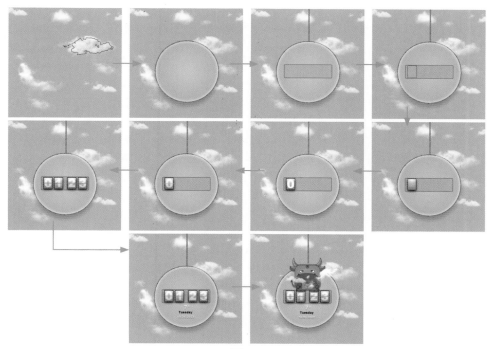

▲ 图 5-80

操作步骤：

1. 背景的制作

❶ 启动 Photoshop 软件，执行菜单栏中的"文件|新建"命令或按 Ctrl+N 组合键，打开"新建"对话框，新建一个"宽度"和"高度"均为 600 像素的文档，将其填充为青色，效果如图 5-81 所示。

❷ 将"前景色"设置为白色，新建一个"图层 1"图层，选择 ▨（画笔工具）后，在"画笔预设选取器"中选择云彩画笔，之后使用 ▨（画笔工具）在页面中绘制云彩，制作控件的背景，如图 5-82 所示。

▲ 图 5-81

▲ 图 5-82

❸ 使用 ▭（椭圆工具）绘制一个白色正圆，效果如图 5-83 所示。

❹ 为白色正圆制作样式效果。执行菜单栏中的"图层|图层样式|描边、内发光、渐变叠加、投影"命令，分别打开它们的"图层样式"对话框，其中的参数值设置如图 5-84 所示。

❺ 设置完毕单击"确定"按钮，效果如图 5-85 所示。

❻ 使用 ▭（矩形工具）绘制一个灰色矩形，效果如图 5-86 所示。

▲ 图 5-83

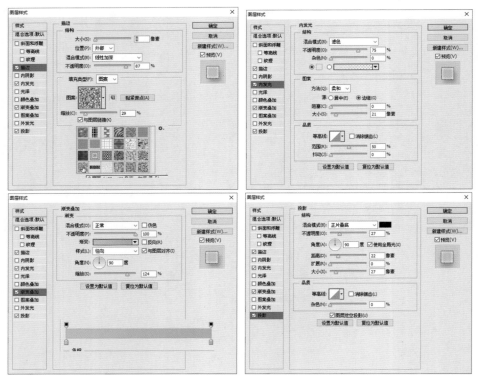

▲ 图 5-84

▲ 图 5-85

▲ 图 5-86

❼ 为矩形制作样式效果。执行菜单栏中的"图层 | 图层样式 | 内发光、图案叠加"命令，分别打开"内发光"和"图案叠加"的"图层样式"对话框，其中的参数值设置如图5-87所示。

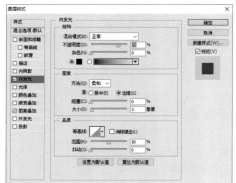

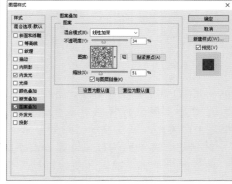

▲ 图 5-87

⑧ 设置完毕单击"确定"按钮，此时背景部分制作完毕，效果如图5-88所示。

▲ 图 5-88

2. 控件部分的制作

① 使用 （圆角矩形工具）绘制一个"填充"为青色、"描边"为黑色的圆角矩形，效果如图5-89所示。

② 执行菜单栏中的"图层 | 图层样式 | 图案叠加"命令，打开"图案叠加"的"图层样式"对话框，其中的参数值设置如图5-90所示。

③ 设置完毕单击"确定"按钮，效果如图5-91所示。

④ 新建"组1"，使用 （圆角矩形工具）绘制一个圆角矩形2，设置"填充"为青色、"描边"为黑色，效果如图5-92所示。

▲ 图 5-89

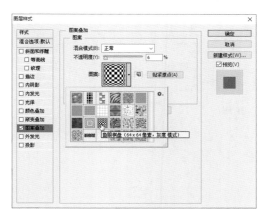

▲ 图 5-90

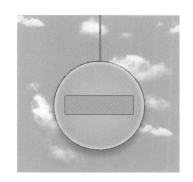

▲ 图 5-91

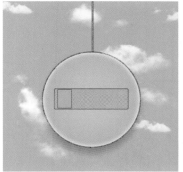

▲ 图 5-92

⑤ 执行菜单栏中的"图层|图层样式|内阴影"命令，打开"内阴影"的"图层样式"对话框，其中的参数值设置如图 5-93 所示。

⑥ 设置完毕单击"确定"按钮，效果如图 5-94 所示。

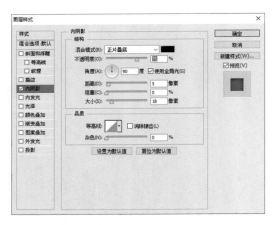

▲ 图 5-93

▲ 图 5-94

⑦ 复制"圆角矩形 2"，得到"圆角矩形 2 拷贝"图层，将其缩小一些，并删除图层样式。再执行菜单栏中的"图层|图层样式|斜面和浮雕、渐变叠加、投影"命令，分别打开它们的"图层样式"对话框，其中的参数值设置如图 5-95 所示。

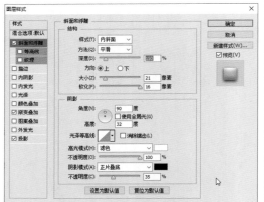

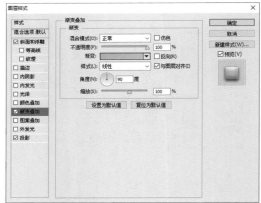

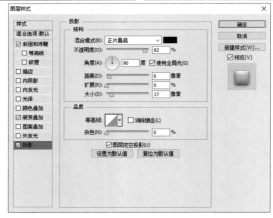

▲ 图 5-95

⑧ 设置完毕单击"确定"按钮，效果如图 5-96 所示。

⑨ 使用 绘制一个白色形状，效果如图 5-97 所示。

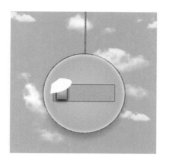

▲ 图 5-96

▲ 图 5-97

⑩ 按住 Ctrl 键的同时单击"圆角矩形 2 拷贝"图层的缩览图，调出选区后，单击 按钮，为"形状 1"添加图层蒙版，设置"不透明度"为 17%，效果如图 5-98 所示。

⑪ 使用 输入白色数字，效果如图 5-99 所示。

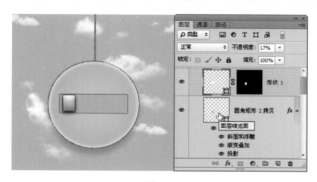

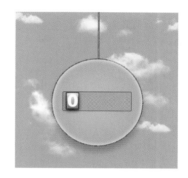

▲ 图 5-98

▲ 图 5-99

⑫ 此时发现白色数字与后面的圆角矩形不是很搭配，需要为其制作一个渐变效果。执行菜单栏中的"图层|图层样式|渐变叠加"命令，打开"渐变叠加"的"图层样式"对话框，其中的参数值设置如图 5-100 所示。

⑬ 设置完毕单击"确定"按钮，效果如图 5-101 所示。

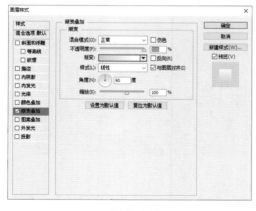

▲ 图 5-100

▲ 图 5-101

⑭ 使用 绘制一个青色矩形，按住 Ctrl 键的同时单击"圆角矩形 2 拷贝"

图层的缩览图，调出选区后，单击 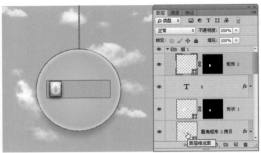（添加图层蒙版）按钮，为"矩形 2"添加图层蒙版，如图 5-102 所示。

▲ 图 5-102

⑮ 为"矩形 2"制作一个凹陷进去的效果。执行菜单栏中的"图层 | 图层样式 | 内阴影"命令，打开"内阴影"的"图层样式"对话框，其中的参数值设置如图 5-103 所示。

⑯ 设置完毕单击"确定"按钮，效果如图 5-104 所示。

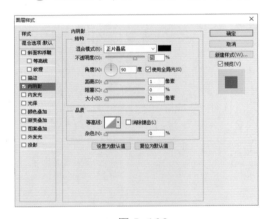

▲ 图 5-103

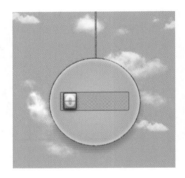

▲ 图 5-104

⑰ 复制 3 个"组 1"副本，将副本向右移动，效果如图 5-105 所示。

⑱ 使用 T（横排文字工具）输入文字，为白色文字添加"投影"和"渐变叠加"图层样式，为黑色文字添加"投影"图层样式，效果如图 5-106 所示。

▲ 图 5-105

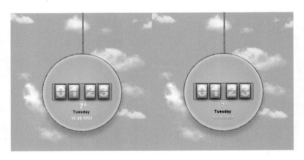

▲ 图 5-106

⑲ 打开附带的"丑牛 .png"素材，将其拖曳到新建文档中，调整大小和位置，为其添加一个"投影"图层样式，效果如图 5-107 所示。

⑳ 新建一个图层，使用 ◢（画笔工具），在丑牛身上绘制几朵白色云彩。至此，本例

制作完毕，效果如图 5-108 所示。

▲ 图 5-107　　　　　　　　　　　▲ 图 5-108

5.6　质感开关控件制作

本例通过新建文档、填充渐变色，以及绘制圆角矩形、正圆并为其添加图层样式等操作来完成具有金属质感开关控件的制作。

技术要点：

- 新建文档，填充渐变色；
- 使用"圆角矩形工具"绘制圆角矩形；
- 使用"椭圆工具"绘制正圆；
- 添加图层样式；
- 设置不透明度和填充；
- 输入文字。

━━●　绘制步骤　●━━

案例路径：	源文件 \ 第 5 章 \ 质感开关控件 .psd
视频路径：	视频 \ 第 5 章 \5.6　质感开关控件 .mp4

思路及流程：

本例思路是利用图层样式为绘制的图形添加金属质感效果。新建文档后使用■（渐变工具）填充渐变色，使用■（圆角矩形工具）、■（矩形工具）、■（椭圆工具）绘制圆角矩形、矩形和正圆，使用图层样式为其添加质感效果，最终完成质感开关控件的制作。具体流程如图 5-109 所示。

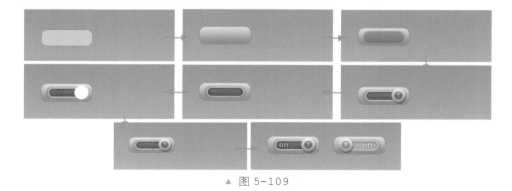

▲ 图 5-109

操作步骤：

① 打开 Photoshop 软件，执行菜单栏中的"文件 | 新建"命令，新建一个 600 像素×
300 像素的空白文档。使用 ▦（渐变工具）将其填充为从灰色到浅灰色的线性渐变，效果如
图 5-110 所示。

② 使用 ▣（圆角矩形工具）绘制一个浅灰色的圆角矩形 1，效果如图 5-111 所示。

　　　　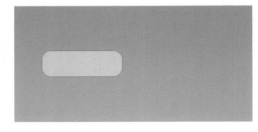

▲ 图 5-110　　　　　　　　　　　　　　　▲ 图 5-111

③ 执行菜单栏中的"图层 | 图层样式 | 内阴影、渐变叠加、投影"命令，分别打开它们的
"图层样式"对话框，其中的参数值设置如图 5-112 所示。

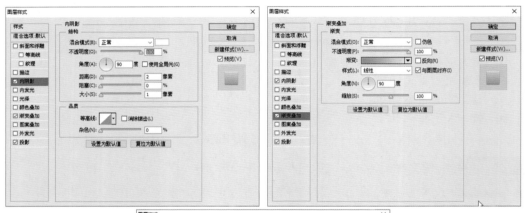

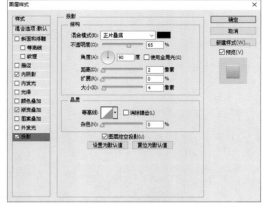

▲ 图 5-112

④ 设置完毕单击"确定"按钮，效果如图 5-113 所示。

⑤ 复制"圆角矩形 1"，得到一个"圆角矩形 1 拷贝"图层，清除图层样式，再执行
菜单栏中的"图层 | 图层样式 | 投影"命令，打开"投影"的"图层样式"对话框，其中的
参数值设置如图 5-114 所示。

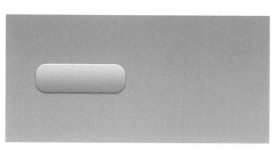

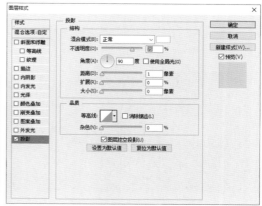

▲ 图 5-113   ▲ 图 5-114

⑥ 设置完毕单击"确定"按钮，设置"填充"为 0，效果如图 5-115 所示。

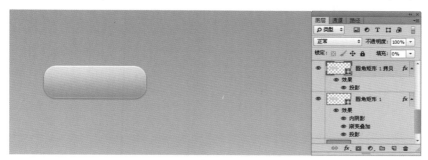

▲ 图 5-115

⑦ 使用 ▢（圆角矩形工具）绘制一个白色的圆角矩形 2，如图 5-116 所示。

⑧ 执行菜单栏中的"滤镜 | 模糊 | 高斯模糊"命令，打开"高斯模糊"对话框，其中的参数值设置如图 5-117 所示。

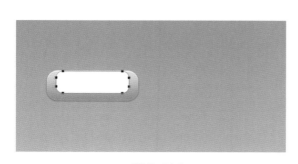

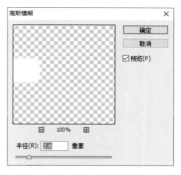

▲ 图 5-116   ▲ 图 5-117

⑨ 设置完毕单击"确定"按钮，效果如图 5-118 所示。

⑩ 执行菜单栏中的"图层 | 图层样式 | 图案叠加"命令，打开"图案叠加"对话框，其中的参数值设置如图 5-119 所示。

⑪ 设置完毕单击"确定"按钮，设置"不透明度"为 30%，效果如图 5-120 所示。

⑫ 复制圆角矩形 2，得到一个"圆角矩形 2 拷贝"图层，执行菜单栏中的"图像 | 调整 | 反相"命令，再将图形向下移动一些，效果如图 5-121 所示。

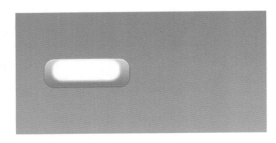

▲ 图 5-118

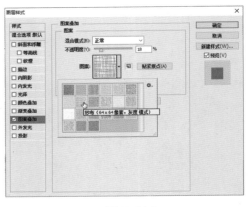

▲ 图 5-119

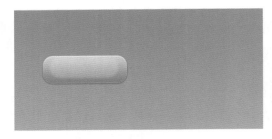

▲ 图 5-120

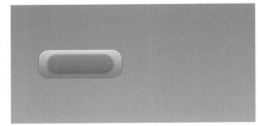

▲ 图 5-121

⑬ 使用 ▢（圆角矩形工具）绘制一个红色的圆角矩形 3，如图 5-122 所示。

⑭ 执行菜单栏中的"图层 | 图层样式 | 描边、内阴影、渐变叠加、图案叠加、外发光"命令，分别打开它们的"图层样式"对话框，其中的参数值设置如图 5-123 所示。

⑮ 设置完毕单击"确定"按钮，效果如图 5-124 所示。

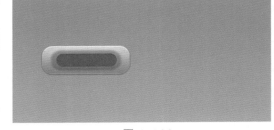

▲ 图 5-122

⑯ 复制圆角矩形 3，得到"圆角矩形 3 拷贝"图层，清除图层样式。执行菜单栏中的"图层 | 图层样式 | 投影"命令，打开"投影"的"图层样式"对话框，其中的参数值设置如图 5-125 所示。

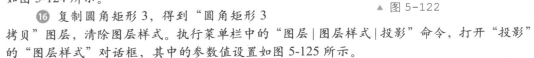

▲ 图 5-123

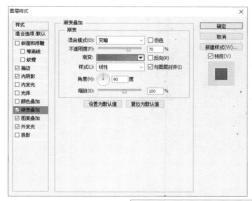
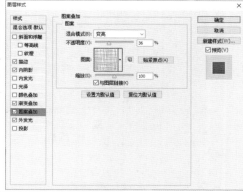

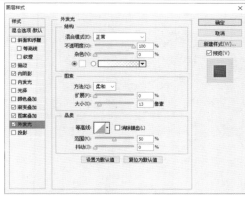

▲ 图 5-123（续）

▲ 图 5-124

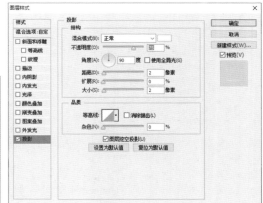

▲ 图 5-125

⑰ 设置完毕单击"确定"按钮，设置"填充"为 0，效果如图 5-126 所示。

⑱ 使用◻（椭圆工具）绘制一个正圆，得到一个"椭圆 1"图层，如图 5-127 所示。

⑲ 执行菜单栏中的"图层 | 图层样式 | 斜面和浮雕、渐变叠加、投影"命令，分别打开它们的"图层样式"对话框，其中的参数值设置如图 5-128 所示。

⑳ 设置完毕单击"确定"按钮，效果如图 5-129 所示。

㉑ 复制"椭圆 1"，得到"椭圆 1 拷贝"图层，将其缩小后调整为灰色，清除图层样式，效果如图 5-130 所示。

▲ 图 5-126

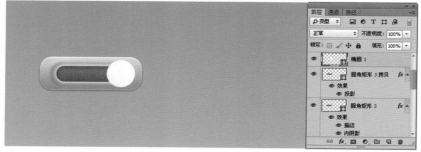

▲ 图 5-127

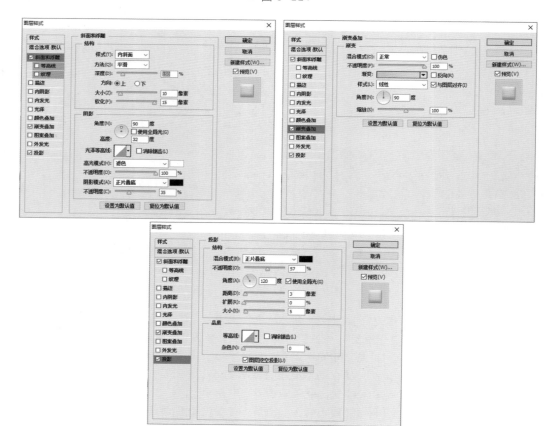

▲ 图 5-128

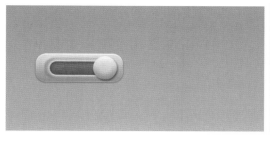
▲ 图 5-129

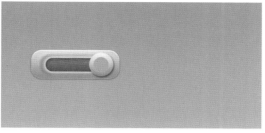
▲ 图 5-130

㉒ 执行菜单栏中的"图层 | 图层样式 | 内阴影、投影"命令，分别打开"内阴影""投影"的"图层样式"对话框，其中的参数值设置如图 5-131 所示。

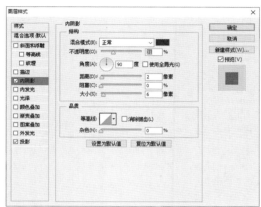
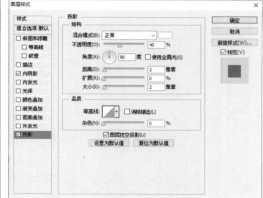
▲ 图 5-131

㉓ 设置完毕单击"确定"按钮，设置"填充"为 80%，效果如图 5-132 所示。

▲ 图 5-132

㉔ 复制一个"椭圆 1"，得到一个"椭圆 1 拷贝 2"图层，将其缩小一些，清除图层样式。执行菜单栏中的"图层 | 图层样式 | 斜面和浮雕、内发光、颜色叠加、外发光"命令，分别打开它们的"图层样式"对话框，其中的参数值设置如图 5-133 所示。

㉕ 设置完毕单击"确定"按钮，效果如图 5-134 所示。

㉖ 使用 ⊤ (横排文字工具) 输入文字 on，为其添加一个投影。至此，完成了开关控件的制作，效果如图 5-135 所示。

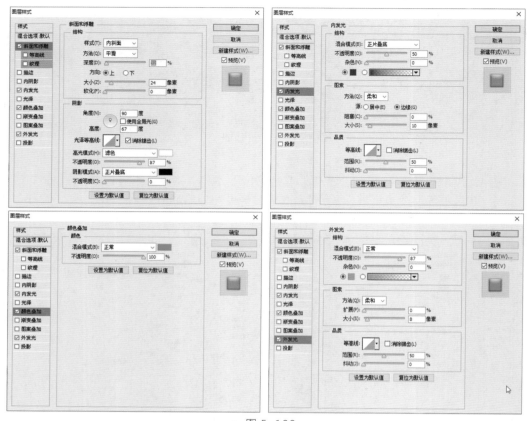

▲ 图 5-133

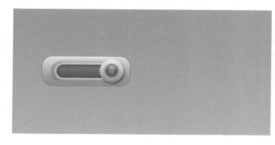

▲ 图 5-134

▲ 图 5-135

㉗ 复制除背景以外的所有图层，得到一个控件副本，将红色都调整成灰色，将文字改成 off。至此，本例制作完毕，效果如图 5-136 所示。

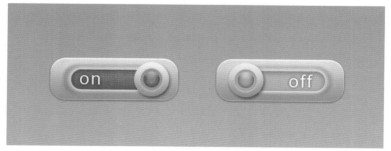

▲ 图 5-136

5.7 视频播放控件制作

本例通过在打开的素材上面绘制半透明的圆角矩形、三角形、自定义形状等操作来制作出视频播放控件。

技术要点：

* 新建文档，移入素材；
* 使用"圆角矩形工具"绘制圆角矩形；
* 使用"多边形工具"绘制三角形；
* 使用"自定形状工具"绘制形状图形；
* 设置不透明度；
* 输入文字。

━━━━ 绘制步骤 ━━━━

素材路径：	素材 \ 第 5 章 \ 踢球 .jpg
案例路径：	源文件 \ 第 5 章 \ 视频播放控件 .psd
视频路径：	视频 \ 第 5 章 \5.7 视频播放控件 .mp4

思路及流程：

本例思路是以图像作为背景制作一个半透明的视频播放控件。使用■（圆角矩形工具）绘制圆角矩形，作为播放条中的半透明背景和进度条，使用■（多边形工具）绘制三角形，使用■（自定形状工具）绘制心形、音量图标、箭头，最后输入文字完成制作。具体流程如图 5-137 所示。

▲ 图 5-137

操作步骤：

❶ 启动 Photoshop 软件，执行菜单栏中的"文件|新建"命令或按 Ctrl+N 组合键，打开"新建"对话框，新建一个"宽度"为 600 像素、"高度"为 400 像素的空白文档。打开附带的"踢球.jpg"素材，将其拖曳到新建文档中，调整大小和位置，如图 5-138 所示。

❷ 使用■（圆角矩形工具），在图像的底部绘制一个灰色的圆角矩形 1，设置"不透明度"为 49%，如图 5-139 所示。

▲ 图 5-138   ▲ 图 5-139

❸ 使用▣（圆角矩形工具），在半透明的灰色圆角矩形上面绘制一个白色"圆角矩形 2"，设置"不透明度"为 74%，效果如图 5-140 所示。

▲ 图 5-140

❹ 复制"圆角矩形 2"，得到一个"圆角矩形 2 拷贝"图层，将拷贝层的图形缩小一些，再将颜色设置成橘色，效果如图 5-141 所示。

❺ 使用▣（多边形工具），在半透明的灰色圆角矩形上面绘制一个白色的三角形，设置"不透明度"为 74%，效果如图 5-142 所示。

▲ 图 5-141   ▲ 图 5-142

❻ 使用▣（自定形状工具），在半透明的灰色圆角矩形上面绘制一个白色的音量图标、橘色红心形卡和两个白色箭头，设置"不透明度"为 74%，效果如图 5-143 所示。

❼ 使用▣（横排文字工具），在半透明的灰色圆角矩形上面输入白色文字，设置"不透明度"为 74%。至此，本例制作完毕，效果如图 5-144 所示。

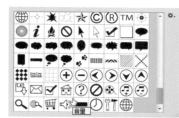
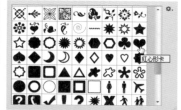
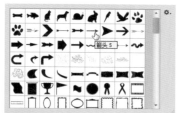

▲ 图 5-143

▲ 图 5-144

5.8 音量旋钮控件制作

本例先通过在新建的黑色文档中绘制正圆形状，并对其描边进行编辑，再为其添加图层样式等操作制作出音量旋钮控件。

技术要点：

- 新建文档，填充渐变色；
- 使用"椭圆工具"绘制正圆；
- 编辑描边；
- 添加图层样式；
- 设置混合模式；
- 复制图层，添加图层蒙版；
- 使用"画笔工具"编辑图层蒙版；
- 输入文字。

绘制步骤

案例路径：	源文件 \ 第 5 章 \ 音量旋钮控件 .psd
视频路径：	视频 \ 第 5 章 \5.8　音量旋钮控件 .mp4

思路及流程：

　　本例思路是制作一个音量旋钮控件，整个控件都放在以黑色为主的背景中，这样会使控件看起来更有质感，新建文档后，使用■（渐变工具）填充渐变色，以此作为背景；使用◯（椭圆工具）绘制正圆，以此作为旋钮控件的主体；通过编辑"描边"制作出圆弧轮廓，添加图层样式后得到一个音量旋钮控件。具体流程如图 5-145 所示。

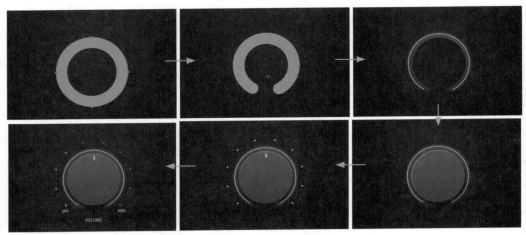

▲ 图 5-145

操作步骤：

　　❶ 启动 Photoshop 软件，执行菜单栏中的"文件|新建"命令或按 Ctrl+N 组合键，打开"新建"对话框，新建一个"宽度"为 600 像素、"高度"为 400 像素的空白文档。使用■（渐变工具）填充从深灰色到黑色的径向渐变，效果如图 5-146 所示。

　　❷ 使用◯（椭圆工具），在文档中绘制一个正圆，设置"填充"为"无"、"描边"为灰色、"描边宽度"为 19.73 点，如图 5-147 所示。

▲ 图 5-146

▲ 图 5-147

　　❸ 使用�（添加锚点工具），在正圆底部添加两个锚点，使用�（直接选择工具）选择最底部的锚点将其删除，效果如图 5-148 所示。

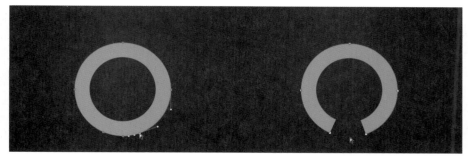

▲ 图 5-148

④ 在"描边选项"面板中设置"端点"为圆头，效果如图 5-149 所示。

⑤ 执行菜单栏中的"图层 | 图层样式 | 内发光"命令，打开"内发光"的"图层样式"对话框，其中的参数值设置如图 5-150 所示。

▲ 图 5-149

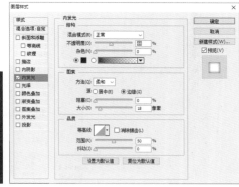

▲ 图 5-150

⑥ 设置完毕单击"确定"按钮，设置"混合模式"为"颜色减淡"，效果如图 5-151 所示。

▲ 图 5-151

⑦ 复制"椭圆 1"，得到一个"椭圆 1 拷贝"图层，将其缩小一些，设置"填充"为"无"、"描边"为青色、"描边宽度"为 1.56 点，如图 5-152 所示。

⑧ 使用 ◯（椭圆工具），在中间位置绘制一个黑色正圆，如图 5-153 所示。

⑨ 执行菜单栏中的"图层 | 图层样式 | 内阴影、渐变叠加、投影"命令，分别打开它们的"图层样式"对话框，其中的参数值设置如图 5-154 所示。

▲ 图 5-152

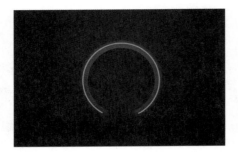

▲ 图 5-153

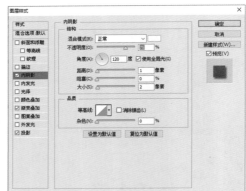

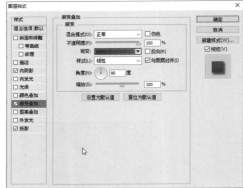

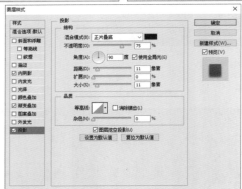

▲ 图 5-154

⓾ 设置完毕单击"确定"按钮，效果如图 5-155 所示。

⓫ 使用 ◉（椭圆工具），在中间位置绘制一个青色椭圆，如图 5-156 所示。

▲ 图 5-155

▲ 图 5-156

⑫ 执行菜单栏中的"图层|图层样式|内阴影、外发光"命令,分别打开"内阴影"和"外发光"的"图层样式"对话框,其中的参数值设置如图 5-157 所示。

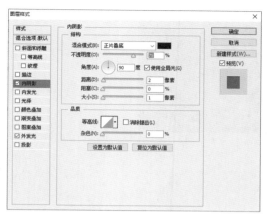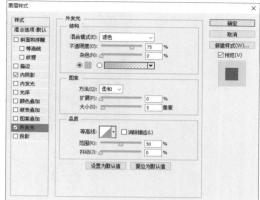

▲ 图 5-157

⑬ 设置完毕单击"确定"按钮,效果如图 5-158所示。

⑭ 使用 ⬭ (椭圆工具),围绕圆弧绘制 10 个青色小正圆和 10 个灰色小正圆,效果如图 5-159 所示。

⑮ 选择灰色正圆所在的图层,单击 ▣ (添加图层蒙版)按钮,为图层添加图层蒙版。使用 ✎ (画笔工具)在蒙版中涂抹黑色,效果如图 5-160 所示。

⑯ 使用 🄣 (横排文字工具)输入青色文字。至此,本例制作完毕,效果如图 5-161 所示。

▲ 图 5-158

▲ 图 5-159

▲ 图 5-160

▲ 图 5-161

5.9 优秀作品欣赏

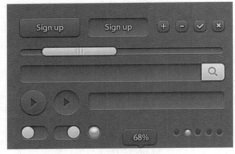

第 **6** 章

UI 导航设计与制作

本章重点：

- ❖ 了解 UI 设计中的导航
- ❖ 水晶质感网页导航制作
- ❖ 底部导航制作
- ❖ 顶部导航制作
- ❖ 抽屉式导航制作

- ❖ 带搜索导航制作
- ❖ APP 顶部导航制作
- ❖ APP 网格式导航制作
- ❖ 优秀作品欣赏

本章主要讲解 UI 设计中导航元素的设计与制作。导航在 UI 中起到非常重要的作用，一个好的导航无论是在 APP 中还是网页中都会起到一个非常好的引导作用，可以让浏览者非常清晰地找到自己要找的内容。导航的风格要与界面相呼应，在界面中起到引导以及画龙点睛的作用，导航可以是固定位置的，例如 APP 中的底部导航，也可以是非固定位置的，例如界面中需要进入的详细内容的区域或是网页中功能项目的导航。导航的形状也可以是各种样式的，只要不与界面主题相违背即可。总之，导航是 UI 设计不可或缺的一种重要元素。本章就从网页导航、手机 APP 导航等方面进行详细的案例式讲解，让读者能够以最快的方式进入到 UI 导航的设计中，并对其能进行相关的应用。

6.1 了解UI设计中的导航

6.1.1 导航是什么

导航是指通过一定的技术手段，为页面的访问者提供一定的途径，使其可以方便地访问到所需的内容。

导航表现为栏目菜单设置、辅助菜单、其他在线帮助等形式。导航设置是在页面栏目结构的基础上，进一步为用户浏览内容提供的提示系统。由于各个页面设计并没有统一的标准，不仅菜单设置各不相同，打开其页面的方式也有区别，有些是在同一窗口打开新页面，有些是在新窗口中打开，因此仅有页面栏目菜单还不够，有时会让用户在浏览页面的过程中迷失方向，如无法回到首页或者上一级页面等，这就需要具有辅助性的导航来帮助用户方便地使用页面信息。

6.1.2 导航的分类

在对导航进行设计时，一定要先了解导航的分类。导航大致可分为 3 类，分别是主导航、次导航和面包屑导航。

- 主导航：一般位于网页页眉顶部，或者横幅下部，第一时间引导网友指向他所需要的信息栏目。在手机中主导航主要以底部导航为主，位置是固定的，不随页面的滚动而移动。
- 次导航：一般位于网站的两侧。当用户需要浏览网页时，想去别的栏目看看，可以通过次导航进入其他栏目。在手机 APP 中次导航一般在页面的顶部，不随页面移动，也可以在页面中，随页面的滚动而滚动。
- 面包屑导航：面包屑导航又称为面包屑路径，是一种显示用户在网站或网络应用中的位置的层层指引的导航。它们不会占用屏幕空间，因为它们通常是以简单的样式水平排列。这样的好处是，从内容过载方面来说，它们几乎没有任何负面影响。

6.1.3 移动端导航设计的几种形式

导航是页面结构和界面设计的重要一部分，它可以结构化产品内容和功能，突出核心功能，引导浏览者快速找到内容。下面为读者简单介绍移动端导航的几种形式。

1. 标签式导航

标签式导航是目前最常见的导航形式，也是最不容易出错的导航形式。标签式导航

有底部导航和顶部导航两种。底部导航用于全局导航，顶部导航用于二级导航，如图 6-1
所示。

▲ 图 6-1

2. 抽屉式导航

当进入某个 APP 的二级页面时只展现其中的某项功能，而其他功能会被自动隐藏，这
时若采用标签式导航就会分散用户的注意力，所以产品的结构形态决定了采用抽屉式导航是
最佳选择，如图 6-2 所示。

▲ 图 6-2

3. 菜单式导航

这种导航形式一般不会用于全局导航，多用于浏览类的 APP 的二级导航。当用户从菜
单式导航进入某个类型后，会在该分类中进行更加详细的浏览。菜单式导航还有一个好处
就是节省屏幕空间，它用一个展开的图标，将几个甚至几十个分类都集合在一起，如图 6-3
所示。

▲ 图 6-3

4. 平铺式导航

在页面中会平铺地显示一些内容，例如天气预报中某个地点的一段时间天气信息，可以通过左右滑动的方式改变地点、日期等内容。最具代表性的平铺式导航有天气预报、股票等，如图 6-4 所示。

5. 图标式导航

图标式导航一般是在页面中按照图标的方式进行构图布局，单击图标会进入到此导航对应的内容区域，如图 6-5 所示。

6. 列表式导航

列表式导航几乎存在于所有的APP中。列表式，从上到下地展现符合移动端瀑布流式的浏览方式。这种类型的导航设计形式比较多样，可以是纯文本，

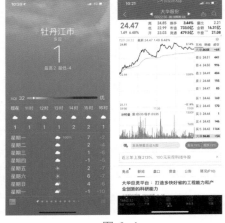

▲ 图 6-4

可以是图标加文、纯图片、左图右文、右图左文，几乎满足了所有内容的展现形式，如图 6-6 所示。

▲ 图 6-5

▲ 图 6-6

7. 网格式导航

网格式导航多用于二级导航，很少见于主导航。如果放置到主导航的话，每次浏览完一部分内容都需要返回主导航，这样操作起来会非常地不方便。但是也并不是绝对的，像龙江人社就采用网格式导航作为主导航。网格式导航有两种：一种是作为内容的展示，如社交类的 APP；另一种是作为功能的入口，如外卖类的 APP。应用网格式导航的页面如图 6-7 所示。

▲ 图 6-7

6.1.4 网页端导航设计的几种形式

网页中的导航，可以让整个网站起到互相链接的作用，能让浏览者快速进入到自己需要的内容区域。导航作为网页中的组成部分，对于可用性的要求是非常高的。网页中的导航在设计时可能会出现很多问题。笨拙、拥挤，甚至无法实现导航功能，是很多网站导航都出现过的问题。设计一款可用的、足够吸引人的导航，是如此重要。下面就为读者介绍几种比较常用的导航形式。

1. 按意愿搜索功能

在网站中查找内容时，用户常常会使用搜索来筛选信息，所以，搜索框应该突出展示。

它应该出现在每个页面上，应该和主导航栏一起存在，应该够大也易于访问，如图 6-8 所示。

▲ 图 6-8

2. 超大导航

导航过大能让浏览者有针对性地筛选查找内容，主要内容可以一目了然，这也是超大导航的优点。缺点是网页缩小后内容会显示不全影响浏览效果。超大导航多存在于电商类网站，能够起到指引购物的功能。超大导航需要足够的空间来承载大量的导航栏目，不过过大的导航栏可能还会存在一些可用性的问题，例如导航栏项目过多难以缩减。对于网站的运营者而言需要仔细考量这件事情。超大导航如图 6-9 所示。

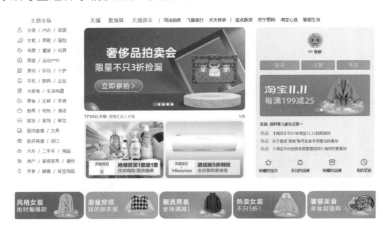

▲ 图 6-9

3. 限制导航条目

制作网页时一定要想到，作为浏览者经常访问的内容，必须把它们放在最重要、最常用到的导航栏中。值得一提的是，几乎每个网站的导航中都会包含搜索、关于我们、首页等条目，而电商类网站则通常会包含购物车、购买的按钮。但是无论如何，永远将最关键、最重要的导航类目让用户最先看到，这才是导航所应该做到的事情，如图 6-10 所示。

4. 新老客导航

此类导航多用于电商类网站，网站会根据客户经常浏览的内容，使导航开始围绕用户的信息进行调整，自动筛选出一些符合老客户的信息内容，而对于首次浏览的用户，系统则以默认内容进行显示，如图 6-11 所示。

5. 导航条目排布

导航内元素的排布顺序和条目内容同样重要。导航栏两头的条目是最引人注目的，并且也通常是用户点击最多的。所以，作为设计者，需要特别注意这些条目的设计，如图 6-12 所示。

▲ 图 6-10

▲ 图 6-11　　　　　　　　　　　　　　　▲ 图 6-12

6. 悬浮导航

对于长滚动页面而言，导航设计是否可靠是一件颇为重要的事情，无论导航是在顶部、侧边栏，还是在底部，它最好能够悬浮置顶，不论用户浏览到哪个地方都时刻存在于界面上。让用户尽量轻松、自然地同网站进行交互，而不需要费力。交互越是方便，用户便越是会在网站中四处探索，如图 6-13 所示。

▲ 图 6-13

7. 标签式导航

从导航标签到图标，UI 中每个交互元素都应该明确地指引用户，告诉他们点击之后会发生什么。像放大镜、购物车这样拥有普遍认知的图标，应该尽量多用。导航栏中每个条目都会有一个文本标签，它们会告诉用户这个链接所包含的内容。这个时候要尽量注意不要使用太过宽泛的描述，如图 6-14 所示。

8. 引导页导航

引导页导航通常都是以一整页的方式进行导航的，整个页面就是为了吸引用户，单击就可进入网页正文，如图 6-15 所示。

▲ 图 6-14

▲ 图 6-15

9. 边侧导航

边侧导航也可以理解为垂直导航，该设计也是目前越来越流行的设计之一，它和许多软件的 UI 设计不谋而合。侧边栏导航对于许多网站是一个合理的选择，尤其是诸如长滚动式的页面。侧边栏导航通常是常驻式的，让用户可以随时定位，快速跳转，并且其中所能承载的元素比顶部导航要多，如图 6-16 所示。

▲ 图 6-16

6.2 水晶质感网页导航制作

本例通过在背景中绘制矩形、添加图层样式和调整不透明度等操作来制作出具有水晶质感的导航。

技术要点：

· 使用"打开"命令打开素材；

· 使用"矩形工具"绘制矩形；

· 添加图层样式；

· 调整"混合模式"和"不透明度"；

- 调整"色相 / 饱和度";
- 使用"直线工具"绘制线条;
- 使用"椭圆工具"绘制椭圆;
- 应用"高斯模糊"滤镜;
- 输入文字。

●━━━━━━━━━━ ● 绘制步骤 ● ━━━━━━━━━━

素材路径：	素材文件 \ 第 6 章 \ 导航背景 .jpg
案例路径：	源文件 \ 第 6 章 \ 水晶质感网页导航 .psd
视频路径：	视频 \ 第 6 章 \6.2 水晶质感网页导航 .mp4

思路及流程：

本例思路是制作一款水晶质感的导航栏。方法是使用▣（矩形工具）绘制黑色矩形，添加内发光、渐变叠加、外发光图层样式；绘制一个白色矩形，设置"混合模式"为"柔光"、"不透明度"为 37%，此时会发现黑色水晶效果；通过"色相 / 饱和度"调整色调使部分区域出现青蓝色水晶质感；通过▣（椭圆工具）绘制白色椭圆，应用"高斯模糊"并调整不透明度；结合▧（直线工具）制作导航栏中的隔断；输入文字完成制作。具体流程如图 6-17 所示。

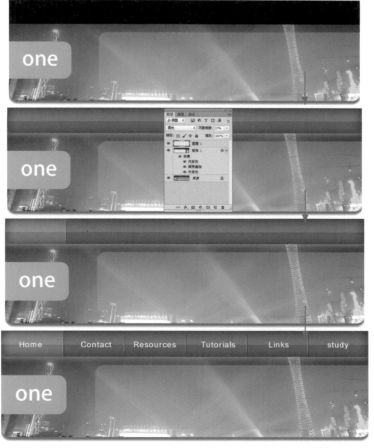

▲ 图 6-17

操作步骤：

❶ 启动 Photoshop 软件，执行菜单栏中的"文件 | 打开"命令或按 Ctrl+O 组合键，打开附带的"导航背景.jpg"素材，如图 6-18 所示。

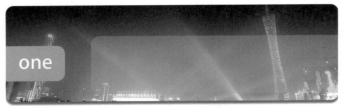

▲ 图 6-18

❷ 使用▣（矩形工具），在素材的顶部绘制一个黑色矩形，效果如图 6-19 所示。

▲ 图 6-19

❸ 执行菜单栏中的"图层 | 图层样式 | 内发光、渐变叠加、外发光"命令，分别打开它们的"图层样式"对话框，其中的参数值设置如图 6-20 所示。

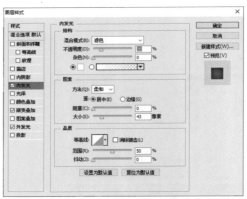
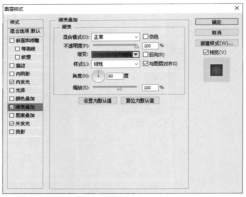

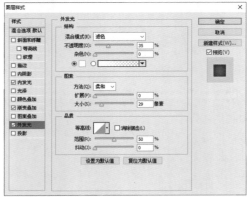

▲ 图 6-20

④ 设置完毕单击"确定"按钮，效果如图 6-21 所示。

▲ 图 6-21

⑤ 新建图层后，使用▣（矩形工具）在顶部绘制一个白色矩形，设置"混合模式"为"柔光"、"不透明度"为 37%，效果如图 6-22 所示。

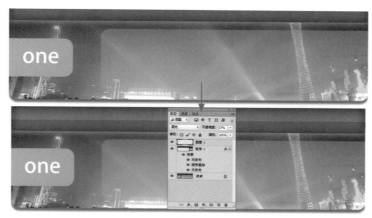

▲ 图 6-22

⑥ 使用▦（矩形选框工具）在导航的左边绘制一个矩形选区，如图 6-23 所示。

⑦ 在"图层"面板中单击◉.（创建新的填充或调整图层）按钮，在弹出的下拉菜单中选择"色相/饱和度"命令，在"属性"面板中设置"色相/饱和度"的各项参数，如图 6-24 所示。

▲ 图 6-23

▲ 图 6-24

⑧ 调整后的效果如图 6-25 所示。

⑨ 新建一个图层"组 1"，在组中新建一个"图层 2"，使用◯（椭圆工具）绘制一个白色椭圆，效果如图 6-26 所示。

⑩ 执行菜单栏中的"滤镜|模糊|高斯模糊"命令，打开"高斯模糊"对话框，设置"半径"为 1.9 像素，如图 6-27 所示。

▲ 图 6-25

▲ 图 6-26

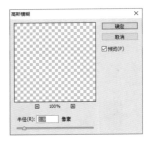

▲ 图 6-27

⓫ 设置完毕单击"确定"按钮，设置"不透明度"为 29%，效果如图 6-28 所示。

⓬ 使用 ▦（矩形选框工具），在椭圆的右侧绘制一个矩形选区，按 Delete 键将选区内容删除，效果如图 6-29 所示。

▲ 图 6-28

▲ 图 6-29

⓭ 按 Ctrl+D 组合键去掉选区，使用 ◢（直线工具）绘制一条黑色直线，效果如图 6-30 所示。

⓮ 执行菜单栏中的"图层|图层样式|投影"命令，打开"投影"的"图层样式"对话框，其中的参数值设置如图 6-31 所示。

▲ 图 6-30

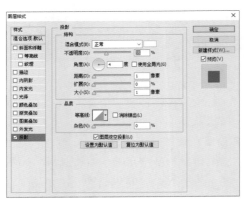

▲ 图 6-31

⑮ 设置完毕单击"确定"按钮，效果如图 6-32 所示。

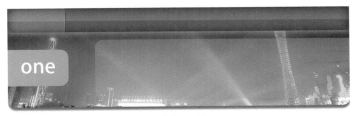

▲ 图 6-32

⑯ 复制 4 个"组 1"副本，将其分别移动到合适位置，效果如图 6-33 所示。

▲ 图 6-33

⑰ 使用 **T** (横排文字工具)输入对应的文字。至此，本例制作完毕，效果如图 6-34 所示。

▲ 图 6-34

6.3 底部导航制作

本例先通过"矩形工具"绘制路径，添加锚点后调整路径形状，使其成为底部导航的主体部分，再通过绘制正圆、粘贴图标，以及对图标进行调整和设置，最终完成底部导航的制作。

技术要点：

* 新建文档，移入素材；
* 使用"高斯模糊"滤镜；
* 使用"矩形工具"绘制矩形路径；
* 在路径上添加锚点，调整路径形状；
* 使用"椭圆选框工具"绘制正圆选区；
* 填充渐变色；
* 复制粘贴图标；
* 设置形状"填充"和"描边"；
* 输入文字。

● 绘制步骤 ●

素材路径：	素材文件 \ 第 6 章 \ 图标 .ai、表 .jpg、大面积单色背景广告 .jpg
案例路径：	源文件 \ 第 6 章 \ 底部导航 .psd
视频路径：	视频 \ 第 6 章 \6.3　底部导航 .mp4

思路及流程：

本例思路是制作一款移动端 APP 的底部导航。导航中间用正圆来制作，以此来脱离底部导航的主体区域，使整个底部导航看起来风格不同。制作方法是，新建文档后，移入素材，以此作为导航的背景；使用 ▣（矩形工具）绘制矩形路径；使用 ▨（添加锚点工具）为路径添加锚点后调整路径形状；使用 ▣（椭圆选框工具）绘制正圆选区，为选区填充渐变色，复制图标，对其进行"填充"和"描边"的设置；输入文字，以此来完成底部导航的制作。具体流程如图 6-35 所示。

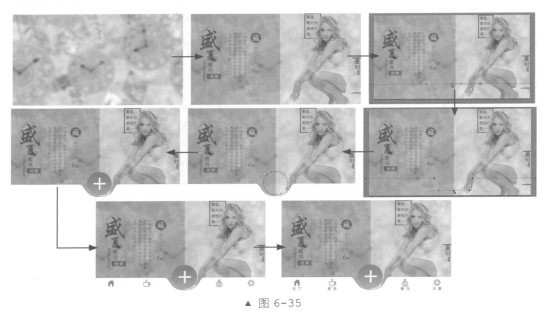

▲ 图 6-35

操作步骤：

1. 背景的制作

❶ 启动 Photoshop 软件，执行菜单栏中的"文件 | 新建"命令或按 Ctrl+N 组合键，打开"新建"对话框，新建一个"宽度"为 720 像素、"高度"为 400 像素的空白文档。打开附带的"表 .jpg"素材，使用 ▸（移动工具）将"表 .jpg"素材中的图像拖曳到新建文档中，调整大小和位置，效果如图 6-36 所示。

❷ 执行菜单栏中的"滤镜 | 模糊 | 高斯模糊"命令，打开"高斯模糊"对话框，设置"半径"为 4 像素，如图 6-37 所示。

❸ 设置完毕单击"确定"按钮，效果如图 6-38 所示。

❹ 打开附带的"大面积单色背景广告 .jpg"素材，使用 ▸（移动工具）将素材中的图像拖曳到新建文档中，调整大小和位置，设置"不透明度"为 48%，此时背景部分制作完毕，效果如图 6-39 所示。

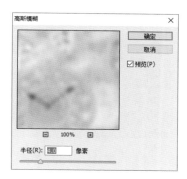

▲ 图 6-36　　　　　　　　　　　　　　　　　▲ 图 6-37

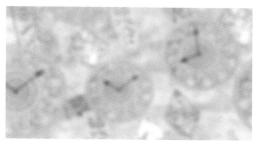

▲ 图 6-38

▲ 图 6-39

2. 底部导航部分的制作

❶ 使用■（矩形工具），在底部绘制一个矩形路径，效果如图 6-40 所示。

❷ 使用（添加锚点工具），在路径上添加 3 个锚点，向下调整中间的锚点，效果如图 6-41 所示。

❸ 按 Ctrl+Enter 组合键将路径转换成选区，新建一个图层，将选区填充为白色，效果如图 6-42 所示。

❹ 按 Ctrl+D 组合键去掉选区，执行菜单栏中的"图层 | 图层样式 | 投影"命令，打开"投影"的"图层样式"对话框，其中的参数值设置如图 6-43 所示。

▲ 图 6-40

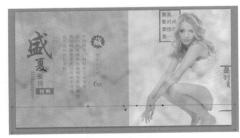

▲ 图 6-41

▲ 图 6-42

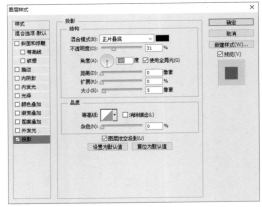

▲ 图 6-43

❺ 设置完毕单击"确定"按钮，效果如图 6-44 所示。

❻ 新建一个图层，使用 ◯（椭圆选框工具）绘制一个正圆选区，使用 ▣（渐变工具）从上向下拖曳填充从青色到淡青色的线性渐变，效果如图 6-45 所示。

❼ 按 Ctrl+D 组合键去掉选区，使用 🅣（横排文字工具），在正圆上输入白色的"+"，效果如图 6-46 所示。

❽ 使用 Illustrator 打开附带的"图标 .ai"素材，选择其中的一个图标，按 Ctrl+C 组合键复制，如图 6-47 所示。

❾ 切换到 Photoshop 中，按 Ctrl+V 组合键，弹出"粘贴"对话框，选中"形状图层"单选按钮，如图 6-48 所示。

❿ 单击"确定"按钮，调整形状的大小和位置，效果如图 6-49 所示。

▲ 图 6-44

▲ 图 6-45

▲ 图 6-46

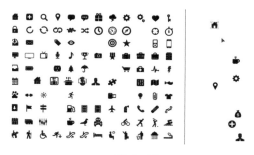

▲ 图 6-47

▲ 图 6-48

▲ 图 6-49

⑪ 在 Illustrator 中再次选择一个图标，将其粘贴到 Photoshop 中，调整大小和位置，使用 ▶ (路径选择工具) 选择图标后，设置"填充"为"无"、"描边"为灰色、"描边宽度"为 1 点，效果如图 6-50 所示。

⑫ 使用同样的方法，再次制作另外两个图标，效果如图 6-51 所示。

▲ 图 6-50

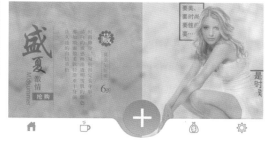

▲ 图 6-51

⑬ 使用 T (横排文字工具) 输入相应的文字。至此，本例制作完毕，效果如图 6-52 所示。

▲ 图 6-52

6.4 顶部导航制作

本例是在新建文档中制作一个顶部标签式导航，先通过"渐变工具"制作背景，再绘制形状，最后移入素材完成制作。

技术要点：

- 新建文档，填充渐变色；
- 使用"矩形工具"绘制矩形；
- 使用"圆角矩形工具"绘制圆角矩形；
- 设置不透明度；
- 移入素材；
- 复制粘贴图标。

━━● 绘制步骤 ●━━

素材路径：	素材文件 \ 第 6 章 \ 图标 .ai、手机顶部图标 .png
案例路径：	源文件 \ 第 6 章 \ 顶部导航 .psd
视频路径：	视频 \ 第 6 章 \6.4 顶部导航 .mp4

思路及流程：

本例思路是在新建的文档中制作一个顶部标签式导航。先使用■（渐变工具）填充渐变色，再绘制一个黑色矩形，作为手机的状态栏，然后使用■（圆角矩形工具）绘制搜索框，复制、粘贴图标，作为界面的小图标导航，最后输入文字，作为文字类标签导航。具体流程如图 6-53 所示。

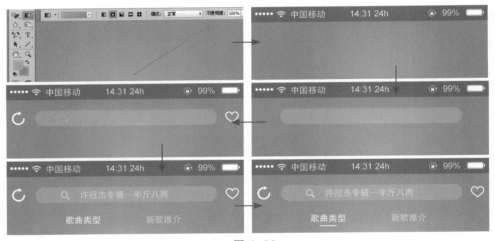

▲ 图 6-53

操作步骤：

❶ 启动 Photoshop 软件，执行菜单栏中的"文件|新建"命令或按 Ctrl+N 组合键，打开"新建"对话框，新建一个"宽度"为 640 像素、"高度"为 200 像素的空白文档。使用■（渐变工具），在底部中间位置向右上角拖曳鼠标，为其填充从浅青色到青色的径向渐变，效果如图 6-54 所示。

❷ 新建一个图层，使用■（矩形工具）绘制一个黑色的矩形，设置"不透明度"为

26%，如图 6-55 所示。

▲ 图 6-54

▲ 图 6-55

❸ 执行菜单栏中的"文件|打开"命令或按 Ctrl+O 组合键，打开附带的"手机顶部图标 .png"素材，使用 ⊞ (移动工具)将素材中的图像拖曳到新建文档中，效果如图 6-56 所示。

❹ 使用 ▣ (圆角矩形工具)，在顶部绘制一个白色的圆角矩形，设置"不透明度"为 24%，效果如图 6-57 所示。

▲ 图 6-56

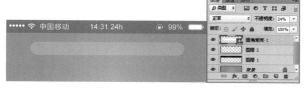

▲ 图 6-57

❺ 使用 Illustrator 打开附带的"图标 .ai"素材，选择其中的一个图标，按 Ctrl+C 组合键复制，切换到 Photoshop 中，按 Ctrl+V 组合键粘贴，在弹出的对话框中选中"形状图层"单选按钮，如图 6-58 所示。

▲ 图 6-58

❻ 单击"确定"按钮，将"填充"设置为白色、"描边"设置为"无"，按 Ctrl+T 组合键调出变换框，拖动控制点调整大小，效果如图 6-59 所示。

❼ 在 Illustrator 中选择一个心形图标，将其粘贴到 Photoshop 中，调整大小，设置"填充"为"无"、"描边"为白色、"描边宽度"为 3 点，效果如图 6-60 所示。

▲ 图 6-59

▲ 图 6-60

❽ 在 Illustrator 中选择一个放大镜图标，将其粘贴到 Photoshop 中，调整大小，设置"不透明度"为 60%，效果如图 6-61 所示。

❾ 使用 ⊞ (横排文字工具)输入文字，再对不同的文字调整一下不透明度，效果如图 6-62 所示。

⓾ 使用 ✎(直线工具),在文字"歌曲类型"下面绘制一条白色直线。至此,本例制作完毕,效果如图 6-63 所示。

▲ 图 6-61

▲ 图 6-62

▲ 图 6-63

⓫ 对制作的顶部导航可以调整一下色调,使其出现不同颜色的效果,如图 6-64 所示。

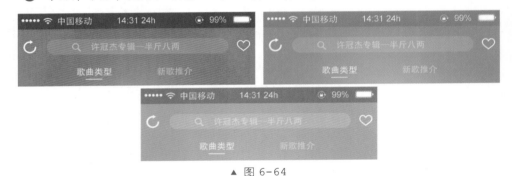

▲ 图 6-64

6.5 抽屉式导航制作

本例是在新建文档中制作一个抽屉式导航。先绘制圆角矩形作为主体,再绘制直线作为隔断,最后添加蒙版和剪贴蒙版制作出抽屉式导航效果。

技术要点:

- 新建文档;
- 使用"圆角矩形工具"绘制圆角矩形;
- 设置"描边";
- 使用"直线工具"绘制直线;
- 设置不透明度;
- 移入素材;
- 复制粘贴图标;
- 创建剪贴蒙版;
- 调出选区,添加图层蒙版;
- 输入文字。

━━● 绘制步骤 ●━━━━━━━━━━

素材路径：	素材文件＼第 6 章＼图标 .ai、湖面 .jpg
案例路径：	源文件＼第 6 章＼抽屉式导航 .psd
视频路径：	视频＼第 6 章＼6.5　抽屉式导航 .mp4

思路及流程：

　　本例思路是在新建的文档中制作一个抽屉式导航。抽屉式导航的特点是要有分隔线，能对不同区域进行分隔，以此创建抽屉效果。使用 ▣（圆角矩形工具）绘制圆角矩形，设置"填充"和"描边"；使用 ✎（直线工具）绘制分隔线，使用 ▥（矩形选框工具）绘制矩形选区后，使用 ▦（渐变工具）填充渐变色，再为其创建图层蒙版；移入素材后创建剪贴蒙版，调整不透明度使素材与背景相融合；复制、粘贴图标，输入文字完成本例的制作。具体流程如图 6-65 所示。

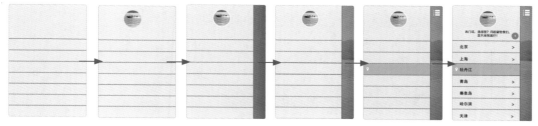

▲ 图 6-65

操作步骤：

　❶　启动 Photoshop 软件，执行菜单栏中的"文件|新建"命令或按 Ctrl+N 组合键，打开"新建"对话框，新建一个"宽度"为 800 像素、"高度"为 800 像素的空白文档。使用 ▣（圆角矩形工具），在页面中绘制一个灰色的圆角矩形，设置"描边"为黑色、"描边宽度"为 0.48 点，效果如图 6-66 所示。

　❷　新建一个图层组，在组中新建图层，使用 ✎（直线工具）绘制黑色直线，复制多个副本并调整位置，如图 6-67 所示。

▲ 图 6-66

▲ 图 6-67

　❸　选择"组 1"，执行菜单栏中的"图层|图层样式|投影"命令，打开"投影"的"图层样式"对话框，其中的参数值设置如图 6-68 所示。

　❹　设置完毕单击"确定"按钮，效果如图 6-69 所示。

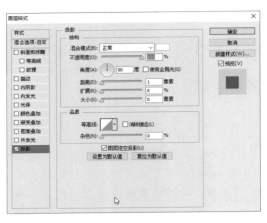

▲ 图 6-68 　　　　　　　　　　　　　　　　▲ 图 6-69

❺ 打开附带的"湖面"素材，使用（椭圆选框工具）创建一个正圆选区，使用 ▶（移动工具）将选区内的图像拖曳到新建文档中，效果如图 6-70 所示。

▲ 图 6-70

❻ 执行菜单栏中的"图层｜图层样式｜描边"命令，打开"描边"的"图层样式"对话框，其中的参数值设置如图 6-71 所示。

❼ 设置完毕单击"确定"按钮，效果如图 6-72 所示。

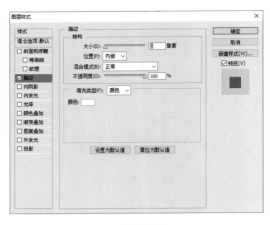

▲ 图 6-71 　　　　　　　　　　　　　　　　▲ 图 6-72

❽ 新建一个图层，使用（矩形选框工具）绘制一个矩形选区，使用 （渐变工具）水平拖曳，在选区中填充从 RGB(37、140、167) 到 RGB(30、96、136) 的线性渐变，效果如

图 6-73 所示。

❾ 按住 Ctrl 键的同时单击"圆角矩形 1"图层的缩览图，调出选区后单击 ▣ (添加图层蒙版) 按钮，效果如图 6-74 所示。

▲ 图 6-73

▲ 图 6-74

❿ 执行菜单栏中的"图层 | 图层样式 | 内阴影"命令，打开"内阴影"的"图层样式"对话框，其中的参数值设置如图 6-75 所示。

⓫ 设置完毕单击"确定"按钮，效果如图 6-76 所示。

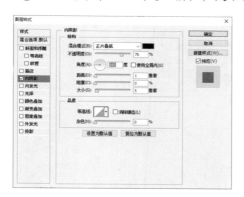

▲ 图 6-75

▲ 图 6-76

⓬ 使用 ▦ (移动工具) 将"湖面 .jpg"素材中的图像拖曳到新建文档中，设置"不透明度"为 31%，效果如图 6-77 所示。

⓭ 执行菜单栏中的"图层 | 创建剪贴蒙版"命令，将当前图层按照下面图层中的图像创建剪贴蒙版，效果如图 6-78 所示。

⓮ 选择"圆角矩形 1"图层，使用 ▦ (矩形选框工具) 绘制一个矩形选区，如图 6-79 所示。

▲ 图 6-77

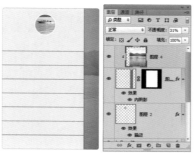

▲ 图 6-78

▲ 图 6-79

⑮ 单击 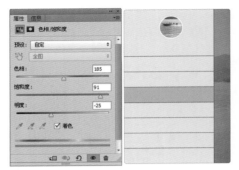 (创建新的填充或调整图层)按钮,在弹出的下拉菜单中选择"色相 / 饱和度"命令,之后设置"属性"面板中的"色相 / 饱和度"参数,效果如图 6-80 所示。

⑯ 使用 Illustrator 打开附带的"图标"素材,选择其中的一个图标,按 Ctrl+C 组合键复制,切换到 Photoshop 中,按 Ctrl+V 组合键粘贴,在弹出的对话框中选中"形状图层"单选按钮,如图 6-81 所示。

▲ 图 6-80

⑰ 单击"确定"按钮,将"填充"设置为白色、"描边"设置为"无",按 Ctrl+T 组合键调出变换框,拖动控制点调整大小,效果如图 6-82 所示。

⑱ 使用  (椭圆工具)绘制一个深灰色的正圆,使用 T (横排文字工具),在正圆上面输入一个"+",效果如图 6-83 所示。

⑲ 使用 T (横排文字工具)输入对应的文字。至此,本例制作完毕,效果如图 6-84 所示。

▲ 图 6-81

▲ 图 6-82

▲ 图 6-83

▲ 图 6-84

6.6 带搜索导航制作

本例是在新建文档中制作一个带搜索的导航。先绘制圆角矩形作为主体,再用"标志 4"形状作为强调区域,最后输入文字完成制作。

技术要点:

· 新建文档,填充渐变色;

· 使用"圆角矩形工具"绘制圆角矩形;

· 使用"自定形状工具"绘制"标志 4"和"搜索"形状;

- 添加"渐变叠加、投影"图层样式；
- 输入文字。

═══● 绘制步骤 ●═══

案例路径：	源文件 \ 第 6 章 \ 带搜索导航 .psd
视频路径：	视频 \ 第 6 章 \6.6 带搜索导航 .mp4

思路及流程：

本例思路是在新建的文档中制作一个带搜索导航。使用形状强调需要显示的区域，以此来明确当前导航的位置；使用 █ (圆角矩形工具) 绘制圆角矩形作为主体，添加渐变叠加和投影图层样式；使用 █ (直线工具) 绘制分隔线，使用 █ (矩形选框工具) 绘制矩形选区；使用 █ (自定形状工具) 绘制"标志 4"和"搜索"形状，输入文字完成制作。具体流程如图 6-85 所示。

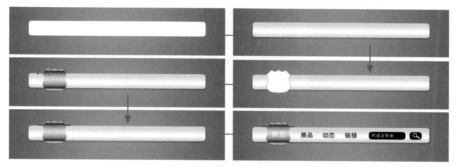

▲ 图 6-85

操作步骤：

❶ 启动 Photoshop 软件，执行菜单栏中的"文件|新建"命令或按 Ctrl+N 组合键，打开"新建"对话框，新建一个"宽度"为 800 像素、"高度"为 200 像素的空白文档。使用 █ (渐变工具)，在底部中间位置向右上角拖曳鼠标，为其填充从红灰色到黑色的径向渐变，效果如图 6-86 所示。

❷ 使用 █ (圆角矩形工具) 绘制一个白色的圆角矩形，如图 6-87 所示。

▲ 图 6-86

▲ 图 6-87

❸ 执行菜单栏中的"图层|图层样式|渐变叠加、投影"命令，分别打开"渐变叠加"和"投影"的"图层样式"对话框，其中的参数值设置如图 6-88 所示。

❹ 设置完毕单击"确定"按钮，效果如图 6-89 所示。

❺ 使用 █ (自定形状工具)，在页面中绘制一个白色的"标志 4"，效果如图 6-90 所示。

❻ 执行菜单栏中的"图层|图层样式|渐变叠加、投影"命令，分别打开"渐变叠加"和"投影"的"图层样式"对话框，其中的参数值设置如图 6-91 所示。

❼ 设置完毕单击"确定"按钮，效果如图 6-92 所示。

❽ 在"形状 1"图层的下方新建一个图层，使用 █ (钢笔工具) 绘制一个封闭的路径，

如图 6-93 所示。

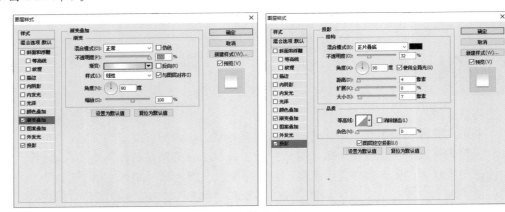

▲ 图 6-88

▲ 图 6-89   ▲ 图 6-90

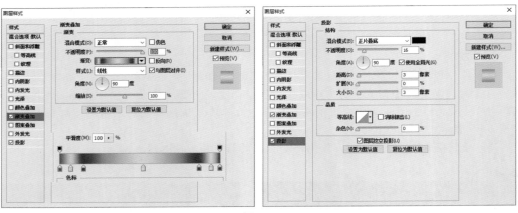

▲ 图 6-91

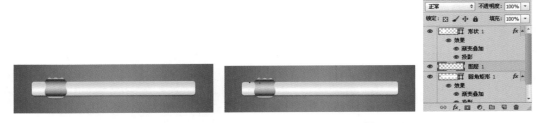

▲ 图 6-92   ▲ 图 6-93

❾ 按 Ctrl+Enter 组合键将路径转换成选区，将选区填充为黑色，按 Ctrl+D 组合键去掉

选区, 使用 ✎ (橡皮擦工具) 擦除底部多余部分, 如图 6-94 所示。

⓾ 执行菜单栏中的"图层 | 图层样式 | 渐变叠加"命令, 打开"渐变叠加"的"图层样式"对话框, 其中的参数值设置如图 6-95 所示。

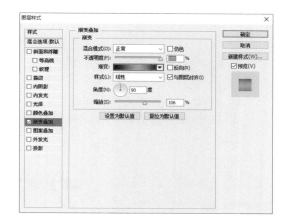

▲ 图 6-94   ▲ 图 6-95

⓫ 设置完毕单击"确定"按钮, 效果如图 6-96 所示。

⓬ 复制"图层 1", 得到一个"图层 1 拷贝"图层, 执行菜单栏中的"编辑 | 变换 | 水平翻转"命令, 将图像进行翻转, 再将翻转后的图像移动位置, 效果如图 6-97 所示。

▲ 图 6-96   ▲ 图 6-97

⓭ 使用 ▣ (圆角矩形工具) 绘制两个黑色圆角矩形, 如图 6-98 所示。

技巧 💡 小一点的圆角矩形, 也可以通过复制后进行变换来得到。

⓮ 使用 Ⓣ (横排文字工具) 输入对应的文字, 如图 6-99 所示。

▲ 图 6-98   ▲ 图 6-99

⓯ 使用 ▨ (自定形状工具), 在页面中绘制一个白色的"搜索"形状。至此, 本例制作完毕, 效果如图 6-100 所示。

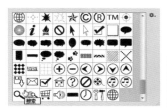 

▲ 图 6-100

6.7 APP顶部导航制作

本例是在新建文档中制作一个 APP 顶部导航。先绘制矩形作为主体调整圆角，再添加锚点调整形状，最后输入文字完成制作。

技术要点：

- 新建文档，填充渐变色；
- 使用"矩形工具"绘制矩形；
- 在"属性"面板中调整圆角；
- 使用"添加锚点工具"添加锚点，调整形状；
- 添加"内阴影、渐变叠加、投影"图层样式；
- 输入文字。

━━━● **绘制步骤** ●━━━

案例路径：	源文件 \ 第 6 章 \APP 顶部导航 .psd
视频路径：	视频 \ 第 6 章 \6.7 APP 顶部导航 .mp4

思路及流程：

本例思路是在新建的文档中制作一个 APP 顶部导航。在主体矩形上绘制两个按钮导航，使其具有导航功能，使用■（矩形工具）绘制矩形作为主体，在"属性"面板中设置圆角；使用■（矩形工具）绘制矩形，使用▨（添加锚点工具）为矩形添加锚点，并拖曳锚点改变形状；添加内阴影、渐变叠加、投影图层样式，输入文字完成制作。具体流程如图 6-101 所示。

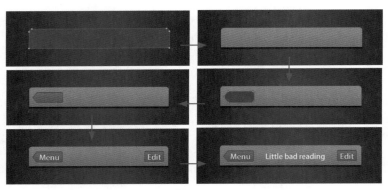

▲ 图 6-101

操作步骤：

❶ 启动 Photoshop 软件，执行菜单栏中的"文件|新建"命令或按 Ctrl+N 组合键，打开"新建"对话框，新建一个"宽度"为 640 像素、"高度"为 200 像素的空白文档。使用■（渐变工具），在底部中间位置向右上角拖曳鼠标，为其填充从灰色到黑色的径向渐变，效果如图 6-102 所示。

▲ 图 6-102

❷ 使用■（矩形工具）绘制一个灰色矩形，在"属性"面板中设置顶部的两个圆角为 10 像素，底部的两个圆角为 0 像素，效果如图 6-103 所示。

❸ 执行菜单栏中的"图层|图层样式|渐变叠加、投影"命令，分别打开"渐变叠加"

和"投影"的"图层样式"对话框，其中的参数值设置如图6-104所示。

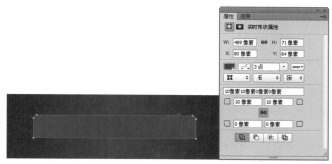

▲ 图 6-103

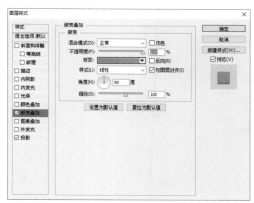 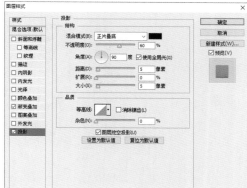

▲ 图 6-104

④ 设置完毕单击"确定"按钮，效果如图6-105所示。

⑤ 使用▣（矩形工具）绘制一个灰色矩形，在"属性"面板中设置右边的两个圆角为5像素，左边的两个圆角为0像素，效果如图6-106所示。

▲ 图 6-105   ▲ 图 6-106

⑥ 使用▨（添加锚点工具），在左侧添加一个锚点并调整形状，如图6-107所示。

⑦ 执行菜单栏中的"图层 | 图层样式 | 内阴影、渐变叠加、投影"命令，分别打开它们的"图层样式"对话框，其中的参数值设置如图6-108所示。

▲ 图 6-107

⑧ 设置完毕单击"确定"按钮，效果如图6-109所示。

⑨ 使用▣（横排文字工具）输入文字，如图6-110所示。

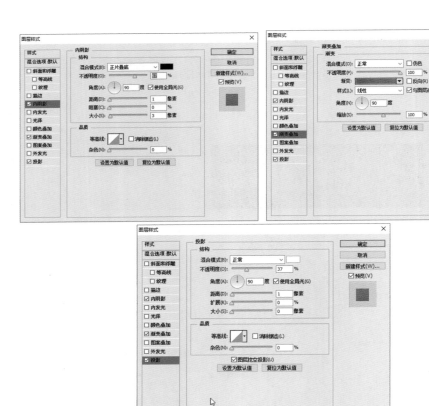

▲ 图 6-108

▲ 图 6-109

▲ 图 6-110

❿ 执行菜单栏中的"图层 | 图层样式 | 内阴影"命令,打开"内阴影"的"图层样式"对话框,其中的参数值设置如图 6-111 所示。

⓫ 设置完毕单击"确定"按钮,效果如图 6-112 所示。

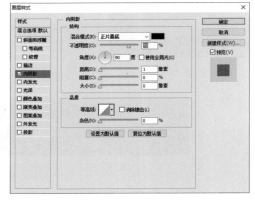

▲ 图 6-111

▲ 图 6-112

⓬ 使用 ▣（圆角矩形工具），在右侧绘制一个圆角矩形，使用同样的方法制作右侧的导航按钮，效果如图 6-113 所示。

⓭ 使用 ▣（横排文字工具）输入文字，效果如图 6-114 所示。

▲ 图 6-113

▲ 图 6-114

⓮ 调整制作的顶部导航的色调，使其出现不同颜色的效果。至此，本例制作完成，效果如图 6-115 所示。

▲ 图 6-115

6.8　APP网格式导航制作

本例是在新建文档中制作一个 APP 网格式导航。先绘制矩形、正圆、直线并为其设置填充和描边，再移入素材，最后输入文字完成制作。

技术要点：

- 新建文档，填充颜色；
- 使用"矩形工具"绘制矩形；
- 使用"椭圆工具"绘制正圆；
- 使用"直线工具"绘制直线；
- 使用"魔棒工具"调出选区；
- 移入素材；
- 输入文字。

━━●━━ **绘制步骤** ━━●━━

素材路径：	素材文件 \ 第 6 章 \ 医疗图标 .png
案例路径：	源文件 \ 第 6 章 \APP 网格式导航 .psd
视频路径：	视频 \ 第 6 章 \6.8　APP 网格式导航 .mp4

思路及流程：

本例思路是在新建的文档中制作一个 APP 网格式导航，灵感来源于家中的套装门。先以中心圆为中心，制作 4 个扇形分区，将此作为导航，接着使用 ▣（矩形工具）、▣（椭圆工具）、▨（直线工具）分别绘制矩形、正圆、直线，并为其设置描边后，再使用 ▨（魔棒工具）调出选区并填充颜色，最后移入素材，输入文字，完成本例的制作。具体流程如图 6-116 所示。

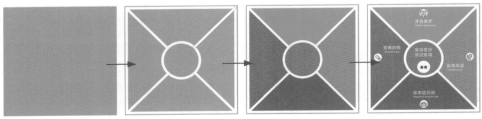

▲ 图 6-116

操作步骤：

❶ 启动 Photoshop 软件，执行菜单栏中的"文件|新建"命令或按 Ctrl+N 组合键，打开"新建"对话框，新建一个"宽度"为 640 像素、"高度"为 640 像素的空白文档，将其填充为灰色，效果如图 6-117 所示。

❷ 新建一个图层组，使用 ▣（矩形工具）绘制一个矩形，设置"填充"为"无"、"描边"为白色、"描边宽度"为 7 点，效果如图 6-118 所示。

❸ 使用 ◓（椭圆工具）绘制一个正圆，设置"填充"为"无"、"描边"为白色、"描边宽度"为 7 点，效果如图 6-119 所示。

▲ 图 6-117

▲ 图 6-118

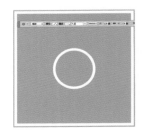

▲ 图 6-119

❹ 新建图层，使用 ◿（直线工具）绘制 4 条"粗细"为 14 像素的白色直线，效果如图 6-120 所示。

> **技巧** 使用 ◿（直线工具）绘制线条时，在属性栏中选择"形状"模式时，绘制的直线颜色与"填充"和"描边"有关，"描边宽度"过大时，绘制的直线不显示填充颜色。选择"像素"模式时，绘制的直线颜色与工具箱中的前景色有关。

❺ 使用 ◣（魔棒工具）在左侧的图形中单击，调出选区后，在图层组外新建一个"图层 1"，将其填充为 RGB(240、17、62)，效果如图 6-121 所示。

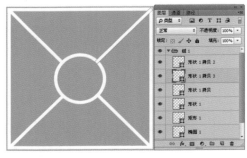

▲ 图 6-120

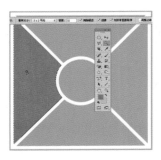

▲ 图 6-121

⑥ 使用 🔍（魔棒工具）调出另外 4 个选区，分别为其填充不同的颜色，效果如图 6-122 所示。

⑦ 打开附带的"医疗图标 .png"素材，使用 ▶（移动工具）将素材中的图像拖曳到新建文档中，效果如图 6-123 所示。

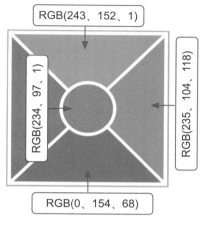

RGB(243、152、1)

RGB(234、97、1)

RGB(235、104、118)

RGB(0、154、68)

▲ 图 6-122

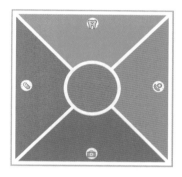

▲ 图 6-123

⑧ 使用 T（横排文字工具）输入对应的文字，效果如图 6-124 所示。

⑨ 在中间的正圆文字下方，使用 ⬭（椭圆工具）绘制一个白色正圆，使用 T（横排文字工具）在白色正圆中输入黑色文字。至此，本例制作完毕，效果如图 6-125 所示。

▲ 图 6-124

▲ 图 6-125

6.9 优秀作品欣赏

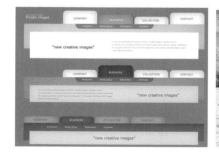

第7章
登录框设计与制作

本章重点：

- ❖ 了解 UI 设计中的登录框
- ❖ 传统登录框制作
- ❖ 企业登录框制作
- ❖ 漂浮感登录框制作
- ❖ 透明登录框制作
- ❖ 纯净扁平登录框制作
- ❖ 横幅登录框制作
- ❖ 皮质登录框制作
- ❖ 优秀作品欣赏

本章主要讲解 UI 设计中的登录框的设计与制作。登录框在 UI 设计中起着承上启下的作用，无论是网站、邮箱，还是 APP，拥有一个属于自己风格的登录框，既能产生神秘感，又能增加辨识度，可以更容易地吸引浏览者，让浏览者成为忠实的粉丝。本章就从网页登录框、移动端登录框进行详细的案例式讲解，让读者能够以最快的方式进入到 UI 登录框的设计中，并对其能进行相关的应用。

7.1　了解UI设计中的登录框

7.1.1　登录框是什么

登录框指的是需要提供账号、密码验证的对话框，有控制用户权限，记录用户行为，保护操作安全的作用。

7.1.2　UI 中登录框的分类

UI 设计中的登录框，大体上分为网页端和移动端两类。

按登录界面对应的环境不同，该登录框又可分为以下几类

（1）操作系统登录界面。如：Windows XP 登录界面、Vista 登录界面、Windows 7、Windows 10、iOS 登录界面等，属于系统美化和萌化的分类之一。

（2）软件登录界面。如：微信登录界面、网银专业版登录界面、企业管理系统登录界面等。

（3）网站系统登录界面。如：论坛登录界面、SNS 登录界面、CMS 登录界面、网站后台登录界面等。

7.1.3　登录框的几种形式

登录框在登录界面中的设计形式主要可分为用户名、密码登录；手机号、验证码登录；扫二维码登录等。

7.2　传统登录框制作

本例先通过在文档中填充渐变色来制作背景，再绘制圆角矩形并为其添加图层样式，最后使用剪贴蒙版制作传统的登录框。

技术要点：
- 使用"新建"命令新建空白文档；
- 使用"渐变工具"填充渐变色；
- 使用"圆角矩形工具"绘制圆角矩形；
- 添加图层样式；
- 使用"钢笔工具"绘制路径，转换成选区后填充渐变色；
- 创建剪贴蒙版；
- 调整不透明度；
- 移入素材；

- 使用"高斯模糊"滤镜；
- 输入文字。

━━━● 绘制步骤 ●━━━

素材路径：	素材文件 \ 第 7 章 \ 写实麦克风图标 .jpg
案例路径：	源文件 \ 第 7 章 \ 传统登录框 .psd
视频路径：	视频 \ 第 7 章 \7.2　传统登录框 .mp4

思路及流程：

本例思路是制作一款传统的登录框。不同之处在于主体应用"斜面和浮雕""内发光"样式来制作出立体质感，使登录框看起来更加吸引人。方法是在文档中使用█（渐变工具）填充渐变色，使背景看起来具有层次感；使用█（圆角矩形工具）绘制一个圆角矩形，为其添加图层样式使其产生立体感；使用█（钢笔工具）绘制路径，将其转换成选区后填充渐变色；为图层创建剪贴蒙版，将两个图层内容合成得更加贴切；移入素材，输入文字，使用█（矩形工具）绘制黑色矩形，应用"高斯模糊"并调整不透明度完成制作。具体流程如图 7-1 所示。

▲ 图 7-1

操作步骤：

❶ 启动 Photoshop 软件，执行菜单栏中的"文件|新建"命令或按 Ctrl+N 组合键，打开"新建"对话框，新建一个"宽度"为 1280 像素、"高度"为 720 像素的空白文档。使用█（渐变工具），在底部中间位置向右上角拖曳鼠标，为其填充从浅青色到青色的径向渐变，效果如图 7-2 所示。

❷ 复制"背景"图层，得到一个"背景 拷贝"图层，按 Ctrl+T 组合键调出变换框，拖动控制点将图像调小，效果如图 7-3 所示。

▲ 图 7-2

▲ 图 7-3

❸ 使用█（圆角矩形工具）绘制一个白色的圆角矩形，如图 7-4 所示。

④ 执行菜单栏中的"图层 | 图层样式 | 斜面和浮雕、内发光"命令，分别打开"斜面和浮雕"和"内发光"的"图层样式"对话框，其中的参数值设置如图7-5所示。

⑤ 设置完毕单击"确定"按钮，效果如图7-6所示。

⑥ 使用 （矩形选框工具）在导航的上面绘制一个矩形选区，如图7-7所示。

▲ 图 7-4

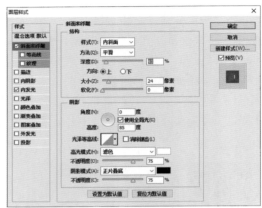
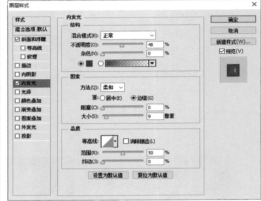

▲ 图 7-5

▲ 图 7-6

▲ 图 7-7

⑦ 按 Ctrl+Enter 组合键将路径转换成选区，新建一个图层，使用 （渐变工具），为其填充从浅青色到青色的"径向渐变"，效果如图7-8所示。

⑧ 按 Ctrl+D 组合键去掉选区，执行菜单栏中的"图层 | 创建剪贴蒙版"命令，效果如图7-9所示。

▲ 图 7-8

▲ 图 7-9

⑨ 执行菜单栏中的"图层|图层样式|投影"命令，打开"投影"的"图层样式"对话框，其中的参数值设置如图 7-10 所示。

⑩ 设置完毕单击"确定"按钮，效果如图 7-11 所示。

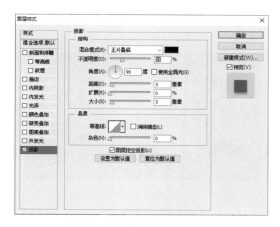

▲ 图 7-10

▲ 图 7-11

⑪ 新建一个图层，使用 📷（钢笔工具）绘制一个封闭的路径，按 Ctrl+Enter 组合键将路径转换成选区，将选区填充为白色，如图 7-12 所示。

⑫ 按 Ctrl+D 组合键去掉选区，执行菜单栏中的"图层|创建剪贴蒙版"命令，设置"不透明度"为 25%，效果如图 7-13 所示。

▲ 图 7-12

▲ 图 7-13

⑬ 打开附带的"写实麦克风图标.jpg"素材，使用 📷（椭圆选框工具）绘制一个正圆选区，使用 📷（移动工具）将选区内的图像拖曳到新建文档中，调整大小和位置，效果如图 7-14 所示。

▲ 图 7-14

⑭ 使用 📷（圆角矩形工具）绘制一个半径值稍微大一些的白色的圆角矩形，执行菜单栏中的"图层|图层样式|内阴影"命令，打开"内阴影"的"图层样式"对话框，其中的参数值设置如图 7-15 所示。

⑮ 设置完毕单击"确定"按钮，再复制一个副本，调整其位置，效果如图7-16所示。

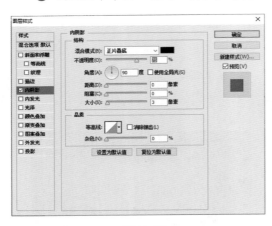

▲ 图 7-15

▲ 图 7-16

⑯ 新建一个图层，使用▣（圆角矩形工具）绘制一个圆角矩形路径，按 Ctrl+Enter 组合键将路径转换成选区，使用▣（渐变工具）为其填充从黄色到橘色的径向渐变，效果如图7-17所示。

⑰ 按 Ctrl+D 组合键去掉选区，使用同样的方法制作另一个按钮，将渐变色调整成从淡青色到青色，效果如图7-18所示。

▲ 图 7-17

▲ 图 7-18

> 技巧 💡 复制圆角矩形后，通过"色相／饱和度"调整颜色，同样可以得到一个不同的渐变填充的效果。

⑱ 使用▣（横排文字工具）输入对应的文字，效果如图7-19所示。

⑲ 在"圆角矩形 1"的下方新建一个图层，使用▣（矩形工具）绘制一个黑色矩形，效果如图7-20所示。

▲ 图 7-19

▲ 图 7-20

⑳ 执行菜单栏中的"滤镜|模糊|高斯模糊"命令，打开"高斯模糊"对话框，设置"半径"为 9.4 像素，如图 7-21 所示。

㉑ 设置完毕单击"确定"按钮，设置"不透明度"为 41%。至此，本例制作完毕，效果如图 7-22 所示。

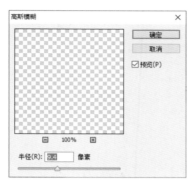

▲ 图 7-21

▲ 图 7-22

7.3 企业登录框制作

本例通过在文档中的渐变背景中绘制圆角矩形来完成企业登录框的制作。

技术要点：

* 新建文档，填充渐变色；
* 使用"圆角矩形工具"绘制圆角矩形；
* 添加图层样式；
* 使用"椭圆工具"绘制椭圆分隔线；
* 绘制矩形选区和正圆选区；
* 创建剪贴蒙版，调整不透明度；
* 输入文字。

● 绘制步骤 ●

案例路径：	源文件 \ 第 7 章 \ 企业登录框 .psd
视频路径：	视频 \ 第 7 章 \7.3 企业登录框 .mp4

思路及流程：

本例思路是制作一款企业应用的软件登录框。企业登录框一定要有企业的 Logo 或者是企业的图形作为登录框的识别内容。本例制作了 4 个图形，结合文字，非常容易了解企业名称以及相关信息。制作方法是，新建文档后使用■（渐变工具）填充渐变色制作背景；使用■（圆角矩形工具）绘制圆角矩形并添加"渐变叠加"和"投影"图层样式，以此制作登录框主体内容；使用■（矩形选框工具）和■（椭圆选框工具）中的"添加到选区"类型，绘制正圆和矩形选区，并为选区填充渐变色，创建剪贴蒙版，调整不透明度；绘制圆角矩形并为其添加"描边"图层样式，制作登录框的输入区。具体流程如图 7-23 所示。

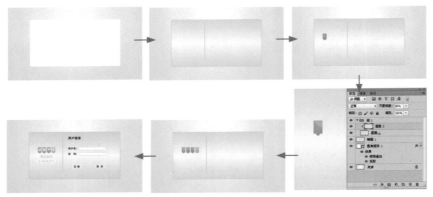

▲ 图 7-23

操作步骤：

❶ 启动 Photoshop 软件，执行菜单栏中的"文件|新建"命令或按 Ctrl+N 组合键，打开"新建"对话框，新建一个"宽度"为 1280 像素、"高度"为 720 像素的空白文档。使用 ■（渐变工具），在底部中间位置向右上角拖曳鼠标，为其填充从白色到青色的径向渐变，效果如图 7-24 所示。

❷ 使用 ■（圆角矩形工具）绘制一个白色的圆角矩形，如图 7-25 所示。

▲ 图 7-24

▲ 图 7-25

❸ 执行菜单栏中的"图层|图层样式|渐变叠加、投影"命令，分别打开"渐变叠加"和"投影"的"图层样式"对话框，其中的参数值设置如图 7-26 所示。

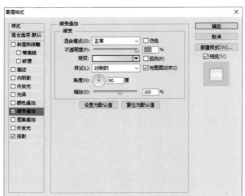
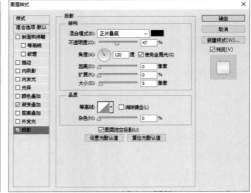

▲ 图 7-26

❹ 设置完毕单击"确定"按钮，效果如图 7-27 所示。

❺ 使用 ■（椭圆工具），在圆角矩形靠左侧的位置上绘制一个灰色的椭圆。用椭圆将圆角矩形分成左右两个区域，效果如图 7-28 所示。

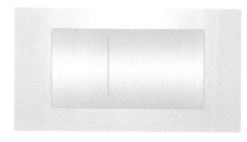

▲ 图 7-27　　　　　　　　　　　　　　　　▲ 图 7-28

❻ 新建一个"组1"，再新建一个图层，使用▦（矩形选框工具）和◎（椭圆选框工具），在页面中分别绘制一个矩形选区和一个正圆选区，效果如图7-29所示。

> 技巧　💡　使用▦（矩形选框工具）和◎（椭圆选框工具）绘制选区时，在属性栏中当选择选区类型为▣（添加到选区）时，就会得到两个选区合为一个选区的效果。

❼ 使用▦（渐变工具），在选区内向外拖曳鼠标，为其填充从淡绿色到草绿色的径向渐变，效果如图7-30所示。

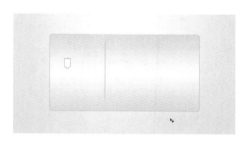

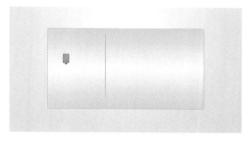

▲ 图 7-29　　　　　　　　　　　　　　　　▲ 图 7-30

❽ 按Ctrl+D组合键去掉选区，新建一个图层，使用▨（钢笔工具）绘制一个封闭的路径，按Ctrl+Enter组合键将路径转换成选区，将选区填充为白色，按Ctrl+D组合键去掉选区。执行菜单栏中的"图层|创建剪贴蒙版"命令，设置"不透明度"为26%，效果如图7-31所示。

❾ 使用同样的方法，制作另外3个图形，效果如图7-32所示。

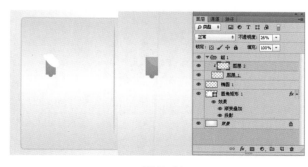

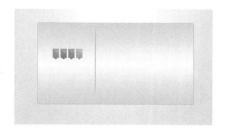

▲ 图 7-31　　　　　　　　　　　　　　　　▲ 图 7-32

❿ 使用�T（横排文字工具），在4个图形上各输入1个字母，效果如图7-33所示。

⓫ 在字母K和Y上方新建一个图层，并绘制两个不同颜色的矩形，执行菜单栏中的"图层|创建剪贴蒙版"命令，效果如图7-34所示。

▲ 图 7-33

▲ 图 7-34

⑫ 使用 ▣ (圆角矩形工具)，在 4 个图形的下方绘制 1 个白色的圆角矩形，再使用 Ⅰ (横排文字工具)输入灰色文字，如图 7-35 所示。

⑬ 使用 ▣ (圆角矩形工具)绘制一个半径值稍微大一些的白色圆角矩形，执行菜单栏中的"图层|图层样式|描边"命令，打开"描边"的"图层样式"对话框，其中的参数值设置如图 7-36 所示。

▲ 图 7-35

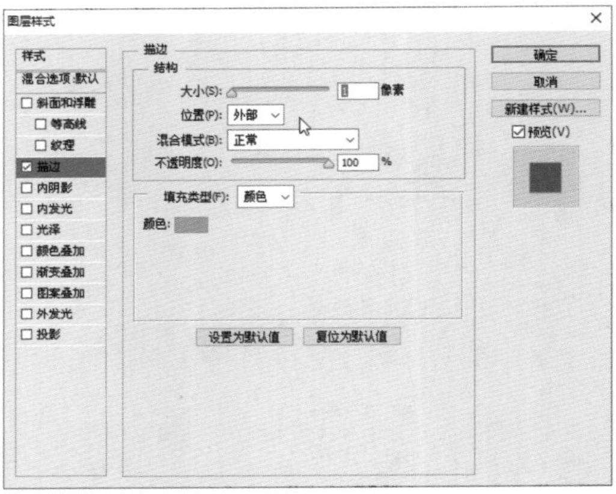

▲ 图 7-36

⑭ 设置完毕单击"确定"按钮，复制一个副本并调整位置，效果如图 7-37 所示。

⑮ 使用 ▣ (圆角矩形工具)绘制一个白色圆角矩形，执行菜单栏中的"图层|图层样式|渐变叠加、投影"命令，分别打开"渐变叠加"和"投影"的"图层样式"对话框，其中的参数值设置如图 7-38 所示。

⑯ 设置完毕单击"确定"按钮，复制一个副本并调整位置，效果如图 7-39 所示。

⑰ 使用 Ⅰ (横排文字工具)输入对应的文字。至此，本例制作完毕，效果如图 7-40 所示。

▲ 图 7-37

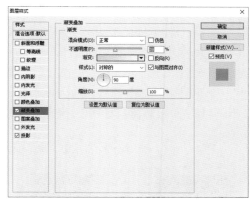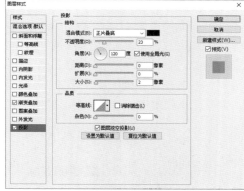

▲ 图 7-38

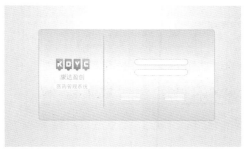

▲ 图 7-39

▲ 图 7-40

7.4 漂浮感登录框制作

本例是在新建文档中制作一个具有漂浮感的登录框。先用"渐变工具"制作背景，再绘制圆角矩形，添加图层样式后移入素材，从而完成漂浮感登录框的制作。

技术要点：

- 新建文档，填充渐变色；
- 使用"圆角矩形工具"绘制圆角矩形；
- 复制图形；
- 添加"斜面和浮雕、渐变叠加、内阴影、投影"图层样式；
- 复制、粘贴图标；
- 移入素材，调整大小和位置；
- 设置"混合模式"；
- 使用"椭圆选框工具"绘制椭圆，羽化选区，填充黑色。

━━━━━━━━━━━━━ ◀ 绘制步骤 ▶ ━━━━━━━━━━━━━

素材路径：	素材文件 \ 第 7 章 \ 图标 .ai、树叶 .png、飘叶 .png、光照纹理 .jpg
案例路径：	源文件 \ 第 7 章 \ 漂浮感登录框 .psd
视频路径：	视频 \ 第 7 章 \7.4 漂浮感登录框 .mp4

思路及流程：

本例思路是在新建的文档中制作一个漂浮感登录框。要想出现漂浮感就得在底部有一个投影，再加上移入的素材，让效果更加逼真。制作方法是，使用▣（渐变工具）填充渐变色制作背景；使用▣（圆角矩形工具）绘制登录框主体，添加图层样式使其出现立体感和凹陷感；在底部使用▣（椭圆选框工具）绘制一个羽化后的选区，将其作为投影，移入素材，调整大小和位置，设置"混合模式"和"不透明度"。具体流程如图 7-41 所示。

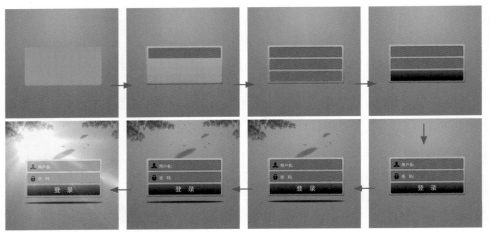

▲ 图 7-41

操作步骤：

❶ 启动 Photoshop 软件，执行菜单栏中的"文件|新建"命令或按 Ctrl+N 组合键，打开"新建"对话框，新建一个"宽度"为 640 像素、"高度"为 640 像素的空白文档。使用▣（渐变工具）在顶部中间位置向右下角拖曳鼠标，为其填充从浅青色到青色的径向渐变，效果如图 7-42 所示。

❷ 使用▣（圆角矩形工具）绘制一个橘色的圆角矩形，效果如图 7-43 所示。

▲ 图 7-42

▲ 图 7-43

❸ 执行菜单栏中的"图层|图层样式|斜面和浮雕、内阴影、渐变叠加"命令，分别打开它们的"图层样式"对话框，其中的参数值设置如图 7-44 所示。

❹ 设置完毕单击"确定"按钮，效果如图 7-45 所示。

❺ 使用▣（圆角矩形工具）绘制一个小一些的棕色圆角矩形，效果如图 7-46 所示。

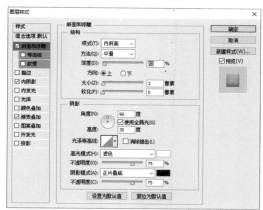
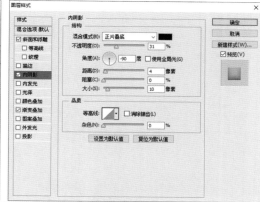

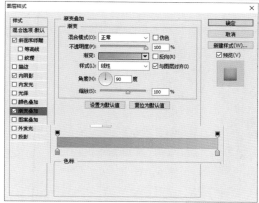

▲ 图 7-44

▲ 图 7-45

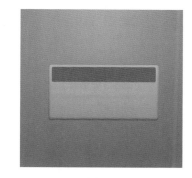

▲ 图 7-46

❻ 执行菜单栏中的"图层|图层样式|内阴影、投影"命令，分别打开"内阴影"和"投影"的"图层样式"对话框，其中的参数值设置如图 7-47 所示。

❼ 设置完毕单击"确定"按钮，效果如图 7-48 所示。

❽ 按住 Alt 键的同时向下拖曳小圆角矩形，得到一个副本，效果如图 7-49 所示。

❾ 再复制一个小圆角矩形，去掉图层样式，效果如图 7-50 所示。

❿ 执行菜单栏中的"图层|图层样式|斜面和浮雕、渐变叠加、投影"命令，分别打开它们的"图层样式"对话框，其中的参数值设置如图 7-51 所示。

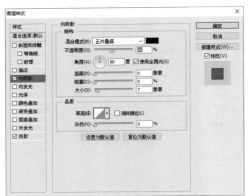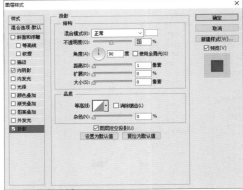

▲ 图 7-47

▲ 图 7-48　　　　　▲ 图 7-49　　　　　▲ 图 7-50

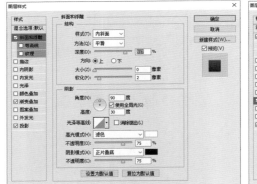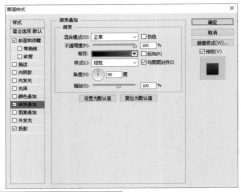

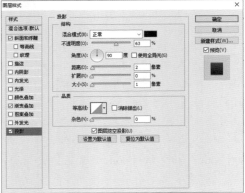

▲ 图 7-51

⑪ 设置完毕单击"确定"按钮，效果如图 7-52 所示。

⑫ 使用 Illustrator 打开附带的"图标 .ai"素材，选择其中的一个图标，按 Ctrl+C 组合键复制，切换到 Photoshop 中，按 Ctrl+V 组合键粘贴，在弹出的对话框中选中"形状图层"单选按钮，如图 7-53 所示。

⑬ 单击"确定"按钮，将"填充"设置为黑色、"描边"设置为"无"，按 Ctrl+T 组合键调出变换框，拖动控制点调整大小，效果如图 7-54 所示。

⑭ 使用 🅣（横排文字工具），在页面中输入相应的文字，效果如图 7-55 所示。

▲ 图 7-52

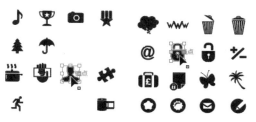

▲ 图 7-53

▲ 图 7-54

▲ 图 7-55

⑮ 在背景的上方新建一个图层，使用 🔘（椭圆选框工具）绘制一个"羽化"为 2 像素的椭圆选区，将其填充为黑色，设置"不透明度"为 90%，效果如图 7-56 所示。

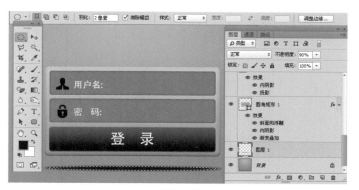

▲ 图 7-56

⑯ 打开附带的"树叶 .png"和"飘叶 .png"素材，使用 🅟（移动工具）将素材中的图像拖曳到新建文档中，再分别调整大小和位置，效果如图 7-57 所示。

⑰ 复制"树叶"所在的图层，得到一个复制图层，执行菜单栏中的"编辑 | 变换 | 水平翻转"

命令，再将翻转后的图像调整位置，效果如图 7-58 所示。

▲ 图 7-57

▲ 图 7-58

⑱ 打开附带的"光照纹理.jpg"素材，使用 ▶️（移动工具）将素材中的图像拖曳到新建文档中，调整大小和位置，设置"混合模式"为"线性减淡"、"不透明度"为 94%，如图 7-59 所示。

⑲ 至此，本例制作完毕，效果如图 7-60 所示。

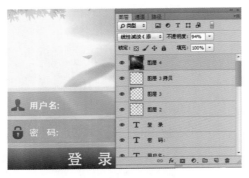

▲ 图 7-59

▲ 图 7-60

7.5 透明登录框制作

本例是在新建文档中制作一个透明登录框。这里的透明指的是登录框处于半透明状态，透过登录框可以看到背景。本例通过绘制正圆、圆角矩形、添加图层样式、设置"填充"等操作来完成透明登录框的制作。

技术要点：

· 新建文档，移入素材；

· 使用"高斯模糊"滤镜；

· 使用"椭圆工具"绘制正圆；

· 使用"圆角矩形工具"绘制圆角矩形；

· 添加"内阴影、渐变叠加、投影"图层样式；

· 使用"直线工具"绘制直线；

· 设置"图层"面板中的"填充"；

· 复制、粘贴图层样式；

· 输入文字。

素材路径：	素材文件 \ 第 7 章 \ 小狗和门 .jpg
案例路径：	源文件 \ 第 7 章 \ 透明登录框 .psd
视频路径：	视频 \ 第 7 章 \7.5 透明登录框 .mp4

思路及流程：

本例思路是在新建的文档中制作一个透明登录框。透过登录框能够看到背景，类似于玻璃的效果，给人以神秘的感觉。制作方法是先使用 ◉（椭圆工具）绘制正圆，使用 ◙（圆角矩形工具）绘制圆角矩形，再使用 ▨（直线工具）绘制分隔线，为绘制的形状添加图层样式，最后在"图层"面板中设置"填充"，使其出现半透明效果。具体流程如图 7-61 所示。

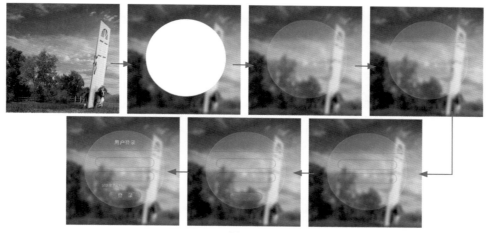

▲ 图 7-61

操作步骤：

❶ 启动 Photoshop 软件，执行菜单栏中的"文件 | 新建"命令或按 Ctrl+N 组合键，打开"新建"对话框，新建一个"宽度"和"高度"均为 640 像素的空白文档。打开附带的"小狗和门 .jpg"素材，使用 ⊕（移动工具）将素材中的图像拖曳到新建文档中，调整大小和位置，效果如图 7-62 所示。

❷ 执行菜单栏中的"滤镜 | 模糊 | 高斯模糊"命令，打开"高斯模糊"对话框，设置"半径"为 6.1 像素，如图 7-63 所示。

▲ 图 7-62

▲ 图 7-63

❸ 设置完毕单击"确定"按钮，效果如图 7-64 所示。

❹ 使用 ◙（椭圆工具）绘制一个白色的正圆，效果如图 7-65 所示。

▲ 图 7-64

▲ 图 7-65

❺ 执行菜单栏中的"图层|图层样式|描边"命令，打开"描边"的"图层样式"对话框，其中的参数值设置如图 7-66 所示。

❻ 执行菜单栏中的"图层|图层样式|描边"命令，打开"描边"的"图层样式"对话框，其中的参数值设置如图 7-67 所示。

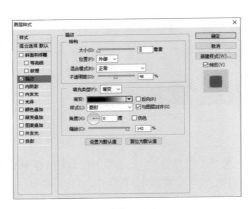

▲ 图 7-66

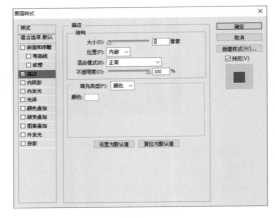

▲ 图 7-67

❼ 设置完毕单击"确定"按钮，设置"填充"为 16%，效果如图 7-68 所示。

❽ 使用 ◢（直线工具）绘制一条黑色直线，效果如图 7-69 所示。

▲ 图 7-68

▲ 图 7-69

⑨ 执行菜单栏中的"图层|图层样式|投影"命令，打开"投影"的"图层样式"对话框，其中的参数值设置如图7-70所示。

⑩ 设置完毕单击"确定"按钮，设置"填充"为29%，效果如图7-71所示。

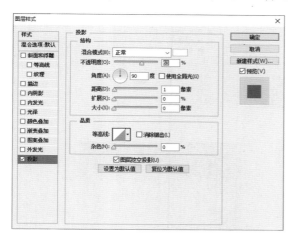

▲ 图 7-70

▲ 图 7-71

⑪ 使用 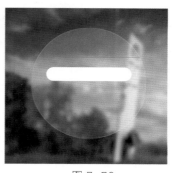（圆角矩形工具）绘制一个白色圆角矩形，效果如图7-72所示。

⑫ 执行菜单栏中的"图层|图层样式|内阴影、投影"命令，分别打开"内阴影"和"投影"的"图层样式"对话框，其中的参数值设置如图7-73所示。

⑬ 设置完毕单击"确定"按钮，设置"填充"为0%，效果如图7-74所示。

⑭ 复制"圆角矩形"，得到一个副本，将副本向下移动，效果如图7-75所示。

⑮ 使用 （圆角矩形工具）绘制一个白色的小圆角矩形，效果如图7-76所示。

▲ 图 7-72

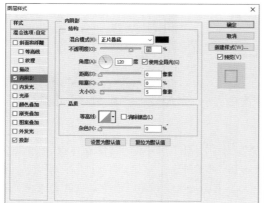
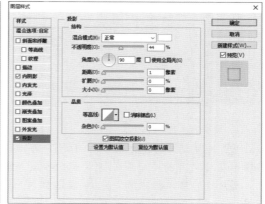

▲ 图 7-73

▲ 图 7-74

▲ 图 7-75

▲ 图 7-76

⑯ 在"图层"面板中的"圆角矩形 1"图层上单击右键，在弹出的快捷菜单中选择"拷贝图层样式"命令，在"圆角矩形 2"图层上单击右键，在弹出的快捷菜单中选择"粘贴图层样式"命令，如图 7-77 所示。

⑰ 粘贴图层样式后，效果如图 7-78 所示。

▲ 图 7-77

▲ 图 7-78

⑱ 再复制"圆角矩形 1"，得到一个"圆角矩形 1 拷贝 2"图层，将其向下移动并调窄，去掉图层样式并将"填充"设置成 100%，效果如图 7-79 所示。

⑲ 执行菜单栏中的"图层 | 图层样式 | 内阴影、渐变叠加、投影"命令，分别打开它们的"图层样式"对话框，其中的参数值设置如图 7-80 所示。

⑳ 设置完毕单击"确定"按钮，设置"填充"为 0，效果如图 7-81 所示。

㉑ 使用 ▥（横排文字工具）输入相应的文字。至此，本例制作完毕，效果如图 7-82 所示。

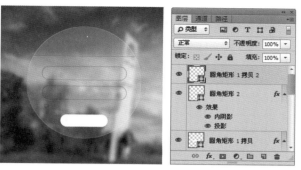

▲ 图 7-79

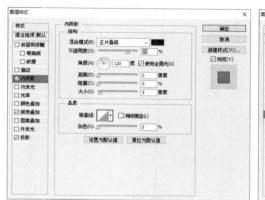
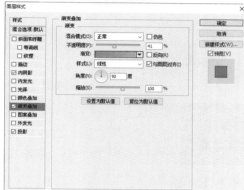

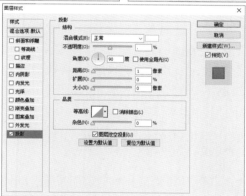

▲ 图 7-80

▲ 图 7-81

▲ 图 7-82

7.6 纯净扁平登录框制作

本例是在新建文档中制作一个纯净扁平登录框。先绘制圆角矩形作为主体并将其栅格化处理，在添加投影后作为主体，再绘制分隔线粘贴图标，输入文字后完成制作。

技术要点：

- 新建文档，填充灰色；
- 使用"圆角矩形工具"绘制圆角矩形；
- 在"属性"面板中设置圆角值；
- 栅格化图层；
- 添加"投影"图层样式；
- 复制、粘贴图标；
- 使用"直线工具"绘制分隔线；
- 输入文字。

━━━━━━━━━ ● **绘制步骤** ● ━━━━━━━━━

素材路径：	素材文件 \ 第 7 章 \ 图标 .ai
案例路径：	源文件 \ 第 7 章 \ 纯净扁平登录框 .psd
视频路径：	视频 \ 第 7 章 \7.6 纯净扁平登录框 .mp4

思路及流程：

本例思路是在新建的文档中制作一个纯净扁平登录框。扁平风格的登录框是没有纹理、3D 等效果的，纯净风格是指色彩上比较单一，本例只用到了白色和灰色，让登录框看起来更加清新淡雅。制作方法是，先使用■（圆角矩形工具）绘制圆角矩形作为主体，在"属性"面板中调整圆角值，栅格化形状，为其添加"投影"，再使用■（直线工具）绘制分隔线，使用■（矩形选框工具）绘制矩形选区，然后删除多余内容，复制、粘贴图标并输入文字。具体流程如图 7-83 所示。

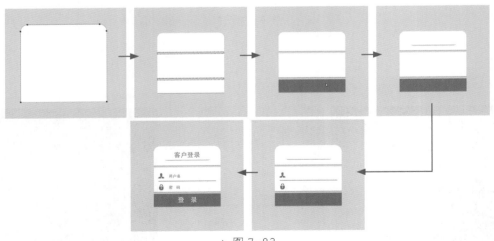

▲ 图 7-83

操作步骤：

❶ 启动 Photoshop 软件，执行菜单栏中的"文件|新建"命令或按 Ctrl+N 组合键，打开"新

建"对话框，新建一个"宽度"和"高度"均为 640 像素的空白文档，将其填充为灰色。使用 （圆角矩形工具），在文档中绘制一个圆角矩形，在"属性"面板中设置圆角值，如图 7-84 所示。

❷ 执行菜单栏中的"图层|图层样式|投影"命令，打开"投影"的"图层样式"对话框，其中的参数值设置如图 7-85 所示。

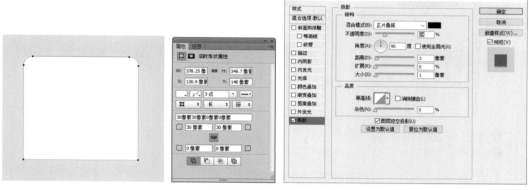

▲ 图 7-84   ▲ 图 7-85

❸ 设置完毕单击"确定"按钮，效果如图 7-86 所示。

❹ 执行菜单栏中的"图层|栅格化|形状"命令，将形状图层变成普通图层。使用 （矩形选框工具）绘制两个矩形选区，按 Delete 键删除选区内容，效果如图 7-87 所示。

▲ 图 7-86   ▲ 图 7-87

❺ 按 Ctrl+D 组合键去掉选区，使用 （矩形工具）绘制一个黑色的矩形，执行菜单栏中的"图层|创建剪贴蒙版"命令，设置"不透明度"为 50%，效果如图 7-88 所示。

▲ 图 7-88

⑥ 新建图层，使用▣（圆角矩形工具）绘制一个圆角矩形路径，按 Ctrl+Enter 组合键，将选区填充为黑色，执行菜单栏中的"选择|变换选区"命令，调出变换框，将选区调大一些，按 Enter 键完成选区变换。将选区向上移动，按 Delete 键清除选区内容，如图 7-89 所示。

▲ 图 7-89

⑦ 按 Ctrl+D 组合键去掉选区，设置"不透明度"为 30%，效果如图 7-90 所示。

⑧ 打开"图标 .ai"文件，将其中的图标拖曳到新建文档中，效果如图 7-91 所示。

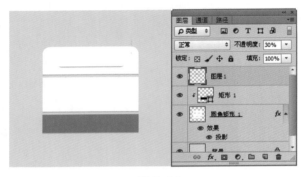

▲ 图 7-90

▲ 图 7-91

⑨ 使用✐（直线工具）绘制一条黑色直线，如图 7-92 所示。

⑩ 使用Ⅱ（横排文字工具）输入相应的文字。至此，本例制作完毕，效果如图 7-93 所示。

▲ 图 7-92

▲ 图 7-93

7.7　横幅登录框制作

本例是在新建文档中制作一个横幅登录框。先绘制圆角矩形作为主体，复制圆角矩形、添加图层样式，再复制、粘贴图标，输入文字后完成制作。

技术要点：

- 新建文档，填充渐变色；
- 应用"云彩"滤镜；
- 应用"海洋波纹"滤镜；
- 使用"圆角矩形工具"绘制圆角矩形；
- 添加"描边、渐变叠加、投影"图层样式；
- 复制、粘贴图标；
- 输入文字。

━━● **绘制步骤** ●━━

素材路径：	素材文件 \ 第 7 章 \ 图标 .ai
案例路径：	源文件 \ 第 7 章 \ 横幅登录框 .psd
视频路径：	视频 \ 第 7 章 \7.7　横幅登录框 .mp4

思路及流程：

本例思路是在新建的文档中制作一个横幅登录框。横幅登录框的特点是用户名与密码水平出现在登录框中，在视觉上可以一目了然。制作方法是，先使用▣（渐变工具）填充渐变色，新建图层，应用"云彩"和"海洋波纹"滤镜完成背景的制作。再使用▣（圆角矩形工具）绘制圆角矩形作为主体，为其添加图层样式，复制副本，调整大小和位置。最后复制、粘贴图标并输入文字。具体流程如图 7-94 所示。

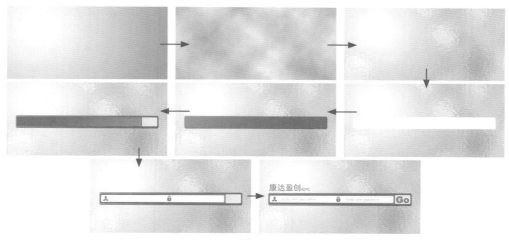

▲ 图 7-94

操作步骤：

1. 背景的制作

❶ 启动 Photoshop 软件，执行菜单栏中的"文件|新建"命令或按 Ctrl+N 组合键，打开"新建"对话框，新建一个"宽度"为 640 像素、"高度"为 300 像素的空白文档。使用▣（渐变工具），从左上角位置向右下角拖曳鼠标，为其填充从白色到灰色的径向渐变，效果如图 7-95所示。

❷ 新建一个图层，执行菜单栏中的"滤镜|渲染|云彩"命令，效果如图 7-96 所示。

❸ 执行菜单栏中的"滤镜|滤镜库"命令，打开"滤镜库"对话框，选择"扭曲|海洋波纹"，

在"海洋波纹"对话框中设置各项参数，如图 7-97 所示。

▲ 图 7-95

▲ 图 7-96

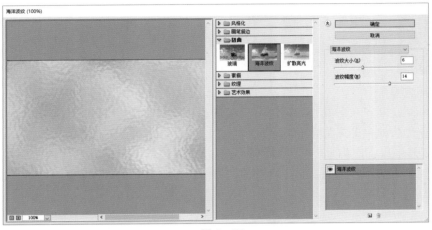

▲ 图 7-97

❹ 设置完毕单击"确定"按钮，设置"混合模式"为"变亮"，此时背景部分制作完毕，效果如图 7-98 所示。

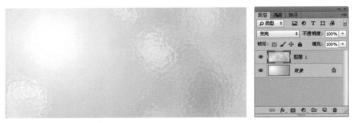

▲ 图 7-98

2. 登录框区域制作

❶ 使用 ▣（圆角矩形工具）绘制一个白色的圆角矩形 1，效果如图 7-99 所示。

▲ 图 7-99

❷ 执行菜单栏中的"图层|图层样式|渐变叠加、投影"命令，分别打开"渐变叠加"和"投影"的"图层样式"对话框，其中的参数值设置如图 7-100 所示。

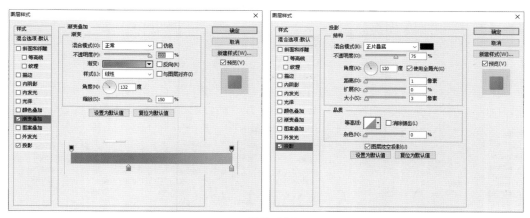

▲ 图 7-100

❸ 设置完毕单击"确定"按钮，效果如图 7-101 所示。

❹ 复制"圆角矩形 1"，得到一个"圆角矩形 1 拷贝"图层，删除图层样式后，按 Ctrl+T 组合键调出变换框，拖动控制点将其缩小，效果如图 7-102 所示。

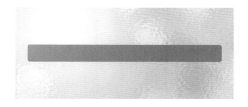

▲ 图 7-101

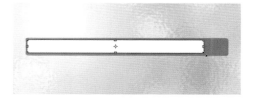

▲ 图 7-102

❺ 按 Enter 键完成变换，执行菜单栏中的"图层|图层样式|描边、渐变叠加"命令，分别打开"描边"和"渐变叠加"的"图层样式"对话框，其中的参数值设置如图 7-103 所示。

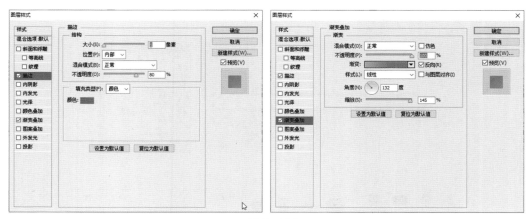

▲ 图 7-103

❻ 设置完毕单击"确定"按钮，效果如图 7-104 所示。

❼ 复制"圆角矩形 1"，得到一个"圆角矩形 1 拷贝 2"图层，删除图层样式，调整大小和位置，效果如图 7-105 所示。

▲ 图 7-104　　　　　　　　　　　　▲ 图 7-105

❽ 按 Enter 键完成变换，执行菜单栏中的"图层|图层样式|描边、渐变叠加"命令，分别打开"描边"和"渐变叠加"的"图层样式"对话框，其中的参数值设置如图 7-106 所示。

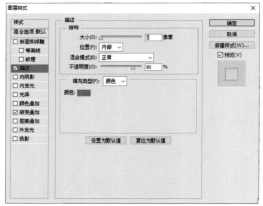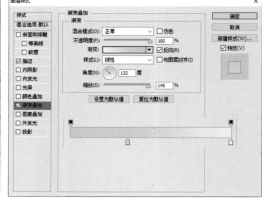

▲ 图 7-106

❾ 设置完毕单击"确定"按钮，如图 7-107 所示。

❿ 复制"圆角矩形 1"图层，得到一个"圆角矩形 1 拷贝 3"图层，删除"渐变叠加"图层样式，调整大小和位置，效果如图 7-108 所示。

⓫ 使用 Illustrator 打开附带的"图标 .ai"素材，选择其中的一个图标，按 Ctrl+C 组合键复制，切换到 Photoshop 中，按 Ctrl+V 组合键粘贴，在弹出的对话框中选中"形状图层"单选按钮，如图 7-109 所示。

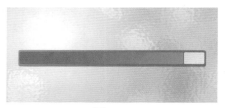

▲ 图 7-107

▲ 图 7-108

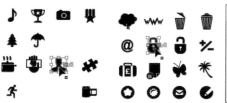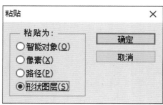

▲ 图 7-109

242

⓬ 单击"确定"按钮,将"填充"设置为橘红色、"描边"设置为"无",按 Ctrl+T 组合键调出变换框,拖动控制点调整大小,效果如图 7-110 所示。

⓭ 使用 ■(圆角矩形工具),在白色圆角矩形上绘制两个圆角矩形,设置"填充"为"无"、"描边"为灰色、"描边宽度"为 1 点,效果如图 7-111 所示。

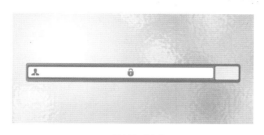

▲ 图 7-110

▲ 图 7-111

⓮ 使用 ■(横排文字工具)输入相应的文字。至此,本例制作完毕,效果如图 7-112 所示。

▲ 图 7-112

7.8 皮质登录框制作

本例是在新建文档中制作一个皮质登录框,通过"创建剪贴蒙版"命令,将皮质纹理与圆角矩形和矩形相融合,从而制作出最终的皮质登录框。

技术要点:

- 新建文档,填充渐变色;
- 使用"圆角矩形工具"绘制圆角矩形;
- 使用"矩形工具"绘制矩形;
- 绘制路径,沿路径输入文字;
- 创建剪贴蒙版;
- 添加图层样式;
- 复制、粘贴图层样式;
- 使用"多边形套索工具"创建选区;
- 输入文字。

━━━◀ 绘制步骤 ▶━━━

素材路径:	素材文件 \ 第 7 章 \ 皮纹理 .jpg
案例路径:	源文件 \ 第 7 章 \ 皮质登录框 .psd
视频路径:	视频 \ 第 7 章 \7.8 皮质登录框 .mp4

思路及流程：

本例思路是在新建的文档中制作一个皮质登录框，使登录框看起来更加具有质感和神秘感。这样的登录框更能使浏览者产生兴趣，从而进入到系统的内部去看看，此时的目的就达到了。制作方法是，先使用 ■（渐变工具）填充渐变色制作背景，再使用 ■（圆角矩形工具）、■（矩形工具）绘制圆角矩形和矩形作为主体，为其应用剪贴蒙版和添加图层样式，将皮纹理更好地与形状相结合。复制与粘贴图层样式，可以节省很多的操作时间。最后沿路径输入文字，可以将文字放置到形状的周围，至此完成制作。具体流程如图 7-113 所示。

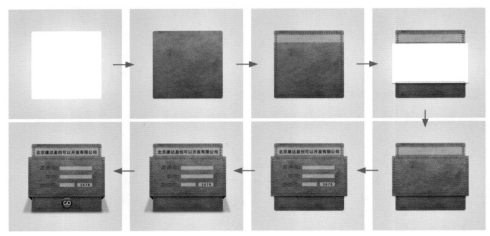

▲ 图 7-113

操作步骤：

1. 背景的制作

❶ 启动 Photoshop 软件，执行菜单栏中的"文件 | 新建"命令或按 Ctrl+N 组合键，打开"新建"对话框，新建一个"宽度"为 640 像素、"高度"为 300 像素的空白文档。

❷ 使用 ■（渐变工具），在中间位置向右下角拖曳鼠标，为其填充从白色到灰色的径向渐变，渐变背景制作完成，效果如图 7-114 所示。

▲ 图 7-114

2. 黑白皮区域的制作

❶ 使用 ■（圆角矩形工具）绘制一个白色的圆角矩形，效果如图 7-115 所示。

❷ 打开附带的"皮纹理 .jpg"素材，使用 ■（移动工具）将素材中的图像拖曳到新建文档中，执行菜单栏中的"图层 | 创建剪贴蒙版"命令，效果如图 7-116 所示。

▲ 图 7-115

▲ 图 7-116

❸ 单击 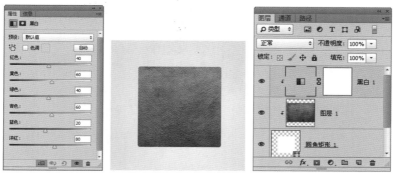（创建新的填充或调整图层）按钮，在弹出的下拉菜单中选择"黑白"命令，在"属性"面板中设置"黑白"的参数值，调整后的效果如图 7-117 所示。

▲ 图 7-117

❹ 新建一个图层，使用 ▣（矩形工具）绘制一个白色矩形，执行菜单栏中的"图层|创建剪贴蒙版"命令，设置"不透明度"为 41%，效果如图 7-118 所示。

❺ 使用 ▣（圆角矩形工具），在页面中绘制一个圆角矩形路径，使用 🅃（横排文字工具），沿路径输入文字，如图 7-119 所示。

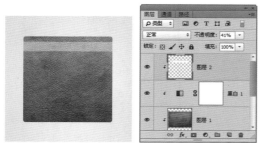

▲ 图 7-118

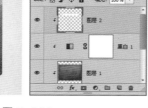

▲ 图 7-119

❻ 执行菜单栏中的"图层|图层样式|斜面和浮雕、渐变叠加"命令，分别打开"斜面和浮雕"和"渐变叠加"的"图层样式"对话框，其中的参数值设置如图 7-120 所示。

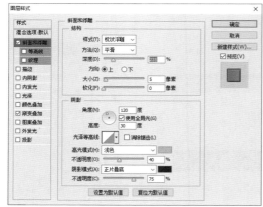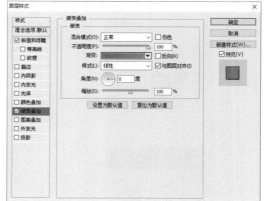

▲ 图 7-120

❼ 设置完毕单击"确定"按钮，此时黑白皮区域制作完毕，效果如图 7-121 所示。

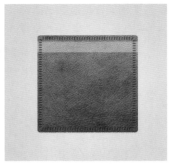

▲ 图 7-121

3. 有色皮区域的制作

❶ 使用▦（矩形工具）绘制一个白色矩形，如图 7-122 所示。

❷ 执行菜单栏中的"图层|图层样式|投影"命令，打开"投影"的"图层样式"对话框，其中的参数值设置如图 7-123 所示。

▲ 图 7-122

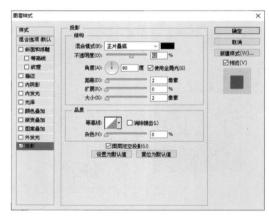

▲ 图 7-123

❸ 设置完毕单击"确定"按钮，效果如图 7-124 所示。

❹ 在白色矩形的下方新建一个图层，使用▦（矩形选框工具）绘制一个"羽化"为 5 像素的矩形选区，将其填充为黑色，设置"不透明度"为 70%，如图 7-125 所示。

▲ 图 7-124

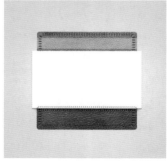

▲ 图 7-125

❺ 复制"图层 1"，把"图层 1 拷贝"图层移动到最上层，执行菜单栏中的"图层|创建剪贴蒙版"命令，效果如图 7-126 所示。

⑥ 使用 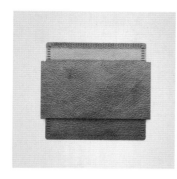（圆角矩形工具），在页面中绘制一个圆角矩形路径，使用 T（横排文字工具），沿路径输入文字，如图 7-127 所示。

▲ 图 7-126

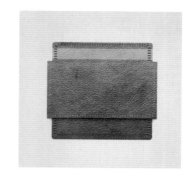

▲ 图 7-127

⑦ 在"图层"面板中的黑白皮区域沿路径输入的文字图层上右击鼠标，在弹出的快捷菜单中选择"拷贝图层样式"命令，在小的沿路径输入的文字图层上单击右键，在弹出的快捷菜单中选择"粘贴图层样式"命令，如图 7-128 所示。

⑧ 复制图层样式后，效果如图 7-129 所示。

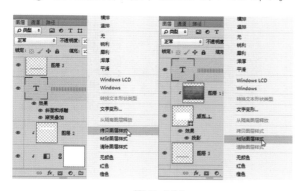

▲ 图 7-128

▲ 图 7-129

⑨ 使用 T（横排文字工具）输入文字，效果如图 7-130 所示。

⑩ 为输入的文字粘贴图层样式，效果如图 7-131 所示。

⑪ 使用 （矩形工具）绘制一个白色矩形，效果如图 7-132 所示。

▲ 图 7-130

▲ 图 7-131

▲ 图 7-132

⑫ 执行菜单栏中的"图层 | 图层样式 | 描边、内阴影"命令，分别打开"描边"和"内阴影"的"图层样式"对话框，其中的参数值设置如图 7-133 所示。

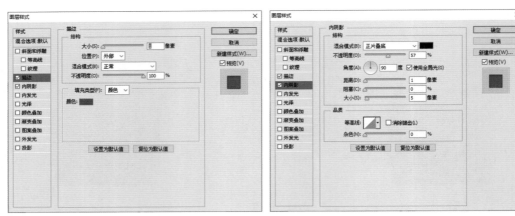

▲ 图 7-133

⓭ 设置完毕单击"确定"按钮，设置"填充"为 53%，如图 7-134 所示。

⓮ 复制 3 个副本，移动位置并调整大小，再输入对应的文字，此时有色皮区域制作完成，如图 7-135 所示。

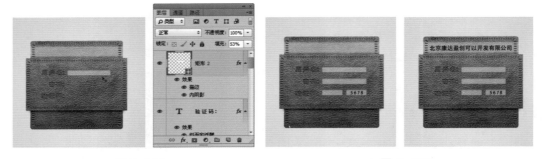

▲ 图 7-134　　　　　　　　　　　　　　　　▲ 图 7-135

4. 投影区域的制作

❶ 在最底层新建一个图层，使用 (多边形套索工具) 绘制封闭选区后填充黑色，如图 7-136 所示。

❷ 按 Ctrl+D 组合键去掉选区，复制一个副本，执行菜单栏中的"编辑 | 变换 | 水平翻转"命令，将翻转后的图像向右移动，效果如图 7-137 所示。

▲ 图 7-136

▲ 图 7-137

❸ 在底层新建一个图层，使用▨（多边形套索工具）绘制"羽化"为 5 像素的封闭选区，将其填充为黑色，效果如图 7-138 所示。

▲ 图 7-138

技巧 💡 "羽化"出现的虚边，可以应用"高斯模糊"滤镜来处理。

❹ 复制"图层 3"得到一个"图层 3 拷贝"图层，将"图层 3 拷贝"图层移动到最底层，此时投影区域制作完毕，效果如图 7-139 所示。

▲ 图 7-139

5. 按钮区域的制作

❶ 使用◉（椭圆工具）绘制一个白色正圆，如图 7-140 所示。

▲ 图 7-140

❷ 执行菜单栏中的"图层 | 图层样式 | 斜面和浮雕、渐变叠加、投影"命令，分别打开它们的"图层样式"对话框，其中的参数值设置如图 7-141 所示。

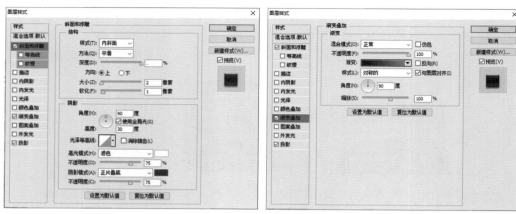

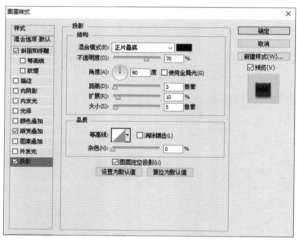

▲ 图 7-141

❸ 设置完毕单击"确定"按钮，在按钮上输入文字。至此，本例制作完成，效果如图 7-142 所示。

▲ 图 7-142

7.9 优秀作品欣赏

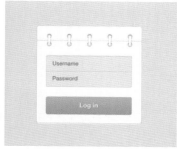

第 8 章
UI 设计与制作

本章重点：

❖ 了解 UI 设计中的界面

❖ 手机开机界面的制作

❖ 鞋子销售界面的制作

❖ 扁平下载界面的制作

❖ 手机界面的制作

❖ 汽车服务 APP 界面的制作

❖ 天气预报界面的制作

❖ 照片处理类 APP 界面的制作

❖ 优秀作品欣赏

本章主要讲解 UI 设计中的界面的设计与制作。UI 在 UI 设计中属于一个包含多种元素的整合页面，此页面可以实现 UI 中的各项功能，在设计与制作时可以从配色、布局等方面来进行入手，这样可以让界面看起来更加舒服，不同类型的 APP，其界面设计基础和风格均有不同。本章就从 UI 的多个案例进行讲解，让读者能够以最快的方式进入到 UI 的设计中，并对其能进行相关的应用。

8.1　了解UI设计中的界面

8.1.1　UI 设计中的界面是什么

界面是人与物体互动的媒介，换句话说，界面就是设计师赋予媒介的一个面孔，是用户和系统进行双向信息交互的支持软件、硬件以及方法的集合。界面是一个综合性的整体，它可以被看成是多个元素的组成，在设计时要符合用户的心理行为，在追求视觉冲击的同时，还要符合大众的使用习惯。

8.1.2　常见的界面

绝大部分 APP 一般包含的界面有启动页、引导页、主页面、导航页、个人中心、设置页和搜索页等。

- 启动界面：顾名思义，是指 APP 启动的时候出现的第一个界面。
- 引导界面：是用户在首次安装并打开应用后，呈现给用户的说明书。其目的是希望用户能在最短的时间内，了解这个应用的主要功能、操作方式并迅速上手，开始体验之旅。
- 主页面：相当于 APP 的首页，大多是以分割画面的多个块面组成。
- 导航界面：承载着用户获取所需内容的快速途径。它看似简单，却是设计中最需要考量的一部分。APP 导航的设计，会直接影响用户对 APP 的体验。所以导航菜单设计需要考虑周全，发挥导航的价值，为构筑"怦然心动"的产品打下基础。
- 个人中心界面：主要内容包含了用户的个人信息以及 APP 的相关问题咨询等。
- 设置界面：主要是对 APP 进行各方面参数调整的界面。一般有两种设计：一种是设置图标与个人中心图标相对应，点击后展开设置页面；另一种是设置图标位于个人中心页面，点击后跳转到设置界面。
- 搜索界面：移动端的搜索往往都是跳转至单独的搜索页面，根据时间顺序分为 3 个阶段：搜索前、搜索输入中和搜索完成后。

8.1.3　屏幕尺寸

媒介的类型不同，屏幕大小就会有差别，按操作系统，屏幕可分为 iOS 和 Android。就算统一操作系统，屏幕也有不同的分辨率、物理尺寸等。下面就列举一些常见的不同操作系统中不同界面的设计尺寸，如表 8-1 ～表 8-6 所示。

▲ 表 8-1　iPhone 屏幕尺寸

设备名称	操作系统	尺寸 / in	PPI	纵横比	宽 × 高 / dp	宽 × 高 / px	密度 / dpi
iPhone 12 Pro Max	iOS	6.7	458	19 : 9	428 × 926	1284 × 2778	3.0 xxhdpi
iPhone 12 Pro	iOS	6.1	460	19 : 9	390 × 844	1170 × 2532	3.0 xxhdpi
iPhone 12 Mini	iOS	5.4	476	19 : 9	360 × 780	1080 × 2340	3.0 xxhdpi
iPhone 11 Pro	iOS	5.8	458	19 : 9	375 × 812	1125 × 2436	3.0 xxhdpi
iPhone 11 Pro Max	iOS	6.5	458	19 : 9	414 × 896	1242 × 2688	3.0 xxhdpi
iPhone 11 (11，XR)	iOS	6.1	326	19 : 9	414 × 896	828 × 1792	2.0 xhdpi
iPhone XS Max	iOS	6.5	458	19 : 9	414 × 896	1242 × 2688	3.0 xxhdpi
iPhone X (X,XS)	iOS	5.8	458	19 : 9	375 × 812	1125 × 2436	3.0 xxhdpi
iPhone 8+ (8+, 7+, 6S+, 6+)	iOS	5.5	401	16 : 9	414 × 736	1242 × 2208	3.0 xxhdpi
iPhone 8 (8, 7, 6S, 6)	iOS	4.7	326	16 : 9	375 × 667	750 × 1334	2.0 xhdpi
iPhone SE(SE, 5S, 5C)	iOS	4.0	326	16 : 9	320 × 568	640 × 1136	2.0 xhdpi

▲ 表 8-2　iPad 屏幕尺寸

设备名称	操作系统	尺寸 / in	PPI	纵横比	宽 × 高 / dp	宽 × 高 / px	密度 / dpi
iPad Pro 12.9(第 4 代)	iPadOS	12.9	264	4 : 3	1024 × 1366	2048 × 2732	2.0 xhdpi
iPad Pro 11(第 2 代)	iPadOS	11	264	4 : 3	834 × 1194	1668 × 2388	2.0 xhdpi
iPad Pro 11(第 2 代)	iPadOS	11	264	4 : 3	834 × 1194	1668 × 2388	2.0 xhdpi
iPad 10.2	iPadOS	10.2	264	4 : 3	810 × 1080	1620 × 2160	2.0 xhdpi
iPad mini 4 (mini 4, mini 2)	iPadOS	7.9	326	4 : 3	768 × 1024	1536 × 2048	2.0 xhdpi
iPad Air 10.5	iPadOS	10.5	264	4 : 3	834 × 1112	1668 × 2224	2.0 xhdpi
iPad Air 2 (Air 2, Air)	iPadOS	9.7	264	4 : 3	768 × 1024	1536 × 2048	2.0 xhdpi
iPad Pro 11	iPadOS	11	264	4 : 3	834 × 1294	1668 × 2388	2.0 xhdpi
iPad Pro 9.7	iPadOS	9.7	264	4 : 3	768 × 1024	1536 × 2048	2.0 xhdpi
iPad Pro 10.5	iPadOS	10.5	264	4 : 3	834 × 1112	1668 × 2224	2.0 xhdpi
iPad Pro 12.9	iPadOS	12.9	264	4 : 3	1024 × 1336	2048 × 2732	2.0 xhdpi

▲ 表 8-3　iPad 苹果可穿戴设备尺寸

设备名称	操作系统	尺寸 / in	PPI	纵横比	宽 × 高 / dp	宽 × 高 / px	密度 / dpi
Apple Watch Series 6(44mm)	watch OS	1.78	326	23 : 28	368 × 448	-	2.0 xhdpi
Apple Watch Series 6(40mm)	watch OS	1.57	326	162 : 197	324 × 394	-	2.0 xhdpi
Apple Watch 44mm	watch OS	2.3	326	-	-	-	2.0 xhdpi
Apple Watch 40mm	watch OS	2	326	-	-	-	2.0 xhdpi
Apple Watch 38mm	watch OS	1.5	326	5 : 4	136 × 170	272 × 340	2.0 xhdpi
Apple Watch 42mm	watch OS	1.7	326	5 : 4	156 × 195	312 × 390	2.0 xhdpi

▲ 表 8-4　部分 Android 手机屏幕尺寸

设备名称	操作系统	尺寸 / in	PPI	纵横比	宽 × 高 / dp	宽 × 高 / px	密度 / dpi
Android One	Android	4.5	218	16 : 9	320 × 569	480 × 854	1.5 hdpi
Google Pixel	Android	5.0	441	16 : 9	411 × 731	1080 × 1920	2.6 xxhdpi
Google Pixel 3 (3,Lite)	Android	5.5	439	2:1	360 × 720	1080 × 2160	3 xxhdpi
Google Pixel XL	Android	5.5	534	16 : 9	411 × 731	1440 × 2560	3.5 xxxhdpi
HUAWEI Mate20	Android	6.53	381	-	360 × 748	1080 × 2244	3.0 xxhdpi
HUAWEI Mate20 Pro	Android	6.39	538	19.5 : 9	360 × 780	1440 × 3120	4.0 xxxhdpi

设备名称	操作系统	尺寸/in	PPI	纵横比	宽×高/dp	宽×高/px	密度/dpi
HUAWEI Mate20 RS	Android	6.39	538	19.5：9	360×780	1440×3120	4.0 xxxhdpi
HUAWEI Mate20 X (X,5G)	Android	7.2	345	-	360×748	1080×2244	3.0 xxhdpi
HUAWEI Mate30	Android	6.62	409	19.5：9	360×780	1080×2340	3.0 xxhdpi
HUAWEI Mate30 Pro	Android	6.53	409	-	392×800	1176×2400	3.0 xxhdpi
Oppo A7	Android	6.2	271	19：9	360×760	720×1520	2.0 xhdpi
Oppo A7x	Android	6.3	409	19.5：9	360×780	1080×2340	3.0 xxhdpi
Oppo A9(A9,A9x)	Android	6.53	394	19.5：9	360×780	1080×2340	3.0 xxhdpi

▲ 表 8-5 部分 Android 平板屏幕尺寸

设备名称	操作系统	尺寸/in	PPI	纵横比	宽×高/dp	宽×高/px	密度/dpi
Google Pixel C	Android	10.2	308	4：3	900×1280	1800×2560	2.0 xhdpi
Nexus 9	Android	8.9	288	4：3	768×1024	1536×2048	2.0 xhdpi
Surface 3	Windows	10.8	214	16：9	720×1080	1080×1920	1.5 hdpi
小米平板 2	Android	7.9	326	16：9	768×1024	1536×2048	2.0 xhdpi

▲ 表 8-6 部分 Android 可穿戴设备屏幕尺寸

设备名称	操作系统	尺寸/in	PPI	纵横比	宽×高/dp	宽×高/px	密度/dpi
Huawei Watch Fit	Huawei wearable platform	1.64	326	35：57	280×456	-	2.0 xhdpi
Huawei Watch GT 2 Pro	Huawei Lite OS	1.39	326	1：1	454×454	-	2.0 xhdpi
Huawei Watch GT 2e	Huawei Lite OS	1.39	326	1：1	454×454	-	2.0 xhdpi
Moto 360	Android	1.6	205	32：29	241×218	320×290	1.3 tvdpi
Moto 360 v2 42mm	Android	1.4	263	65：64	241×244	320×325	1.3 tvdpi
Moto 360 v2 46mm	Android	1.6	263	33：32	241×248	320×330	1.3 tvdpi
Xiaomi Mi Watch	MIUI For Watch	1.39	326	1：1	454×454	-	2.0 xhdpi
Xiaomi Mi Watch(Color 运动版)	MIUI For Watch	1.39	326	1：1	454×454	-	2.0 xhdpi

8.1.4 设计界面时需要注意的固定元素尺寸

以 iPhone 为例，APP 界面由状态栏、导航栏和标签栏组成。本节整理了 iPhone 7 到 iPhone 11Pro Max 的高度尺寸以及屏幕参数，如表 8-7 所示。

▲ 表 8-7 部分 iPhone 手机的固定区域大小以及屏幕参数

手机型号	尺寸（对角线）	物理点	宽长比例	像素点	倍数	状态栏高度	底部安全距离	导航栏高度	标签栏高度
iPhone 7	4.7 英寸	375×667	0.562	750×1334	@2×	20	-	44	49
iPhone 7 Plus	5.5 英寸	414×736	0.563	1242×2208	@3×	20	-	44	49
iPhone 8	4.7 英寸	375x667	0.562	750×1334	@2×	20	-	44	49
iPhone 8 Plus	5.5 英寸	414×736	0.563	1242×2208	@3×	20	-	44	49
iPhone X	5.8 英寸	375×812	0.462	1125×2436	@3×	44	34	44	83
iPhone XS	5.8 英寸	375×812	0.462	1125×2436	@3×	44	34	44	83
iPhone XS Max	6.5 英寸	414×896	0.462	1242×2688	@3×	44	34	44	83
iPhone XR	6.1 英寸	414×896	0.462	828×1792	@2×	44	34	44	83
iPhone 11	6.1 英寸	414×896	0.462	828×1792	@2×	44	34	44	83
iPhone 11 Pro	5.8 英寸	375×812	0.462	1125×2436	@3×	44	34	44	83
iPhone 11 Pro Max	6.5 英寸	414×896	0.462	1242×2688	@3×	44	34	44	83

▲ 表 8-8　安卓手机固定区域高度

内容区域	Android(720×1280)
状态栏	50 px
导航栏	96 px
标签栏	96 px

8.1.5　什么是好的界面设计

人们总说要设计出好的作品，那么到底什么样的作品才是好的设计呢？好的设计又有哪些特点呢？下面一起来看一下。

1. 美观的

这是最直接、坦白的一点。虽然美观的设计并不一定是优秀的设计，但是好的设计一定是美观的。

2. 实用的

实用和美观是人们经常听到的词语，设计师设计出的产品都是有其用户群的，因而要符合人机功能学，发挥它的功能。这就要求设计的产品必须实用，这样才能让用户爱不释手。

3. 独特的

现在人们总是追求独特，更有人追求并享受那种独一无二的感觉，因此不仅在设计上，在工作和学习中人们也都在探索中前进。只有不一样才能脱颖而出，并且受到人们的关注。因此，好的设计是独特的。

4. 简单的

这里可以直接理解为，好的设计是一看就懂的、易于理解的。用户群的跨度很大，无论从哪个角度来看，设计师在设计的同时，都要考虑到用户的直接使用感受，因此只有设计出直白的产品才能受到用户的追捧。

8.2　手机开机界面制作

本例通过在文档中移入素材、调整色相和亮度来制作背景，用正圆来体现开机时的滑动方式。

技术要点：

- 使用"新建"命令创建空白文档；
- 移入素材；
- 调整"色相/饱和度"；
- 调整"亮度/对比度"；
- 输入文字；
- 使用"椭圆工具"绘制正圆；

- 调整不透明度；

- 复制副本，调整大小；

- 使用"渐变工具"编辑图层蒙版。

━━━━◀ **绘制步骤** ▶━━━━

素材路径：	素材文件\第8章\星空.jpg、手机顶部图标.png
案例路径：	源文件\第8章\手机开机界面.psd
视频路径：	视频\第8章\8.2 手机开机界面.mp4

思路及流程：

本例思路是制作一款手机开机时的界面，用绿色星空来增加界面的神秘感，通过不同大小、不同透明度的正圆来体现滑动效果。方法是，在文档中移入素材后创建"色相／饱和度""亮度／对比度"，通过调整图层来调整素材的色调，以此作为界面的背景，移入素材，将其作为状态栏；使用●（椭圆工具）绘制白色正圆，复制副本并调整大小和不透明度；输入代表时间的数字，完成案例的制作。具体流程如图 8-1 所示。

▲ 图 8-1

操作步骤：

❶ 启动 Photoshop 软件，执行菜单栏中的"文件|新建"命令或按 Ctrl+N 组合键，打开"新建"对话框，新建一个"宽度"为 1136 像素、"高度"为 640 像素的空白文档。打开附带的"星空.jpg"素材，使用▣（移动工具）将素材中的图像拖曳到新建文档中，调整大小和位置，效果如图 8-2 所示。

❷ 单击●（创建新的填充或调整图层）按钮，在弹出的下拉菜单中选择"色相／饱和度"命令，在"属性"面板中设置"色相／饱和度"的各项参数，调整完毕效果如图 8-3 所示。

❸ 单击●（创建新的填充或调整图层）按钮，在弹出的下拉菜单中选择"亮度／对比度"命令，在"属性"面板中设置"亮度／对比度"的各项参数，调整完毕效果如图 8-4 所示。

▲ 图 8-2

❹ 使用▣（矩形工具），在顶端绘制一个黑色的矩形，设置"不透明度"为 49%，效果如图 8-5 所示。

❺ 打开附带的"手机顶部图标.png"素材，使用▣（移动工具）将素材中的图像拖曳到新建文档中，将其调整到最顶端，效果如图 8-6 所示。

❻ 使用▣（横排文字工具），选择合适的字体和字号，在页面的中上部输入文字，如图 8-7 所示。

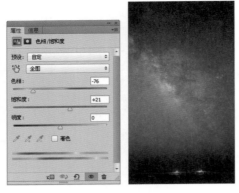

▲ 图 8-3

▲ 图 8-4

▲ 图 8-5

▲ 图 8-6

▲ 图 8-7

❼ 新建一个图层，使用 █（椭圆工具），在页面中绘制一个白色正圆，设置"不透明度"为 60%，效果如图 8-8 所示。

❽ 复制"图层 3"，得到一个"图层 3 拷贝"图层，按 Ctrl+T 组合键调出变换框，拖动控制点将图像缩小，设置"不透明度"为 100%，效果如图 8-9 所示。

▲ 图 8-8

▲ 图 8-9

❾ 按 Enter 键完成变换，新建图层组，复制"图层 3 拷贝"图层得到副本后，将其拖曳到图层组中，按 Ctrl+T 组合键调出变换框，拖动控制点将图像缩小，按 Enter 键完成变换，如图 8-10 所示。

⑩ 再复制 7 个副本，调整图像的位置，效果如图 8-11 所示。

▲ 图 8-10

▲ 图 8-11

⑪ 选择"组 1"，单击 （添加图层蒙版）按钮，为图层组添加一个蒙版，使用 ▦（渐变工具），在蒙版中从下向上拖曳鼠标，为其填充从黑色到白色的线性渐变，效果如图 8-12 所示。

⑫ 至此，本例制作完毕，效果如图 8-13 所示。

▲ 图 8-12

▲ 图 8-13

8.3　鞋子销售界面制作

本例通过在文档中调整图像大小、位置以及添加滤镜和图层样式等操作来制作一个销售鞋子的 APP 界面。

技术要点：

· 新建文档，填充灰色；

· 移入素材，应用"高斯模糊"；

· 添加图层样式；

· 新建图层组，在组内创建剪贴蒙版；

· 输入文字，绘制自定义形状。

● 绘制步骤 ●

素材路径：	素材文件 \ 第 8 章 \01.png、02.png、03.png、04.png、05.png
案例路径：	源文件 \ 第 8 章 \ 鞋子销售界面 .psd
视频路径：	视频 \ 第 8 章 \8.3　鞋子销售界面 .mp4

思路及流程：

本例思路是制作一款用于鞋子销售的 APP 界面。本例通过图像素材组成销售鞋子的视觉图，再按照小图的选择进行显示，以此达到一个更加明朗、清晰的显示，通过文字和图形展现商品的展示视觉。制作方法是，新建文档后移入素材图像，调整大小和位置后应用"高斯模糊"滤镜，以此作为界面的背景；使用■（矩形工具）绘制矩形，将其与图像创建剪贴蒙版，通过布局矩形和线条、文字，作为尺码说明；使用■（自定形状工具）和■（椭圆工具）绘制形状和正圆并为其添加"描边"图层样式，调整填充和不透明度。具体流程如图 8-14 所示。

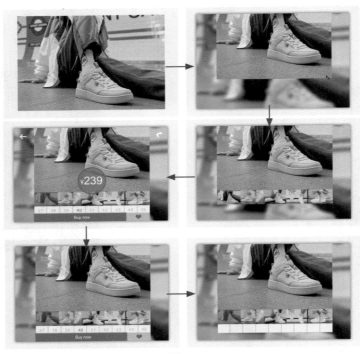

▲ 图 8-14

操作步骤：

❶ 启动 Photoshop 软件，执行菜单栏中的"文件|新建"命令或按 Ctrl+N 组合键，打开"新建"对话框，新建一个"宽度"为 1000 像素、"高度"为 650 像素的空白文档，将其填充为淡灰色。打开附带的"05"素材，将素材拖曳到新建文档中，调整大小和位置，效果如图 8-15 所示。

❷ 执行菜单栏中的"滤镜|模糊|高斯模糊"命令，打开"高斯模糊"对话框，设置"半径"为 6.1 像素，如图 8-16 所示。

❸ 设置完毕单击"确定"按钮，效果如图 8-17 所示。

❹ 执行菜单栏中的"图层|图层样式|投影"命令，打开"投影"的"图层样式"对话框，

其中的参数值设置如图 8-18 所示。

▲ 图 8-15

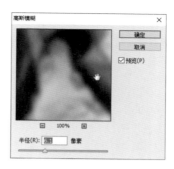

▲ 图 8-16

▲ 图 8-17

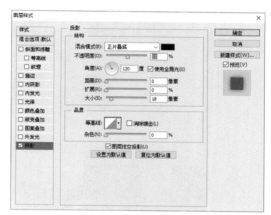

▲ 图 8-18

❺ 设置完毕单击"确定"按钮，效果如图 8-19 所示。

❻ 再次将"05.png"素材中的图像移入新建文档中，如图 8-20 所示。

▲ 图 8-19

▲ 图 8-20

❼ 使用▣（矩形选框工具），在图像中绘制一个矩形选区，单击▣（添加图层蒙版）按钮，为其添加图层蒙版，效果如图 8-21 所示。

❽ 新建一个"组 1"图层，使用▣（矩形工具）绘制一个白色矩形，复制 4 个副本，调整位置，效果如图 8-22 所示。

❾ 打开附带的"01.png、02.png、03.png、04.png、05.png"素材，将其分别移动到新建文档的"组 1"中，然后将其分别调整到每个白色矩形的上面，执行菜单栏中的"图层|创建剪贴蒙版"命令，效果如图 8-23 所示。

▲ 图 8-21

▲ 图 8-22

▲ 图 8-23

技巧 通过"创建剪贴蒙版"命令，可以将不同的素材图像都按照统一的矩形来控制素材的显示。

⑩ 在最左侧的图像上面绘制一个橘色矩形，执行菜单栏中的"图层|创建剪贴蒙版"命令，调整"不透明度"为 50%，效果如图 8-24 所示。

▲ 图 8-24

⑪ 新建"组 2"图层，使用 ■（矩形工具）绘制一个白色矩形长条，使用 ✎（直线工具）绘制黑色线条，执行菜单栏中的"图层|创建剪贴蒙版"命令，复制多个黑色线条，效果如图 8-25 所示。

⑫ 选择"组 2"中的白色矩形，执行菜单栏中的"图层|图层样式|投影"命令，打开"投影"的"图层样式"对话框，其中的参数值设置如图 8-26 所示。

▲ 图 8-25

▲ 图 8-26

⑬ 设置完毕单击"确定"按钮，效果如图 8-27 所示。

⑭ 新建"组 3"，使用 T（横排文字工具）输入用于代表鞋子尺码的数字，如图 8-28 所示。

▲ 图 8-27

▲ 图 8-28

⑮ 新建"组4"，使用▣（矩形工具）绘制一个RGB(216、197、255)颜色的矩形，如图 8-29 所示。

⑯ 在矩形上面再绘制一个RGB(124、99、182)颜色的矩形，效果如图 8-30 所示。

▲ 图 8-29　　　　　　　　　　　　　　　▲ 图 8-30

⑰ 执行菜单栏中的"图层|图层样式|投影"命令，打开"投影"的"图层样式"对话框，其中的参数值设置如图 8-31 所示。

⑱ 设置完毕单击"确定"按钮，效果如图 8-32 所示。

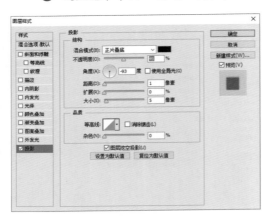

▲ 图 8-31　　　　　　　　　　　　　　　▲ 图 8-32

⑲ 使用▨（自定形状工具）绘制一个红心形卡，效果如图 8-33 所示。

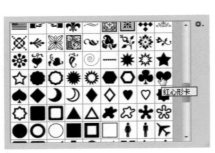

▲ 图 8-33

⑳ 使用▣（横排文字工具）输入白色英文，效果如图 8-34 所示。

㉑ 使用▣（椭圆工具）绘制一个RGB(124、99、182)颜色的正圆，效果如图 8-35 所示。

▲ 图 8-34

▲ 图 8-35

㉒ 执行菜单栏中的"图层 | 图层样式 | 描边"命令，打开"描边"的"图层样式"对话框，其中的参数值设置如图 8-36 所示。

㉓ 设置完毕单击"确定"按钮，设置"填充"为 50%，如图 8-37 所示。

㉔ 使用 T（横排文字工具）输入代表价格的白色文字，如图 8-38 所示。

㉕ 使用 ⬚（自定形状工具），选择两个箭头形状，如图 8-39 所示。

㉖ 使用 ⬚（自定形状工具），在顶端部分绘制两个箭头形状。至此，本例制作完毕，效果如图 8-40 所示。

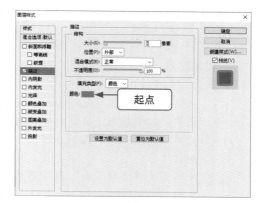

▲ 图 8-36

▲ 图 8-37

▲ 图 8-38

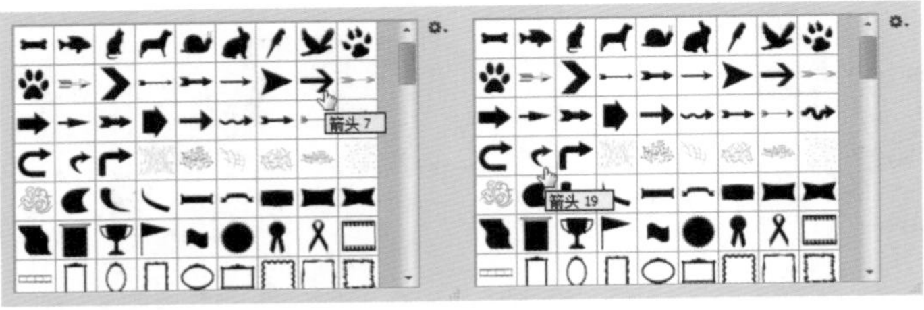

▲ 图 8-39

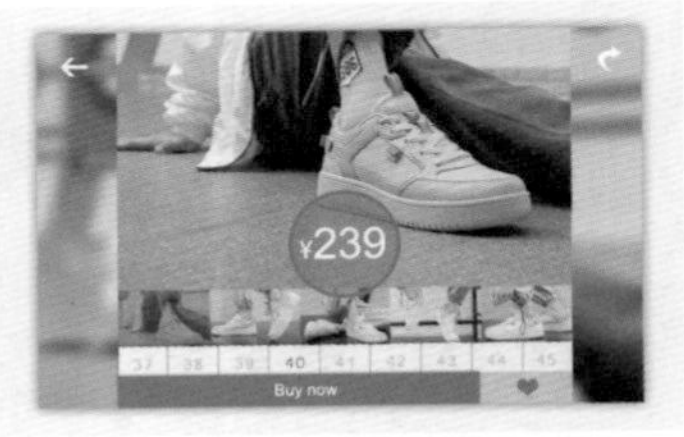

▲ 图 8-40

8.4 扁平下载界面制作

本例是在新建文档中制作一个扁平下载界面，通过“形状工具”绘制矩形、圆角矩形、正圆和自定义形状，以及编辑描边、输入文字和移入图形素材等操作来完成。

技术要点：

- 新建文档，填充灰色；
- 使用“矩形工具”绘制矩形；
- 使用“圆角矩形工具”绘制圆角矩形；
- 使用“椭圆工具”绘制正圆；
- 复制图形；
- 使用“直接选择工具”删除锚点，编辑正圆描边；
- 复制、粘贴图标；
- 移入素材，调整大小和位置；
- 输入文字。

绘制步骤

素材路径：	素材文件 \ 第 8 章 \ 图标 .ai、手机顶部图标 .png
案例路径：	源文件 \ 第 8 章 \ 扁平下载界面 .psd
视频路径：	视频 \ 第 8 章 \8.4　扁平下载界面 .mp4

思路及流程：

本例思路是在新建的文档中制作一个扁平下载界面。扁平界面没有图层样式、纹理和 3D 效果，整个界面看起来淡雅而富有功能性。制作方法是，新建文档，填充灰色；使用（矩形工具）、（圆角矩形工具）、（椭圆工具）绘制矩形、圆角矩形和正圆；使用（直接选择工具）删除锚点，使其出现一半的描边效果；复制、粘贴图标，输入文字，完成本例的制作。具体流程如图 8-41 所示。

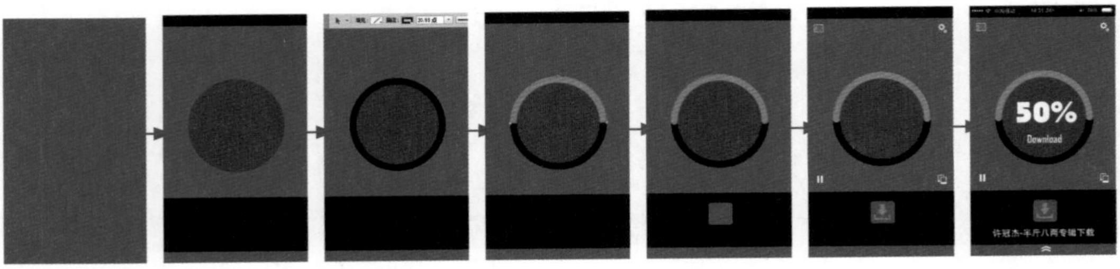

▲ 图 8-41

操作步骤：

❶ 启动 Photoshop 软件，执行菜单栏中的"文件|新建"命令或按 Ctrl+N 组合键，打开"新建"对话框，新建一个"宽度"为 640 像素、"高度"为 1136 像素的空白文档，将其填充为灰色，效果如图 8-42 所示。

❷ 使用 🔲（矩形工具）绘制两个黑色矩形、一个灰色矩形，如图 8-43 所示。

❸ 使用 ⬭（椭圆工具）绘制一个深灰色正圆，如图 8-44 所示。

❹ 复制正圆，将"填充"设置为"无"、"描边"设置为黑色、"描边宽度"设置为 30.95 点，效果如图 8-45 所示。

▲ 图 8-42

▲ 图 8-43

▲ 图 8-44

▲ 图 8-45

❺ 再复制一个正圆，将"描边"设置为橘色，使用 ▨（直接选择工具）选择正圆底部的锚点，按 Delete 键将锚点删除，效果如图 8-46 所示。

❻ 单击"设置形状描边类型"按钮，在下拉菜单中设置"端点"为圆，如图 8-47 所示。

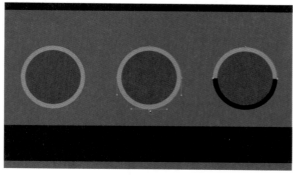

▲ 图 8-46

▲ 图 8-47

❼ 使用 🔲（圆角矩形工具）绘制一个灰色圆角矩形，效果如图 8-48 所示。

❽ 使用 Illustrator 打开附带的"图标 .ai"素材，选择其中的一个图标，按 Ctrl+C 组合键复制，切换到 Photoshop 中，按 Ctrl+V 组合键粘贴，在弹出的对话框中选中"形状图层"单选按钮，如图 8-49 所示。

❾ 单击"确定"按钮，将"填充"设置为橘色、"描边"设置为"无"，按 Ctrl+T 组合键调出变换框，拖动控制点调整大小，按 Enter 键完成变换，效果如图 8-50 所示。

❿ 在 Illustrator 中选择图标，按 Ctrl+C 组合键复制，切换到 Photoshop 中，按 Ctrl+V 组合键粘贴，在弹出的对话框中选中"形状图层"单选按钮，单击"确定"按钮，将"填充"设置为白色、"描边"设置为"无"，按 Ctrl+T 组合键调出变换框，拖动控制点调整大小，按 Enter 键完成变换，效果如图 8-51 所示。

⑪ 使用 ■（横排文字工具）输入白色文字，效果如图 8-52 所示。

⑫ 打开附带的"手机顶部图标 .png"素材，将其拖曳到新建文档中，调整大小和位置，如图 8-53 所示。

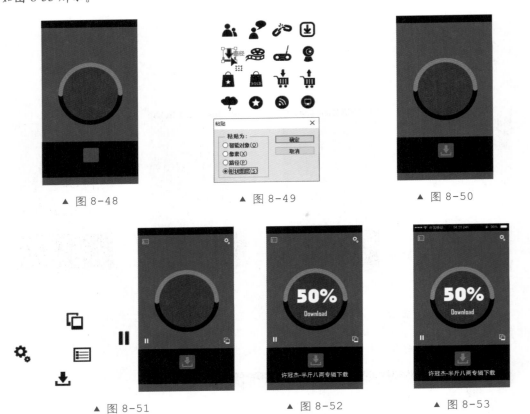

▲ 图 8-48   ▲ 图 8-49   ▲ 图 8-50

▲ 图 8-51   ▲ 图 8-52   ▲ 图 8-53

⑬ 使用 ■（自定形状工具）绘制箭头形状，复制副本后将两个箭头进行旋转。至此，本例制作完毕，效果如图 8-54 所示。

▲ 图 8-54

8.5 手机界面制作

本例是在新建文档中制作一个手机界面。本例通过绘制矩形对界面进行区域布局，通过移入素材，复制、粘贴图标，输入文字等操作来完成界面的制作。

技术要点：

- 新建文档，移入素材；
- 应用"矩形工具"绘制矩形；
- 调整不透明度；
- 移入素材，创建剪贴蒙版；
- 应用"黑白""亮度 / 对比度"调整图层；
- 添加图层样式；
- 复制、粘贴图标；
- 输入文字。

━━● **绘制步骤** ●━━

素材路径：	素材文件 \ 第 8 章 \ 图标 .ai、人物 .jpg、星空 .jpg、海边 .jpg、蜗牛 .jpg、手机顶部图标 .png
案例路径：	源文件 \ 第 8 章 \ 手机界面 .psd
视频路径：	视频 \ 第 8 章 \ 手机界面 .mp4

思路及流程：

本例思路是在新建的文档中制作一个手机界面，通过矩形对界面进行区域布局，将不同的内容都放置到矩形上，使其看起来都是界面中的功能区。制作方法是，新建文档后移入素材，调整大小和位置，以此制作界面的背景；使用■（矩形工具）绘制不同大小的白色矩形，调整不透明度，将其作为功能区域；移入素材，通过"黑白""亮度 / 对比度"调整素材，创建剪贴蒙版，使其按照矩形来显示图像的大小；复制、粘贴图标并输入文字，完成区域功能性的制作。具体流程如图 8-55 所示。

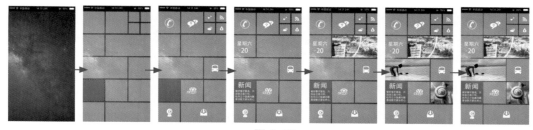

▲ 图 8-55

操作步骤：

❶ 启动 Photoshop 软件，执行菜单栏中的"文件|新建"命令或按 Ctrl+N 组合键，打开"新建"对话框，新建一个"宽度"为 640 像素、"高度"为 1136 像素的空白文档。打开附带的"星空"素材，使用▣（移动工具）将素材中的图像拖曳到新建文档中，调整大小和位置，再使用■（矩形工具），在顶部绘制一个黑色矩形，设置"不透明度"为 49%，效果如图 8-56 所示。

❷ 打开附带的"手机顶部图标 .png"素材，使用▣（移动工具）将素材中的图像拖曳到新建文档中，调整大小和位置，效果如图 8-57 所示。

❸ 新建"组 1"图层，使用■（矩形工具）绘制白色矩形，复制矩形，调整大小并移动位置，设置"组 1"的"不透明度"为 50%，效果如图 8-58 所示。

❹ 选择其中的一个矩形，按住 Ctrl 键的同时，单击图层缩览图，调出选区，将其填充为蓝色，效果如图 8-59 所示。

▲ 图 8-56

▲ 图 8-57

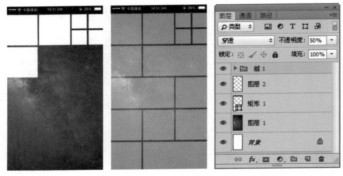

▲ 图 8-58

▲ 图 8-59

❺ 新建一个"组2"，使用 Illustrator 打开附带的"图标.ai"素材，选择其中的一个图标，按 Ctrl+C 组合键复制，切换到 Photoshop 中，按 Ctrl+V 组合键粘贴，在弹出的对话框中选中"形状图层"单选按钮，单击"确定"按钮，将"填充"设置为橘色、"描边"设置为"无"，按 Ctrl+T 组合键调出变换框，拖动控制点调整大小，按 Enter 键完成变换，效果如图 8-60 所示。

❻ 使用▣（横排文字工具），在其中的两个矩形上输入文字，如图 8-61 所示。

❼ 使用▨（快速选择工具），在其中的一个长条矩形上拖动，为其创建选区，如图 8-62 所示。

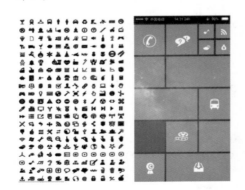

▲ 图 8-60

▲ 图 8-61

▲ 图 8-62

技巧 💡 使用▨（快速选择工具）在文档中拖动创建选区时，在属性栏中勾选"对所有图层取样"复选框后，创建的选区是所有图层合并后的图层的选区。

⑧ 打开附带的"人物.jpg"素材，按Ctrl+A组合键全选文档，按Ctrl+C组合键复制选区内的图像，切换到新建文档中，执行菜单栏中的"编辑|选择性粘贴|贴入"命令，使用▶(移动工具)调整图像在蒙版中的位置，效果如图8-63所示。

⑨ 单击◎(创建新的填充或调整图层)按钮，在弹出的下拉菜单中选择"黑白"命令，在"属性"面板中设置"黑白"的各项参数，调整后的效果如图8-64所示。

▲ 图8-63

▲ 图8-64

⑩ 此时看到的图片有一些暗,可为其增加一点亮度。单击◎(创建新的填充或调整图层)按钮，在弹出的下拉菜单中选择"黑白"命令，在"属性"面板中设置"黑白"的各项参数，调整后的效果如图8-65所示。

⑪ 使用▨(快速选择工具)在其中的一个矩形上拖动，为其创建选区。打开附带的"海边.jpg"素材，按Ctrl+A组合键全选文档，按Ctrl+C组合键复制选区内的图像，切换到新建文档中，执行菜单栏中的"编辑|选择性粘贴|贴入"命令，使用▶(移动工具)调整图像在蒙版中的位置，效果如图8-66所示。

⑫ 使用同样的方法将附带的"蜗牛.jpg"素材贴入新建文档中，如图8-67所示。

▲ 图8-65

▲ 图8-66

▲ 图8-67

⑬ 将蜗牛调整成黑白效果，单击◎(创建新的填充或调整图层)按钮，在弹出的下拉菜单中选择"渐变映射"命令，在"属性"面板中设置"渐变映射"的各项参数，调整后的效果如图8-68所示。

⑭ 此时发现布局中的矩形间隙较大，选择"组1"，执行菜单栏中的"图层|图层样式|外发光"命令，打开"外发光"的"图层样式"对话框，其中的参数值设置如图8-69所示。

⑮ 设置完毕单击"确定"按钮。至此，本例制作完毕，效果如图8-70所示。

▲ 图 8-68

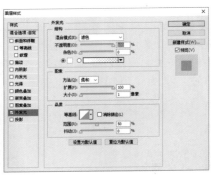

▲ 图 8-69

▲ 图 8-70

8.6 汽车服务APP界面制作

本例是在新建文档中制作一个汽车服务 App 界面。本例通过新建文档，绘制矩形制作背景部分，以及贴入素材、移入图标、制作界面元素、输入文字等操作完成制作。

技术要点：

- 新建文档；
- 应用"矩形工具"绘制矩形；
- 应用"圆角矩形工具"绘制圆角矩形；
- 通过"贴入"命令编辑素材；
- 添加图层样式；
- 输入文字及符号。

━━●━ 绘制步骤 ━●━━

素材路径：	素材文件 \ 第 8 章 \ 汽车 .jpg、汽车服务图标 .psd、手机顶部图标 .png
案例路径：	源文件 \ 第 8 章 \ 汽车服务 APP 界面 .psd
视频路径：	视频 \ 第 8 章 \8.6　汽车服务 APP 界面 .mp4

思路及流程：

本例思路是在新建的文档中制作一个汽车服务 APP 界面，在界面中体现 APP 的服务选项内容，通过图标的方式展现该页面中应该存在的各项服务，让浏览者非常轻松地找到所需内容。制作方法是，新建文档后，使用 ▣（矩形工具）、▣（圆角矩形工具）绘制不同大小的矩形和圆角矩形，将其作为界面的背景；通过"贴入"命令将素材的局部展现在文档中；使用 ▱（直线工具）绘制直线并输入文字，完成制作。具体流程如图 8-71 所示。

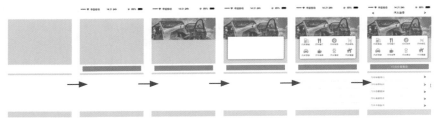

▲ 图 8-71

272

操作步骤:

❶ 启动 Photoshop 软件,执行菜单栏中的"文件|新建"命令或按 Ctrl+N 组合键,打开"新建"对话框,新建一个"宽度"为 640 像素、"高度"为 1136 像素的空白文档。使用 ▣(矩形工具)在页面中绘制灰色、白色和青色的矩形,使用 ▣(圆角矩形工具)绘制圆角矩形,效果如图 8-72 所示。

❷ 打开附带的"手机顶部图标 .png"素材,使用 ▣(移动工具)将素材中的图像拖曳到新建文档中,调整大小和位置,执行菜单栏中的"图像|调整|反相"命令,效果如图 8-73 所示。

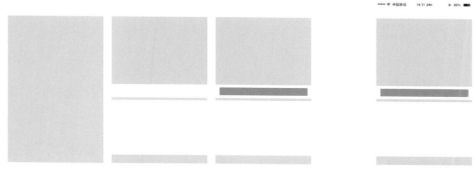

▲ 图 8-72　　　　　　　　　　　　　　　　▲ 图 8-73

❸ 使用 ▣(矩形选框工具)绘制一个矩形选区,打开附带的"汽车 .jpg"素材,按 Ctrl+A 组合键全选文档,按 Ctrl+C 组合键复制选区内的图像,切换到新建文档中,执行菜单栏中的"编辑|选择性粘贴|贴入"命令,使用 ▣(移动工具)调整图像在蒙版中的位置,设置"不透明度"为 60%,效果如图 8-74 所示。

❹ 使用 ▣(圆角矩形工具),在页面中绘制一个白色圆角矩形,效果如图 8-75 所示。

▲ 图 8-74　　　　　　　　　　　　　　　　▲ 图 8-75

❺ 执行菜单栏中的"图层|图层样式|投影"命令,打开"投影"的"图层样式"对话框,其中的参数值设置如图 8-76 所示。

❻ 设置完毕单击"确定"按钮,效果如图 8-77 所示。

❼ 打开附带的"汽车服务图标 .psd"素材,使用 ▣(移动工具)将素材中的图像拖曳到新建文档中,效果如图 8-78 所示。

❽ 使用 ▣(直线工具),在下面的白色矩形上绘制一条灰色直线,复制 3 个副本并进行位置调整,效果如图 8-79 所示。

❾ 使用 ▣(横排文字工具)输入相应的文字及符号。至此,本例制作完毕,效果如图 8-80

所示。

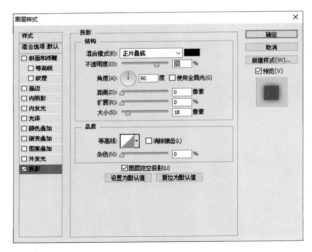

▲ 图 8-76

▲ 图 8-77

▲ 图 8-78

▲ 图 8-79

▲ 图 8-80

8.7 天气预报界面制作

　　本例是在新建文档中制作一个天气预报界面。本例通过新建文档、移入素材、调整大小并改变显示色调等操作来制作天气预报的背景，再通过复制、粘贴图标，输入文字来完成制作。

技术要点：

- 新建文档，移入素材；
- 新建图层，填充青色，调整不透明度；
- 应用"圆角矩形工具"绘制圆角矩形；
- 添加图层样式；
- 复制、粘贴图标，改变颜色；
- 输入文字；
- 使用"直线工具"绘制直线；
- 使用"椭圆工具"绘制正圆。

● **绘制步骤** ●

素材路径：	素材文件 \ 第 8 章 \ 风景 .jpg、图标 .ai、手机顶部图标 .png
案例路径：	源文件 \ 第 8 章 \ 天气预报界面 .psd
视频路径：	视频 \ 第 8 章 \8.7　天气预报界面 .mp4

思路及流程：

本例思路是在新建的文档中制作一个天气预报界面，通过将素材调整成淡青色效果，使其与天气更加贴切，以此作为背景，在上面布局文字、图形和图标，体现一个完整的当地天气预报显示效果。制作方法是，新建文档后移入素材，新建一个图层，通过调整不透明度来改变背景的显示色调；使用■（圆角矩形工具）绘制圆角矩形，添加"描边""内阴影"图层样式，再通过调整填充和不透明度，以此制作出半透明按钮效果；使用■（直线工具）绘制直线并输入文字；复制、粘贴图标，完成本例的制作。具体流程如图 8-81 所示。

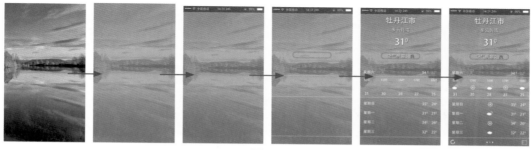

▲ 图 8-81

操作步骤：

❶ 启动 Photoshop 软件，执行菜单栏中的"文件|新建"命令或按 Ctrl+N 组合键，打开"新建"对话框，新建一个"宽度"为 640 像素、"高度"为 1136 像素的空白文档。打开附带的"风景 .jpg"素材，使用■（移动工具）将其拖曳到新建文档中并调整大小和位置，效果如图 8-82 所示。

❷ 新建一个图层，将其填充为青色，设置"不透明度"为 60%，效果如图 8-83 所示。

▲ 图 8-82

▲ 图 8-83

❸ 使用■（矩形工具），在顶端绘制一个黑色矩形，设置"不透明度"为 49%，效果如图 8-84 所示。

❹ 打开附带的"手机顶部图标 .png"素材，使用■（移动工具）将其拖曳到新建文档中，调整大小和位置，效果如图 8-85 所示。

第8章　UI 设计与制作

275

❺ 使用（圆角矩形工具），在页面中上部绘制一个圆角矩形，如图 8-86 所示。

▲ 图 8-84

▲ 图 8-85

▲ 图 8-86

❻ 执行菜单栏中的"图层 | 图层样式 | 描边、内阴影"命令，分别打开"描边"和"内阴影"的"图层样式"对话框，其中的参数值设置如图 8-87 所示。

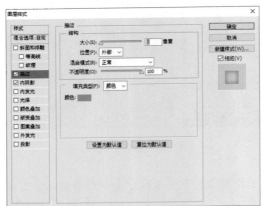
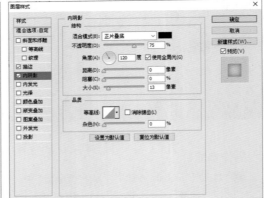

▲ 图 8-87

❼ 设置完毕单击"确定"按钮，设置"填充"为 0、"不透明度"为 63%，效果如图 8-88 所示。

❽ 使用（直线工具）绘制 3 条白色直线，效果如图 8-89 所示。

❾ 使用（横排文字工具）输入对应的文字，效果如图 8-90 所示。

▲ 图 8-88

▲ 图 8-89

▲ 图 8-90

❿ 使用 Illustrator 打开附带的"图标 .ai"素材，选择其中的一个图标，按 Ctrl+C 组合

键复制，切换到 Photoshop 中，按 Ctrl+V 组合键粘贴，在弹出的对话框中选中"形状图层"单选按钮，单击"确定"按钮，将粘贴后的图形分别设置为黄色和白色，按 Ctrl+T 组合键调出变换框，拖动控制点调整大小，按 Enter 键完成变换，效果如图 8-91 所示。

⑪ 在 Illustrator 打开的"图标 .ai"素材中，找到两个图形，将其粘贴到 Photoshop 新建的文档中，将其填充为白色，调整大小和位置，效果如图 8-92 所示。

⑫ 使用 ◉ (椭圆工具)，在底部绘制一个白色小正圆，复制两个副本，调整位置，将其中的一个正圆填充为灰色。至此，本例制作完毕，效果如图 8-93 所示。

▲ 图 8-91　　　　　　　　　　　　▲ 图 8-92　　　　　　　▲ 图 8-93

8.8　照片处理类 APP 界面制作

本例是在新建文档中制作一个照片处理类 APP 界面。示例通过新建文档、移入素材、调整模糊等操作制作背景，再通过"贴入"命令制作蒙版，最后通过绘制箭头、正圆、输入文字完成制作。

技术要点：

- 新建文档，移入素材；
- 应用"高斯模糊"滤镜；
- 应用"贴入"命令；
- 添加图层样式；
- 输入文字；
- 使用"直线工具"绘制带箭头的直线；
- 使用"椭圆工具"绘制正圆并复制副本；
- 对正圆形状进行"填充"与"描边"的编辑。

◀▶ 绘制步骤 ◀▶

素材路径：	素材文件 \ 第 8 章 \ 滑板 .jpg、手机顶部图标 .png、不同照片显示效果 .psd
案例路径：	源文件 \ 第 8 章 \ 照片处理类 APP 界面 .psd
视频路径：	视频 \ 第 8 章 \8.8　照片处理类 APP 界面 .mp4

思路及流程：

本例思路是在新建的文档中制作一个照片处理类 APP 界面，在界面中可以显示当前照片的特效，可以更改照片，还可以轻松地为显示的照片添加特效。制作方法是，新建文档后移入素材，应用"高斯模糊"制作背景，为图像制作一个当前显示的效果；通过"贴入"命令制作图像的蒙版，添加图层样式，使其突出背景区域；使用 ▣（椭圆工具）绘制正圆，对正圆进行描边和填充的编辑；使用 ◪（直线工具）绘制带箭头的直线并输入文字，完成本例的制作。具体流程如图 8-94 所示。

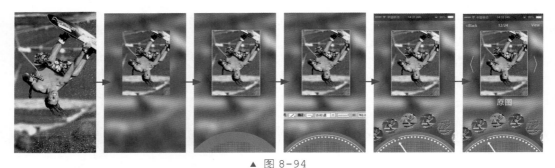

▲ 图 8-94

操作步骤：

❶ 启动 Photoshop 软件，执行菜单栏中的"文件|新建"命令或按 Ctrl+N 组合键，打开"新建"对话框，新建一个"宽度"为 640 像素、"高度"为 1136 像素的空白文档。打开附带的"滑板.jpg"素材，使用 ▣（移动工具）将其拖曳到新建文档中并调整大小和位置，效果如图 8-95 所示。

❷ 执行菜单栏中的"滤镜|模糊|高斯模糊"命令，打开"高斯模糊"对话框，设置"半径"为 27 像素，效果如图 8-96 所示。

❸ 设置完毕单击"确定"按钮，效果如图 8-97 所示。

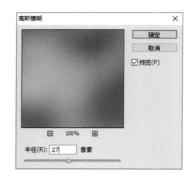

▲ 图 8-95　　　　　　▲ 图 8-96　　　　　　▲ 图 8-97

❹ 使用 ▣（矩形选框工具）绘制一个矩形选区，在打开的"滑板.jpg"素材中按 Ctrl+A 组合键全选文档，按 Ctrl+C 组合键复制选区内的图像，切换到新建文档中，执行菜单栏中的"编辑|选择性粘贴|贴入"命令，使用 ▣（移动工具）调整图像在蒙版中的位置，设置"不透明度"为 60%，效果如图 8-98 所示。

❺ 执行菜单栏中的"图层|图层样式|描边、投影"命令，分别打开"描边"和"投影"的"图层样式"对话框，其中的参数值设置如图 8-99 所示。

▲ 图 8-98

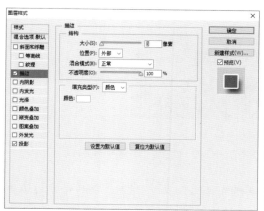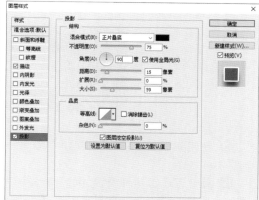

▲ 图 8-99

❻ 设置完毕单击"确定"按钮，效果如图 8-100 所示。

❼ 使用 ▣（椭圆工具），在底部绘制一个正圆，设置"填充"为"图案"，选择一个图案作为填充内容，设置"描边"为灰色、"描边宽度"为 78.42 点，在"图层"面板中设置"填充"为 33%，效果如图 8-101 所示。

▲ 图 8-100   ▲ 图 8-101

❽ 复制"椭圆 1"图层，设置"填充"为"无"、"描边"为白色、"描边宽度"为 3.8 点，效果如图 8-102 所示。

❾ 再次复制"椭圆 1"图层，设置"填充"为"无"、"描边"为白色、"描边宽度"为 13.62 点、"描边样式"为"圆点"，效果如图 8-103 所示。

❿ 使用 ▣（椭圆工具），在圆点描边上绘制一个绿色的正圆，效果如图 8-104 所示。

▲ 图 8-102   ▲ 图 8-103   ▲ 图 8-104

⓫ 使用 ✎（直线工具）绘制一个带箭头的白色直线，效果如图 8-105 所示。

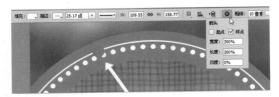

▲ 图 8-105

⓬ 使用 ▣（矩形工具），在顶端绘制一个黑色矩形，设置"不透明度"为 37%，效果如图 8-106 所示。

⓭ 打开"手机顶部图标 .png"和"不同照片显示效果 .psd"素材，将两个素材移动到新建的文档中，调整大小和位置，效果如图 8-107 所示。

⓮ 使用 T（横排文字工具）输入相应的文字。至此，本例制作完毕，效果如图 8-108 所示。

▲ 图 8-106

▲ 图 8-107

▲ 图 8-108

8.9 优秀作品欣赏

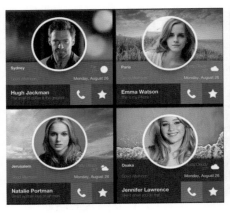

无线传感器
原理及应用

张洪润　黄爱明　田维北　著

清华大学出版社
北京

内 容 简 介

本书根据信息技术发展的趋势，结合多年的教学、科研经验，从实用角度编写。其特点在于，介绍无线传感器核心技术——56 个典型应用实例的电路组成特点，供读者参考、借鉴。

本书共 9 章，第 1 章介绍无线传感器的类型特点，第 2 章介绍传感器的组成、分类、静动态数学模型、特性与标定、选用方法与技巧，第 3 章介绍无线传感器的电波、遥控特点、频率范围、收发组成、专用器件，第 4 章介绍红外遥感特性、定律与传输方程、遥感载荷、光电管、热释电传感器，第 5 章介绍光敏电阻、光电池、发光二极管、光电晶闸管、磁控传感器应用技术，第 6 章介绍声传感器、超声传感器、语音传感器、音频传感器、专用集成块等应用技术，第 7 章介绍无线传感器网络结构特点、定位跟踪、网络安全、网络标准、传感器节点及网络设计技术，第 8 章介绍云计算、大数据、物联网技术，第 9 章介绍可与通信卫星相连的、常用的综合应用典型实例。每章末均有小结和习题。

本书理论与实践相结合，讲解 56 个典型应用案例，44 道课后练习题，适合用作高等院校信息工程、计算机应用、自动控制、机械工程、化学工程、仪器仪表、应用物理、核物理工程、医学工程、机电一体化、精密仪器测量与控制、汽车与机械等专业的教材，也可以作为科研人员、工程技术人员及自学人员的参考用书。

图书在版编目（CIP）数据

无线传感器原理及应用 / 张洪润，黄爱明，田维北著. 一北京：清华大学出版社，2023.2

ISBN 978-7-302-62628-2

Ⅰ．①无… Ⅱ．①张… ②黄… ③田… Ⅲ．①无线电通信－传感器－研究 Ⅳ．①TP212

中国国家版本馆 CIP 数据核字（2023）第 020305 号

责任编辑：赵　军
封面设计：王　翔
责任校对：闫秀华
责任印制：曹婉颖

出版发行：清华大学出版社
　　　　　网址：http://www.tup.com.cn，http://www.wqbook.com
　　　　　地址：北京清华大学学研大厦 A 座　　　　　邮编：100084
　　　　　社总机：010-83470000　　　　　　　　　　邮购：010-62786544
　　　　　投稿与读者服务：010-62776969，c-service@tup.tsinghua.edu.cn
　　　　　质量反馈：010-62772015，zhiliang@tup.tsinghua.edu.cn

印 装 者：三河市少明印务有限公司
经　　销：全国新华书店
开　　本：190mm×260mm　　　　印张：22.75　　　　字数：613 千字
版　　次：2023 年 3 月第 1 版　　　　　　　　　　　印次：2023 年 3 月第 1 次印刷
定　　价：89.00 元

产品编号：094757-01

前　言

当今社会已经进入了信息技术的时代。特别是中国在各行各业中，人们对信息资源的需求日益增长，对信息技术的掌握和利用显得更加迫切，而信息的获取、处理和应用都离不开无线传感器。

无线传感器技术与应用是一门实践性很强的技术学科。8 年前，我们在清华大学出版社组织编写并出版了《传感器技术与应用》，出版后受到全国各地广大师生和科研工作者的青睐，取得了良好的社会和经济效益。针对这本书，这些年我们收到了不少反馈意见，不少读者也提出了一些好建议，迫切需求我们再写一本这方面的书，于是有了这本《无线传感器原理及应用》。

为此，我们应高等院校师生，以及广大科学研究人员、工程技术人员的要求，组织有教学、科研经验的专家、教授，根据《无线传感器原理及应用》教学大纲的要求，以及无线传感器技术发展的趋势，参考了 1000 余种国内、国外文献（成果）资料，并结合多年教学、科研的经验，从实用的角度出发，编写了这本《无线传感器原理及应用》教材。

本书共 9 章，第 1 章介绍无线传感器的类型特点、发射与接收原理，工程检测方法与技巧，第 2 章介绍传感器的组成、分类、静动态数学模型、特性与标定、选用方法与技巧，第 3 章介绍无线电波、遥控特点、频率范围、收发组成、专用器件，第 4 章介绍红外遥感特性、定律与传输方程、遥感载荷、光电管、热释电传感器、集成遥控应用技术，第 5 章介绍光敏电阻、光电池、发光二极管、光电晶闸管、磁控传感器应用技术，第 6 章介绍声传感器、超声传感器、语音传感器、音频传感器、专用集成块应用技术，第 7 章介绍无线传感器网络结构特点、定位跟踪、网络安全、网络标准、传感器节点及网络设计技术，第 8 章介绍云计算、大数据、物联网技术，第 9 章介绍可与通信卫星相连的、常用的综合应用典型实例。每章末均有小结和习题，本教材建议讲授 50~70 学时。

本书理论与实践相结合，讲解 56 个典型应用案例，44 道课后练习题，适合用作高等院信息工程、计算机应用、自动控制、机械工程、化学工程、仪器仪表、应用物理、核物理工程、医学工程、机电一体化、精密仪器测量与控制、汽车与机械等专业的教材，也可以作为科研人员、工程技术人员及自学人员的参考用书。

值得一提的是，在 56 个典型应用案例中，介绍了其他书籍不予介绍的重要内容——"电路的组成特点"技术细节，供读者参考、借鉴。

本书在编写过程中，得到了来自四川大学、中国科技大学、南京大学、清华大学、重庆大学、北京大学、四川师范大学、复旦大学、浙江大学、南开大学、西南交通大学、电子科技大学、成都理工大学、北京科技大学、贵州教育学院等院校众多老师的支持，他们客观地提出了许多宝贵意见，清华大学出版社的夏非彼老师也给予了大力支持和帮助，在此表示衷心感谢。

本书提供 PPT 课件下载（建议使用 Office 高版本），需要使用微信扫描下面的二维码获取，可按扫描的页面提示把下载链接转发到自己的邮箱中下载。如果下载有问题，可发送电子邮件至 booksaga@126.com 获得帮助，邮件标题为"无线传感器原理及应用"。

本书由张洪润、黄爱明、田维北、张乘称担任主编，并负责全书的统稿和审校。参加编写的人员还有邓洪敏、白玉林、孙金德、赵姝玲、廖安森、张仁高、陈晓芳、魏子翔、姚汝漾等。

限于作者水平，书中难免存在不足之处，恳请广大读者批评指正。

四川大学
绵阳全息能源科学研究院
张洪润
2023 年 1 月

目　录

第1章　概述 ··· 1

　1.1　类型特点 ··· 1

　　1.1.1　无线传感器的类型 ·· 2

　　1.1.2　无线传感器的特点 ·· 3

　　1.1.3　5G/6G 太赫兹 ·· 4

　　1.1.4　太赫兹的优势 ·· 5

　1.2　发射与接收原理 ·· 6

　　1.2.1　无线发送设备的组成 ·· 6

　　1.2.2　无线接收设备的组成 ·· 8

　1.3　遥控技术 ··· 9

　　1.3.1　有线和无线 ·· 9

　　1.3.2　系统的组合方式 ··· 10

　　1.3.3　遥控原理 ··· 11

　　1.3.4　遥控系统原理分析举例 ··· 12

　　1.3.5　无线系统的操作过程 ··· 13

　1.4　应用前景 ·· 13

　　1.4.1　国防应用 ··· 13

　　1.4.2　工农业应用 ·· 14

　　1.4.3　日常生活应用 ·· 14

　　1.4.4　其他应用 ··· 14

　　1.4.5　发展前景 ··· 15

　1.5　小结 ·· 16

　1.6　习题 ·· 16

第2章　无线传感器基础 ·· 17

　2.1　组成与分类 ··· 17

　　2.1.1　概念与组成 ·· 18

　　2.1.2　分类 ·· 19

　2.2　理论基础 ·· 20

　　2.2.1　静态数学模型 ·· 21

2.2.2 动态数学模型 22

2.3 基本特性 23

2.3.1 静态特性 23

2.3.2 动态特性 26

2.4 标定 27

2.4.1 静态标定 27

2.4.2 动态标定 28

2.5 现状与发展方向 28

2.5.1 现状 28

2.5.2 发展方向 29

2.6 选用注意事项 30

2.6.1 选用要求 30

2.6.2 选用原则与方法 31

2.7 小结 34

2.8 习题 34

第3章 无线遥控技术 35

3.1 电波及遥控特点 35

3.1.1 无线电波 35

3.1.2 遥控特点与频率范围 36

3.2 发射器和接收器的组成 37

3.2.1 发射器的组成 37

3.2.2 接收器的组成 38

3.3 无线发射器 39

3.3.1 对发射器的要求 39

3.3.2 主振器 39

3.3.3 中频放大器 41

3.3.4 高频功率放大器 43

3.3.5 多调制电路 44

3.4 发射天线 46

3.4.1 鞭状发射天线 46

3.4.2 全向天线 47

3.4.3 定向天线 48

3.5 无线接收器 50

3.5.1 技术指标 50

3.5.2 接收电路 51

3.6 专用器件 53

3.6.1 RX5019-20 发射——接收器件 53

3.6.2 LM555-C 时基电路 54

　　　3.6.3　TDC1808-09 遥控专用器件 ·· 57

　　　3.6.4　RCM1A-1B 发射接收器件 ·· 57

　　3.7　工程应用案例 ··· 58

　　　3.7.1　RX5019-20 收发器 ·· 58

　　　3.7.2　TDC1808-09 收发器 ·· 59

　　　3.7.3　RCM1A-1B 收发器 ··· 60

　　　3.7.4　儿童或老人丢失报警器 ··· 61

　　　3.7.5　遥控窗帘器 ·· 62

　　　3.7.6　音式收发装置 ·· 65

　　　3.7.7　门铃收发装置 ·· 66

　　　3.7.8　家电遥控装置 ·· 67

　　3.8　小结 ·· 69

　　3.9　习题 ·· 69

第 4 章　红外线遥控技术 ·· 70

　　4.1　概念与特性 ··· 70

　　　4.1.1　基本概念 ·· 70

　　　4.1.2　基本特性 ·· 71

　　4.2　红外遥感基础 ·· 71

　　　4.2.1　辐射参数 ·· 71

　　　4.2.2　辐射定律 ·· 73

　　4.3　辐射特性 ·· 76

　　　4.3.1　太阳辐射特性 ·· 76

　　　4.3.2　地表辐射特性 ·· 77

　　4.4　传输方程 ·· 80

　　　4.4.1　大气成分及分布 ··· 80

　　　4.4.2　大气吸收散射与辐射 ··· 80

　　　4.4.3　大气辐射传输方程 ··· 82

　　　4.4.4　辐射在大气中的传输 ··· 83

　　　4.4.5　遥感传感器宽通道红外辐射传输方程 ·································· 86

　　　4.4.6　热红外辐射大气传输计算软件 ·· 88

　　4.5　遥感载荷 ·· 90

　　4.6　常用红外传感器 ·· 93

　　　4.6.1　红外发光二极管 ··· 93

　　　4.6.2　光电二极管 ·· 96

　　　4.6.3　光电三极管 ·· 99

　　4.7　专用集成电路 ·· 101

　　　4.7.1　集成块结构 ·· 101

　　　4.7.2　工作原理 ·· 101

4.7.3　引脚参数设置 ·· 102

4.7.4　接收电路 ··· 102

4.8　遥控原理 ·· 102

4.8.1　红外线遥控的特性 ·· 103

4.8.2　红外线遥控的原理 ·· 103

4.8.3　常用的红外光发射器电路 ··································· 104

4.9　设计方法 ·· 105

4.9.1　设计要点 ··· 105

4.9.2　发射器的设计要求 ··· 106

4.9.3　接收器的设计要求 ··· 107

4.9.4　发射器的造型设计 ··· 107

4.10　设计举例 ··· 107

4.10.1　设计题目与指标 ·· 107

4.10.2　红外线遥控发射电路 ······································ 108

4.10.3　接收器件 ·· 108

4.10.4　接收电路 ·· 109

4.11　工程应用案例 ·· 110

4.11.1　单通道红外遥控 ·· 110

4.11.2　家用多路红外遥控 ·· 110

4.11.3　9功能遥控 ··· 111

4.11.4　商品语音介绍机 ·· 112

4.11.5　湿手烘干器 ·· 113

4.12　热释电红外传感器 ·· 114

4.12.1　工作原理 ·· 114

4.12.2　组成结构 ·· 115

4.12.3　传感器件 ·· 116

4.12.4　菲涅尔透镜 ·· 116

4.13　热释电传感器应用案例 ·· 117

4.13.1　人体移动检测 ·· 117

4.13.2　防盗报警 ·· 118

4.13.3　红外遥控 ·· 118

4.14　小结 ·· 120

4.15　习题 ·· 120

第5章　光磁遥控技术 ·· 122

5.1　转换原理 ·· 122

5.1.1　外光电效应 ··· 122

5.1.2　内光电效应 ··· 123

5.2　光敏电阻与光电池传感器 ··· 124

　　　5.2.1　光敏电阻 ···124

　　　5.2.2　光电池 ···126

　5.3　发光二极管的特性与驱动 ·····························129

　　　5.3.1　外形与符号 ·······································129

　　　5.3.2　光谱与伏安特性 ···································129

　　　5.3.3　驱动电路 ···130

　5.4　光电耦合器 ··132

　　　5.4.1　结构原理 ···132

　　　5.4.2　特性参数 ···133

　　　5.4.3　选用要点 ···134

　5.5　光电晶闸管 ··135

　　　5.5.1　结构特性 ···135

　　　5.5.2　原理类型 ···136

　5.6　工程应用案例 ···137

　　　5.6.1　台灯遥控 ···137

　　　5.6.2　硅光电池遥控 ·····································138

　　　5.6.3　心电图测量仪 ·····································138

　　　5.6.4　传输自动线堵料监视 ·····························139

　　　5.6.5　断料监视 ···139

　　　5.6.6　玻璃瓶计数 ·······································140

　　　5.6.7　太阳能热水器自动跟踪 ·························141

　　　5.6.8　鸡舍温度遥控 ·····································142

　5.7　磁控传感器及工程应用 ·····························143

　　　5.7.1　霍尔集成元件与应用 ·····························143

　　　5.7.2　磁控式遥控 ·······································145

　　　5.7.3　整经机（电机）磁控 ·····························145

　　　5.7.4　保安监视 ···147

　5.8　小结 ··147

　5.9　习题 ··148

第6章　声控技术 ··149

　6.1　声传感器 ···149

　　　6.1.1　基本原理 ···149

　　　6.1.2　压电陶瓷片与驻极体话筒 ·······················151

　　　6.1.3　声控电路组成 ·····································156

　6.2　声传感器应用案例 ·····································166

　　　6.2.1　声控开关 ···167

　　　6.2.2　脉搏跳动监视 ·····································168

　　　6.2.3　车胎漏气检测仪 ···································170

6.2.4 声控自动门 ·· 170

6.3 超声波传感器 ·· 172

6.3.1 基本概念 ·· 172

6.3.2 结构与特性 ·· 175

6.3.3 专用器件 ·· 178

6.3.4 遥控方式与组成 ·· 182

6.3.5 发射接收电路 ·· 184

6.4 超声传感器应用案例 ·· 187

6.4.1 超声开关 ·· 187

6.4.2 超声探测 ·· 188

6.4.3 超声波遥控电机调速 ·· 189

6.5 语音传感器 ·· 190

6.5.1 语音信号 ·· 190

6.5.2 语音信号的合成 ·· 193

6.5.3 语音识别 ·· 194

6.6 语音传感器应用案例 ·· 198

6.7 音频传感器 ·· 201

6.7.1 音频信号与执行器件 ·· 201

6.7.2 专用集成电路 ·· 203

6.8 音频传感器应用案例 ·· 206

6.8.1 音频开关 ·· 206

6.8.2 家电音频遥控 ·· 207

6.8.3 音频寻呼器 ·· 209

6.9 小结 ·· 214

6.10 习题 ·· 215

第7章 无线传感器网络 ·· 216

7.1 结构特点 ·· 216

7.1.1 体系结构 ·· 216

7.1.2 系统特征 ·· 218

7.2 定位跟踪 ·· 220

7.2.1 时间同步 ·· 220

7.2.2 定位算法 ·· 227

7.2.3 数据管理 ·· 232

7.2.4 目标跟踪 ·· 237

7.3 网络安全 ·· 243

7.3.1 安全分析 ·· 243

7.3.2 安全体系结构 ·· 245

7.3.3 协议栈的安全 ·· 245

　　　　7.3.4　密钥管理 ·· 249

　　　　7.3.5　入侵检测 ·· 255

　　7.4　网络标准 ·· 258

　　　　7.4.1　ISO/IEC JTC1 WG7 标准 ··· 259

　　　　7.4.2　无线传感器网络相关标准 ··· 259

　　7.5　传感器节点及网络设计 ·· 265

　　　　7.5.1　传感器节点的分类 ··· 265

　　　　7.5.2　传感器节点硬件设计 ·· 265

　　　　7.5.3　网络开发测试平台 ··· 269

　　7.6　工程应用设计案例 ·· 274

　　　　7.6.1　智能家居系统 ··· 274

　　　　7.6.2　智能温室系统 ··· 278

　　　　7.6.3　智能远程医疗监护系统 ··· 281

　　7.7　小结 ·· 287

　　7.8　习题 ·· 287

第 8 章　云计算大数据应用 ·· 288

　　8.1　云计算的结构特点 ·· 288

　　　　8.1.1　类型特点 ·· 288

　　　　8.1.2　组成及关键技术 ··· 295

　　8.2　物联网中的云计算 ·· 303

　　　　8.2.1　云计算与物联网 ··· 303

　　　　8.2.2　云计算在物联网中的应用 —— 医疗助手与 120 导航 ························ 305

　　8.3　大数据 ·· 306

　　　　8.3.1　类型特点 ·· 306

　　　　8.3.2　架构与关键技术 ··· 309

　　8.4　物联网中的大数据 ·· 311

　　　　8.4.1　大数据与物联网 ··· 311

　　　　8.4.2　大数据在物联网中的应用 ··· 312

　　8.5　小结 ·· 312

　　8.6　习题 ·· 313

第 9 章　综合应用举例 ·· 314

　　9.1　智能住宅安防系统 ·· 314

　　　　9.1.1　功能介绍 ·· 314

　　　　9.1.2　系统硬件 ·· 315

　　　　9.1.3　系统软件 ·· 317

　　9.2　水电红外智能遥控 ·· 318

　　　　9.2.1　工作原理 ·· 318

　　　9.2.2　元器件的选择 ··· 320

　　　9.2.3　安装与调试 ··· 320

　9.3　微电脑红外空调遥控 ··· 320

　　　9.3.1　遥控发射器 ··· 321

　　　9.3.2　遥控接收器 ··· 323

　9.4　百米多键遥控 ··· 326

　　　9.4.1　遥控专用集成电路 ··· 326

　　　9.4.2　遥控发射器 ··· 328

　　　9.4.3　遥控接收器 ··· 329

　9.5　光磁摸合体遥控 ··· 333

　　　9.5.1　电路的工作原理 ··· 333

　　　9.5.2　元件选择及装调 ··· 334

　9.6　桥梁及粮仓监测 ··· 335

　　　9.6.1　桥梁健康检测及监测 ··· 335

　　　9.6.2　粮仓温湿度监测 ··· 336

　9.7　其他监测 ··· 339

　　　9.7.1　混凝土浇灌温度监测 ··· 339

　　　9.7.2　地震监测 ··· 339

　　　9.7.3　建筑物振动检测 ··· 339

　　　9.7.4　无线抽水泵系统 ··· 339

　　　9.7.5　无线模拟量与开关量检测 ··· 340

　　　9.7.6　主从站多种信号检测 ··· 341

　9.8　小结 ··· 342

　9.9　习题 ··· 342

附录 A　无线遥控专用集成器件型号 ·· 343

附录 B　数字集成块与三端稳压集成块参数 ·· 346

附录 C　SS0001 遥控通用传感器参数 ··· 348

附录 D　CC2530 芯片简介 ··· 349

参考文献 ··· 351

第 1 章
概　述

本章内容

- 了解无线传感器信号的发送、接收原理，以及太赫兹（THz）的优势。
- 掌握无线传感器的类型特点，以及使用方法、技巧与注意事项。

　　无线传感器是没有导线传递信号的传感器。它具有非接触、高可靠、高精度、反应快、使用方便的特点。因此，广泛用于航天航空、飞机轮船、卫星、手机、家电等领域。

　　无线传感器的线由电波收发器代替。只要各种各样的传感器配上电波收发器，就构成了各种各样的无线传感器。

　　无线传感器可用来检测力（拉压、应变、扭矩）、热、声、光、电等各种参数。

　　本章主要介绍无线传感器的类型特点，发射、接收原理，工程检测方法与技巧，以及5个应用实例。

1.1　类型特点

　　无线传感器示意图如图1-1所示。图1-1（a）为压力发射器，图1-1（b）为温度发射器，图1-1（c）为接收器。其特点是：外带一根天线（手机的天线在机壳内），集成模块封装在金属或塑料盒内，工作时，由电池或振动发电机供电。盒内的模块集成有传感器、数据处理单元、通信模块的微型节点，通过自组织的方式构成网络。

　　因此，无线传感器网络系统通常包括传感器节点、汇聚节点和管理节点等。

（a）压力发射器　　　（b）温度发射器　　　（c）接收器

图 1-1　无线传感器示意图

1.1.1　无线传感器的类型

无线传感器的类型较多，下面主要介绍3种。

1. 振动传感器

无线振动传感器的每个节点的最高采样率可设置为4kHz，每个通道均设有抗混叠低通滤波器。采集的数据既可以实时无线传输至计算机，也可以存储在节点内置的2MB数据存储器内，保证了采集数据的准确性。有效室外通信距离可达300m（米），节点功耗仅30mA（毫安），使用内置的可充电电池，可连续测量18小时。如果选择带有USB接口的节点，既可以通过USB接口对节点充电，也可以快速地把存储器内的数据下载到计算机中。

无线振动传感器的外形如图1-2所示。其中图1-2（a）为无线振动温度传感器，图1-2（b）为机泵用多测点无线振动传感器，图1-2（c）为WiFi无线振动温度一体智能传感器，图1-2（d）为蓝牙用无线振动传感器，图1-2（e）为工业通用无线振动传感器。

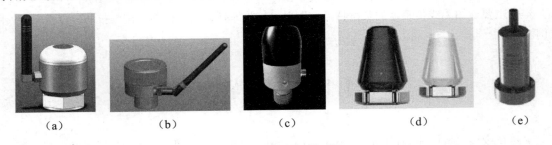

（a）　　　　　（b）　　　　　（c）　　　　　（d）　　　　　（e）

图 1-2　无线振动传感器

2. 应变传感器

无线应变传感器的节点结构紧凑，体积小巧，由电源模块、采集处理模块、无线收发模块组成，封装在PPS塑料外壳内。节点每个通道内置有独立的高精度120~1000Ω桥路电阻和放大调理电路，可以方便地由软件自动切换选择1/4桥、半桥、全桥测量方式，兼容各种类型的桥路传感器，比如应变、载荷、扭矩、位移、加速度、压力、温度等。节点同时支持2线和3线输入方式，桥路自动配平，也可以存储在节点内置的2MB数据存储器中。有效室外通信距离可达300m，可连续测量十几个小时。

无线应变传感器的外形如图1-3所示。其中图1-3（a）为器件，图1-3（b）为无线应变传感器检测系统。

（a）   （b）

图 1-3　无线应变传感器

3. 扭矩传感器

无线扭矩传感器的节点结构紧凑，体积小巧，封装在树脂外壳内。节点每个通道内置有高精度120~1000Ω桥路电阻和放大调理电路。桥路自动配平。节点的空中传输速率可以达到250Kbps，有效实时数据传输率达到4Kbps，有效室内通信距离可达100m。节点设计有专门的电源管理软硬件，在实时不间断传输的情况下，节点功耗仅25mA，使用普通9V电池，可连续测量几十个小时。对于长期监测应用，以5分钟间隔发送一次扭矩值，数年不需要更换电池，大大提高了系统的免维护性。

无线扭矩传感器的外形如图1-4所示。

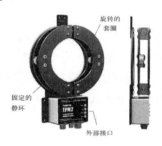

图 1-4　无线扭矩传感器

1.1.2　无线传感器的特点

1. 低功耗设计

所有模块采用超低功耗设计，整个传感器的节点具有非常低的电流消耗，使用两节普通干电池可以工作数年之久，使维护周期大大延长。从而也可以使用微型振动发电机，利用压电原理收集结构产生的微弱振动能量转化为电量，为传感器提供电源。为了降低功耗，传感器选用超低功耗的产品，传感器在不采集的时候关断电源或置于睡眠模式，做到真正的免维护。

2. 时间同步

BeeTech无线传感器基于时间同步和固定路由表的TDMA发送协议，可实现"同时睡眠，同时醒来"，适合无线传感器工业自动化在线监测和检测。

3. 植入脑部

美国布朗大学的一个研究小组发明了一种可以植入脑部并可对外发射无线信号的传感器（无线传感器），可以为脑功能研究提供新的工具。在最新研究中，研究人员发明的新型传感器可直接植入大型动物的脑部（猪和恒河猴），并可将记录到的脑信号通过无线技术传输到体外监控设备。动物可以在较大范围内自由活动，实验成功记录了它们与周围环境发生相互作用的数据。无线传感器还可以进行无线充电，实现长期记录。结果显示，该传感器在一年时间内都可以保持稳定的信号传输。

4. 唤醒方式

在无线传感器网络中，节点的唤醒方式有以下几种：

（1）全唤醒模式：这种模式下，无线传感器网络中的所有节点同时唤醒，探测并跟踪网络中出现的目标，虽然这种模式下可以得到较高的跟踪精度，然而是以网络能量的巨大消耗为代价的。

（2）随机唤醒模式：这种模式下，无线传感器网络中的节点由给定的唤醒概率p随机唤醒。

（3）由预测机制选择唤醒模式：这种模式下，无线传感器网络中的节点根据跟踪任务的需要，选择性地唤醒对跟踪精度收益较大的节点，通过本拍的信息预测目标下一时刻的状态，并唤醒节点。

（4）任务循环唤醒模式：这种模式下，无线传感器网络中的节点周期性地处于唤醒状态，这种工作模式的节点可以与其他工作模式的节点共存，并协助其他工作模式的节点工作。

5. 网络结构

无线传感器网络系统通常包括传感器节点、汇聚节点和管理节点。

大量无线传感器节点随机部署在监测区域内部或附近，能够通过自组织方式构成网络。传感器节点监测的数据沿着其他传感器节点逐跳地进行传输，在传输过程中监测数据可能被多个节点处理，经过多跳后路由到汇聚节点，最后通过互联网或卫星到达管理节点。用户通过管理节点对传感器网络进行配置和管理、发布监测任务以及收集监测数据。

1.1.3　5G/6G 太赫兹

5G/6G太赫兹（THz，Terahertz）关键技术指标的对比如表1-1所示。

表 1-1　5G/6G 太赫兹关键技术指标的对比

主要指标	5G	6G
峰值数据速率	20Gbit/s	1Tbit/s
用户体验速率	1Gbit/s	>10Gbit/s
网络能效	没有特别要求	1pJ/b
最高频谱效率	30bit/sHz	100bit/sHz
端到端时延	10ms	0.1~1ms
抖动时延	没有特别要求	1μs
通信容量	10Mbit/s/m^2	1~10Gbit/s/m^2
可靠性	99.999%	99.999%
定位精度	10cm（二维）	1cm（三维）
设备接入密度	106 设备/km^2	107 设备/km^2

（续表）

主要指标	5G	6G
设备移动性	500km/h	≥1000km/h
接收机灵敏度	−120dBm（分贝毫瓦）	<−130dBm
覆盖率	约70%	>99%

从表1-1中可以看出：相比于目前已存在的无线通信系统，6G在速度、延迟和容量方面带来了极大的飞跃。在速度方面，6G具有海量的频谱资源，例如，作为6G候选频段之一的太赫兹频段，频谱范围为0.1~10THz，远比5G毫米波（millimeter Wave，mmWave）频段（频谱范围为30~300GHz）丰富。如此海量的带宽资源可以提供超高的数据速率，如实现Tbit/s的数据传输，预计将比5G快100到1 000倍。在延迟方面，6G将提供相比于5G更低的延迟。具体地，5G使工业自动化、无人驾驶、拓展现实（Extended Reality，XR）等成为可能，但人类仍能感知到存在的延迟。而6G在此基础上进一步进行提升，力求达到人类无法察觉的延迟，因此对延迟的要求变得更加严格。在容量方面，6G期望实现全维度的覆盖，因此能有效地为上万亿级别数量的设备连接提供足够的支持，而在5G网络中，可以支持的移动设备连接数量为数十亿级别。因此，6G网络的容量可能会比5G系统高10到1 000倍。

为了迎接未来的挑战，6G网络的开发引起了各国的广泛关注。截至目前，欧盟、国际电信联盟等多个组织，以及中国、美国、日本和芬兰等多个国家已经相继部署开展6G网络相关的研究。

6G网络的正式部署预计将于2027—2030年展开。

1.1.4 太赫兹的优势

为满足无线通信中不断增长的需求，mmWave和THz以及光通信（包括红外线、可见光以及深紫外线频段）备受关注。本节将对比mmWave、光通信，对THz的通信优势进行阐述。图1-5为无线电频谱示意及应用示意图。

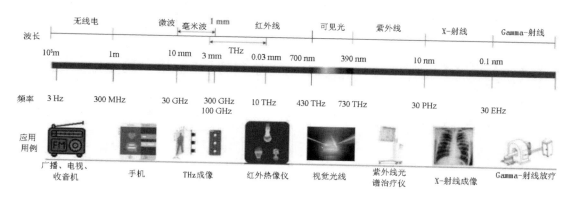

图 1-5 无线电频谱示意及应用示意图

1. Tbit/s 级的数据传输速率

THz频段的有效带宽比mmWave频段高三个数量级，能提供Tbit/s级的无线传输链路，而mmWave、红外线以及可见光通信只能提供10Gbit/s的数据传输速率。

2. 天气条件因素影响低

THz波长短，不易衍射，当遇到雾、尘以及湍流等天气时，THz通信表现相对稳定，而红外线通信却会有很大衰减。此外，红外线以及可见光通信会受室内外出现的荧光灯以及日光和月光噪声的影响。

3. 安全性

THz的安全性包括两方面，一方面，非电离的THz频段对人体健康没有危害；另一方面，由于THz频段波长短，比mmWave具有更高的方向性，因此未经授权的用户必须在较窄的发射波束范围内拦截消息。此外，THz频段频谱资源丰富，充足的带宽资源为扩频、跳频等技术的实现提供保障，而这些技术将为THz通信的抗干扰性提供强大支撑。

4. 可以实现多点通信

光通信相比于THz通信具有更高的方向性，然而这对收发端的方向性要求极高，因此对于红外线和可见光只能实现点对点通信。由于mmWave和THz存在非视线路径，因此可以实现多点到单点通信。

综上，表1-2对比了以上各频段通信系统的性能。

表 1-2 各频段无线通信系统的性能对比

性能	THz	mmWave	红外线	可见光
数据速率/Gbit·s⁻¹	100	10	10	10
带宽	宽	较窄	极宽	宽
天气影响	稳定	稳定	不稳定	不稳定
安全性	高	一般	高	高
通信方式	可多点	可多点	点对点	点对点

1.2 发射与接收原理

无线传感器的发射接收原理与手机和超外差接收机类似，它是无线传感器的技术关键。因此，下面我们以读者熟悉的手机和超外差接收机为例，对其收发原理进行介绍。

1.2.1 无线发送设备的组成

无线发送设备的组成如图1-6所示。

- 高频振荡器：用来产生频率稳定、波长足够短的高频电磁波，此部分以稳频为目的。
- 高频放大器及倍频器：提高频率到载频和放大载波电压，将高频载波放大到足够大。
- 话筒：将语音、音乐转化成电信号。
- 低频放大器：将电信号放大到足够大。
- 幅度调制器：将音频电信号"加载"到载波上。
- 高频功率放大器：将携带音频信号的高频载波（称已调波）进行功率放大。
- 天线：将足够强大的已调波辐射到空中去，传送到四面八方。

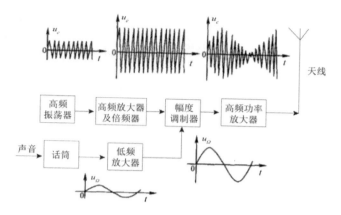

图 1-6 无线发送设备的组成

图1-7（a）为载波信号，图1-7（b）为音频信号，图1-7（c）为已调波。为分析方便，音频信号取单一频率正弦波。从图1-1可见，已调波的幅度随音频信号的变化而变化，但其频率仍为高频。

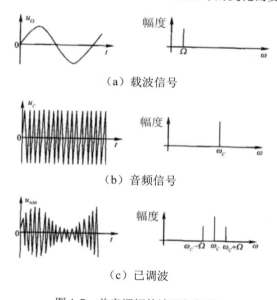

（a）载波信号

（b）音频信号

（c）已调波

图 1-7 单音调幅的波形与频谱

由于已调波的振幅随着音频信号的内容而变化，因此又称调幅波。这种用单一频率调幅的已调波，可用三角函数简单分析。设载波为：

$$u_c(t)=U_c\cos \omega_c t \tag{1-1}$$

$u_c(t)$ 是高频振荡的瞬时值，U_c 是它的振幅，ω_c 是角频率。

设音频信号为一余弦波：

$$u_\Omega(t)=U_\Omega\cos\Omega t \tag{1-2}$$

$u_\Omega(t)$ 为音频信号的瞬时值，u_Ω 为音频信号的振幅，Ω 为音频信号的角频率。

调制后，已调波信号的振幅随音频信号幅度的变化而变化，其数学表示式为：

$$u(t)=U_c(1+m\cos\Omega t)\cos\omega_c t \tag{1-3}$$

式中$m=U_\Omega/U_c$，称为调幅系数。已调波可用三角公式分解为：

$$u(t) = U_c \cos\omega_c t + \frac{1}{2}mU_c \cos(\omega_c+\Omega)t + \frac{1}{2}mU_c \cos(\omega_c-\Omega)t \tag{1-4}$$

载波分量　　　　0上边频分量　　　　　0下边频分量

可见，已调波所占频带宽度为：

$$B=(\omega_c+\Omega)-(\omega_c-\Omega)=2\Omega \tag{1-5}$$

重要声明：如果音频信号为具有一定频带的信号，例如从50Hz~4.5kHz，可证明，已调波的频带宽度等于两倍的最高调制信号频率，即带宽为$2\times4.5=9$kHz。

1.2.2　无线接收设备的组成

超外差接收机方框图如图1-8所示。

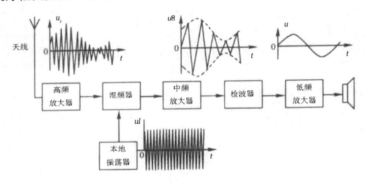

图 1-8　超外差接收机方框图

- 天线：接收从空中传来的、微弱的、一般只有几微伏至几十微伏的电磁波。
- 高频放大器：它有两个任务，一是从接收到的许多电台中选择出一个需要的电台信号，二是把所选中的信号进行放大。
- 本地振荡器：它是接收机内部产生正弦信号的自激振荡器，其频率高于接收载波信号的频率465kHz，它和前级高放部分采用统一调谐机构。
- 混频器：利用晶体管的非线性将本振和载波信号混频，通过选频电路选出其差频信号，即为超外差接收机的中频信号465kHz，同时，本级对输入信号也有放大作用。
- 中频放大器：它是中心频率固定在465kHz的选频放大器，滤除无用信号，将有用的中频信号放大到几百毫伏。
- 检波器：它的任务是解除调制，从中波已调波中提取出音频调制信号。
- 低频放大器：将检出的音频信号进行功放，以便推动扬声器发声。

1.3　遥控技术

遥控技术一般应用于操作不便或难以接近被控对象的场合。例如，对于移动式的被控对象、恶劣环境下作业的机器、人难以到达的危险场所等，就必须使用无线传感遥控技术进行远距离操纵，特别是工厂里的行车、模型飞机、模型舰艇，乃至当代的无人驾驶飞机、宇宙飞船、无线电制导导弹等，以及移动式设施都必须使用无线遥控技术。

1.3.1　有线和无线

1. 有线

对控制对象进行远距离控制时，若信号的传输是利用有线方式进行的，就叫作有线遥控。例如最早的电视机有线遥控，用导线从电视机旁边或后边引出连接到经常操作的位置，将控制器件装到一个小盒里接一个开关按钮，每按一次按钮，换一个台，可选10个电视节目。有线遥控方法简单，遥控功能少，可靠性差，由于引线长，使用受限制，现已被淘汰。农用水井距离村子几百米远，水泵的控制用导线连接到村子里的配电室，需要浇水时，在配电室里进行远距离控制。这种控制方法虽简单，但接线太长。

2. 无线

若信号的传输是利用无线方式进行的，就称为无线遥控。为了使远方的被控对象按照要求去动作，控制端必须向被控制端发出一个动作信号或如何工作的命令，我们称这个命令为遥控指令。例如，调速电机的启动与停止、正反转、升速与降速等指令。遥控指令又分连续指令和断续指令。数值连续变化的指令为连续指令，如控制石油输油管道流量和压力的指令；数值断续的指令叫作断续指令，如照明电灯的开与关的指令。

根据控制方式、特点的不同，有9种遥控方式将在以后有关章节中分别进行详细介绍。

3. 各种方式比较

表1-3给出了各种遥控方式的比较，介绍了各种遥控方式、传输距离、发射频率、发送方式与特点、应用场合，使读者对遥控有初步的感性认识。

表 1-3　各种遥控方式比较表

遥控方式	传输距离	发射频率	发送方式与特点	接收方式与特点	应用场合
光控	近距	/	自然光、人工光源作发射器	光电器件接收	家用电器、工业控制等
声控	2~10m	20~20kHz	说话声、脚步声、敲击声等振动波作发射器	声传感器压电陶瓷片、驻极体话筒接收转变为电信号	家用电器、工业、报警等
热释电	近距	40kHz	热释电传感器产生发送信号	热释电红外接收器	家电、工控、报警等

（续表）

遥控方式	传输距离	发射频率	发送方式与特点	接收方式与特点	应用场合
超声波	10~15m	40kHz	超声波发射器、超音频振荡器、驱动电路传送 40kHz 超音频信号	超声接收器，放大、解码、锁存、驱动等	探测、家电、开关电路、调速、医疗等
语音	近距	男 70~200Hz，女、儿童 150~400Hz	特定人或任意人发出声音信号	接收、合成、识别、转换驱动、执行显示等	家用电器、工业遥控等
音频	2~3km	3.58MHz	专用集成电路和振荡器配合产生音频信号	放大、识别、执行机构接收发送命令控制被控对象	家电、生活、工业、农业、医疗等
红外线	10~15m	40kHz	采用红外发射器件传送遥控命令，具有方向性，不能跨越墙壁阻挡	红外器件接收后，把红外光转变为电信号	生产、生活、军事、医疗等
无线电	2m~2000km 或更远	27~38MHz 40~48.5MHz 150~167MHz	具有无方向性，可以向四周辐射，能穿越墙壁和障碍物，遥控距离远	选择性好，灵敏度高，稳定可靠。再生与超外差接收发方式	军事、国防、工农业、生产、体育运动、日常生活等
磁控	0.001m	—	同步旋转磁铁作发射器	霍尔元件接收	工业控制等

1.3.2　系统的组合方式

根据遥控的方式和使用场合不同，可以把这些控制信号特征进行各种组合编码，如电压极性的组合方式，电信号相位的组合方式，电信号幅值的组合方式，频率的组合方式，脉冲的宽度、相位、幅度等参数的组合方式及脉冲编码组合方式等。

在实际应用中，以频率和脉冲组合方式应用最多。

1. 频率组合方式

频率组合方式分为单音频指令和多音频指令。

单音频指令每个指令内容由单个音频信号组成，抗干扰能力差，只能用在要求不高的遥控系统中。

多音频指令由两个或两个以上的音频信号组成，它不仅可以增加容量，还具有保密功能。

2. 脉冲编码组合方式

脉冲编码组合方式具有指令容量大、抗干扰能力强、保密性好及便于用逻辑电路来实现等优点，得到了广泛的应用。

遥控系统对遥控指令信息传输的可靠性要求很高，通常对指令码组进行监护和监督。为使遥控指令尽量不出错或少出错，或即使出了差错也能被发现或被纠正，下面介绍几种差错控制方法，如恒比指令码和奇偶校验法。

（1）脉冲编码遥控中常用恒比码作为指令。恒比指令码即每个指令中"1"和"0"的个数保持相同的比例，可根据此比例关系是否被破坏来判断遥控指令在传送过程中是否产生了错误。例如恒比指令码"1"和"0"的总数为n，其中"1"的个数为m，因此可以得到所有指令码的组合数位 n!/(n−m)!m!。例如5中取3恒比指令码，可以得到5!/2!3!=10个指令码。

（2）奇偶校验法是利用码组里的"1"的奇偶特性来监督码组是否正确，它可以在发送端组成奇偶监督码，在接收端进行校验。例如接收端校验结果是奇数，就向发送端返回一个长脉冲；如果校验结果是偶数，就向发送端返回一个短脉冲。这样发送端就能检测出传送指令的错误。

1.3.3 遥控原理

1. 系统组成

一个遥控系统由发射器、传感器、接收器和控制器等组成，如图1-9所示。

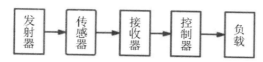

图1-9 遥控系统组成方框图

发射器的作用是根据它接收到的指令信息向接收器发射某种信号的波，这种波多半为超声波、红外线波、电磁波、激光等。发射器也可以在人工控制下发出某种指令信号对控制器进行遥控。这时，人的眼睛和耳朵就相当于传感器。例如电视机等家用电器的遥控就是如此。

传感器可以分为两类。一类是直接接受外界的各种信号，将其转换成电信号输出。例如热释电红外线传感器能以非接触形式检测出发热物体放射出来的红外线能量，并把它转换成电信号；温度传感器能把周围的温度变化转换成电信号强度的变化等。另一类传感器自身能发射出某种波，如红外线波、超声波、微波等，这些波遇到障碍物后能反射回来被传感器接收，并将它们转换成电信号，从所接收的反射波中分析出障碍物的不同性质，如距离、颜色、移动速度等。

接收器的作用是远距离接收发射器发来的含有某种指令的信号，将它们转换为电信号并加以放大，送往控制电路。

控制器根据发射器发出的指令，向不同通道输出各种脉冲直流电压执行某些特定的任务。例如向继电器的线圈输出电流，接通或断开电源；向直流音量控制电路输出模拟电压，改变音量的太小等。控制器主要根据接收器所接收的信号强度来控制负载。

2. 工作原理

本书所介绍的9种遥控方式均由发射与接收两大部分组成。光控遥控器是以自然光源和人工光源作为发射信号的；声音遥控器则是以说话声、喊叫声、脚步声和撞击声作为发射信号的；磁控遥控器是利用同步旋转的永久磁铁使霍尔磁控集成电路产生脉冲，此脉冲经电容、二极管倍压整流，在电阻两端产生直流电压使三极管导通，它们都有特定的接收电路。而红外遥控器、热释电红外遥控器、超声波遥控器、音频遥控器和无线电波遥控器均由单独的发送电路和接收电路组成遥控系统。在发射和接收电路中，由放大、驱动、编码、译码、调制、解调、执行和直流电源等环节构成不同电路。下面以无线电遥控系统为例，说明它们的结构和工作原理。

与图1-9中的方框图一样，无线电遥控系统也是由发射器（编码电路、发射电路）、接收器（解码电路、接收电路）及控制执行电路等部分组成的。

1）发射器

发射器由编码电路和发射电路组成。

（1）编码电路。由操作机构（开关、键盘、电位器等）控制，操作者通过操作机构使编码电路产生所需要的控制指令。这些控制指令具有某些特征，如模拟连续信号指令或数字信号指令，通过不同的编码产生不同的信号指令。这些指令就是相互间易于区分的电信号。例如，用频率为270 Hz的正弦信号作为控制左转的指令，用频率为350 Hz的正弦信号作为控制右转的指令，即利用不同频率的正弦信号作为不同的控制指令。

（2）发射电路。编码电路产生的指令信号都是频率较低的电信号，无法直接传送到遥控目标上去，必须将指令信号送到发射电路，使它加载到高频信号（载波）上，才能由发射天线发送出去。就如同用火车、轮船等运载工具运送货物一样，指令信号相当于货物，载波相当于运载工具。我们把指令信号加载到载波上去的过程叫调制，调制由发射电路的调制器完成。发射电路的作用主要是产生载波，并由调制器将指令信号调制在载波上，经天线将已调制载波发射出去。

2）接收器

接收器由接收电路和译码电路组成。

（1）接收电路包括高频部分和解调器部分。由接收天线送来的微弱电信号经接收机高频选择和放大后，送到解调器。就像船到码头、车到站，把货物卸下来的情况一样，解调器的作用是从载波上卸下指令信号。由于"卸"下来的各种指令信号是混杂在一起的，还要送到译码电路进行译码。

（2）译码电路的工作就是把卸下来的各种信号分门别类地进行鉴别，而后送到相应的执行放大电路。执行放大电路把指令信号放大到具有一定的功率，用以驱动执行机构。

3）控制执行电路

执行机构直接对被控对象进行具体的操作与控制，通常用电动机、继电器、晶闸管、开关等来实现。例如电灯的亮与暗，电机的转动与停止，常用继电器或接触器线圈的吸合与释放进行控制，将电能转变为光能或机械动作。

1.3.4 遥控系统原理分析举例

下面我们以无人驾驶飞机为例，介绍它的遥控飞行原理。

为了执行某项任务，无人驾驶飞机可能飞到很远的地方，以至人们用肉眼观察不到它在空中飞行的姿态和位置。为了解决这个问题，在无人驾驶飞机上除了有无线电波遥控系统外，还安装了无线电测量系统，借助无线电信号对远方目标的参数及状态进行测量。安装在无人驾驶飞机上的遥测发射系统能把飞机的高度、速度、发动机转速、飞行姿态等参数通过遥控发射系统的发射天线不断发射出去，地面的遥测接收系统及显示装置接收并显示这些参数。遥测系统设备就像"千里眼"一样，使人们看到飞行在远方天空上的飞机。

除了可以通过无线电遥控设备控制舵面及其他机构外，还可以用自动控制设备自动驾驶飞行。

自动驾驶飞行与遥控飞行的基本原理是一样的。安装在飞机上的各种传感器直接感受飞机飞行姿态的各种参数，并将其变为电信号，这些电信号通过运算放大器直接加到舵机等执行电路上，对无人驾驶飞机的飞行姿态进行控制。

为了识别被控飞机在空中的方位，在无人驾驶飞机上还有应答机或信标机，在地面有跟踪雷达。地面控制站根据雷达及遥测系统测量提供的各种参数，通过计算机计算，对照预定的方案进行设计修订，确定当前切实可行的控制方案，由操作人员或计算机通过遥控发射系统向无人驾驶飞机发出控制指令。飞机上的遥控接收系统收到控制指令后，把各种不同的指令区分开，加到自动控制设备中的转换执行电路上，实现对飞机或其他调节机构等执行电路的控制，使飞机执行既定的飞行任务。

1.3.5　无线系统的操作过程

根据系统的要求和完成的任务不同，遥控系统的操作方式也不相同，操作方式可分为一次操作和二次操作。

1. 一次操作

当遥控系统进行操作控制时，首先选择控制对象，例如控制一个电灯开关或电动机，然后进行功能操作，如将开与关放在一个动作中去完成，就叫作一次操作。也就是说，首先选择被控对象，接着发出一个遥控指令，使被控对象执行动作（电灯亮或灭，电动机转动或停止）。

一次操作程序少，时间短，设备简单，但出现误动作的概率高，可靠性差。

2. 二次操作

如果操作人员需要进行两次操作才能完成遥控动作，就称为二次操作。首先选择对象发出指令，接收端收到指令后，通过反馈通道送给发送端一个回答信号，发送端重新确认所发指令的正确性，如果是正确的，就进行第二次操作；如果是错误的，则撤销原来发出的指令。

由此看来，二次操作是在操作人员确认正确的情况下进行功能操作的，二次操作程序多、时间长、设备比较复杂。但是由于它具有准确、可靠等优点，因此现在的遥控系统几乎全部采用二次操作。

1.4　应用前景

1.4.1　国防应用

无线遥控的出现首先应用在军事上。在第二次世界大战中，由于战争的需要，出现了无线电遥控的坦克、鱼雷快艇、无人驾驶飞机和导弹。战后，随着计算机技术和集成电路的出现，不仅无人驾驶飞机、火箭、导弹、人造卫星、宇宙飞船等离不开无线电遥控，而且在军事训练中也广泛应用无线电遥控设备。例如，利用遥控的靶机和靶船可以提高训练效率，在训练场地上对各种战术背景实行遥控，使得训练演习富有真实感。

神舟五号载人飞船的成功发射是遥控技术应用的一个典范。飞船在轨期间主要依靠预先设计的程序自动进行控制，航天员只是辅助地面对飞船进行监控、管理和操作。神舟五号飞船装有52

台各种发动机。飞船在太空航行期间主要靠地面进行遥控，地面通过对这52台发动机的遥控达到对飞船姿态或变轨的控制。

1.4.2 工农业应用

1. 工业应用

在工业生产方面，无线电遥控技术大有用武之地，炼油厂、发电厂等大型联合企业，工艺流程复杂，牵涉的范围广，人工操作管理难以准确及时地掌握远处设备的运行情况，容易产生误差和造成不稳定。采用遥控和其他相应的装置后，设备可以按照预定的工作程序准确运转，提高工作效率和产品质量。在化工厂、煤矿等一些有毒的场合或某种危险场合，使用遥控设备进行无人控制可以改善劳动条件，保护工人的身体健康。由于遥控技术的优越性，它的应用越来越广泛。例如，油田各油井的监控，西气东输工程输油管道的无人加压加温站，南水北调工程的输水加压提升水位控制，高山无人电台信号发射，无人微波中继站以及采煤机、大型吊车、天车、挖土机的无线电遥控。

2. 农林渔业应用

人们可以采用遥控的方式定时定量地给庄稼浇水、喷洒农药；对于养鸡、养猪场，可以采用遥控饲料加工、生产、自动送料喂养系统；遥控检测鸡舍温度，可以提高产蛋率；使用遥控进行稻田病虫害的检测与控制；对于果树的栽培、苹果的受灾勘测、橘子的产量预测均可以采用遥控遥测技术；对国有粮库的储藏与流通，粮食的温度、湿度采用遥控进行有效监测与控制。

在渔业生产中，可以采用遥控技术定时、定量喂养，检测鱼的新鲜程度和生长情况。

1.4.3 日常生活应用

神通广大的遥控技术正在日益深入我们的生活领域。无线遥控的地铁机车自动驾驶设备提高了车辆的运转效率，使你快捷舒适地到达目的地；天然气、自来水管线的自动监测和控制装置把天然气和自来水送到你的家中；利用无线遥控的机器人，按照预先编好的程序，代替人做家务劳动，如洗衣、做饭，当你辛苦工作下班回到家后，呈现在你面前的是一桌美味佳肴；无线遥控的电视机、空调机、电风扇等家用电器，使你的生活更加丰富多彩；无线遥控的儿童玩具，对幼儿教育、开发智力都能起到很好的作用，深受儿童的欢迎。

1.4.4 其他应用

1. 在体育比赛中的应用

无线遥控在体育运动领域也得到了广泛的应用，在体育比赛中，我们看到的航模表演，模型飞机在跑道上加速滑行，离开地面，飞向蓝天，时而从水平方向突然向上直冲太空，时而以180°急转弯向下俯冲，时而像孙大圣一样在空中翻筋斗，时而沿水平方向飘然离去；在海模比赛中，海模在水中乘风搏浪，勇往向前，动作优美准确，迎来阵阵喝彩，无数观众为之倾倒。小小的航模、海模上不可能有飞行员操纵，而是地面上的运动员通过遥控方式使之展示高超的技艺。

2. 在医学中的应用

医学上的应用也很广泛，如运动状态下控制仪器测量心电图；利用超声波能顺利通过人体，且没有放射性的危害，可以观察母体内胎儿的状态，成为妇产科必备的器具；超声波多普勒血流计可以实施非创伤的血流测量。

3. 在环境保护中的应用

利用遥控测量技术的传感器可以对排放的污水水质进行控制与测量，可以检测大气污染情况，检测有害气体，还人们一片洁净的蓝天。

1.4.5　发展前景

1. 发展过程与现状

早在20世纪20年代就有了遥控系统的雏形，人们试图利用遥控技术来控制无人驾驶飞机，但由于技术不够完善，没有得到实际运用。直到第二次世界大战末期，德国首先制成了V-1和V-2导弹以及无线电指令制导的防空导弹，才使遥控技术进入实用阶段。

20世纪30年代，无线电遥测遥控技术首先用于天气预报，研制出了第一部无线电测候仪，可以测量高空中的温度、湿度、大气压力等气象参数并通过无线电波传送到地面。

20世纪40年代，由于军事上的需要，飞机、火箭、导弹的研究进展非常迅速，必须采用遥控遥测技术进行测量与控制。

从20世纪50年代起，美国和前苏联都积极开展卫星、导弹研制工作，使得遥控技术得到飞速的发展。1957年，苏联发射了第一颗人造地球卫星，标志着遥控技术进入了一个新阶段。1969年，美国"阿波罗-11"将人送上月球，实现了载人登月的往返飞行，从而将遥控技术推向了一个新高度。

中国神舟五号载人飞船的成功发射，标志着我国的遥控遥测技术在航天领域进入了一个新时代，载入世界和中国的光辉史册。

从技术方面，也经历了几代的发展，在晶体管出现以前，遥控装置都是由电子管组装而成的，由于受到装置的容积和载重的限制，通常只用几只电子管组装。这种接收机易受外界干扰而发生误控及失控事件，因此在普及与提高方面受到限制。20世纪60年代初就有了全晶体管化的单通道遥控装置，其接收机仅有火柴盒一样大小，地面遥控距离只有200m左右。60年代中期又出现了多通道晶体管化遥控设备，对遥控技术的发展起到了较大的推动作用。20世纪70年代中期，集成电路的问世，特别是20世纪80年代至今，大规模、超大规模集成电路的飞速发展，将微处理器引入遥控遥测系统，给遥控遥测带来了革命性的变化，使得遥控遥测技术得到一次又一次的飞跃。

2. 前景

几十年来，遥控技术在电子技术、计算机技术、通信理论、电子元器件发展的基础上，得到了极其迅速的发展，应用前景广阔。今后发展趋向主要表现在以下几个方面：

（1）提高系统的适应能力，以满足各种不同用途的需要。以前的遥控系统大都是按照特定的任务来设计的，其性能完全由系统的硬件所决定，系统传输信号的数目、信息速率、采样频率以及各种参数基本上是固定的。虽然在一定程度上能通过更换硬件或某些接线来改变工作状态，但其变化范围有限，不能适应多方面的需要。为此，就要求发展一种灵活通用的可编程遥控系统，这种系统具有较强的自适应能力与实时性能，能够根据不同用途的需要随时改变系统的工作状态。

（2）采用先进的信息处理方式和新的多路信号的传送方法，以提高信息传输的高可靠性和稳定性。

（3）采用先进的元器件及工艺设计，以提高可靠性，减小设备体积、重量，降低成本及系统功耗。

（4）遥控技术在计算机技术、通信技术、传感器技术等多学科发展的基础上，应向超时空、高速度、大容量、多媒体、智能化的方向发展。

（5）遥控技术应综合多学科技术解决相关技术难题。例如煤矿发生多起瓦斯爆炸事故，夺走了许多煤矿工人的宝贵生命，如果采用地下无人采煤遥控系统，系统包括采煤机操作系统，煤块向上运输提升系统，有害气体浓度监测、报警、吸收处理及转化系统，有这样一套完整的自动化生产线，就再也不会发生人身事故了。这种设想经过广大技术人员的科技攻关，不久将会变为现实。

1.5 小 结

1. 本章介绍了无线传感器，是指没有导线传递信号的传感器。

2. 具有非接触、高可靠性、高精度、反应快、使用方便的特点，可用来检测力（拉压、应变、扭矩）、热、声、光、电等参数。

3. 无线传感器的线由电波收发器代替。只要各种各样的传感器配上电波收发器，就构成了各种各样的无线传感器。

4. 无线传感器广泛应用于国防、工业、农业、医用、家电、环保、日用生活等各个领域。

1.6 习 题

1. 无线传感器有哪些类型，各有什么特点？

2. 简述无线传感器的发射、接收原理。

3. 在工程检测应用中，使用无线传感器有什么方法与技巧，要注意什么问题？

第 2 章
无线传感器基础

本章内容

- 了解传感器的静动态数学模型、静动态特性、静动态标定、现状与发展方向。
- 掌握传感器的结构、类型特点、选用方法、使用注意事项等。

本章重点介绍传感器技术的有关知识，为后面各章应用不同类型的无线传感器提供思路、理论根据和方法。因此，主要介绍传感器的组成、分类、静动态数学模型、静动态特性、静动态标定，以及传感器的现状、发展方向、选用方法与技巧。

值得一提的是，无线传感器是信息采集系统的一种将物理量、化学量、生物量等非电量转换成电量的器件。传感器输出的信号有不同的形式，如电压、电流、频率、脉冲等，以满足信息传输、处理、记录、显示、控制要求，在多学科、多领域得到了广泛应用。世界上许多发达国家都在加快对传感器新技术的研究与开发，并不断取得重大突破。

传感器技术是无线遥控技术的基础。可以说，没有传感器对原始信息进行精确可靠地捕获和转换，一切测量和控制都是不可能实现的。

2.1 组成与分类

在日常生活中，人们借助"五官"（眼、耳、鼻、舌、皮肤）去感知外界信息，如感觉冷暖、品味酸甜苦辣等。这说明人的"五官"具有视、听、嗅、味、触觉的功能，把接收的来自外界的信息传递给大脑，大脑对这些信息进行分析计算处理，送给肌体去执行工作。人们的大脑通过五官感知世界的一切。

在工程技术领域，传感器是人体"五官"的工程模拟物，也是一种能把特定的被测非电量信息（包括物理量、化学量、生物量等）按一定规律转换成电量的器件或装置。

传感器技术（非电量测量技术）是现代科学技术的一个重要分支，它是信息科学阵地的"前沿哨所"，即信息捕捉的必要手段。在当今信息时代，随着自动检测、遥控技术的发展，传感器技术显得越来越重要，它掌握着系统的命脉，推动着科学技术的进步，没有传感器就没有现代科学技术的快速发展。

传感器技术是涉及传感器原理、设计、开发和应用的一门综合性技术。传感器工程学的含义则更为广泛，它是敏感功能材料科学、传感器技术、微细加工技术等多学科技术互相交叉、渗透而形成的一门新技术学科。

2.1.1 概念与组成

传感器是一种把非电输入信息转换成电信号输出的器件或装置。传感器又叫变换器、换能器或探测器。传感器件一般是由物理、化学和生物等学科的某些效应或原理按照一定的制造工艺研制出来的。它能"感知"被控量或被测量的大小与变化，并进行处理。传感器由敏感元件、转换元件、信号调节电路和其他辅助电路组成，如图2-1所示。

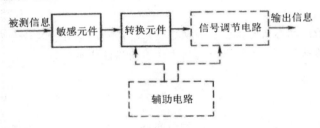

图 2-1　传感器构成框图

1. 敏感元件

在完成非电量到电量的转换时，并非所有的非电量都能用现有的技术直接变为电量，往往需要进行预转换，然后变为电量。敏感元件是直接感受被测非电量，并按一定规律转换成与被测量有确定对应关系的其他量（一般仍为非电量）的元件。我们把这种能完成预转换的元件称为敏感元件。例如热敏电阻是敏感元件，它能将温度的变化预转换为电阻的变化，再转换为电压或电流的变化。

2. 转换元件

转换元件又叫变换器，能将敏感元件感受到的非电量直接转换成电量。信号的转换元件是构成传感器的核心。转换元件又可分为一次转换型（直接转换）和二次转换型（间接转换）。

1）一次转换型

对物性型传感器而言，一般都可以一次性完成，即实现"被测非电量—有用电量"的直接转换。

2）二次转换型

对于结构型传感器，通常必须通过前置敏感元器件预转换后才能完成，即实现"被测非电量—有用非电量—有用电量"的二次转换。

3. 信号调节电路

信号调节电路是把转换元件输出的电信号转换为便于显示、记录、处理和控制的电信号的电路。

4. 辅助电路

通常指电源电路（交、直流）及其外围电路。

实际上，传感器的具体构成方法视被测对象、转换原理、使用环境及性能要求等具体情况的不同而有很大差异。

2.1.2　分　类

1. 分类方法

用于遥控技术的传感器种类繁多，但都是根据物理学、化学、生物学等学科的规律、特性和效应设计而成的。一种被测量可以用不同传感器来测量，而同一原理的传感器通常又可以测量多种非电量，因此分类方法各不相同。一般常用的分类方法有以下几种：

1）按工作原理分类

现有传感器主要是依据物理学的各种定律和效应以及化学原理和固体物理学理论进行测量的。例如根据电阻定律，相应的有电位计式、应变式传感器；根据变磁阻原理有电感式、差动变压器式、电涡流式传感器；根据半导体有关理论，则相应的有半导体力敏、热敏、光敏、气敏等固态传感器。

表2-1说明了几种传感器的测量对象（物理量、物理特性或物理条件）和物理转换原理。测量不同的对象时，采用不同的测量方法，它们各有各的用途。

表 2-1　几种传感器的测量对象和物理转换原理

测量对象	物理转换原理
温度	热敏电阻、热电偶、热机械
湿度	电阻、电容
压力	压力电阻
流量	压力变化、热敏电阻
力	压电效应、压力电阻
扭矩	压力电阻、光电效应
拉力	压力电阻
振动	压力电阻、压电效应、光纤、声波、超声波
地理位置	电磁转换、GPS、接触传感器
速度	多普勒效应、霍尔效应、光电效应
角速度	光学编码器
加速度	压力电阻、压电效应、光纤
距离接近	霍尔效应、电容、磁场变换、地震式、声响、射频
触觉/接触	接触开关、电容

2）按能量关系分类

从能量的观点来分，传感器可分为有源传感器和无源传感器。

有源传感器将非电量转换为电量，称之为能量转换型传感器，也叫换能器（只转换能量本身，不转换能量信号的装置），如压电式、热电式、电磁式等，通常和测量电路、放大电路配合使用。

无源传感器又称为能量控制型传感器，其本身不是一个换能器，被测非电量仅对传感器中的能量起控制或调节作用。所以，它们必须具有辅助电源（电能）。此类传感器有电阻式、电容式和电感式等，常用于电桥和谐振等电路的测量。

3）按输入量分类

按输入量可分为温度、压力、位移、速度、湿度等传感器。这种分类方法给读者提供了方便，容易根据被测量对象来选择所需的传感器。

4）按输出量分类

按输出量分类有模拟式传感器和数字式传感器。模拟式传感器的特点是输出信号为模拟量，数字式传感器的特点是输出的信号为数字量。数字传感器便于和计算机联用，且抗干扰性强，如盘式角度数字传感器、光栅传感器等。

5）其他分类

（1）结构型：主要是通过机械结构的几何形状或尺寸的变化将外界被测量转换为相应的电阻、电感、电容等物理量的变化，从而检测出被测量信号。这种传感器目前应用得最为普遍。

（2）物性型：利用某些材料本身物理性质的变化而实现测量。它以半导体、电介质、铁电体等作为敏感材料的固态器件。

2. 技术要求

无论哪种传感器，作为测量与控制系统的首要环节，通常都必须能够快速、准确、可靠且又经济地实现信息转换。因此，对传感器有以下要求：

（1）传感器的工作范围或量程足够大，具有一定过载能力。

（2）匹配性好，转换灵敏度高，线性程度高。

（3）反应快速，工作可靠性高。

（4）稳定性好，即传感器的静态响应与动态响应的准确度能满足要求，并长期稳定。

（5）适应性强，即动作能量小，对被测量的状态影响小；低噪声且抗外界干扰的影响，使用安全等。

（6）成本低，寿命长，使用、维修和校准方便。

2.2　理论基础

一种传感器就是一种系统。而传感器作为感受被测量信息的器件，总是希望它能按照一定的规律输出有用的信号。因此，在工程应用中，需要研究其输入—输出的关系及特性，以便用理论指导其设计、制造、校准与使用。通常从静态输入—输出和动态输入—输出两个方面建立数学模型。这也是科学研究问题的基本出发点。

传感器用来检测不随时间变化的静态输入量或随时间变化的动态量，理论上可用带随机变量的非线性微分方程来描述，但准确地建立一个系统的数学模型是非常困难的。由于输入信号的状态不同，传感器所表现出来的输出特性也不同，在实际应用中，可以首先建立近似的系统初步模型，而后经过反复模拟仿真，建立最终的数学模型，这种方法同样适用于传感器模型的建立。

　　本节介绍用 n 次方代数方程式描述传感器的静态数学模型，用微分方程和传递函数描述传感器的动态数学模型。

2.2.1　静态数学模型

　　静态数学模型是指在静态信号的作用下（即输入信号不随时间的变化而变化）得到输出与输入之间的函数关系。若不考虑滞后、蠕变的条件，传感器的静态数学模型一般可用 n 次代数方程式来表示，即：

$$y = a_0 + a_1 x + a_2 x^2 + \cdots + a_n x^n \tag{2-1}$$

　　式中，x 为输入量，y 为输出量，a_0 为零位输出，a_1 为传感器线性灵敏度，a_2、a_3、a_4、$\cdots$、a_n 为非线性项的待定常数。

　　在研究其特性时，可以先不考虑零位输出，根据传感器内在结构参数的不同，它们各自可能含有不同项数形式的数学模型。理论上，为了研究方便，式（2-1）可能有如图2-2所示的4种情况。这种表示输出量与输入量之间关系的曲线称为特性曲线。

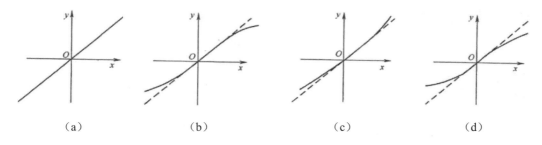

（a）　　　　　　　（b）　　　　　　　（c）　　　　　　　（d）

图 2-2　传感器的特性曲线

1. 理想的线性特性

　　线性特性是理想的传感器应具有的特性，它能正确地反映被测量的真实数值，但几乎每一种传感器都不具有理想特性，在使用传感器时，必须对传感器进行线性化处理。常用的方法有理论直线法、端点线法、割线法等。传感器的数学模型如图2-2（a）所示，其数学表达式为：

$$y = a_1 x \tag{2-2}$$

2. 接近理想线性的特性

　　仅有奇次非线性，如图2-2（b）所示，其数学模型为：

$$y = a_1 x + a_3 x^3 + a_5 x^5 + \cdots \tag{2-3}$$

　　这种特性的传感器，一般在输入量 x 相当大的范围内具有较宽的准线性，这是较接近理想线性的非线性特性，它相对坐标原点是对称的，即 $y(x) = -y(-x)$，所以它具有相当宽的近似线性范围。

3. 偶次非线性特性

　　如图2-2（c）所示，其数学模型为：

$$y=a_1x+a_2x^2+a_4x^4+\cdots \tag{2-4}$$

因为它没有对称性，所以线性范围较窄。一般传感器设计很少采用这种特性。

4. 多项式数学模型

该数学多项式包括奇数项和偶数项，即：

$$y=a_1x+a_2x^2+a_3x^3+\cdots+a_nx^n \tag{2-5}$$

如图2-2（d）所示，这是考虑了非线性和随机等因素的一种传感器特性。

当传感器的特性曲线如图2-2（b）、（c）、（d）所示的非线性情况时，就必须采用线性补偿措施。

2.2.2　动态数学模型

动态数学模型是指传感器在准动态信号或动态信号（输入信号随时间变化的量）作用下，描述输出与输入信号间的数学关系。动态模型通常采用微分方程和传递函数来描述。

因为绝大多数传感器属于模拟连续变化量，所以在建立数学模型时，用线性常系数微分方程表示传感器输出量y与输入量x之间的关系，即：

$$a_n d^n y/dt^n+a_{n-1}d^{n-1}y/dt^{n-1}+\cdots+a_1 dy/dt+a_0 y$$
$$=b_m d^m x/dt^m+b_{m-1}d^{m-1}x/dt^{m-1}+\cdots+b_1 dx/dt+b_0 x \tag{2-6}$$

式中，a_n、a_{n-1}、$\cdots$、a_0和b_m、b_{m-1}、$\cdots$、b_0为传感器的常量，除b_0不等于0外，一般取b_1、b_2、b_m为零。

对于复杂的系统，微分方程的求解是很困难的。为了求解的方便，采用拉普拉斯变换和传递函数的方法研究传感器的动态特性。

$y(t)$在$t=0$时，$y(t)$的拉氏变换可定义为：

$$Y(S)=\int_0^{\sim} y(t)e^{-st}dt$$

式中，$s=\sigma+j\omega$，$\sigma>0$。

对式（2-6）两边去拉氏变换，即得：

$$Y(S)(a_nS^n+a^{n-2}S^{n-1}+\cdots+a^0)=X(S)(b_mS^m+b_{m-1}S^{m-1}+\cdots+b^0) \tag{2-7}$$

传递函数：我们把输出$Y(t)$的拉氏变换$Y(s)$和输入$X(t)$的拉氏变换$X(s)$的比作为该系统的传递函数，以$H(s)$表示，则：

$$H(s)=\frac{Y(s)}{X(s)}=\frac{b_ms^m+b_{m-1}s^{m-1}+\cdots+b_0}{a_ns^n+a_{n-1}s^{n-1}+\cdots+a_0} \tag{2-8}$$

对$Y(t)$进行拉氏变换的初始条件是$t\leqslant0$，$y(t)=0$。传感器被激励之前，所有的储能元件（如电气元件、弹性元件等）均符合上述初始条件。从式（2-8）可知，它与输入量$X(t)$无关，只与系统结构参数a_i、b_i有关。由此看来，传递函数$H(s)$可以恰当地描述输出与输入之间的关系。

2.3 基本特性

2.3.1 静态特性

静态特性表示传感器在被测输入量的各个值处于稳定状态时的输入—输出关系。传感器可完成将某一输入量转换为可用信息的功能，因此总是希望输出量能不失真地反映输入量。在理想情况下，式（2-2）给出的是线性关系，但在实际工作中，由于非线性（高次项的影响）和随机变化量等因素的影响，不可能是线性关系，因此衡量传感器静态特性的主要技术指标是线性度、迟滞、重复性和灵敏度。

1. 线性度

线性度又称非线性误差，用于表示传感器输出量—输入量与校准曲线之间吻合（或偏离）的程度，如图2-3所示。

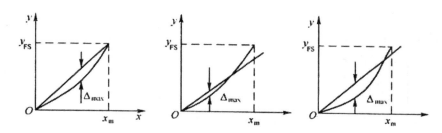

图 2-3 传感器的线性度

通常用相对误差来表示线性度，即：

$$E = \pm \frac{\Delta \max}{Y_{FS}} \times 100\% \qquad (2\text{-}9)$$

式中，Δ_{max}为输出量和输入量实际曲线与拟合直线间的最大偏差，Y_{FS}为理论满量程输出。

2. 迟滞（滞后）

迟滞用于反映传感器正（输入量增大）、反（输入量减小）行程过程中输入—输出曲线的不重合程度，如图2-4所示。通常用正反行程中输出的最大偏差量Δ_{max}与满量程输出Y_{FS}之比的百分数来表示：

$$E_{max} = \pm \frac{\Delta \max}{Y_{FS}} \times 100\% \qquad (2\text{-}10)$$

3. 重复性

重复性是衡量传感器输入量按同一方向全量程连续作多次测量时，所得特性曲线间不一致的程度。各条特性曲线越趋重合，则重复性越好。传感器输出特性的不重复性由传感器的机械部分的磨损、间隙松动及电路的元件老化和温度变化引起的漂移等原因所致。重复性误差反映的是校准数据的离散程度，属于随机误差，因此，可根据标准偏差来计算：

$$E = \pm \frac{\Delta \max}{Y_{FS}} \times 100\% \qquad (2\text{-}11)$$

式中，Δ_{max}表示最大输出不重复误差，Y_{FS}表示满量程输出值。

传感器的重复特性如图2-5所示。

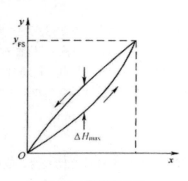

图 2-4　迟滞现象图

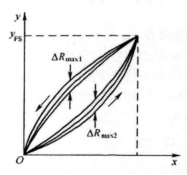

图 2-5　传感器的重复特性

式中，Δ_{max}为各校准点正行程和反行程输出值标准偏差中的最大值；a为置信系数，通常取2或3，a= 2时，置信概率为95.4%，a=3时，置信概率为99.73%。

计算标准偏差常用以下两种方法：

① 赛尔公式法，计算公式为：

$$\sigma = \sqrt{\frac{\sum_{i=2}^{n}(y_i - \overline{y_i})}{n-1}} \qquad (2\text{-}12)$$

式中：y_i为某校准点的输出值，$\overline{y_i}$为输出值的算术平均值，n为测量次数。这种方法精度较高，但计算繁杂。

② 极差法：所谓极差法，是指某一校准点校准数据中的最大值与最小值之差。计算偏差的公式为：

$$\sigma = \frac{\omega_n}{d_n} \qquad (2\text{-}13)$$

式中，ω_n为极差；d_n为极差系数，其值与测量次数n值有关，可由表2-1查得。

表 2-1　极差系数

n	2	3	4	5	6	7	8	9	10
d_n	1.41	1.91	2.24	2.48	2.67	2.88	2.96	3.08	3.18

这种方法计算较为简便，常用于$n \leqslant 10$的场合。在采用上述两种方法时，若有m个校准点，正、反行程共可求得$2m\sigma$个，应取其中最大者σ_{max}来计算重复性误差。按上述方法计算得到的重复性误差不仅反映了传感器输出的一致性程度，而且还代表了在一定置信概率下的随机误差极限值。

4. 灵敏度

灵敏度是指传感器的输出增量与被测输入量增量之比，即：

$$s = \Delta y / \Delta x \qquad\qquad (2\text{-}14)$$

显然，对于线性传感器，灵敏度是拟合直线的斜率，用 $S = y/x$ 表示，如图2-6（a）所示。对于非线性传感器，灵敏度不是常数，应以 $\mathrm{d}y/\mathrm{d}x$ 表示，如图2-6（b）所示。

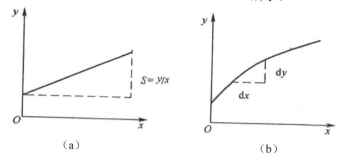

图 2-6　灵敏度

实际上，无源传感器的输出量与供给传感器的电源电压有关，其灵敏度的表达式往往还需要包括电源电压的因素。

5. 分辨力

分辨力是指传感器在规定测量范围内所能检测出被测输入量的最小变化量。有时对该值用相对满量程输入值的百分数表示，称为分辨率。

6. 阈值

阈值是能使传感器的输出端产生可测变化量所对应的最小被测输入量值，即零点附近的分辨能力。有的传感器在零位附近有严重的非线性，形成所谓"死区"，因此将死区的大小作为阈值；更多情况下，阈值要取决于传感器噪声的大小，因而有的传感器只给出噪声电平。

7. 稳定性

稳定性又分为长期稳定性和短期稳定性。对传感器常用长期稳定性来描述，即在相当长时间内仍保持其原性能的能力。稳定性一般为室温条件下，经过一个相当长的时间间隔后，传感器的输出与起始标定的输出之间的差异。有时也可以用不稳定度来描述，不稳定度越小，则表明稳定性越好。

8. 漂移

漂移是指在一定时间间隔内，传感器的输出端存在着与被测输入量无关的、不需要的变化。漂移常包括零点漂移和灵敏度漂移。

零点漂移或灵敏度漂移又可分为时间漂移和温度漂移，简称时漂和温漂。时漂是指在规定的条件下，零点或灵敏度随时间有缓慢的变化；温漂是指由周围环境温度变化所引起的零点或灵敏度的变化。

9. 静态误差

静态误差是评价传感器静态特性的综合指标，指传感器在满量程内，任一点输出值相对其理论值可能偏离的程度。

2.3.2 动态特性

传感器的动态特性是对输入激励的输出响应特性。一个特性良好的传感器，传感器的输出随时间变化的关系能复现输入量随时间变化的关系，但实际上除了具有理想比例特性的环节外，输出信号与输入信号的不一致性使输出与输入之间产生动态误差，对这种误差性质的研究称为动态特性分析。接下来介绍传感器动态特性的研究方法。

1. 动态特性的标准函数

由于传感器在实际工作中随时间变化的输入信号是千变万化的，往往事先并不知道其特性，工程上通常采用常用的标准信号函数（正弦函数和阶跃函数）方法来研究，因为它们既便于求解又便于实现，并据此确定若干评定动态特性的指标。

对于非正弦周期信号，可以利用傅里叶级数分解为多次谐波的正弦函数；对于其他非正弦非周期的函数，可通过傅里叶变换分解各次正弦谐波来分析。阶跃信号是瞬时发生的变化，它有可能是输入信号中最坏的一种，传感器如能复现这种信号，就能较容易复现其他输入信号，所以将它作为标准信号函数。

2. 动态特性的分析方法

（1）瞬态响应法。当输入信号为阶跃函数时，因为它是时间的函数，故传感器的响应是在时域里发生的，因此称它为瞬态响应法。

（2）频率响应法。当输入信号是正弦函数时，因为它是频率的函数，故传感器的响应是在频域内发生的，因此称它为频率响应法。

这两种分析方法内部存在着必然联系，可在不同场合根据实际需要选择不同的方法。

3. 阶跃函数响应特性曲线

在采用阶跃函数作为输入，研究传感器的动态特性时，常用响应曲线的上升时间t_{rs}，响应时间t_{st}、超调量c等参数作为评定指标。阶跃响应特性如图2-7所示。

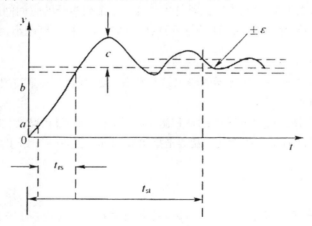

图 2-7 阶跃响应特性

（1）上升时间t_{rs}是指输出值从最终稳定值的5%或10%变到最终稳定值的90%或95%所需的时间。

（2）响应时间t_{st}是指输入量开始其作用到进入稳定值所规定的范围所需的时间。最终稳定值的允许范围常取所允许的测量误差值$\pm\varepsilon$。

（3）超调量c是指输出第一次达到稳定值又超出稳定值而出现的最大偏差，常用相对最终值的百分比来表示。

在采用正弦输入来研究传感器的动态特性时，常用频率特性（即幅频特性和相频特性）来描述，其重要指标是频带宽度（简称带宽）。带宽是指增益变化不超过某一规定分贝值的频率范围。

2.4 标 定

传感器在遥控电路中占有非常重要的地位，在选用之前，必须对传感器进行标定，以保证在生产使用过程中信号的准确传递。

新研制或生产的传感器需对其技术性能进行全面检定，经过一段时间存储或使用的传感器也需对其性能进行复测，以保证其性能指标达到要求。对出现故障的传感器，经修复可继续使用的仍需进行重新标定试验。由此看来，传感器的标定，对保证传感器的质量、进行准确的量值传递、改善传感器的性能等方面都是必须实施的技术方法。

传感器的标定分为静态标定和动态标定。

2.4.1 静态标定

传感器的静态标定用于确定传感器的静态性能指标，需以国家和地方计量部门有关检定规程为依据，选择正确的标定条件和适当的仪器设备，按照一定的程序进行。

静态标定主要用于检验、测试传感器（或传感器系统）的静态特性指标，如静态灵敏度、非线性、滞后、重复性等。

1. 标定条件与仪器精度

进行静态标定首先要建立静态标定系统。静态标定系统的关键在于被测非电量的标准发生器及标准测试系统。

1）静态标准条件

静态标准条件是指没有加速度、振动、冲击（除非这些参数本身就是被测量），环境温度一般为（20±5）℃，相对湿度不大于85%，大气压力为101.32±7.998kP$_a$的情况。

2）标准仪器设备精度等级的确定

按照国家规定，各种量值传递系统，在标定传感器时所用的标准仪器及设备至少要比被标定的传感器精度高一个等级。为保证标定精度，需选用与预备标定传感器的精度相适应的标准器具。只有这样，通过标定确定的传感器的静态性能才是可靠的，所确定的精度才是可信的。

2. 静态特性标定的方法

对传感器进行静态特性标定时，首先要创造一个静态标准条件，其次是选定与被标定传感器的精度要求相适应的一定等级的标定用的仪器设备，然后才能对传感器的静态特性进行标定。标定过程及步骤如下：

步骤 01 将被标定传感器全量程分成若干点（一般等距分布）。

步骤 02 根据传感器量程分点情况，先由小到大逐点地输入标准量值，再由大到小逐点减小标准量值，如此正、反行程往复循环多次，逐次逐点记录各输入值相对应的输出值。

步骤 03 将得到的输入一输出测试数据用表格列出或画成曲线。

步骤 04 对测试数据进行必要的处理，根据处理结果，可以确定传感器的线性度、灵敏度、滞后和重复性等静态特性指标。

2.4.2　动态标定

传感器的动态标定主要用于检验、测试传感器的动态特性，如动态灵敏度、频率响应和固有频率等。传感器的动态特性可用传递函数来描述。已知传递函数，便可知传感器的阶跃响应和频率响应特性。因此，传感器动态特性的标定实质上是传感器传递函数的确定。

常用动态标定设备有振动台、电磁式激振器、压力发生器等。

传感器的动态标定方法有绝对标定法和比较法。绝对标定法精度较高，但所需设备复杂，标定不方便，故常用于高精度传感器与标准传感器的标定。比较法则是由灵敏度已知的标准传感器与待标定传感器同时感受相同的被测信号。

同静态标定一样，在对传感器进行动态标定时，需对传感器输入一种标准激励信号。常用的标准激励信号有周期性信号（正弦信号、三角波信号、方波脉冲信号）和瞬时变化信号（阶跃宿号、半正弦波等），并测出其在动态输入信号激励时响应的输出量值。然后绘出响应曲线。

利用上述标定系统采用逐点比较法可以标定待标传感器的频率响应。

随着技术的进步，在上述方法的基础上出现了连续扫描法。其原理是将标准被测量与内装或外加的标准传感器组成闭环扫描系统，使待标传感器在连续扫描过程中被测量，并记下待标传感器的输出随频率变化的曲线。通常频率偏差以参考灵敏度为准，各点灵敏度相对于该灵敏度的偏差用分贝数给出。这种方法操作简单，效率很高。

需要说明的是，由于传感器种类繁多，标定设备与方法各异，因此各种传感器的标定项目也有所区别。此外，随着技术的不断进步，不仅标准发生器与标准测试系统在不断改进，利用微型计算机进行数据处理、自动绘制特性曲线以及自动控制标定过程的系统也在各种传感器的标定中出现。

2.5　现状与发展方向

2.5.1　现　状

传感器已在科学研究、工业自动化、非电量检测仪表、医用仪器、家用电器、航空航天、军事技术等方面起着极其重要的作用，已成为当代最引人重视的技术之一。中国已把传感器技术的发展列为国家重点科学技术发展项目。

1. 发现并利用新现象

利用物理现象、化学反应、生物效应作为传感器原理，研究发现新现象与新效应是传感器技术发展的重要工作，是研究开发新型传感器的基础。日本夏普公司利用超导技术研制成功的高温超导磁性传感器是传感器技术的重大突破，其灵敏度高，仅次于超导量子干涉器件。它的制造工艺远比超导量子干涉器件简单，可用于磁成像技术，有广泛推广价值。

利用抗体和抗原在电极表面上相遇复合时会引起电极电位变化这一现象，可制出免疫传感器。用这种抗体制成的免疫传感器可对某生物体内是否有这种抗原作检查，如用肝炎病毒抗体可检查某人是否患有肝炎，而且检查快速、准确。美国加州大学已研制出这类传感器。

2. 利用新材料

传感器材料是传感器技术的重要基础，由于材料科学的进步，人们可制造出各种新型传感器。例如用高分子聚合物薄膜制成温度传感器，用光导纤维制成压力、流量、温度、位移等多种传感器，用陶瓷制成压力传感器。

高分子聚合物能随周围环境的相对湿度大小呈比例地吸附和释放水分子。高分子介电常数小，水分子能提高聚合物的介电常数。将高分子电介质做成电容器，测定电容容量的变化，即可得出相对湿度。利用这个原理可以制成等离子聚合法聚苯乙烯薄膜温度传感器。

3. 微机械加工技术

半导体技术中的加工方法有氧化、光刻、扩散、沉积、平面电子工艺、各向导性腐蚀及蒸镀、溅射薄膜等，这些都已引进到传感器制造中，生产了各种新型传感器，如利用半导体技术制造出硅微传感器，利用薄膜工艺制造出快速响应的气敏、湿敏传感器，利用溅射薄膜工艺制造出压力传感器等。

4. 集成传感器

集成传感器的优势是传统传感器无法达到的，它不仅仅是一个简单的传感器，而是将辅助电路中的元件与传感元件同时集成在一块芯片上，使之具有校准、补偿、自诊断和网络通信的功能，可以降低成本，增加产量。美国LUCAS、NOVASENSOR公司开发的这种血压传感器每星期能生产1万只。

5. 智能化传感器

智能化传感器是一种带微处理器的传感器，是微型计算机和传感器相结合的产物，它兼有检测、判断和信息处理功能，与传统传感器相比有很多特点。例如具有判断和信息处理功能，能对测量值进行修正、误差补偿，因而提高了测量精度；可实现多传感器多参数测量；有自诊断和自校准功能，能提高可靠性；测量数据可存取，使用方便；有数据通信接口，能与微型计算机直接通信。

如今传感器的发展日新月异，特别是20世纪80年代人类由高度工业化进入信息时代以来，传感器技术向更新、更高的技术发展。美国、日本等发达国家的传感器技术发展最快，我国由于基础薄弱，传感器技术与这些发达国家相比有较大的差距。因此，我们应该加大对传感器技术研究、开发的投入，缩短我国传感器技术与外国的差距，促进我国仪器仪表工业自动化技术的发展。

2.5.2　发展方向

向检测范围挑战，如传感器的量子化，可以检测极其微弱的信号。

向集成化、多功能化发展，由单一功能向多功能方向发展需要集成化。

向未开发领域挑战，如化学和生物传感器等。

向智能传感器发展，即具有判断能力、学习能力的传感器。

向创造能力的方向发展，创造能把"理念"和"思考"检测出来的装置。到目前为止，当代科学尚未解释清楚"思考"过程是怎么回事，这给后人提出了新的研究课题。

发展信号感受空间，从点向一维、二维、三维空间以及包含时间系列在内的四维空间发展。

可以预测，当人类跨入光子时代，光信息成为更便于快速、高效地处理与传输的可用信号时，传感器的概念将随之发展成为能把外界信息转换成光信号输出的器件。

2.6 选用注意事项

传感器的种类很多，在选用过程中，体现出它的灵活性。根据传感器的使用目的、技术指标、环境条件和成本等限制条件，从需要出发，掌握不同的侧重点，优先考虑它的主要条件。

2.6.1 选用要求

1. 测量项目要求

（1）测量目的。

（2）被测试量的选择。

（3）测量范围。

（4）输入信号的幅值、频带宽度。

（5）精度要求。

（6）测量需要时间。

2. 技术指标要求

（1）静态特性要求：线性度、灵敏度、分辨率、精确度和重复性。

（2）动态特性要求：稳定度和快速性。

（3）响应特性。

（4）模拟量与数字量。

（5）输出幅值。

（6）对被测物体产生的负载效应。

（7）校正周期。

（8）超标准过大的输入信号保护。

3. 使用环境要求

（1）安装现场条件及情况。

（2）环境条件（温度、湿度、振动、磁场、电场、大气压力等）。

（3）信号传输要求：距离和形式。

（4）所需现场提供的容量：附近有无大功率用电设备。

（5）"三防"要求：防火、防爆、防化学腐蚀。

4. 购买和管理维护的要求

（1）价格合理，保证质量。设计要结构简单、模块化，有自诊断能力，有故障显示等。

（2）零配件的储备充足。

（3）售后服务办法与保修时间。

（4）交货日期。

5. 电源要求

电源电压形式、等级、功率、电压波动范围、频率及高频干扰等。

除此之外，为了提高测量精度，显示值应在满量程的50%左右来选择测量范围。精度很高的传感器一定要精心使用。此外，还要考虑合理选择使用现场条件、主要安装方法，了解传感器的尺寸、重量等。从传感器的原理出发，联系被测对象中可能会产生的负载效应问题，选择合适的传感器。

2.6.2　选用原则与方法

如何根据测试目的和实际条件合理地选用传感器是经常会遇到的问题。为此，本节在对常用传感器的初步知识的基础上，就合理选用传感器的一些注意事项进行概略介绍。

选择传感器总的原则是，在满足对传感器所有要求的前提下，价格低廉、工作可靠、便于维修。

1. 选用原则

1）灵敏度

（1）一般传感器的灵敏度越高越好。灵敏度越高，传感器所能感知的变化量越小，被测量稍有微小变化，传感器就有较大的输出。但应防止外界干扰信号混入后与测量信号同时被放大器放大。为此，既要检测微小量值，又要干扰小。为保证这一点，往往要求信噪比越大越好。

（2）向量测量时，要求传感器在该方向的灵敏度越高越好，而横向灵敏度越低越好。在测量多维向量时，还应要求传感器的交叉灵敏度越小越好。

（3）输入量（被测量、干扰量）不能进入非线性区域。最大输入量不应使传感器进入非线性区域，更不能进入饱和区域。这里传感器的输入量不仅包括被测量，也包括干扰量，两者之和也不能进入非线性区。过高的灵敏度会缩小其适用的测量范围。

2）精确度

传感器的精确度表示传感器的输出与被测量真值一致的程度。传感器处于测试系统的输入端，传感器能否真实地反映被测量值，对整个测试系统具有直接影响。

然而，也并非要求传感器的精确度越高越好，还应考虑经济性。传感器精确度越高，价格越昂贵。因此，应从实际出发，尤其应从测试目的出发来选择。

首先应了解测试目的，判定是定性分析还是定量分析。如果是属于相对比较的定性试验研究，只需获得相对比较值即可，无须要求绝对量值，那么不必要求传感器的精密度太高；如果是定量分析，则必须获得精确量值，因而要求传感器有足够高的精确度。

3）可靠性

可靠性是指仪器、装置等产品在规定的条件下、规定的时间内可完成规定功能的能力，只有产品的性能参数（特别是主要性能参数）均处于规定的误差范围内，才能视为可完成规定的功能。

为了保证传感器在应用中具有高可靠性，事前需选用设计、制造良好，使用条件适宜的传感器。使用过程中，应严格保持规定的使用条件，尽量减轻对使用条件的不良影响。

例如电阻应变式传感器，湿度会影响其绝缘性，温度会影响其零漂，长期使用会产生蠕变现象。又如，对于变间隙型的电容传感器，环境湿度或浸入间隙的油剂会改变介质的介电常数。光电传感器的感光表面有尘埃或水蒸气时，会改变光通量、偏振性或光谱成分。对于磁电式传感器或霍尔效应元件，当在电场、磁场中工作时，亦会带来测量误差。滑线电阻式传感器表面有尘埃时，将引入噪声等。

在机械工程中，有些机械系统或自动化加工过程往往要求传感器能长期使用而不需要经常更换或校准。但其工作环境又比较恶劣，尘埃、油剂、温度、振动等干扰严重，例如，热轧机系统控制钢板厚度的射线检测装置、用于自适应磨削过程的测力系统或零件尺寸的自动检测装置等，在这种情况下应对传感器的可靠性有严格的要求。

4）线性范围

任何传感器都有一定的线性范围，在线性范围内输出与输入呈比例关系。线性范围越宽，说明传感器的工作量程越大。

传感器工作在线性区域内，是保证测量精确度的基本条件。例如，机械式传感器中的测力弹性元件，其材料的弹性限度是决定测力量程的基本因素。当超过弹性限度时，将产生线性误差。

任何传感器都难以保证其绝对线性，在许可限度内，可以在其近似线性区域应用。例如，变间隙型的电容、电感传感器，均在初始间隙附近的近似线性区内工作。选用时必须考虑被测物理量的变化范围，以保证其线性误差在允许范围以内。

5）响应特性

在所测频率范围内，传感器的响应特性必须满足不失真测量条件。此外，实际传感器的响应总有一定的延迟，但希望延时的时间越短越好。

一般来说，利用光电效应、压电效应的传感器，响应较快，可工作频率范围宽。而结构型传感器，如电感、电容、磁电式传感器等，往往受结构中的机械系统惯性的限制，它的固有频率低，可工作频率较低。

在动态测量中，传感器的响应特性对测试结果有直接影响，在选用时，应充分考虑被测物理量的变化特点（如稳态、瞬变、随机等）。

6）稳定性

传感器作为长期测量或反复使用的器件，其稳定性显得特别重要，其重要性远远超过精度指标。造成传感器性能不稳定的原因是：随着时间的推移或环境条件的变化，构成传感器的各种材料与元件性能发生变化。为了提高传感器性能的稳定性，应该对材料、元器件或传感器整体进行必要的稳定性处理。例如结构材料的时效处理、冰冷处理，永磁材料的时间老化、温度老化、机械老化及交流稳磁处理，电器元件的老化与筛选等。

在使用传感器时，如果测量要求较高，必要时也应对附加的调整元件、后接电路的关键元件进行老化处理。

7）屏蔽、隔离与干扰抑制

传感器可以看成一个复杂的输入系统。为了减小测量误差，应设法削弱或消除外界影响因素对传感器的作用，其方法归纳起来有两种：减小传感器对影响因素的灵敏度，降低外界因素对传感器实际作用的功率。

对于电磁干扰，可以采取屏蔽、隔离措施，也可以用滤波等方法进行抑制。由于传感器是感受非电量的器件，故还应考虑与被测量有关的其他影响因素，如温度、湿度、机械振动、气压、声压、辐射，甚至气流等。为此，需采取相应的隔离措施（如隔热、密封、隔振等），或者在变换为电量后对干扰信号进行分离或抑制，以减小影响。

8）零示法、微差法与闭环技术

这些方法可供设计或应用传感器时削弱或消除系统误差。

零示法可以消除指示仪表不准而造成的误差。采用这种方法时，检测量对指示仪表的作用与已知的标准量对它的作用相互平衡，使指示仪表指向零，这时被测量就等于已知的标准量。机械天平就是零示法的例子。零示法在传感器技术中的应用实例是平衡电桥。

微差法是在零示法的基础上发展起来的。由于零示法要求标准量与被测量完全相等，因而要求标准量连续可变，这往往不易做到。如果标准量与被测量的差别减小到一定程度，那么它们相互抵消的作用就能使指示仪表的误差影响大大削弱，这就是微差法的原理。

使用这种方法由于标准量连续可调，同时有可能在指示仪表上直接读出被测量的数值，因此得到广泛应用。几何量测量中广泛采用的电感测微仪检测工件尺寸的方法，就是利用电感式位移传感器进行微差法测量的实例。用该法测量时，标准量可由量块或标准工具提供，使测量精度大大提高。

随着科学技术和生产技术的发展，要求测量系统具有宽的频率响应，大的动态范围，高的灵敏度、分辨率与精度，以及优良的稳定性、重复性和可靠性。开环测试系统往往不能满足要求，于是出现了零示法基础上发展而成的闭环测试系统，这种系统采用了电子技术和控制理论中的反馈技术，大大提高了性能指标。这种技术用于传感器，即构成了带有"反向传感器"的闭环式传感器。

9）补偿与校正

有时传感器与测量系统误差的变化规律过于复杂，采取一定的技术措施后仍难满足要求，或虽可满足要求，但因价格昂贵和技术过分复杂而无现实意义。这时，可以查找误差的方向和数值，采取修正方法（包括修正曲线或公式）加以补偿或校正。例如，传感器存在非线性，可以测出其特性曲线，然后加以校正；存在温度误差，可在不同温度进行多次测量，找出温度对测量值影响的规律，然后在实际测量时进行补偿。上述方法在传感器或测试系统中已被采用。

补偿与校正可以利用电子技术通过线路（硬件）来解决，也可以采用微型计算机（通常采用单片微机）通过软件来实现，后者越来越多地被采用。

10）集成化与智能化

选用集成化与智能化的传感器将大大扩大传感器的功能，改善传感器的性能，提高性能价格比。

2. 选用方法

（1）查阅传感器手册，找出自己需要的传感器类别及其有关资料，进行选择。

（2）参考传感器生产厂家产品说明书，查阅传感器的规格、型号、参数、性能、工作原理、重量及安装尺寸。从产品系列中找出自己需要的品种。

（3）向使用和研究传感器的人员学习，了解他们使用传感器的经验和技巧，合理正确地选择传感器，少走弯路。

3. 传感器的测量

传感器在实际条件下的工作方式有：接触与非接触测量、在线与非在线测量等。

1）接触与非接触测量

在机械系统中，运动部件的被测量（例如回转轴的误差运动、振动、扭力矩）往往需要非接触测量。因为对部件的接触式测量不仅造成对被测系统的影响，且有许多实际操作困难，诸如测量头的磨损、接触状态的变动，信号的采集都不易妥善解决，也易于造成测量误差。采用电容式、涡电流式等非接触式传感器会方便很多。若选用电阻应变片，则需配以遥测应变仪或其他装置。

2）在线与非在线测量

在线测量是与实际情况更接近的测试方式，特别是自动化过程的控制与检测系统，必须在现场实时条件下进行检测。实现在线检测是比较困难的，对传感器及测试系统都有一定的特殊要求。例如，在加工过程中，若要实现表面粗糙度的检测，以往的光切法、干涉法、触针式轮廓检测法等都不能运用，取而代之的是激光检测法。实现在线检测的新型传感器的研制也是当前测试技术发展的一个方面。

决定传感器性能的技术指标很多，要求一个传感器具有全面良好的性能指标，不仅给设计、制造造成困难，而且在实际应用上也没有必要。因此，应根据实际的需要与可能，在确保主要指标实现的基础上，放宽对次要指标的要求，以得到高的性能价格比。在设计、制造传感器时，合理选择其结构、材料和参数是保证具有良好性价比的前提。

2.7　小　结

1. 本章是无线传感器技术的基础，介绍了传感器技术的相关静动态知识，即：
（1）传感器的静态、动态数学模型。
（2）传感器的静态、动态特性。
（3）传感器的静态、动态标定方法与技巧。
2. 传感器的结构、类型特点、选用方法、使用注意事项。
3. 传感器的现状与发展方向等内容。

2.8　习　题

1. 为什么说传感器技术是无线传感器技术的基础？
2. 无线传感器技术的理论基础，其相关静动态知识有哪几点？
3. 简述传感器的类型特点，及静态、动态标定方法与技巧。
4. 传感器在选择和使用时，要特别注意什么事项？

第 3 章
无线遥控技术

本章内容

- 了解无线遥控技术的无线电波、频率范围，无线发射器、无线接收器的组成原理，以及无线遥控技术的遥控特点。
- 掌握无线遥控专用器件的性能特点，8个工程应用案例中的技巧、方法、注意事项。

本章主要介绍无线电波、遥控特点、频率范围、发送接收器的组成、无线发射器（对发射器的要求、主振级、中频放大级、高频功率放大级、调制电路、鞭状发射天线）、无线接收器（作用、技术指标、接收电路）、无线专用器件、8个工程应用案例等。

值得一提的是，在这些案例中，介绍了最主要、最核心、最关键、最重要的内容——电路的组成及特点，供读者参考、借鉴。

3.1　电波及遥控特点

3.1.1　无线电波

为了了解什么是无线电波，我们可以用生活中常见的水波作比喻。把一块石头投进平静的水池中，则会以石头落水点为中心，出现许多由小及大的圆环，这就是水波，如图3-1所示。

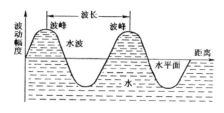

图 3-1　水波

实验证明，水波、声波和电磁波等，其波长、频率和波速的关系均可用下列公式表示：

波长 = 波速/频率　　　频率 = 波速/波长

式中，波长的单位是米（m），频率的单位是赫兹（Hz），波速的单位是米/秒（m/s）。

当强大的高频电流通过天线和地线时，在天线周围像石头投入水中一样出现电磁波。这是因为高频电流通过导线时，会在导线周围产生变化的磁场。它们相互依存，相互转化。变化的磁场又能在邻近的空间产生交替变化的电场，而变化的电场又能在邻近的空间产生交替变化的磁场。这种不断交替变化的电场和磁场越来越远地向周围空间传播。我们把这种交替变化的电磁场由近及远地在空间传播的过程叫作电磁波，如图3-2所示。

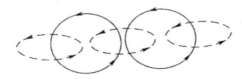

图 3-2　交变电场和交变磁场示意图

现代科学证明，在我们周围笼罩着各种频率的电磁波。许多电气设备和一切发热发光的物体都会辐射电磁波。例如人体所辐射的红外线也是电磁波的一种形式。

电磁波是客观存在的一种物质，它能在各种物质中传播，但各种物质对它的吸收能力强弱不同，某些物质（如钢铁等导体）能使电磁波在这些物质中迅速衰减。

电磁波具有波的一切特性，电磁波是能量传递的一种形式。电磁波在真空中的波速为300000 km/s。

电磁波的频率不同，其特性和用途也不同。频率在10kHz~300GHz的电磁波适用于遥控和通信。因此，把这个范围内的电磁波称为无线电波。

无线电遥控器就是利用电磁波的原理，将强大的高频信号（如电流）通过导线产生向远处传播的无线电波，同时接收端天线上产生同样的高频信号（电流）。实际上，无线电波起了把导线上的高频信号的能量传播到遥远的接收天线上去的作用。

3.1.2　遥控特点与频率范围

1. 遥控特点

无线电波遥控是使用无线电为载体来传送遥控命令的，具有较强的辐射能力。无线电波频率一般在几百千赫以上，通常也称为"高频"，使用无线电波频率传送遥控命令与红外或超声遥控相比具有无方向性，可以向四周辐射，能穿越墙壁和障碍物，遥控距离远。

无线电遥控的缺点是，容易引起互相干扰。为避免互相干扰造成误操作，也为避免其他众多的无线电发射装置所发射的无线电波对遥控装置的干扰，在实际应用中，必须采用编码技术。

2. 频率范围

为了防止无线电波遥控装置发射的无线电频率对其他无线电设备（如收音机、电视机等）造成干扰，无线电管理委员会专门划拨出了一些频率供业余无线电爱好者使用。常用的业余频率范围有27~38MHz、40~48.5MHz、72.55~74.5MHz、150.05~167MHz等。希望无线电爱好者在业余活动中，严格控制在国家规定的业余频率上，以免影响广播、通信等部门的正常工作。

3. 无线电波段划分及主要用途

无线电波按波长不同分成长波、中波、短波、超短波等。不同的波段有不同的用途，详见表3-1。

表 3-1　无线电波段划分及主要用途

波　段	波长（m）	频率（Hz）	主要用途
长波	30000~3000	10~100k	超远程无线电通信与导航
中波	300~200	100~1500k	无线电广播
中短波	200~50	1500~6000k	电报通信、业余通信
短波	50~10	6~30M	无线电广播、通信、业余通信
米波	10~1.0	30~300M	广播、电视、导航、业余通信
分米波	1.0~0.1	300~3000M	电视广播、雷达、无线电导航、无线电接力通信
厘米波	0.1~0.01	3000~30000M	
毫米波	0.01~0.001	30000~300000M	

3.2　发射器和接收器的组成

3.2.1　发射器的组成

1. 发射电路框图

发射电路一般由主振电路、中间放大、射频功放输出、编码和调制等部分组成，如图3-3所示。

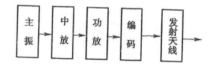

图 3-3　发射器组成框图

2. 主振环节

主振电路是一个高频正弦振荡器，用来生成载波信号。主振电路与红外和超声遥控中采用多谐振荡器不同，必须采用正弦波振荡器。正弦波振荡器由放大电路、正反馈电路、选频电路等部分组成。高频振荡器必须用LC回路为选频元件，但LC正弦振荡器的稳定性不能满足要求，使用石英晶体稳频，稳定度容易做到10^{-5}以上，而且不易受人体感应及分布电容影响，因此在实用射频遥控装置中必须使用晶体振荡器。

3. 中间级放大环节

中间级放大器是对载波进行放大，然后去推动高频功率放大器。中间放大器根据发射功率需要，可以由一级电路组成，也可以由多级电路组成。我们把高频功放输出与主振级之间的电路统称为中间级。

4. 功放输出环节

功放输出是对载波信号的功率放大，并用LC槽路滤除谐波成分，尽量保持载波信号为完美的正弦波送到天线发射。注意，这与红外遥控或超声遥控不同，在红外遥控或超声遥控中不要求载波信号为正弦波，特别是红外遥控恰恰相反，它希望以脉冲红外载波发射，以获取较大的发射功率。

5. 高频功率放大环节

由于主振级输出的高频载波功率很小，一般不能满足遥控距离的要求，需要进行功率放大后从天线送出，才能发射较远的距离。高频功率放大器的工作原理及调试方法与低频功率放大器差异较大，如果设计和调试不当，会使工作效率很低，难以输出有效功率，甚至完全不能工作并可能烧坏功率输出三极管。我们比较熟悉的音响电路的功率放大器一般工作于甲类（早期应用电路）和乙类（实际是甲乙类）状态，而高频功率放大器则工作于丙类状态。上述三种工作状态中，甲类效率低，波形好；乙类效率较高，但波形有失真；丙类效率最高，但失真也最严重。

6. 编码环节

编码器有二进制、五进制、八进制、十六进制、二—十进制及优先编码制等，常用的是二进制编码器。现以二进制编码器为例，假设一个电路有A3、A2、A1、A0四路输出线，其对应的电压值分别为3V、0V、0V、3V。其逻辑状态为高、低、低、高，即1、0、0、1，用二进制数表示为1001。由此可以看出，编码器可以实现多通道控制，具有电路结构简单、高可信度及很强的抗干扰能力，因此广泛应用于遥控电路中。

7. 调制环节

调制电路是把编码信号调制到高频载波上去，以便传输多种遥控命令信息内容，根据调制方法不同，可以在中间级、主振级或功放输出级实现。

3.2.2 接收器的组成

无线电接收装置的组成如图3-4所示。

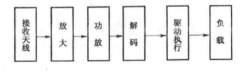

图 3-4 接收器组成框图

1. 接收天线

接收天线将所感应到的发射器发出的微弱的载波信号接收过来，然后对从天线上感应的各种频率信号进行选择，我们知道，空中充满了各种频率的电磁波，它们都能在天线上感应出微弱的信号，接收电路应能选择出我们所需要的信号。

2. 放大环节

因为从天线上得到的载波信号十分微弱（常常仅几微伏），所以必须对其进行多级放大和功率放大，并要求有足够的放大倍数，才能满足执行电路的要求。

3. 解码环节

将遥控命令信号（调制信号）从载体上"卸下来"，也就是要对调制了的载波进行解码，即将接收天线所感应到的微弱的载波信号放大后，恢复成遥控命令信号（即调制信号），并进行相应的译码，得到控制信号去驱动执行机构。

4. 驱动执行环节

根据遥控信号命令执行对负载的各种控制与操作。

5. 负载环节

负载即被控对象，可以是家用电器，也可以是各种不同的电器设备和装置等。

3.3　无线发射器

3.3.1　对发射器的要求

1. 对载波频率的稳定性的要求

载波频率的稳定性是无线遥控发射器的重要指标之一。与红外遥控和超声遥控相比，要求发射器的载波频率具有更高的频率稳定性，如果偏离接收装置的选频频段，将会导致"差之毫厘，失之千里"，使遥控器失灵。由于接收部分是在遥控接收器中安放的，遥控对象是在地面上空运行的，会受到空中相邻频道的信号和周围地理环境因素的干扰，因此接收器的接收频带不能设计得太宽，以保证载波频率的稳定性和发射器的可靠运行。

2. 对发射器的输出功率的要求

输出功率是遥控发射器的另一个重要技术指标。设计时应根据遥控距离的远近，保证输出功率略大于发射器的实际输出功率。如果输出功率过小，则发射不到接收器的接收距离；如果输出功率过大，则会造成浪费，使电路设计复杂化，同时也提高了成本。所以，在设计发射电路时，要把多方面的因素考虑进去，使发射器的输出功率达到理想化，以满足实际要求。

在设计时，要根据具体要求的输出功率灵活掌握。例如经常见到的儿童玩具遥控汽车、飞机，发射距离仅有几十米，发射功率为10~20mW（毫瓦）即可，电路设计省掉某个放大环节，就可以满足要求；对于航模、海模比赛，其活动半径在300~500m范围内，发射功率在100~200mW范围内即可，必须有功放级等电路。

3.3.2　主　振　器

主振电路一般采用石英晶体正弦波振荡器，正弦波振荡器由放大电路、正反馈电路、选频电路等组成，如图3-5所示。其中，图3-5（a）为串联型，图3-5（b）为并联型，图3-5（c）为常见晶体外形及符号。

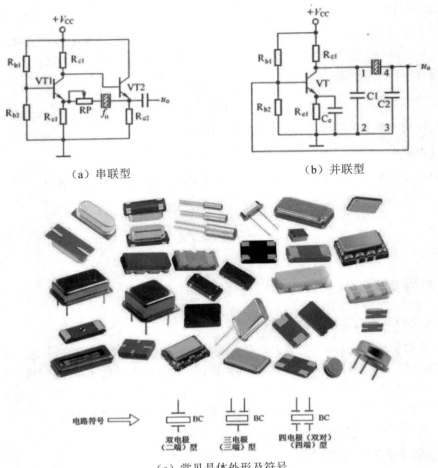

（a）串联型　　　　　　　　　　　（b）并联型

（c）常见晶体外形及符号

图 3-5　石英晶体正弦振荡器

1. 石英晶体振荡器

石英晶体振荡器是利用石英晶体固有谐振频率构成的一种高稳定度的正弦波振荡器,其频率稳定度高达10^{-10}（一般稳定度较好的电容三点式和电感三点式LC振荡器的频率稳定度在$10^{-4} \sim 10^{-5}$）,因而是一种应用十分广泛的正弦波振荡器。

2. 电感三点式 LC 振荡电路

如图3-6所示,这一电路与变压器反馈式振荡电路类似,只是其选频网络采用电感线圈。

L1和电容C1组成R1、R2为三极管的偏流电阻,与R3、12V电源共同确定静态工作点。在电路的交流等效电路中,C1、C2、C3以及直流电源V_{cc}、对交流均可视为短路。因此,电感线圈的三个端点分别与三极管的三个极相连,构成了三点式振荡电路。这时,可以用瞬时极性法来判断电路是否满足自激振荡的相位条件。当在输入端加一信号,且其瞬时极性为正时,U_C为负。由于电感顺接的同极性端接地,即反馈电压的瞬时极性对地为正,显然与输入电压同相,构成了正反馈,满足自激振荡的相位条件,因此发生振荡。根据需要选取L或C的不同参数,即可得到的振荡频率范围为25~100MHz的信号频率。其计算公式为:

$$f_0 \approx 1/2\pi\sqrt{LC}$$
$$L = L_1 + L_2 + \cdots \qquad\qquad (3\text{-}1)$$

反馈电压的大小取决于电感线圈抽头的位置。反馈电压越大，振荡越强，但容易引起失真；反馈电压过小，则不易起振。通常取反馈线圈的匝数为电感线圈总匝数的1/8~1/4，即可兼顾起振条件和波形的要求。

3. 电容三点式 LC 振荡电路

如图3-7所示，电容C1与电感L1组成选频网络，该网络与三极管的三个极相连，即构成电容三点式振荡电路。用瞬时极性法判断反馈极性如下：当在输入端加一信号，且其瞬时极性为正，在回路谐振时，呈纯阻，则U_C为负；晶体元件相当于电感，组成振荡电路时需配接外部电容，反馈电压取自电容C2（可画出等效电路）。瞬时极性为正，显然与输入电压同相，构成了正反馈。电容三点式LC振荡器又称考比兹振荡器，由于反馈电压是从电容引回到输入端的，因此又称电容反馈式LC正弦波振荡电路。

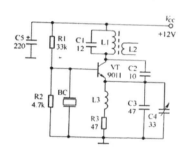

图 3-6　电感三点式振荡电路

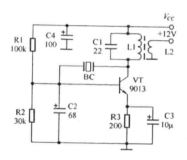

图 3-7　电容三点式振荡电路

L1、C1的调谐状态对电路的影响很大。当L1、C1的调谐频率高于晶体频率时，呈感性，电路不起振。加大L1，使谐振频率低于晶体频率，呈容性，电路起振。根据需要，选择晶振标称频率，调整L1或C1的参数，即可满足设计要求。

其计算公式为：

$$f_0 \approx 1/(2\pi\sqrt{LC})$$
$$C = C_1 C_2 /(C_1 + C_2 + \cdots + C_n) \qquad\qquad (3\text{-}2)$$

3.3.3　中频放大器

中频放大器的任务是对载波信号进行放大，然后去推动高频功率放大器。中间放大不一定就是一级，根据对发射功率的要求不同，中间级也可以由一级以上的电路组成。

中频放大器是保证整机灵敏度、选择性和通频带的主要环节，它是超外差式接收机中的关键部件。

1. 对中频放大器的要求

对中频放大器的基本要求是：

（1）合适而稳定的频率，即中频。

（2）适当的通频带。

（3）足够大的增益。

1）中频频率的选择

中频频率的高低与中放级的选择性和增益有关。显然，中频不能选在接收波段以内，否则将会大大减低对中频干扰的抑制能力。从提高选择性角度看，中频频率应选择低一些为好。工作频率越低，越容易把干扰信号去掉。另外，工作频率低，对所用晶体管的要求低，且工作稳定，增益也容易做得较高。

从另一个角度看，中频太低将会带来许多干扰，如镜像干扰、假响应等。如果镜像干扰频率为有用信号频率，在输入电路通频带以外，则易被消除；如果它正好落在中波段以内，则输入电路是难以消除的。

再看假响应干扰，假响应干扰信号的频率与所接收信号的频率差得很小，输入电路就很难抑制它。另外，中频用得太低时，本机振荡频率与输入电路的谐振频率相差就很小，变频器中的牵引现象将会很显著。

2）通频带

由于种种限制，通频带只有3kHz左右，最高也不超过5kHz。据此，中频放大器的通频带Δf相应地也应为6~10kHz。这是因为高频信号中包括上、下两边带，而每一边带的频宽等于音频调制信号的带宽，故中频放大器的通带应等于音频带宽的两倍。

在理想情况下，中频放大器在通频带内的增益应是均匀的，而在通频带以外则增益应为零，即要求中放的频响特性为矩形。实际上，要获得理想的矩形，频响特性是不可能的，但应尽可能接近矩形。

3）增益

为了提高整机的灵敏度，且满足大信号检波的要求，要求中放有尽可能大的稳定增益。考虑到增益太大时容易引起自激，使工作不稳定，故一般接收机的中放功率增益取50~70dB（分贝）。为了获得此增益，必须用两级以上的中频放大器。

4）稳定性

为了提高工作的稳定性，主要是要防止自激。在中频放大器中一般都采用以下几种措施提高稳定性：加中和电路，在供电电路中加去耦滤波电路，在级间耦合变压器（中频变压器）上采用屏蔽装置。

由于晶体管的极间电容较大，一般有几个皮法（pF），对465kHz的中频信号来说，其内部反馈量是相当可观的。对电阻性负载而言，晶体管集电极输出信号与基极输入信号的相位相反，经集电结电容GCB反馈的信号属于负反馈性质，其结果只是减小了一些放大器的增益，影响不大。但是，一般中放都用变压器耦合，当失谐时，负载将可能呈感性。

我们知道，在一个电感性元件上，其电流与电压相位将差90°，这时反馈可能会成为正反馈，形成自激振荡，因此，在中放电路中常接入中和电路。

2. 中频放大器电路

1）单调谐中频放大器电路

图3-8为典型的单调谐中频放大器电路。由于每级中放的增益只能做到30~40dB，而整机对中

放的增益要求是50~70dB，故一般接收机应有两级中放。其中T1、T2、T3为三个单调谐中频变压器；VT1、VT2为第1、2级中放管；VD1为二次AVC阻尼二极管；R5为VT1的射极自偏置电阻，C4为其旁路电容，用以消除交流负反馈；R8为VT2的射极电阻，其上未加旁路电容，利用负反馈作用稳定VT2的工作；R1、C2是AVC隔离滤波电路，使检波电路中的交流成分不进入中频放大器；电容量很小（约为几个皮法）的电容器C5为中和电容。

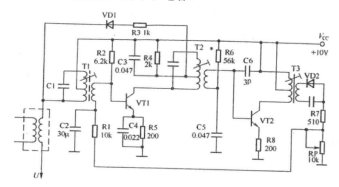

图 3-8 单调谐中频放大器电路

2）双调谐中频放大器电路

图3-9的电路虽然也是二级中放，但它的第一中放管VT1和变频级之间采用由T1、T2、C1组成的双调谐耦合电路。其中C1为耦合电容器。一中放和二中放（VT2）之间以及二中放和检波器之间的耦合则采用单调谐耦合。T3、T4可作参差调谐，也可以都调谐在465kHz，但它们的Q值应取低一些，以获得足够的通频带。电路中的其他部分与图3-9的类似，读者可以自己分析。

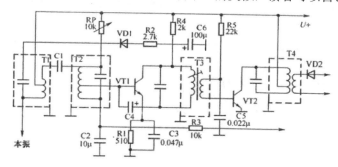

图 3-9 双调谐中频放大器电路

3.3.4 高频功率放大器

由于主振级输出的高频载波功率很小，一般不能满足遥控距离的要求，必须进行功率放大后从天线送出去，才能发射较远的距离。主振电路是一个高频正弦振荡器，用来生成载波信号。高频放大电路可采用分立元件的功率放大电路，也可采用集成功率放大器，如图3-10所示。

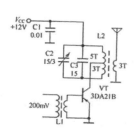

图 3-10 高频功率放大器

图3-10所示的高频功率放大器，功放管3DA21B的基极通过线圈

L1的次级接地，发射极也接地，所以功放管为零偏压。一般硅管的截止电压约为0.6V，该管的偏压低于0.6V，所以属于丙类放大器。电容C1是退耦旁路电容。L2、C2、C3组成并联谐振回路，谐振频率调在27MHz，其设计Q值较高，有较好的选频作用。虽然功放管集电极的电流是脉冲形状，由于场回路的谐振作用，把谐波成分都滤除掉了，LC并联电路两端得到的是完好的被放大了的正弦电压波，从L2次级得到的也是完好的正弦波。

综上所述，功放管虽然工作于丙类状态，但其以LC回路为集电极负载，属于"调谐放大器"，依然能对单一频率（或窄频带）的高频信号实现有效放大，并且效率较高。发射电路的中间级，尤其是输出级，一般都采用丙类放大器。此外，丙类调谐放大器适用于放大等幅信号，在一般的射频遥控装置中，以幅度键控的调制方式使用得很普遍，所放大的是断续的等幅载频信号，因此大多采用丙类放大器。

3.3.5 多调制电路

1. 基本概念

（1）载波：遥控信号比较微弱，不能直接用电磁波的形式辐射到空间中。因此，无线电遥控借助高频电磁波把低频信号携带到空间中。能够携带低频信号的等幅高频电磁波叫作载波。

（2）载频：载波的频率叫作载频。例如，中央人民广播电台其中一个频率是640kHz，这个频率指的就是载频。

（3）调制：高频电磁波携带低频信号，是通过用低频信号去控制等幅高频振荡来达到的，这个控制过程叫作调制。在无线电遥控电路中，把控制信号加装到载波上去的过程叫调制。

（4）调幅与调频：如果控制的是高频振荡的幅度，这种调制叫作调幅；如果控制的是高频振荡的频率，这种调制叫作调频。

图3-11（a）、（b）、（c）、（d）分别表示载波、低频信号、调幅波和调频波。

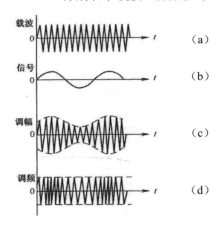

图 3-11　波形图

调制的过程是在发射机中完成的。在发射机中，高频振荡器产生载波，低频放大器把低频信号加以放大。载波信号和经过放大的低频信号同时送到调制器，产生已调制的高频振荡，再由高频放大器放大，最后通过天线发射出去。

（5）解调：接收机通过调谐回路选择出所需要的遥控信号，由检波器从已调制的高频信号中还原出控制信号。还原的过程叫作检波，或者叫作解调。解调是调制的反过程。由检波器还原出来的控制信号经过放大器放大，最后控制被控负载。

2. 调制电路

调制电路是把编码信号加装到高频载波上去由天线发射出去的电路。

调制在我们日常生活中并不少见，中频段收音机大多采用调幅方式，而彩色电视机的伴音通道则是调频的。收音机和电视机都是遥控的接收器。

1）调幅

调幅的目的是让载波的振幅随调制信号的变化而变化，频率始终不变。

遥控命令可以由音频信号或数字脉冲信号组成，要把这些遥控命令传送到接收端，需以无线电发射频率为载体，把由音频或数字脉冲信号所组成的遥控命令信号调制在载体上才能传送出去。由于音频信号的调制电路比较复杂，且有失真问题，因此现代遥控一般使用数字脉冲信号来组成遥控命令，常用的一种简单的调制电路称为"幅度键控"调制方式。

"幅度键控"调制方式的最终效果体现为高频载波等幅信号的"有"或"无"。例如，当调制信号为高电平"1"时，发射电路有高频载波发出，所发出的载波为周期幅度相等的等幅波；而在调制信号为低电平"0"时，则没有高频载波发出。"幅度键控"的做法是使用开关管对发射电路的供电回路实行开关控制，也可以只对发射电路中的功放输出级实行控制或只对本振级实行控制，控制信号即为调制信号，取自于组成遥控命令的数字编码脉冲信号。

遥控系统的调制电路就是把遥控编码信号（音频或脉冲数字电路）加到高频载波信号上的过程。要想把这些微弱的遥控信号发送出去，必须借助高频信号为载体，由发射电路高频载波发出。

图3-12使用PNP型三极管作为开关管，当在VT1基极输入调制信号为低电平"0"时，VT1截止，VT2基极无偏置电流，因此VT2也截止，发射电路不发射载波信号。而当输入调制信号为高电平"1"时，VT1导通，VT1集电极电流经R3给VT2基极提供偏流，加之12V电源给VT2的发射结提供正向偏置，其基极电流经过R3、VT1流向大地，而使VT2饱和导通。12V电源通过VT2输出给发射电路，于是发射电路就发射出载波信号。

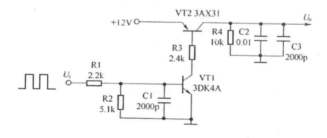

图 3-12　调制电路

电路中的C1、C2、C3均是旁路电容，为高频信号提供旁路之用。

2）调频

在调频电路中，使载波频率随调制信号的变化而变化，而振幅始终不变。与调幅相比，调频具有抗干扰能力强、性能稳定、频率偏移小等优点。调频信号本来应该是等幅的，由于在传输过程中受到各种干扰，使振幅产生起伏。为了消除干扰的影响，在鉴频器之前常用限幅器进行限幅，使调频信号恢复成等幅状态。

产生调频波的电路结构在电容三点式振荡电路的基础上略作改进即可，由于篇幅所限，这里不再赘述。下面介绍两种基本的调频电路。

（1）频率键控调频电路。调频也可采用类似"幅度键控"的方法。例如，在数字电路中，对频率较低的信号键控调频，可采用如图3-13所示的集成电路实现。图中采用一块74LS00（HCT400）四组2输入与非门集成电路，即内部有4块与非门，分别为IC1~IC4。其中IC1接成非门（反相器），IC2~IC4为与非门。当调制信号为高电平"1"时，IC2输出频率为f_1，经与非门IC4，送到放大器A进行放大。当调制信号为低电平"0"时，IC3输出频率为f_2，经IC4送到放大器A进行放大，即可从放大器的输出端得到调频信号。这种电路集成化比较简单，无须调整。

（2）二极管开关调频电路。电路如图3-14所示。电路中利用二极管单向导电的原理，开关二极管的状态受到调制信号电压的控制，当调制信号电压为高电平"1"时，通过电感线圈L2加在VD1、VD2两端的正向电压使其导通，开关处于接通状态，输出f_1频率信号；当调制信号电压为低电平"0"时，VDI、VD2反偏而截止，开关处于关断状态，输出f_2频率信号。

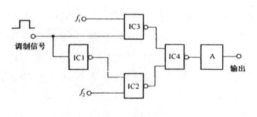

图 3-13 频率键控电路

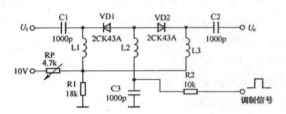

图 3-14 二极管开关电路

图3-14中，C1、C2、C3起隔直流通交流的作用，均为1000pF；VD1、VD2为开关二极管，选2CK系列；L1、L2、L3为高频扼流圈，起到防止高频信号短路通直流隔交流的作用；R1、R2给VD1、VD2提供反向偏置。

3.4 发射天线

3.4.1 鞭状发射天线

鞭状发射天线是无线电发射电路的一个重要组成部分。它是发射器的末端负载，功放级的载波信号必须由它向外发射出去，天线设置得正确与否，直接影响遥控信号的发射距离。

天线的种类很多。我们常见的有收音机的拉杆天线，电视机的圆环天线以及遥控器的鞭状天线等。在遥控电路中，常用的是导电橡胶鞭状天线，如图3-15所示。天线LC元件是分散布置的，便于向外发射电磁波。当高频电压进入天线后，天线内产生高频电流，并在天线附近产生交变的电场和磁场，由近及远地向四周传播形成的电磁波。

天线LC谐振电路有自己的谐振频率和波长，其波长 λ 等于4倍的天线长度L，即λ= 4L。在实际使用中，要求波长等于发射机发出的波长，天线才能从输出级得到最大功率。比如用27MHz的遥控器，则需要2.8m的鞭状天线。显然，2.8m的天线很不方便。为此，采用天线加电感法，即在天线上加入一段电感，既能保证谐振频率不变，又能缩短天线的长度。

为了使天线能从输出级取得最大的功率，同时具有较好的滤波效果，必须对天线进行调试。调试工作与功放输出级相类似，分为"调谐"和"调整"。"调谐"是使天线回路谐振在发射频率上，其方法是调节天线的长度或加电感线圈来实现。"调整"是指输出级 LC 回路与天线回路的耦合程度，使天线的等效谐振与输出级的临界负载电阻相匹配。

鞭状天线对周围环境的变化很敏感，例如操纵者手持发射机的姿态（坐、立、卧）不同、发射机距地面的高度（高山、深谷）不同、天线邻近物体的变化（例如有人、没人、金属导体、通信设备、仪器仪表）等，都将引起天线等效阻抗的变化，从而导致天线回路的失谐，降低发射功率。为此，在调试天线时，选择接近实际使用的环境条件，以求得真实的效果。调试方法如图3-16所示，其一是在谐振回路中串入一个毫安表，用来观察谐振后发射管的集电极电流变化，集电极电流越大，则天线辐射的场强也越强；其二是在天线附近放置一个场强计，用以观察场强计指针偏转的大小，来判断发射的强度变化。若电流表和场强计指针不再增加，则说明放大器调到了临界状态，此时天线获得了最大的辐射功率，则调试结束。

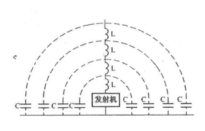

图 3-15　鞭状天线等效图

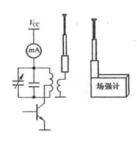

图 3-16　鞭状天线调试

3.4.2　全向天线

全向天线通常呈现薄壁圆筒形，并且在所有方向上都均匀地向远离圆筒的方向（而不是沿圆筒的长度方向）辐射信号。全向天线非常适合大房间或大面积区域的广覆盖，可以将天线放置在中心位置。由于全向天线在大面积区域内分发RF能量，因而其增益相对较低。

一种常见的全向天线是偶极天线（见图3-17左侧），某些型号的偶极天线采用铰接形式，可以根据安装方向向上或向下折叠，而其他型号的偶极天线则是固定式的，无法折叠。顾名思义，偶极天线有两根独立的导线，接通交流电之后可以辐射RF信号（见图3-17右侧）。偶极天线的增益通常在+2~+5dBi。

偶极天线通常都连接到安装在房间或走廊天花板上的WLAN设备上。大多数偶极天线长度都在3.5~5.5英寸之间，固定在房顶之后有碍美观，因而Cisco提供了多种可选的单极天线。

单极天线非常小，长度小于2英寸（见图3-18）。为了尽量减小尺寸，单极天线仅包含一根很短的导线。可以将单极天线视为折中后的偶极天线，其中的一段天线延伸到了无线设备之外，而另一段天线则以金属接地面的形式移到了无线设备内部，因而单极天线仅适用于拥有大而平的金属外壳的无线设备。虽然单极天线的辐射方向图与偶极天线相似，但在形状上不完全对称。2.4GHz和5GHz频带中的单极天线的典型增益是2.2dBi。

为了进一步减小全向天线的尺寸，许多Cisco无线AP（Access Point，接入点）的集成天线都隐藏在设备平坦外壳的内部，例如，如图3-19所示的AP中内嵌了6根小天线。

对于集成式全向天线来说，在2.4GHz频带中的典型增益是2dBi，在5GHz频带中的典型增益是5dBi。图3-20给出了集成式全向天线的E面和H面辐射方向图，E面和H面辐射方向图融合即可得到如图3-21所示的三维方向图。

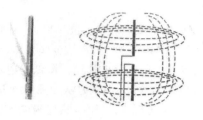

图 3-17　Cisco 偶极天线

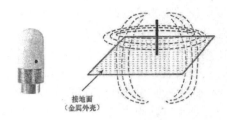

图 3-18　Cisco 单极天线

图 3-19　携带集成式全向天线的 Cisco 无线 AP

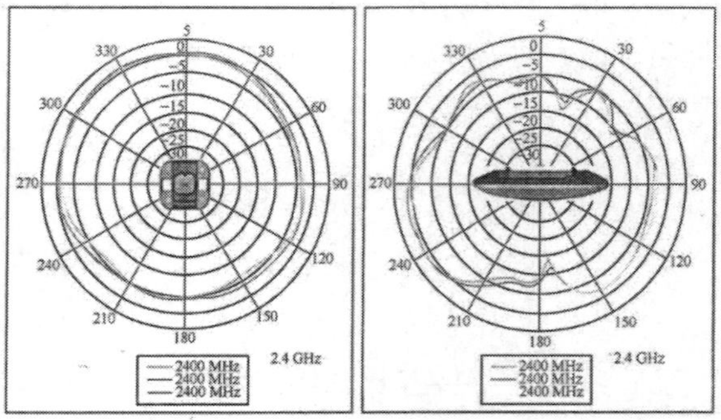

图 3-20　典型的集成式全向天线的 E 面和 H 面辐射方向图

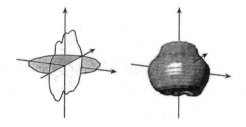

图 3-21　三维形式的集成式全向天线辐射方向图

3.4.3　定向天线

由于定向天线可以将RF能量聚焦到特定方向，因此定向天线的增益要大于全向天线的增益。定向天线的典型应用场景是狭长的室内区域，如走廊很长的房间或仓库中的走道。此外，定向天线也能覆盖远离建筑物的室外区域或者用于建筑物之间的长距离覆盖。

定向天线中的贴片天线是一种扁平的矩形天线（见图3-22），因而可以安装在墙壁上。

贴片天线产生的方向图呈宽大的蛋形，沿扁平的贴片天线表面向外延伸，其E面和H面辐射方向图如图3-23所示，两个面融合后得到的三维辐射方向图如图3-24所示，可以看到形成的定向方向图有些宽大。贴片天线的增益通常在6~8dBi（2.4GHz频带）和7~10dBi（5GHz频带）。

图3-25显示了八木宇田天线（Yagi-Uda Antenna）的情况。八木宇田天线得名于发明者的名字，通常简称为八木（Yagi）天线。虽然八木天线的外表类似于一个厚圆柱体，但天线是由长度逐渐递

增的几个并行单元组成的。

图 3-22　典型的 Cisco 贴片天线

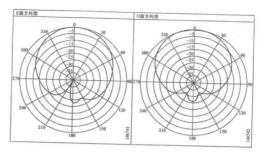

图 3-23　典型贴片天线的 E 面和 H 面辐射方向图

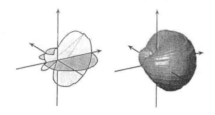

图 3-24　三维形式的贴片天线辐射方向图

图 3-25　Cisco 八木天线

图3-26给出了八木天线的E面和H面辐射方向图。可以看出，八木天线生成的是更加聚焦的蛋形辐射方向图，沿天线长度方向向外延伸（见图3-27）。八木天线在2.4GHz频带的增益是10~14dBi左右。Cisco不支持5GHz的八木天线。

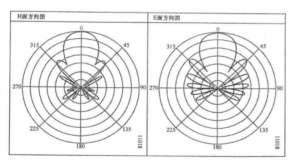

图 3-26　典型八木天线的 E 面和 H 面辐射方向图

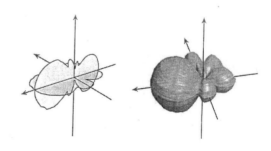

图 3-27　三维形式的八木天线辐射方向图

在视距无线路径上，RF信号必须使用窄波束才能进行长距传播。虽然定向天线专门用于完成该工作，但定向天线是沿着窄椭圆方向图聚焦RF能量的。由于目标仅有一个接收器，因此定向天线无须覆盖视线之外的其他区域。

抛物面天线（见图3-28）使用抛物面将接收到的信号聚焦到安装在中心位置的天线上。由于来自视距路径上的电波都会被反射到面向抛物面天线的中心天线单元上，因此抛物面的形状非常重要。发射电波则与此相反，发射电波正对着抛物面天线并且被反射，因而可以沿着视距路径向离开抛物面天线的方向进行传播。

图3-29给出了抛物面天线的E面和H面辐射方向图，两个面

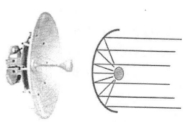

图 3-28　Cisco 抛物面天线

融合后得到的三维辐射方向图如图3-30所示。注意天线的方向图是狭长形的，并沿着远离抛物面天线的方向向外延伸。抛物面天线具有很好的聚焦能力，因而其天线增益能达到20~30dBi，是所有WLAN天线中增益最大的天线类型。

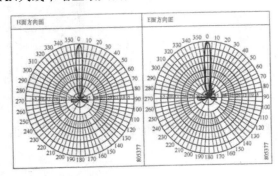 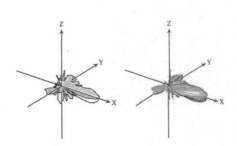

图 3-29　典型抛物面天线的 E 面和 H 面辐射方向图　　图 3-30　三维形式的抛物面天线辐射方向图

　　表3-2列出了每种天线的类型、样式以及典型的波束宽度及增益值，读者可以通过这张表对比各种天线的特性。需要注意的是，全向天线的波束宽度最大，随着定向天线的定向程度逐渐变窄；而天线增益正好与此相反，全向天线的增益最小，而定向天线的增益随着波束宽带的不断变窄而增大。

表 3-2　天线特性

类　型	样　式	波束宽度		增益（dBi）	
		H 面	E 面	2.4GHz	5GHz
全向天线	偶极	360°	65°	2.2	3.5
	单极	50	50°	2.2	2.2
	集成式	360°	150°	2	5
定向天线	贴片	50°	50°	6~8	7~10
	八木	50°	25°	10~14	-
	抛物面	5°	5°	20~30	20~30

3.5　无线接收器

3.5.1　技术指标

　　选择接收发射电路发出的载波信号放大后，恢复成遥控命令信号（即调制信号），并进行相应的译码得到控制信号，然后去驱动执行机构。接收头部分的任务是从天线上感应的各种频率信号中选择出我们需要的遥控信号，并对天线上感应出的微弱信号进行放大，将遥控命令信号（调制信号）从载体上分离出来，对调制了的载波进行解调。

1. 选择性

遥控电路的选择性表示接收电路选择遥控信号及抑制其他干扰信号的能力。

　　和收音机一样，如果选择电台的能力差，就会出现串台现象，特别在晚间。要想让遥控接收机从许许多多的高频信号中选出所需要的信号，就必须具有选择出所需遥控信号的频率，而抑制其他频率信号的能力。如果遥控接收机的选择性差，就会有别的发射装置发射的高频信号侵入，从而干扰接收装置的正常工作，甚至导致遥控器失灵或误动作。

2. 灵敏度

灵敏度表示接收器接收微弱信号的能力，灵敏度越高，遥控的距离越远。从天线上得到的感应电动势通常在几微伏左右，这就要求接收电路应具备足够的放大倍数。但放大倍数大了，噪声很可能把有用信号埋没掉，使接收机不能正常工作，所以又要求接收机有一定的信噪比，也就是输出的有用信号必须比噪声信号大一定的倍数。

3. 稳定性

环境条件的变化，例如气温变化、电源电压波动、空气湿度等的变化，会直接影响接收机的灵敏度、选择性或其他性能。但这些影响必须限定在一定的范围内，以保证接收机正常工作。我国幅员辽阔，南北温差很大，夏季南方的温度可以高达40~50℃；而在东北，冬季最低温度可能在零下30~40℃，此时南方温度为15℃左右。半导体元件的参数对温度变化比较敏感，因此在电路设计时要有一定的补偿措施。

4. 可靠性

遥控器的可靠性是指它的有效工作寿命，即指它能完成某一特定功能的时间。时间越长，则可靠性越高。反之，经常损坏，不能正常工作，则可靠性差。影响可靠性的因素有温度变化、振动、灰尘、酸碱腐蚀等。

在研究设备的可靠性时，对于不同的电子产品，无故障率、可靠度、失效率都是可靠性的度量指标。

3.5.2　接收电路

超再生电路和超外差电路不仅在收音机、电视机电路中被普遍应用，而且在无线电遥控接收电路中也常采用这两种结构形式。

1. 超再生接收电路

再生是指把高频放大输出信号的一部分以正反馈的方式送到输入端，使放大器的灵敏度和选择性都得到提高。超再生电路是指振荡电路自身产生的振荡电压比再生正反馈的作用还强，所以叫作超再生电路。超再生接收电路也称超再生检波电路，它实际上是工作在间歇振荡状态下的再生检波电路。通常再生接收电路由检波、低频放大、整形、解码等环节组成。而采用超再生接收电路仅用一级"超再生检波"就能完成信号选择、放大和解调功能。

使超再生电路工作的关键问题是让电路产生间歇式的高频振荡，而产生高频振荡必须具备间歇式的控制电压，这个电压通常叫熄灭电压，振荡频率约为20~60kHz，能影响高频振荡器的工作，使其振荡不是连续的，而是间歇的。这种间歇的振荡器振荡幅度受电路中的电压波动影响很大，反应灵敏。当超再生电路没有收到外来信号时，其输出的是连续不断的"沙沙"的噪声电压。而收到外来信号时，其输出的是调制信号。

需要指出的是，超再生电路检波的不是接收到的载波信号，而是由载波信号控制的振荡电路自身产生的振荡电压，该电压幅度越大，超再生接收电路的灵敏度越高。

超再生接收电路按照熄灭电压来源不同，可分为"他熄式"和"自熄式"两种。他熄式超再生接收电路由高频振荡和熄灭电压振荡两级组成。而在"自熄式"超再生接收电路中，高频振荡和熄灭电压振荡由同一个晶体管完成。

图3-31是一个实用的自熄式超再生接收电路。高频振荡由C1的正反馈形成，电路以间歇振荡形式工作。C3、L是确定高频振荡频率的谐振回路，当从天线收到的外来载波与

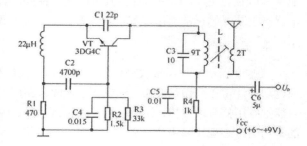

图 3-31　28MHz 超再生电路

其谐振或接近谐振时，在回路两端能产生较高的电压，而高频振荡的幅度受这个电压控制，因此C3、L的谐振频率便是超再生接收频率。L是在带磁芯骨架上用加0.5mm漆包线绕制而成，初级9匝，次级2匝。其余元件如图3-31所示，电路工作在28MHz。

一般再生检波电路在中波段工作时灵敏度很高，所以常用来制作简易晶体管收音机。对于工作于短波段的无线遥控设备，再生检波的灵敏度及稳定性都不符合要求。超再生检波在短波段具有很高的灵敏度，对接收的弱信号可放大几十万倍。因此，对于希望电路简单、灵敏度高，而对选择性和信噪比要求不高的简单无线遥控通信设备（如防盗器等产品），超再生检波电路还是很有实用价值的。

2. 超外差式接收电路

"超外差"是指本级振荡信号与外来输入信号之间产生一个固定的差频，这个差频就是中频信号频率465kHz。超外差式接收电路在检波、低放之前，其结构和功能与普通的收音机完全相同，它由本机振荡电路产生振荡信号，与接收到的载频信号混频后，得到中频（一般为465kHz）信号，经中频放大和检波，解调出数据信号。由于载频频率是固定的，因此遥控接收机电路要比收音机简单一些。

遥控接收机与收音机相比，调幅收音机一般没有高放级，而遥控电路为增加灵敏度增加了一级高频放大；另一个主要区别是普通收音机输入谐振回路的电容（或电感）是可调可变的，而且要求本振频率必须始终高于接收频率一个"中频"（465kHz），而遥控接收电路载频频率是固定的。例如采用调频超外差接收机，只需在鉴频之前增加限幅放大，所采用的解调电路是鉴频电路，而不是检波电路，其余部分基本相同。

超外差接收机灵敏度可达-100~104dBm，而且外围元件少，集成化程度高，适合大规模生产。超外差接收机有声表稳频和LC稳频两种，LC稳频的灵敏度高，可达-104dBm，但是稳定性稍差；而声表稳频的灵敏度约为-100dBm，稳定性好。

超外差接收机对天线的阻抗匹配要求较高，要求外接天线的阻抗必须是50Ω，否则对接收灵敏度有很大的影响，要尽可能减少天线根部到发射模块天线焊接处的引线长度，如果无法减小，则可用特性阻抗50Ω的射频同轴电缆连接。

3. 超再生与超外差比较

超再生式接收机因具有电路简单、成本低廉等优点而被广泛采用。超外差接收机虽然价格较高，

但温度适应性强，接收灵敏度更高，而且工作稳定可靠，抗干扰能力强，产品的一致性好，接收机本振辐射低，无二次辐射，性能指标好，容易通过FCC或者CE等标准的检测鉴定，符合工业使用标准。

3.6　专用器件

无线电遥控组合器件很多，本节在国内外生产的器件中选择几种，主要介绍它们的结构、参数和功能。常用的遥控组合器件有RX5019/5020无线遥控发射与接收组件、TDC18008/1809遥控专用器件、RCM1A/RCM1B发送与接收组件以及与应用有关的LM555/LM555C系列美国国家半导体公司生产的时基电路等。由于篇幅所限，有些器件在应用举例时再介绍。

3.6.1　RX5019-20 发射—接收器件

RX5019/5020是一对无线遥控发射/接收专用组件。使用时其工作频率固定后不易变化，电路简单，安装方便，只要将引线接上电源和信号即可投入使用。它们既可以单独使用，也可以组合在一起使用，是一种非常理想的无线电遥控组合器件。

为了提高传输质量，提高灵敏度与选择性等技术指标，使用RX5019/5020组件组合的遥控电路，在实际操作过程中，应注意尽量选择开阔地带或高坡上，在室内使用应将天线伸出窗外，并将天线垂直向上全部拉出，并远离噪声源。

1. 外形结构

RX5019/5020无线遥控发射/接收专用组件的外形及外形尺寸如图3-32所示。

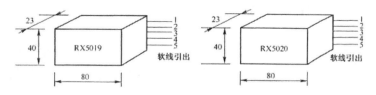

图 3-32　RX5019/5020 遥控组件外形图

2. 引脚功能

引脚功能见表3-3。

表 3-3　引脚功能

引脚号	引脚颜色	RX5019 引脚功能	RX5020 引脚功能
1		发射天线同轴电缆线芯	接收天线同轴电缆线芯
2		发射天线同轴电缆屏蔽层	接收天线同轴电缆屏蔽层
3	红	电源正端 V_{DD}	电源正端 V_{DD}
4	蓝	信号输入端 CP	信号输入端 CP
5	黑	电源地端 GND	电源地端 GND

3. 电气参数

RX5019/5020无线遥控发射/接收专用组件典型电气参数如表3-4所示。

表 3-4   RX5019/5020 电器参数表

参数名称	RX5019 典型值	RX5020 典型值	单 位
射频输出功率	≥5		W
载波功率	30	30	MHz
调制方式	FM	FM	
调制频偏	±3		kHz
工作电压	12±2	12±2	V
工作电流	≤1	≤0.02	A
输入调制信号幅度	1V（峰峰值）		
输入信号阻抗	600		Ω
输入信号幅度		200	mV
输出阻抗		600	Ω
工作方式	连续工作时间不超过 2 小时		

3.6.2 LM555-C 时基电路

LM555/LM555C系列是美国国家半导体公司的时基电路。我国和世界各大集成电路生产商均有同类产品可供选用，是使用极为广泛的一种通用集成电路。LM555/LM555C系列功能强大、使用灵活、适用范围宽，可用来产生时间延迟和多种脉冲信号，被广泛用于各种遥控电路中。

555时基电路有双极型和CMOS型两种。LM555/LM555C系列属于双极型，优点是输出功率大，驱动电流达200mA。而另一种CMOS型的优点是功耗低、电源电压低、输入阻抗高，但输出功率小得多，输出驱动电流只有几毫安。

另外，还有一种双时基电路LM556，14脚封装，内部有两个相同的时基电路单元。

特性简介：直接替换SE555/NE555O定时时间从微秒级到小时级有无稳态和单稳态两种工作方式，可调整占空比，输出端可接收和提供200mA电流，输出电压与TTL电平兼容，温度稳定性小于0.005%/℃。

应用范围：精确定时、脉冲发生、连续定时、频率变换、脉冲宽度调制、脉冲相位调制。其封装形式与引脚如图3-33所示，引脚说明见表3-5。

表3-6列出的各厂商的同型号电路均可直接代换。

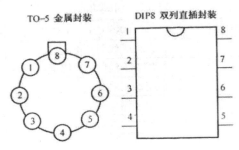

图 3-33   LM555 封装与引脚图

表 3-5　LM555 引脚说明

引 脚 号	符 号	功能说明
1	GND	地线
2	YR	触发
3	OUT	输出
4	RES	复位
5	CV	控制电压
6	TH	阈值
7	DIS	放电
8	V_{CC}	电源

表 3-6　同型号电路代换表

国家半导体	摩托罗拉	德州仪器	日 电	飞 利 浦	日 立	西格尼蒂克
LM555	MC1455	NE555	μPC1555	CA555	HA17555	SE555

LM555 的极限参数如表 3-7 所示。

表 3-7　LM555 的极限参数

电源电压		+18V
耗散功率	LM555H、LM555CH	760mW
	LM555N、LM555CN	1180mW
工作温度范围	LM555C	0℃~+70℃
	LM555	−55℃~+125℃
存储温度范围		−65℃~+150℃
焊接信息		
双列直插封装（DIP）	锡焊（10s）	260℃
小外形封装（SOP）	汽相焊（60s）	215℃
	红外焊（15s）	220℃

注：对于运行在更高温度环境下的器件必须降低额定值使用。额定值是在环境温度为 25℃，最高结温 +150℃，接到环境的热阻是在 164℃/W（TO-5）、106℃/W（DIP）和 170℃/W（SO-8）的条件下测得的。集成锁相环路解码器 LM567 是美国国家半导体公司生产的 56 系列集成锁相环路中的一种，其同类产品还有美国 Signetics 公司的 SE567/INE567 等。LM567 是一个高稳定性的低频集成锁相环路解码器，由于其良好的噪声抑制能力和中心频率稳定性而被广泛应用于各种通信设备中的解码以及 AM、FM 信号的解调电路中，主要用于振荡、调制、解调和遥控编、译码电路，如电力线载波通信，对讲机亚音频译码、遥控等。

集成块 LM567 为通用音调译码器，当输入信号在通带内时提供饱和晶体管对地开关，电路由 I 与 Q 检波器构成，由电压控制振荡器驱动振荡器确定译码器中心频率，用外接元件独立设定中心频率带宽和输出延迟。

LM567 为 8 脚直插式封装，其引脚功能如图 3-34 所示，引脚定义及外围元件连接方法如图 3-35 所示，内部结构如图 3-36 所示。LM567 内部包含两个鉴相器 PD1 及 PD2、放大器 AMP、电压控制振荡器 VCO 等单元电路。鉴相器 PD1、PD2 均采用双平衡模拟乘法器电路，在输入小信号的情况下（约几十毫伏），其输出为正弦鉴相特性，而在输入大信号的情况下（几百毫伏以上），其输出转变为线性（三角）鉴相特性。锁相环路输出信号由电压控制振荡器VCO产生，电压控制振荡器的自由振荡频率（即无外加控制电压时的振荡频率）与外接定时元件RT、GT的关系为：$f_0 \approx 1/1.1RTCT$。

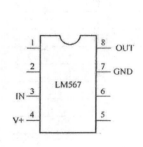

图 3-34　LM567 引脚功能

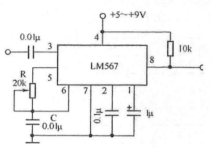

图 3-35　LM567 内部连接图

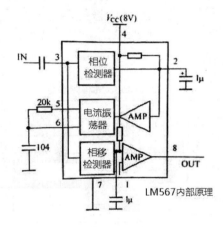

图 3-36　LM567 内部原理图

　　选用适当的定时元件，可使LM567的振荡器频率在0.01Hz~500kHz范围内变化，电路工作时，输入信号在鉴相器PD1中与VCO的输出信号鉴相，相差信号经滤波回路滤波后，输出与相差呈一定比例的电压信号，用于控制VCO输出频率f_0跟踪输入信号的相位变化。若输入信号频率落在锁相环路的捕获带内，则环路锁定，在振荡器的输出频率与输入频率二者之间，只有一定相位差而无频率差。

　　环路用于FM信号解调时，2脚输出的经过滤波后的相差信号可作为FM解调信号的输出，而当环路用于单音解调时，电路则利用PD2输出的相差信号。

　　PD2的工作方式与PD1略有不同，它是利用压控振荡器输出的信号f_0经90°移相后再与输入信号进行鉴相，是一个正交鉴相器。在环路锁定的情况下，PD2的两个输入信号在相位上相差约为90°，因而PD2的输出电压达到其输出范围内的最大值，再经运算放大器AMP反相，在其输出端输出一个低电平。AMP的输出端为OC输出方式，低电平输出时可吸收最大100mA的输出电流。该端口的低电平输出信号除可由上拉电阻转换为电压信号以与TTL或CMOS接口电路相匹配外，还可直接驱动LED及小型继电器等较大负载。值得一提的是，接在2脚的环路滤波电容C2与内部电阻一道构成锁相环的RC积分滤波器，该滤波器的时间常数在很大程度上决定了锁相环路的环路带宽BW的大小。当BW较大时，捕获范围大而稳定性差；减小BW则正好相反，其稳定性较好而捕获范围变小。LM567的环路带宽BW可由下式计算：

$$BW = 1070(v_i/f_0C_2)^{1/2}$$

（3-3）

3.6.3 TDC1808-09 遥控专用器件

TDC1808/1809射频无线发射/接收专用模块可以方便地构成各种无线遥控装置。该模块具有体积小、传输距离远、抗干扰性能强等特点，用它构成的遥控电路无须收、发天线，无方向性，不受障碍阻挡，弥补了超声波和红外线遥控电路所存在的缺点，使用灵活，简单方便。

其外形及引角如图3-37所示，引脚功能如表3-8所示。

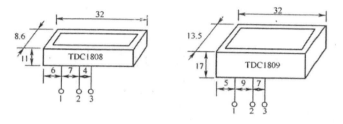

图 3-37 TDC1808/1809 外形及引角

表 3-8 引脚功能

引 脚 号	TDC1808 引脚功能	TDC1809 引脚功能
1	电源正极	解调信号输入
2	电源负极	电源正极
3	解调信号输入极	电源负极

TDC1808/1809遥控发射/接收模块应用频率范围很广。发射模块TDC1808在出厂时已将发射频率调在250~350MHz，可提供10种频率。另外，TDC1808在使用时还具有A、B两种连接方法：无调制的信号或外接各种调制信号发射，例如音频或数码调制等。因此，可外接各种调制信号来构成发射电路，TDC1808的工作电压出厂时定为9V，该厂也可以为用户生产1.5~18V电源电压的发射模块。接收模块TDC1809的工作电压为5.1V，如需要5V以下的工作电压，也可向该厂定做。

3.6.4 RCM1A-1B 发射接收器件

RCM-1A与RCM-1B采用配对的微型无线电发射与接收模块，该模块已将高频模拟电路发射与接收天线及数字电路融于一体，经配对调好后，用环氧树脂密封组装而成，具有微功耗、工作电压范围宽、输出电平高、体积小巧、性能稳定、控制方式灵活等优点，因而被广泛用于无线电遥控电路中。

RCM-1A 与 RCM-1B 发射/接收模块工作频率在250~300MHz，出厂时频率在此范围是随机的，但至少可提供A、B、C、D四种互不干扰的工作频率，以保证室内有几组遥控装置时互不干扰。遥控距离为8m左右。当发射模块RCM-1A采用功率增强型（II型）时，遥控距离可达25~36m。

其引脚如图3-38所示。发射模块RCM-1A有两个引脚，1脚为电源负极，2脚为电源正极，其电源电压为3~12V，在3V时电源供电时，工作电流为0.7mA。接通RCM-1A的电源

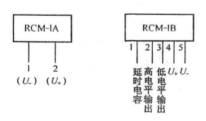

图 3-38 RCM-1A/RCM-1B 引脚图

后，它的内置天线即发射250~300MHz的信号。

接收模块RCM-1B有5个引脚，其中1脚为延时电容端，2脚为高电平输出端，3脚为低电平输出端，4脚为电源正端，5脚为电源负端。RCM-1B的电源电压范围为4.5~6V，工作电流为1.2mA，接收频率为250~300MHz。接收模块RCM-1B在没有收到RCM-1A发射的信号时，其2脚输出低电平，3脚输出高电平；反之，当它接收到RCM-1A发射的信号时，2脚输出高电平，3脚输出低电平。利用RCM-1B的2、3脚高低电平的转换可组成多种控制方式。RCM-1B的1脚外接的延时电容，可以延时2、3脚高低电平的转换，以提高电路的抗干扰能力。

3.7　工程应用案例

本节将介绍无线集成块RX5019-20收发器、TDC1808-09收发器、RCM1A-1B收发器、儿童老人丢失报警器、遥控窗帘器、音式收发装置、门铃收发装置、家电遥控装置，共8种。

在这些案例中，将介绍最主要、最核心、最关键、最重要的内容——电路的组成及特点，供读者参考、借鉴。

3.7.1　RX5019-20收发器

1. 发射电路

（1）电路组成

本电路由RP、时基电路NE555、发射器件RX5019、发射天线及外围元件等组成，如图3-39所示。

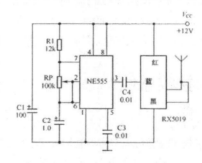

图 3-39　集成块发射电路

（2）工作原理

RX5019组成的发射电路中，时基电路NE555构成多谐振荡器，RP用来改变振荡频率，其频率调解范围在1~100kHz，其载波频率为30MHz，振荡信号从C4耦合进入RX5019，再由天线向外发射出去。在无阻挡环境中，发射距离可达3~5km，在城市楼群中可达1~3km。若在固定场合使用同轴电缆与架设在高处的拉杆天线相连接，在空中的信号传输可达8km。RX5019的信号输入既可以是语音信号，也可以是各种音频振荡信号、音乐IC信号或话筒信号等。

2. 接收电路

接收电路中的RX5020接收到发射电路发出的信号后，经由电容C1耦合至音频译码器LM567本身的输入端，当LM567本身的固有频率与发射频率一致时，其第8脚将输出低电平，继电器K吸合，使RX5020的输出信号直接连接耳机，也可以经一级放大后接扬声器等负载工作，LM567自身固有频率的调整由电位器RP来完成。它的优势是发射范围大、距离远，但电压要求高，如图3-40所示。

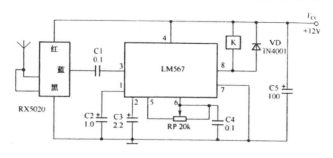

图 3-40　接收电路

3.7.2　TDC1808-09 收发器

发射模块TDC1808既可发射非调制信号，也可外接调制源来发射调制信号。接收模块TDC1809可接收由TDC1808发射的高频信号，并具有解调功能。其载波频率在250~300MHz范围可调，大约有10种频率可供选择。

1. 发射电路

如图3-41所示的发射电路中，采用TDC1808发射模块，当按下S接通9V电源后，由VT1和VT2组成的振荡电路产生的高频振荡信号，经电阻R7送到TDC1808发射模块，发射电路将发射出经方波调制的射频信号。

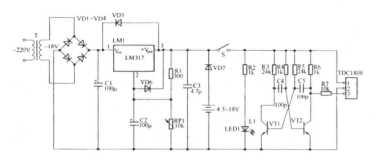

图 3-41　集成块 TDC1808 构成的遥控发射电路

2. 接收电路

在如图3-42所示的接收电路中，按下开关S，接通5V电源，TDC1809接收到发射信号并经解调后，由其1脚输出，送入音频解码器NE567的3脚进行选频解码，然后NE567的8脚输出低电平去控制执行机构工作。

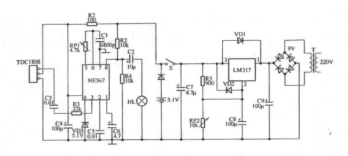

图 3-42 集成块 TDC1809 构成的遥控接收电路

为了满足发射电路和接收电路电源分别为9V和5.1V的要求，在发射和接收电路中均采用三端稳压可调电源供电。根据需要，移动使用时，可采用干电池。

3.7.3 RCM1A-1B 收发器

发射电路只用一块无线发射模块A1构成，接收器则由微型无线接收模块A2、微功耗单稳态触发器A3等部分组成，如图3-43所示。

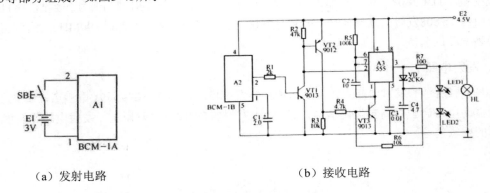

（a）发射电路 　　　　　（b）接收电路

图 3-43 RCM 系列集成电路遥控电路

利用RCM系列集成电路做成的简单收发无线遥控电路具有简单实用、发射距离短等特点。

1. 发送电路

发射电路采用RCM-1A专用发射模块，使用3V电源供电，接通电源后就向四周发射无线电遥控信号。

2. 接收电路

在接收器中，时基电路A3与三极管VT3等构成设计独特的微功耗单稳态触发器，平时三极管均处于截止状态，故A3的电源负端V_{ss}（即1脚）与地断开，集成块处于失电状态，因此不消耗电能，同时3脚也不输出电压。此时整机待机电流仅A2的静态电流加上硅三极管的穿透电流，总和不足1mA。如不采取特别设计，时基电路NE555的静态耗电要高达5~10mA。

当按下SB时，接收模块的2脚输出高电平，VT1~VT3随之相继导通，时基电路A3得电工作，由于VT1导通，其集电极即时基电路的触发端2脚为低电平，故时基电路A3进入暂稳态，输出端3脚输出高电平，一路经R7点亮发光管LED1与LED2发光，同时两只发光管又兼做稳压管，输出约

3.2V直流电压向外供电。另一路经二极管VD向C4充电，因充电时间常数极小，C4很快充满电荷，并经电阻R6向三极管VT3馈送基极电流，使VT3自锁。当松开发射按钮SB时，接收模块的2脚恢复低电平，虽然VT1、VT2由原来的导通状态转为截止状态，但VT3仍能保持导通，故A3仍能正常工作。在暂态时A3内部放电管截止，7脚悬空，正电源就可以通过R5向电容C2充电，使集成块的阈值端6脚电平不断升高，当经过$T=1.1R_5C_2$时，6脚电平升至2/3Vcc，A3复位进入稳定态，3脚输出低电平，同时内部放电管导通，所以7、1脚被放电管短接，C2所充电荷将通过A3的7、1脚放电。由于电容C4的存在，虽然3脚输出低电平时，LED熄灭，但VT3仍能维持短暂的导通状态，其目的是使A3能维持短暂工作，使内部放电管保持导通状态，以便让C2快速放电，为下次遥控提供充电条件。待C4电荷基本放完后，VT3恢复截止，电路回到原先的待机状态。

3. 元件选择

A3可选用NE555、SL555、μA555等时基集成电路。VT2采用9012型硅PNP三极管，$\beta \geqslant 100$。其余三极管均可采用9013型硅NPN型管，$\beta \geqslant 100$。VD为2CK6型开关二极管。LED1、LED2可用普通圆形红色发光二极管。E1为两节7号电池，以缩小发射体积；E2可用1号电池三节。电阻全部采用RTX-1/8W型碳膜电阻器。C3采用CT1型瓷介电容器，其余电容均用CD11-10V型电解电容器。

3.7.4　儿童或老人丢失报警器

本无线电遥控器，在儿童或高龄老人身上戴上一个发射器，在监护人身上带一个接收器。当儿童或高龄老人离开监护人（家长或保姆）3~4m时，监护人就会接到报警声，由于距离不远，很快可以找到，不易丢失。该装置适用于节假日，商场、闹市等人群拥挤的场合。

该装置由发射器和接收器组成，其电路组成及原理分析如下。

1. 发射器电路

发射器电路如图3-44所示。当VT3导通后，给VT1、VT2加上正向偏压，VT1、VT2组成的自激多谐振荡器开始工作，产生频率为1600~1800kHz的高频等幅振荡信号，经L1、L2和C1谐振选频回路，调整C1的大小，选取需要的发送信号频率，经磁棒天线发射出去。

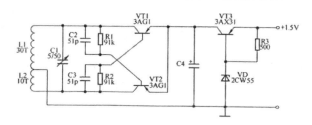

图 3-44　发射器电路

其中L1、L2分别用纱包线绕制80和40匝，微调电容C1为5~30pF，其他见图。

2. 接收器

接收器电路如图3-45所示。接收器天线L1接收到发射器发送的信号后，经L2和C1调谐回路选出与发射器同频率的遥控信号，由于接收的信号很微弱，经VT1、VT2、VT3进行多级放大，推动四声集成音乐片工作，由于输出功率较小，经末级VT4放大后，使扬声器Y工作，发出音乐声，提醒监护人寻找附近的儿童或老人。

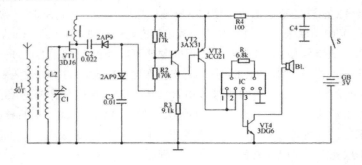

图 3-45 接收器电路

3.7.5 遥控窗帘器

这里介绍的遥控电动窗帘能在距窗口3~5m的距离内有效地控制窗帘的拉开和拉合，既方便了主人，又给家庭增添了现代情趣。这种遥控电动窗帘分为发射机和接收机两大部分，电路简单，取材方便，制作和调试也较容易。

1. 发射机的制作

1）电路工作原理

遥控电动窗帘的发射机电路如图3-46所示，由晶体管VT1、VT2共同组成电感三点式LC推挽振荡器，该三点式振荡器的工作原理较为复杂，读者可参考3.2节。电路中的R1、R2为偏置电阻，C3、C4为反馈电容，C1与L1构成并联谐振回路，调节C1的容量，即可调谐发射机的振荡频率，振荡频率在28~30MHz范围内。L2是天线耦合线圈，它可将L1中的高频等幅振荡信号耦合过来，并由天线向周围空间发射出去。

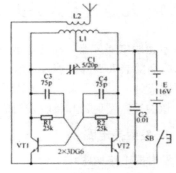

图 3-46 遥控电动窗帘的发射机电路

2）元器件的选用

VT1、VT2为任何型号的NPN型小功率硅管，可选用的型号很多，如3DG6C、3DG8C、3DK3等。

要求两管的$\beta>80$，且两管的f值相近。这两只晶体管的工作频率较高，衡量晶体管工作频率的重要参数是特征频率f_T，它的定义是：随工作频率的升高，晶体管的β值要下降，f_T是β下降为1时的工作频率，在这里要求两管的$f_T>200$MHz。C1为5/20pF的半可变瓷介电容器；C3、C4为50~100pF的云母或瓷介电容；R1、R2的阻值在调整时确定，阻值为15~50kΩ。

L1用直径1.0mm的镀银线或漆包线在直径12mm的圆棒上绕10圈，绕好后在6圈处用导线焊出一抽头，然后抽出圆棒将线圈拉伸至25mm长，做成空心脱胎线圈。

L2用直径0.9mm的镀银线或漆包线在直径9mm的圆棒上绕4圈，抽出圆棒后拉长至7mm。在焊接使用时，将L2装入L1内。

电源E的电压可在9~15V之间选用，电压高，发射功率就大一些。为了缩小发射机的体积，这里采用积层电池。发射机内部结构如图3-47所示，制作好的发射机如图3-48所示。

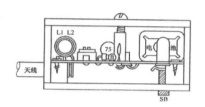

图 3-47　发射机内部结构图

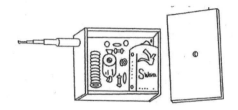

图 3-48　制作好的发射机示意图

2. 接收及机械部分的制作

1）电路工作原理

接收部分的电路如图3-49所示，它由遥控接收电路和一个双稳态电路共同构成。遥控接收的原理很简单，由天线接收到的发射机发射的信号，经电容C6耦合到由L3、C5构成的谐振回路，然后将信号送入二极管进行检波，再经C7、L4、L5滤波后送至VT3、VT4、VT5组成的放大器放大。电路中的L$_G$为干簧管线圈，当无接收信号时，VT5的输出电流很小，L$_G$中产生的磁场无法使干簧管吸合，当接收到发射机发出的信号指令时，晶体管VT5的集电极电流猛增，使得干簧管线圈中的磁场大大增强，干簧管被吸合。

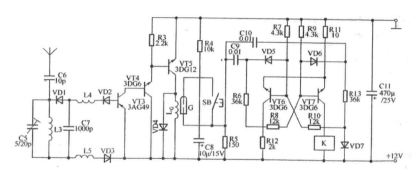

图 3-49　遥控窗帘接收电路

双稳态电路由晶体管VT6、VT7组成，当接通电源时，VT6、VT7必有一管截止，另一管饱和，这是由它的电路结构决定的。假定VT6处于截止状态，也就是说VT6的集电极电位近似等于电源电压，这个电压经过R8和R9的分压加到VT7的基极上。如果电路参数选得恰当，就可以使VT7获得足够大的基极电流，因而使VT7工作在饱和导通状态。因为VT7处于饱和状态，所以VT7的集电极电位接近于零，VT7的集电极电压又经R12、R7的分压加到VT6的基极上，由于VT6和VT7的发射极上串有电阻R11，只要R1、R7的阻值适当，就能使VT6的基极电位低于发射极电位，因此保证了VT6处于稳定的截止状态。如果不改变电路的工作条件，电路就一直处于这个稳定状态（VT6截止，VT7导通）。由此可见，在双稳态电路中，一管的截止保证了另一管的饱和导通，而另一管的饱和导通又保证了这一管的截止，两管的截止或饱和状态交替进行，互相制约。

值定在饱和导通管VT7的基极上加一个幅值足够大的负脉冲信号（也就是在VT7的基极上加一个作用时间很短的负输入信号），于是VT7的基极电位下降，基极电流减小，如果减小到一定程度，将使VT7退出饱和状态，其集电极电位升高。由于VT7的集电极电压通过R12和R7的分压加到VT6的基极上，使得截止管VT6的基极电位升高并退出截止状态。这时即使加在VT7基极上的负脉冲已经不存在（因为它的作用时间很短），但是由于VT6的集电极电位已经降低，晶体管已进入放大区工作，通过R8、R9的分压耦合，也会使VT7的基极电位进一步降低，使得其集电极电流也更小。这样循环往复，进行一环扣一环的连锁反应，VT7的基极电位越来越低，VT6的基极电位越来越高，直到VT7截止，VT6饱和导通，这个过程才停止，于是双稳态电路在这个新的状态（VT7截止，VT6饱和导通）下稳定下来。在外加信号的作用下，双稳态电路从一个稳定状态过渡到另一个稳定状态的过程叫作翻转。如果此时再给VT6的基极加一个负脉冲，电路又会重复上述过程翻回VT7饱和、VT6截止的状态。

电路中的C8上充有很高的电压（约等于电源电压），当接收电路接收到发射机发出的信号时，干簧管被吸合，C8的负极与C9、CIO接通，这相当于在VT6、VT7的基极上同时加了一个负脉冲，由于负脉冲只对饱和的晶体管起作用，此时双稳态电路翻转，进入一个新的稳态。当发射机再次发出信号，干簧管再次吸合时，电路又被触发翻回原来的状态。串在VT7集电极回路上的继电器K也随着双稳态电路而动作。当继电器吸合时，发射机发射信号使继电器释放，再次发射时，继电器又重新吸合。电路中的SB为手控按钮开关。

电机控制电路如图3-50所示，K1、K2为接收电路中继电器的触点，S1、S2为自制的限位开关。当继电器吸合时，K1和K2的中间簧片与常开触点接通，电源通过S1、S2给电机供电，电机转动，我们称它正转，开始拉动窗帘。当窗帘拉合后，设在拉线上的挡块使S2断开，这时电机因断电停止转动。若想把窗帘打开，可再发射遥控信号，使得继电器释放。从图3-50中看出，K1、K2的中心簧片与常闭触点接通，电机因电源反接而反转，拉开窗帘。当拉到一定位置时，设在拉线3V上的另一挡块使限位开关S1断开，电机因电源切断而停转。电机与传动机械结构如图3-51所示，限位开关结构如图3-52所示。

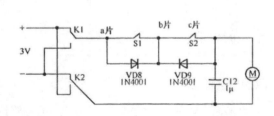

图 3-50　电机控制电路

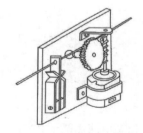

图 3-51　电机与传动机械结构

接收部分的电源采用220V交流电降压整流后获得，电源部分的电路参见图3-53。其中整流后的12V电源供给接收电路，整流后的3V直流电源供给小型直流电机。

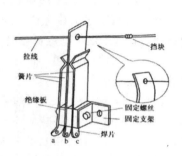

图 3-52　限位开关结构

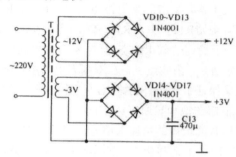

图 3-53　接收部分的电源电路

（2）元件选择

VT3采用NPN型高频小功率锗管，要求ff_T>200MHz，β>80，图3-49中所标的型号为3AG49，可采用的型号还有3AG50、3AG75~77等；VT4、VT6、VT7为NPN型的小功率硅管，可选用的型号很多，如3DG4、3DG6、3DG8等。其中VT3、VT7的0值最好相等，且β在50~100为宜。VT5为NPN型中功率硅管，可选用耗散功率700mW的管子，如3DG12、3DK4等。VD1~VD3为2AP9型锗检波二极管，VD4~VD7可采用2CP10型整流硅管。VD8~VD17在电路中起电源整流的作用，可采用价格便宜的1N4001型。电路中的阻容元件数值均如图3-49中所标，全部电阻均采用1/8W小型碳膜电阻。

L3用直径为0.9mm的漆包线在直径为9mm的圆棒上绕15圈后脱胎制成；L4、L5利用200kΩ以上的1W电阻作为骨架，在其上用直径为0.1mm的漆包线乱绕10圈制成。

干簧管线圈L_G需自制，干簧管G可采用市售成品。L_G的制作方法是在干簧管的两端胶粘两片硬塑料片作为骨架，用0.08~0.1mm的高强度漆包线在其上乱绕3000圈即可。

3.7.6　音式收发装置

1. 性能特点

接收端利用普通收音机的耳机插孔输出的音频信号，再加少许电路构成，所以装置制作调试的难度大为降低，成本也低。遥控的距离决定收音机的灵敏度和发射端的功率，一般可有数百米。

2. 发射器电路原理

发射端的电路如图3-54（a）所示。晶体管VT1、VT2及其外围阻容元件构成载波振荡器，振荡频率在短波（SW）或中波（MW）频段内。电感L2和电容C1组成振荡器的谐振回路，决定载波频率的高低。VT5、VT6等构成音频振荡器，振荡频率为500~1000Hz。音频信号对载波信号的调制通过VT3、VT4等实现，VT3、VT4的工作状态受音频信号控制。VT3导通，载波振荡器起振；反之，则停振。这样载波信号被调制，调制波耦合到L1上，由天线向外发射。

3. 接收器电路原理

如图3-54（b）、（c）所示，把插头XP插入收音机的耳机插座XS，当收音机接收到发射机的信号后，从XS输出的音频信号由VD1、VD2、C2整流滤波，所得的直流信号加到由VT1、VT2构成的复合管的基极，使其导通，继电器KD因此吸合。KD吸合，可以利用它的常开与常闭触点接到任意负载电路中，实现接通或断开的无线遥控。

4. 元器件的选用

当利用收音机短波接收时，线圈用Φ0.5mm漆包线在Φ10mm骨架（内装收音机磁芯）上间绕14匝作为L2，中心抽头，在L2的匝间绕3~5匝作为L1。C1可用20pF高频瓷片电容。

当利用收音机中波接收时，L1、L2用多股纱包线在中波磁棒上平绕70匝作为L2中心抽头，在L2上平绕25匝作为L1。C1可用270pF的单连可变电容器。

高频扼流圈L3用Φ0.07~0.1mm漆包线在1/4W、1MΩ的电阻上乱绕80~100匝即可。继电器KD的选用要根据负载大小，如用JTX或JQX系列的直流12V继电器，则电源变压器T按输出10V/0.3A的要求设计制作。其余元器件的选用可参考图3-54所示的规格、型号和参数。

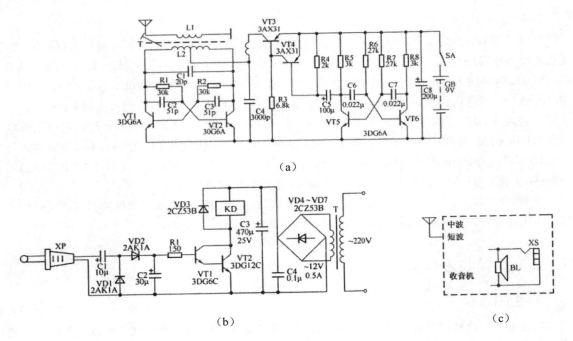

图 3-54   遥控电路原理图

5. 制作调试

发射端的工作时间很短，电源可配用叠层电池，所以可把发射端做得较小以便于携带。接收端的电路比较简单（收音机除外），可用一个简易机壳安装在被控设备近旁。

调试时应与收音机配合，首先开启收音机，选择合适的波段，开大音量，调节调谐旋钮至无台处，然后调整发射器电路中L2的磁芯，或者改变C1的容量，使收音机能接收到信号为止；然后将XP插入XS，此时图3-54（b）中C2两端应有直流电压，使VT1、VT2导通，KD吸合。

3.7.7   门铃收发装置

采用TDC1808和TDC1809专用无线电遥控发射/接收模块组成的遥控电路，可以对门铃进行遥控，使电路简化，降低成本。遥控距离在15~60m，适用于高层建筑。

1. 工作原理

1）发射电路

图3-55是遥控发射器电路原理图。三极管VT1和VT2组成多谐振荡器，在VT2的集电极产生20kHz/2.5V的方波信号，经R5限流后送入遥控发射模块IC（TDC1808）的输入端，在其内部进行脉冲调制，最后由内部天线将300MHz的无线电波发射出去。

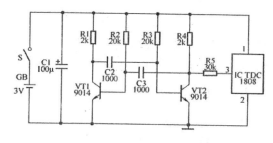

图 3-55　遥控发射电路

2）接收电路

接收电路如图3-56所示。当遥控接收模块IC1（TDC1809）接收到发射器发出的无线电波时，内部电路即将接收信号解调成方波信号，并从其输出端1脚送到IC2的3脚，然后由IC2进行选频解码。当5、6脚外接的R1、C3时间常数与送入的方波频率一致时，8脚由高电平变为低电平，触发双音门铃集成电路IC3（KD-156）的8脚，IC3输出信号，经VT放大后，推动扬声器发出"叮咚"声或鸟叫声。

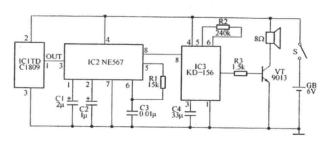

图 3-56　遥控接收电路

3）音乐片 KD-156

KD-156是浙江萧山晶龙电子有限公司生产的集成电路音乐片，其电路结构如图3-57所示。有兴趣的读者可以组装一个不需要遥控的音乐门铃。两个按钮分别按下去，则发出"叮咚"声和鸟叫声。

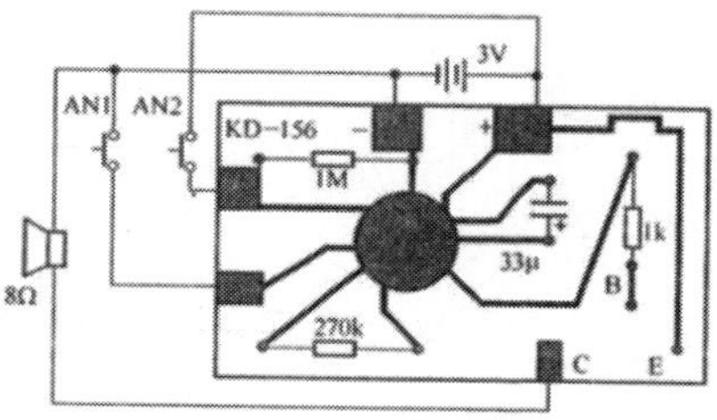

2. 元器件选择

IC选用TDC1808专用无线电遥控发射模块。VT1、VT2均选用9014三极管。

图 3-57　KD-156 音乐片接线图

IC1选用TDC1809专用无线电遥控接收模块，IC2选用NE567集成块，IC3选用KD-156集成块，VT选用9013三极管。其他元器件的选用如图3-55和图3-56所示，无特殊要求。

可将两节5号或7号电池（3V）作为电源，这时有效控制距离可达30m。如果想扩大控制距离，可以提高电源电压，但电压不宜超过12V。

3.7.8　家电遥控装置

本装置可以让你下班回到家中，吃上电饭锅、微波炉已做好的饭菜；酷暑盛夏，空调已提前开启，给你带来舒心的凉爽。本装置可以节约时间，给你的生活提供方便，它可以在3km以内，在你下班前半小时，按一下按钮即可。

1. 工作原理

本装置由发射电路和接收电路两部分组成。

1）发射电路

发射电路如图3-58所示。集成电路IC1（NE556）与外围元件R1、R2、C1、C2构成脉冲振荡器，IC2为固定载频无线发射组件。IC2根据IC1调制频率信号，经发射天线发射出去，控制接收机双路电源插座（即欲遥控开启电路的电源插座）。

2）接收电路

接收电路如图3-59所示。IC3为无线接收组件；IC4为锁相环音频译码器，其5、6脚外接电阻、电容，确定内部压控振荡器的中心频率。因此，IC4作为单频率信号检测仪，检测信号由3脚输入。当输入信号频率与中心振荡频率一致时，其8脚就由高电平变成低电平。IC4的中心频率与发射机的调制频率相一致，此时按一下发射机按钮SI，IC4的8脚变成低电平，继电器K得电吸合，常开触点闭合，接通XS1、XS2电源插座。当你下班前半小时，只需按一下S1，将接通XS1、XS2并联的电源插座（根据需要，可多并联几个插座），实现远距离遥控家电的目的。

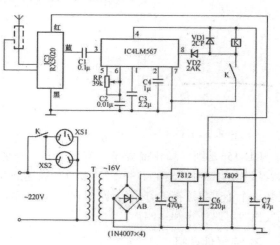

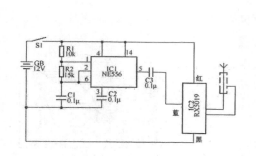

图 3-58　发射电路　　　　　　　　　　图 3-59　接收电路

3）电源电路

直流稳压电源电路经变压、桥式整流、滤波、三端稳压7812和7809分别输出12V和9V，给接收电路供电。发射机电源可采用12V干电池供电。

2. 元器件选择

IC1为双时基集成电路NE556。IC2、IC3采用无线发射/接收组件RX5019、RX5020。RX5019有4根引线，红线接电源正极，蓝线是信号输入端，黑线接电源负极，同轴电缆接天线。RX5020的蓝线为信号输出端，其余引线功能与RX5019相同。IC4选用锁相环音频译码器LM567。

变压器T采用220V/16V、5~8W小型交流变压器。按钮S1为微型常开按钮，K均采用直流9V的JRX-13F小型继电器。其他元件参数见图3-59的标注。

3.8　小　结

1. 本章主要介绍了无线遥控技术的无线电波、频率范围。
2. 无线发射器（对发射器的要求、主振级、中频放大级、高频功率放大级、调制电路、鞭状发射天线）。
3. 无线接收器（作用、技术指标、接收电路）。
4. 6种专用器件的性能、特点。
5. 8个工程应用案例：集成块RX5019-20收发器、TDC1808-09收发器、RCM1A-1B收发器、儿童老人丢失报警器、遥控窗帘器、音式收发装置、门铃收发装置、家电遥控装置等。

3.9　习　题

1. 无线遥控的波段（无线电波）分为哪几种，频率范围是多少，有什么用途？
2. 发射电路、接收电路分别由哪几部分组成？
3. 无线发射、无线接收分别有哪几种，各有什么特点？
4. 无线遥控典型的应用案例有哪8个？
5. 为什么说案例中介绍的最主要、最核心、最关键的东西是电路的组成及特点？

红外线遥控技术

- 了解红外线的特性、红外遥感基础（特性、定律）、辐射性质、传输方程、遥感载荷、常用传感器（发光二极管、光电二极管、光电三极管）结构特性、热释电传感器结构特性。
- 掌握红外遥控原理、设计要点、设计方法、设计技巧，以及典型应用案例中的关键技术。

　　本章主要介绍红外线的基本概念、红外遥感基础（特性、定律）、辐射性质、传输方程、遥感载荷、常用传感器（发光二极管、光电二极管、光电三极管）的结构特性、遥控专用集成电路、遥控原理、设计举例，及5个典型应用案例（单通道红外遥控、家用多路红外遥控、9功能遥控、商品语音介绍机、湿手烘干器等）；以及热释电传感器（结构特性）与3个典型应用案例（人体移动检测、防盗报警、红外遥控）。

　　值得一提的是，这些案例中，介绍了最主要、最核心、最关键、最重要的内容——电路的组成及特点，供读者参考、借鉴。

4.1　概念与特性

4.1.1　基本概念

　　响尾蛇能靠它头部的热敏器官分辨出千分之一摄氏度的温度变化，人类借助响尾蛇的这一特殊功能研制出了红外探测器和遥控导弹系统。

　　红外线遥控是利用波长为$0.76\sim1.5\mu m$的近红外线传递控制信号的。

　　红外线是一种不可见光，是太阳光谱的一部分，实质上是一种电磁波。由图4-1所示电磁波的波谱可知，和可见光相邻的红外线（包括远红外、中红外和近红外）的波长范围在$0.76\sim1000\mu m$，其中近红外线波长范围在$0.76\sim1.4\mu m$。

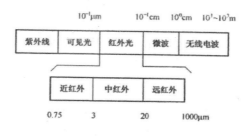

图 4-1　电磁波的波谱

红外线已在工业、农业、国防、日常生活、医疗卫生等多方面得到了广泛的应用，例如红外线加热、红外线治疗仪、红外线通信、金融保安监控系统、红外线遥控等。

4.1.2　基本特性

（1）红外线最大的特点是具有光热效应，能辐射热量，它是光谱中最大的光热效应区。

（2）红外线是介于可见光和微波之间的一种电磁波，因此它具有两相邻波的某些特性。在近红外区，它和可见光相邻，因此具有可见光的某些特性，如直线传播、反射、折射、散射、衍射等性质。

（3）在远红外区，由于它邻近微波区，因此它具有微波的某些特性，如具有较强的穿透能力，能穿透大部分半导体和一些塑料等某些不透明物质。

（4）红外线（光）在真空中的传播速度为 3×10^8 m/s。

（5）红外线在介质中传播会产生衰减，特别在金属中传播衰减很大。

（6）大部分液体对红外线吸收非常大；气体对其吸收程度各不相同，大气层对不同波长的红外线存在不同的吸收带。根据研究证明，波长为 1~5μm 和 8~14μm 区域的红外线能较好地穿透大气层。

（7）红外线具有很好的隐蔽性和保密性，环境光线对它的影响很小，抗干扰能力强，且使用这种发射、接收器件的电路简单而无特殊的环境要求。

（8）自然界中，不论任何物体，也不论其本身是否发光（指可见光），只要其温度高于绝对零度（-273℃），都会一刻不停地向周围辐射红外线。只是温度高的物体辐射的红外线较强，温度较低的物体辐射的红外线较弱。红外线摄像、红外线夜视、热释电红外探测以及某些导弹的瞄准等都是利用红外线的这一特性工作的。

4.2　红外遥感基础

4.2.1　辐射参数

所有的物质，只要其温度超过绝对零度，就会不断发射红外辐射。常温的地表物体发射的红外辐射主要在大于 3μm 的中远红外区，又称热辐射。热辐射不仅与物质的表面状态有关，而且是物质内部组成和温度的函数。在大气传输过程中，热辐射能通过 3~5μm 和 8~14μm 两个窗口。热红外遥感就是利用星载或机载传感器收集、记录地物的这种热红外信息，并利用这种热红外信息来识别地物和反演地表参数，如温度、湿度和热惯量等。

1. 辐射通量

在单位时间内通过某一表面的辐射能量Q（单位是J）称为辐射通量（Radiant Flux）Φ，单位是W。

2. 辐射通量的空间密度

在单位时间内通过单位面积的辐射能量称为辐射通量的空间密度F，单位是W/m^2。当具体考虑辐射的发射和入照时，可分别使用辐射出射度和辐射照度。

3. 辐射出射度与辐射照度

在单位时间内，从单位面积上辐射出的辐射能量称为辐射出射度M，单位是W/m^2。其意义是：在单位面积（m^2）上的辐射功率（W）。

在单位时间内，单位面积上接收的辐射能量称为辐射照度E，单位是W/m^2。

4. 点辐射源的辐射强度

点辐射源在某一给定方向θ上单位立体角内的辐射通量称为辐射强度（Radiant Intensity）$1(\theta)$，单位是$W \cdot sr^{-1}$。$1(\theta)$表示点辐射源在单位时间内在θ方向的单位立体角内所发射的能量。

5. 面辐射源的辐射亮度

辐射源在某一方向的单位投影面积在单位立体角内的辐射通量称为辐射亮度（Radiance）$L(\theta)$，单位是$W \cdot m^{-2} \cdot sr^{-1}$。辐射亮度$L(\theta)$是有方向的，$\theta$是面元的法线与辐射方向之间的夹角。$L(\theta)$表示辐射源在方向$\theta$上，垂直于该方向的单位投影面积，在单位时间、单位立体角内所发射的能量。

点辐射源辐射能力的测量仅使用辐射强度；面辐射源，尤其是在考虑微分面元或有限面积的辐射时，既可以使用辐射强度，也可以使用辐射亮度。此时，对于那些辐射亮度$L(\theta)$与θ无关的辐射源，称为朗伯源。朗伯源的辐射强度满足：

$$l(\theta) = l_0 . \cos\theta \tag{4-1}$$

朗伯源的辐射亮度L等于$\theta = 0$时的辐射强度l_0。单位面积朗伯辐射源向2π空间的总辐射出射度M为πL。

对于平行辐射，辐射能是在同一方向传播的，射线所张的立体角为零，不能应用辐射亮度的概念。一个接受平行辐射的表面所得到的辐射能量只决定于该面与射线垂直方向上的投影面积。

6. 辐射光谱和辐射通量的谱密度

太阳、地球及大气等不同的物体，发射（吸收）的性质不同，它们的辐射能量随波长的分布也互不相同。例如，大气主要在红外波段发射，且能量随波长的变化明显；太阳辐射的能量随波长的变化比较连续，主要集中在可见光波段。设一个物体的辐射出射度为M（$W \cdot m^{-2}$），在波长λ至$\lambda + d\lambda$间隔的辐射能为dM，则：

$$M_\lambda = \frac{dM}{d\lambda} \tag{4-2}$$

M_λ是单位波长间隔中的辐射出射度，是波长的函数，称为分光辐射出射度，或辐射通量谱密度。不同辐射性质的物体，其M_λ具有不同的函数形式，不仅取决于物体的性质，而且取决于物体所处的状态，如温度等。辐射光谱是指辐射能按波长的分配，M_λ随波长λ变化的曲线称为辐射光谱曲线，如图4-2所示（20世纪4月1日上午10点测量的北京顺义地区冬小麦冠层辐射亮度）。

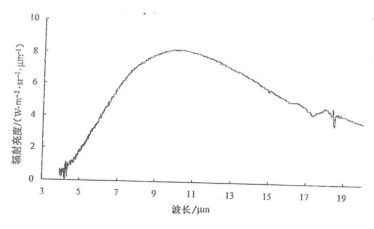

图 4-2　辐射光谱曲线

7. 吸收率、反射率和透过率

如图4-3所示，投射至物体的辐射能为Q_0，其中被吸收部分为Q_λ，被反射的部分为Q_R，透射出去的部分为Q_T，各部分能量遵守能量守恒原理，即：

$$Q_0=Q_A+Q_R+Q_T \tag{4-3}$$

物体的吸收率α表征该物体吸收辐射能量的能力，等于被吸收的能量除以投射至物体的总能量：

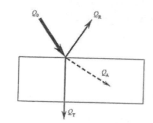

图 4-3　吸收、反射、透射关系示意图

$$\alpha=Q_A/Q_0 \tag{4-4}$$

物体的反射率P表征该物体反射辐射能量的能力，等于被反射出去的能量除以投射至物体的总能量：

$$\rho =Q_R/Q_0 \tag{4-5}$$

物体的透过率τ表征物体透射辐射能量的能力，等于透射出去的能量除以投射至物体的总能量：

$$\tau=Q_T/Q_0 \tag{4-6}$$

根据能量守恒原理，有：

$$\alpha+\beta+\tau = 1 \tag{4-7}$$

8. 黑体和灰体

如果某一物体对任何波长的辐射都能全部吸收，即$Q_{A\lambda}= Q_{0\lambda}$，$A_\lambda$不随波长而变，$A_\lambda\equiv$随波长$R_\lambda=0$，$T_\lambda=0$，则称该物体为绝对黑体。如果只是对某一波长来说$A_\lambda=1$，则称之为对某波长是黑体。

如果物体的吸收率$A_\lambda=A$不随波长而变，但$A\leqslant1$，则称之为灰体。

4.2.2　辐射定律

地球大气中的辐射过程，一般认为在地面以上至60km的大气仍可视为处于局地辐射平衡状态。

地表与大气耦合面能量交换过程复杂，一般在几微米的表层内处于非热平衡状态。

1. 基尔霍夫定律

在一定的温度下，任何物体的辐射出射度$F_{\lambda,T}$与其吸收率$A_{\lambda,T}$的比值都是一个普适函数$E(\lambda, T)$。$E(\lambda, T)$只是温度、波长的函数，与物体的性质无关。

$$\frac{F_{\lambda,T}}{A_{\lambda,T}} = E(\lambda,T) \tag{4-8}$$

这就是基尔霍夫定律。基尔霍夫定律表明：任何物体的辐射出射度$F_{\lambda,T}$和其吸收率$A_{\lambda,T}$之比都等于同一温度下的黑体的辐射出射度$E(\lambda, T)$。

$E(\lambda, T)$与物体的性质无关，吸收率$A_{\lambda,T}$大的，其发射能力就强。黑体的吸收率$A_{\lambda,T}=1$，其发射能力最大。我们只要知道一物体的吸收光谱，其辐射光谱也就立刻可以确定。

通常我们把物体的辐射出射度与相同温度下黑体的辐射出射度的比值称为物体的比辐射率，它表征物体的发射本领：

$$\varepsilon(\lambda,T) = \frac{F_{\lambda,T}}{E(\lambda,T)} \tag{4-9}$$

可见$\varepsilon_{\lambda,T}=A_{\lambda,T}$，即物体的比辐射率等于物体的吸收率。

2. 普朗克定律

绝对黑体的辐射光谱$E_{\lambda,T}$对于研究一切物体的辐射规律具有根本的意义。1900年，普朗克引进了量子的概念，将辐射当作不连续的量子发射，成功地从理论上得出了与实验精确符合的绝对黑体辐射出度随波长的分布函数：

$$E(\lambda,T) = \frac{2\pi c^2 h}{\lambda 5}(e^{\frac{ch}{k\lambda T}}-1)^{-1} = \frac{c_1}{\lambda^5}(e^{\frac{c_2}{\lambda T}}-1)^{-1}$$

（4-10）

式中，$E_{\lambda,T}$的单位是$W \cdot m^{-2} \cdot \mu m^{-1}$；c是光速，$c=2.99793\times10^8 m/s$；h是普朗克常量，$h=6.626\times10^{-34}J \cdot s$；k是玻耳兹曼常数，$k=1.3806\times10^{-23}J/K$；$c_1=2\pi hc^2=3.7418\times10^{-16}W \cdot m^2$，$c_2=hc/k=14.388\mu m \cdot K$。

绝对黑体都服从朗伯定律，其分光辐射亮度为：

$$B_{\lambda,T} = \frac{E_{\lambda,T}}{\pi}(W \cdot m^{-2} \cdot \mu m^{-1} \cdot sr^{-1}) \tag{4-11}$$

在热红外遥感的计算中，我们常用波数取代波长来表征物体的辐射出射度：

$$\upsilon = \frac{1}{\lambda}, \lambda = \frac{1}{\upsilon}, d\lambda = -\frac{1}{\upsilon^2}d\upsilon$$

则：

$$E_{\lambda,T}d\lambda = E_{\upsilon,T}d\upsilon \tag{4-12}$$

$$E_{\upsilon,T} = 2\pi hc^2\upsilon^5(e^{\frac{ch\upsilon}{kT}}-1)^{-1}\cdot(\frac{1}{\upsilon^2}) = 2\pi hc^2\upsilon^3(e^{\frac{ch\upsilon}{kT}}-1)^{-1} = c_1\upsilon^3(e^{c_2\upsilon/T}-1)^{-1} \qquad (4\text{-}13)$$

其分光辐射亮度：

$$B_{\upsilon,T} = \frac{E_{\upsilon,T}}{\pi} = 2hc^2\upsilon^3(e^{ch\upsilon/kT}-1)^{-1} \qquad (4\text{-}14)$$

黑体光谱如图4-4和图4-5所示。

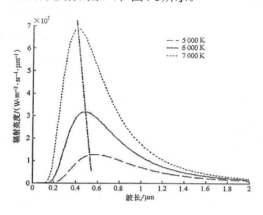

图 4-4　5000K、6000K、7000K 时的黑体光谱　　　　图 4-5　不同温度下的黑体光谱

在具体研究中，常需要知道某个传感器的宽通道黑体辐射函数，根据普朗克黑体辐射公式，我们用波数间隔$\Delta v = 20\text{cm}^{-1}$求和代替积分：

$$B_i = \frac{\sum_n f_i(v_n)\cdot B_v(T)\cdot\Delta v}{\sum_n f_i(v_n)\cdot\Delta v} \qquad (4\text{-}15)$$

式中，$f_i(v_n)$为传感器第i通道的通道响应函数，$B_i(T)$为该通道的宽通道黑体辐射函数。

3. 斯蒂芬—玻耳兹曼定律

1879年，斯蒂芬由实验发现，绝对黑体的积分辐射能力E_T与其温度的4次方呈正比，即：

$$E_T = \sigma T^4 \qquad (4\text{-}16)$$

1884年，玻耳兹曼由热力学理论得出了这个公式，其中 σ 称为斯蒂芬—玻耳兹曼常数，$\sigma = 5.6696\times10^{-8}\text{W}\cdot\text{m}^{-2}\cdot\text{K}^{-4}$。

4. 维恩位移定律

1893年，维恩从热力学理论导出了黑体辐射光谱的极大值对应的波长：

$$\lambda_{\max} + \frac{b}{T} \qquad (4\text{-}17)$$

式中，$b = 2897.8\mu\text{m}\cdot\text{K}$，温度越高，$\lambda_{\max}$越小。对于$T=6000\text{K}$时的黑体，$\lambda_{\max} = 0.483\mu\text{m}$（蓝色光）；对于$T=300\text{K}$时的黑体，$\lambda_{\max} = 9.66\mu\text{m}$。

4.3 辐射特性

4.3.1 太阳辐射特性

太阳表面的温度高达6000K左右，地球与太阳相离约为1.5×10^{11}m，太阳辐射的速度以3×10^{8}m/s计，则到达地表的时间约为500s。

太阳辐射欲到达地面，约为17.3×10^{16}W。太阳辐射能量主要集中在$\lambda = 0.17 \sim 4\mu$m的短波辐射区，即以可见光与近红外为主。太阳辐射光谱是连续光谱，但上面有许多吸收暗线，称为夫琅禾费线，共有26 000条之多。波长在0.29μm以下的辐射，地面几乎观测不到。大气上界与地面上的太阳光谱如图4-6所示。太阳很接近6 000K左右的黑体。

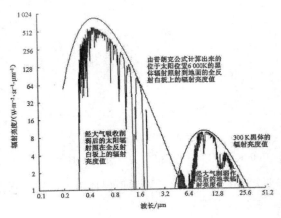

图4-6 大气上界与地面上的太阳光谱

1981年，推荐的太阳常数的最佳值是$S_0 = (1367 \pm 7)$ W·m^{-2}，由太阳常数$S_0 = 1367$W·m^{-2}，我们可以求出太阳的有效温度T_e：

$$\sigma T_e^4 = \overline{S_0}\left(\frac{4\pi d_0^2}{4\pi r_s^2}\right) = \overline{S_0}\left(\frac{d_0}{r_s}\right)^2 \tag{4-18}$$

将太阳半径$r_s = 6.69 \times 10^5$km，日地平均距离$d_0 = 1.496 \times 10^8$km代入式（4-18），求得太阳的有效温度为$T_e = 5777$K。

如果按太阳光谱的最强波长$\lambda_{max} = 0.48\mu$m来计算太阳的色温T_c，则：

$$T_c = \frac{2898}{0.48} = 6037\text{K} \tag{4-19}$$

T_e与T_c值不一致，说明太阳并非严黑体。

地球一边自转，一边沿黄道绕日公转。黄道为一椭圆，而赤道平面与黄道平面之间有23.5°的夹角。一年中地球各地受太阳辐射的情况不同，如图4-7所示。日地间的距离一年中随时都在变化（见表4-1），日地平均距离称为一天文单位。以日地平均距离（d_0）时的辐照度值作为标准值，以$S_{\lambda,0}$表示大气上界在日地平均距离时，与日光垂直的平面上太阳单色辐射通量密度，以S_0表示此时的太阳积分辐射度，称为太阳常数：

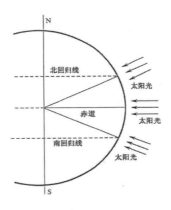

图 4-7　太阳直射点的变化

$$\overline{S_0} = \int_0^{\infty} \overline{S_{\lambda,0}} \, \mathrm{d}\lambda \qquad\qquad (4\text{-}20)$$

表 4-1　日地距离

地球位置	日　期	距离/km	日盘视张角
近日点	1 月 2 日	1.470×10^8	3231°
远日点	7 月 4 日	1.520×10^8	31*27"
平均距离	4 月 3 日、10 月 5 日	1.496×10^8	31'59"

4.3.2　地表辐射特性

地表的温度一般为300K左右，其对应的黑体光谱分布如图4-6所示，地表辐射能量基本上处于3μm以上的长波波段，称为"长波辐射"或热红外辐射。

1. 地表物质的热学性质

（1）比热容C：热容在一定条件下单位质量的物质温度升高1℃所需的热量，单位为J/(kg·℃)。

（2）热传导系数K：热量通过物体的速率的量度，等于单位时间内通过单位面积的热量与垂直于表面方向上的温度梯度的负值之比，单位为W/(m·K)。

（3）热容C：物质贮存热的能力，它是在一定条件下，如定压或定容条件下，物体温度升高1K所需要的热量。均匀物质的热容等于其比热容与质量的乘积：C=c·m，单位为J/K。

（4）热惯量P：物质对温度变化的热反应的一种量度，物质热惯量的大小，取决于其热传导系数（K）、热容（C）和密度（ρ），定量关系为：$P=(K\rho C)^{1/2}$，单位为J/(m²·s$^{1/2}$)。

（5）热扩散率a：表征物质内部温度变化的速率，其值取决于单位时间内沿法线方向通过单位的热量与物质的比热容、密度、法向上温度梯度三者的乘积之比，$a=K/c\rho$，单位为m²/s。

2. 地表的反射波谱特性

几种主要地物的波谱特性描述如图4-8所示。

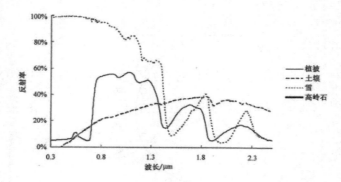

图 4-8　不同自然环境中地面的分光反射率

（1）植物的反射波谱特性。植物的形态特征包括叶片的大小、形状和方向、植物的高度以及簇叶的稠密度等（见图4-9）。植物自身的反射特性是指叶片、树干、果实以及开花部分的波谱特性的综合反映。

（2）土壤的反射波谱特性。以土壤类型为例，在半沙漠和沙漠地区，沙土石英含量高，反射率相对较高；黑色土壤（黑壤土）含有大量有机质，整个反射曲线全面降低，如图4-10所示。

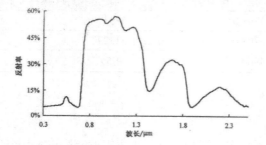

图 4-9　植物叶子反射的 3 个主要响应谱带

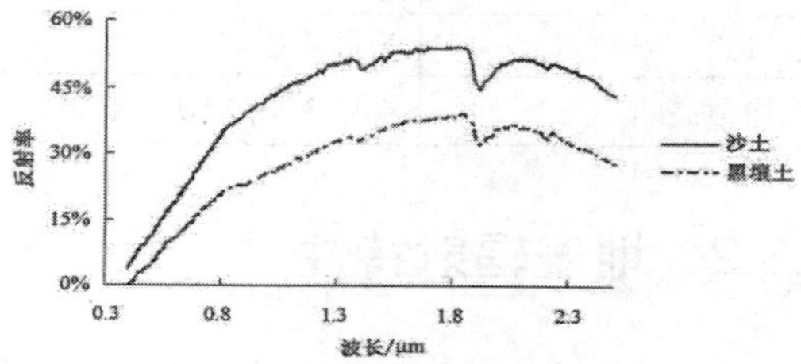

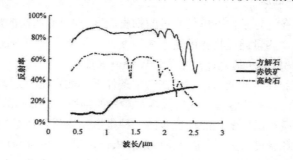

图 4-10　沙土和黑壤土的波谱反射率

（3）岩石的反射波谱特性。如图4-11所示为3种不同岩石的波谱反射特性曲线。

图 4-11　3 种不同岩石的波谱反射特性曲线

（4）水体的反射波谱特性。如图4-12所示为不同混浊度水体的波谱反射率。

（5）冰雪的反射波谱特性。影响冰雪反射波谱特性的主要是它的纯度、温度和其他物理条件。

（6）云的反射波谱特性。云的反射波谱特性与云的类型、厚度等因素有关。在0.8μm以上随着波长的增加而减少。

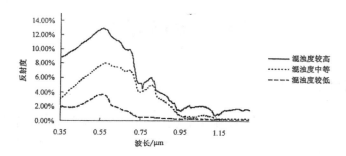

图 4-12 不同混浊度水体的波谱反射率

3. 物体的发射光谱特性

各类地面的 A 值在 0.85~0.99，其中雪面最接近黑体，沙土、岩石较低，而纯水与雪面则极接近 1，有时可以用作黑体源面。

地面的积分辐射出射度：

$$F = \int_0^\infty F_{\lambda,T}\,\mathrm{d}\lambda = \int_0^\infty A \cdot E_{\lambda,\mathrm{T}}\,\mathrm{d}\lambda = A\int_0^\infty E_{\lambda,T}\,\mathrm{d}\lambda = A \cdot \sigma T^4 \tag{4-21}$$

$$A = \frac{F}{\sigma T^4} \tag{4-22}$$

可见吸收率是物体的发射辐射能与黑体发射辐射能的比值，故也称 A 为相对辐射率或比辐射率（Emisivity）。取 $A = 0.95$，由 $F = A \times \sigma T^4$ 可计算出各种温度时地面发射的能量。这个数值已经与地面收到的太阳辐射能相差不多。但是，到日落后，地面没有了太阳能射入，这个发射却仍在继续着。

如图 4-13 所示为（湖北省栾城县）几种常见陆地地表物体的波谱发射率。我们可以看出，在 8~14μm 热红外大气窗口，多数地物的比辐射率大于 0.95，且随波长的变化较小。

大气的热红外辐射性质不仅与大气中的吸收物质（水汽、二氧化碳和臭氧等）分布有关，而且与大气温度、压力有关。水汽红外吸收带很强，又占有较宽的波段，是最主要的吸收物质。从整层大气的热红外波段的吸收谱（见图 4-14）来看，8~14μm 是一个"大气窗口"。在这一窗口中也有一个窄的 O_3 吸收带（9.6μm），大气在 14μm 以上，可以近似看成黑体，地表 14μm 以上的远红外辐射不能透过。

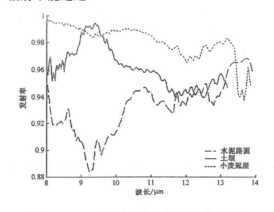

图 4-13 几种陆地地表物体的波谱发射率

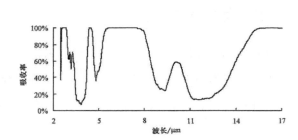

图 4-14 大气吸收谱

4.4 传输方程

4.4.1 大气成分及分布

地球大气由多种气体混合组成。在85km高度以下的各种气体成分一般可以分成两类，其中一类为常定成分，各成分之间大致保持固定的比例。通常把除水汽以外的纯净大气称为干洁大气，干洁大气的主要成分和次要成分如表4-2和表4-3所示。常定成分占大气总体积的绝大部分，但它们都是对称分子，无极性，不吸收电磁波。

表 4-2　干洁大气的主要成分（对流层内）

气　体		分 子 量	容积 百分比(%)	质量 百分比(%)	质量浓度 /(μg/m³)	同位素/(%)		比气体常数 /(J/kg·K)
常定 成分	氮（N_2)	28.0134	78.084	75.52	$9.76×10^8$	N^{14}	99.635	296.80
						N^{15}	0.365	
						O^{16}	99.759	
	氧（O_2)	31.9988	20.987	23.15	$2.98×10^8$	O^{17}	0.0374	259.83
						O^{18}	0.2039	
						A^{40}	99.600	
	氩（Ar）	39.984	0.934	1.28	$1.66×10^7$	A^{38}	0.063	208.13
						A^{36}	0.337	
可变 成分	二氧化 碳（CO_2)	44.0099	0.033（近地 面平均）	0.05（近地 面平均）	$(4～8)×10^5$	C^{12}	98.9	188.92
						C^{13}	1.1	
						C^{14}	$2×10^{-10}$	

表 4-3　干洁大气的次要成分（对流层内）

气　体		分 子 式	分 子 量	体积分数/(10^{-6})	质量浓度/(μg/m³)
常定 成分	氖	Ne	20.183	18.18	16000
	氦	He	4.003	5.24	920
	氪	Kr	83.80	1.14	4100
	氙	Xe	131.30	0.087	500

4.4.2 大气吸收散射与辐射

1. 水汽的吸收率

如图4-15所示是水汽的吸收率曲线，可分为3种类型：

（1）两个宽的强吸收带，其中一个波长范围为4.9～8.7μm，宽达3.8μm；另一个波长范围为2.27～3.57μm。

（2）两个窄的吸收带，其中心波长分别为1.38μm和2.0μm。

（3）一个弱的窄吸收带，波长范围为0.7～1.23μm。

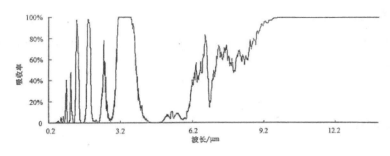

图 4-15　水汽的吸收谱

2. 二氧化碳吸收带

二氧化碳是地球大气中另一种重要的红外吸收气体，在通常的低层大气中，它的体积混合比约为0.033%。

二氧化碳吸收带主要位于大于2μm的红外区内，如图4-16所示。二氧化碳吸收带分为两种类型：

（1）一个完全吸收带，即波长大于14μm、小于18μm的红外波谱全部吸收。

（2）两个窄的吸收带，中心波长为2.7μm和4.3μm，其中2.7μm吸收带与水汽3.2μm吸收带相连。

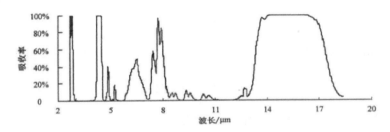

图 4-16　二氧化碳的吸收谱

3. 臭氧吸收带

在高空大气中，太阳的紫外辐射使氧气分子（O_2）分解成原子（O）的形式。在一定的条件下，氧原子能够与氧气分子重新复合成为3个原子的分子，称为臭氧（O_3）。臭氧主要分布在10~40km高度范围内。

臭氧对太阳辐射0.3μm以下的短波全部吸收。在长波内的吸收都很弱，9~10μm范围内有一个窄的吸收带。臭氧的吸收谱如图4-17所示。

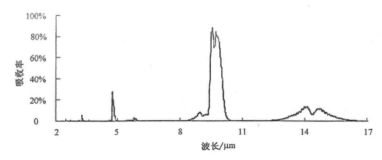

图 4-17　臭氧的吸收谱

4. 其他气体成分的吸收

大气中氧对电磁辐射也有吸收作用，主要在 $0.69\mu m$、$0.76\mu m$、$0.175\sim0.2026\mu m$ 以及 $0.242\sim0.260\mu m$ 四个谱段，但总的吸收是很少的。

此外，N_2O、CO 和 CH_4 等也对电磁辐射有所吸收。

4.4.3 大气辐射传输方程

当强度为 $I(u, l)$ 的入射辐射通过 dl 的距离后，受到路径上密度为 ρ 的吸收物质的吸收而引起的强度改变可表示为：

$$dI(v,l) = -I(v,l)\rho k(v,l)dl \tag{4-23}$$

式中，k 为质量吸收系数，它是波数 v 和路径 l 的函数，由式（4-23）可以得到：

$$I(v,l) = I(v,0)\exp[-\int_0^1 k(v,l)\rho dl] \tag{4-24}$$

这就是 Lambert 定律，$I(v,0)$ 为进入介质时的辐射强度。光学厚度定义为：

$$\tau = \int_0^1 k(v,1)\rho dl = \int_0^1 (v,1)du \tag{4-25}$$

其中，$v = \int_0^1 \rho dl$ 为光学路径长度，则有：

$$I(v,\tau) = I(v,0)e^{-\tau} \tag{4-26}$$

定义以 0 到 τ 这一路径上的光谱透过率 $T(v,\tau)$ 和光谱吸收率 $A(v,\tau)$ 为：

$$T(v,\tau) = \frac{I(v,\tau)}{I(v,0)} = e^{-\tau} \tag{4-27}$$

$$A(v,\tau) = \frac{I(v,\tau) - I(v,\tau)}{I(v,0)} = 1 - e^{-\tau} = 1 - T(v,\tau) \tag{4-28}$$

上面是对单色辐射的情况，在光谱间隔 $\Delta v = v_2 - v_1$ 上的透过函数 $T_{\Delta v}(\tau)$ 和吸收函数 $A_{\Delta v}(\tau)$ 分别定义为：

$$T_{\Delta v(\tau)} = \frac{\int_{v_1}^{v_2} I(v,\tau)dv}{\int_{v_1}^{v_2} I(v,0)dv} \tag{4-29}$$

$$T_{\Delta v(\tau)} = \frac{\int_{v_1}^{v_2} [I(v,0) - I(v,\tau)dv]}{\int_{v_1}^{v_2} I(v,0)dv} \tag{4-30}$$

利用式（4-27）和式（4-28），则有：

$$T_{\Delta v(\tau)} = \frac{\int_{\Delta v} I(v,0)T(v,\tau)dv}{\int_{\Delta v} I(v,\tau)dv} \tag{4-31}$$

$$A_{\Delta v}(\tau) = \frac{\int_{\Delta v} I(v,0)A(v,\tau)\mathrm{d}v}{\int_{\Delta v} I(v,\tau)\mathrm{d}v} \qquad (4\text{-}32)$$

当在光谱间隔Δv中，$I(v,O)$可以看作常数时，则有：

$$A_{\Delta v}(\tau) = \frac{1}{\Delta v}\int_{\Delta v} A(v,\tau)\mathrm{d}v = \frac{1}{\Delta v}\int_{\Delta v}(1-\mathrm{e}^{-\tau})\mathrm{d}v \qquad (4\text{-}33)$$

$$T_{\Delta v}(\tau) = \frac{1}{\Delta v}\int_{\Delta v} T(v,\tau)\mathrm{d}v = \frac{1}{\Delta v}\int_{\Delta v}(1-\mathrm{e}^{-\tau})\mathrm{d}v \qquad (4\text{-}34)$$

$\int_{\Delta v} A(v,\tau)\mathrm{d}v$ 称为间隔Δv上的总吸收。在采用波数单位时，总吸收的单位为cm^{-1}。当$A(v,\tau)=1$时，总吸收 $\int_{\Delta v} A(v,\tau)\mathrm{d}v = \Delta v$，即与间隔的宽度相等，所以可以把总吸收看作某一个光谱间隔的宽度，在这个光谱间隔中，$A_{\Delta v}(\tau)= 1$。在这个意义上，总吸收带常被称为某个光谱间隔（谱线、吸收带等）的等效宽度。

4.4.4　辐射在大气中的传输

1. 大气的长波辐射性质

水汽与CO_2是决定大气辐射性质的主要成分。O_3的9.6μm吸收带在辐射传输问题中有特殊的作用。各成分的吸收带中心波长如表4-4所示。

表 4-4　各成分的吸收带中心波长（括号内为波数）

大气成分		吸收带中心波长/μm	
		强吸收	弱吸收
水　汽	H_2O	1.4 (7142)	0.9 (11111)
		1.9 (5263)	1.1 (9091)
		2.7 (3704)	
		6.3 (5787)	
		13.0-1000	
二氧化碳	CO_2	2.7 (3704)	1.4 (7142)
		4.3 (2320)	1.6 (6250)
		14.7 (680)	2.0 (5000)
			9.4 (1064)
			10.4 (9662)
臭氧	O_3	4.7 (2128)	3.3 (3030)
		9.6 (1024)	3.6 (2778)
		14.1 (709)	5.7 (1754)
一氧化氮	N_2O	4.5 (2222)	3.9 (2564)
		7.8 (1282)	4.1 (2439)
			9.6 (1024)
			17.0 (588)

（续表）

大气成分		吸收带中心波长/μm	
		强吸收	弱吸收
甲烷	CH$_4$	3.3 (3030)	
		3.8 (2632)	
		7.7 (1299)	
一氧化碳	CO	4.7 (2128)	2.3 (4348)

图4-18给出了一个从大气层外的卫星高度上观测的地气系统向外的长波辐射光谱，由图4-18可以看出，地面温度接近300K的辐射，透过大气射出，而在CO_2的15μm带，只相当于215K的辐射，说明大气高层温度很低。由这一光谱图还可以看出，O_3层的辐射接近280K。

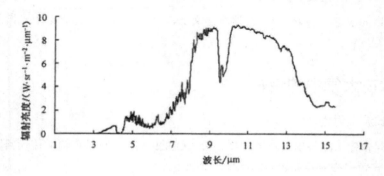

图 4-18　MODTRAN 模拟的卫星高度上的地球光谱

热红外辐射在大气中的传输是一种漫射辐射，是在无散射但有吸收又有发射的介质中传输的。

通过大气中某一水平面的长波辐射通量密度F_λ应当由该面上的辐射亮度L_λ对半球空间积分求得，即：

$$F_\lambda = \int_0^2 \pi \mathrm{d}\varphi \int_0^{\pi/2} L_\lambda(\theta,\varphi)\cos\theta\sin\theta\mathrm{d}\theta \tag{4-35}$$

一般来说，大气中的L_λ是θ的函数，但是与Φ无关，所以有：

$$F_\lambda = 2\pi \int_0^{\pi/2} L_\lambda(\theta)\cos\theta\sin\mathrm{d}\theta \tag{4-36}$$

下面我们先不考虑气层的发射，研究一下漫射辐射也经过气层吸收削弱的情况。

2. 长波辐射传输方程

在大气中任一高度z处，向上和向下的辐射为$L\uparrow$和$L\downarrow$，如图4-19所示。左图为高度坐标，地面为0，z向上增加；右图以正光学质量为坐标，z处为起算高度，$u=0$。该层以下，z减少，u增加。自z至大气上界的光学质量为$u_z^\downarrow$，符号"↓"表示产生向下辐射的光学质量，$u_0^\uparrow$表示向上辐射的光学质量。

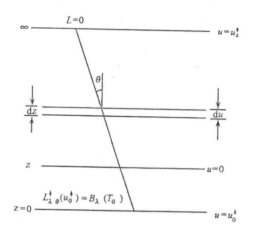

图 4-19　长波辐射传播

　　先考虑 z 高度以上气层向下的辐射。

　　对于光学质量为 $\mathrm{d}u$ 的气层元，自 θ 方向，射入此气层的辐射 $L_{\lambda,\theta}$ 要经过 $\mathrm{d}u \cdot \sec\theta$ 光学质量的吸收。此气层对于 $L_{\lambda,\theta}$ 的吸收率为 A_λ：

$$A_\lambda = \frac{\mathrm{d}L_\lambda}{L_\lambda} = k_{0,\lambda}\sec\theta\mathrm{d}u \tag{4-37}$$

　　按照基尔霍夫定律，A_λ 也就是气层元在 θ 方向上的发射率。气层在 θ 方向发射的辐射亮度为 $A_\lambda B_{\lambda,T}$，则：

$$A_\lambda B_{\lambda,T} = k_{0,\lambda}B_{\lambda,T}\sec\theta\mathrm{d}u \tag{4-38}$$

　　式中，$B_{\lambda,T} = \dfrac{1}{\pi}E_{\lambda,T}$ 是绝对黑体辐射亮度，可由温度、波长按谱朗克定律给出向下辐射 $L_{\lambda,\theta}^{\downarrow}$ 经过 $\mathrm{d}u$ 气层，在 θ 方向的变化为 $\mathrm{d}L_{\lambda,\theta}^{\downarrow}$：

$$\mathrm{d}L_{\lambda,\theta}^{\downarrow} = k_{0,\lambda}L_{\lambda,\theta}^{\downarrow}\sec\theta\mathrm{d}u - k_{0,\lambda}B_{\lambda,T}\sec\theta \tag{4-39}$$

$$\mathrm{d}L_{\lambda,\theta}^{\downarrow} = k_{0,\lambda}\sec\theta\mathrm{d}u\left(L_{\lambda,\theta}^{\downarrow} - B_{\lambda,T}\right) \tag{4-40}$$

　　其中，$k_{0,\lambda}L_{\lambda,\theta}^{\downarrow}\sec\theta\mathrm{d}u$ 是吸收项，$k_{0,\lambda}B_{\lambda,T}\sec\theta$ 是发射项。它们对于经过该层大气的辐射来说，前者起到削弱作用，后者起到增强作用。而 $\mathrm{d}L_{\lambda,\theta}^{\downarrow}$ 表示的是辐射削弱了多少，所以吸收项取正号，发射项取负号。式（4-40）是同时考虑气层的吸收削弱和发射增强的长波辐射亮度传输方程。

　　同样，对于向上辐射也有：

$$\mathrm{d}L_{\lambda,\theta}^{\uparrow} = k_{0,\lambda}\sec\theta\mathrm{d}u\left(L_{\lambda,\theta}^{\uparrow} - B_{\lambda,T}\right) \tag{4-41}$$

或者写为：

$$\frac{\mathrm{d}L_{\lambda,\theta}^{\downarrow}}{\mathrm{d}u} = k_{0,\lambda}\sec\theta\left(L_{\lambda,\theta}^{\downarrow} - B_{\lambda,T}\right) \tag{4-42}$$

$$\frac{\mathrm{d}L_{\lambda,\theta}^{\uparrow}}{\mathrm{d}u} = k_{0,\lambda} \sec\theta \left(L_{\lambda,\theta}^{\uparrow} - B_{\lambda,T}\right) \tag{4-43}$$

这种形式的传输方程又称为Schwarzschild方程。

由式（4-42）可知，当 $(L_{\lambda,\theta}^{\downarrow} - B_{\lambda,T}) > 0$，即气层的发射少于气层的吸收时，$\dfrac{\mathrm{d}L_{\lambda,\theta}^{\downarrow}}{\mathrm{d}u} > 0$，$L_{\lambda,\theta}^{\downarrow}$ 随 u 减少。

这个传输方程是一个一阶线性微分方程，给出边界条件就可得解。下面分别对 $L\uparrow$ 及 $L\downarrow$ 给出边界条件。

（1）在大气上界 $u = u_z^{\downarrow}$ 处，由于宇宙空间没有长波辐射投入，故有：

$$L_{\lambda,\theta}^{\downarrow}(u_z^{\downarrow}) = 0, F_{\lambda}^{\downarrow}(u_{\lambda}^{\downarrow}) = 0$$

（2）在地面上，$u = u_z^{\uparrow}$，可以把地面视为黑体（如视为灰体，只需乘以地面吸收率即可）。其温度为T_0，因此有：

$$u = u_{\lambda}^{\uparrow}, L_{\lambda,\theta}^{\uparrow}(u_z^{\uparrow}) = B_{\lambda}T_0$$

将上述边界条件代入传输方程的解中，就可得出在高度 Z 上的 $L_{\lambda,\theta}^{\downarrow}(z)$ 及 $L_{\lambda,\theta}^{\uparrow}(z)$：

$$
\begin{aligned}
L_{\lambda,\theta}^{\downarrow}(z) &= \int_0^{u_z^{\downarrow}} k_{0,\lambda} B_{\lambda,T} \sec\theta \mathrm{e}^{-\int_0^u k_{0,\lambda}\sec\theta\mathrm{d}u}\mathrm{d}u \\
&= \int_0^{u_z^{\downarrow}} k_{0,\lambda} B_{\lambda,T} \sec\theta \mathrm{e}^{-k_{0,\lambda}u\sec\theta}\mathrm{d}u
\end{aligned}
\tag{4-44}
$$

$$
\begin{aligned}
L_{\lambda,\theta}^{\uparrow}(z) &= \int_0^{u_0^{\uparrow}} k_{0,\lambda} B_{\lambda,\mathrm{T}} \sec\theta \mathrm{e}^{-\int_0^u k_{0,\lambda}\sec\theta\mathrm{d}u}\mathrm{d}u + B_{\lambda,T}\mathrm{e}^{-\int_0^{u_0^{\uparrow}} k_{0,\lambda}\sec\theta\mathrm{d}u} \\
&= \int_0^{u_0^{\uparrow}} k_{0,\lambda} B_{\lambda,\mathrm{T}} \sec\theta \mathrm{e}^{-k_{0,\lambda}u\sec\theta}\mathrm{d}u + B_{\lambda,T}\mathrm{e}^{-k_{0,\lambda}u_0^{\uparrow}\sec\theta}
\end{aligned}
\tag{4-45}
$$

现在分析一下式（4-44）及式（4-45）中各项的物理意义。其中的 $k_{0,\lambda}B_{\lambda,T}\sec\theta\mathrm{d}u$ 代表气层$\mathrm{d}u$元发射的能量，而 $k_{0,\lambda}B_{\lambda,T}\sec\theta\mathrm{e}^{-k_{0,\lambda}u\sec\theta}\mathrm{d}u$ 则表示由该薄层经过厚度为u的中间气层削弱后，到达计算高度上每一气层元的贡献。各层积分后，就可得出整个气层发射的贡献。因为大气上界向下的辐射亮度为0，故只有大气层贡献。而式（4-45）右侧的第二项则表示地面发射 B_{λ,T_0} 经过 $u_0^{\uparrow}$ 层的削弱后，对于高度z上辐射能的贡献。

4.4.5　遥感传感器宽通道红外辐射传输方程

遥感传感器的波谱段选择有两个基本原则：

（1）预期探测的目标在此波谱段有最强的信号特征。对地表温度遥感而言，地表温度为300K左右，对应的发射波谱峰值波长λ=9.66μm；林火温度为800~1000K，对应的峰值波长λ为2.90~3.62μm。

（2）所探测的遥感信息能最大限度地透过大气到达传感器。从整层大气的吸收光谱中可知，3~5μm和8~14μm是红外波谱段的两个大气遥感窗口。

　　因此，热红外遥感传感器的波谱段一般用中红外和热红外窗口区。以MODIS为例，它的热红外通道设置见表4-5，用传感器的波谱响应函数来表示传感器的这种特性，如图4-20所示是MODIS第20通道的波谱响应函数曲线。

表 4-5　MODIS 热红外通道设置

通道编号	用　途	波段范围/μm
20	洋面温度	3.660~3.840
21	森林火灾/火山	3.929~3.989
22	云/地表温度	3.929~3.989
23	云/地表温度	4.020~4.080
29	表面温度	8.400~8.700
31	云/表面温度	10.780~11.280
32	云高和表面温度	11.770~12.270

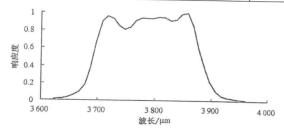

图 4-20　MODIS 第 20 通道的波谱响应函数曲线

传感器接收到的信号可以用以下表达式来表达：

$$R_i(\theta,\varphi) = \int f_i(\lambda)\varepsilon_\lambda(\theta,\varphi)B_\lambda(T_s)t_\lambda(\theta,\varphi)\mathrm{d}\lambda$$
$$+ \iint f_i(\lambda)B_\lambda(Tp)\frac{\partial t_\lambda(\theta,\varphi,p)}{\partial p}\mathrm{d}p\mathrm{d}\lambda \tag{4-46}$$
$$+ \int f_i(\lambda)\iint \rho_{b,\lambda}(\theta,\theta n,\varphi)L_{s,\lambda}(\theta')t_\lambda(\theta,\varphi)\cos\theta'\sin\theta'\mathrm{d}\theta'\mathrm{d}\varphi'\mathrm{d}\lambda$$

　　式中，$L_{s\lambda}(\theta')=\int B_\lambda(Tp\frac{\partial t_\lambda(\theta',p)}{\partial p})\mathrm{d}p$；$L_{s,\lambda}$表示大气的下行辐射，$R_i$表示传感器接收的总辐射；$B_\lambda(T)$表示温度为$T$时的黑体辐射；$\varepsilon_\lambda$表示地表比辐射率，$t_\lambda$表示整层大气的总透过率，$\rho_{b,\lambda}$表示地表的多向反射率分布函数；$f_i(\lambda)$表示传感器第$i$通道的波长响应函数；$\theta$和$\varPhi$分别表示传感器的天顶角和方位角，$\theta'$和$\varPhi'$分别表示大气下行辐射的天顶角和方位角。

　　当传感器视角小于40°时，地表近似朗伯体。在地表朗伯体假设的条件下，若分别用$L_a^\uparrow$和$L_a^\downarrow$表示大气上行辐射和大气下行辐射，则式（4-46）可以写为如下形式：

$$R_i(\theta,\varphi) = \int f_i(\lambda)\varepsilon_\lambda B_\lambda(T_s)t_\lambda(\theta,\varphi)\mathrm{d}\lambda$$
$$+ \int f_i(\lambda)L_{a,\lambda}^\uparrow\mathrm{d}\lambda + \int f_i(\lambda)[1-\varepsilon_\lambda]L_{a,\lambda}^\downarrow(\theta,\varphi)\mathrm{d}\lambda \tag{4-47}$$

　　式中：

$$L_{a,\lambda}^{\uparrow} = \int B_\lambda(T_p)\frac{\partial t_\lambda(\theta,\varphi,p)}{\partial p}\mathrm{d}p, \; L_{a,\lambda}^{\downarrow} = \frac{1}{\pi}\iint f_{s,\lambda}(\theta')\cos\theta'\sin\theta'\mathrm{d}\theta'\mathrm{d}\varphi'$$

当传感器的视角天顶角 $\theta = 0°$ 时，传感器接收热红外辐射可以进一步简化为：

$$R_i = \int f_i(\lambda)\varepsilon_\lambda B_\lambda(T_s)t_{0,\lambda}\mathrm{d}\lambda + \int f_i(\lambda)L_a^{\uparrow}\mathrm{d}\lambda + \int f_i(\lambda)(1-\varepsilon_\lambda)L_a^{\uparrow}t_{0,\lambda}\mathrm{d}\lambda$$

在遥感应用中，每次都对传感器的波长响应函数进行积分显然是十分不方便的，一般把传感器宽通道的辐射传输方程用单色光辐射传输方程相同的形式来表达，而对方程中的各个参量采用波段平均值来代替。

$$L_i = \varepsilon_i B_i(T_s)t_{0,\lambda} + L_{a,i}^{\uparrow} + (1-\varepsilon_i)t_{0i}L_{a,i}^{\downarrow} \tag{4-48}$$

式中，

$$\varepsilon_i = \frac{\int f_i(\lambda)\varepsilon_i\mathrm{d}\lambda}{\int f_i(\lambda)\mathrm{d}\lambda}, \; B_i(T_s) = \frac{\int f_i(\lambda)B_i(T_s)\mathrm{d}\lambda}{\int f_i(\lambda)\mathrm{d}\lambda}, \; L_{ai}^{\uparrow} = \frac{\int f_i(\lambda)L_{a,\lambda}^{\uparrow}\mathrm{d}\lambda}{\int f_i(\lambda)\mathrm{d}\lambda}, \; L_{ai}^{\downarrow} = \frac{\int f_i(\lambda)L_{a,\lambda}^{\downarrow}\mathrm{d}\lambda}{\int f_i(\lambda)\mathrm{d}\lambda}, \; t_{oi} = \frac{\int f_i(\lambda)t_{0,\lambda}\mathrm{d}\lambda}{\int f_i(\lambda)\mathrm{d}\lambda}$$

由于地物的热红外通道比辐射率随波长的变化比较平缓，一般与 ε_i 和 ε_λ 的差值较小。而对于 $B_i(T_s)$、t_{oi}、$L_{ai}^{\uparrow}$、$L_{ai}^{\downarrow}$ 等量而言，即使在很窄的通道范围内，它们也是波长的函数。

在中红外波段，太阳发射的能量和地表发射的能量在一个数量级上（参见图4-6），所以在计算传感器信号时，必须考虑太阳辐射的贡献。这样，式（4-46）就变成：

$$R_i(\theta,\varphi) = \int f_i(\lambda)\varepsilon_\lambda(\theta,\varphi)B_\lambda(T_s)t_\lambda(\theta,\varphi)\mathrm{d}\lambda$$

$$+ \iint f_i(\lambda)B_\lambda(Tp)\frac{\partial t_\lambda(\theta,\varphi,p)}{\partial p}\mathrm{d}p\mathrm{d}\lambda \tag{4-49}$$

$$+ \int f_i(\lambda)\iint \rho_{b\lambda}(\theta,\theta',\varphi)L_{s,\lambda}(\theta')t_\lambda(\theta,\varphi)\cos\theta'\sin\theta'\mathrm{d}\theta'\mathrm{d}\varphi'\mathrm{d}\lambda$$

$$+ \int f_i(\lambda)\rho_{b\lambda}(\theta,\theta_s,\varphi)L_{\mathrm{sun},\lambda}(\theta_s,\varphi_s)t_\lambda(\theta_s,\varphi_s)t_\lambda(\theta,\varphi)\mathrm{d}\lambda$$

式中，$L_{\mathrm{sun},\lambda}(\theta_s,\varphi_s)$ 为太阳在大气层顶的辐射亮度，$t_\lambda(\theta_s,\varphi_s)$ 为大气在太阳光照射方向的透过率，最后一项 $\int f_i(\lambda)\rho_{b\lambda}(\theta,\theta_s,\varphi)L_{\mathrm{sun},\lambda}(\theta_s,\varphi_s)t_\lambda(\theta_s,\varphi_s)t_\lambda(\theta,\varphi)\mathrm{d}\lambda$ 表示的是太阳辐射经过地表反射对于传感器信号的贡献。

4.4.6 热红外辐射大气传输计算软件

MODTRAN是由美国光谱科技公司、空军物理实验室联合使用FORTRAN语言编写的适用于计算0.2μm~∞区间内的大气辐射传输模式，可以用来计算大气的透过率、大气的路径辐射（热红外波段的大气自身发射）、总的辐射亮度等。

MODTRAN程序的结构如图4-21所示，输入参数可以分5类：第一类为控制运行参数，第二类为传感器参数，第三类为大气状况参数，如大气温度、湿度垂直分布（见图4-22），大气气溶胶类型、云模式等；第四类为观测几何条件，如是水平观测、倾斜观测还是垂直观测的选项、地表的高度、传感器的高度以及观测天顶角、方位角等；第五类为地表参量。如果在输入参数中给定传感器的波谱响应函数，就可以直接输出传感器观测的波段辐射亮度值。模拟计算的结果如图4-22所示。

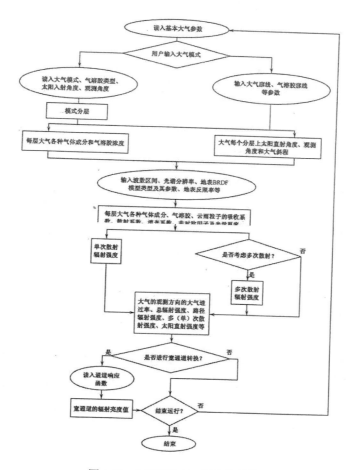

图 4-21　MODTRAN 程序的结构

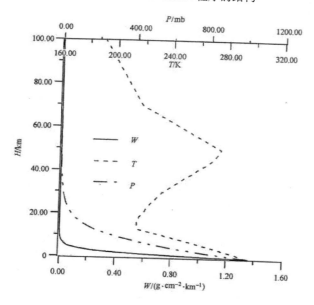

图 4-22　中纬度夏季大气模式廓线

4.5 遥感载荷

NOAA卫星系列上均搭载了具有5个光谱通道的传感器。AVHRR有一个中红外通道（3.55~3.93μm）和两个相邻的热红外通道（10.3~11.3μm和11.5~12.5μm），星下点空间分辨率为1.1km，扫描角度为55.4°，扫描带宽为2800km，成像面积大，利于获得宏观同步信息，重复观测周期为一天2次，利于多时相高密度的动态观测。

ASTER是第一台用于制图和温度精确测量的星载高空间分辨率多通道热红外成像仪。它由可见光近红外（VNIR）、短波红外（SWIR）和热红外（TIR）3个光学子系统组成，幅宽为60千米×60km，5个热红外波段间的分辨率为90m，在地表发射率、地表温度反演上的应用潜力很大。2002年5月，NASA成功发射了EOS星AQUA，再次搭载了MODIS传感器。TERRA和AQUA两颗星在数据采集时间上形成互补，保证了全球地表温度的快速监测。

热红外遥感在海面温度、陆面温度、大气温度、大气水汽、云顶温度的监测中具有不可替代的地位。热红外遥感传感器的发展十分迅速，现在使用和即将投入使用的热红外传感器多达几十种。主要的星载和航空热红外载荷分别如表4-6和表4-7所示。

表 4-6　主要的星载热红外载荷

传 感 器	卫星计划	波段数	光谱范围/μm	空间分辨率（水平/垂直）	视场/(°)	瞬时视角	用 途
AIRS 大气红外探测仪	EOS（美国）	2300,6	3.74~15.4	13.5km/1km	49.5	1.1mrad	大气温度、湿度
ASTER 高级空间热辐射热反射探测器	EOS（美国）	14	8~12	90m/无		21prad	陆地表面、水和云
ATSR 纵向扫描辐射仪	ERS-1（欧空局）	2(MWR)	3.7,11.0,12.0	1km/1km		1km×1km	云、海面温度
AVHRR 甚高分辨率辐射仪	NOAA-11（美国）	5	0.58~12.4	1.1km 星下点/无		1.4mrad	海面湿度植被、气溶胶
CERES 云和地球辐射能系统	EOS（美国）	3	0.3~12.0	21km 星下点/无	78	24mrad	地球辐射平衡
HIRDLA 高辨率临界动态分辨仪	EOS（美国）	21	6.0~18.0	10km/1km		1km×10km	大气温度水分及化学
GLI 全球成像仪	ADEOS II（日本）	34	可见光，近红外，热红外	1km			碳循环
HIRS 21 高分辨率红外辐射探测仪	NOAA-11（美国）	20	0.69~14.95	20.4m/无			大气温度、湿度
ILAS 改进型临边大气光谱仪	ADEOS（日本）	3	0.753~11.77	13km/2km			大气
IR-MSS 红外多光谱扫描仪	CBERS（中国马西）	4	0.5~12.5	78m,156m/无	8.78		中等分辨率制图

（续表）

传感器	卫星计划	波段数	光谱范围/μm	空间分辨率（水平/垂直）	视场/(°)	瞬时视角	用途
ISTOK-I 红外光谱辐射仪系统	PRIRODA-1（俄罗斯）	64	0.4~16.0	0.75~3km/无			大气辐射
LISS-3 线形成像自扫描传感器 3 型	IRS-IC/ID（印度）	4	0.52~17.5	23.5m/无			陆地和水资源管理
MODIS 中等高分辨率成像光谱辐射仪	EOS（美国）	36	0.4~14.5	250m, 500m, 1km/无		250, 500, 1000m	地球物理过程大气海洋陆地
SCARAB 辐射收支扫描仪	POEMENVISAT-1（欧）	4	0.2~50.0	60km/无	100	48×48	全球辐射收支
SR 扫描辐射仪	FY-2（中国）	3	0.55~12.0	5.73km/无		160urad	气象
SROM 海洋监测光谱辐射仪	ALMAZ-IB（中国）	11	0.405~12.5	600m 星下点/无			海洋叶绿素生物生产率
TMG 温室气体干涉监测仪	ADEOS（日本）		0.33~14.0	10km/2~6km		10mrad	温室气体制图
VIRS 可见光、红外光扫描仪	TRMM（美国、日本）	5	3.75~10.8,12.0	2km/无			云辐射
VISSR 可见光、红外光旋转式辐射扫描仪	GMS（日本）	2	0.5~0.75, 10.5~12.5	1.25km~2.5km/无			地球制图云覆盖
VISSR 可见光、红外光自旋辐射扫描仪	METEOSAT（欧空局）	3	0.5~12.5	2.5km×2.5km, 5km×5km/无	18	0.14mrad	地球大气观测
红外分光计（IRAS）	FY-3 气象卫星（中国）	26	0.69~15.5	17km	±49.5	30.84mrad	大气温、湿度廓线，O_2 总含量、CO_2 浓度、气溶胶、云参数、极地冰雪、降水等
可见光红外扫描辐射计（VIRR）	FY-3 气象卫星（中国）	10	0.43~12.5	1.1km	±55.4	0.94mrad	云图、植被、泥沙、卷云及云相态、雪、冰、地表温度、海表温度、水汽温度量等
干涉分光式红外垂直探测仪	FY-4 气象卫星（中国）	14	0.47~13.5				
红外相机（IRI）	环境减灾小卫星	4	0.7~12.5	150m/360m	±30.0		地表植被、火灾监测
ABI	COES-R（美国）	16	0/45~13.6	2km（红外）			气象、海洋、陆地、气候、灾害

（续表）

传 感 器	卫星计划	波段数	光谱范围/μm	空间分辨率（水平/垂直）	视场/(°)	瞬时视角	用 途
VIRS	NPP（美国）	21	0.45~12	750m	±56		云和气溶胶属性、海洋水色、海面和陆面湿度、海冰移动和海冰温度、火情、反照率
CRTS	NPP（美国）	1305	3.92~15.38	14km（星下点）	±50		水汽和大气温度廓线
VIIRS	NPOESS/TPSS（美国）	21	0.5~12	750m	±56		云和气溶胶属性、海洋水色、海面和陆面湿度、海冰移动和海冰温度、火情、反照率
CRTS	NPOESS/TPSS（美国）	1305	3.92~15.38	14km（星下点）	±50		水汽和大气温度廓线

表 4-7　主要的航空热红外载荷

传 感 器	国别	波段数	波段范围/μm	工作时间	视场/(°)	瞬时视场/mrad	用 途
AMSS 航空多光谱扫描仪	澳大利亚	6	8.5~12.0	始于1985年	92	2.1×3.1	环境监测
ASTER 模拟仪器	美国	20	8~12	始于1991年	65 或 104	2 或 0.5	云、陆地测量
CIS 中国成像光谱仪	中国	1 2	3.53~3.94 10.5~12.5	始于1993年	80	1.2×11	陆地表面观测
DAIS-7915 数值式航空成像光谱仪	美国	1 6	3.0~5.0 8.7~12.7	始于1993年	64~78	3.3、2.5 或 5.0	陆地海洋生态环境监测
DAIS-16115 数值式航空成像光谱仪	美国	6 12	3.0~5.0 8.0~12.0	始于1994年	78	3	陆地海洋生态环境监测
GER-63 通道扫描仪	美国	6	8.0~12.5	始于1986年	90	3.3、2.5 或 5.0	环境监测地质研究
ISM 红外成像光谱仪	法国	64	1.6~3.2	始于1991年	40 可选	1.2×11	地质云雪植被
MAS MODIS 航空模拟仪器	美国	50	0.547~14.521	始于1992年	85.92	2.5	地球物理大气海洋陆地表面
MIVI 多光谱红外及可见光光谱仪	美国	10	8.2~12.7	始于1993年	70	2.0	地质和环境研究
MUSIS 多光谱红外照相	美国	90 90	2.5~7.0 6.0~14.5	始于1989年	1.3	0.5	化学蒸发光谱特征
SMIFTS 空间可调成像傅里叶变换光谱仪	美国	100	1.0~5.2	始于1993年	0.7	0.77	陆地表面观测

4.6　常用红外传感器

把能发射红外线和接收红外线的光电器件叫作红外线传感器。

根据红外线传感器原理不同，分为主动型和被动型红外线传感器。主动型红外线传感器包括红外发射传感器和红外接收传感器，它们配套使用可组成一个完整的红外线发送与接收遥控系统。主动型传感器也叫光探测型传感器。常用的有红外发光二极管、红外接收二极管、光电二极管和光电三极管等。

被动型红外线传感器也称热探测型传感器。这种传感器可用来直接接收目标物体发射的红外线并将其转换为电压信号输出，它不需要红外发射传感器。

4.6.1　红外发光二极管

红外发光二极管包括砷化镓（GaAs）发光二极管、砷铝化镓（GaAlAs）发光二极管和激光二极管（Laser Diode，LD）等。LD具有光束、能量集中、方向性好等优点、但价格昂贵、寿命短，应用场合受到了限制。目前，在家用电器和用途较广的开关电路中普遍采用红外发光二极管（LED）。

红外LED与可见光LED的发光方式相同，只是发出的为近红外光，人眼看不到而已。GaAs红外LED的发光效率高，一般可达10%~20%，比可见光LED高得多。GaAlAs红外LED发光效率更高，比GaAs高出50%~80%，但价格也较高。性能优良的GaAlAs红外LED因其发光效率接近20%，输出光功率大，可以用于金融监控系统、保安及医疗系统等。

红外发光二极管的外形和普通发光二极管的基本相同，用透明的树脂材料封装。中、大功率的红外发光二极管采用金属或陶瓷材料作底座，用玻璃或树脂透镜作窗口，其符号与外形如图4-23所示。

（a）符号

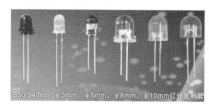

（b）外形1

（c）外形2

图4-23　红外发光二极管符号与外形图

1. 红外发光二极管的基本特性

1）伏安特性

红外发光二极管的伏安特性曲线如图4-24所示，和普通二极管的伏安特性曲线相似。红外发光二极管的反向击穿电压约为5~30V。

2）输出特性

红外发光二极管的输出特性曲线如图4-25所示。

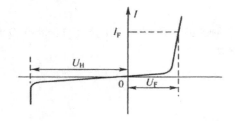

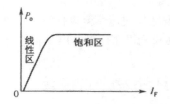

图 4-24　红外发光二极管的伏安特性　　　图 4-25　红外发光二极管的输出特性

3）指向特性

图4-26（a）、图4-26（b）分别画出了球面透镜与平面封装的红外发光极管的指向特性曲线。

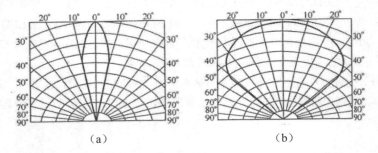

（a）　　　　　　　　　　（b）

图 4-26　红外发光二极管的指向特性

2. 红外发光二极管的主要参数

红外发光二极管的主要参数如表4-8所示。

表 4-8　红外发光二极管的主要参数

参　数	单位	TLN107	TLN104	HG310	HG450	HG520	BT401	SE303A	PH302
正向工作电流	mA	50	60	50	200	3000	40	100	
峰值电流	mA	600	600					1A	
反向击穿电压	V	>5	>5	>5	>5		>5	>5	32
正向电压	V	<1.5	<1.5	<1.5	<1.8	<2.0	<1.3	<1.45	
反向偏置电流	μA	<10	<10	<50	<100		<100		30
光功率	mW	>1.5	>25	1~2	5~20	100~550	1~2	6.5	
峰值波长	nm	940	940	940	930	930	940	940	940
最大功耗	mW			>5	360	≈6W	100	150	150

3. 红外发光二极管的基本驱动方式

1）直流恒定电流驱动方式

如图4-27（a）所示的电路为最简单的恒定直流电流驱动电路，其中R为限流电阻，改变R的阻值大小，使驱动红外发光二极管的电流为最佳电流，从而使输出红外功率尽可能大。

图 4-27 红外发光二极管直流恒定电流驱动方式

令U_F为红外发光二极管的正向压降，I_F为红外发光二极管的工作电流，则限流电阻R的阻值大小可由下式计算：

$$R = (E - U_F) / R(\Omega) \tag{4-50}$$

如图4-27（b）所示恒流源的电流可按下式计算：

$$I_F = (U_z - U_{bc}) / R_e (\text{mA}) \tag{4-51}$$

式中，U_z为稳压管的稳压值。

2）直流脉冲电流驱动方式

在图4-28（a）中，驱动电压U为方波脉冲电压，R为限流电阻。红外发光二极管的正向工作电流I_F与峰值电流I_{FP}之间有如下关系：

$$I_F = I_{FP}\sqrt{T_o / T_d} \tag{4-52}$$

式中，T_o为方波脉冲的周期；T_d为方波脉冲的宽度；T_o/T_d等于脉冲的周期与脉冲的宽度之比，这里称为脉冲电流的空度比。

采用直流脉冲高电平"1"，低电平"0"表示。可实现一机多通道控制方式。

图4-28（b）为红外发光二极管在直流脉冲电流驱动下产生的波形，可以看出电流I与功率P_o之间的关系。

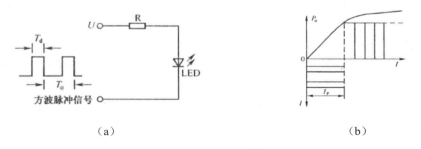

图 4-28 红外发光二极管直流脉冲电流驱动方式

3）交流电流驱动方式

交流电流驱动如图4-29所示。限流电阻R_s的阻值可按下式估算：

$$R_s = E - (U_F + U_D)/2I_F \qquad (4-53)$$

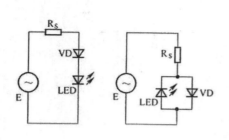
（a）交流驱动电

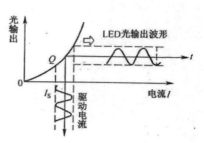
（b）LED交流驱动工作示意图

图4-29　红外发光二极管的交流驱动电路

式中，E为交流信号源的有效值（V），U_D为保护二极管VD的正向压降（V），U_F为发光二极管的正向压降（V），I_F为发光二极管的工作电流（mA），则R_s的单位为千欧（kΩ）。

4. 红外发光二极管的判别

（1）若管子是透明的树脂封装的，则可透过封装从管芯上进行判别。红外发光二极管的管芯下有一个浅盘，而光电二极管和光电三极管的管芯下则没有。

（2）若管子尺寸过小或用黑色树脂封装，则可用万用表的R×1kΩ档测量其电阻。用手握住管子使其不受光照，其正向电阻值为20~40kΩ、反向电阻值大于200kΩ的是红外发光二极管，正、反向电阻值均接近无穷大的是光电三极管，正向电阻值为10kΩ左右、反向电阻值为无穷大的则是光电二极管。

（3）红外发光二极管正负极的判断。一般情况下，长脚为正极，短脚为负极。全塑封的Φ3、Φ5圆形管的侧向有一小平面，靠近小平面的一端为负极。用万用表测量正、反向电阻，若正向电阻值为20~40kΩ，则黑表笔所接的一脚为正极。

（4）红外发光二极管好坏的判断。用万用表的1kΩ挡测量，其正向电阻值在30kΩ左右、反向电阻值在200kΩ以上者为合格，反向电阻愈大，漏电流愈小愈好。若反向电阻只有几十千欧，这种管子质量就很差；若正、反向电阻均为无穷大或零，则说明管子是坏的。

5. 红外发光二极管的应用

图4-30给出了红外线遥控继电器的电路，读者可自己分析它的工作原理。

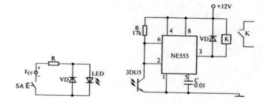

图4-30　红外线遥控继电器的电路

4.6.2　光电二极管

光电二极管用于红外线遥控、探测，光电转换的自动化仪器、仪表等。

光电二极管有锗光电二极管A、B、C、D四类，硅光电二极管有2CU1A~D和2DU1~4系列。

光电二极管有以下三种状态：

（1）光电二极管一般都处于反向工作状态，光电流与照度之间呈线性关系。

（2）光电二极管上不加偏压，利用PN结在受光照时产生正向电压的原理，把它用作微型光电池。这种工作状态一般可作光电检测器。

（3）光电二极管没光照时，处于截止状态，此时电阻很大，电流很小，电流叫暗电流。

光电二极管有4种类型：PN结型（也称PD型）、PIN结型、雪崩型和肖特基型。常用的有2DU型和2CU型。如图4-31所示为光电二极管的符号图，如图4-32所示是光电二极管的接线图。

图 4-31　光电二极管的符号

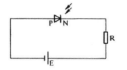

图 4-32　光电二极管的接线图

1．光电二极管的基本特性

1）伏安特性

光电二极管的伏安特性曲线如图4-33所示。

2）光谱响应特性

如图4-34所示，光电二极管的光谱范围为400~1100nm（纳米），其峰值波长为880~900nm。

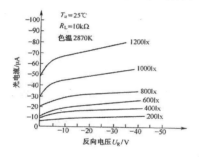

图 4-33　光电二极管的伏安特性

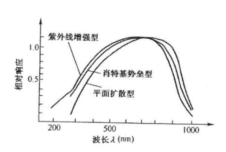

图 4-34　光电二极管的光谱特性

3）光照特性

光电二极管在反向偏压下的光生电流、电压特性如图4-35所示，曲线与纵坐标的交点即为零偏压时的光生电流，可查看其在温度为25℃、色温为285K时随负载的变化，表现出了较好的线性。

4）温度特性

如图4-36所示为典型的光电二极管的温度特性。

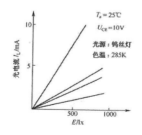

图 4-35　光电二极管的光照特性

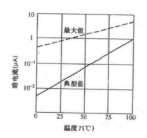

图 4-36　光电二极管的温度特性

2. 光电二极管的主要参数

光电二极管的主要参数如表4-9所示。

表4-9　光电二极管参数表

型　号	参　数							
	最高工作电压 U_R(V)	暗电流 $I_D(\mu A)$	光电流 $I_L(\mu A)$	光电灵敏度 $S_T(\mu A/\mu W)$	峰值波长 λ_p(Å)	上升时间 t_r(ns)	下降时间 t_f(ns)	结电容 C_j(pF)
2CU1A	10	≤0.2	≥80	≥0.5	8800	≤5	≤50	≤8
2CU1B	20	≤0.2	≥80	≥0.5	8800	≤5	≤50	≤8
2CU1C	30	≤0.2	≥80	≥0.5	8800	≤5	≤50	≤8
2CU1D	40	≤0.2	≥80	≥0.5	8800	≤5	≤50	≤8
2CU1E	50	≤0.2	≥80	≥0.5	8800	≤5	≤50	≤8
2CU2A	10	≤0.1	≥30	≥0.5	8800	≤5	≤50	≤8
2CU2B	20	≤0.1	≥30	≥0.5	8800	≤5	≤50	≤8
2CU2C	30	≤0.1	≥30	≥0.5	8800	≤5	≤50	≤8
2CU2D	40	≤0.1	≥30	≥0.5	8800	≤5	≤50	≤8
2CU2E	50	≤0.1	≥30	≥0.5	8800	≤5	≤50	≤8
实验条件	$I_R=I_D$	$U=U_{RM}$ 无光照	$U=U_{RM}$ 100Lx	$U=U_{RM}$ $\lambda=0.9M$		$R_L=50\Omega$ $U=10V$ $f=300Hz$	$R_L=50\Omega$ $U=10V$ $f=300Hz$	$U_m=6mV$ $U=U_{RM}$ $f<5MHz$

3. 光电二极管的测量

（1）电阻测量法（用万用表R×1kΩ挡），应在2kΩ以下。

（2）电压测量法（用万用表1V挡），用红表笔接光电二极管"+"极，黑表笔接"−"极，在光照下，其电压与光照强度呈比例，一般可达0.2~0.4V。

（3）短路电流测量法（用万用表50μA挡或500μA挡）。用红表笔接光电二极管"+"极，黑表笔接"−"极，在白炽灯下（不能用日光灯），随着光照增强，若其电流随之增加就是好的，短路电流可达数十至数百微安。

4. 光电二极管的基本应用电路

图4-37（a）是光信号放大电路，反向电压不应低于5V。

图4-37（b）是光开关电路，光电二极管的光电流经两级放大后使继电器K吸合。

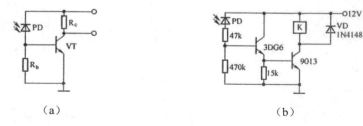

（a）　　　　　　　　　　　　　　　　（b）

图4-37　光电二极管的应用电路

4.6.3 光电三极管

1. 光电三极管的基本特性

1）光照特性

光电三极管的光照特性如图4-38所示。

2）温度特性

温度特性反映光电三极管的暗电流或光电流与温度之间的关系，如图4-39所示。

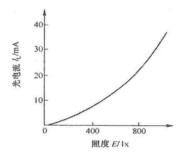

图 4-38 光电三极管的光照特性

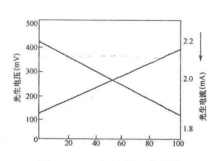

图 4-39 三极管的温度特性

3）输出特性

光电三极管的输出特性如图4-40所示。

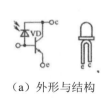

（a）外形与结构 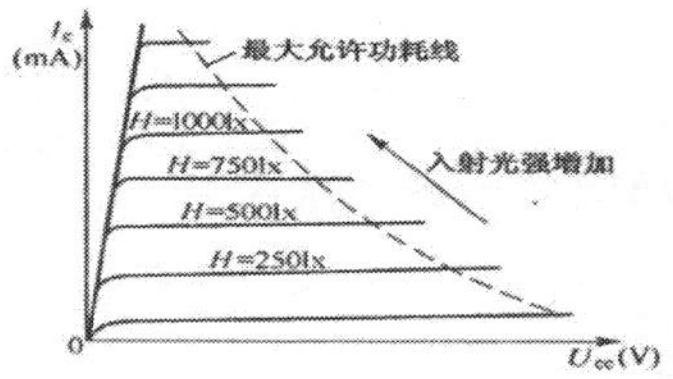 　　　　　（b）输出特性

图 4-40 光电三极管的输出特性

4）光谱响应特性

光电三极管的光谱响应曲线如图4-41所示。

5）频率特性

光电三极管的频率特性如图4-42所示。

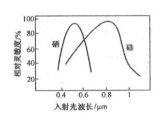

图 4-41 光电三极管的光谱率特性

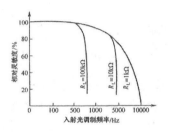

图 4-42 光电三极管的频率特性

2. 光电三极管的主要参数

光电三极管的主要参数，以3DU型硅光电三极管的参数为例，如表4-10所示。

表 4-10　3DU 型硅光电三极管参数表

型　号	参　数							
	最高工作电压(V)	暗电流(μA)	光电流(μA)	结电容(pF)	最大功耗(mW)	响应时间(s)	收集极最大电流(mA)	反向击穿电压(V)
3DU11	10	<0.3	≥0.5	<10	150	10^{-5}	20	≥15
3DU12	30	<0.3	≥0.5	<10	150	10^{-5}	20	≥45
3DU13	50	<0.3	≥0.5	<10	150	10^{-5}	20	≥75
3DU21	10	<0.3	≥1.0	<10	150	10^{-5}	20	≥15
3DU22	30	<0.3	≥1.0	<10	150	10^{-5}	20	≥45
3DU23	50	<0.3	≥1.0	<10	150	10^{-5}	20	≥75
3DU31	10	<0.3	≥2.0	<10	150	10^{-5}	20	≥15
3DU32	30	<0.3	≥2.0	<10	150	10^{-5}	20	≥45
3DU33	50	<0.3	≥2.0	<10	150	10^{-5}	20	≥75
3DU41	10	<0.5	≥4.0	<10	150	10^{-5}	20	≥15
3DU42	30	<0.5	≥4.0	<10	150	10^{-5}	20	≥45
3DU43	50	<0.5	≥4.0	<10	150	10^{-5}	20	≥75
3DU51A	15	<0.2	≥0.3	<5	50	10^{-5}	10	≥30
3DU51B	30	<0.2	≥0.3	<5	50	10^{-5}	10	≥45
3DU51C	30	<0.2	≥0.1	<5	50	10^{-5}	10	≥45

3. 光电三极管的测量与选用

光电三极管的测量有电阻测量法和电流测量法，如表4-11所示。

光电管的选用。在工作频率不高、要求灵敏度高的电路中可选用光电三极管，如红外线遥控电路。在工作频率较高、要求光电流与入射光线强度呈线性关系时，则应选用光电二极管。

表 4-11　光电三极管的简易测试方法

	极　性	无光照	在白炽灯光照下
测电阻 R×1kΩ 挡	黑表笔接 c 红表笔接 c	指针微动接近∞	随着光照强度的变化而变化，光照强度大时，电阻变小，可达几千欧以下
	红表笔接 c 黑表笔接 c	电阻为∞	电阻为∞（或表笔微动）
测电流 50μA 或 0.5mA 挡	电流表串在电路中，工作电压为10V	小于 0.3μA（用 50μA 挡）	随着光照强度的增加而增加，在零点几毫安至几毫安之间变化（用 5mA 挡）

光电三极管的输出特性（见图4-40（b）可知，为了提高光电管的接收效率，增大接收距离，可使用光学聚光透镜。聚光透镜置于透镜的光焦点上，透镜的直径应足够大。

应当指出，对于球形封装的光电器件，其球形封装已能起聚光作用，切不可另加聚光镜。

4. 光电三极管组成的电路

图4-43（a）为用光电三极管组成的开关电路，图4-43（b）为用光电三极管组成的放大电路。

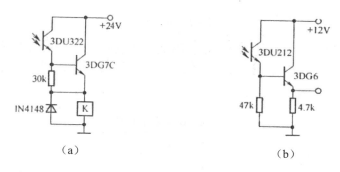

图 4-43 光电三极管组成的电路

4.7 专用集成电路

红外遥控专用集成电路很多，本节以 CX20106A 为例，它内部设有滤波电路、选频电路等，外电路十分简单。因此，用一块集成电路就可以实现放大、选频、解调和脉冲形成等功能。

4.7.1 集成块结构

CX20106A 是日本的产品，如图 4-44 所示，内部主要由前置放大器、限幅放大器、带通滤波器、检波器、积分器及脉冲整形电路组成。确保遥控距离（约10m）可靠地工作，其内设滤波器的中心频率 f_0 可由 5 脚外接的电阻来调整，调整范围为 30~60kHz。

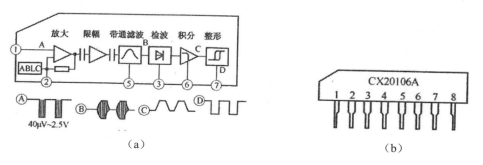

图 4-44 CX20106A 内部电路及引脚图

4.7.2 工作原理

前置放大器将光电管输出的脉冲电压信号进行放大，放大倍数约为77~79dB，然后通过限幅处理，将其变为整齐的矩形脉冲，经过带通滤波器进行选频并滤除干扰信号，再通过检波器滤除载频并选出指令信号，最后将选出的指令信号进行整形，并由7脚输出低电平。CX20106A 的电气参数如表4-12所示。

表4-12　CX20106A的电气参数

电源电压	工作电流	输出电平	电压增益	输入阻抗	滤波器中心频率	允许功耗
5~17V	1~2.5mA	0.2V	77~79dB	27kΩ	30~60kHz	0.6W

CX20106A各引脚静态电压如表4-13所示。

表4-13　CX20106A各引脚静态电压

引脚号	1	2	3	4	5	6	7	8
电压（V）	2.5	2.5	1.5	0	1.4	1.9	5.0	5.0

4.7.3　引脚参数设置

图4-45中CX20106A各引脚功能及元件参数设置如下：

1脚输入端，外接光电二极管VD接收发射器发出的红外光；2脚外接R_2、C_1串联网络，决定放大器增益（77~79dB）和频率特性，通常取$R_2 = 4.7\Omega$，$C_1 = 1\mu F$（微法）；3脚外接检波电容C_2，一般取检波电容$C_2 = 3.3\mu F$，C_2过大或过小时，将会影响瞬态响应和灵敏度；4脚为接地端；5脚外接电阻R_1，改变R_1的阻值就可以改变接收器的接收频率，CX20106A带通滤波器中心频率f_0为40kHz，取$R_1 = 200~220k\Omega$；6脚外接积分电容C_3，取$C_3 = 330pF$；7脚为低频解码输出端，输出脉冲幅度约为3.5~5V，外接负载电阻R_3，取$R_3 = 22k\Omega$；8脚外接电源5~17V。

4.7.4　接收电路

图4-45是以CX20106A为主的接收电路。

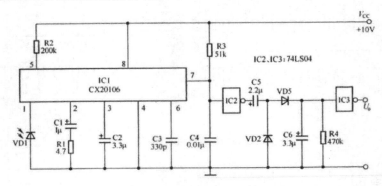

图4-45　CX20106A组成的接收电路

4.8　遥控原理

红外线遥控就是利用红外线（又称红外光）来传递控制信号，实现对控制对象的远距离控制。目前，红外发射器件（红外发光二极管）发出的是峰值波长为0.88~0.94μm的近红外光。为什么要用近红外线做遥控光源？这是因为光电接收器件的光电二极管、光电三极管等的受光峰值波长为0.88~0.94μm，恰好与红外发光二极管的光峰值波长相匹配，这样可获得较高的传输效率及较好的抗干扰性能。

由于红外线遥控器具有结构简单、制作方便、成本低廉、抗干扰能力强、工作可靠性高等一系列优点，因此是近距离遥控，特别是室内遥控的首选方式。

4.8.1　红外线遥控的特性

（1）独立性。由于红外线为不可见光，因此对环境的影响很小。不干扰其他电器设备。

（2）物理特性与可见光相似性。

（3）无穿透障碍物的能力。所有产品的遥控有相同的遥控频率或编码，而不会出现遥控信号"串门"的情况。

（4）较强的隐蔽性。在防盗、警戒等安全保卫装置中得到了广泛的应用。

（5）红外线的遥控距离一般为几米至几十米或更远一点。

4.8.2　红外线遥控的原理

1. 红外发射器的组成

红外遥控发射器由指令键、信号产生电路、调制电路、驱动电路及红外线发射器件组成，如图4-46所示。

2. 红外接收器的组成

接收器由红外线接收器件、前置放大电路、解调电路、指令信号检出电路、记忆及驱动电路、执行电路组成，如图4-47所示。

图 4-46　红外发射器的组成　　　　　　　图 4-47　红外接收器的组成

3. 频分制和码分制红外线遥控

（1）频分制红外线遥控是指令信号产生电路以不同频率的电信号代表不同的控制指令。当不同的指令键被按下时，信号电路就产生不同频率的指令信号。接收器中指令信号检出对应发射器不同指令信号频率的选择电路，简称选频电路。对应于每一个指令，就要有一个选频电路。

红外发射、接收器件发射与接收波长为0.88~0.94μm的近红外光，频分制遥控方式红外光具有较强的抗干扰能力，频分制红外线遥控电路原理简单、易于组装，是一种应用较广的红外遥控系统。

（2）码分制红外线遥控是指令信号产生电路以不同的脉冲编码代表不同的指令，如图4-48所示。

接收器接收下来的信号经过前置放大后，送入解调电路，对调制信号进行解调，再经指令信号检出电路检出指令信号。这里的指令信号检出电路是与发射器中编码电路相对应的译码电路，通过它将指令信号译出。

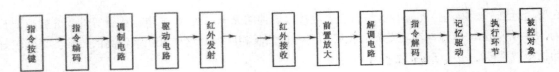

图 4-48　码分制红外线遥控系统

4.8.3　常用的红外光发射器电路

1. 红外光发射器电路

该发射器电路如图4-49所示。它由555定时器组成的脉冲方波发生器、驱动放大器和红外发光二极管等元件组成。

LED1为普通发光二极管，LED2为TLN104型红外发光二极管，VT1、VT2为3DG6。其他元件参数如图4-49的标注。

2. 多谐振荡红外光发射电路

该红外发射电路如图4-50所示。

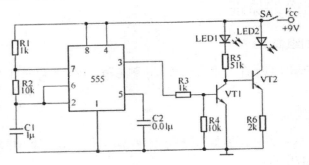

图 4-49　红外光发射器电路

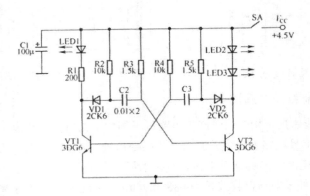

图 4-50　多谐振荡红外光发射电路

VT1、VT2起振后交替导通和截止，接于其集电极上的LED2、LED3和LED1交替发出红外光和红色光。LED的可见光用于监视振荡器的工作是否正常，即指示工作状态。

3. 集成振荡红外光发射电路

该电路如图4-51所示。它是以一块六反相器集成电路74LS04（CD4069）为核心组成的振荡器和VT放大驱动级门电路IC1、IC2和R2、RP、C等组成的一个RC振荡器，其振荡频率取决于T=RC 时间常数，即：

$$f = 1/T = 1/[2.2(R_2 + R_{RP})C] \qquad (4\text{-}54)$$

如图4-51所示的参数的振荡频率在500~4000Hz，调节电位器RP，可改变其振荡频率。门电路IC3MC4用于隔离、放大、整形以及驱动VT，使红外发光二极管LED发出红外脉冲光。R3为限流电阻，其阻值大小视所加的电源电压及驱动管的类型而定。

4. 窄脉冲红外光发射电路

该电路如图4-52所示。由时基集成电路555、晶体三极管VT少量外围元件组成了一个多谐振荡器，电路的充放电时间常数为T_1和T_2，其中 $T_1 = 0.7(R_1 + R_{RP})C_2$，$T_2 = 0.7R_{RP}C_2$，它的振荡频率取决于充放电时间常数$T$（$T=T_1+T_2$），即：

$$f_0 = 1/T = 1.44/[(R_1 + 2R_{RP})C_2] \qquad (4\text{-}55)$$

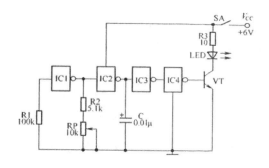

图 4-51　集成振荡红外光发射电路　　　　图 4-52　窄脉冲红外光发射电路

用电位器RP可以根据需要调整电路的振荡频率，按如图4-52所示的参数，其振荡频率约为20kHz。由于充电时间常数$(R_1+R_{Rp})C_2$远大于放电时间常数R_2C_2。因此，发射的是窄脉冲红外光。

发光二极管 LED 用 TLN107，其峰值电流可达 600mA，平均电流为 250mA 左右。LED 的顶端有一个透镜，能将光汇聚成辐射角为 50°~60° 的红外光束向外辐射，作为红外信号发送给接收器。

4.9　设计方法

4.9.1　设计要点

1. 设计思路

（1）采用红外线发光二极管作遥控发射器，易于小型化。
（2）发射、接收等有关的元器件价格低廉，成本便宜。
（3）红外光调制简单，依靠编码调制，易于实现多路控制。

（4）采用二次调制，功率消耗少。

（5）红外线不会穿透墙壁，因此不会引起因信号串扰致使邻居之间的电视机产生误动作。

（6）控制功能反应速度快，动作稳定可靠。

（7）红外线辐射对人畜的健康无损害，不会引起疾病。

（8）与微处理器结合，具有自动识别、判断、处理、控制以及屏幕显示等功能。

2. 设计要求

1）遥控范围

以电视机为例，最佳观看距离应该是屏幕高度的4~6倍，遥控式电视机主要是30~80英寸，所以最佳的观看距离应该是3~5没。这是适合一般家庭观看的距离。按照这种情况，如果考虑通常是5个人距离电视机3没的位置观看，则遥控操作的范围应按图4-53的情况进行设计。

2）红外线的脉冲编码

以有红外线时为"1"，无红外线时为"0"的方法，信号中"1"与"0"的区别如图4-54所示，通过对传送码"1"与"0"进行组合，即可形成必要的组合数（即遥控器按键开关数）的传送指令。

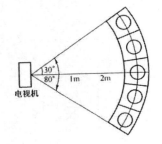

图4-53　遥控操作范围示意图

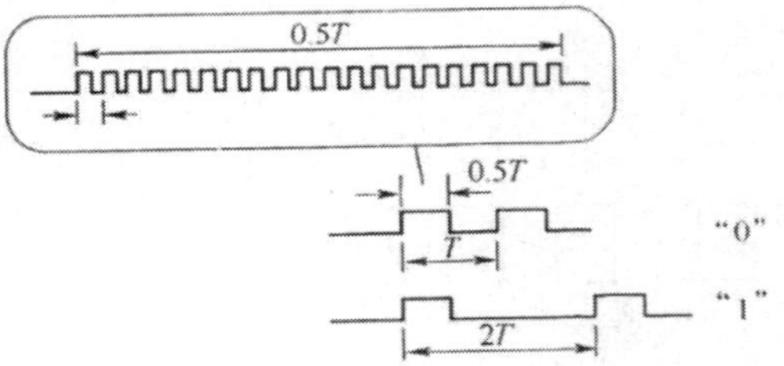

图 4-54　红外线遥控的脉冲编码

（3）防止外来干扰和误动作

在室内，对红外线遥控的干扰源是太阳光和室内照明。因此，为避免白炽灯及其他干扰信号的影响，在红外光电二极管之前的接收窗上必须加装红外滤波片，以滤除各种干扰光线。

4.9.2　发射器的设计要求

（1）因为红外遥控发射器是手持式的，要求体积小、重量轻，使用时省电，不用时更省电，要求电池尽可能少、电压尽可能低，要求使用耗电少、工作电压低的大规模集成电路，电源盒内装两节五号电池即可使用半年以上。

（2）为了能在较广阔的角度内遥控使用，发光二极管的光学系统必须设计成理想的面发射形式，为此一般使用两个发光二极管隔开适当距离并联排列同时发光。

日本红外发光二极管TLN105A的特性如下：

发射强度大：$I_E = 20mW/sr$（典型值）。

指向性宽：$\theta = \pm 235°$（典型值）（50%光输出）。

光输出线形好：可由脉冲信号和高频信号调制。

红外遥控器的遥控内容有选台、电源开关、模拟量控制、显示等。

4.9.3 接收器的设计要求

（1）由于红外接收器件接收的信号非常微弱，因此采用复合三极管的多级放大器和运算放大器实现对微弱信号的放大，如图4-55所示。

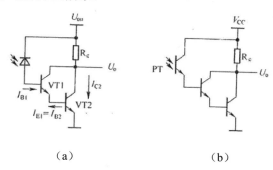

（a）　　　　　　　　　　（b）

图 4-55　复合三极管的红外接收放大器

（2）红外线光电二极管。接收红外线的光电二极管的实际受光面积约7.5mm^2，结电容很小，约为20pF，灵敏度高，反应快，光电二极管的负载是后面的前置放大器，其输入阻抗约为100kΩ。

（3）前置放大器。由于发射信号的强度会有10^{5}左右的差异，因此要求前置放大器动态范围宽，输入阻抗高，噪声低，有自动偏压控制及负反馈的放大电路。

（4）带通滤波器的作用是滤除前级送来的信号中的噪声，可以通过调整其外接电阻器的阻值，使其中心频率可变（其中心频率的可变范围为f_0=30~60kHz，但一般使用的典型值为38~40kHz）。

（5）红外滤光片。在接收电路的外壳上装上红外滤光片，是为了抑制外干扰。红外滤光片起到高通滤波器的作用，使得光电二极管只能接收红外发射二极管所发射的光源信号。

4.9.4 发射器的造型设计

造型设计的宗旨是处理好人与产品、人与环境之间的关系，既满足人们对物质功能的需求，又满足人们对审美的精神需要。

从使用角度来看，红外线遥控发射器应该是手持式的。其操作按键分布在遥控发射器的面板上。遥控发射器的尺寸及按键之间的间隔与排列应从生理学的角度，按照人手掌的大小、手指的长短的调查统计数据来确定。

4.10　设计举例

4.10.1 设计题目与指标

1. 设计题目

红外遥控调光电路包括红外发射电路，红外接收、译码、调光控制电路等。使用该电路可对壁灯、吊灯等灯具实现遥控开关和调光。

2. 设计指标

（1）要求发送器发射红外光频率为38kHz。

（2）遥控距离为7~8m。

（3）发射器直流电源为3V，接收器采用交流电源220V供电。

（4）负载总功率为200W，照明器具达到额定功率。

（5）控制方式为手持式，遥控。

（6）操作方便，性能可靠，便于维修。

（7）成本低廉，易于被消费者接受。

4.10.2 红外线遥控发射电路

红外发射电路如图4-56（a）所示，产生红外线的是红外发光二极管SE303。正向电流最大约为100mA。为了提高最大正向电流，常用脉冲正向电流，这样可达到1A左右。该红外线遥控器就是用脉冲电流来进行信息传送的。

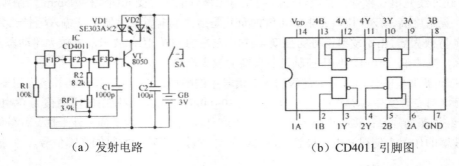

（a）发射电路　　　　　　　　　　（b）CD4011 引脚图

图 4-56　发射电路与 CD4011 引脚图

四组2输入端与非门CD4011 [或74LS00，见图4-56（b）]和R1、R2、C1等组成自激式多谐振荡器，其振荡频率由F2、F3外接的RC时间常数决定，即：

$$f = 1/[2.2(R_2 + R_{RP1})C_2]$$

调节RP1使振荡频率在38kHz附近。该高频振荡信号经VT放大后，驱动红外发光二极管VD1、VD2向外辐射38kHz的红外光脉冲。

4.10.3 接收器件

1. KA2184

该电路采用韩国生产的KA2184红外接收集成电路，其性能、参数和引脚功能与CX20106A完全相同，可直接互换使用，见4.7节。

2. LS7232

LS7232是美国LSI计算机公司生产的大规模PMOS集成电路，它的内部电路原理及引脚功能如图4-57（a）所示。图4-57（b）是LS7232的引脚排列图。电源+12~18V，控制输出端向双向晶闸管输出触发控制信号达25mA，可驱动大功率晶闸管。表4-14给出了LS7232的性能参数。

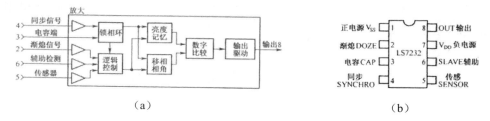

（a）　　　　　　　　　　　　　　　　　（b）

图 4-57　LS7232 内部电路原理及引脚功能

表 4-14　LS7232 的性能参数表

项　目	符　号	最 小 值	最 大 值	单　位
同步频率	Fs	40	70	Hz
开关时间	T_{st}	39	399	ms
调光时间	T_{se}	399	任意值	ms
渐熄时钟	f		500	Hz
输出脉宽	T_w	40	55	μs
移相相角	φ	41	159	°（度）
供电电压	V_{ss}	+12	+18	V
输入电压 2 脚	高 V_{2H}	$V_{ss}-2$	V_{ss}	V
输入电压 2 脚	低 V_{2L}	0	$V_{ss}-6$	V
输入电压 4 脚	高 V_{4H}	$V_{ss}-5.5$	V_{ss}	V
输入电压 4 脚	低 V_{4L}	0	$V_{ss}-9.5$	V
输入电压 5 脚	高 V_{5H}	$V_{ss}-5.5$	V_{ss}	V
输入电压 5 脚	低 V_{5L}	0	$V_{ss}-8$	V
输入电压 6 脚	高 V_{6H}	$V_{ss}-2$	V_{ss}	V
输入电压 6 脚	低 V_{6L}	0	$V_{ss}-8$	V
输出灌电流	I_g		+25	mA
工作温度	T_A	0	+80	℃

4.10.4　接收电路

接收电路如图4-58所示。这是一个红外遥控调光电路，双向晶闸管的导通角在41°~160°变化，电灯由暗变亮或由亮变暗，从而实现对电灯的调光控制。

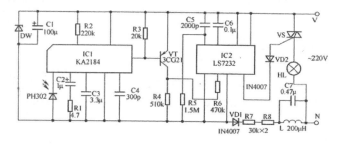

图 4-58　红外遥控调光电路图

需要注意的是，LS7232是一种PMOS型集成电路，V_{DD}电源接电源负极，V_{ss}接电源正极。

电路电源采用交流供电、电容C7降压、二极管VD1半波整流。电容C7并联了220μH的电感，用来吸收LS7232所产生的谐波，防止它通过电源线干扰其他电器。

4.11 工程应用案例

4.11.1 单通道红外遥控

单通道红外遥控发射电路如图4-59所示。

几个关键点的波形如图4-59（b）所示，由图4-59（b）可以看出，当A点波形为高电平时，红外发光二极管发射载波；当A点波形为低电平时，红外发光二极管不发射载波。74LS00的引脚功能如图4-59（c）所示。

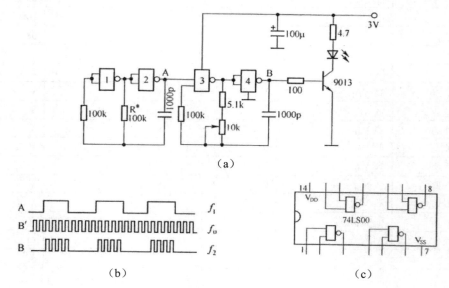

图 4-59 单通道红外遥控发射电路

图4-60为红外接收电路。图中IC1是LM567，工作电压为4.75~9V，工作频率为500kHz，静态工作电流约8mA。利用图4-59的电路，可制作遥控开关，遥控家里的各种家用电器。

利用图4-59（a）和图4-60的电路，也可容易地将其改造成多路遥控电路。

4.11.2 家用多路红外遥控

家庭中，彩电、空调、音响的遥控器总共有多个，如果能一个遥控器控制多台电器会更加方便。本电路可以同时对多路家用电器进行遥控，电路具有简单可靠、省电、制作容易等特点，遥控距离在8m以上。

电路由发射和接收两部分组成，其原理分别如图4-61和图4-62所示。

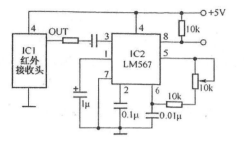

图 4-60 红外接收电路

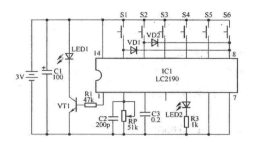

图 4-61 发射电路原理图

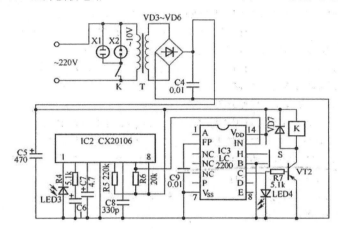

图 4-62 接收电路原理图

1. 发射电路

发射电路如图4-61所示，它以LC2190为核心，其采用双列直插式14脚塑封结构，内含编码器、调制器等。

2. 接收电路

图4-62的接收电路以LC2200为核心。遥控器发射的编码信号经过红外接收集成电路CX20106处理，送LC2200译码后输出去控制各路负载。

4.11.3 9功能遥控

1. 引脚功能

TM703/702红外遥控发射/接收集成电路均为16脚双列直插塑料封装形式，如图4-63所示。其相应引脚的功能为：1脚PII、2脚UP、3脚DOWN、5脚RIGHT、6脚LEFT、9脚START、10脚SELECT、11脚A、12脚B均为功能键输入端，内部上拉高电平，接收电路中的后缀"0"表示低电平有效；7脚OSCK、8脚OSC0为振荡器输入、输出端；14脚O/P为编码声频信号输出端；15脚LED为指示输出端；13脚H16为16Hz信号输出端，当电路启动后即有输出；I/P（TM702 6脚）为编码声频信号输入端；POR（TM702 1脚）为电源供电置位输入端，接外部电容器；*TEST（TM702 2脚）为"6TEST"测试用引脚，不用时可悬空；16脚Vs、4脚GND分别为电源正、负端。

2. 主要电气参数

TM703/702红外遥控发射/接收器件的极限参数为：直流电源电压范围为（V_{DD} + 0.3V）~5.0V，输入/输出电压为（GND-0.3V）~（V_{DD}+0.3V），工作温度范围为0~50℃，存储温度范围为-25~+100℃。

3. 工作原理

工作原理如图4-63所示。图4-63（a）为TM703构成的红外遥控发射电路，图4-63（b）为对应的红外遥控接收电路。

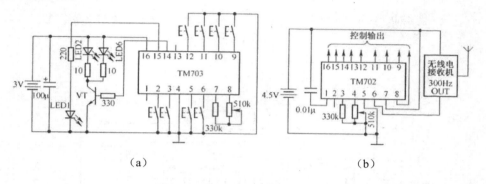

图 4-63　红外线 9 功能遥控电路

4.11.4　商品语音介绍机

1. 电源电路

图4-64是语音介绍机的电源部分。

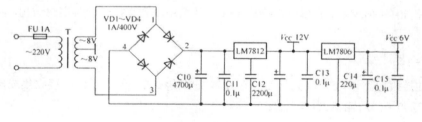

图 4-64　直流电源

2. 红外线语音遥控电路

红外线语音遥控电路如图4-65所示。图中的TX05D是红外线发射、反射检测开关，体积仅为32mm×17mm×48mm，模块的输出是一根1m左右的双芯屏蔽线，其中红线接正电源，白线为输出，屏蔽层铜网接地。它的优点是工作可靠、检测距离较远。当工作电压为12V时，检测距离在20~100cm范围可调，也可以根据促销现场的实际情况调整动作距离。

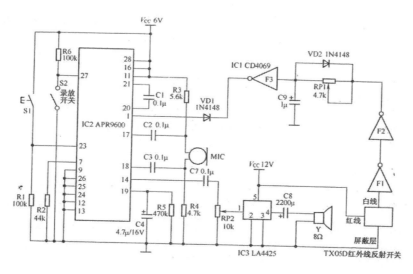

图 4-65　红外线语音遥控电路

APR9600是中国台湾地区的一家公司推出的新型语音电路，其音质好、噪声低、不怕断电、可反复录放，采用DIP28双列直插塑料封装。

LA4425音频功率放大集成电路只需一个输出耦合电容，就能向8Ω的扬声器提供5W的不失真功率，通过调整音量电位器RP2可以播放出清晰、洪亮的介绍语音。

3. 低频振荡电路

低频振荡电路如图4-66所示。门电路F4、F5、F6共同组成一个低频振荡器，驱动超高亮度发光二极管闪烁，发光二极管可以布置在展台座的四周，起到装饰作用。

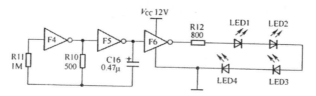

图 4-66　低频振荡电路

4. 使用方法

商品自动介绍机使用前要预先录音，录音时按住S2，扬声器发出"嘀"的两声提示，然后可对着麦克风MIC进行录音。将产品介绍的语音录制完毕后松开S2，扬声器中会再发出"嘀"的一声，如果录音时间超过芯片允许的时间，会发出"嘀、嘀"两声提示音，强制结束录音。S1是停止按钮，在商品介绍机用语音介绍时，只要按一下S1即可停止语音介绍。

4.11.5　湿手烘干器

1. 工作原理

电路如图4-67所示。光电传感器GT内部由发射管和接收管组成。无人洗手时，光电传感器GT中的发射管发出的脉冲光因无移动物体（手）反射回GT的接收管，所以GT输出级（黑线）呈现低电平，开关三极管VT截止，继电器K不动作，电热丝、电吹风风扇不工作，整个电路处于待机状态。

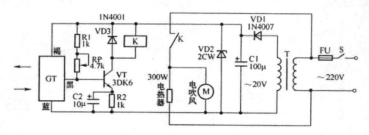

图 4-67 卫生间湿手烘干电路

当有人烘手时，靠近光电传感器的手将GT发射管发出的脉冲光反射给GT内的接收管，经传感器内部判断，GT输出级（黑线）为高电平，开关三极管VT饱和导通，继电器K动作，继电器的常开触点K闭合，接通控制主电路，电热丝发出的热量，经电风扇M吹出热风把湿手吹干，手离开烘干器后，电路又恢复待机状态。

2. 元器件选择

GT选用霍尼韦尔公司生产的内装放大器式HPA型的HPAR23光电传感器，继电器选用JQX-4F型，电扇可选用电冰箱上的风扇。其他元器件的选用如图4-67所示，无特殊要求。

3. 制作与调试

制作时光电传感器输出线中的黄、红线断开不用，晶体管等元器件直接焊在继电器上。本电路结构简单，只要元器件选择正确，焊接无误，无须调试即可正常工作。

4.12 热释电红外传感器

4.12.1 工作原理

图4-68为热电传感器的原理图，表示出表面电荷随温度变化的移动情况。图4-68（a）表示电荷固定不动的情况，图4-68（b）表示在红外能量照射下电荷的移动情况。当红外线照射热释电元件时，其内部极化作用有很大变化，其变化部分有电荷释放出来，从外部取出该电荷就变成传感器的输出电压。

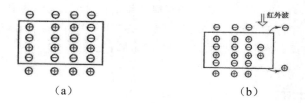

图 4-68 热释电红外传感器的原理图

自发极化的铁电体平时靠捕捉大气中的浮游电荷保持平衡状态。当受到红外辐射后，其内部温度将会升高，介质内部的极化状态便随之降低，它的表面电荷浓度也相应降低。这也就相当于"释放"了一部分电荷,这种现象称为电介质的热释电效应。将释放出的电荷通过放大器放大后就成为一种控制信号,利用这一原理制成的红外传感器称为热释电红外传感器。

需要指出的是,在应用这类传感器时,通常在热释电传感器的使用中,总要在它的前面加装一个菲涅尔透镜。

4.12.2 组成结构

1. 热释电红外传感器的结构与封装

热释电传感器的封装形式分为金属封装和塑料封装两种,其内部结构如图4-69所示。从内部结构分,有单探测元、双远近、四元件等。从波长分,1~20μm用于温度测量,4.35μm用于火焰测量,7~14μm用于遥控。

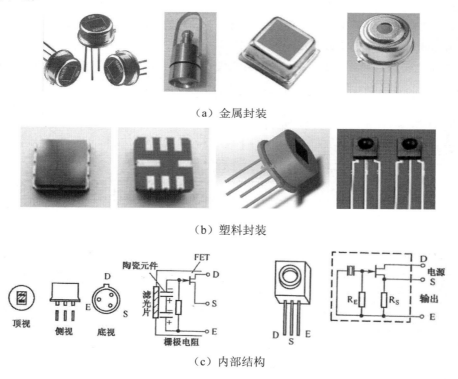

(a) 金属封装

(b) 塑料封装

(c) 内部结构

图 4-69 热释电传感器的封装形式

2. 滤光片

滤光片是在硅基板上多层镀膜制成的,为了抑制太阳光、灯光等对传感器的干扰,传感器采用滤光片作窗口。人体辐射的红外线波长在9.4μm处最强,红外滤光片选取7.5~14μm波段,能有效地选取人体的红外线辐射,而对其他波长的红外辐射进行抑制,最后留下对人体敏感的热释红外线光谱。

3. 探测元件

热电探测元件,是由高热电系数的锆钛酸铝(PZT)系陶瓷等材料构成的。热释电器件内装两个极性相反的陶瓷电容元件(见图4-69(a)),串联在同一晶片上,当环境温度变化引起晶片温度变化时,两个探测元件产生的热释电信号相互抵消,起到补偿的作用。在实际使用过程中,通过透镜将外来红外辐射汇聚在一个探测元件上,它产生的信号被保存。有的器件内装一个陶瓷元件(见图4-69(b)),其目的在于抑制因探测元件自身温度变化而产生的干扰。

4. 场效应管匹配器

如图4-69(c)所示,在热释电传感器的内部,因探测元件材料阻值高达$10^{13}\Omega$,必须用场效应管进行阻抗匹配才能使用。通过场效应管的匹配和放大,在它的源极输出反映外来红外线能量变化的相应幅度的电脉冲。其脉冲频率一般为0.3~5Hz。场效应管的输出阻抗为10~47kΩ。

4.12.3 传感器件

目前国内市场上常见的红外热释电传感器有SD02、OT0001、E100SZL P228等。

SD02传感器由敏感元、场效应管、高阻电阻等组成,并在氮气环境下封装起来。其中,敏感元用锆钛铅(PZT)制成,其阻值高达$10^{13}\Omega$;场效应管常用2SK303V3、2SK94X3等;滤光片(FT)选取7.5~14μm波段,能有效地选取人体红外线辐射,抑制太阳光、日光灯的干扰。

SD02适用于防盗报警器,也可用于自动开关遥控器等电路,其主要参数如表4-15所示。

表 4-15　SD02 传感器的主要参数

项　目	数　值	单　位	备　注
灵敏元尺寸	2×1	mm×mm	
灵敏元间距	1	mm	
信号	最小 1.7	V	
	典型 2.5	V	
噪声	典型	mV	420°K 黑体温度 1Hz 调制 $\phi=12$,$d=40$mm 72.5dB 放大。0.4~34.5Hz
	最大 100	mV	
平衡	最大 10%	V	B=(A−B)/(A+B)
工作电压	典型 5	V	
	2.2~10	V	
工作电流	典型 13	μA	
源极电压	典型 0.6	V	
工作温度	−10~50℃		
保存温度	−30~80℃		
视场	106×96		
窗口基本厚度	1		硅材料
窗口前截止	6.6μm		
窗口平均透过率	大于 72%		
	小于 0.1%		

4.12.4 菲涅尔透镜

菲涅尔透镜属于一种光学仪器,分为反射式、透射式和折射式。其中反射式灵敏度最高,探测距离可达25~60m；透射式灵敏度最低，探测距离为2~10m；折射式居中。

　　菲涅尔透镜一般用塑料制造，先将塑料加工成薄镜片，然后对镜片进行棱状或柱状处理，在使用时，将热释电传感器安装于透镜聚焦点区，使镜片成为高灵敏区和盲区交替出现的透镜。

　　菲涅尔透镜是人体热释电红外传感器重要的组成部分，它的作用是将人体辐射的红外线聚焦到热释电探测元上，产生一系列狭小的交替变化的红外辐射"高灵敏区"和"盲区"。当有人从透镜前走动时，人体发出的红外线不断从"高灵敏区"进入"盲区"，传至红外传感器的红外线时有时无，大量的光脉冲进入探测元，使探测元产生时强时弱的或时有时无的电脉冲信号，以满足热释电探测元不断变化的要求。

　　图4-70是一种菲涅尔透镜的外形和视场图，反映了透镜的监视范围，当有人在这一范围走动时，菲涅尔透镜就会将透镜形成的强弱不断变化的红外辐射脉冲作用于传感器，由于人的移动速度是变化的，因此它形成的红外辐射脉冲的频率一般在0.1~10Hz范围内。

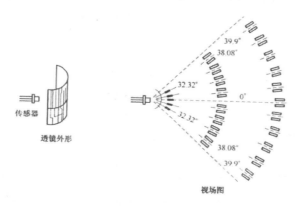

图 4-70　菲涅尔透镜的外形和视场图

4.13　热释电传感器应用案例

4.13.1　人体移动检测

　　图4-71是简单的人体移动检测电路，采用IRA-E100SZI热释电传感器，它能检测到人体移动时所产生的交流电压，经运算放大器放大输出。因为热释电传感器内有场效应管构成的阻抗变换电路，所以外接元件很少，电路结构非常简单。

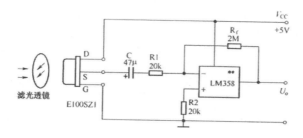

图 4-71　人体移动检测电路

4.13.2 防盗报警

图4-72是简单的防盗报警电路，采用热释电传感器IRA-E100SZI，当检测到人体移动时，压电蜂鸣器就鸣笛报警。传感器接收到的信号经交流放大器放大，再经整流电路变为直流电驱动晶体管VT1，当VT2导通时，压电蜂鸣器告警。当频率在几赫兹时，附近电路中放大器的增益需要70dB左右，单级放大器不够时，可采用多级放大器以确保必要的增益。人体移动产生的输入信号非常微弱时，可以用光学系统进行放大。

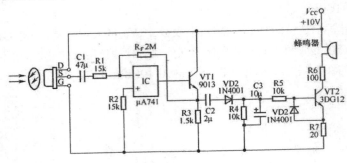

图 4-72　防盗报警电路

4.13.3 红外遥控

OT0001是一款具有较高性能的传感信号处理集成电路。它和BISS0001芯片完全兼容，配以热释电红外传感器和少量外接元器件即可构成被动式的热释电红外开关。它能自动快速开启各类白炽灯、荧光灯、蜂鸣器、自动门、电风扇、烘干机和自动洗手池等装置，适用于企业、宾馆、商场、库房及家庭的过道、走廊等敏感区域，或用于安全区域的自动灯光、照明和报警系统。

1. OT0001 集成电路简介

OT0001不但可以直接替代BIS0001，而且功耗更低，价格便宜。OT0001采用CMOS工艺，数模混合，具有独立的高输入阻抗运算放大器，内部的双向鉴幅器可有效抑制干扰，内设延时定时器和封锁定时器，采用16脚DIP封装。OT0001引脚图如图4-73所示，内部原理如图4-74所示，引脚功能如表4-16所示。

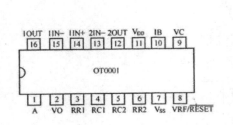

图 4-73　OT0001 引脚图

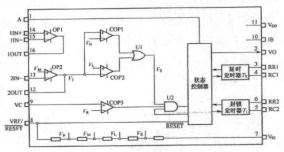

图 4-74　OT0001 内部原理图

表 4-16 OT0001 引脚功能表

引脚号	名 称	I/O	引脚功能
1	A	I	可重复触发和不可重复触发选择端。当 A 为 "1" 时,允许重复触发;反之,不可重复触发
2	VO	O	控制信号输出端。由 V_s 的上跳变沿触发,使 VO 输出从低电平跳变到高电平时视为有效触发。在输出延迟时间 T_x 之外和无 V_s 的上跳变时,VO 保持低电平状态
3	RR1	–	输出延迟时间 T_x 的调节端
4	RC1	–	输出延迟时间 T_x 的调节端
5	RC2	–	触发封锁时间 T_i 的调节端
6	RR2	–	触发封锁时间 T_i 的调节端
7	V_{ss}	–	工作电源负端
8	VRF$\sqrt{}$RESET	I	参考电压及复位输入端。通常接 V_{DD},当接 "0" 时可使定时器复位
9	VC	I	触发禁止端。当 $V_c < V_R$ 时禁止触发,当 $V_c > V_R$ 时允许触发($VR \approx 0.2V_{DD}$)
10	IB	–	运算放大器偏置电流设置端
11	V_{DD}	–	工作电源正端
12	2OUT	O	第二级运算放大器的输出端
13	2IN-	I	第二级运算放大器的反相输入端
14	1IN+	I	第一级运算放大器的同相输入端
15	1IN-	I	第一级运算放大器的反相输入端
16	1OUT	O	第一级运算放大器的输出端

2. 工作原理

OT0001是由运算放大器、电压比较器、状态控制器、延时定时器以及封锁定时器等构成的数模混合专用集成电路。

（1）二次触发方式

以如图4-75所示的一次（不可重复）触发工作方式下的波形来说明其工作过程。

（2）可重复触发方式

以如图4-76所示的可重复触发工作方式下的波形来说明其工作过程。

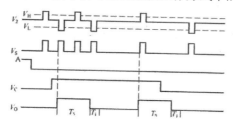

图 4-75 一次触发方式波形图

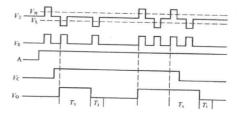

图 4-76 可重复触发方式波形图

3. 热释电红外遥控电路

图4-77是热释电红外遥控的电路图。

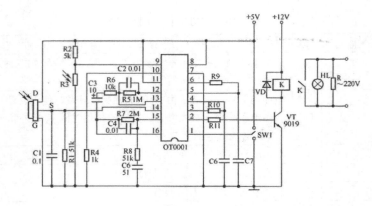

图 4-77 OT0001 的热释电红外遥控应用电路

在图4-77中，*R3*为光敏电阻，用来检测环境照度。当作为照明控制时，若环境较明亮，*R3*的电阻值会降低，使9脚的输入保持为低电平，从而封锁触发信号V_s。SW1是工作方式选择开关，当SW1与1端连通时，芯片处于可重复触发工作方式；当SW1与2端连通时，芯片则处于不可重复触发工作方式。输出延迟时间A由外部的*R9*和*C7*的大小调整，值为$T_x = 24 \times R9C7$；触发封锁时间T_i由外部的R10和C6的大小调整，值为$T_i = 24 \times R10C6$。

4.14 小 结

1. 本章主要介绍了红外线的基本概念、红外遥感基础（特性、定律）、辐射性质、传输方程、遥感载荷。

2. 常用红外传感器（发光二极管、光电二极管、光电三极管）的结构特性。

3. 遥控专用集成电路的结构特点，以及遥控原理、方法与技巧。

4. 红外遥控器的设计方法、技巧与技术关键。

5. 5个常用的红外传感器典型应用案例（单通道红外遥控、家用多路红外遥控、9功能遥控、商品语音介绍机、湿手烘干器）。

6. 热释电红外传感器（结构特性）与3个典型的应用案例（人体移动检测、防盗报警、红外遥控）。

7. 在典型的应用案例中，都介绍了最主要、最核心、最关键、最重要的内容——电路的组成及特点，供读者参考、借鉴。

4.15 习 题

1. 什么是红外线，其基本特性是什么？

2. 红外遥感基础包含什么内容，其辐射定律有哪几个？

3. 红外线有什么辐射特性，其传输方程有哪几个？

4. 什么是遥感载荷？

5. 常用的红外传感器有哪几种？菲涅尔透镜有什么功能特点？

6. 红外遥控器的设计方法、技巧与技术关键是什么？

7. 红外遥控的典型应用案例有哪8个？

8. 为什么说典型应用案例中，介绍的最主要、最核心、最关键、最主要的东西是电路的组成及特点？

第 5 章
光磁遥控技术

本章内容

- 了解无线传感中，最重要的光电效应转换原理、光敏电阻与光电池传感器、发光二极管、光电耦合器、光电晶闸管的结构特性，以及磁控遥控原理。
- 掌握光磁遥控技术中，8个光电传感器典型应用案例，以及3个磁控案例中的方法、技巧与注意事项。

本章主要介绍无线传感中最重要的光电效应转换原理、光敏电阻与光电池传感器、发光二极管、光电耦合器、光电晶闸管，8个典型应用案例（台灯遥控、硅光电池遥控、心电图测量仪、传输自动线堵料监视、断料监视、玻璃瓶计数、太阳能热水器自动跟踪、鸡舍温度遥控），以及3个磁控原理及应用（磁控式遥控、整经机磁控、保安监视）典型案例。

值得一提的是，这些典型应用案例中，介绍了最主要、最核心、最关键、最重要的内容——电路的组成及特点，供读者参考、借鉴。

5.1　转换原理

5.1.1　外光电效应

在光线的作用下，物体内的电子逸出物体表面向外发射的现象称为外光电效应。向外发射的电子叫光电子。根据外光电效应的原理研制出光电管、光电倍增管等光电器件。

光子是具有能量的粒子，每个光子具有的能量可由下式确定：

$$E = hv \tag{5-1}$$

式中，h为普朗克常数，其值为6.626×10^{-34} (J·s)；v为光的频率(s^{-1})。

要使光电子逸出物体表面，就要对其做功，以克服物体对电子的束缚。设逸出功为A_0，电子质量为m，逸出物体表面的速度为v_0，则电子的动能为$mv_0^2/2$。根据能量守恒定理和转换定律，每个光电子的能量为：

$$h_\upsilon = \frac{1}{2}mv_0^2 + A_0 \tag{5-2}$$

该方程称为爱因斯坦光电效应方程。

5.1.2　内光电效应

当光照射在物体上，使物体的电导率发生变化或产生光生电动势的效应叫内光电效应。内光电效应又可分为光电导效应和光生伏特效应。

1. 光电导效应

在光线照射下，半导体材料的电子吸收光子能量从禁锢状态过渡到自由状态，从而引起材料电导率的变化，这种现象被称为光电导效应。对应这种效应的光电器件主要有光敏电阻。

如图5-1所示，入射光的电子能量必须大于光电导材料的禁带宽度E_g，才能产生内光电效应。禁带宽度E_g和电子能量E的关系为：

$$h\upsilon = \frac{hc}{\lambda} = \frac{1.24}{\lambda} \geqslant E_g \tag{5-3}$$

式中，　υ为入射光的频率，λ为入射光的波长，c为入射光的光速。

由式（5-3）可知，只有光电材料照射波长小于λ的光照射在光电导体上，才能产生电子能级间的跃迁，从而使光电导体的电导率增加。

2. 光生伏特效应

在光线作用下，能够使物体产生一定方向电动势的现象叫光生伏特效应。基于该效应的光电器件有光电池、光电二极管和光电三极管。

如图5-2所示，半导体PN结在光线作用下产生光电动势，这种现象叫PN结光电效应。

图 5-1　电子能级示意图

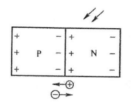

图 5-2　PN 结光电效应示意图

5.2 光敏电阻与光电池传感器

5.2.1 光敏电阻

1. 结构和原理

光敏电阻又称光导管，是一种均质半导体光电器件。光敏电阻的结构较简单，如图5-33（a）所示。在外加电压的作用下，用光照射就能改变电路中电流的大小，如图5-3（b）所示。

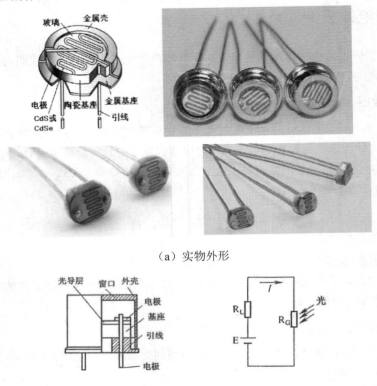

（a）实物外形

（b）结构与符号 R_G

图 5-3　光敏电阻的结构与原理

对于不具备光电效应的物质可以加入杂质使之产生光电效应。用作光敏电阻的材料有硫化镉、硫化铅、硫化铊等。

光敏电阻具有灵敏度高、光谱特性好、使用寿命长、稳定性好、体积小、制造工艺简单等优点，所以被广泛地应用于遥控电路中。

2. 光敏电阻的特性

1）暗电阻、亮电阻与亮电流

光敏电阻未受到光照时的阻值称为暗电阻，此时流过的电流称为暗电流。受到光照时的电阻称为亮电阻，此时流过的电流称为亮电流。亮电流与暗电流之差称为光电流。

一般暗电阻越大、亮电阻越小，则光敏电阻的灵敏度越高。光敏电阻的暗电阻值一般在兆欧数量级，亮电阻在几千欧以下。暗电阻与亮电阻之比一般在$10^2 \sim 10^6$。

2）光敏电阻的伏安特性

光敏电阻的伏安特性曲线如图5-4所示。

3）光敏电阻的光照特性

光敏电阻的光照特性表示光电流和光通量之间的关系，如图5-5所示。

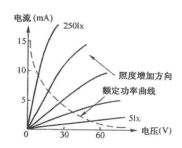

图 5-4　光敏电阻的伏安特性

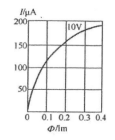

图 5-5　光敏电阻的光照特性

4）光敏电阻的光谱特性

光线波长与相对光谱灵敏度之间的关系称为光敏电阻的光谱特性。如图5-6所示为几种常用光敏电阻材料的光谱特性。

5）光敏电阻的响应时间和频率特性

光敏电阻的响应时间反映了光敏电阻的动态特性。若响应时间短，则动态特性好。

光敏电阻的时间常数是指光敏电阻自停止光照起到电流下降到原来的63%所经历的时间。多数光敏电阻时间常数在$10^{-2} \sim 10^{-6}$s数量级。时间常数越小，响应越迅速。

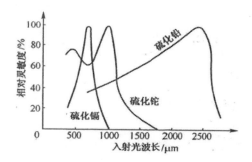

图 5-6　光敏电阻的光谱特性

光敏电阻的相对灵敏度与入射光通量的频率之间的关系称为光敏电阻的频率特性。如图5-7所示为硫化铊和硫化铅光敏电阻的频率特性。硫化铅的使用频率范围最大，其他都较差。目前正在通过提高工艺来改善各种材料光敏电阻的频率特性。

6）光敏电阻的温度特性

光敏电阻的温度特性如图5-8所示。随着温度不断升高，光敏电阻的暗电流和灵敏度下降，因此光电流随温度升高而减小。温度变化也影响它的光谱特性曲线。

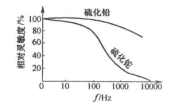

图 5-7　光敏电阻的频率特性

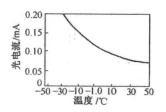

图 5-8　光敏电阻的温度特性

3. 光敏电阻与其他元件的组合

光敏电阻常与晶体管分立元器件、集成运算放大器、555定时器件等配合组成各种不同的光控电路。如图5-9所示为一个简单的光电遥控开关电路，555接成滞后比较器，灯的开关受光敏电阻控制，白天关闭，夜里接通。光敏电阻的主要参数如表5-1所示。

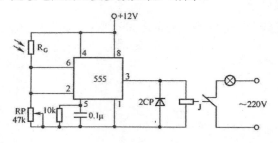

图 5-9　光电遥控开关电路

表 5-1　光敏电阻的主要参数

型　号	亮电阻 （kΩ）	暗电阻 （mΩ）	峰值波长 （nm）	时间常数 （ms）	耗散功率 （mW）	极限 电压 （V）	温度系数 （%/℃）	工作 温度 （℃）
RG-cds-A	≤50	≥100				100	<1	
RG-cds-B	≤100	≥100	5200	<50	<100	150	<0.5	-40~80
RG-cds-C	≤500	≥1000				150	<0.5	
RG1A	≤5	≥5			20	10		
RG1B	≤20	≥20	4500~8500	≤20	20	10	≤±1	-40~70
RG2A	≤50	≥50			100	100		
RG2B	≤200	≥200			100	100		
RL-18	<500	>1000		<10		300		
RL-10	50~90	>500	5200	<10	100	150	<1	-40~80
RL-5	<40	>1000		<5		30~50		
81-A	<10	>100						
81-B	<10	>5						
81-C	<50	>10	6400	10	15	50	<0.2	-50~60
81-D	<100	>20						
81-E	<100	>100						
82-A	<5	>100	7500	5	40	50	1	-40~60
82-B	<100	>10000		3				
625-A	<50	>50	7400	2~6	<100	100	1	-40~40
625-B	<500	>50			<300			

5.2.2　光 电 池

光电池是在光线照射下，利用光生伏特效应将光量转变为电动势的光电器件，是一种电压源。由于它能把太阳能转变为电能，因此又叫太阳能电池。

光电池的种类很多，有硒光电池、硅光电池、硫化铊光电池、硫化镉光电池、锗光电池、砷化镓光电池等。图5-10（a）是光电池实物图，其中常用的是硅光电池和硒光电池，它们具有性能稳定、光谱范围宽、频率特性好、转换效率高、能耐高温辐射等优点。另外，由于硒光电池的光谱峰值位置在人眼的视觉范围内，因此在遥控电路、测量仪器仪表中被广泛应用。

1. 结构原理

硅光电池是在一块N型硅光片上，用扩散的方法掺入P型杂质硼形成PN结，如图5-10（b）所示。

（a）实物外形

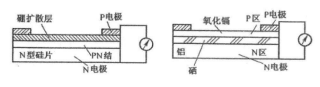

（b）结构

图 5-10　硅与硒电池结构

入射光照射在PN结上时，若光子能量大于半导体材料的禁带宽度E，则在PN结内产生电子—空穴对，在内电场的作用下，空穴移向P型区，电子移向N型区，使P型区带正电，N型区带负电，因而PN结产生电动势。硅光电池转换效率高、价格低、寿命长，适用于接收红外光。

硒光电池是在铝片上涂硒，再用溅射的工艺在硒层上形成一层半透明的氧化镉，在正反两面喷上低熔合金作为电极，在光线照射下，镉材料上带负电，硒材料上带正电，形成光电流或光电动势，如图5-10（b）所示。

图5-11是光电池与外电路的两种连接方式，一种是开路电压输出；另一种是把PN结两端通过外导线短接，形成外电路的短路电流。

（a）开路电压输出　　　　　　　　　　（b）短路电流输出

图 5-11　光电池与外电路的连接方式

2. 主要特性

1）光电池的光谱特性

硒光电池和硅光电池的光谱特性曲线如图5-12所示。从曲线上可以看出，不同的光电池光谱峰值的位置不同。例如硅光电池在0.8μm附近，硒光电池在0.54μm附近。

2）光电池的光照特性

光电池在不同的光强照射下可产生不同的光电流和光生电动势。硅光电池的光照特性曲线如图5-13所示。开路电压随光强变化呈非线性，当照度在2000lx（勒克斯）时就趋于饱和了。因此，把光电池作为测量元件时，应把它作为电流源的形式来使用，不宜用作电压源。

短路电流在很大范围内与光强呈线性关系，光电池的短路电流是指外接负载电阻相对于光电池内阻很小时的光电流。一般负载电阻在100Ω以下。实践证明，负载电阻越小，光电流与照度之间的线性关系越好，且线性范围越宽。

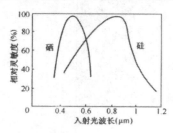

图 5-12　光电池的光谱特性

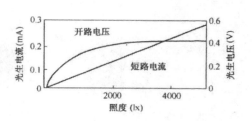

图 5-13　光电池的光照特性

3）光电池的频率特性

图5-14所示为光电池的频率特性曲线，从曲线可以看出，与硒光电池相比，硅光电池具有很高的频率响应，可用在高速计数等方面。

4）光电池的温度特性

光电池的温度特性曲线如图5-15所示。从曲线可以看出，光电池用作测量元件时，在系统设计时就应该考虑到温度的漂移，采取相应的补偿措施。

2CR型硅光电池的参数如表5-2所示。

表 5-2　2CR 型硅光电池的参数表

光谱响应范围（μm）	光谱峰值波长（μm）	灵敏度（nA/mm2・1x）	响应时间（s）	开路电压*（mV）	短路电流*（mA/cm²）	转换效率*（%）	使用温度（℃）
0.4~0.1	0.8~0.95	6~8	10^{-3}~10^{-4}	450~600	16~30	6~12	−55~125

注：指测试条件在100mV/cm² 入射光照下，每cm²的硅光电池所产生的。

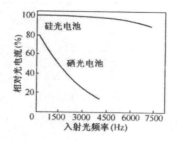

图 5-14　光电池的频率特性

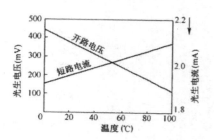

图 5-15　光电池的温度特性

5.3　发光二极管的特性与驱动

5.3.1　外形与符号

图5-16是发光二极管外形的实物图，图5-17是普通和变色发光二极管的外形及符号图。

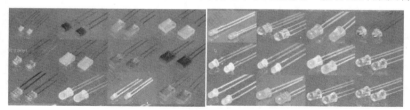

（a）草帽形发光二极管实物图

（b）贴片形发光二极管实物图

图 5-16　发光二极管外形的实物图

（a）普通型及符号　　　　　　　　　（b）变色型及符号

图 5-17　普通和变色发光二极管的外形及符号图

5.3.2　光谱与伏安特性

1. 发光二极管的伏安特性

图5-18为发光二极管的伏安特性曲线。

发光二极管的开启电压也叫正向导通电压，它取决于制作材料的禁带宽度，如GaAsP红色的LED约为1.7V，而GaP绿色的LED则约为2.3V。几种常用的发光材料的主要参数见表5-3，发光二极管的反向击穿电压一般大于5V，从安全使用出发，一般选在5V以下为宜。

2. 发光二极管的光谱特性

发光二极管的光谱特性如图5-19所示。

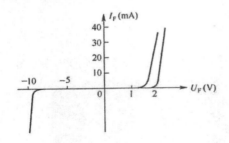

图 5-18　发光二极管的伏安特性

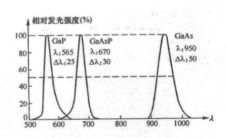

图 5-19　发光二极管的光谱特性

发光光谱的特点如下：

（1）发光材料的禁带宽度E_G与峰值波长λ有如下关系：

$$\lambda=hC/E_G=1.24/E_G(\mu m) \tag{5-4}$$

式中，h为普朗克常数（h = 6.6262×10^{-34}J·s = 4.1357×10^{-15}eV·s），C为真空中的光速（C = 2.9979×10^{8}ms^{-1}）。

（2）λ直接决定发光二极管的发光颜色，如硅材料的E_G =1.15eV，通过上式计算可得它的发光波长λ_{si} = 1080nm，即发出的是近红外光。

（3）半宽度$\Delta\lambda$（即为光谱特性曲线上相对发光强度为50%处的两点所对应的谱线宽度）决定了光辐射的纯度，半宽度越窄，发光越纯，即单色性越好。

发光二极管的参数见表5-3。

表 5-3　发光二极管的参数表

颜　色	波长（nm）	基本材料	正向电压（V）（10mA）时	光强（10mA，张角±45°）（mcd）	光功率（μW）
红外	900	GaAs	1.3~1.5		100~500
红	655	GaAsp	1.6~1.8	0.4~1	1~2
鲜红	635	GaAsp	2.0~2.2	2~4	5~10
黄	583	GaAsp	2.0~2.2	1~3	3~8
绿	565	Gap	2.2~2.4	0.5~3	1.5~8

5.3.3　驱动电路

1. 直流驱动方式

图5-20是一个直流驱动电路，LED的工作电流由电源V_{cc}经限流电阻R供给。合理选择V_{cc}和R，可保证LED不超过额定电流值。当V_{cc}一定时，令U_0为额定电流下发光二极管的正向电压，I为LED实际需要的正向工作电流，则得到：

$$R = (V_{cc}-U_0)/I \tag{5-5}$$

可见，在直流驱动时，尽管电源电压不受限制，但限流电阻R的阻值随电源电压的变化而变化，其值应满足式（5-5）。当R值确定时，V_{cc}值就不能再改变，以免引起LED发光强度的变化，严重时损坏LED，这一点必须引起读者的注意。

如图5-21所示的驱动电路是由三极管来实现的，其中三极管VT作开关管使用。在图5-21（a）中，VT常态处于截止状态，当输入为高电平时，则饱和导通，LED点亮，此时R应满足下式：

$$R = (E_c - U_F - U_{CES})/I_F \tag{5-6}$$

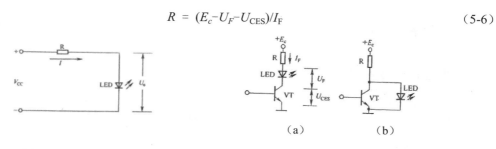

图 5-20　直流驱动电路　　　　图 5-21　晶体管驱动电路

式中，U_{CES}为晶体管的饱和压降。在图5-21（b）中，VT的常态为导通，LED被VT短路而无法点亮。当晶体管基极输入低电平时，VT截止，电源经R向LED供电，从而点亮LED发光。此时，R可按式（5-5）选取。

2. 交流驱动方式

为使LED能输出较大的光功率，必须采用交流电源来驱动。交流驱动电路的形式如图5-22所示。图5-22（a）中的VD对LED起反向保护作用，图5-22（b）的接法可提高电源的利用率。限流电阻R取值为

$$R = (U - U_F)/2I_F \tag{5-7}$$

式中，U为交流电的有效值，U_F为限流电阻的压降，$2I_F$为电源正负半周分别通过VD和LED电流的代数和。

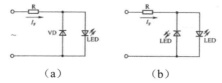

图 5-22　发光二极管的交流驱动电路

3. TTL 和 CMOS 驱动

TTL和CMOS驱动电路如图5-23所示。

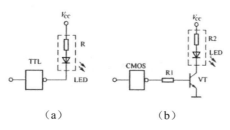

图 5-23　TTL 和 CMOS 驱动电路

5.4 光电耦合器

由于光电耦合器结构独特、性能优异，因此在许多领域获得了广泛应用，如遥控、测量、检测、光通信以及计算机领域等。

5.4.1 结构原理

1. 光电耦合器的结构

光电耦合器是将发光器件和受光器件封装在一个外壳内组成的转换器件。

光电耦合器本质上是一个光电转换器，以光信号为媒介，所以光电耦合器的输出端对输入端无反馈作用，信号只能单向传递。也就是说，光电器件的输出不会影响发光器件，因此，光电耦合器可以十分理想地完成系统隔离、电平隔离、电路接口以及长距离信息传输等多种功能。

图5-24（a）是各种光电耦合器的外形实物图。图5-24（b）的组合形式常用于50kHz以下的工作频率的场合。图5-24（c）采用高速开关管构成，常用于频率大于50kHz的场合。图5-24（d）的组合形式采用光电器件复合管结构，具有较高的功率增益，适用于直接驱动负载和工作频率较低的场合。

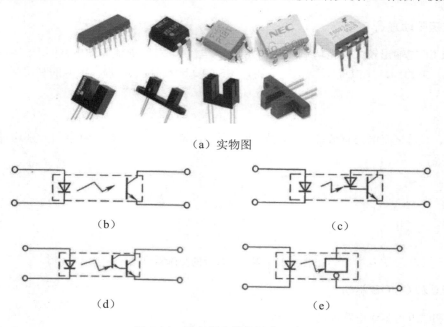

（a）实物图

（b）　　　　　　　　　　　（c）

（d）　　　　　　　　　　　（e）

图 5-24　光电耦合器的组成形式

2. 光电耦合器的工作原理

光电三极管的导通与截止是由发光二极管所加正向电压控制的。当发光二极管加上正向电压时，发光二极管有电流通过就发光，使光电三极管内阻减小而导通；反之，当发光二极管不加正向电压或所加电压很小时，发光二极管中无电流或电流很小，不发光或发光强度很弱，光电三极管的内阻增大而截止。也可用此法检查光电耦合器的质量问题。

5.4.2 特性参数

1. 光电耦合器的特性

1）电流传输比

在直流工作状态下，光电耦合器中光敏器的输出光电流I_L与发光三极管的正向工作电流I_f之比就是光电耦合器的电流传输比（CTR），其表达式为：

$$\mathrm{CTR} = \frac{I_L}{I_f} \times 100\% \qquad (5\text{-}8)$$

CTR与发光和受光器件间的距离有着密切的关系，距离越远，则CTR越小，距离越近，则CTR越大。

2）响应特性

光电耦合器的响应特性如图5-25所示。

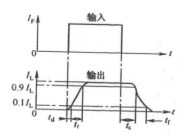

图 5-25 光电耦合器的响应特性

3）输入—输出间的绝缘耐压 Uq（或绝缘电阻 Rq）

一般情况下，光电耦合器的Uq定为500V，R约为$10^{10}\Omega$，因此，低压使用下完全可以满足要求。但在高压条件下，距离越远Uq越大、CTR越小，距离越近则Uq越小、CTR越大。它们是矛盾的，可根据实际情况折中考虑。实际上，经过特殊的组装，Uq可达上万伏。

2. 光电耦合器的参数

线性光电耦合器的主要参数见表5-4。

表 5-4 线性光电耦合器的主要参数

方 式	名 称	符 号	单 位	测试条件	规 范 值
输入	正向电压	U_F	V	$I_F=10\mathrm{mA}$	≤1.3
输入	反向电流	I_R	μA	$U_R=6\mathrm{V}$	≤100
输出	暗电流	I_D	nA	$U_R=1.5\mathrm{V}$	≤4.9
输出	反向击穿电压	U_{BR}	V	$I_D=0.01\mu\mathrm{A}$	≥30
传输特性	输出电流	I_{L2}, I_{I2}	μA	$I_F=20\mathrm{mA}$	≥50
传输特性	输出电流比	I_{L2}/I_{I2}		$I_F=3\sim50\mathrm{mA}$	0.7~1.3
传输特性	线性度	δ_1	%	$I_F=3\sim50\mathrm{mA}$	±0.3
隔离	绝缘电压	U_{iso}	V	DC.1 分钟	2500

5.4.3 选用要点

1. 种类选择

在实际应用过程中，首先应按用途选择光电耦合器的种类，并考虑它们的电参数、极限参数，例如应考虑使用电压、电流、负载，甚至外形、寿命及价格等因素。

（1）高速应用及要求有良好线性的场合，选用光电二极管耦合器（响应速度快，线性也很好）。

（2）信号较小、线性要求不高及中等速度的场合，选用光电三极管耦合器（电流传输比CTR较大）。

（3）组合光电管型（光电二极管加三极管）是一种较为理想的光电耦合器，它具有光电二极管的高速响应和较好的线性，同时又有较大的电流传输比，故是目前使用极为广泛的光电耦合器。

2. 响应速度的提高

图5-26（a）、图5-26（b）在有光照时分别为"0"态和"1"态。集电极接地时的开关时间比射极接地时的开关时间长，因此响应速度较慢。若使光电耦合器有高速的响应特性，宜采用发射极接地电路。在要求更高速度的场合，可以提高图5-26电路中光电二极管的反偏电压，以减小PN结的结电容，从而减小开关时间常数，或采用光电三极管构成的光电耦合器，如图5-27所示是3种提高开关速度的耦合器。

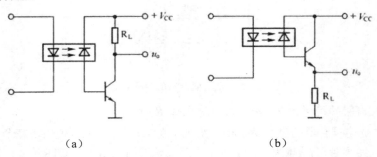

（a）　　　　　　　　　　　　　（b）

图 5-26　组合光电管型耦合器的基本接法

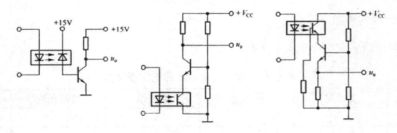

图 5-27　3 种提高开关速度的耦合器

3. 光电耦合器隔离放大器

由光电三极管型耦合器组成的简易隔离放大器电路如图5-28所示。电路的输入级和输出级均为运放的同相比例放大器，输入级的输出信号驱动LED发光，当光电三极管感光后，有光电流在发射极输出，然后由R5将光电流转换成电压，再经同相放大器放大输出。

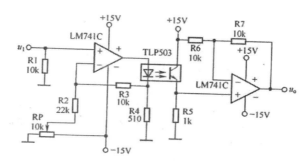

图 5-28 光电耦合器隔离放大器

5.5 光电晶闸管

5.5.1 结构特性

1. 光电晶闸管的结构

光电晶闸管是一种由光照强度控制导通或截止状态的光触发晶闸管。通常的光电控制多用弱电控制，而光电晶闸管则是一种强电控制器件。图5-29是各种光电晶闸管外形实物图。

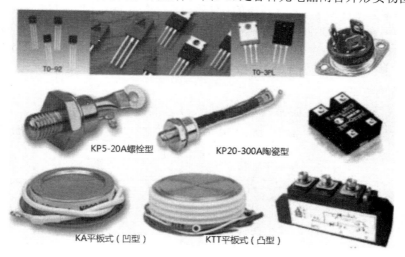

图 5-29 各种光电晶闸管外形实物图

如图5-30（a）所示为光电晶闸管的结构和符号。图5-30（a）表明，光电晶闸管是使用硅材料制成的与普通晶闸管一样的P-N-P-N结构，但其导通状态与光照波长有关。

2. 光电晶闸管的伏安特性

光电晶闸管实际上是一种利用光信号控制的开关器件，它的伏安特性和普通晶闸管相似，只是用光触发代替了电触发。我们知道，晶闸管整流器件的转折电压是随着触发电流的增加而降低的，而光电晶闸管的转折电压则是随着光照强度的增大而降低的，如图5-30（b）所示。

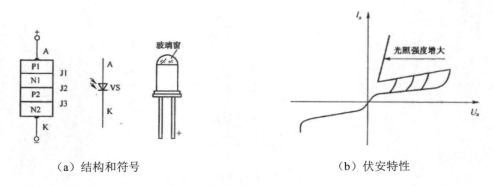

（a）结构和符号　　　　　　　　　　　　（b）伏安特性

图 5-30　光电晶闸管的内部结构及伏安特性

5.5.2　原理类型

1. 光电晶闸管的工作原理

如果我们把光电晶闸管接上正向电压（阳极为正，阴极为负），从图5-30（a）可见，这时的J2结处于反向偏置，因此整个光电晶闸管处于阻断状态。当一定照度的光信号通过玻璃窗照射到J2处的光敏区时，在光能的激发下，J2附近产生大量的电子和空穴两种载流子，它们在外电压的作用下可以穿过J2阻挡层，使光电晶闸管从阻断状态变成导通状态。

我们把在没有光照而处于正向电压下的J2结看成是一个反偏的光电二极管VD。同时，还可以仿照分析普通晶闸管的方法把四层叠合半导体看成是由两部分组成的。如果再把反向偏置的光电二极管VD以及结电容C_j也考虑进去，就可以把图5-30（a）画成图5-31（a）。由图5-31（a）可见，图的右上部分是一个PNP型三极管，左下部分是一个NPN型三极管。于是，可以进一步把它改画成图5-31（b）那样的电路。

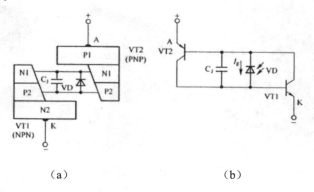

（a）　　　　　　　　　　　　　　（b）

图 5-31　光电晶闸管等效电路

从以上分析可知，光电晶闸管和普通晶闸管除了触发信号一个是光、一个是电这一点不同以外，它们的工作原理是相似的。

2. 光电晶闸管的类型

1）光电两用晶闸管

光电两用的晶闸管，这种晶闸管在需要用光触发时，就使光信号照射到J2结上；在需要电触发时，就将电信号接到门极上（见图5-32（a））。由于它有一个控制极，因此和普通晶闸管一样，也是三端器件。它在电路中通常用图5-32（b）的符号表示。

2）双向光电晶闸管

和普通晶闸管一样，光电晶闸管也可以做成双向的，即双向光电晶闸管。这种光电晶闸管是在一个硅片上制成两个反向并联的光电晶闸管，硅片的两侧做成两个斜面，可以分别接受从两个不同方向的光照。

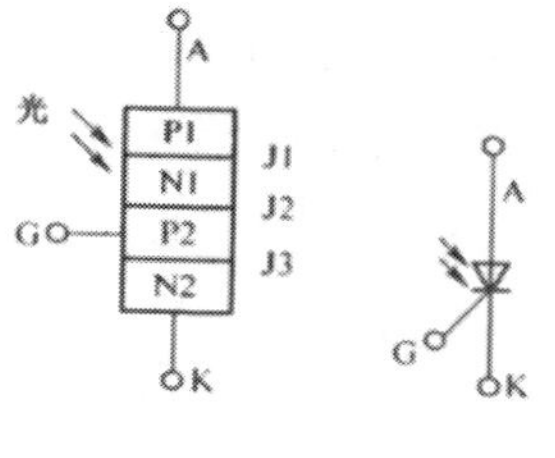

3）大功率光电晶闸管

目前国产光电晶闸管的额定导通电流只有几十到几百毫安，最高工作电压一般只有几十伏。

图 5-32　光电两用晶闸管

但是，随着科学的不断进步，目前国际上已有额定导通电流高达1500A、工作电压可达 4000V 的大功率光电晶闸管产品，这就为光电晶闸管的应用开拓了广阔的前景。

5.6　工程应用案例

5.6.1　台灯遥控

1. 工作原理

电路如图5-33所示。220V交流电压经电容C1降压，整流桥堆AB进行全波整流，电容C2滤波，稳压二极管稳压后变成稳定的直流电压。

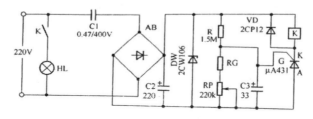

图 5-33　家用光控台灯电路

光敏电阻RG白天电阻很小，向电容C3充电的脉冲信号很小，无法触发晶闸管导通，灯泡HL回路不通，灯泡HL不亮；夜幕降临时，光敏电阻的暗阻很大，向电容C3充电的脉冲信号很大，可以触发晶闸管的门极，使晶闸管导通，这时继电器K线圈得电，串在灯泡HL回路的继电器常开触点K接通，则灯泡HL点亮。

调节电位器RP可以调节给门极的触发信号的大小，也就调节了晶闸管的导通角，从而控制了灯泡的亮度。

2. 元件选择

整流桥堆选用1A/400V的，晶闸管选用μA431、1A/400V的单向晶闸管均可。继电器选用JZX-2F型，HL选用交流电压220V。其他元件型号参数如图5-33所示。

5.6.2 硅光电池遥控

电路如图5-34所示。220V交流电压经变压器T降压为19V，桥式全波整流，电容C1滤波，三端稳压集成电路7812稳压后变成恒稳直流电压。

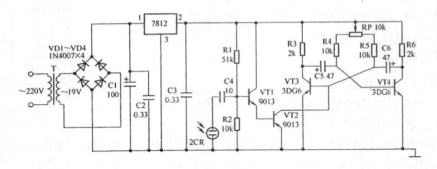

图 5-34 硅光电池遥控电路

当光电池受到光照后，使单稳态或双稳态电路状态翻转，改变电路的工作状态，去接通或断开负载电路，或者触发晶闸管电路导通，控制照明或家用电器开关。

元器件的选择按照图上标注的型号、参数选用即可。

5.6.3 心电图测量仪

光电耦合器在心电图仪上得到了普遍应用，图5-35就是一种典型的电路。

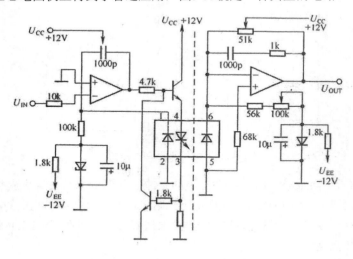

图 5-35 光电耦合心电图测量仪

图中的1、6端应该接正，2、5端接负，不要搞错。从图5-35可以看到，虚线的左侧是控制回路，信号输入给3、4端的发光管，1、2端的光敏管受光后，输出信号与UIN一起输入运算放大器，这个反馈信号对线性光的耦合器的线性及减小温漂均有帮助。虚线的右侧是电路的主回路，发光管发出的光信号被1、2、5、6端接收。5、6端的输出信号经运算放大器放大后输出，用它控制后级电路。

线性光耦合器在心电图仪中得到了成功的应用，并且在变换器等仪表中逐步推广应用。

5.6.4 传输自动线堵料监视

1. 电路原理

堵料监视电路如图5-36所示。当光路被物料挡住时，光电三极管VT1截止，三极管VT2截止，VT3、VT4组成的射耦双稳态触发器翻转成VT3导通、VT4截止的状态，二极管VD2不能导通，由VT5和电位器RP组成的恒流源向C2充电，C2上电压上升到一定值后，复合管VT6、VT7导通，K1吸合，控制外电路工作或报警。如果C2上电压还没升高到使VT6导通的程度，光路又通了，则射耦双稳翻转成VT3截止、VT4导通的状态，VD2导通，将电容C2正端钳制在低电位，K1不能吸合。调整RP可改变电路允许的最大堵料时间（即短时间堵料电路不报警）。VT8组成光源自动切换及报警电路。

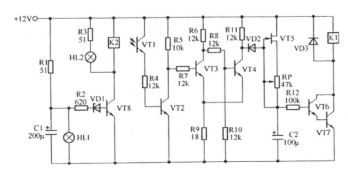

图 5-36　堵料监视电路

2. 元器件选择及调试

VT1选3DU5；VT2~VT4、VT6选3DG6，β值在50~80的三极管；VT7和VT8选3DG12或3DK4，β值在40~50即可。K1和K2选用JQX-4F型12V的继电器或其他灵敏继电器。

调试时，光线照到VT1上，VT3应截止，K1应释放，如果不是这样，可将VT2换成β值大的（如100倍）三极管。如果光路挡住很长时间K1也不吸合，可将R10换成阻值小一点的。

5.6.5 断料监视

有些自动生产线需要监视传送物料的情况，有的生产过程断料算是事故，有的堵料也是事故。用"暗通控制电路"或"亮通控制电路"可解决简单的物料监视问题，但是有些生产过程物料的传送是断断续续的，这就不能用简单的"暗通""亮通"电路来监视了，必须采用延时电路来辨别是真断料还是假断料，只有在真断料时才进行报警和控制。

1. 断料监视电路

图5-37是一种断料监视电路图。光电转换部分由VT2和VT3组成，物料从光源HL1和光电兰极管之间通过，不断地遮挡光线，使电容C3的电压来不及上升，VT4截止，VT5也处于截止状态，K2不能吸合。

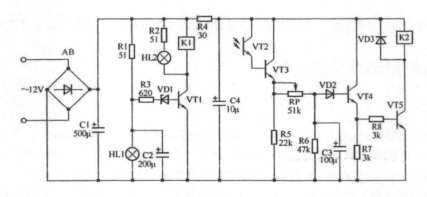

图 5-37　断料监视电路图

当物料断料时，光线长期地照到光电三极管VT2上，VT2内阻变小，向VT3提供足够的基极电流，VT2导通，电源通过RP向C3充电，当C3上的电压上升到一定值时，VT4、VT5导通，K2吸合，K2的常开接点闭合后去控制外电路或报警。C3和RP组成延时电路，用以辨别断料的真伪。因为有些物料的运行是断断续续的，短时间的断料（比如1~2s）是正常现象，C3上的电压上升不多，达不到使VT4导通的程度，而当物料继续运行后，挡住光线，C3上的电压又通过R6放掉，调整RP可改变正常断料允许的时间。

VT1组成光源切换、报警电路。HL1正常工作时，其两端电压为6V左右，VD的击穿电压在8V左右，所以VT1不能导通。而当HL1损坏（灯丝断路）时，12V电压通过R1和R3使VD击穿导电，VT1导通，备用灯HL2点亮，达到自动切换的目的。同时K1吸合，K1的常开接点闭合后，控制电铃报警，促使操作人员换灯泡。

2. 元器件选择调试

VT1和VT5选3DK4，$\beta \geqslant 60$；VT2选3DU5型光电三极管；VT3和VT4选3DG8或3DG6，$\beta \geqslant 50$。HL1、HL2选6.3V小电珠。K1和K2选JQX-4F型12V继电器。12V交流电可采用输出不小于20W的220V变压器获得。

调试时，如果HL1、HL2同时亮，可能是由于VD稳压值较低造成的，可换稳压值较高的稳压管；如果稍一断K2就吸合，而且调整也不起作用，可能是VT3漏电流大或β值太大造成的（光很暗时C3就能充电），可换VT3或在VT3基极对地加一个62kΩ的电阻试试。

5.6.6　玻璃瓶计数

1. 电路的工作原理

当对传送带上的玻璃瓶进行计数时，首先应把运行的玻璃瓶转换成脉冲信号，然后将脉冲信号（每个瓶产生一个脉冲）送至计数器进行自动计数。如图5-38所示的电路就是一种玻璃瓶计数器的光电转换电路。

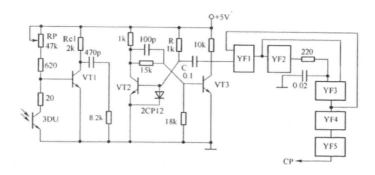

图 5-38　玻璃瓶计数的光电转换遥控电路

当传送带上没有玻璃瓶时，光电三极管3DU受光直射呈低阻，光电流很大，VT1截止，这时VT2饱和，VT3截止。在玻璃瓶遮光的瞬间，光电三极管呈高阻，I_{B1}增大，VT1饱和，U_{c1}从+5V下降到0，这个负跳变经RC微分得到一个负脉冲，触发单稳态电路，使VT2截止，VT3导通。单稳态电路经一段时间又自动回到原来的状态，得到一个较宽的脉冲，这就避免了一个玻璃瓶由于闪光等造成多个信号的现象。

YF1~YF5组成积分整形电路，这也是一个单稳态电路，它能将上述较宽的脉冲变窄，以适应计数的要求。

因玻璃瓶透明，使光电管的光电流和暗电流变化范围较小，为使VT1可靠饱和、截止，可仔细反复地调节电位器RP。

2. 元器件的选择

VT1~VT3都选3DG6，选$\beta \geqslant 50$的三极管。YF1~YF5选74LS00型集成电路"与非"门。R与Rc1的值要根据每个瓶的遮光时间来确定，可按$CR=2t$（t为遮光时间）计算。其他元件型号参数如图5-38所示。

5.6.7　太阳能热水器自动跟踪

自动跟踪遥控电路由两部分组成，如图5-39所示。

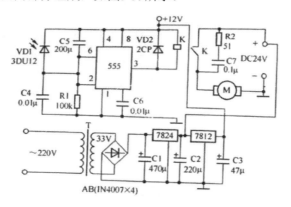

图 5-39　自动跟踪遥控电路原理图

1. 电源电路

220V市电经变压器T降为33V，再经全波整流、滤波、三端稳压分别输出+24V和+12V稳定直流电压给控制电路供电。其中+24V也可用交流24V。

2. 控制电路

光电二极管也经常与555电路结合组成各种控制电路，图5-39给出了一个实用的太阳能热水器（太阳灶）自动跟踪遥控器。光敏二极管VD1安装在一个定向收光筒内，比太阳能热水器受光方向超前2°，555作为滞后比较器工作。当太阳光直射到光敏二极管VD1（3DU12）时，其阻值下降，电流增大，使555的3端输出低电平，继电器K吸合，常开接点接通电机电源，电机通过减速齿轮驱动太阳能热水器顺时针运转。当照射VD1的阳光减弱时，555输出高电平，继电器K常开触电断开，切断电极回路电源，电机停止转动。这样，就使太阳能热水器始终紧跟着太阳，按照"太阳走，我也走"地追着直射太阳光，以达到最佳受光状态。

5.6.8 鸡舍温度遥控

温度的变化直接影响家禽的产蛋率，必须对鸡舍进行合理的光照和温度控制。本例介绍一种用于鸡舍及其他产蛋家禽的自动光控温控装置。该装置具有光照变暗自动开启照明灯、舍内温度下降自动启动加热器的功能。采用高速功率开关集成电路TWH8778作为主控元件，简化了线路，适合家禽养殖个体户使用。

1. 工作原理

1）直流电源电路

鸡舍温度遥控电路原理图如图5-40所示。220V交流市电经电容C1降压，二极管VD2半波整流，VD2稳压，输出9V直流电压供给控制电路。

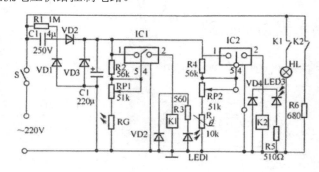

图 5-40　鸡舍温度遥控电路原理图

2）光控电路

图5-40是本控制器的工作原理图，图中IC1、IC2采用了两块新高速电子开关集成电路。当IC1的控制端的电压高于1.6V时导通，否则截止。光控电路传感器由光敏电阻RG担任，当有光照时，阻值变小，亮阻小于10kΩ，当其压降降低到1.6V时，IC1不导通，2脚输出低电平，继电器K1不工作，灯泡HL不亮。当天变暗后，光敏电阻阻值变大，其压降升高至1.6V以上时，IC1导通，2脚输出高电位，继电器K1吸合，电灯发光，为鸡舍增大照度，同时发光二极管LED1发光，指示处于增

加照度状态。当光线变强后,继电器K1又释放,灯泡HL也随之熄灭。

3)温控电路

温控电路由IC2等元器件组成。传感器用的热敏电阻R用负温度系数,当温度上升时,其阻值变小,热敏电阻的压降低于1.6V,IC2不导通,继电器K2不工作,加热器也无电源。当温度下降时,热敏电阻的阻值上升,其压降也上升,当升高到1.6V以上时,TWH8778导通,继电器K2得电动作,接通加热器R6的工作电源,为鸡舍加热,同时LED2发光,指示处于加热状态。当温度又升高到一定值时,IC2又截止,加热器停止加热。这样如此不断循环,可保证鸡舍内温度恒定。

2. 元器件的选择与制作

高速电子集成开关IC1、IC2选用TWH8778;稳压二极管VD3选用2DW56;光敏电阻RG选用亮阻小于10kΩ;热敏电阻R选用最大变化值10kΩ;继电器K1、K2选用JRC-21F型继电器,9V直流电压;二极管VD1~VD5选用1N4001,发光二极管LED1、LED2。

5.7 磁控传感器及工程应用

5.7.1 霍尔集成元件与应用

1. 霍尔集成元件的结构特性

图5-41为线性输出型霍尔集成元件的结构与特性,其中图5-41(a)为实物外形图;图5-41(b)为基本结构;图5-41(c)是内部框图,图中H为霍尔元件,A为放大器,D为差动输出电路,R为稳压电源;图5-41(d)为输出特性。如果只说霍尔集成元件,就是指如图5-41(b)所示的结构。实际上,为了提高霍尔集成元件的性能,在电路中采取了很多措施,例如,如图5-41(b)所示的结构增设了差动输出电路和稳定电源。如图5-41(c)所示的特性,在一定范围内输出为线性。图5-41(d)中的平衡点即为两个输出的平衡点,相当于N、S极的中点。

(a)各种霍尔集成元件外形实物图

图 5-41 线性输出型霍尔集成元件的结构与特性

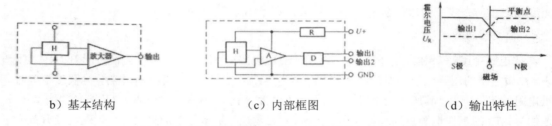

（b）基本结构　　　　　（c）内部框图　　　　　（d）输出特性

图 5-41　线性输出型霍尔集成元件的结构与特性（续）

图5-42为开关输出型霍尔集成元件的结构与特性，其中图5-42（a）为内部框图，它与图5-41（b）不同的部分是增加了施密特电路，通过晶体管的集电极输出，图中H为霍尔元件，A为放大器，S为施密特电路，VT为输出晶体管，R为稳定电源；图5-42（b）为输出特性，这是以S磁极、0磁场、N磁极为中心的开关特性。由于增设了施密特电路，因此具有时滞特性，提高了抗噪声的能力，主要用于接近开关，但以0磁场为中心的霍尔集成元件也用于直流无刷电动机中。

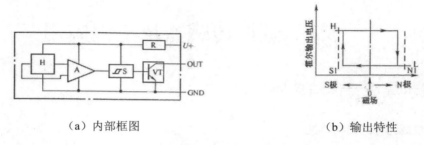

（a）内部框图　　　　　　　　　　（b）输出特性

图 5-42　开关输出型霍尔集成元件的结构与特性

2. 霍尔集成元件的基本应用

图5-43是采用DN6847霍尔集成元件的电动机驱动电路。电路中霍尔集成元件采用12V电压，电动机采用24V电压，因此，此电路除了放大DN6847的输出电流以外，还有高低压的接口作用。在霍尔集成元件与功率晶体管VT2之间增设了小功率晶体管VT1，这样可以消除与24V之间的电压差；另外，由于霍尔集成元件的输出电流非常小，在1mA以下，增设VT1也可以提高驱动VT2的能力。

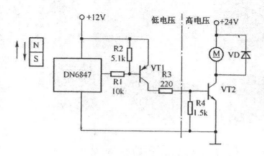

图 5-43　霍尔集成元件的电动机驱动电路

5.7.2 磁控式遥控

1. 性能特点

这种磁控式自动开关电路十分简单，工作可靠，故障率很低，通用性很好，可用于输出能够转换为机械位移的场合。

2. 电路原理

图5-44（a）是采用霍尔开关（SH）的磁控装置。在磁铁远离霍尔开关电路时，由于正向固定偏磁作用，霍尔开关电路导通，输出为低电位，晶闸管关断，交流接触器KM释放。而在磁铁移到霍尔开关的敏感区时，在反向磁场作用下，其输出端突升为高电平，通过二极管VD使VS导通，KM吸合。调节RP1和RP2可以兼顾灵敏度和可靠性（防止VS误触发）。

图5-44（b）是采用干簧管（KP）的磁控装置。在磁铁远离KR时，KR的触点断开，晶体管截止，继电器KD释放。而在磁铁靠近KP时，KP的触点闭合，KD吸合，继电器KD的触点串在被控电气设备的控制回路中，这样磁铁的运动及其所在位置决定着设备的工作状态。

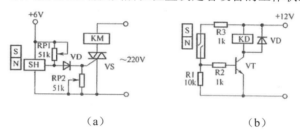

图 5-44 磁控式遥控开关电路图

3. 分析

对于如图5-44所示的电路，如果继电器KD的线圈电流很小，或者用电设备的电压很低、电流很小，那么可以将其直接与干簧管串联，用不到其他元器件。干簧管一般触点容量较小，在控制大容量负载时，就要用晶体管、继电器、接触器或者晶闸管等进行电压、电流或功率放大。由于晶闸管门极所需的电压很低、电流很小，因此把干簧管接在晶闸管的门极回路、用电设备接在晶闸管的主回路中是一种较好的方案。

5.7.3 整经机（电机）磁控

电器通过光控与磁控相结合能实现自动启动、自动停止，因而获得了良好的节电效果。

1. 工作原理

1）整经机主电动机控制电路

原理图如图5-45所示。电动机有手动和自动两种控制方式（SB1为启动按钮，SB2为停机按钮），启停互不干扰。

2）光控自动启动电路

原理图如图5-46所示。当挡车工把脚刚刚踩在脚踏板上时，脚会挡住光线，光敏电阻R_G呈高阻，R_G上的电压降增大，达到集成开关电路IC1控制端的开启电压，IC1导通，继电器K1吸合，其常开触点KS1（见图5-45）闭合，交流接触器KM得电，其常开主触头KM闭合，电动机工作。在接触器KM吸合的同时，电源变压器T工作，T次级的交流电压经整流、滤波、稳压，输出稳定的5V直流工作电压。

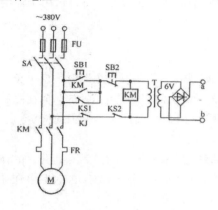

图 5-45 电动机主控电路图

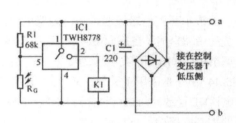

图 5-46 光控自动启动电路图

3）磁控电路

电路图如图5-47所示。在刚接通电路时，由于电容C4两端电压不能突变，因此集成电路IC2控制端5的电压为低电压，于是IC2截止。随着挡车工踩动脚踏启动板使整经机由慢到正常运转，与整经机同步旋转的永久磁铁使霍尔磁控集成电路H产生输出脉冲。此脉冲经电容C2、C3，二极管VD1、VD2倍压整流，在电阻R3两端产生的直流电压使三极管VT导通。在电容器C4充电还未到达集成电路IC2控制端的开启电压时，电容C4就被导通的三极管VT短路，集成电路IC2始终处于截止状态。当整经机因故停车后，霍尔集成电路失去旋转磁场的作用而停止工作，因电容C2的隔直作用，三极管VT失去偏压而截止，电容C4经电阻RP充电。如果停车的时间超过RP、C4的时间常数，C4两端的电压就会达到集成电路IC2控制端的开启电压，IC2导通，继电器KS2得电，其常闭触点KS2断开，接触器KM1释放，电动机停转。

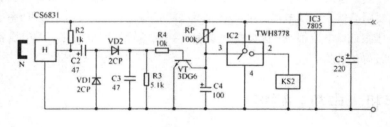

图 5-47 磁控电路图

2. 元器件选择

IC1、IC2均选用TWH8778集成电路。IC3选用三端集成电路稳压器7805。VT选用3DG201晶体三极管。VD1、VD2均选用2CP二极管。其他元件如图5-47所示，无特殊要求。

3. 制作与调试

按图示焊装节电器时，最关键的是光敏电阻R_G的安装。节电器焊装完毕后，可将它安装在一个绝缘盒子里，盒子需钻一个孔，让预先设置它的光源的光线可直接照射在光敏电阻上，要严防其他杂散光线照射在光敏电阻上。

调整RP可以改变时间常数，从而可以调节整经机的停车时间。

5.7.4　保安监视

无线门磁传感器是一种在保安监控、安全防范系统中常用的器件，其工作可靠、体积小巧，尤其是通过无线的方式工作，安装和使用非常灵活、方便。无线门磁传感器元件组装及整机市面上有销售，外形尺寸为71cm×36cm×15.4cm，发射功率为30mW，工作电流为10mA，工作电压为12V，A23报警专用电池。

无线门磁传感器用来监控门的开关状态，当门不管哪种原因被打开后，无线门磁传感器立即发射特定的无线电波，远距离向主机报警。无线门磁传感器的无线报警信号在开阔地能传输200m，在一般住宅中能传输20m，和周围的环境密切相关。

无线门磁传感器采用省电设计，当门关闭时它不发射无线电信号，此时耗电只有几微安，当门被打开的瞬间，立即发射1s左右的无线报警信号，然后自行停止，这时就算门一直打开，也不会再发射了，这是为了防止发射机连续发射造成内部电池电量耗尽而影响报警，无线门磁还设计有电池低电压检测电路，当电池的电压低于8V时，下方的LP发光二极管就会点亮，这时需要立即更换A23报警器专用电池，否则会影响报警的可靠性。

无线门磁传感器一般安装在门内侧的上方，它由两部分组成：较小的部件为永磁体，内部有一块永久磁铁，用来产生恒定的磁场；较大的是无线门磁主体，它内部有一个常开型的干簧管，当永磁体和干簧管靠得很近时（小于5mm），无线门磁传感器处于工作守候状态，当永磁体离开干簧管一定距离后，无线门磁传感器立即发射包含地址编码和自身识别码（也就是数据码）的315MHz的高频无线电信号，接收板就是通过识别这个无线电信号的地址码来判断是否是同一个报警系统的，然后根据自身识别码（也就是数据码）确定是哪一个无线门磁报警。

无线门磁传感器的地址码必须和报警器主机的地址码完全一致，打开无线门磁传感器的外壳就能观察到：无线门磁传感器内部左侧上方有一个8排3列的地址码跳线设置区，中间的跳线柱直接和2262的地址码1~8脚相连接，L和地相连，H和正电源相连，如果将第一排中间的跳线柱用跳线帽和L连通，那么就是将2262的第一个地址码设置成0，同理，如果和H用跳线帽连通，那么就是将2262的第一个地址码设置成1，如果跳线帽只戴在L上，因为中间的跳线柱和L、H都不连通，所以就是将2262的第一个地址码设置成悬空。

市面上销售的地址与数据码电路板，其中的无线门磁地址码应该是：悬空、悬空、0、0、悬空、悬空、悬空、悬空、悬空。增配的无线门磁地址码必须和所购的主机地址码一致。

5.8　小　结

1. 本章主要介绍了无线传感中的光电效应转换原理、光敏电阻与光电池传感器、发光二极管、光电耦合器、光电晶闸管。

2. 8个典型的应用案例（台灯遥控、硅光电池遥控、心电图测量仪、传输自动线堵料监视、断料监视、玻璃瓶计数、太阳能热水器自动跟踪、鸡舍温度遥控）。

3. 磁控原理及应用，3个典型案例（磁控式遥控、整经机磁控、保安监视）。

4. 在11个典型的应用案例中，为读者提供了其他书中不会介绍的应用方法与技巧。

5. 在11个典型的应用案例中，介绍了最主要、最核心、最关键、最重要的内容——电路的组成及特点，供读者参考、借鉴。

5.9 习　题

1. 在光磁遥控技术中，我们应该了解哪些内容，掌握哪些知识？

2. 光电传感器的典型应用有哪8个案例？

3. 在磁控原理及应用中，介绍了哪3个案例？

4. 为什么说在光磁传感器的应用案例中，"电路的组成及特点"是最主要、最核心、最关键、最重要的内容？

第 **6** 章

声控技术

本章内容

- 了解声传感器的基本原理，声控电路的组成，以及超声传感器、语音传感器（语音合成、语音识别方法）、音频传感器等的结构、性能、特点。
- 掌握声控技术中，4个典型的声传感器应用案例、3个超声传感器应用案例、4个语音传感器及音频传感器应用案例中的方法、技巧与注意事项。

本章主要介绍声传感器基本原理、压电陶瓷与驻极体话筒、声控电路组成、4个声传感器应用案例（声控开关、脉搏跳动监视、车胎漏气检测仪、声控自动门）、超声传感器（结构特性、组成、专用集成电路、遥控方式与组成、发射接收电路）及3个应用案例（超声开关、超声探测、超声控电机调速）、语音传感器（语言声音信号、声音信号合成、语言声音识别）及3个应用案例、音频传感器（音频信号与执行器件、专用集成电路）及3个应用案例（音频开关、家电音频遥控、音频传呼器），共计11个应用实例。

值得一提的是，在这些典型的应用案例中，介绍了最主要、最核心、最关键、最重要的内容——电路的组成及特点，供读者参考、借鉴。

6.1 声传感器

6.1.1 基本原理

声音遥控电路是以声波来传送控制信号实现对电路控制的一种遥控电路。

声音遥控器不需要手动开关，非接触式，只要拍手鼓掌、吹口哨，或利用发生器件发声，即可控制电源或电路的通与断。因此，也把它列为一种遥控器。声音遥控器的组成结构如图6-1所示。

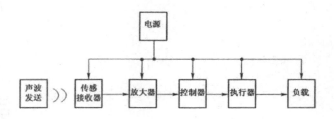

图 6-1　声音遥控器的组成结构

1. 声波发送

声波作为一种传递控制信号的媒体，是由物体的撞击、摩擦、运动产生的振动以波的形式向外传播的。根据物体振动所产生波的频率高低，可分为声波和超声波。凡振动频率低于20kHz的声波为普通声波，它是人耳能够听得到的声波。高于20kHz的声波称为超声波，超声波是人耳听不到的声波。声波和超声波都能作为声控电路的信号传递媒体而在遥控电路中应用。关于超声波遥控器，将在后面专门介绍。

2. 声波接收传感器

声波和超声波作为一种传递控制信号的媒体，虽然能够传递振动物体所产生的能量，但它所传递的只是一种机械能，并不能用它直接驱动电路，必须有一种能将机械能转换为电信号的转换元件，才能实现对电路的控制。这种能将声波和超声波所传递的机械能转换为电信号的元件，就是声音传感器和超声波传感器。

声音传感器是一种能将声波的振动转换为电压和电流输出的声—电转换元件。常用的声—电转换元件有压电陶瓷片、驻极体话筒等。其中压电陶瓷片由于其灵敏度高、结构简单、价格便宜而得到广泛应用。

3. 放大器

由于传感器接收到的声音信号变换成的脉动电压信号十分微弱，而且幅度较小，不能满足执行电路所需的电压要求，为此，必须经过高增益放大器将信号放大后才具有实际应用功能。在声音遥控电路中，常用的放大电路有分立器件晶体管放大器和集成运算放大器、场效应管放大器以及专用集成放大器等。

4. 控制器

在遥控接收电路中，为了保证接收信号后使被控负载可靠地接通或断开，保持某种状态不变，要求电路具有记忆功能。这种记忆功能的电路通常采用双稳态电路。

5. 执行器

执行器的功能是对负载的直接操作与控制。在遥控电路中，应用最多的器件是各种交直流电压电流继电器、接触器、晶闸管等。

6. 电源

由于遥控器多是手持移动的，采用干电池供电，接收装置可采用交流电源供电。

6.1.2　压电陶瓷片与驻极体话筒

1. 压电陶瓷片

1）结构与特性

　　压电陶瓷片又称压电蜂鸣器，压电陶瓷片使用氧化铅等少量稀有金属作原料，加进胶合剂经过混合、粗轧、精轧、切片和烧结等过程而制成。实际使用中的压电陶瓷片一般采用双膜片结构，由压电陶瓷片与金属振动片复合而成。金属振动片的直径一般为15~40mm，工作频率是300Hz~5kHz。压电陶瓷片呈电容性质，电容量为0.005~0.02μF。

　　压电陶瓷片的主要电特性是具有压电效应，就是在压电片上加上电压，压电片会变形产生机械振动；反过来给压电片加上机械压力，它又会产生电压，这种现象就叫"压电效应"。

　　压电陶瓷片的形状如图6-2所示。它是根据某些材料的压电效应制成的。当受到外界的机械压力或振动作用时，某些材料会产生压电效应，产生电压并输出电流，其强度与作用于材料表面的机械力呈正比。反之，若对此材料加上电压，则又会因材料的压电作用而产生伸缩振动，其强度和所加电压呈正比。因此，它又因振动而发声，常用作发声器件。这就是说，用这种材料制作的转换元件是一种可逆器件，既可用作"声—电"转换器件，又可用作"电—声"转换器件。

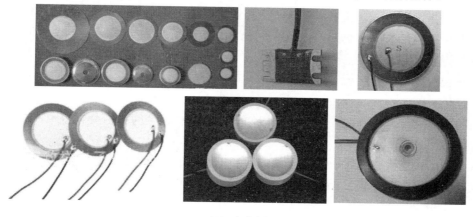

（a）实物图

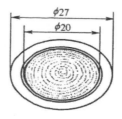

（b）尺寸图

图 6-2　压电陶瓷片

　　压电陶瓷扬声器主要由压电陶瓷片和纸盆组成。利用压电陶瓷片的压电效应可以制成压电陶瓷喇叭及各种蜂鸣器。由于压电陶瓷喇叭的频率特性差，低音频较少，目前应用较少；而蜂鸣器则被广泛应用于门铃、报警及小型智能化电子遥控装置中作为发声器件。

2）压电陶瓷片的测量

在选用压电陶瓷片时，首先应鉴别压电陶瓷片的好坏和性能，在业余条件下可采用以下几种方法：

（1）电阻测量法：用万用表R×10kΩ挡测其两极间的直流电阻，正常时应为∝。当用拇指与食指稍稍用力挤压两极面时，阻值应发生相应的变化（瞬间阻值≤1MΩ）。

（2）电压测量法：将万用表置于"DC"1V挡，万用表笔分别连接压电陶瓷片的两极，用手挤压两极面时，表头指针将会向一个方向摆动0.1V左右，随即松手，指针将反方向进行一次摆动。在压力相同的情况下，摆幅越大，压电片灵敏度越高。

（3）电流测量法：将万用表置于"DC"10μA挡，分别用两个表笔接压电陶瓷片的基片和接触片镀银层。每接触一次，表针有微小摆动，摆动越大，质量越好，否则说明其内部损坏。或者将表笔连接压电片两极，用手挤压两极面，指针将产生1μA左右的单向摆动，松手后，指针将反向摆动。指针摆动越大，其性能越好。

（4）舌感法：将压电陶瓷片的两极引线触及舌尖，若压电片是完好的，用手挤压两极面，舌尖会产生淡淡的咸味感，用手指弹击压电片，舌尖会有麻电感。

（5）仪器测量法：用数字电容表或数字万用表的电容挡检测压电蜂鸣片，好的压电蜂鸣片会发声，例如，用数字万用表的"CAP 200nF"挡检测直径为24mm的压电蜂鸣片，经频率计测量，压电片发出400Hz的音频声，同时万用表显示该压电片的电容值为"25.2"。压电片的电容量通常为3~30nF，所以测量时仪表应选"CAP 200nF"挡，这种检测法简便直观。

用蜂鸣器挡检查压电陶瓷片的电路如图6-3所示。首先用一根表笔线把输入插孔V·Ω与COM短路，然后在仪表内部的压电陶瓷片两个电极上分别焊上一根导线，接上被测压电陶瓷片。打开数字万用表的电源，二者可同时发声。为了加以区分，可用耳朵贴近被测压电陶瓷片。若无声，则说明已经损坏。

也可用50Hz方波检查压电陶瓷片，方法如下：把数字万用表拨至电阻挡，输入插孔V·Ω与COM开路，仪表显示溢出"1"状态。用方波信号源引出50Hz、10V（峰峰值）的方波信号电压，被测压电陶瓷片BC2能发出50Hz的低频振荡声。

如果压电陶瓷片用量很大，可以设计制作一个简单的压电陶瓷片鉴别器，电路如图6-4所示。晶体管VT1、VT2组成两级直接耦合式低频放大电路，在放大器VT1的基极和VT2的集电极之间接入被测压电陶瓷片，形成一个正反馈电路，使电路产生自激多谐振荡。压电陶瓷片在这里既是正反馈元件（等效为电容器），又是发声器件。按下S后，被测压电片发声，则证明完好；若不发声，则说明已经损坏。

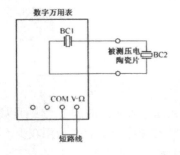

图6-3 压电陶瓷片的测量

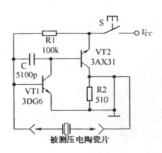

图6-4 压电陶瓷片鉴别器

顺便指出，压电陶瓷片呈电容性质，不得接入直流电路使之发声；压电陶瓷片既薄又脆，检查时不要用表笔尖划伤陶瓷片。

2. 驻极体话筒

驻极体电容传声器是采用驻极体材料作"声—电"转换元件的声电传感器。组成驻极体话筒关键元件的驻极体振动膜是由一些高电介质的塑料薄膜制成的，如聚乙烯膜、聚酯薄膜、聚丙烯和聚四氟乙烯膜等。在制作时，先在这些塑料薄膜的表面上蒸发一层金属膜作为电极，然后在高压电场下对膜进行极化处理。经过极化处理后的薄膜，便在其两个表面上分别带上了正、负电荷，并能长期保留下去。这种经过电场处理后能够在其表面带上电荷并长期保存的材料称为驻极体。

驻极体话筒具有体积小、结构简单、电声性能好、价格低等特点，广泛用于盒式录音机、无线话筒及声控等电路中。

1）结构

驻极体话筒由两部分组成：一部分是以驻极体膜为主要元件的声—电转换部分，另一部分是以场效管放大器为主的阻抗变换输出部分。它的内部结构如图6-5所示。

声电转换的关键元件是驻极体振动膜。它是一片极薄的塑料膜片，在其中一面蒸发上一层纯金薄膜。然后经过高压电场驻极后，两面分别驻有异性电荷。膜片的蒸金面向外，与金属外壳相连通。膜片的另一面与金属极板之间用薄的绝缘衬圈隔开。这样，蒸金膜与金属极板之间就形成了一个电容。当驻极体膜片遇到声波振动时，就会引起电容两端的电场发生变化，从而产生随着声波的变化而变化的交变电压。

图 6-5　驻极体话筒结构图

驻极体膜片与金属极板之间的电容量比较小，一般为几十皮法。它的输出阻抗值在几十兆欧以上。由于阻抗过高，与音频放大器不匹配，因此在话筒内接入一只结型场效应管来进行阻抗变换，以实现阻抗匹配。场效应管具有输入阻抗极高、噪声系数低等特点。普通场效应管有源极（S）、栅极（G）和漏极（D）三个极。这里使用的是在内部源极和栅极间再复合一只二极管的专用场效应管，如图6-6所示。接二极管的目的是在场效应管受强信号冲击时起到保护作用。场效应管的栅接金属极板，这样驻极体话筒的输出线便有三根，即源极S，一般用蓝色塑料线；漏极D，一般用红色塑料线；连接金属外壳的编织屏蔽线。

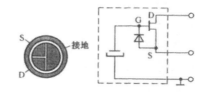

图 6-6　驻极体话筒专用场效应管

2）驻极体话筒与电路的连接

（1）驻极体话筒内部与场效应管的连接方法有两种：源极输出与漏极输出，如图6-7所示。

源极输出类似于晶体三极管的射极输出器，如图6-7（a）所示，需用三根引出线。漏极D接电源正极，源极S与地之间接电阻R_s来提供源极电压，信号由源极经电容C输出。编织线接地起屏蔽作用。源极的输出阻抗小于2kΩ，电路比较稳定，动态范围大，但输出信号比漏极输出小一些。

漏极输出类似于晶体三极管的共发射极放大器，如图6-7（b）所示，只需两根引出线。漏极D与电源正极间接漏极电阻R_D，信号由漏极D经电容C输出。源极S与编织线一起接地。漏极输出有电压增益，因而话筒灵敏度比源极输出时要高，但电路动态范围略小。

R_s和R_D的大小要根据电源电压大小来决定，电阻一般可在2.2~5.1kΩ间选用。例如电源电压为6V时，R_s为4.7kΩ，R_D为2.2kΩ，在图6-7的输出电路中，若电源为正极接地，将D、S对换一下，仍可成为源、漏极输出。

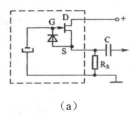 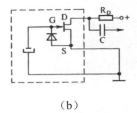

（a）　　　　　　　　　　　　　　（b）

图 6-7　驻极体话筒场效应管的接法

（2）驻极体话筒与外部电路的连接：图6-8为声控电路前置放大电路，图6-8（a）为驻极体话筒的源极输出，图6-8（b）为驻极体话筒的漏极输出。

需要说明的是，不管是源极输出还是漏极输出，由于内部场效应管的存在，因此驻极体话筒必须提供直流电压才能正常工作。

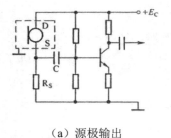 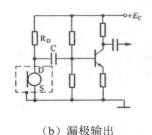

（a）源极输出　　　　　　　　　　（b）漏极输出

图 6-8　驻极体话筒与外部电路的连接

3）驻极体话筒的性能测量

（1）极性的判断

驻极体话筒由声—电转换系统和场效应管组成。由图6-7可知，在场效应管的栅极和源极间接有一只二极管，故可利用二极管的正反向电阻特性来判断驻极体话筒的漏极和源极。

判断方法：将万用表的转换开关拨至R×1kΩ挡上，将黑表笔接一电极，红表笔接另一电极，记下表中的读数；交换两个表笔再次测量，记下表中的读数；比较两次测试结果，测量阻值较小者，黑表笔所接电极为源极，红表笔所接电极为漏极。

（2）话筒的好坏与灵敏度高低的判断

图6-9是驻极体话筒测试原理图。

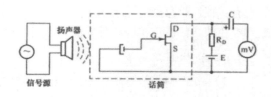

图 6-9　话筒灵敏度的检测示意图

当声压作用到话筒时，在毫伏表上便有输出。根据这个原理，我们可以利用万用表中的电池代替图6-9中的E，万用表的内阻代替图中的R_D，万用表的表头代替图中的毫伏表，用外界声源（喊话或嘴吹）代替图中的喇叭及信号源。当声压作用到话筒时，表头就有一定的输出，根据话筒有没有输出判断话筒的好坏，根据输出的大小判断话筒灵敏度的高低。

测试方法如下：将万用表转换开关拨至R×1kΩ挡，黑表笔接话筒的漏极（D），红表笔接话筒的源极（S），同时接地，用嘴对着话筒吹气，观看万用表针的摆动，幅度越大，则灵敏度越高。若表头指针没有指示，则说明话筒失效；若有指示，则说明话筒工作正常。指示范围的大小表示话筒灵敏度的高低。

4）选用注意事项

（1）型号选择。国产驻极体话筒的型号有CZ、CRZ、CNZ等系列。各种系列产品的特性相差甚微，差别在于灵敏度。机内使用型的外形尺寸绝大多数在Φ（10~12）×7范围内。国内产品与国外产品的外形尺寸、接线方式及基本应用方法大体相同，说明话筒具有较好的通用性和互换性。需要注意的是，国产驻极体话筒有些品种用色点标记进行灵敏度分挡，通常有绿、红、蓝三挡，绿点灵敏度最高，蓝点最低，每挡灵敏度差别约4dB（绿点灵敏度为-38±3dB）。代换时最好选色点相同或灵敏度接近的产品。有些产品分4挡色点标记（红、黄、蓝、白）。读者在选用时可查阅厂方提供的产品手册。

（2）注意电源电压。一般驻极体话筒均有厂方给出的电源电压范围（多为3~12V，也有1.5~12V的），应用时不要超过电压上限。通常除微型电子整机用1.5V电源外，绝大多数驻极体话筒的工作电压均在3~6V范围内。

（3）正确连接。通常机内型驻极体话筒共有4种连接形式，如图6-10所示。对应的话筒引出端有3端式和2端式两种，图6-10（b）、（c）适用于两端式话筒连接。图6-10（b）中的源极电阻R_S常取2.2~5.1kΩ，漏极电阻R_D常取1~2.7kΩ。

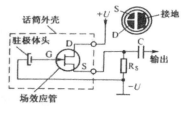

（a）负接地，S 极输出

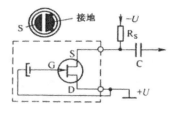

（b）正接地，S 极输出

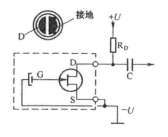

（c）负接地，D 极输出

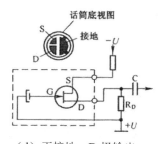

（d）正接地，D 极输出

图 6-10　驻极体话筒的连接方法

6.1.3 声控电路组成

1. 放大电路

压电陶瓷片与驻极体话筒在声音遥控电路中作为接收信号的器件，它们都能将接收到的声信号转变为微弱的电压信号，必须增加一级高增益放大器进行放大。

1）分立元件晶体管电压放大器

（1）电路原理分析

图6-11是一种两级直接耦合晶体管放大器，第一级放大管VT1的集电极电压U_d就是第二级放大器VT2的基极电压U_{b2}。直流工作点的稳定是通过VT2发射极电阻R_F取得的，反馈电压U_F与流过R_F的电流呈正比，S通过R_F与R的分压后加到VT1的基极。该电路的电压放大倍数等于两级放大倍数的乘积。电路工作稳定的反馈过程如下：当VT2的发射极电流增大时，U_F升高，经R_F和R_D分压，使U_{b1}升高，VT1这样就使VT2的导通程度减低，流过发射极电阻R_{e2}的电流减小，电路恢复正常工作，达到稳定工作的目的。

晶体管直接耦合式电压负反馈放大电路不仅具有很高的电压放大倍数，而且工作性能稳定。在电路中，VT1的发射极电阻R_{e1}未加旁路电容，表明其不仅有直流负反馈作用，而且具有交流负反馈作用。这种负反馈电路虽然损失掉一部分放大倍数，但得到的是电路的工作稳定。VT2的发射极电阻分为两部分，其中加有旁路电容C3，使其仅有直流负反馈，而无交流负反馈。

（2）元件参数选择

VT1、VT2选用9014，β值在60~20；其他元件见图6-11上的标注。为了使电路工作得稳定可靠，提高信噪比，静态工作点的参数通常设置为：I_{e1}取0.5~1mA，I_{e2}取1~2mA。各管集电极压降通常选取2~4V，基极电位在3.5~6V，硅管取0.7V，锗管取0.3V，其他参数按照所取工作电流和所选用的工作电压计算选取。

2）场效应管电压放大器

图6-11为分立元件晶体三极管放大电路，是通过控制基极电流来控制集电极电流的。由于晶体管的输入阻抗低，仅有1kΩ，因此需要信号源提供一定的信号电流才能工作。而场效应管则不然，它是一种电压控制元件，在正常工作范围内，栅极G几乎不取电流。场效应管具有极高的输入阻抗（$10^7\Omega$）、噪声低，动态范围大，并且具有很高的放大倍数，用它组成的电压放大器通常只用一级即可满足要求，因此广泛应用于各种电子电路中。

场效应管分结型和绝缘栅型两种，接下来主要介绍结型场效应管。

图6-12是一个栅极分压式共源极放大电路，类似于图6-11中的VT1晶体管的共发射极放大电路。其工作原理分析如下：和晶体管放大电路类似，首先必须始终保持栅（G）—源（S）和栅（G）—漏（D）两个PN结处于反向偏置状态（对于N型管），漏极电流I_D随着栅极电流I_G的变化而变化，如果漏极电阻R_D很大，则可以得到很大的电压变化，从而实现电压放大。它的栅极偏置电阻不是为它的栅极取得偏置电流，而是栅极偏压。为此，在电路中，它的偏置电阻常用可调电阻RP，便于在电路调整中取得合适的静态工作点栅极偏压。

场效应管应用时应注意：场效应管与普通的晶体三极管使用方法相仿，它的G、D、S与晶体三极管的b、c、e一样对应连接外电路元件，测量时手不要接触元件电极，以免产生偏压使测量阻值改变。还应注意，场效应管应工作在避光处，整机外壳应接地。

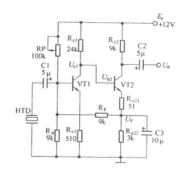

图6-11 分立元件电压放大器

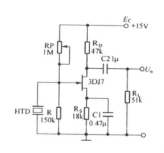

图6-12 场效应管电压放大器

3）集成运算放大电路

集成运算放大器内部通常由高阻输入级、中间放大级、低阻输出级和偏置电路等组成。它具有高输入阻抗和高放大倍数，因此在各类放大器中应用较多。其中最常用的集成运放电路有单运放电路5G23（F004）、5G24（F007）、μA741，双运放电路5GO22、5G353，以及四运放电路LM324、LM2902和LA6324等。

集成运算放大器至少有5个引出端：一个同相输入端（+）和一个反相输入端（-），一个电源正端（V_m）和一个电源负端（V_{ss}），还有一个输出端。

集成运算放大器输入电路的两个输入端采用差分的方法输入，即两个输入端分别为U+和U-。标以"+"的输入端称为同相输入端，其输出信号U0与输入信号Ui同相；标以"-"的输入端称为反相输入端，其输出信号U0与输入信号Ui反相。

在实际应用中，运算放大器输入阻抗为几百千欧至几兆欧。作为放大器时，它的放大倍数为几万至几十万倍，已经接近理想的运算放大器。与分立元件的放大器相比，它具有稳定性好、可靠性高、便于调整等优点。

运算放大器可做加法、减法、微分、积分等运算，具有信号的产生、变换及信号处理等功能，应用非常广泛。

（1）反相运算放大器。反相运算放大器电路如图6-13所示。输入信号U_i通过电阻R1加到反相输入端（-），同相输入端（+）通过电阻R2接地，输出电压U0通过反馈电阻R_e接回到输入端（-），引入一个深度的电压并联负反馈。R1是输入电阻。R2是输入平衡电阻，它的作用是使两个输入电阻相等，电路处于平衡状态。R2的阻值应等于R1和R_F并联之和。保证运放的两个输入端处于平衡工作态，避免输入电流产生的附加差动输入电压，使反相与同相输入端对地电阻相等。

反相放大器的电压放大倍数A_{uf}等于输出电压与输入电压之比，但相位相反。其数值可由反馈电阻R_F和输入端电阻R1的比值确定，即：

$$A_{uf} = -R_F/R1 = -U_o/U_i \tag{6-1}$$

上式说明输出电压与输入电压是反向比例放大关系。在计算放大倍数时，只要知道R_F和R1的阻值即可，与运算放大器的本身参数无关，从而避免了复杂的运算。

（2）同相运算放大器。如果将输入信号通过R2从运算放大器的同相输入端（+）输入，就构成了同相放大器，这时需将反相输入端（-）通过R1接地。输出电压U0通过反馈电阻R_F仍反馈到反相输入端（－）。同时，使R2=R1//R_F，以保证两个输入端对地的电阻相等，如图6-14所示。

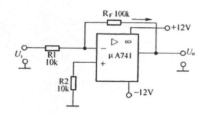 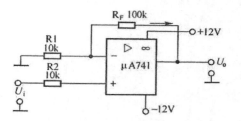

图6-13　反相运算放大器　　　　　图6-14　同相运算放大器

通过分析和推导，同相放大器的放大倍数为：

$$A_{uf} = -U_o/U_i = 1 + R_F/R1 \tag{6-2}$$

由式（6-2）可知，同相放大器的放大倍数比反相放大器的放大倍数大1且与输入信号同相位。只要运算放大器的开环电压放大倍数足够大，闭环电压放大倍数就只取决于R_F和R1，而与运算放大器的其他参数无关。

图6-13和图6-14均采用双±12V电压供电，在电路连接时，一定要注意电源的极性，不能接错。

（3）电压跟随器。

在特定情况下，当接成如图6-15所示的电路时，当R=∞（断开）或R_F = 0时，则：

$$A_{uf} = U_o/U_i = 1 \tag{6-3}$$

电源电压12V经R1、R2分压后，在同相输入端得到＋6V的输入电压，故输出U_o=6V。

这种电路称为电压跟随器，它是同相比例运算放大器的特例。电压跟随器虽然没有放大输入信号的作用，但在电路中常用作阻抗变换，在多级放大电路中，对实现放大器的前后级间匹配起着十分重要的作用。

图6-16是一个声控电压放大器电路图。该电路采用反相放大器的放大方式，反馈电阻R_F=100kΩ，R=10kΩ，根据公式（6-1）计算其放大倍数A_{UF} =$-R_F$/R1=-10，输出电压U_o与输入电压U_i反相。电路中，R2=R1/R_F，计算结果R2=9.1kΩ，选用标准系列电阻取10kΩ，与计算结果接近，完全可以满足使用要求。

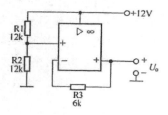 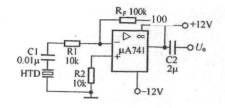

图6-15　电压跟随器　　　　　图6-16　声控电压放大器

2. 控制电路

1）分立元件组成的双稳态电路

（1）电路结构

分立元件组成的双稳态电路如图6-17所示。该电路由两个结构相同的反相器VT1、VT2交叉耦合而成。该电路的结构特点是左右完全对称、元件型号相同、参数相等，即R1=R2，R3=R1，R5＝R6，C1=C2。电路中的二极管VD1、VD2具有单向导电性，在这里起导通和阻断作用。对于正向脉冲信号不让其通过，而对负向脉冲允许通过。

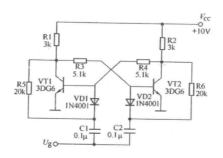

图 6-17　分立元件组成的双稳态电路

（2）基本原理

电路的工作原理是：当电路的一边导通时，另一边必定截止。如果在电路的输入端加一触发信号，电路便会翻转，原来导通的一边立即截止，原来截止的一边转为导通。

① 第一稳态。接通电源后，电源V_{cc}分别通过R1、R2以及R3、R4向VT1与VT2的基—射极提供偏置电压，使VT1与VT2都趋向导通。但由于电路不可避免地存在着微小的不对称，使两管的导通能力有所不同。假定在通电的瞬间VT2的导通程度比VT1稍强，则VT2的集电极电压U_{c2}会比VT1的集电极电压U_{ci}低一些。这个低电压通过R3耦合到VT1的基极，使U_{ci}随之下降，进而又使U_{ci}随之升高，U_{ci}的升高又会通过R3耦合到VT2的基极，使U_{b2}升高，U_{b2}的升高又迫使U_{c2}进一步下降。这样的反馈不断进行，当U_{ci}上升至接近电源电压V_{dd}，U_{c2}降至接近饱和压降0.3V时，VT1进入截止状态，VT2进入饱和状态。这时由于截止管VT1的基极受导通管VT2集电极低电平的控制，导通管VT2的基极受截止管VT1集电极高电平的控制，电路不会自动翻转，这种状态称为电路的第一稳态。

② 第二稳态。电路进入第一稳态后，只有在外加的触发信号作用下才能发生翻转，进入第二稳态。外加的触发信号可以是正极性的，也可以是负极性的。实践证明，向饱和管的基极加上负极性的触发脉冲，电路触发的可靠性较高，因此一般总是采用负极性的脉冲作为电路的触发脉冲。

当采用负极性的脉冲去触发电路时，触发脉冲通过C1、C2、VD1、VD2同时加到VT1、VT2的基极。由于截止管VT1的基极U_{b1}此时为低电平，负脉冲对它不起作用，而饱和VT2的基极U_{b2}则为高电平，负脉冲的作用会使其电压降低，促使VT2退出饱和，并进入这样的反馈过程：U_{b2}下降使U_{c2}上升，又使U_{b1}上升，导致U_{c1}下降，最后又使U_{b2}下降，反馈进行的最终结果是VT2由饱和变为截止，VT1由截止变为饱和，电路发生翻转，进入另一个稳定状态。

在电路中，由VD1、R5、C1、VD2、R6、C2组成的电路称为触发引导电路。其作用是：将输入电路的矩形脉冲通过由C1、R5和C2、R6组成的微分电路变换成正、负极性的尖脉冲，并将其引导向饱和管的基极。

元件型号、参数选择见图6-17中的标注。

2）数字集成电路组成的双稳态电路

与模拟电路相比，由于数字电路的集成化，大大简化了外围电路的结构。数字集成电路组成的双稳态触发器具有元件少、性能稳定可靠等优点，是常用的电路之一。

常用D触发器组成各种双稳态电路，如D触发器74LS74（CD4013）的引脚排列如图6-18所示。它是一块双D触发器，一块电路内包含有两个D触发器。每个D触发器有6个引出端：一个时钟输入端CP、一个数据端D、一个直接置"1"端$\overline{S}_D$、一个置"0"端$\overline{R}_D$以及两个输出端Q和$\overline{Q}$。在D触发器中，Q和$\overline{Q}$为反相关系，即当Q为1时$\overline{Q}$为0，Q为0时$\overline{Q}$为1。当Q=1时，我们称电路为"1"状态；当$\overline{Q}$=1时，我们称电路为"0"状态。其逻辑功能原理分析如表6-1所示，74LS74组成的双稳态触发器电路如图6-19所示。

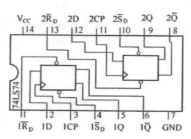

图 6-18　74LS74 引脚排列图

表 6-1　74LS74 真值表

输　入				输　出	
$\overline{S}_D$	$\overline{R}_D$	CP	D	Q	$\overline{Q}$
0	1	×	×	1	0
1	0	×	×	0	1
0	0	×	×	1	1（不定）
1	1	↑	1	1	0
1	1	↑	0	0	1
1	1	↓	×	保持	保持

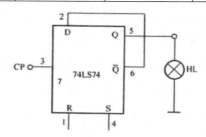

图 6-19　4LS74 双稳态触发器

由真值表可知，74LS74的异步置数端$\overline{S}_D$、$\overline{R}_D$为低电平有效（而CC4013异步置数端SD、RD是高电平有效），两者均为CP上升沿触发，其特征方程为$Q^{n+1}=D$。

D触发器只有在需要预置数时才使置1或置0端有效，其他情况应使其处于无效状态。

测试D触发器的功能，从74LS74或CC4013中任选一个D触发器。$\overline{S}_D$、$\overline{R}_D$（或SD、RD）和D分别接逻辑开关，CP接单脉冲触发，Q、$\overline{Q}$分别接指示灯进行测试，测试结果发现只有输出为高电平时，指示灯才亮，从真值表中可以看出它具有两个稳定状态。

3）555 定时器组成的稳态电路

（1）555定时器

555定时器是模拟功能和数字功能相结合的中规模集成电路器件。它的顶视图和内部结构如图6-20（a）、图6-20（b）所示。

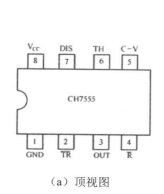

（a）顶视图　　　　　　　　　　（b）内部结构图

图 6-20　555 定时器

555定时器包括两个电压比较器、一个基本RS触发器及放电管T等。比较器的参考电压从分压电阻R上取得。由结构图可知，参考电压分别为2/3·V_{CC}和1/3·V_{CC}。5脚为电压控制端，高电平触发端6和低电平触发端2作为阈值端和外触发输入端，用来启动电路，复位端4为低电平时，输出3脚为低电平。改变5脚的电压就改变了比较器的参考电压，此脚不用时可以接一个0.01μF的电容到地，以防干扰电压引入。CH7555定时器电源电压为+4.5~+18V，输出电流可高达200mA。表6-2给出了定时器各引脚的功能。

表 6-2　555 定时器引脚功能表

$\overline{R}$（4）	TH（6）	$\overline{TR}$（2）	OUT（3）	DIS（7）
0	×	×	0	T 对地导通
1	$>\frac{2}{3}V_{CC}$	$>\frac{1}{3}V_{CC}$	0	T 对地导通
1	$<\frac{2}{3}V_{CC}$	$<\frac{1}{3}V_{CC}$	1	T 截止
1	$<\frac{2}{3}V_{CC}$	$>\frac{1}{3}V_{CC}$	不变	不变

（2）用555定时器构成单稳态电路

电路如图6-21所示。设初始状态$U_1 = U_2 = U_c = 0$，接通电源的瞬间，输出U_0为1态，这是一个不稳定状态，此时内部放电管T截止，V_{CC}通过RP、R3对C2充电，当达到$U_C = 2V_{CC}/3$时，6脚为1态。而V_{CC}又通过R1和R2使C1两端的电压等于V_{CC}，使2脚为高电平1。此时输出电压U_0为0态。由于放电管T导通放电，使6脚为0态，而2脚仍为高电平1，使输出电压U_0维持低电平0态不变。这是一种稳定状态。

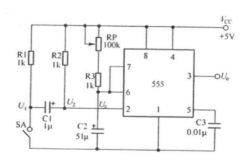

图 6-21　单稳态触发器

当手动按钮SA闭合，由于C1两端的电压不能改变，U_2跟U_1跳至0V，使2脚为低电平0态，则输出变为高电平1，电路进入暂稳态。V_{CC}通过RP、R3对C2充电，由于充电时间常数较大，经过较长时间达到$2V_{CC}/3$时，输出变为0态，暂稳结束，维持输出0状态不变。如果这时断开SA，并不能使输出改变状态。

当开关SA又闭合时，重复上述过程。输出高电平的持续时间称为定时时间，对SA开关闭合动作来说又叫延时时间。

根据理论计算可知，定时时间$T_C \approx 1.1(R_{RP}+R3)C_2$。调节RP便改变了定时时间的长短。

元件参数参考值为：R4 = R2 =R3 = 1kΩ，R_{RP} = 100kΩ，C1 = 1μF，C2=47μF，C3 = 0.0lμF。其他元件参数如图6-21所示。

3. 执行电路

1）常用小型交直流继电器

常用小型交直流继电器是遥控电路中应用最多的执行器件之一，它可采用直流电压或交流电压来驱动。直流继电器按国家规定的标准系列有：6V、9V、12V、18V、24V和48V等。交流继电器的驱动电压标准系列为：6V、12V、24V、220V。使用时应根据电路的工作电压，选择继电器的规格型号。

继电器通常有多组控制触点，每组触点所能通过的额定电流都有一定的限制。使用时需根据负载的大小来选用，若单组触点不能满足控制电路的负荷要求，可采用几组触点并联分流的方法。触点形式又分为常开和常闭两种，应当根据遥控电路的需要适当连接。

继电器通常采用晶体管开关电路来驱动，但也有利用集成电路的输出直接来驱动的。不过这种驱动一般输出功率较小，只能驱动小功率继电器。采用晶体管驱动方式可驱动功率较大的继电器，驱动晶体管应工作在开关工作状态。这时应使晶体管的基极有足够大的工作电流，保证开关电路在得到控制信号后能充分饱和，在没有控制信号时能充分截止。

2）双向晶闸管

双向晶闸管在电路中用符号VS来表示。双向晶闸管是一种NPNPN型5层半导体器件，与普通晶闸管相比，如用普通晶闸管控制交流负载，需要两个普通晶闸管反并联，两套触发线路，而双向晶闸管只需一套触发线路即可。除此之外，双向晶闸管能够双向导电，实物外形如图6-22所示。双向晶闸管的三个引出电极分别为第一（主）电极T1、第二（主）电极T2和门极G（控制极），图6-23（a）、图6-23（b）、图6-23（c）是双向晶闸管的外形、结构和电路符号。

图 6-22　双向晶闸管实物外形图

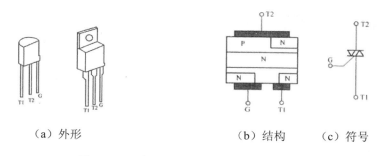

（a）外形　　　　　　　　（b）结构　　（c）符号

图 6-23　双向晶闸管的外形结构和电路符号

双向晶闸管可以在阳极与阴极之间加正向电压，门极加触发信号，控制双向晶闸管实现双向导通，因此适合用作交流电源开关，广泛用于工业、交通、家用电器等领域，在遥控电路中也被广泛应用。双向晶闸管还可通过控制其导通角的大小来控制它的输出电压的大小。根据这一特点，双向晶闸管常用于交流电动机的交流调压调速控制电路中。

晶闸管的特性曲线分在 4 个象限，在特性曲线的 I、III 象限具有相同的触发和导通特性。它既可以用正向脉冲来触发使其导通，又可以用负向脉冲触发使其导通。在实际应用中，这 4 种触发方式对双向晶闸管触发导通有很大的差异，其中第一象限 "I+" 和第三象限 "III-" 的触发性能最好，因为在这两种触发方式中，触发电流的方向和双向晶闸管主回路中当时的电流方向一致，只需用较小的触发脉冲电流就可以使双向晶闸管导通。

3）固态继电器

固态继电器（SSR）是一种高性能的新型继电器，它能对被控对象表现出优异独特的通断能力，在电源开关及遥控技术应用方面，它具有控制灵活、寿命长、工作稳定可靠、防爆耐震、无声运行等特点，用来通断电器设备中的电源。

固态继电器全部采用电子器件构成，实际上是一种无触点电子开关。固态继电器种类较多。常用的有直流型继电器、交流型继电器、功率固态继电器等。接下来主要介绍直流和交流型继电器。

（1）基本使用电路

SSR 的结构如图 6-24 所示。它的输入端是控制信号电路，输出端是被控制电路。

SSR 输入端的工作条件：要使其输出端接通，输入回路工作电流为 5~10mA，电压大于等于 3V；要使输出端断开，工作电流小于 1mA，电压小于 1V 则可切断电路。

图 6-25 为 TTL 驱动 SSR 的方法，当 TTL 输入为 "0" 时，则输出为 "1"，SSR 接通；当 TTL 输入为 "1" 时，则输出为 "0"，SSR 关断。

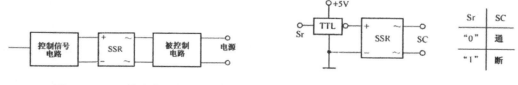

图 6-24　SSR 基本使用框图　　　　　　　　图 6-25　TTL 驱动 SSR 电路

图 6-26 是用 CMOS 驱动 SSR 的方法。当 CMOS 输入为 "0" 时，SSR 输出为 "0"，则关断；当 CMOS 输入为 "1" 时，SSR 输出为 "1"，则接通。

图 6-27 是用 SSR 推动大功率晶闸管时的电路。负载与 SSR 的输出端相串联，R2、C 为保护吸收

回路，可以保证SSR的正常工作。选用工作电流2A的SSR，就可以触发1000A的大功率晶闸管正常工作。

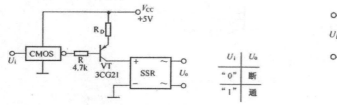

图 6-26　CMOS 驱动 SSR 电路

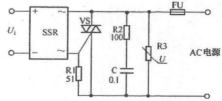

图 6-27　SSR 推动晶闸管电路

（2）直流SSR

前面介绍了光电耦合器的内容，接下来我们把它应用在固态继电器的电路中。图6-28是直流固态继电器原理图，采用TWH-4N25型光电耦合器作为控制端和输出端的隔离与传输。直流固态继电器的额定工作电压和电流的大小取决于晶体三极管VT2。

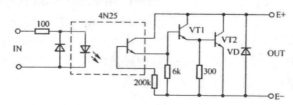

图 6-28　直流固态继电器原理图

表6-3给出了有关常用的SSR的主要参数与型号，以便于读者选用时参考。

表 6-3　交直流固态继电器主要技术参数表

型号	有效工作电压（V）	有效工作电流（A）	通态允许浪涌电流（A）	通断时间	通态压降（V）	维持电流（mA）	VT2 及 TRIAC 型号
TAC03A 220V	220	3	30	<0.5Hz	1.8	30	T2302PM
TAC06A 220V	220	6	60	<0.5Hz	1.8	30	SC141M
TAC08A 220V	220	8	80	<0.5Hz	1.8	30	T2802M
TAC15A 220V	220	15	150	<0.5Hz	1.8	60	SC250M
TAC25A 220V	220	25	250	<0.5Hz	1.8	80	SC261M
TAC2A 28V	6~28	2	/	<100μs	1.5	/	FT317
TAC5A 28V	6~28	5	/	<100μs	1.5	/	TIP41A
TAC10A 28V	6~28	10	/	<100μs	1.5	/	2N6488

型号	有效工作电压（V）	有效工作电流（A）	通态允许浪涌电流（A）	通断时间	通态压降（V）	维持电流（mA）	VT2 及 TRIAC 型号
公共参数	输入至输出间绝缘电压>1000V，AC（历时一分钟） 开启电压：3~6V，DC，开启电流<30mA 工作频率：（交流型）45~65Hz 工作环境：-10~70℃						

直流SSR根据其结构分为输出两端型和三端型。两端型是一种多用途直流开关，它的结构相当于一只大功率光电耦合器，其输出特性和普通三极管一样，有截止区、线性区、饱和区，当输入电压足够大时，就进入饱和区。三端型用正负电源接入SSR内电路，便于控制VT2的深度饱和。输入端控制电压要求不严格，输出电路没有线性区。

（3）交流固态继电器

交流固态继电器的基本结构如图6-29所示。从整体上看，它是一个四端元件，其中左边为控制信号输入端，右边为具有开关功能的输出端。交流固态继电器的内部电路可以等效为一个发光二极管和一个光敏三极管。当在输入端加入控制信号后，发光二极管发光，使光敏三极管导通，输出端接通了被控电路的电源。

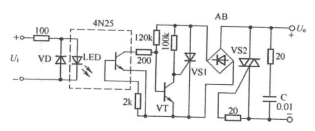

图 6-29 交流固态继电器原理图

光电耦合器实现了输入回路与输出回路之间的控制联系，由于没有电气上的直接联系，输出端与输入端之间具有良好的电气隔离，防止了输出端对输入端控制电路的影响，从而保证了低压控制电路的安全性和可靠性。过零控制电路的作用是保证SSR输出端在交流电压"过零"点时接通，而在交流电的正半周和负半周的交界点处，SSR关断。以避免产生的射频干扰其他电气设备。吸收电路用来吸收由电源传来的尖峰脉冲，防止对双向晶闸管元件产生冲击而造成损坏。

交流固态继电器所需要的驱动功率小，对外界干扰小，开关速度快，并能在恶劣环境下工作，是一种性能十分优良的执行器件。

4. 电源电路

遥控电路的电源供给分为两类，即干电池供电和交流电源供电。

干电池供电主要用于袖珍式遥控器和手持式遥控发射器。

采用交流电源供电需将高压交流电源通过电源变压器降压、整流元件整流、电容器滤波、稳压后向电路负载供电。其中电源变压器根据电压、电流、负载的功率等进行选择，整流部分可选择分立元件整流二极管或集成稳压电路模块，在整流后需加滤波电容，滤波电容的容量需根据用电负荷的大小来选取，通常选用几十微法至几百微法。有些要求较高的直流电源还需增设集成稳压器进行稳压，以取得纹波较小的高质量的稳压电源。

图6-30（a）为并联型直流稳压电源电路。电源220V经变压器降压、全波桥式整流、电容滤波、稳压二极管稳压输出直流电压供给负载。输出直流电压约等于电源变压器次级电压的0.9倍。由于电路简单，该电源用于要求不高的场合。

图6-30（b）为三端稳压集成电路组成的输出电压连续可调的直流电源。电源变压器次级电压为20V，经整流桥AB整流、C1滤波、LM317稳压，调整RP电位器，就可以改变输出电压U₀的大小。

图6-30（c）采用集成正、负稳压器的电源电路，变压器的双次级电压为24V，经全波整流后输出的直流电压为24×0.9 = 21.6（V）。两个1000μF的电容器分别为两个桥式整流电路的滤波电容。经过集成稳压器稳压后，分别输出正、负15V的直流电源。

从附录B可知，集成稳压器的电源电路要求集成稳压器的输入、输出电压之差应在3~7V，至少不低于3V，否则稳压效果较差。但也不可以过高，否则会使内部保护电路工作，限制输出电流，甚至烧坏稳压器。

集成稳压器内部的稳压系统及纹波消除系统十分完善，因此滤波电容不必太大。特别是目前使用广泛的声控灯开关，均使用这种电源供电。

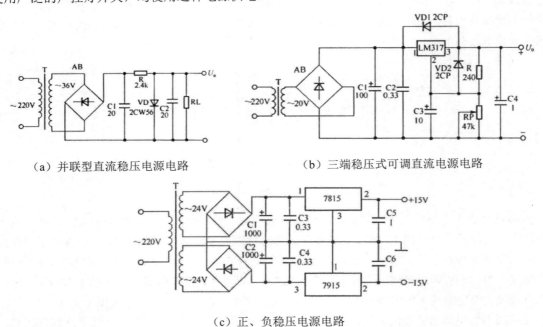

（a）并联型直流稳压电源电路　　　　　　（b）三端稳压式可调直流电源电路

（c）正、负稳压电源电路

图 6-30　直流稳压电源电路

6.2　声传感器应用案例

声传感器如图6-31所示。图6-31（a）为圆柱形声传感器实物外形，图6-31（b）为开关型声传感器实物外形。

本节主要介绍声传感器的应用，其中包括声控开关、脉搏跳动监视、车胎漏气检测仪、声控自动门4个典型案例。

（a）圆柱型声传感器实物外形

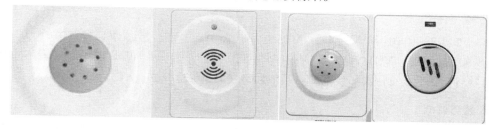

（b）开关型声传感器实物外形

图 6-31 声传感器实物外形图

6.2.1 声控开关

声控开关是节电开关，在白天或光线较亮时，节电开关处于关闭状态，灯不亮；夜间或光线较暗时，节电开关是预备工作状态；当有人经过该开关附近时，脚步声、说话声、拍手声等均可把节电开关启动，灯亮，延时40~50s后，节电开关自动关闭，灯灭。

1. 工作原理

声控节电开关电路由话筒MIC、声音信号放大、半波整流、光控、电子开关、延时和交流开关7部分电路组成。其电路原理如图6-32所示。话筒和VT1、R1~R3、C1组成声音放大电路。为了获得较高的灵敏度，VT1的β值应选用大于100的。话筒也选用灵敏度高的。R3不宜过小，否则电路容易产生间歇振荡。C2、VD1和VD2、C3构成整流电路，把声音信号变成直流控制电压。R4、R5和光敏电阻R_G组成光控电路。当光照射在R_G上时，其阻值变小，直流控制电压衰减很大，VT2截止。T2、VT3和R7、VD3组成电子开关。平时，即有光照时，VT2、VT3截止，C4上无电压，单向晶闸管VS截止，灯泡HL不亮。在VS截止时，直流高压经R9、VD4降压后加到C6上端对C6充电。当充到12V后，DW击穿确保C6上的电压不超过15V。

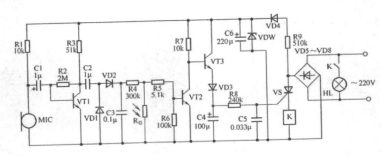

图 6-32　声音遥控开关电路图

当没有光照射到 R_G 上时，阻值很大，对直流控制电压衰减很小，VT2、VT3 导通。VD3 也导通，C4、C5 开始充电，电压徐徐上升。R8、C4 和单向晶闸管 VS 组成延时与交流开关。C4 通过 R8 将直流触发电压加到 VS 控制门极，VS 导通，继电器线圈 K 得电，串在 HL 支路的继电器常开触点 K 接通，灯泡 HL 点亮。灯泡点亮的时间长短由 C4、R8 的参数决定，按图 6-32 所给出的元器件数值，在灯泡点亮约 40s 后，VS 截止，灯熄灭。C5 为抗干扰电容，用于消除灯泡发光抖动现象。

2. 元器件选择

VT1、VT2 均选用 9014 晶体三极管，VT3 选用 9012 晶体三极管，其中 VT1 要选用 β 大于 100。VS 选用 100-8 单向晶闸管。VD1-VD3 选用 1N4148 二极管，VD1 选用 1N4001 二极管，VD5~VD8 选用 1N4004 二极管。话筒要选用灵敏度高的。其他元器件如图 6-32 所示。

3. 安装与调试

所有元件焊接安装在一块印制电路板上，然后装入一个绝缘小盒里，光敏电阻需安装在外壳上光线容易照到的地方。本装置只要元件选择正确，焊装无误，一般即可正常工作。若出现开关启动后不能完全熄灭，将一只电容（容量为 470pF）并接在 R3 上（印制板上应预先留下此位置）即可消除。若出现间歇振荡，则可将 C2 换成 0.33μF 的电容，或将 R6 减小到 47kΩ 左右即可消除。由于电路直接与市电连接，因此调试与使用时要小心，防止触电。使用时应注意：由于此开关负载功率最大为 100W，不能超载，灯泡不能短路，接线时要关闭电源或将灯泡先去掉，接好开关后再闭合电源或装上灯泡。

6.2.2　脉搏跳动监视

脉搏跳动监视是声光报警器，本装置能检测到脉搏跳动的信号，并将其转变为声光报警信号，确保监护人及时采取救护措施，可用于家庭监视病人的心跳情况以及心脏病患者的自我检测。本装置体积小巧，便于携带，电路简单，容易制作，是家庭必备的小型检测仪器。

1. 工作原理

平时我们用手指触摸手腕上的脉搏，能感到一下一下在跳动，本装置就是将这个信号用传感器拾取出来转变成电信号，再以声和光的形式显示出来。图 6-33 就是脉搏跳动声光报警器的电路原理图。电路主要由 74LS00 四组两输入与非门 1C1~IC4、VT、压电陶瓷传感器 HTD1~HTD2 等元件组成，可分为传感放大电路、整形放大电路、声音报警、发光报警电路 4 部分。

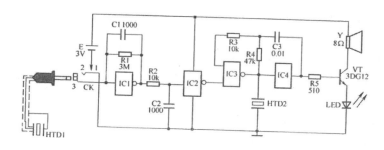

图 6-33　脉搏跳动声光报警器的电路原理图

1）传感放大电路

传感放大电路由反相器IC1构成。脉搏信号的拾取采用压电陶瓷片制作的传感器HTD1。由于传感器送来的电信号极其微弱，必须采用高输入阻抗的放大电路。把IC1反相器当作模拟器件应用，只要加上适当的线性偏置，就构成一个高阻抗放大器。反馈电阻R1将IC1的输入端和输出端连接起来，就构成一个带有负反馈的放大电路，电容C1的作用是将高频短路，以防止放大器产生自激振荡。

2）整形放大电路

IC2反相器作为整形器，工作在开关状态，如IC1的输出电平高于IC2的开启电平，IC2便输出低电平"0"；如低于IC2的开启电平，IC2便输出高电平"1"。如果第二级放大电路的反馈电阻R2的阻值选取得当，则会使IC1的输出刚刚超过IC2的开启电平。一旦传感器有了微弱的信号输出，经过IC1的放大、IC2的整形后输出高电平"1"。IC2在静态时输出低电平"0"。

3）声音报警电路

声音及发光管驱动电路由IC3、IC4和晶体管VT构成。IC3和IC4组成了一个受控多谐振荡器。当IC2输出高电平时，振荡器起振，调整电阻R3、R4和电容C3，即可改变振荡频率。同时，IC3驱动压电陶瓷片HTD2发出声音报警信号。

4）发光报警电路

IC4接晶体管VT驱动发光二极管发光，同时在VT的集电极接扬声器，双重报警。

2. 元器件的选用

本电路所用集成电路采用74LS00等型号，它们的内部共有4个相同的2输入与非门，作为反相器使用时，可将与非门的两个输入端并接。这类集成电路为双列直插14脚封装，其引脚如图6-34所示。

晶体管VT采用任何型号的NPN型3DG系列硅管，LED采用红色发光二极管，CK（带电源开关）为插入传感器用的双芯插孔（带插头），当插头插入时，电源自动接通，拔出插头时，电源自动切断。电池E选用计算器用的圆形纽扣电池，其他元件的数值均如图6-34中所标，在选用时，其体积越小越好。

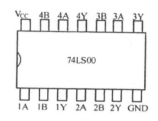

图 6-34　74LS00 引脚图

本电路的发音和信号拾取均采用压电陶瓷片，发音采用HTD2-27A型，信号拾取可用HTD1-20。在选用传感压电陶瓷片时，应符合下面的要求：将陶瓷面镀银层接示波器的Y轴输入端，金属基片接地端，用手触压金属基片一面，观察镀银的一面输出是正向脉冲的才能使用。

6.2.3　车胎漏气检测仪

自行车内胎时常被锐物扎破，造成不应有的麻烦。维修师傅给破胎打气放在水盆里检查，寻找破处，费时费力，特别是冬季，维修师傅的手容易被冻破。为解决这个问题，本设计的这个自行车车胎漏气检测仪成本低、可靠、实用。

图6-35是自行车车胎漏气检测仪的电路原理图。车内胎被锐物扎破后，漏气部位的气流声被话筒S接收，转换成电信号，经电容C2耦合到晶体管VT放大，再经耦合电容C3、C4并由电位器RP选择音量后，由集成功率放大器SL31充分放大，由耳机EJ放音。

自行车车胎漏气检测仪选用低电压集成功率放大电路SL31（或LA4101），其使用电压可在2~4.5V间选择，现用3V工作电源。晶体管VT用硅NPN型三极管3DG8，其本身噪声较小，有助于判别漏气故障，β值选120以上，穿透电流I_{eo}小于1μA。耳机可用8Ω低阻耳塞。驻极体话筒S用无指向性微型驻极体电容传感器CRZ2-9B。其余电阻电容均用小型元件。外壳可利用晶体管小型收音机塑壳，尺寸约为68mm×58mm。工作电源用两节R型电池串联。电位器RP用小型合成膜电位器WH15-K2Z型，带电源开关。

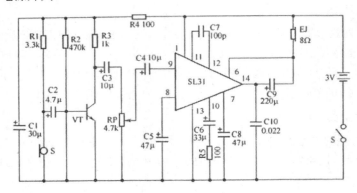

图 6-35　车胎漏气检测仪的电路原理图

印制板参考尺寸为65mm×55mm，可制作或市场外购。

安装自行车车胎漏气检测仪，可制作一个小盒或外购，话筒S由屏蔽话筒线单独引出，线长1.2m。先在印制电路板非铜箔面装上电池夹。集成功率放大电路SL31焊在铜箔面。元件全部焊装后，装上两节电池，旋动电位器RP拨盘，闭合电源开关，把电位器旋到约1/3位置处，耳机EJ中有极轻微的沙沙声。如有扑扑声出现，说明有自激现象，可调电阻R5，减小集成功率放大电路SL31的增益，试试能否消除。调节电阻R2，使晶体管VT的工作电流I_C值在2~3mA。再调节电阻R1，使驻柱体话筒S工作状态较佳，可用一只正常放音的收音机调低音量后，放在距离话筒1m左右处，监听耳机EJ中的声音，使之不失真即可。调试时耳机EJ不必戴在头上，以免突发宏声震伤调试人的耳膜。

6.2.4　声控自动门

声控自动门，这种声控电路可以控制大门自动开闭。每当进入或开出的车辆靠近大门时，司机按动喇叭，大门自动打开，待车过后，门自动关闭。

控制装置由电子电路和电器控制电路两部分组成，电子电路如图6-36所示，电器控制电路如图6-37所示。

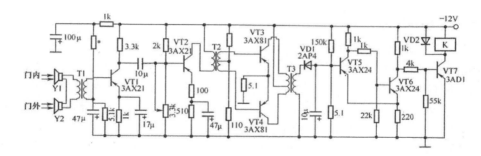

图 6-36 声控自动门电子电路图

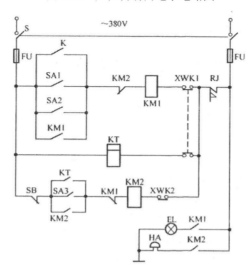

图 6-37 声控自动门电器控制电路图

1. 开门控制

利用扬声器接收车辆喇叭声音信号（图6-35中的Y1、Y2，在门内、门外各装一只），并转换成电压信号，通过交流放大电路（VT1、VT2、VT3、VT4）放大。经二极管VD1半波整流及电容滤波后，在晶体管VT5的基极上得到负电压，VT5、VT6组成施密特触发器，没有信号作用时，VT5截止，VT6导通，VT7截止。当信号电压作用在VT5的基极并达到门限电压时，触发器翻转，使VT5导通，VT6截止，输出级VT7由原来的截止变为导通，继电器K吸合，图6-36中的触点K接通，驱动接触器KM1；常闭触点KM1断开，完成互锁动作，供电动机正转，控制大门的机械部分将门打开。

2. 电机停止控制

大门的机械部分由电动机带动齿轮、齿条、变速箱和主动轴等传动机构，再经皮带盘、钢丝绳牵引大门，大门打开后，门左侧有一个横铁触动行程开关XWK1，使接触器KM1失电，电机停转。

3. 延时关门控制

电机停转后，延时继电器K接通，经延时7秒钟后（测定开门10秒钟，车辆可以 顺利进出），其触点接通接触器KM2使电机反转关门，大门关上时，门右侧也有一个横铁触动行程开关XWK2，使接触器KM2失电，电机停转，从而完成一次开、关门的动作。

4. 手动操作控制

平时人员出入，开门、关门可用按钮操作。开门时，在门里时按SA1，在门外时按SA2，都可以使接触器KM1得电，使电动机正转开门，关门过程同上，若同时出入人员较多，延时7秒不够用时，可按按钮SB不动，不使其自动关门，待人出入完毕，松开SB，使接触器KM2得电，电动机反转关门。如果在SB接通时，与延时继电器线圈K相连的XWK1受衔铁触动已经断开（即触点K断开），可以手按SA3使接触器KM2得电，以便关门。

图6-37中热继电器RJ起过载保护作用。为防止发生夹车现象，在门边装有微动开关，出现夹车时，触动微动开关，门即刻打开；KM1控制指示灯HL，KM2控制电铃DL，所以开门时亮灯，关门时响铃，以保证安全。

6.3　超声波传感器

如图6-38所示为各种超声波传感器外形实物图。

值得一提的是，前面介绍了声控电路，它是由自然声源触发的，如喊叫声、脚步声、撞击声等。这类自然声源的频率范围为20Hz~20kHz。声音遥控器的优点是结构简单，无须专门的声源发生装置，使用方便，在日常生活中被广泛应用。

但其缺点是，当遥控电路处在多种自然声源干扰的环境下，容易产生误触发或干扰触发。

为了解决这个问题，采用频率高于20kHz的超声波遥控电路可以大大提高遥控装置的抗干扰能力和可靠性。因此，超声波遥控器用专门的超声波发生器和接收器，它的常用发射中心频率在40kHz左右。故超声波遥控器属于近距离传播，其传播距离在10~15m。

图 6-38　超声波传感器外形实物图

6.3.1　基本概念

超声波是一种机械振动波。超声波的频率高于20kHz，它的波长短，绕射现象小，且方向性好，传播能量集中，能定向传播。超声波在传播过程中衰减很小。在传播过程中，遇到不同的媒介，大部分能量被反射回来。超声波对液体、固体的穿透能力很强，尤其是对透光的固体，它可以穿透几十米的深度。超声波碰到杂质或分界面会产生反射、折射和波形变换等现象。因此，超声波在工业、国防、医学、家电等领域有着广泛的应用。

接下来介绍超声波的传播特性。

超声波是一种在弹性介质中的机械振荡，它是由与介质相接触的振荡所引起的，通常把这种机械振动在介质中的传播图程称为机械振荡波，也称声波。振荡源在介质中可产生三种形式的振荡波：横波——质点振动方向垂直于传播方向沿表面传播的波，只能在固体中传播；纵波——质点振动方向与传播方向一致的波，能在固态、液体和气体中传播；表面波——质点振动介于横波与纵波之间，沿表面传播的波。表面波随深度的增加而衰减加快。为了测量各种状态下的物理量，多采用纵波。

1. 超声波的传播速度

超声波的传播速度与介质的密度和弹性特性有关。由于液体和气体的剪切模量几乎为零，所以超声波在液体和气体中不能传播横波，只能传播纵波。气体中的声速为344m/s。液体中的声速为900~1900 m/s。在固体中，纵波、横波、表面波三者的声速有一定的关系，通常可认为横波声速为纵波的一半，表面波约为横波声速的90%。在钢材中，声速为5000m/s左右。

（1）在气体和液体中传播，其传播速度为：

$$c_{qt} = \sqrt{\frac{1}{\rho B_a}} \tag{6-4}$$

式中，ρ 为介质的密度，B_a 为绝对压缩系数。

（2）在固体中，其传播速度分为两种情况：纵波声速的传播速度与介质形状有关：

$$c_q = \left(\frac{E}{\rho}\right)^{\frac{1}{2}} \quad （细棒） \tag{6-5}$$

$$c_q = \left[\frac{E(1-\mu)}{\rho(1+\mu)(1-2\mu)}\right]^{\frac{1}{2}} \left[\frac{K+\frac{4}{3}G}{\rho}\right]^{\frac{1}{2}} \quad （无限介质） \tag{6-6}$$

$$c_q = \left[\frac{E}{\rho(1-\mu^2)}\right]^{\frac{1}{2}} \quad （薄板） \tag{6-7}$$

式中，E 为杨氏模量，μ 为泊松系数，K 为体积弹性模量，G 为剪片弹性模量。

横波声速公式为：

$$c_q = \left[\frac{E}{\rho 2(1+\mu)}\right]^{\frac{1}{2}} = \left(\frac{G}{\rho}\right)^{\frac{1}{2}} \quad （无限介质） \tag{6-8}$$

在固体中，介质介于0~0.5，因此，一般可视横波的声速为纵波的一半。

2. 超声波的物理特性

1）超声波的反射和折射

当超声波在两种介质中传播时，在它们相邻的界面上，一部分能量反射回原介质，称为反射波；另一部分能量透过界面，在另一介质内部继续传播，称为折射波，如图6-39所示。

反射定律：入射角α与反射角α'的正弦之比等于入射波与反射波的速度之比，即$\dfrac{\sin\alpha}{\sin\alpha'}=\dfrac{c}{c'}$。

由此可知，当反射波与入射波同处于一种介质时，因为波速相同，所以反射角α'等于入射角α。

折射定律：入射角α的正弦与折射角β的正弦之比等于介质1中入射波的速度c与介质2中折射波的速度c'之比，即：

$$\frac{\sin\alpha}{\sin\beta}=\frac{c}{c'}$$

2）超声波的衰减

超声波在介质中传播时，能量的衰减取决于声波的扩散、散射和吸收，在理想介质中，声波的衰减仅来自声波的扩散，即随声波传播距离的增加而引起声能的减弱。散射衰减是声波在固体介质中的颗粒界面或流体介质中的悬浮粒声波散射。吸收衰减是由介质的导热性、黏滞性及弹性滞后造成的，介质吸收声能并转换为热能。吸收随声波频率的升高而增大。

衰减系数与介质密度及波的频率有很大关系。气体密度小，衰减快，尤其在频率高时衰减更快。因此，在空气中采用的超声波频率较低（几十千赫兹），而在固体或液体中则频率较高。超声波在一种介质中传播，其声压和声强按指数函数规律衰减。在平面波的情况下，距离声源z处的声压P和声强I的衰减规律如下：

$$P = P_0 \mathrm{e}^{-Ar} \tag{6-9}$$

$$I = I_0 \mathrm{e}^{-2Ar} \tag{6-10}$$

式中，P_0、I_0为距离声源$x=0$处的声压和声强，x为超声波与声源间的距离，A为衰减系数，单位为N_P/cm（奈培/厘米）。

若A'为以dB/cm表示的衰减系数，则$A'=20\lg e \cdot A$，此时式（6-9）和式（6-10）相应变为$P=P_0 \times 10^{-0.05A'E}$。实际使用时，常采用$10^{-3}$dB/mm为单位，这时，在一般检测频率上，$A'$为1到数百。

若衰减系数为1dB/mm，则声波穿透1mm，衰减1dB，即衰减10%；声波穿透20mm，衰减1dB/mm$\times$20mm= 20dB，即衰减90%。

3）超声波的波形转换

当超声波以某一角度入射到第二介质（固体）界面上时，不仅有纵波的反射和折射，还会有横波的反射和折射，如图6-40所示。在一定条件下，还能产生表面波。它们符合几何光学中的反射定律，即：

$$\frac{c_L}{\sin\alpha}=\frac{c_{L_1}}{\sin\alpha_1}=\frac{c_{S_1}}{\sin\alpha_2}=\frac{c_{L_2}}{\sin\gamma}=\frac{c_{S_2}}{\sin\beta} \tag{6-11}$$

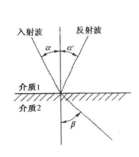

图 6-39　超声波的反射与折射

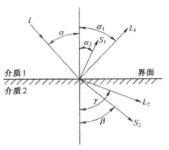

L-入射波，L_1-反射纵波，L_2-折射纵波，
S_1-反射横波，S_2-折射横波

图 6-40　超声波的波形转换

式中，α 为入射角，α_1、α_2 为纵波与横波的反射角，γ、β 为纵波与横波的折射角，c_L、c_{L_1}、c_{L_2} 为入射介质、反射介质与折射介质内的纵波速度，c_{S_1}、c_{S_2} 为入射介质与折射介质内的横波速度。

若介质为液体或气体，则仅有纵波。利用式（6-11）可以实现波形转换。

4）声阻抗

介质有一定的声阻抗，声阻抗等于该介质密度与超声速度的乘积。通过测量超声波的辐射阻抗率，可测定媒介的密度、弹性模量、液体的黏度和液体的密度等。

6.3.2　结构与特性

超声波传感器是实现声电转换的装置，又称为超声波换能器或超声波探头。超声波探头既能发射超声波信号，又能接收发射出去的超声波的回波，并能转换成电信号。超声波传感器温度特性好，耐震动，耐冲击。因此，用它构成的遥控器比红外线和无线电遥控器性能更加优越、可靠。

超声波探头按其结构可分为直探头、斜探头、双探头和液浸探头。超声波探头按其工作原理又可分为压电式、磁致伸缩式、电磁式等。在实际使用中，压电式探头最为常见。

压电式探头主要由压电晶片、吸收块（阻尼块）、保护膜组成，其结构如图6-41所示。

压电晶片多为圆板形，其厚度与超声波频率呈反比。若晶片厚度为1mm，自然频率约为1.89MHz；若厚度为0.7mm，自然频率约为2.5MHz。压电晶片的两面镀有银层，作为导电的极板。阻尼块的作用是降低晶片的机械品质，吸收声能量。如果没有阻尼块，当激励的电脉冲信号停止时，晶片将会继续振荡，加长超声波的脉冲宽度，使分辨力变差。

1. 超声波传感器的基本结构

超声波传感器内部的基本结构如图6-42所示，由金属网、外壳、锥形喇叭、压电晶片、底座、引脚等部分组成。其中压电陶瓷晶片是传感器的核心，锥形辐射喇叭能使发射和接收的超声波能量集中，并使传感器具有一定的指向角。金属外壳主要是为防止外力对内部元件的损坏，并防止超声波向其他方向散射。金属网也起保护作用，但不影响超声波的发射和接收。超声波的典型外形和表示符号如图6-43所示。

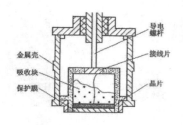

图 6-41　压电式超声波探头结构图

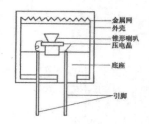

图 6-42　超声波传感器内部的基本结构

（a）外形

（b）符号

图 6-43　超声波传感器的外形与符号

2. 超声波传感器的基本原理

1）超声波传感器的分类与特点

超声波传感器有发送器和接收器，但一个超声波传感器也可以具有发送和接收声波的双重作用，即为可逆元件。一般市场上出售的超声波传感器有专用型和兼用型，专用型就是发送器用作发送超声波，接收器用作接收超声波；兼用型就是发送器和接收器为一体的传感器，既可以发送超声波，又可以接收超声波。

人们可听到的声音频率为20Hz~20kHz，即为可听声波，超出此频率范围的声音，即20Hz以下的声音称为次频声波，20kHz以上的声音称为超声波，一般说话的频率范围为100Hz~8kHz。超声波为直线传播方式，频率越高，绕射能力越弱，但反射能力越强，超声波传感器的谐振频率（中心频率）有23kHz、40kHz、75kHz、200kHz、400kHz等。谐振频率变高，则检测距离变短，分解力也变高。为此，利用超声波的这种性质就可以制成超声波传感器。

2）超声波传感器的工作原理

超声波传感器是利用压电效应的原理，压电效应有逆效应和顺效应，超声波传感器是可逆元件，超声波发送器就是利用压电逆效应的原理，在压电元件上施加电压，元件就会变形，即称应变。若在如图6-44（a）所示的已极化的压电陶瓷上施加如图6-44（b）所示极性的电压，外部正电荷与压电陶瓷的极化正电荷相斥，同时外部负电荷与极化负电荷相斥。由于相斥的作用，压电陶瓷在厚度方向上缩短，在长度方向上伸长。若外部施加电压的极性变反，如图6-44（c）所示，则压电陶瓷在厚度方向上伸长，在长度方向上缩短。

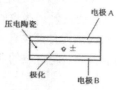

（a）压电陶瓷的极化

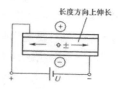

（b）外加电压的逆变

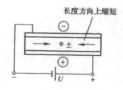

（c）相反电压的应变

图 6-44　压电逆效应

图6-45是采用双晶振子（双压电晶体片）的超声波传感器的工作原理示意图。若在发送器的双晶振子（谐振频率为40kHz）上施加40kHz的高频电压，压电陶瓷片A、B就根据所加的高频电压极性伸长与缩短，于是就能发送40kHz频率的超声波。超声波以疏密波形式传播，传送给超声波接收器。超声波接收器是利用压电效应原理，即在压电元件的特定方向上施加压力，元件就会发生应变，产生一面为正极，另一面为负极的电压。

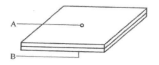

图 6-45　双压电晶体片示意图

3. 超声波传感器的基本特性

接下来以MA40S2R接收器和MA40S2S发送器为例说明超声波传感器的主要特性。传感器的标称频率为40kHz，这是压电元件的中心频率，也是发送超声波时串联谐振与并联谐振的中心频率。

由于超声波传感器的带宽较窄，一般要求在标称频率附近使用。为了展宽频带宽度，必须采取一定的措施，如接入电感等。除此之外，由于发送超声波时输入功率较大，温度变化使谐振频率发生偏移是不可避免的，为此，对于压电陶瓷元件要进行频率调整与阻抗匹配。

1）超声波传感器的频率特性

图6-46为MA40S2R/S传感器的频率特性，它反映传感器的灵敏度与频率之间的关系。由图可见，发送与接收的灵敏度都是以标称频率为中心（波形的最高点）向两边逐渐降低。为此，发生超声波时要充分考虑到偏离中心频率。在发射器的中心频率处，发射器所产生的超声波最强，也就是超声波声压能级最高；而在中心频率两侧，声压能级迅速降低。在使用时，一定要用接近中心频率的交流电压来驱动超声波发生器。

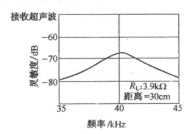
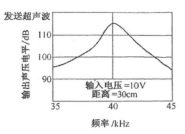

图 6-46　超声波传感器的频率特性

2）传感器的指向性

实际的超声波传感器中的压电晶片是一个圆形片，可以把其表面划分为许许多多的小点，把每个点都看作一个振荡元，辐射出一个半球面波（子波）。这些子波没有指向性，但离开传感器的空间某一点的声压是这些子波叠加的结果，却具有指向性。

指向性是表示方向性的特性，如图6-47所示。这种传感器在较宽范围内具有较高的检测灵敏度，因此适用于物体检测与报警装置等。

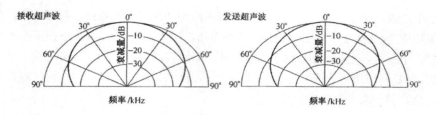

图 6-47　超声波传感器的指向特性

3）传感器的温度特性

传感器的温度特性是指灵敏度、频率与温度之间的非线性关系，如图6-48所示。一般来说，温度越高，中心频率、灵敏度、输出声压电平越低，为此，在宽范围环境温度下使用时，不仅在外部进行温度补偿，在传感器内部也要进行温度补偿。

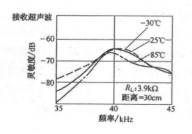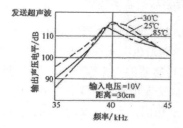

图 6-48　超声波传感器的温度特性

4）阻频特性

阻频特性是指传感器的阻抗与频率之间的非线性关系，如图6-49所示。如果负载阻抗很大，频率特性是尖锐谐振的，并且在这个频率点上灵敏度最高。如果阻抗过小，频率特性变得较缓，通带较宽，灵敏度也随之降低。超声波在使用时，应与输入阻抗较高的前置放大器配合使用。

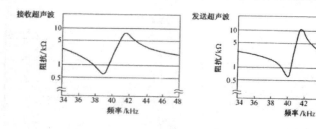

图 6-49　超声波传感器的阻频特性

6.3.3　专用器件

1. T/R-40-XX 系列通用型超声波发射/接收传感器

1）组成与特点

T/R-40-XX系列超声波传感器分为发射和接收两种，发射器型号为T-40-XX，接收器型号为R-40-XX。它们适合在以空气作为传播媒介的遥控发射、接收电路中使用。超声波传感器的外形及电路符号如图6-50（a）～（c）所示。

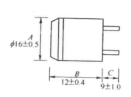

（a）T/R-40-XX 外形尺寸

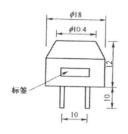

（b）MA40EIS/EIR 外形尺寸

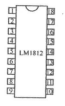

（c）T/R-40-XX 与 MA40EIS/EIR 外形尺寸

（d）LM1812 引脚图

图 6-50　几种传感器外形尺寸及符号

　　T/R-40-XX系列超声波传感器是利用压电效应工作的传感器，其振子用压电陶瓷制成，加上共振喇叭可提高动作灵敏度，当处于发射状态时，外加共振频率的电压能产生超声波，将电能转化为机械能；当处于接收状态时，又能很灵敏地探测到共振频率的超声波，将机械能转化为电能。

　　在实际应用中分为直射型、分离反射型和反射型三种：直射型主要用于遥控及报警电路，分离反射型主要用于测距、料位测量等电路，反射型主要用于材料的探伤、测厚等电路。

　　2）电气参数

　　T/R-40-XX系列超声传感器典型工作频率为（40±1）kHz，其他电气参数如表6-4所示。

表 6-4　T/R-40-XX 系列超声传感器电气参数表

型 号	声压电平	接收灵敏度	工作频率（kHz）	发送带宽（kHz）	接收带宽（kHz）	电容（pF）
T/R-40-12	>112dB	最小值为−67dB	40±1	最小 5/100dB	最小 5/−75dB	(2500±25)%
T/R-40-16	>115dB	最小值为−64dB	40±1	最小 6/103dB	最小 6/−71dB	(2500±25)%
T/R-40-18A	>115dB	最小值为−64dB	40±1	最小 6/103dB	最小 6/−71dB	(2500±25)%
T/R-40-24A	>115dB	最小值为−64dB	40±1	最小 6/100dB	最小 6/−71dB	(2500±25)%

　　说明：T/R-40-XX中的"XX"表示传感器外径尺寸，"T"表示发射器，"R"为接收器。

2. MA40EIS/EIR 密封式超声波发送/接收传感器

　　MA40EIS/EIR密封式超声波传感器是由日本生产的具有防水功能的超声波传感器（但不能放入水中）。MA40EIS/EIR密封式超声波传感器与T/R-40-XX系列应用完全一样。此类器件特性好，简单可靠，适用于物位监测及遥控开关电路。其外形尺寸、符号如图6-48（b）、（c）所示，主要电气参数和特性如表6-5所示。

表 6-5　MA40 系列遥控超声波传感器电气参数表

类型	通用型		微型		密封型	
型号	MA40A5S	MA40A5R	MA40S2S	MA40S2R	MA40EIS	MA40EIR
功能	发射	接收	发射	接收	发射	接收
中心频率	40kHz					
灵敏度	>112dB	>-60dB	>100dB	>-74dB	>100dB	>-74dB
频带宽度	>7kHz(90dB)	>6kHz(-74dB)	>7kHz(90dB)	>6kHz(-80dB)	>1.5kHz(100dB)	>2kHz(-80dB)
电容量	2000pF		1600pF		2200pF	
绝缘电阻	>100MΩ					
温度特性	-20℃~60℃时灵敏度在-10dB 内变化		-20℃~60℃时灵敏度在-10dB 内变化		-30℃~80℃时灵敏度在-10dB 内变化	

3. UCM-40-T/R 超声波发射/接收传感器

UCM-40-T/R超声波发射/接收传感器的外形、尺寸及特性均与前面介绍的T/R-40-XX系列基本相同。表6-6给出了其主要电气参数，典型应用电路参照T/R-40-XX系列超声波传感器的应用即可。

表 6-6　UCM-40-T/R 超声波发射/接收传感器电气参数

型　号	UCM-40-T	UCM-40-R
用途	发射	接收
中心频率（kHz）	40	40
灵敏度（40kHz）	-65dB	110dB
带宽（36~40kHz）	-73dB	96dB
电容量（μF）	1700	1700
绝缘电阻（MΩ）	>100	>100
最大输出电压（V）		20
测试要求	发射器接 40kHz 方波发生器，接收器接测试示波器。当方波发生器输出 U=15V（峰峰值），收发正对距离 30cm 时，示波器接收的方波电压≥500mV	

4. LM1812 超声波遥控专用集成电路

1）组成与特点

LM1812是一种性能优良的既能发送又能接收超声波的通用型超声波集成器件，芯片内部包括脉冲调制C类振荡器、高增益接收器、脉冲调制检测器及噪声抑制器等。

LM1812的特点：可以共用一个发送/接收换能器，也可以单独使用两个分别工作；器件具有互换性；在电路中使用时不用外接驱动电路；具有保护功能，且散热性好；检测器输出可驱动1A的峰值电流，在水中测距超过30m，在空气中测距超过6m，发送功率可达12W（峰值）。

LM1812广泛用于遥控器、报警器、自动门控制等。

2）引脚功能

LM1812超声波专用器件外形为18脚双列直插塑料封装形式，其引脚排列如图6-48（d）所示。相应引脚的功能分别为：

1脚：第二级放大器输出端及振荡器端。

2脚：第二级放大器的输入端。

3脚：第一级放大器的输出端。

4脚：接收时，作为第一级放大器的输入端，接收发射器发出的微弱信号。

5、10、15脚：公共接地端。

6脚：发射器输出端。

7脚：发射驱动器端。

8脚：功能切换端，即发送/接收转换开关端。

9脚：接收器第二级延时端，接延时电容为0.01μF延时1ms，1μF延时10ms。

11脚：功率输出保护端。

12脚：电源正端，12~18V。

13脚：外接电源退耦电容端。

14脚：检波、积分、放大器输出端。

16脚：输出驱动器端。

17脚：噪声控制端，外接阻容器件。

18脚：积分器复位时间常数控制端。

电气参数如表6-7所示。

表 6-7　LM1812 电气参数表

参数名称	测试条件	最 小 值	典 型 值	最 大 值	单 位
输入灵敏度			200	600	μV（峰峰值）
振荡发送输出	I_6=1A		1.3	3	V
发送器输出漏电流	V_6−36V		0.01	1	mA
检出器输出电压	I_{14}=1A		1.5	3	V
发送开关阈值	I_8=1mA	0.55	0.7	0.9	V
电流	I_1+I_{12}	5	8.5	20	mA
接收模式下 8 脚电压	接收模式			0.3	V
最高工作电压	发送模式	200	235		kHz

3）LM1812 组成的超声波遥控电路

LM1812组成的超声波遥控电路如图6-51所示。它分为振荡电路、发送和接收工作模式以及延时保护电路等部分。

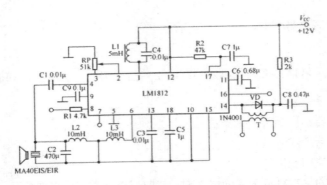

图 6-51　LM1812 超声波遥控专用器件原理图

（1）振荡信号

外接L1、C4决定了电路发送或接收的工作频率，其工作谐振频率 $f_0 = 1/(2\pi\sqrt{LC})$，最高可达320kHz。当发送/接收转换开关8脚为高电平时，L1、C4回路产生振荡信号，振荡信号经驱动放大后，6脚输出超声波信号。为避免输出级过载，应保证6脚输出电流峰值不能超过1A。若需要更大的功率，可采用外加脉冲放大器的方法来实现，输出电流可达5A。

（2）发射工作模式

当发送/接收转换开关8脚为高电平时，即置于发送模式，此时由6脚输出的超声波信号开始向四周发射，此时LM1812处于发送模式。

（3）接收工作模式

当发送/接收转换开关8脚为低电平时，LM1812处于接收模式。超声波接收器接收到的超声波信号经电容耦合由4脚输入，经内部两级放大后，进行检波，经R2、C7滤波，再经过积分延时1~10个发送频率周期、16脚和14脚变成低电平，最后经输出变压器T输出，控制负载工作。

（4）延时与保护工作模式

为了保证发送/接收可靠转换，在9脚增加了外接电容C9，当LM1812处于发送模式时，第二级放大器自动断开；当切换回接收模式时，第二级放大器并不马上接通，而是由C2延迟一段时间后再接通，目的是为超声波发生器停止振荡提供时间。电容C2的大小与延时有关，C2为0.1μF时，延时时间约为1ms；C2为1μF时，延时时间约为10ms。

为了防止14脚的吸收电流超过1A时，在多重回波接收情况下造成芯片损坏，因此11脚被设计成保护14脚功率输出端，其外接电容C8在14脚为低电平时（吸收电流）对内部电流进行积分。当电容C8上的电压达0.7V时，第二级增益级关闭。接收器关闭的同时，14脚也关闭。在另一次延时后，C8将放电，接收器再一次打开工作。若将11脚接地，则此功能失效。

6.3.4　遥控方式与组成

1. 超声波遥控方式

当人们应用无线电波进行遥控遇到困难时，便想到使用超声波遥控。超声波的振荡频率高于声波，一般选定为40kHz左右。下面以电视机为例，说明单频率控制信号的类型和多频率遥控信号的控制方式与功能。

1）超声波的控制信号

如果只是连续地发射一种频率波形的超声波，就只能进行一种功能的遥控。为了满足负载多功能的需求，超声波的控制信号应有以下几种：

- 单一频率信号，振荡频率是38kHz或40kHz左右。
- 断续性的单一频率信号。
- 时间间隔不等的单一频率信号。
- 双频率连续信号。

产生超声波的方法，最简单的一种是用振动子；另一种则是用电子电路产生超音频信号，再用发射频率较高的陶瓷扬声器或电容扬声器将电振荡转换为超声波信号向空间发射。电视机用传声器作为超声遥控信号的接收器。接收到超声波信号后转换为电信号，而将电信号由后面的放大器放大后进行各项控制动作。简单的超声波发射器示意图如图6-52所示。具体发射电路参见后面6.3.5节的图6-53和图6-54，可根据需要选用。

2）多频率超声波遥控电路

多频率的超声遥控电路如图6-53所示。传声器接收到各种不同频率的超声波信号并将其转换成电振荡信号，经放大后，再通过不同传送频率的带通滤波器进行识别，输出信号去控制电源开关，进行选择频道、增降音量等动作。

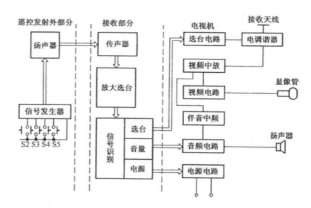

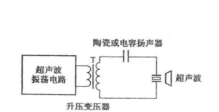

图 6-52　超声波发射器示意图　　　　图 6-53　电视机超声波遥控框图

因此，超声波遥控器应具有以下功能：

- 超声发送器应产生规定频率与波形的超音频电振荡信号。
- 由发射转换器转换为超声波向空间发射。
- 由接收换能器将超声波的声信号转换为同频率、同波形的电振荡信号。
- 将接收到的电信号放大，并进行检波。
- 滤除干扰信号，对信号进行识别。
- 产生各种控制信号并进行各项控制。

超声波遥控的电视机，其优点是随着信号量的增加，可以采用数字信号编码控制。但随着电视机所需控制功能和信息量的不断增多，超声波遥控方式存在许多弱点和不足，由于超声波传感器的频带狭窄，易受到室内墙壁和家具的反射波的干扰，因此还有待于进一步研究和改进。

2. 超声波遥控电路的组成

在超声波遥控中，以超声波为载体，其发射和接收器件是超声波发生器和超声波接收器，各个组成部分如图6-54所示。超声波遥控系统中的关键电路是超声波发生电路和超声波接收电路。

（a）发射部分　　　　　　　　　　　（b）接收部分

图 6-54　单路超声波遥控构成框图

在超声波传感器的两个电极上加上40kHz的振荡脉冲时，发射器开始发生振动，产生40kHz的超声振荡机械波向空中辐射。接收传感器回收到40kHz的超声振荡波时，接收器中的谐振子和外部40kHz的超声波发生共振，将超声波转换成电信号去控制电路工作，从而达到遥控的目的。由于超声波转换器（收、发）均工作于40kHz频率，只要有40kHz的超声波产生即可被接收器接收。如果发射器的调制信号含有编码功能，则接收器的放大电路中必须有相应的解码器才可以工作。

6.3.5　发射接收电路

1. 超声波发射电路

发送器常使用直径为15mm左右的陶瓷振子，将陶瓷振子的电振动能量转换为超声波能量向空中辐射。除穿透式超声波传感器外，用作发送器的陶瓷振子也可用作接收器，陶瓷振子接收到超声波后产生机械振动，将其变换为电能量，作为传感器接收器的输出，从而对发送的超声波进行检测。

前面的图6-54是一个单路超声波遥控装置的方框图，超声频率振荡器输出电脉冲信号，经过功率放大后送给超声波发生器，发出超声波。对于多路超声波遥控电路可增加编码调制电路，利用同一发射器发出多路超声波信号。

产生超声波有多种方法，其中最原始、最简单的方法是用棒直接敲击超声波振子，但这种方法需要人参与，不能持久，已被淘汰。现在采用各种不同的电路产生超声波，根据不同的使用目的来选用发射电路。

常用的发射和接收电路由专用传感器分别与分立元件、运算放大器、与非门电路、555定时器等组成，也可综合组成。图6-55和图6-56为超声波发射电路。

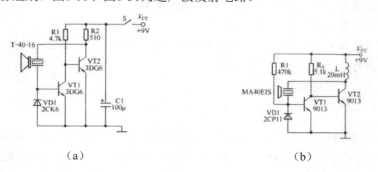

（a）　　　　　　　　　　　　　　　（b）

图 6-55　分立元件构成的超声波发射电路

1）T-40-16分立元件构成的超声波发射电路

图6-55（a）给出了由T-40-16等分立元件构成的超声波发射电路。T-40-16传感器作为反馈元件，与电路中的晶体管VT1、VT2组成了强烈正反馈频率振荡器，把电振荡信号转换为超声波信号，其振荡频率等于超声波发送器T-40-16的中心频率40kHz。电路工作时，T-40-16两端产生的振荡波形近似于脉冲方波，电压振幅接近电源电压。当按下开关S时，便可向接收器发射出一连串的40kHz的超声波信号。该电路工作电压为9V，工作电流为25mA，遥控距离可达8m左右。

2）MA40EIS/EIR组成的超声波发射电路

图6-55（b）给出了MA40EIS/EIR等分立元件构成的超声波发射电路，工作原理同图6-55（a），不同的是传感器采用MA40EIS，其结构、性能与T-40-16相似。另外，在VT2集电极上由电感L作为负载电阻，以利于增大激励电压，使超声波发射器能发射较大的功率，同时也有改善其谐振特性的作用。

3）UCM-40-T 与 74LS00 与非门组成的超声波发射电路

图6-56（a）是一块由74LS00四组2输入与非门电路组成的超声波发射电路。其中F1、R2、C组成振荡电路，产生40kHz振荡信号，经F2调制后，送往F3激励电路推动传感器UCM-40-T工作，发出超声波信号。

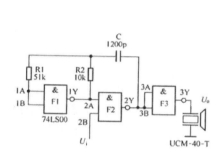

（a）UCM-40-T 构成的发射电路

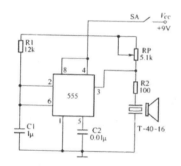

（b）T-40-16 与 555 构成的超声波发射电路

图 6-56　超声波发射电路

该电路中的F1、F3接成非门形式，而F2作为与非门使用，有利于调制信号的引入。本电路结构简单，调试方便，只需一块74LS00芯片即可同时完成振荡、调制、激励、发射超声波的任务。该电路的振荡周期由R2、C的乘积确定，其计算公式为：振荡周期$T = 2.2 \times R2 \times C$，将参数代入，其振荡频率约为40kHz。也可改变R、C的数值，选择需要的其他振荡频率。

4）T-40-16 与 555 构成的超声波发射电路

如图6-56（b）所示，电路由超声波发射器T-40-16和555电路组成，调节电位器RP可改变电路的振荡频率。从555的3脚输出的40kHz的振荡脉冲驱动T-40-16工作，使之发射出40kHz的超声波信号。电路工作电压为9V，工作电流为40~45mA，控制距离大于8m。

2. 超声波接收电路

超声波遥控接收器一般由接收传感器、放大检波器、功率放大器、记忆驱动、执行电路和被控负载组成。多路遥控器增加解调、译码电路。超声波接收器收到超声波，将之转换为微弱的电信号，在经过放大、检波（解调、解码、译码）形成一个直流电平信号，由状态锁存电路锁存并驱动执行机构实施对受控对象的操作。在单路遥控器中，没有使用编解码电路，不能输出多路控制信号，而且抗干扰能力也较差，其他声源发出的与该装置所使用的频率相近的声波信号有可能使受控对象发生误动作。使用编码技术的超声波遥控器可以实现多路遥控。

1）分立元件组成的接收电路

图6-57是采用晶体管的超声波接收电路。VT1和VT2构成阻容耦合两级放大电路，输入信号为3~5mV即可。R1是用于降低阻抗的电阻，从而抑制加在传感器上的外来噪声。输出为40kHz的高频电压信号。

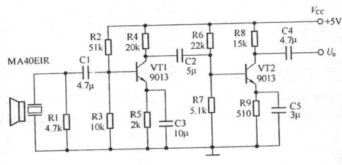

图 6-57　分立元件组成的超声波接收电路

2）R-40-16超声波接收电路

如图6-58所示的超声波接收电路由VT1~VT7等元件组成。由于接收到的发射器发出的信号很微弱，因此电路采用多级放大，输出方波脉冲信号，去控制VT5、VT6及相关元件组成的双稳态电路的工作状态。三极管VT4每导通一次（发射器发射一次），触发信号经C7、C8向双稳态电路送进一个触发脉冲，VT5、VT6翻转一次。当VT6从截止变为导通时，VT5、VT7截止，继电器K释放并保持。当下一个脉冲到来时，VT6由导通变为截止，VT7导通，继电器K吸合，控制负载工作。本电路可用于各种电器开关的遥控控制。

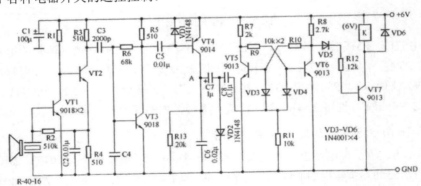

图 6-58　R-40-16 超声波接收电路

3）由运算放大器组成的超声波接收电路

图6-59是一种由运算放大器组成的通用型超声波接收电路。改变运算放大器的输入电阻与反馈电阻之比就能在宽范围调整其增益，因此，运算放大器可用作对超声波传感器反射信号的放大器。

放大高频超声波时，用通用运算放大器有时嫌其增益不够，还需要选用宽带高增益运算放大器。

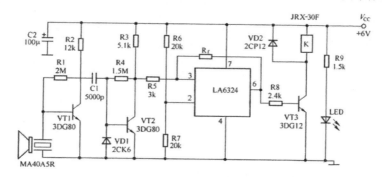

图 6-59 由运算放大器组成的通用型超声波接收电路

此电路简单，接收灵敏度高，无须调试。MA40A5R接收发射器的超声波信号后，经VT1、VT2两级放大，送到运算放大器LA6324进行放大、整形后，由LA6324的6脚输出高电平，使VT3导通，继电器K吸合，控制负载工作。

4）控制器

控制部分判断接收器接收信号的大小或有无，作为超声波传感器的控制输出。对于限定范围式超声波传感器，通过控制距离调整回路的门信号，可以接收到任意距离的反射波。另外，通过改变门信号的时间或宽度，可以自由改变检测物体的范围。

超声波传感器的电源常由外部供电，一般为直流电压，电压范围为6~24V±10%。再经传感器内部稳压电路变为稳定电压供传感器工作。

6.4　超声传感器应用案例

6.4.1　超声开关

1. 工作原理

图6-60（a）为超声波遥控开关发射电路。电路采用分立器件构成，也可用NE555组成。VT1和VT2以及R1、R2、C1、C2构成自激多谐振荡器，超声发射器件B接在VT1和VT2的集电极回路中，以推挽形式工作，回路时间常数由R1、C1和R4、C2确定。超声发射器件B的共振频率使多谐振荡电路触发。因此，本电路可工作在最佳频率上。

图6-60（b）为接收电路，结型场效应管VT1构成高输入阻抗放大器，它能够很好地与超声接收器件B相匹配，并获得较高的接收灵敏度及选频特性。VT1采用自给偏压方式，改变R3即可改变VT1的静态工作点，超声接收器件B将接收到的超声波转换为相应的电信号，经VT1和VT2两极放大后，再由VD1和VD2进行半波整流变为直流信号，由C3积分后作用于VT3的基极，使VT3由截止变为导通，其集电极输出负脉冲，触发JK触发器，使其翻转。JK触发器Q端的电平直接驱动继电器K，使继电器K辅助触点吸合或释放。由继电器K的触点控制电路的开关。

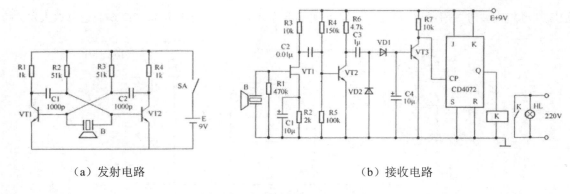

（a）发射电路　　　　　　　　　　　　（b）接收电路

图 6-60　超声波遥控照明开关电路

2. 元件选用

在发射电路中，VT1和VT2用CS9013或CS9014等小功率晶体管，$\beta \geqslant 100$，超声发射器件用SE05-40T，电源E采用一块9V叠层电池，以减小发射器的体积和重量。在接收电路中，VT1是3DJ6或3DJ7等小功率结型场效应晶体管。VT2和VT3用CS9013，$\beta \geqslant 100$，VD1和VD2用1N4148。JK触发器为74LS76。超声接收器件用R-40-16与S-40-16配对使用。继电器K用HG4310型。其他元件见图6-60上的标注。

6.4.2　超声探测

超声探测，直接探测方式的接收/发送相配对，如接收到超声波（有信号电压）时，说明接收/发送器中间没有被测物体；反之，接收不到超声波（无信号电压）时，则中间有被测物体。

超声波直接探测电路如图6-61所示。发送超声波传感器的驱动电路采用NE555构成他励式振荡电路。调整RP1使接受超声波传感器的输出电压为最大。用LM393比较器放大MA40A3R超声波传感器的输出信号，LM393输出的是方波信号。I-M2907N为转速表专用集成芯片。

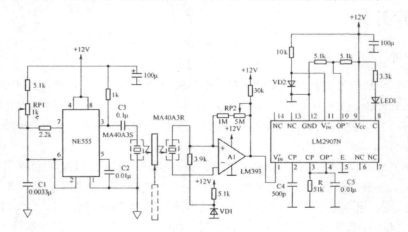

图 6-61　超声波遥控探测电路图

如果有物体挡住超声波，MA40A3R接收不到信号，则LM2907N比较器输出低电压，片内晶体管截止，LED熄灭。

6.4.3　超声波遥控电机调速

超声波遥控电机调速电路可对家用电器、电灯开关进行开关遥控，也可对电风扇（吊扇、台扇、落地扇）实现调速。其主要特点是发送端采用亚超声发射器，无方向性限制，无须电源，经久耐用。接收部分由电压元件等组成，采用LC选频回路及触发电路，结构简单，成本低廉，操作方便。

1. 工作原理

电路如图6-62所示。220V交流电源经变压器T降压及整流桥AB全波整流，再经C2、C3滤波，由三端稳压器7809稳压后，得到9V直流工作电压。

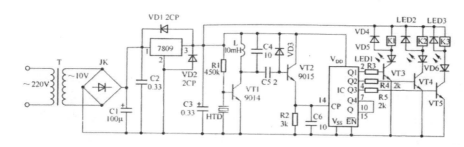

图 6-62　超声波遥控电机调速电路

当压电蜂鸣片HTD接收到亚超声信号时，先经三极管VT1放大，由电感L、电容C4组成的选频回路选出亚超声信号，再经电容C5耦合、二极管VD5限幅、三极管VT2放大并输出脉冲。每次操作时，手捏一下发射器，VT2集电极就输出一个正脉冲触发信号，由十进制计数器CD4017B计数。由于一般电扇仅需控制三挡调速，因此可采用CD4017的Q1、Q2、Q3挡位。当第4次遥控信号到来时，Q4输出"1"，通过IC置"0"端使IC清零，从而保证信号每发出一次，控制器均能自动跳挡。当Q1、Q2、Q3依次输出"1"时，分别推动VT3、VT4、VT5导通，LED1~LED3依次发光，继电器K1~K3依次吸合导通。这样，就实现了电扇控制按0挡、1挡、2挡、3挡的先后顺序变化。该电路进行适当变动，可扩充至9挡控制。

2. 元器件选择

VT1选用9014三极管，VT2选用9015三极管，VT3~VT5选用9014三极管，整流桥AB选用集成电路桥堆，二极管VD1~VD2选用2CP10，VD3~VD6选用1N4007型塑封硅整流二极管。LED1~LED3选用普通发光二极管，继电器K1~K3选用小型直流继电器，IC选用CD4017B，R1~R5选用1/8W碳膜电阻器。其他元器件的选用如图6-62所示，无特殊要求。

3. 制作与调试

将所有元器件焊装在一块自制的印制板上，然后将印制板装入预先制好的机盒中。压电陶瓷片需要有一个共鸣腔才能有较大的音量，最简单的方法是在机盒的面板上开一个20mm的圆孔，在陶瓷底板四周涂些环氧树脂，然后粘贴在机壳面板的内侧，在面板外侧再粘贴一块防护罩，在面板上事先钻几个小孔供放音用，这样一个助声腔就制成了。如果在使用中发现灵敏度过高，可适当改变电容C6的容量及电阻R4的阻值。

6.5 语音传感器

语音传感器是以人说话的声音作为发射信号，经过被控机器的接收、信号处理、识别和执行来实现遥控。让机器听懂人类语音去工作的愿望，在信息时代正在逐步变为现实。注：与人类语言发音相关的声音都称为语音。语音是声音的子集，因而语音合成与识别有别于声音合成与识别。

本节内容涉及许多新的知识领域，有许多问题还在研究探讨之中。如果没有特别说明，本节主要是讲述与语音有关的内容。语音识别问题除了复杂技术方面的研究外，还涉及生理器官、神经中枢和心理作用的研究，是世界难题之一。希望读者通过本节的内容对语音遥控有一个基本的了解，为进一步深入研究打下基础。

6.5.1 语音信号

人与人之间用语音传递信息，语音对于人类来说是一种自然、高效、快捷的传递手段。例如，一场报告会，作报告的人用语音发出信号，人的嘴就是发射器，发出各种不同的语音信息。听报告的人通过耳朵收听，那么耳朵就是接收器，接收报告人的生动讲演，送到大脑去思索报告的内容，通过面部表情或发言反应对报告内容的赞许或不同意见。又如，老师在课堂上讲课，用语音传授知识，学生用耳朵听课，不懂的地方，学生可向老师发问。这种可逆的发送与接收，说明自从有了人类，语音遥控技术也就诞生了。

上述内容是在人与人之间发生的，那么，设想一下，若人和机之间也能准确地用语音进行信息交流，例如，用语音（说话）直接遥控家用电器的"开"与"关"、电动机的"转动"与"停止"……那么将是非常方便的。随着高科技的发展，人们在对语音的合成、识别技术的基础上，奇迹终于发生了。

1. 语音的生成

人的发音由肺部收缩送出一股直流空气，经气管流至喉头声门处（声门即声带开口处），在发声之初，声门处的声带肌肉收缩，声带并拢间隙小于1mm，这股直流空气冲过很小的缝隙，使声带得到横向和纵向的速度，此时声带向两边运动，缝隙增大（成年男性开到最大时，截面积约为20mm^2），声门处压力下降，弹性恢复力将声带拉回平衡位置并继续趋向闭合，即声带产生振动，而且具有一定的振动周期。

一般把声门以上，经咽喉、口腔（舌、唇、腭、小舌）的这一管道称为主声道，成年男性主声道长度约为17cm，而经小舌和鼻腔的这一管道称为鼻道。此外，经肺、支气管和气管的管道称为次声门。由声带振动激发声道中的空气发生振动，并从口和鼻两处向外辐射产生声音。

声音按其激励形式的不同大致可以分成三类：当气流通过声门时，如果声带的张力刚好使声带产生张弛振荡式振动，产生一股准周期脉冲气流，这一气流激励声道就产生有声语音；如果声带不振动，而声道在某处收缩，迫使气流以高速通过这一收缩部分而产生湍流，就会产生清音（或摩擦音），或称无声语音；如果声道完全闭合而又迅速打开，就会产生跃变的脉冲音，即为爆破音。

声带音源是锯齿状的准周期声波，其基本频率，男声一般为70~200Hz，女声和童声一般为150~400Hz。普通话7个韵母的共振峰频率可用前3个共振峰（F1、F2、F3）来表示，F1主要分布在290Hz~1kHz范围内，F2分布在500Hz~2.5kHz范围内，而F3分布在2.5kHz~4kHz范围内。就破裂音的音源而言，在脉冲音之后伴随有乱流杂音。这些声带音源、摩擦音源、破裂音源的声波通过声道从口发射出来，成为各种各样音韵的语音。改变音源位置、音源生成式样和音源音给出音韵性的过程称为调音。

　　人类的语音由两大要素生成，这两大要素是：音响能源的音源的生成和对音源音给出音韵性的调音。

2. 语音的数字模型

　　如图6-63所示的语音模型组成的各个环节，由白噪声发生器和脉冲列发生器发出的语音信号产生声源参数，转换为音源信号，再经过数字滤波器处理，语音就产生了。

　　生成语音的声源可认为是准周期型、不规则型或脉冲型等形式的信号，它们都具有比较宽的带域谱，且其谱的包络不平坦。然而，可将音

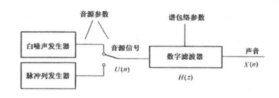

图 6-63　语音数字模型

源的谱包络特性和调音特性结合起来考虑，从而可将音源当作具有平坦谱包络的语音生成模型。利用数字滤波器承担调音功能。语音生成的数字模型如图6-63所示，这个模型如果不限于合成语音而是更广义的声音，自然就是声音数字模型了。

3. 语音的波形与参数

　　在遥控电路中，机器是不能直接按照人的语音指令去执行的，必须把语音转变为文字符号形式的参数才能被机器识别和处理。所以，语音的参数显得尤为重要。

　　利用语音生成数字模型，采用一定的方法可得到模型的参数，可产生在听觉上与原语音差别不大的合成语音。在听觉上与自然语音几乎相同的合成语音可用模型的参数表示，语音也可以用波形来表示，图6-64为中文的语音波形。

（a）全波　　　　　　　　（b）静息波　　（c）准周期波　　（d）噪声波　　（e）脉冲波

图 6-64　中文语音的波形特征

　　语音传递的所有信息完全可用语音信号的波形表示。为了使波形取样数值化的数字信号与说话声音接近，必须每一样本8bit、每秒8000左右的样本数据率对语音信号进行数字化。由此数字化而得的数字信号的数据率为64kbit/s。

　　与此相应，当用生成模型的参数表示语音时，参数的数据率变为5kbit/s左右，与波形数字化相比，参数的数据率显著下降。若使用语音生成模型，则以用语音信号分析而得的模型的参数为基础，可进行语音的合成。在听觉上得到了与原语音没有多少差异的合成语音。参数的数据率为信号波形数据率的1/10以下，所以可进行高效的语音数据压缩。

　　当朗读中文语句时，假设以每分350字左右的速度发声，则此时的文字序列的数据率为0.1kbit/s左右。语音信号与对应的文字序列的关系是极其复杂的，且还有很多不清楚的部分。但是，语音信号与生成模型的参数的关系是明确的，且比较简单。若考虑数据率比的差异，则根据语音信号与文

字序列的直接关系，可认为模型的参数与文字序列的关系是相当简单的。利用语音生成模型参数可以高效且正确地表现语音的音响、音韵特征，所以在语音的自动识别中也可以利用此参数。

1）音素

在汉语中，最小的语音单位是音素，是从音色的角度来分析的。一个音素单独存在或几个音素结合起来构成的单位叫音节。音节就是说话时自然的发音单位，可以从听觉上把它们分开。在物理上，以发音器官肌肉紧张度的增减为依据，每一次肌肉紧张度增而变减就造成一个音节。汉语一般是一个字一个音节，也有少数例外的两个音节一个字（如瓦）和两个字一个音节（如鸟儿）。

每种语言都有一种制约不同音素排列组合的规律。当识别出一种给定语言的音素时，音素之间排列组合的方式差别也很大。一个给定的音素序列在一种语言中出现的次数很多，而在另一种语言中可能不会出现。语言不同，它们的出现具有各自严格的规律性。

2）韵律

不同语言的时长特征、说话速率、基音轮廓（语调）和重音等有很大差异。在汉语等有调语言（词的声调决定词的含义的语言）中，声调与英语中的重音相比具有非常不同的特点。

由于文字的轻音和重音之别，人说话或朗读文章时的语音既有间隔又有适当的语调（重音），以适当的速度（拍子）和节奏（格调）发声。自然语音具有如音乐五线谱那样的韵律。

3）音韵

音素是发出各不相同的音的最小单位，也就是语音的最小音段。例如，每秒用8个音素组成一个单词，一个音素就是一个声学音素单元的实现，这只是一个说话人想说一个音素时产生的实际的语音。在世界上大约5000种语言中，挑选出了比较有代表性的451种语言，可以发出920种不同的语音。语音的数量和种类随语言的不同而有差异，且音素出现的频率也不相同。

例如一个音素出现在两种语言中，但在一种语言中出现的频率高于在另一种语言中出现的频率。以日语为例，由于假名文字是表音文字，因此，若文字系列可用假名文字表现，则容易生成对应的音韵符号系列。对于母音无声化和异音的问题，留意到比较简单的规则与之对应就行了。故将假名文字系列原样地考虑为音韵符号系列基本上就可以了。

4）词法

不同语言之间的最大差别在于它们各自使用不同的词汇，也就是说，它们的词汇是有差别的。不同语言的词根和词素通常也不同，每种语言都有自己的词汇表和自己的构词方式。一个不是以英语为母语的人在说英语时，很可能使用自己母语中的音素、韵律模式甚至相近的音素定位规则。但是，如果讲话所用的词汇是英语，则仍然会被判断为在讲英语。

5）声源参数

由韵律符号系列表现的韵律信息变换为声源参数，进而变换为声源信号。这是因为不由符号直接变换为信号的方法是准确而容易实现的。

6）声源信号

声源信号由声源参数系列生成。但对于有声区间是周期性的信号，而对于无声区间是不规则的信号，对于破裂音是脉冲性的，且谱包络是平坦的信号。作为最简单的声源信号，可考虑将脉冲列和假噪声互相调换形式的声源信号，但合成语音的音质一定会变成蜂鸣音，且在清晰度方面对于有声破裂音多少有些影响，但就单词或文章的了解程度来说几乎没有问题。

因为通常有声区间靠近脉冲列的单纯波形的语音合成信号，在时间结构和相位上与自然语音相距太远，为蜂音性。所以，音质也不同于自然语音，为了自然地得到音质良好的合成语音，生成特性好的声源信号是很重要的。

6.5.2 语音信号的合成

对于语音信号的合成，首先采用语音合成滤波器，还需使用语音合成系统或声码器进行数据压缩，可以有效地进行语音数据的传送和记忆，广泛用于通信系统和记忆装置中。

语音的合成分析方法分为单相关函数分析合成法（PARCOR）和规则合成法。进行文语转换（Text to Speech，即文字到语音转换）就需要利用规则合成系统。

1. 单相关函数分析合成

在语音生成模型中，起调音作用的滤波器一般可考虑为极零型；对于LPC法，采用全极型。全极型而得的合成音的品质就整体而言是比较高的，音质清晰、响亮。所以，对于语音的分析合成广泛采用LPC法。

具有用预测系数表示式给出的传递函数的滤波器在原理上是稳定的。所说的预测系数可由利用语音信号的相关函数的行列式构成的方程得到。但由于是直接构成的全极型系统，因此系数灵敏度高，会因少许的系数误差或系数的量子化而变得不稳定，从而没有实际意义。因此，利用LPC法的分析合成通常可用PARCOR（单相关函数）分析合成的形式进行。

2. 规则合成

对于分析合成系统，由于不考虑语言的关联，故可进行语音处理，但不能忽略与语言的对应而进行语音处理。因此，就规则合成系统而言，不仅要进行信号处理，还必须进行知识处理和自然语言处理。

例如，说日语的速度，对于混有汉字假名的文章，通常为每分钟200~400字，即为50~100bit/s，几乎与其他国语言语音的情况相同。由于规则合成系统是由文章的文字序列转换为语音信号的系统，因此必须将50~100bit/s的数据率的文字或符号系列转换为具有50~100kbit/s的数据率的语音信号。因此，必须使数据率变化约1000倍。准确地进行从文字序列到韵律符号序列和音韵符号序列的生成，并从这些符号序列到语音参数系列的生成，以及参数语音信号转换等的处理，每一个环节都是重要的。语音的规则合成系统如图6-65所示。系统的分析过程如下：

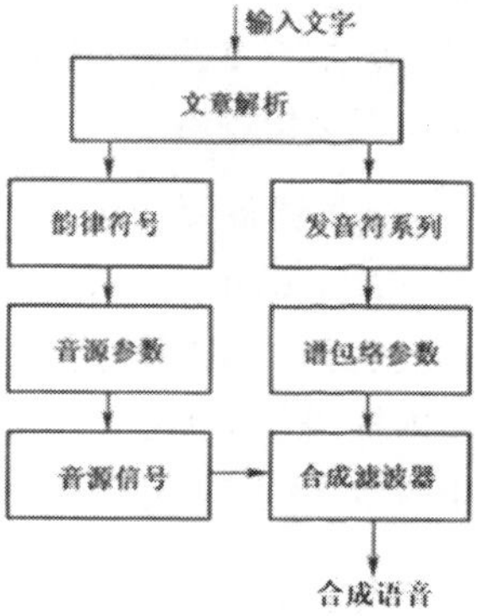

1）文字解析

以文字序列为基础生成与之对应的语音序列的过程称为文语转换，即用正规格式记述的文字序列转换为语音序列的系统。

图6-65 语音合成流程示意图

2）生成韵律符号

由规则合成生成极自然的语音，必须进行文章意义的分析，由形态要素分析和简单的句子分析生成某种程度的自然语音，需要进行与之相应的韵律符号系列的生成。例如汉语中的标点符号"，"

"。""？""！"及字音的四声反映了不同的韵律之差。这样一来，即使是不理解文章意义的人也能用大致正确的韵律朗读文章，所以可以利用句号等将文章划分段落，利用简单的方法分析文章结构发出自然的语音。对于标准格式的文章，附加上关于韵律的符号（如汉字的四声符号），则韵律生成将变得十分简单。

3）生成声源参数

语音的韵律由声源信号表现出来，所以必须把由韵律符号系列表现的韵律信息变换为声源参数。例如一个音素出现在两种语言中，但在一种语言中出现的频率高于在另一种语言中出现的频率。以日语为例，由于假名文字是表音文字，因此，若文字系列可用假名文字表现，则生成对应的音韵符号系列是容易的。对于母音无声化和异音的问题，留意到比较简单的规则与之对应就行了。故将假名文字系列原样地考虑为音韵符号系列基本上就可以了。

4）生成声源信号

语音的韵律生成生源参数后，送到数字滤波器处理，进而转换为声源信号。这是因为不由符号直接转换为信号的方法准确而容易实现。

就日语的生成而言，发声的速度、节奏或间歇等由各音节节拍的同步点和母音开始点的定时决定。语音的强弱由声源信号的振幅或合成滤波器的增益决定。而说话人的语调和节奏与有声区间的声源信号的基本频率大小及语音的强弱有关。决定声源信号特性的这些参数系列是以韵律符号系列为基础生成的。

5）发音符系列生成

输入文字经过文章解析，把文字与语音的对应关系转变为语音转换的过程，进而生成发音符号送到谱包络环节。

6）生成谱包络参数

谱包络参数的生成与各种音韵对应的语音共振峰值有关。采用语音合成滤波器，谱包络参数的生成一般是不难的。谱包络参数对应于语音信号的物理量，与发声的速度、节奏有关。而发声的速度和节奏又由各音节的时间基准点的定时决定，并由韵律参数控制。

7）合成滤波器

合成滤波器由声源信号和谱包络参数合成进入滤波器，由合成滤波器进行调音等处理，最后输出合成语音。但必须选择在改变声源信号的基本频率时，合成声音的谱包络的变动小，以及在时间性上内插谱包络的参数时，谱包络的畸变小的滤波器。一个特性良好的滤波器可以采用对数倒频谱分析合成系统。

6.5.3　语音识别

语音识别是属于人工智能领域中的一项技术，语音识别实际上属于模式识别，它同其他模式识别一样，主要包括三个方面：特征提取、模型建立和判决规则。语音识别通常由两个阶段构成：训练阶段和识别阶段。在训练阶段，不同语言的语音数据进入系统，转换成特征向量序列，每种语言产生一个或多个参考模型存储起来。在识别阶段，从待识别的语音段中提取相同的特征向量，根据每种语言对应的模型，模型比较模块将测试语句和参考模型进行比较，识别判决结果，即为识别出的语音。语音识别可分为两种：一种是已注册的特定人识别，是指待辨认语音的说话人已注册，系统辨认已注册说话人的语言种类；另一种包括注册以外的说话人识别，即未注册的说话人识别。理想的语音识别系统应做到与内容无关、与上下文无关、与形式无关、与语言无关、与说话人无关、与风格无关、与语音信号质量无关等。

为了让被控对象认识与接受说话人的语音，必须进行语言的理解和翻译、推论等。但在进行这些处理前，首先必须从语音中抽出语言信息，并准确地进行语音的识别。

1. 语音识别

利用计算机等处理系统，判断语音信号与文字序列相对应，从而将语音转换为文字序列，这样的过程称为语音的自动识别。通常将语音的自动识别简称为语音识别。利用计算机等装置识别特定说话人发出几百字的小词汇量或单词量的语音是比较容易的，这些词汇划分为一个个单词发声。但对于单词量增加到数千以上，即大词汇量的语音识别，就不容易了。在连续语音的情况下，一般不是划分为单词发音和基本语句块发音的，所以连续语音中的单词或基本语句块的识别就非常困难。进而，对非特定的说话人语音的识别，即使在小词汇量的情况下，也是非常困难的。语音识别的难度随识别对象的语音是否由大词汇量的单词构成，是否是连续的语音，是否由特定的说话人发出等有很大的差异。

构成语音的单位是对应于该语言的音素或音节，它们是由文字或符号表现出来的。日语语音中的音素有40多种，就英语和欧洲语的语音而言，没有大的差别。

所有的语音由语音生成模型来表现，而各个语音由模型的参数来表示。这些参数被称为在语音识别关系中的特征参数。语音的每一分析帧的特征参数称为特征矢量。作为语音识别的特征参数，可采用由LPC分析抽出的对数倒频谱和由对数谱的不偏推定法得到。LPC对数倒频谱和不偏对数倒频谱的分析法谱模形式是完全不同的。由此看来，无论哪一种对数倒频谱，都是表示语音谱包络的对数谱的傅里叶系数。所以，用于表示语音类别和语音识别的特征参数（距离尺度），可以采用与各自的对数倒频谱相对应的欧几里得距离。

各音素的语音会随各说话者、发声方式或前后的语音的种类不同而变化，语音的整体特征参数是分布极其广泛而复杂的。所以，正确地对音素进行识别是不容易的。

人们说话时的语音信号波形的数据率为50~100kbit/s，特征参数系列的数据率为2.5~5kbit/s，对应的文字序列的数据率为50~100bit/s，由此看来，语音信号和文字序列的数据率是相等的关系，而语音的特征参数数据率与文字序列的数据率相比相差甚远。但是，特征参数的大部分数据对于语音识别来说是多余的，故与文字序列的关系是复杂的。为了进行正确的语音识别，重要的是如何使用好表现语音特征的特征参数。

因为用音素符号系列可大致准确地表现正常发出的语音，所以认为以音素为基本识别单位进行语音识别是一种自然的方法。作为语音识别的一般方法，可以考虑以音素为识别的基本单位。但对于特定的说话人，在进行数百个单词的小词汇量的语音识别的情况下，就不用考虑语音的变动问题，以单词语音本身为识别单位就行。

2. 说话人识别

1）说话人识别

说话人识别（被称为声纹识别）按照任务可以分为两个范畴：即说话人辨认和说话人确认。说话人辨认是指通过一段语音从注册的有限说话人群中分辨出特定说话人的身份的过程，是"多选一"的问题。说话人确认是证实某一特定说话人与他所声明的身份一致的过程，系统只需给出接受或拒绝两种选择，是"一对一"判别问题。另外，与其他生物技术类似，如考虑待识别的说话人是否在注册的说话人群范围内。自动说话人识别的研究始于20世纪60年代，在以后的几十年中，研究人员不断在特征取样、模型匹配、对环境的适应性等方面深入研究，说话人识别技术也从小型的、实验室条件下、受控制的系统向实用化发展。如今，说话人识别技术已逐渐进入应用化阶段，并进入人们的日常生活中。

对于不同的应用环境，说话人识别系统包括训练和识别两个阶段。训练时，每个说话人重复一定次数的发音，然后检测并分析每次发声的语音段，以提取特征，在时间上对于特征序列多次平均，形成每个说话人的标准模型。在识别时，对语音信号进行分析、计算以及与标准模型进行比较，决定是否对其认可。

2）特征分析

进行特征分析，然后计算与标准模型的差距，选取其中的最小值作为结果输出。说话人确认经过计算待识别特征与特定说话人标准模型的比较，若高于定值则拒绝接受，若低于定值则予以接受。对说话人识别系统来说，面临的基本问题有如下几个：①如何选取可靠的参量，如何对其进行处理；②如何规定相似性；③考虑到人的状况在不断变化，如何使系统能够可靠工作以适应使用者。

对于说话人识别的特征选择，说话人识别系统提取声音信号中表征人的基本特征，此特征应能有效地区分不同的说话人，且对同一说话人的变化保持相对稳定。由于说话人的声音特征和说话人的个性特征总是交织在一起，目前还没有找到将二者很好地分离的方法。尽管如此，语音信号的特征参数仍从不同侧面反映出说话人的个性，这是说话人特征的重要来源。虽然人们在判断说话人时可以利用一些高层特征，如说话人的习惯风格、情感状态、遣词造句的特点等，但到目前为止还没有好的方法将其定量化或找到它们与语音信号特征参数之间的关系，故不能在任意说话人识别中得到很好的应用。考虑到特征的可量化性、训练样本的数量和系统性能的评价问题，目前的说话人识别系统主要依靠较低层次的声学特征进行识别。多年来，人们对于特征参数在说话人识别系统中的有效性进行了大量验证和研究，得出了许多有意义的结果，一个成功的说话人识别系统应该做到以下几点：

（1）能够有效地区分不同的说话人，但又能在同一说话人语音发生变化时保持相对稳定。

（2）不易被他人模仿或能够较好地解决被他人模仿的问题。

（3）在声学环境变化时能够保持一定的稳定性，即抗噪声、抗信道变化的性能要好。

3．小词汇量语音识别系统

单词级的语音识别系统介于音素级语音识别系统和大词汇量级语音识别系统之间，这些系统使用了比音素级系统的音素配位模型更为复杂的序列模型。

输入语音首先经过并行的基于语言的音素识别器的前期处理。假设语言特有的单词可以从最终的音素序列中识别出来，每种语言的词汇手册包括数以千计的词条，那么语音识别系统应采用自上而下的方法，首先识别音素，然后识别单词，最终识别出语言。

划分为一个个单词发声的语音识别称为孤立单词语音识别，通常简称为单词语音识别。对于单词语音的特征谱的时间系列，因发声的顺序而变动，在各单词的语音是特定的说话人发出的情况下，特征谱时间序列的变动可认为主要是相对时间轴（坐标）的。语音区间的持续时间不发生变化，而是母音区间的长度会发生变化。像这种特征谱的时间序列的时间变动产生的影响可由DP（动态规则）方法进行有效的消除。如图6-66所示为利用DP耦合的特定说话人小词汇量语音识别系统的结构图，它的工作流程为：语音→音响分析和单词、语音标准图形→送到DP耦合单词识别系统→

输出识别结果。再经驱动、执行环节让被控对象做出反应。

DP耦合法又称为DTW（动态时间弯曲）法，这个方法是以特征谱的时间序列表示的时间谱的耦合，可将两个谱中的一个进行不均匀的时间伸缩，从而以求得最小距离的形式观察耦合度的方法。

作为语音识别的特征参数，采用LPC对数倒频谱或不偏对数倒频谱。对于语音识别而言，无论哪一种特征参数都具有非常好的特性。

4. 以音素为单位的连续语音识别系统

由于不同的语言具有不同的音素表，因此很多研究人员已经建立了基于音素的LID系统，假设音素是时间的函数，而且在统计音素序列的基础上确定语言的种类。例如，建立了两个基于HMM的音素识别器：一个是英语的，另一个是法语的。这些音素识别器对英语或者法语的测试语音进行检测发现，从语言有关的音素识别器中得到的概率值可以用来确定英语语音和法语语音。在英语语音和日语语音上进行了相似的实验。

这些基于音素的系统，其新颖性在于将更多信息引入LID系统。Lamel和Muthusamy基于多语言的音素标记的语料库上训练了自己的系统。由于对于每种语言，系统都需要大量的音素标记的训练语音，与不需要这种音素标记的基于频谱相似性的系统相比，这类系统很难将新的语言引入其识别过程。

为了使基于音素识别的LID系统便于训练，可以用单个语言的音素识别器作为系统的前端，该系统利用音素配位分数进行语言辨识。音素配位是语言自身的约束，指定某些音素只允许跟随其他特定音素，利用文本文件的元文文节检测法分析进行语言辨识。几位科学家每个人都开发了一个LID系统，他们都采用一个单语言的前端音素识别器。这些研究音素的网络人员有一个重要发现是，前端识别器不用别的语言进行训练，也具有很好的识别性能。例如，精确的西班牙语和日语LID系统，可以通过只使用一个英语识别器来实现。

如图6-67所示为以因素为识别单位的连续语音识别系统。

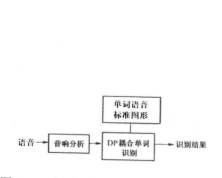

图6-66 小词汇量语音识别系统的结构图

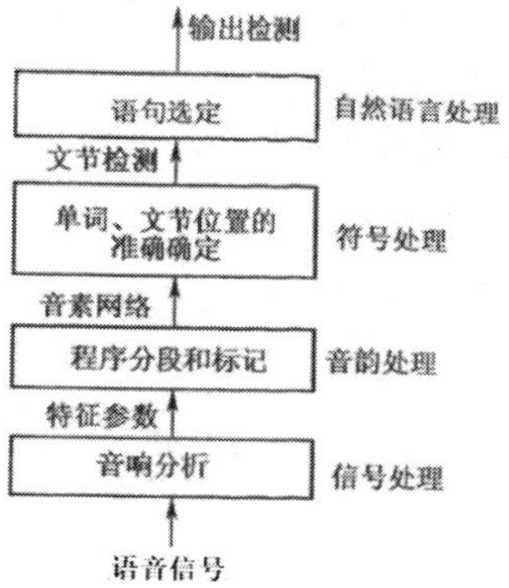

图6-67 连续语音识别系统

1）信号处理

首先由特定人发出语音信号，音响系统（传声器）能接收特定人的语音信号进行放大、提高电路的增益等，进而进行分析处理。在这个过程中，音响分析的性能取决于特定人的语音与环境噪声之间的区别，必须提高输入信号的信噪比，选择出适合人的语音的特征参数。

2）音韵处理

音韵处理是采用程序分段处理特征取样部分。就连续语音识别系统而言，成为识别对象的单词和基本语句块的数目变得非常多。若以单词和基本语句块为识别的基本单位，则由特征参数表征的标准谱图的数据量当然也就变得非常多。就连续语音识别系统而言，多采用音素为识别的基本单位。

在单词或基本语句块中，独立而正确地进行连续语音中音素符号化是不容易的，但是，若符号化有某种程度的正确性，则以其为基础进行单词和基本语句块的识别，那么可以提高音素的识别率。因此，在以音素为识别基本单位的语音识别中，必须提高音素符号化的可靠性。

在分辨语音识别对象的语音时，首先分辨出属于哪种音素类型的语言音素，可利用多模块的谱图耦合法进行分辨。

3）符号处理

各音素音响变动的语音的分布形状和宽度可由一组复数标准谱图表现。所以，在连续语音的音素识别中，多模块的谱图耦合的方法是有效的。为了连续用这种方法进行连续语音中音素的识别，作为前处理，必须进行音素强度的分割。若进行高精度的分割，利用多模块的音素识别就成为可能，从而可得到优质的音素网络。若在音素网络的各自候补音素符号上附加识别时的可靠性和距离等，则实行以音素网络为基础的单词或基本语句块的识别就容易了。

连续语音中各音素的音响变动产生的语音分布的形状和宽度可用适当的概率分布函数表示，采用的是以概率模型为基础的方法。该方法以概率模型表现语音的特征谱的时间序列，它是与各音韵的音响变动相对应的方法，因而具有很高的灵活性，代价是需要求多维的概率分布。所以，为了上述推理，必须进行以大量数据为基础的学习。若利用概率模型的方法，为了不进行分割，可进行语音的符号化。作为符号化的结果，进行分割也可行，可以有效地进行单词或基本语句块的识别。

4）自然语言处理

在连续语音的识别中，成为对象的单词或基本语句块的种类一般是很多的。为了识别，必须限制参照的单词和基本语句块数，从而使识别的范围变窄。另外，作为识别的结果，必须从得到的基本语句块备选系列中选定最适当的语句。为了进行这种选择，任意的自然语言处理是必要的。既可利用关于文字系列和音素系列的概率模型，又可利用文法的各种各样的知识。对于语句语音的识别，同时利用构成文章的信息甚至含义会更加有效。

5）执行与显示

根据语句选定输出检测信号，执行机构将按照信号自动工作，并由显示装置显示结果。

6.6 语音传感器应用案例

本节以日本三洋电机公司曾研制成功的语音遥控器为例，介绍采用8 bit微处理器的限定说话人的小单词量的语音识别装置，将它用作电视机的语音遥控装置，可以遥控电视机电源开关的开与关、调节音量大小、改变亮度和切换电视频道等。

该机由语音输入部分、特征取样部分、识别处理部分、显示操作部分以及输出、输入控制部分等组成。其结构方框图如图6-68所示。下面分别介绍各部分的组成。

1. 语音输入部分

语音输入部分由传声器、放大器和自动增益控制电路组成。输入的语音与环境噪声之间的信噪比取决于语音输入部分的性能。此性能对系统的整体识别率会有很大影响。因此，为了尽可能提高输入信号的信噪比，说话人（即发出指令者）手持传声器输入语音指令，所用的传声器要注意选用受周围环境影响小的近讲型传声器，由于要求说话人（发指令者）与传声器之间的距离经常保持恒定是比较困难的，因此所用的传声器适宜选用单指向性的驻极体电容式传声器。

由于传声器的输出信号电平与说话人的语音大小以及嘴与传声器的距离远近有关，输入语音响度过低时，传声器输出的信号电平也小，后面的特征取样部分就难以得到高的特征取样。当输入语音响度过高时，传声器输出的电信号过大，后面的放大器也有阻塞可能，为此，在后面的放大电路中加有自动增益控制电路。这样，不论前面输入的语音信号的强弱，后面的电信号基本上能保持比较均匀的电平输出。

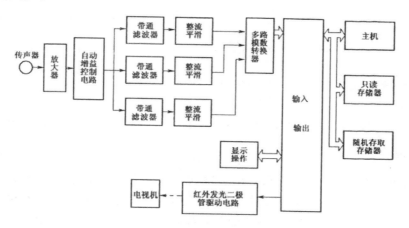

图 6-68　电视机的语音遥控装置方框图

2. 特征取样部分

特征取样部分由频率范围为100~5000Hz（适合人类的语音频率范围）的带通滤波器构成。为了使装置小型化，电路采用集成电路，一个带通滤波器组装在一个标准插件中。为了能得到低频的频谱包络，在各个滤波器的通路中接入整流电路和截止频率为50Hz的低通滤波器。装置的电路板是由特征取样部分中心的模拟电路板和下面所述的识别处理部分的数字电路板构成的。

3. 识别处理部分

识别处理部分由8bit的微型计算机系统组成。前述各路带通滤波器的输出，通过模拟多路转换器和模数转移取样及数字化，经过输入输出接口送到中央处理器，进行信息压缩、记录、识别等处理，模数转换的数字化比特级为8bit，信息存取周期为10ms。其结构如图6-69所示。用于进行信息处理的中央处理器的程序容量为15 000字节。因此，本系统采用2 000字节的可擦程序可控只读存储器。在本装置中，控制电视接收机的指令声音是17个词语，其信息量为17×48字节=816字节。

4. 显示操作部分

显示操作部分如图6-70所示，由5个记录用的开关和与各记录开关相对应的发光二极管显示器件构成。记录用的开关仅在声音记录时使用。ENTER是记录和识别动作转换的开关；A和B是指令语音选择开关；CLEAR是记录词消除开关；STEP是记录词自动选择开关，显示器件在登录时用来依次显示记录的所有声音的种类，在识别时用来显示输入声音的识别结果。记录的语音有电源开关控制用词1个（如电源）、音量控制用词3个（如大、小、静音）、频道选择用词12个（如1、2、3……11、12）以及遥控信号发送指示用词1个（如OK），共计17个词。遥控信号在输入语音被识别后，通过输入发送指示词而被送出。这个信号的传送是通过砷化镓发光二极管发出的波长为940nm的红外线来实现的。

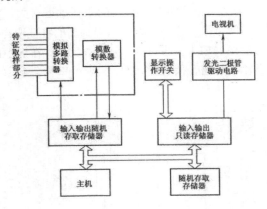

图 6-69　识别处理部分方框图

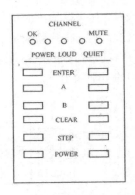

图 6-70　显示操作部分

5. 识别情况

语音识别装置的识别率与语音识别装置的性能以及说话者的声音输入方法有关。语音识别装置的性能是指语音输入部分的性能，采用特征取样方法，包括信息压缩及时基标准化的识别处理方法等。说话者的语音输入方法与记录单词的选定，以及记录时的语音和实际识别时的语音的差别（如语音的大小、说话的速度、音调、音质等）有关。

6. 规格和性能

表6-8是试制者的语音控制装置的规格。从表中可知，本装置可控制电源的开启和关闭、音量的增大和减小、消声静噪、频道转换（1~12频道）等，可允许两名已注册的人员用语音控制该电视接收机。上面介绍了日本三洋电视公司研制成功的采用8bit微型计算机的特定说话者的单词语音识别装置，并将其用作遥控电视接收机的语音声控装置。

表 6-8　语音遥控电视接收机装置规格

项 目	规 格
基本方式	特定说话人的单词语音识别系统
控制内容	电源的开启与关闭、音量的增大与减小、静音、频道选择
注册人数	2 人
记录词数	每人 17 个词，共 34 个词
输入时间	小于 1.6s
动作时间	声音输入后 0.2~0.6s
动作方式	记录、识别方式
摇控信号	砷化镓发光二极管，波长为 940nm 的红外线调制信号
电源	直流电源+5V
尺寸	18mm×94mm×61mm
重量	730g（含电池）

综上所述，本装置力求硬件和软件的小型化，并具有以下性能和特点：

（1）应用混合集成电路组成的8个带通滤波器及整流滤波网络来取得语音频谱。

（2）通过对语音信息的有效压缩可使所需的存储器容量得到减少，34个词仅需1632字节。

（3）集传声器、语音识别电路、遥控信号发送电路为一体，因而可以实现使用者用单手操作。

（4）通过对4个成年男子的试验，其识别率在95%以上。

用红外线发送遥控信号，其调制方式与三洋电视公司以前的遥控信号规格完全一致。因此，完全适用于遥控电视接收机。

语音遥控研究是一项高科技项目，研究的历史也较早，涉及的内容也很广，主要的研究方向是改进语音输入电路和提高识别率，以及适合任何说话者的语音识别方式。

6.7　音频传感器

音频遥控器、声音遥控器、超声波遥控器及语音遥控器这4部分内容是有严格区别的。通过本节内容的学习，希望读者在实际应用中根据不同的被控对象及要求灵活运用，选取最有效的解决方案。

6.7.1　音频信号与执行器件

遥控信号的发送常用的方法是用键盘或按钮开关、传感器、触摸屏把预先定义的信号输入有关电路中，经发射电路发射天线把遥控信号发射出去，由接收器接收控制负载工作。

1. 音频信号

在遥控系统中，命令都是以电信号形式出现的。这些电信号分为两类：一类是连续的模拟信号，即音频信号，用音频信号的不同频率或若干种不同频率的不同组合来代表各种不同的命令；另一类是数字脉冲信号，通过不同的编码来代表各种不同的命令。下面介绍单音频信号与双音频信号的概念与特点。

1）单音频遥控信号

（1）单音频信号

由信号源电路产生单一频率的正弦波信号，叫作遥控电路的单音频信号。这种正弦波信号必须是完好的，没有其他频率成分的各种谐波干扰信号。如图6-71所示为单音频信号与多音频信号。

（a）单音频信号　　　　　　　　　　　（b）多音频信号

图 6-71　单音频信号与多音频信号

（2）单音频信号的特点

过去由分立元件组成的单音频遥控信号电路可靠性低、波形失真严重、抗干扰能力差且电路安装、调试麻烦。随着大规模专用集成电路的问世，设计的晶体振荡器电路取代了分立元件电路，因而产生的单音频信号频率十分稳定、准确，且波形失真小。使用这种信号作为简单遥控信号时，线路传输采用封闭型，使线路外部的各种干扰不易侵入，因此在一些要求不高的场合常采用这种单音频信号作为音频遥控发射信号。

（3）单音频信号的识别

当接收端接收到遥控信号后，由于信号比较微弱，因此首先加以适量放大，然后必须用一个识别电路把这一特定频率识别出来。现有多种专用锁相环集成电路，常用的是NE567锁相环集成电路。

2）双音多频遥控信号

（1）双音多频信号

由两种声音、多种频率组成的遥控信号叫作双音多频遥控信号。

当单音频信号组成的遥控信号不能满足要求时，采用双音多频信号作为遥控命令可以提高可靠性和抗干扰能力。双音多频信号在专业文献中常缩记为DTMF信号。双音多频信号有16个，分别由4个高频信号和4个低频信号组合而成，例如数字"1"由高频组的1209Hz与低频组的697Hz组成，接收时需要用专用解码电路，只有信号同时包含这两种特定频率的信号才能被确认，这样就实现了对干扰信号的有效抑制，确保电路在强干扰条件下的可靠工作。程控电话使用了16个信号中的12个。程控电话使用双音多频信号进行拨号和其他功能进行控制。

（2）双音多频信号的频率范围

根据规定，双音多频信号的频率范围为：697Hz、770Hz、852Hz、941Hz四种频率称为低频群；1209Hz、1336Hz、1477Hz、1633Hz四种频率称为高频群。用这8种频率中的两种组合代表一个数字或符号，如用770Hz和1477Hz两种频率组合成数字"6"等。如果用一个数字或符号代表一个信号的内容，那么根据上述8种频率，则可组合得到如下16个命令内容：

- 697Hz与1209Hz组成数字"1"。
- 697Hz与1336Hz组成数字"2"。
- 697Hz与1477Hz组成数字"3"。
- 770Hz与1209Hz组成数字"4"。
- 770Hz与1336Hz组成数字"5"。
- 770Hz与1447Hz组成数字"6"。
- 852Hz与1209Hz组成数字"7"。
- 852Hz与1336Hz组成数字"8"。
- 852Hz与1477Hz组成数字"9"。
- 941Hz与1209Hz组成符号"·"。
- 941Hz与1336Hz组成数字"0"。
- 941Hz与1447Hz组成符号"#"。
- 697Hz与1633Hz组成字母"A"。
- 770Hz与1633Hz组成字母"B"。
- 852Hz与1633Hz组成字母"C"。
- 941Hz与1633Hz组成字母"D"。

3）双音多频信号产生方法与解码

可利用专用集成电话产生的双音多频信号，也可利用电话机中产生的双音多频信号。例如读者熟悉的按键式电子电话机的内部所使用的"拨号"集成电路的主要功能之一就是用来生成双音多频信号。当按住电话机上的某一个按键时，"拨号"集成电路就产生多种频率成分的组合信号输出，经放大后送上电话线路。双音多频信号也可以用无线电传输。

双音多频信号解码由专用集成电路来完成，这类解码集成电路有多种，常用的有MT8870、MT8880、MC145436等。如果仅对其中的少数编码进行解码，也可以利用4046锁相环电路组成特定双音多频信号解码器。原理是用两个4046锁相环电路组成两个选频开关，分别对双音多频信号中的一种进行选频；然后用与门电路将接收的控制信号合成，只有当两路信号都通过时，与门电路才有输出信号。

4）利用双音多频信号实现遥控

随着电话、手机的普及，人们可以利用电话、手机对家中的电器进行遥控，比较简便可靠的方法就是利用双音多频信号发出特定的控制码，然后通过解码电路将控制信号输出，从而达到控制远距离电器的目的。

双音多频解码器的编码表如表6-9所示。

表 6-9　双音多频解码器的编码表

数字符号		1	2	3	4	5	6	7	8	9	0	*	#	A	B	C	D
输出码	D1	0	0	0	0	0	0	0	1	1	1	1	1	1	1	1	0
	D2	0	0	0	1	1	1	0	0	0	0	1	1	1	1	1	0
	D3	0	1	1	0	0	1	1	0	0	1	1	0	0	1	1	0
	D4	1	0	1	0	1	0	1	0	1	0	1	0	1	0	1	0

2. 遥控信号的执行器件

遥控系统接收端经解码输出的遥控信号只是一种电压信号，根据使用场合不同，可能是逻辑电平，也可能是模拟电压信号。由于它们只有很小的输出功率，无法直接驱动被控对象，因此需要通过各类执行机构才能操作被控对象，常用的执行机构有继电器、晶闸管、光电耦合器、交直流接触器、电动机。

6.7.2　专用集成电路

音频信号作为遥控命令普遍应用于音频遥控电路中，在使用线路传输遥控命令时，音频信号能被远距离传输。随着集成电路技术的发展，各种小规模集成电路组成的音频振荡器逐渐取代了分立元件。而今，很多厂商开发出了品种繁多的专用集成电路，这种集成电路以晶体振荡器为基频振荡器，产生频率非常稳定的基频信号，并使用数字合成的方法产生多种频率信号。下面介绍几种音频遥控专用集成电路。

1. 双音多频信号产生发射集成电路

双音多频信号产生的集成电路很多，在音频遥控电路中常用的有UM95087、LM91210等。它们都是中国台湾联华电子公司生产的专门用来生成双音多频信号的大规模CMOS集成电路，其中UM95087与莫斯迪克公司生产的同类集成电路MK5087完全一样，两者可以互换使用。接下来主要介绍UM95087芯片的特点、引脚功能、有关参数及应用。

1）UM95087 芯片的特点

（1）工作电压范围较宽，允许在3.5~10V范围内。

（2）使用一个3.58MHz的晶体振荡器产生基频信号，因此频率十分稳定，该集成电路也能工作在单音模式。

2）JUM95087 芯片的引脚功能

引脚1、6——U_{DD}和U_{SS}，分别为电源正端和电源负端。

引脚2——XMUTE，开关输出端，内部连接一个晶体管开关，当按下键时，该端呈高阻态，无键按下，为高电平。

引脚3、4、5、6——C1、C2、C3、C4，称为列输入端，分别与键矩阵的各列相连接。

引脚14、13、12、11——R1、R2、R3、R4，称为行输入端，分别与键矩阵的各行相连接。

引脚7、8——OSCI、OSCO，振荡器的输入/输出端，这两端接一个3.58MHz的晶体振荡器。

引脚10——MUTE，有键按下时此端为低电平。

引脚15——STI，用于控制产生单音频或双音频，此端接地时芯片只能输出单音频信号，此端接高电平时芯片输出双音频信号。

引脚16——TONE，音频信号输出端。

3）UM95087 芯片的电气参数（见表6-10）

表 6-10　UM95087 芯片的电气参数

名　称	数　值	单　位	条　件
工作电压	3.5~10	V	
等待电流	0.2~100	μA	U_{DD}=3.5V
	0.3~200	μA	U_{DD}=10V
工作电流	1	mA	U_{DD}=3.5V
	13	mA	U_{DD}=10V
单列音频输入幅度	500	mV（峰峰值）	U_{DD}=3.5~10V, R_L=1kΩ
单行音调输出幅度	400	mV（峰峰值）	U_{DD}=3.5~10V, R_L=1kΩ

发射电路可利用红外线、双音频发射，主要由集成电路UM95087和按键矩阵构成。UM95087是双音多频编码集成电路。

2. 双音多频译码接收集成电路

双音多频译码电路常用型号为MC145436，是大规模集成电路，内含电源滤波器、译码器、控制器等，可以检测两个音频频率，开关电容滤波用于定时，还具有输出电路数字化、抑制噪声和远端控制的功能。另一种是MT8870器件。鉴于各器件的结构和功能大同小异，接下来主要介绍MT8870。

1）MT8870 的组成及引脚功能

MT8870是一种常用的双音多频信号译码器，也是一种大规模的CMOS集成电路，主要由滤波器、译码器和控制电路三部分组成，其内部结构如图6-72（a）所示，引脚如图6-72（b）所示。MT8870芯片具有低功耗（U_{DD} = 5V时，I_{DD} = 3mA）；使用外围元件少，外接3.579MHz的晶振；采用运算放大器，输出放大倍数调整方便；可提高增益及输入阻抗高等特点。

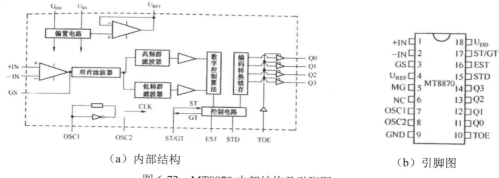

（a）内部结构　　　　　　　　　　　　　（b）引脚图

图 6-72　MT8870 内部结构及引脚图

2）内部原理分析

当信号源发送的双音多频信号从IN端输入放大器后，进入开关电容组成的双音高低通滤波器，它能有效地将双音多频信号的高频区和低频区区分开来，再经过各自的滤波、整形电路后送到译码电路。

译码电路由数字检测、编码转换、三态输出电路等几部分组成。数字检测电路采用对输入音频信号进行数字计数的方式，以确定双音多频信号的频率并核查是否与标准双音多频信号一致，在此过程中，经过复杂的计算，给双音多频信号的频率偏差提供一定的容差范围，提高对干扰频率和噪声的抗干扰能力。输入的双音多频信号被检测到后，经编码转换电路进行8421编码送入锁存器锁存。当输出控制端 T_{OE} 为高电平时，双音多频信号所对应的8421编码即出现在Q3~Q0端。

为了对接收器的工作进行控制与协调，MT8870芯片内设置了一系列的控制电路，当输入的双音多频信号持续的时间足够长（一般要求240ms时），在整个双音多频信号持续时间内，外部干扰等原因造成的瞬间间断，接收器视为有效并实时地进行接收，否则不接收。除此之外，该芯片使用方便灵活，可以根据电路的需要设置外围元件的参数和选择器件型号，如设计芯片外部定时电路等。

3）MT8870 的输入方式

（1）MT8870的双音多频信号单端输入的基本应用电路如图6-73所示。

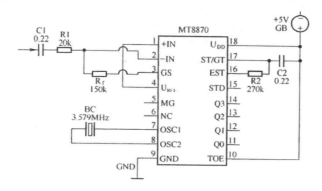

图 6-73　MT8870 单端输入电路

输入的双音多频信号经过C1、R1输入IN端。对照图6-72（a）的内部结构图可知，该端是运放的反向端，该放大器的增益取决于反馈电阻R与R1之比。放大器的同向输入端+IN与 U_{RFF} 端相连，由 U_{RFF} 端提供 $U_{DD}/2$ 的参考电压作为偏置电压。C2和R2组成外部定时电路以确定芯片对输入信号的反应时间。

TOE端接U_{DD}端，表示数据可以输出到Q3~Q0端。STD端在芯片收到双音多频信号并经识别后，在Q0~Q3端送出二进制码的时候变为高电平，因此该信号可以作为"输出就绪"的指示信息。

（2）MT8870双端输入电路如图6-74所示。

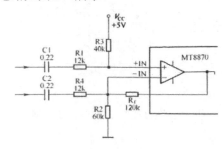

图 6-74 MT8870 双端输入电路

6.8 音频传感器应用案例

6.8.1 音频开关

每发出一个特定频率的声音，就会控制音频遥控开关改变一次状态，电路对环境中发出的其他频率的声音具有很强的抗干扰能力。

1. 电路原理

1）锁相环电路原理

CD4046锁相环电路包括相位比较器、低通滤波器和电压控制振荡器三部分。相位比较器的功能是对外界的声音信号与内部的脉冲信号的中心频率进行比较，当频率相同时，从1脚输出高电位，无论是外界的声音信号还是内部的振荡信号，其频率都会产生于失锁状态。为了解决这一问题，锁相环电路可通过滤波器将相位比较器输出的电压反馈到电压振荡器，改变内部振荡脉冲的频率，使之与外界信号的频率相同。这种由起始的失锁状态到最终的锁定状态所允许的输入信号频率范围叫作频率捕捉范围。CD4046引脚图如图6-75所示。CD4069六反相器引脚图如图6-76所示。

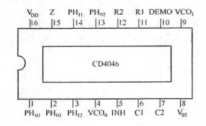

图 6-75 CD4046 锁相环电路引脚图

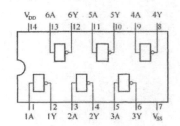

图 6-76 CD4069 六反相器引脚图

在图6-75中，PH_{11}为信号输入端；PH_{12}为比较信号输入端；VCO_1为压控振荡器控制端；INH为禁止端；Z为内部齐纳管负端；DEMO为解调输出端；R2、R1为外接电阻端；C1、C2为外接电容端；PH_{01}、PH_{02}为相位比较器I和II输出端；PH_{03}为相位输出端，入锁时高电平，失锁时低电平；VCO_0为压控振荡器输出端。

2）原理分析

电路可用口哨声音作为信号的发射器进行遥控。由话筒MDC接收，调整电路的接收频率，使得电路只对特定的口哨声音产生反应。仔细调整，使得电路灵敏度最高，控制距离最远。如果制作者比较有经验，也可以用嘴吹出口哨进行电路的调整。

接收电路原理如图6-77所示。电路由CD4069六反相器和CD4046等元件组成音频放大电路、锁相环电路和开关输出电路。音频放大电路将话筒得到的声音信号进行放大，外界的声音信号经过

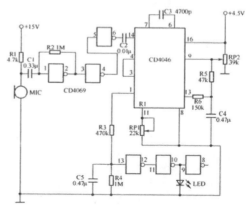

图 6-77　音频遥控开关原理图

放大后接到锁相环电路的输入端。锁相环电路内部有一个压控振荡器，平时工作在设定的工作频率上。当外界的声音信号传入锁相环电路，每当接收到与压控振荡器工作频率相同的声音信号时，锁相环电路就处于锁定状态，输出电路的电压由低变高，控制开关输出电路改变开关状态。

2. 元器件的选用与调试

元器件的选用如图6-77所示。调试时，应使哨声频率与振荡频率相同，反复调试即可。电路对电源电压要求较高，应尽量保持电源电压的稳定，如果用9V电源，可使用CD4046自带的稳压管，以输出5V的工作电压。

6.8.2　家电音频遥控

家用电器音频遥控器借用家庭电话为双音频拨号或双音频脉冲兼容的条件，将音频遥控器附设在用户的电话线上。当主人出门在外时，只要拨打家中的电话，就可以遥控家里接在电源上的电器的通与断，应用方便。附加此遥控器后，对电话的正常接听和打出均无影响。

1. 工作原理

1）电路组成

家用电器音频遥控器的电路图如图6-78所示。图中C8、光电耦合器、VT3、VT4等组成铃流检测电路，IC4（555）构成简单的延时电路，VT1、VT2、LED1、R5等构成模拟摘机电路；IC1和IC2构成双音频信号的接收、译码电路，12个D触发器和继电器构成执行电路。

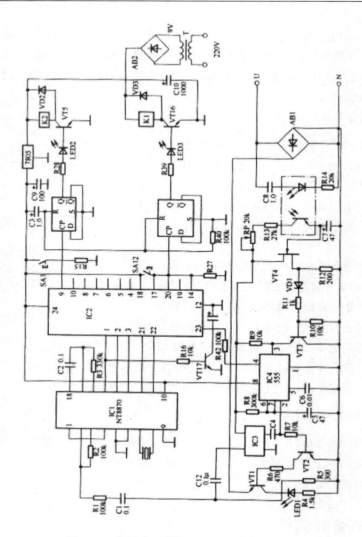

图 6-78　家用电器音频遥控器的电路图

2）工作原理分析

电话线上的双音频信号先经双音频信号接收器IC1内部的拨号音滤波器滤除拨号杂音，然后经前置放大后送入双音频滤波器，将双音频信号按高、低音频信号分开，分别经高、低频滤波器及幅度检测器送入输出译码电路。经过数字运算后，在其数据输出端（11~14脚）输出对应的8421码。需要指出的是，对于"0"号码，IC1输出的8421码并非是"0000"，而是"1010"。IC1输出的8421码分别为"1011"和"1100"。假如在外边接通家中第6路电器的电源，可拨打一次电话回家，此时交换机即向家中电话送出90V、25Hz的铃流信号，此铃流信号经C8、R14后使电路中的光电耦合器中的发光管点亮，此时电源通过RP、R13和光敏三极管对C7进行充电。由于铃流信号是间断的，故充电过程也是间断的。当有6次间断的铃流信号输入，C7两端电压达到VT4的峰点电压时，VT4导通，R12两端电压升高，VD1导通，VT3随之导通，此时IC4的2脚变为低电平，IC4被置位变为暂稳态，其3脚输出高电平，经R7使VT2导通，VT1也随之导通，LED1点亮，此时电话处于模拟摘机状态，发话人听筒中的回铃音将消失。同时，由于音乐片IC3被触发，输出一段音乐，经电话线及交换机送至发话人的听筒中，发话人听到音乐声后即可按一下数字键"6"，此时电话机便发出一个770 + 1447Hz的双音频信号（发话人可以从听筒中听到），并经交换机送至电话线上，后经VT1、C1、R1送至IC1的输入端。由内部处理后，在其输出端译出相应的8421码，并送入一块4~16线译码器IC2的输入端。此码被译后，其5脚输出高电平，使CD4013构成的D触发器翻转，Q端输出高电平，LED7点亮，VT10导通，K吸合，接通第6路电器的电源。同理，按其他键还可以遥控其余电器的电源。随着时间的逐渐增加，C5两端的电压逐渐升高，当电压上升至电源电压的2/3时（约15s），IC4复位，其3脚又变为低电平，VT2和VT1截止，LED1熄灭，整个遥控过程结束。

另外，本机还设有个手动按键开关SA1~SA12，人们回家后可拨动这些开关去控制12路电器电源的通/断。

2. 元件的选用与调试

VD2、VD3选用1N4001，图中未标注的电阻均为100kΩ，VT1、VT2选用反向击穿电压大于160V的2N5401、A5551等三极管（也可用3CG1800、G182代替），VT3、VT4、VT5、VT6、VT7选用9014，A选用4N25光电耦合器。IC1选用双音频接收器MT8870（也可用YN9012、TC35301代替），T选用功率约为8W、电压为9V/220V的交流变压器，IC2选用4-16线译码器CD4514，IC3选用KD-9300"世界名曲"或KD系列的其他音乐片，IC4选用NE555、CA555、LM555等集成电路，IC5选用三端稳压块7805（如果是塑封品，则需加一小块散热片），IC6选用CD4013双D触发器。

按如图6-76所示的电路装好本机后，将它与电话机并接起来。调试时可先将IC4的3脚与R7、C4断开，将R7直接与电源正极连接，LED1亮，摘取电话机应从听筒里听到IC3发出的音乐声。依次按键盘上的"1~9""0""•""＃"等键，LED2等发光管依次点亮，再按这些键则LED2等依次熄灭。最后将R7与电源正极断开，让电信局发来一个长时间的振铃信号（可打电话到机房，或自制铃流信号发生器），调节R13，使经过6次间断的振铃后，IC4的3脚输出高电平，至此调试结束。将IC4的3脚与R7、C4接好，整个遥控器即可正常工作。

6.8.3　音频寻呼器

1. 无线寻呼系统

无线寻呼是单向通信系统，也是由一方发送信号，另一方接收所发送的信号的音频遥控系统。寻呼信号是通过寻呼台无线信道发射，用来选择呼叫和传递少量信息给指定接收机的。在一条信道上容纳很多不同地址的用户接收机，通信过程是单向传输的。它具有传递信息快、地址容量大、可靠性高等优点。

无线寻呼系统在全球范围内仍以15%~20%的年增长率持续发展。经过通信卫星支持，实现覆盖全球的跨国联网的寻呼指日可待。目前在我国广大农村仍在广泛使用。这种设计思想和方法对开发设计其他产品仍不失其宝贵的参考和应用价值。例如将寻呼机与个人电脑（笔记本电脑）或手提电子记事簿相连，通过装入的小型调制解调器，可以使寻呼机成为智能化的接收机。这种接收机不仅可移动地接收来自远方的信息资料，还可以进行远距离的遥控，如可以控制家用电器、大门、气阀，还可以遥控机器人进行各种家务劳动。

寻呼信号分为模拟音频信号和数字编码信号。早期的寻呼系统使用模拟音频信号方式，模拟式寻呼系统用一个或一组单音频的不同顺序排列提供若干个相互区别的地址编码信号，实现对某一移动用户或某一群移动用户的单向选择性寻呼或同时传送语言信息的系统。

随着科学的不断进步、大规模集成电路的问世，数字信号被用于自动纠错编码，保证接收信息的可靠性。

1）无线寻呼遥控发送系统

无线寻呼系统的组成如图6-79所示。

无线寻呼系统有人工控制和全自动控制两种。目前我国公用寻呼系统多为人工控制方式。如果你要用无线寻呼系统寻找一个携带了寻呼接收机的人，首先要利用市内电话拨通寻呼台的电话（国家标准寻呼台的服务号为126），然后把被寻呼者的寻呼编号和你的姓名、电话号码以及简短信息内容告诉寻呼台的话务员。话务员把这些信息译成计算机能识别的代码输入计算机终端，然后计算机主机对输入的数据代码按标准寻呼编码（我国采用国际无线寻呼号码，即POCSAG码）格式编码。编码后的数字信号送到发射机的调制端，调制后的射频信号经发射机天线发射到空间（我国公用寻呼的主要工作频率为152~650MHz）。这时，只要被寻者处于电镀覆盖区内，他身上的寻呼机就会收到寻呼信息并发出"哔哔"声或振动，同时把收到的信息存入存储器并在液晶显示屏上显示收到的信息。被寻者只要按下读键即可读取收到的信息。

由于人工寻呼系统需要操作人员将寻呼信息输入计算机终端，因此在夜间也要有操作员值班。另外，当用户数量很大时，操作员就要增加很多，电话中继线也要相应增加，因此发展全自动寻呼系统就显得非常必要。全自动寻呼系统和市话用户用中继线直接连接起来。用户使用全自动寻呼系统时，先拨寻呼中心的电话，确认电话接通后，用户自己通过电话键盘或终端输入寻呼代码信息，控制中心收到用户输入的信息后，就会自动对信息进行处理和编码，并送到发射机发射出去。整个过程由寻呼中心的计算机自动控制，无须操作员介入。使用全自动寻呼系统时，用户需要记住冗长的寻呼码表或购置比普通电话机贵得多的终端设备。随着计算机技术、数据通信技术和话音处理技术的发展，数字全自动寻呼系统将会改变这种状况。

如图6-79所示是单发射机寻呼系统。其实，一般公用寻呼系统为了扩大服务范围，多采用多发射台同播方式，即寻呼控制中心将寻呼信息编码调制后，同时传送给设置在不同地方的总发射台。各发射台把收到的调制信号解调后，再重新调制到同一射频信道上，并同时或顺序地把寻呼信号播出。

2）无线寻呼遥控接收系统

虽然寻呼接收机从外形、功能、编码格式、工作频率等分为许多种类，但从技术原理上说，所有的数字寻呼接收机都基本相同。寻呼机主要由接收、解码、识别、储存、显示、告警几个功能部分组成，如图6-80所示。

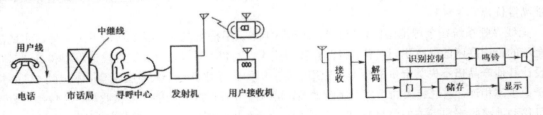

图 6-79　无线寻呼系统的组成图　　　　　　图 6-80　接收系统方框图

从图6-80可以简单地看出寻呼机的工作过程。收到的射频信号经放大转换成中频信号，中频信号再经滤波、放大、限幅后，被鉴频出数字编码信号。编码数字信号送到解码器同步解码，识别电路首先判断接收到的寻呼地址码是否与本机地址码相同。若地址码相同，则可确认该寻呼信息是呼叫本机的，然后打开控制门，把信息储存起来，同时发出"哔哔"告警声和显示收到的信息；若地址码不相同，则寻呼机响应。不同厂家、不同型号的寻呼机所采用的具体电路并不完全相同。

2. 无线寻呼遥控器

1）无线寻呼遥控器简介

无线寻呼遥控器与传统的无线电遥控器相比具有明显的优越性，它不需要投资建立专用的大功率发射机就能实现远程或者超远程的遥控。它巧妙地借用了无线寻呼台的高可靠硬件资源，利用寻呼机回电时发射出来的无线数字密码来实现遥控。这种新型的遥控器属于一种数字式多位密码遥控器，我们只要把遥控密码+控制码放在任何一个数字寻呼机号码后寻呼，就能达到远程遥控的目的。

例如，"传呼1272323XXXX，回电33420879011"，便能把第一路继电器吸合，其中1272323XXXX为任意一个数字寻呼机号码，3342087为用户事先向遥控器写码输入的密码，后面的9011是控制第一路继电器吸合的控制码。密码可以由用户自定义，密码长度最大为10位，无线寻呼遥控器具有18个控制码，其中的16个控制码为8路继电器的开或关控制码，还有两个为继电器全开或者全关控制码。

借助寻呼台信号来发送遥控密码，有以下两大突出优点：

（1）目前寻呼台的基站多，信号已覆盖大中小城市的每一个角落。因此，利用寻呼台来发送遥控信号，地区网控制距离可以达到50~100km，省网可以覆盖全省，全国网可以覆盖全国。

（2）寻呼信号采用POCSAG编码，POCSAG编码具有极强的信号纠错、修复功能。由于无线信号在传输过程中难免会受到种种干扰和阻挡，造成信号残缺、误码，因此编码的纠错、修复功能对于遥控器的可靠性有着决定性的作用。有了POCSAG编码的自动纠错功能，寻呼遥控器即使在边远地区，或在高层建筑阻挡信号的环境下，也能像寻呼机一样可靠地进行遥控，使得寻呼遥控器的控制可靠性几乎达到100%。

2）工作原理

寻呼遥控器从表面上看和寻呼机很相似，事实上它的工作原理要比寻呼机复杂得多。寻呼机只能接收单一速率、单一相位的地址帧信号，而寻呼遥控器则要把寻呼台发出的各种不同速率和不同相位的信号全部接收下来，并把所有寻呼机的回电内容与输入的遥控密码对比，只有密码完全相同才会根据控制码控制对应的继电器开或者关。由于寻呼遥控器是把寻呼台发出的所有用户的传呼内容都一一检测对比，因此我们把遥控密码放在任何一个传呼的回电栏内发送都能达到相同的控制目的。这也意味着寻呼遥控器无须交入网费和月租费，就能免费共享寻呼台的资源。同时，寻呼遥控器采用PLL锁相环频率合成接收机，用户可以通过写码软件反复更改接收频率，以选择优秀的寻呼台进行遥控信号的发送。每只寻呼遥控器内都有写码插口，并配有相应的写码软件和连接电缆线。用户通过连接电缆把寻呼遥控器连到计算机的并行打印口上，运行写码软件便能对寻呼遥控器内的电改写存储器EEPROM进行写码。用户需要写码的内容仅包括频率和密码，并且允许用户反复改写100万次。

无线寻呼遥控器有150频段和280频段两种型号，用户购买时应特别注意：两个频段互相不兼容，不能同时写码.EXE，只能选择其中的一种。150频段的寻呼遥控器比较常用，用户可以用写码软件在149~164MHz的频率范围内任意输入频率；280频段的寻呼遥控器，用户可以用写码软件在275~287MHz的频率范围内任意输入频率。这个频率就是寻呼机的固有工作频率，一定要确保这个频率的正确性。控制码则是用户自己定义的每一个继电器的开关指令，每路继电器的开或者关要占用两个控制码，8路共有16个控制码。寻呼遥控器的工作电压为5~12V，选用表面贴装元器件采用高密度错层设计，使得寻呼遥控器的体积仅有28mm×67mm，便于把更多的设计空间留给用户。

3）无线寻呼遥控器的应用场合

（1）机动车防劫、防盗器。汽车被劫、被盗后，无论车子开到哪里，只要打一个传呼就能进行遥控强行熄火，在强制熄火之前可以先自动进行语音提示警告，比如"本车为被盗车辆""三分钟后会强制熄火""请注意三分钟以后车辆强制熄火"，同时控制高响度报警器讯响，引起公路巡警的注意。

（2）电费催缴系统。对欠费用户进行远程断电，补缴后再遥控接通。

（3）城市路灯控制系统。把多个寻呼遥控器写码成相同频率、相同密码，便可实现群呼。只要一个传呼，就能把整个城市的路灯打开或关掉。也可以把任务交给寻呼台定时呼，让它每天下午18时呼开灯密码，上午6时呼关灯密码。此法也适用于霓虹灯控制。

（4）电子产品的远程授权。把寻呼遥控器设计到电子产品内部，当使用超出试用期后，通过寻呼遥控器把电子产品的功能远程失效，用户汇款后再遥控远程授权。也可以用于仪器设备、汽车的出租交费管理。

（5）在工业上，如边远地区的电力负荷开关、抽水机的远程控制，以及高山、铁塔、小岛等人不易到达的地方的电力开关的遥控。

4）寻呼遥控器的写码操作

寻呼遥控器在通电使用前必须先对其进行写码。写码的内容包括写入遥控器的接收频率和遥控密码两项内容。频率指的是寻呼台的发射频率。每个寻呼台都有自己特定的频率。也就是说，用户需要选择哪个寻呼台发送遥控信号，只要把它的工作频率写入遥控器即可（寻呼台的工作频率可以通过本台的任何一只寻呼机内的本振晶体换算出来）。遥控密码是用户自己定义的一个多位数字。用户把密码写入遥控器，也就是和遥控器事先约定，在以后的工作中，只要寻呼台发现有和密码一样的信息，就进行遥控操作，同时用户自己也必须牢记密码。整个写码过程需要靠计算机来完成，但对计算机的硬件要求不是很高。寻呼遥控器的主机及附带有写码连接电缆和写码软件写码。

具体写码步骤如下：

（1）连接时最好先将计算机关闭，用专配的连接电缆线将计算机的并行打印口与遥控器的写码口相连，连接好后再打开计算机，防止损坏计算机的打印并行接口（注意，遥控器在整个写码过程中不需要外接电源，直接由计算机的打印口供给遥控器的电源）。

（2）启动计算机，在Windows环境下双击写码.EXE运行写码软件。

（3）按D键，进入EDIT编辑。

（4）从第二行0000处的顶格开始输入频率（小数点省略不输入，只输入数字）。

（5）频率输入完后，用↑、↓、←、→键，把光标移到第二行0010的顶格，输入密码（密码不超过10位数字）。

（6）以上两项参数设定好后，按ESC键退出EDIT编辑。再按P键，后按Y键，就把参数写入了遥控器。最后按Q、Y键退出写码程序，关闭计算机，取下寻呼遥控器。

例如，寻呼机的接收频率f=159.225MHz，密码为3342087。

```
0000——15 92 25 FF FF FF FF FF
0010——33 42 08 7F FF FF FF FF
0020——FF FF FF FF FF FF FF FF
0030——FF FF FF FF FF FF FF FF……
```

输入"FF"将激活蜂鸣器。遥控器上的蜂鸣器和寻呼机上的作用一样,在收到有效信号后,发出0.5秒左右的"嘀"声,激活蜂鸣器后,蜂鸣器在使用中可能会发出轻微的杂音,这是正常现象,如果用户不需要蜂鸣器讯响,则输入"00"禁止蜂鸣器工作。

5)寻呼遥控器的使用操作

无线寻呼遥控器的使用非常方便,共有10根管脚:

(1)脚:第1路三极管集电极开路输出,直接驱动继电器K1。
(2)脚:第2路三极管集电极开路输出,直接驱动继电器K2。
(3)脚:第3路三极管集电极开路输出,直接驱动继电器K3。
(4)脚:第4路三极管集电极开路输出,直接驱动继电器K4。
(5)脚:第5路三极管集电极开路输出,直接驱动继电器K5。
(6)脚:第6路三极管集电极开路输出,直接驱动继电器K6。
(7)脚:第7路三极管集电极开路输出,直接驱动继电器K7。
(8)脚:第8路三极管集电极开路输出,直接驱动继电器K8。
(9)脚:正电源UCC为5~12V。
(10)脚:接地(GND)。

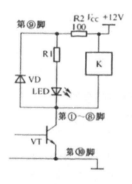

图 6-81　遥控器内部的接口电路

无线寻呼遥控器的背面有8个贴片的绿色发光二极管,当相应通道被遥控时,发光二极管会被点亮,起到指示的作用,非常直观。无线寻呼遥控器的工作电压为5~12V。选用继电器时需要考虑工作电压的影响,如电源电压为5V时可以用5V的继电器,电源电压为12V时,可以用12V的继电器。若通电长时间工作,而且工作电压高于8V,则遥控器的电源部分会有缓慢的升温现象。这时可以将电源正极断开,串入一个100Ω的限流电阻,即能消除无线寻呼遥控器的温度上升。图6-81为寻呼遥控器内部的接口电路,可供参考。

对遥控器写入了频率和密码后,就可以进行寻呼遥控了。下面介绍寻呼遥控的格式和控制指令。寻呼遥控的格式是由"密码+控制码"的形式组合而成的。其中密码就是用户事先写入遥控器的密码。控制码用来控制8路继电器的开关状态指令。本机共有16条控制码,它们分别控制着8路继电器的开关。它们是固定的代号,用户不能改变,只能从表中选择,它们分别是:

9010第1路继电器关;9050第5路继电器关。
9011第1路继电器开;9051第5路继电器开。
9020第2路继电器关;9060第6路继电器关。
9021第2路继电器开;9061第6路继电器开。
9030第3路继电器关;9070第7路继电器关。
9031第3路继电器开;9071第7路继电器开。
9040第4路继电器关;9080第8路继电器关。
9041第4路继电器开;9081第8路继电器开。

此外,又增加了"9090"8路继电器同时关,"9091"8路继电器同时开。

用户可以通过传呼同一个台里的任意一只数字寻呼机,发送密码和控制指令就能达到遥控的目的。打传呼时，把密码当成回电号码告诉寻呼员，把控制指令当成分机号告诉寻呼员。例如，密码是3342087，用户要把第1路继电器打开时，则先打人工寻呼台126，对寻呼小姐说"传呼1272323XXXX（传呼号任意），回电3342087转分机9011"即可。如果要把第6路继电器关掉，则"传呼1272323XXXX（任意），回电3342087转分机9060"即可。控制其他继电器，用户只要参见上面的指令表选择相应的控制指令就能完成。

6）遥控器的使用技巧

（1）有效的遥控格式必须是密码和控制码两者都齐备的才能进行遥控控制。只有密码而没有控制码是无效的，是不会引起继电器误动作的。根据这一点，我们可以把密码设置成自己常用的电话号码。我们可以方便地利用自动寻呼台来操作，比如常用的电话为3342087，用这个电话直接拨打1272323XXXX就相当于使用自动寻呼功能，听到"嘀、嘀、嘀"的成功确认音后，马上按下控制码，比如9091，然后挂机。这样几秒钟以后，无线寻呼遥控器的8个通道的指示灯就会都点亮，而且8个继电器都会吸合。

（2）例如密码是"231"三位数，通常要打开第一路继电器时，"寻呼XXX，回电231，转分机9011"，"寻呼XXX，回电2319011"也能达到相同的控制。因为密码和指令可以分开发送，也可以连在一起发送，效果一样。但有一点要特别注意，密码的位数设置得越少，误动作的可能性就越大。密码设为3位数，误动作的概率是百分之一，而7位数密码则是百万分之一，就不大可能出现误动作。如果用户还不放心，可以把密码设置成10位数。

（3）寻呼台发射频率与寻呼机本振晶体的换算。如果用户不知道寻呼台的发射频率，可以找一只本台的寻呼机打开看本振晶体换算出来。有的寻呼机的本振晶体上标的数值就是发射频率，这种情况就不用换算，直接把这个数值写入遥控器即可。但绝大多数寻呼机的晶体上标的都是差频数值，就要通过以下方法换算：摩托罗拉机型为晶体标值×3+17.9=发射频率；日本产机型为晶体标值×2+21.4 =发射频率；其他的一些杂牌机、国产机都是仿以上两种机型的结构，我们用两种换算方法得出的结果都试试就行了。还有一种最可靠的办法就是直接问寻呼服务商，你把寻呼机号码告诉寻呼服务商，他们可以通过计算机直接查到这个寻呼机的工作频率，这种方法最为方便准确。

6.9 小 结

1. 本章主要介绍了声传感器的基本原理、压电陶瓷与驻极体话筒、声控电路的组成。

2. 4个声传感器应用案例（声控开关、脉搏跳动监视、车胎漏气检测仪、声控自动门）。

3. 超声传感器（结构特性、组成、专用集成电路、遥控方式与组成、发射接收电路）及3个应用案例（超声开关、超声探测、超声控电机调速）。

4. 语音传感器（语言声音信号、声音信号合成、语言声音识别）及1个应用案例。

5. 音频传感器（音频信号与执行器件、专用集成电路）及3个应用案例（音频开关、家电音频遥控、音频传呼器）。

6. 本章介绍的典型应用案例共计11个。

6.10　习　题

1. 在声传感器中，声控电路由哪几部分组成？

2. 压电陶瓷与驻极体话筒有什么特性？

3. 声传感器、超声传感器、语音传感器、音频传感器各有什么特点？

4. 声传感器、超声传感器、语音传感器、音频传感器在应用中要注意什么问题？

5. 在11个典型应用案例中，为什么说最主要、最核心、最关键、最重要的内容是"电路的组成及特点"？

第 7 章
无线传感器网络

本章主要介绍无线传感器网络的结构特点、定位跟踪(时间同步、定位计算、数据管理、目标跟踪)技术、网络安全(安全分析、安全系统结构、协议栈安全、密钥管理、入侵检测)技术、网络标准(ISO/IEC JTCI WG7标准、无线传感器网络相关标准)、传感器的节点及网络设计(传感器节点的分类、传感器节点的硬件设计、网络开发测试平台)、工程应用设计案例(智能家居系统、智能温室系统、智能远程医疗监护系统)等。

7.1 结构特点

7.1.1 体系结构

无线传感器的网络体系结构如图7-1所示。

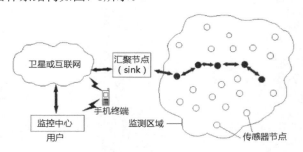

(a)无线传感器的网络体系结构 1

图 7-1 无线传感器的网络体系结构

（b）无线传感器的网络体系结构 2

图 7-1　无线传感器的网络体系结构（续）

无线传感器网络系统通常包括传感器节点、汇聚节点和管理节点。大量传感器节点随机部署在监测区域内部或附近，能够通过自组织方式构成网络，传感器节点监测的数据沿着其他传感器节点逐跳地进行传输，在传输过程中监测数据可能被多个节点处理，经过多跳后路由到汇聚节点，最后通过互联网或E星到达管理节点。用户通过管理节点对传感器网络进行配置和管理、发布监测任务以及收集监测数据。传感器网络技术的发展过程如表7-1所示。

表 7-1　传感器网络技术的发展过程

年　代	连　接	覆　盖
1965—1979	直接连接	点覆盖
1980—1994	接口连接	线覆盖
I995—2004	总线连接	面覆盖
2005—	网络连接	域覆盖

无线传感器网络节点的组成和功能包括以下4个基本单元：

（1）传感单元：由传感器和模/数转换功能模块组成，传感器负责对感知对象的信息进行采集和数据转换。

（2）处理单元：由嵌入式系统构成，包括CPU、存储器、嵌入式操作系统等。处理单元负责控制整个节点的操作，存储和处理自身采集的数据以及传感器其他节点发来的数据。

（3）通信单元：由无线通信模块组成，无线通信负责实现传感器节点之间以及传感器节点与用户节点、管理控制节点之间的通信，交互控制消息和收/发业务数据。

（4）电源部分。

此外，可以选择的其他功能单元包括定位系统、运动系统以及发电装置等。

无线传感器网络的使用可节约能耗、降低劳动强度、减少操作危险性和节省劳动成本。传感器分类及常用元器件如表7-2所示。

表 7-2　传感器分类及常用元器件

分　类	元　器　件
温度	热敏电阻、热电偶
压力	压力计、气压计、电离计
光学	光敏二极管、光敏晶体管、红外传感器、CCD 传感器
声学	压电谐振器、传声器
机械	应变计、触觉传感器、电容隔膜、压阻元件
振动	加速度计、陀螺仪、光电传感器
流量	水流计、风速计、空气流量传感器
位置	全球定位系统、超声波传感器、红外传感器、倾斜仪
电磁	霍尔效应传感器、磁强计
化学	PH 传感器、电化学传感器、红外气体传感器
湿度	电容/电阻式传感器、湿度计、湿度传感器
辐射	电离探测器、Geiger-Mueller 计数器

7.1.2　系统特征

无线传感器网络系统如图7-2（a）所示，其体系结构由分层的网络通信协议、网络管理平台以及应用支撑平台三部分组成。图7-2（b）为ISO（国际标准化组织）制定的网络协议七层模式。

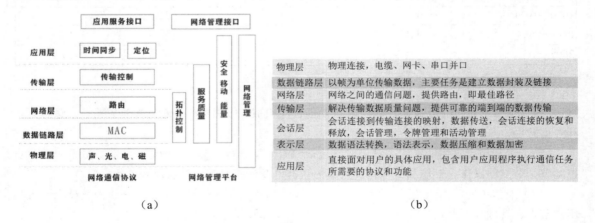

图 7-2　无线传感器网络系统的体系结构

1. 分层的网络通信协议

分层的网络通信协议类似于传统互联网中的TCP/IP体系，它由物理层、数据链路层、网络层、传输层和应用层组成。

（1）物理层：负责信号的调制和数据的收发，所采用的传输介质有无线电、红外线和光波等。

（2）数据链路层：负责数据成帧、帧检测、媒体访问和差错控制，其中媒体访问协议（MAC协议）保证可靠的点对点和点对多点通信，差错控制则保证源节点发出的信息可以完整无误地到达目标节点。

（3）网络层：负责路由发现和维护，通常大多数节点无法直接和网关通信，需要中间节点通过多条路由的方式将数据传到汇聚节点。

（4）传输层：负责数据流的传输控制，主要通过汇聚节点采集传感器节点中的数据信息，并使用卫星、移动通信网络、互联网或者其他的链路与外部网络通信。

2. 网络管理平台

网络管理平台主要对传感器节点自身进行管理，以及用户对传感器网络的管理。它包括拓扑控制、服务质量管理、能量管理、安全管理、移动管理和网络管理等。

（1）拓扑控制。为了节约能源，传感器节点会在某些时刻进入休眠状态，这导致网格拓扑结构不断变化，因而需要通过拓扑控制技术管理各节点状态的转换，使网络保持畅通，数据能够有效传输。拓扑控制利用链路层、路由层完成拓扑生成，反过来又为它们提供基础信息支持，优化MAC协议和路由协议，降低能耗。

（2）服务质量（QoS）管理。在各协议层设计队列管理、优先级机制或者带预留等机制，并对特定应用的数据进行特别处理。它是网络与用户之间以及网络上互相通信的用户之间关于信息传输与共享的质量约定，为满足用户的要求，无线传感器必须能够为用户提供足够的资源。

（3）能量管理。在无线传感器网络中，电源能量是各个节点最宝贵的资源，为了使无线传感器网络的使用时间尽可能地长，需要合理、有效地控制节点对能量的使用，每个协议层中都要增加能量控制代码，并提供给操作系统进行能量分配决策。

（4）安全管理。由于节点随机部署、网络拓扑的动态性以及无线信道的不稳定，传统的安全机制无法在无线传感器网络中使用。因此，需要设计新型的网络安全机制，这需要采用扩频通信、接入认证、鉴权、数字水印和数据加密等技术。

（5）移动管理。用来检测和控制节点的移动，维护到汇聚节点的路由，还可以使传感器节点跟踪其邻居节点。

（6）网络管理。是对网络上的设备及传输系统进行有效监视、控制、诊断和测试所采用的技术和方法。它要求各层协议嵌入各类信息接口，并定时收集协议运行状态和流量信息，协调控制网络中各个协议组件的运行。

3. 应用支撑平台

应用支撑平台建立在分层的网络通信协议和网络管理平台的基础之上，它包括一系列基于检测任务的应用层软件，通过应用服务接口和网络管理接口来为终端用户提供具体的应用支持。

（1）时间同步：无线传感器网络的通信协议和应用要求各节点间的时钟必须保持同步，这样多个传感器节点才能相互配合工作。此外，节点的休眠和唤醒也需要时钟同步。

（2）定位：确定每个传感器节点的相对位置或绝对位置，节点定位在军事侦察、环境监测、紧急救援等环境中尤为重要。

（3）应用服务接口：无线传感器网络的应用是多种多样的，针对不同的应用环境，有各种应用层的协议，如任务安排和数据分发协议、节点查询和数据分发协议等。

（4）网络管理接口：主要是传感器管理协议，用来将数据传输到应用层。

7.2 定位跟踪

传感器网络管理包括时间同步、定位技术、数据管理和目标跟踪等。传感器节点都有自己的内部时钟，由于不同节点的晶体振荡频率存在偏差，节点时间会出现偏差，因此节点之间必须频繁地进行本地时钟的信息交互，保证网络节点在时间认识上的一致性，时间同步作为上层协同机制的主要支撑，在时间敏感型应用中尤为重要。

传感器节点不仅需要时间的信息，还需要空间的信息。在网络中，节点需要认识自身位置，这是目标定位的前提条件，对于目标、事件的位置信息，传感器网络利用目标定位来确定其相应的位置信息。

目标跟踪是指为了维持对目标当前状态的估计，同时也是对传感器接收的量测进行处理的过程。目标跟踪处理过程中所关注的通常不是原始的观测数据，而是信号处理子系统或者检测子系统的输出信号，无论在军事还是民用领域都有着重要的应用价值。

因此，本节主要介绍定位跟踪相关技术。

7.2.1 时间同步

无线传感器网络的时间同步是指各个独立的节点通过不断与其他节点交换本地时钟信息，最终达到并保持全局时间协调一致的过程，即以本地通信确保全局同步。在无线传感器网络中，节点分布在整个感知区域中，每个节点都有自己的内部时钟（即本地时钟），由于不同节点的晶体振荡（晶振）频率存在偏差，再加上湿度差异、电磁波干扰等，即使在某个时间所有的节点时钟一致，一段时间后它们的时间也会再度出现时钟不同步，针对时钟晶振偏移和漂移，以及传输和处理不确定时延的情况，本地时钟采取的关于时钟信息的编码、交换与处理方式都不同。

本地时钟同步与无线链路传输是无线网络根本的服务质量要求，无线传输为本地时钟的同步提供了平台与保障。通常在无线传感器网络中，除了非常少量的传感器节点携带如GPS等硬件时间同步部件外，绝大多数传感器节点都需要根据时间同步机制交换同步消息，与网络中的其他传感器节点保持时间同步，在设计传感器网络的时间同步机制时，需要从以下几个方面进行考虑：

（1）扩展性：在无线传感器网络应用中，网络部署的地理范围大小不同，网络内节点的密度不同，时间同步机制应能够适应这种网络范围或节点密度的变化。

（2）稳定性：无线传感器网络在保持连通性的同时，因环境影响以及节点本身的变化，网络拓扑结构将动态变化，时间同步机制要能够在拓扑结构的动态变化中保持时间同步的连续性和精度的稳定性。

（3）健壮性：由于各种原因可能造成传感器节点失效，现场环境随时可能影响无线链路的通信质量，因此要求时间同步机制具有良好的健壮性。

（4）收敛性：无线传感器网络具有拓扑结构动态变化的特点，同时传感器节点又存在能量约束，这些都要求建立时间同步的时间很短，使节点能够及时知道它们的时间是否达到同步。

（5）能量感知：为了减少能量消耗，保持网络时间同步的交换消息数尽量少，必需的网络通信和计算负载应该可预知，时间同步机制应该根据网络节点的能量分布均匀，使用网络节点的能量来达到能量的高效使用。

1. 同步的关键因素

准确地估计消息包的传输延迟，通过偏移补偿或漂移补偿的方法对时钟进行修正是无线传感器网络中实现时间同步的关键。目前，绝大多数的时间同步算法都是对时钟偏移进行补偿，由于对偏移进行补偿的精度相对较高且比较难实现，所以对漂移进行补偿的算法相对少一些。

在无线传感器网络中，为了完成节点间的时间同步，消息包的传输是必需的。为了更好地分析消息包传输中的误差，可将消息包收发的时延分为以下6个部分：

（1）发送时间（Send Time）：发送节点构造一条消息和发布发送请求到MAC层所需的时间，包括内核协议处理、上下文切换时间、中断处理时间和缓冲时间等。它取决于系统调用开销和处理器当前负载，可能高达几百毫秒。

（2）访问时间（Access Time）：消息等待传输信道空闲所需的时间，即从等待信道空闲到消息发送开始时的延迟。它是消息传递中最不确定的部分，与低层MAC协议和网络当前的负载状况密切相关。在基于竞争的MAC协议（如以太网）中，发送节点必须等到信道空闲时才能传输数据，如果发送过程中产生冲突，则需要重传。无线局域网IEEE 802.11协议的RTS/CTS机制要求发送节点在数据传输之前先交换控制信息，获得对无线传输信道的使用权；TDMA协议要求发送节点必须得到分配给它的时间槽时才能发送数据。

（3）传输时间（Transmission Time）：发送节点在无线链路的物理层按位（bit）发射消息所需的时间，该时间比较确定，取决于消息包的大小和无线发射速率。

（4）传播时间（Propagation Time）：消息在发送节点到接收节点的传输介质中的传播时间，该时间仅取决于节点间的距离，与其他时延相比，这个时延是可以忽略的。

（5）接收时间（Reception Time）：接收节点按位接收信息并传递给MAC层的时间，这个时间和传输时间相对应。

（6）接收处理时间（Receive Time）：接收节点重新组装信息并传递至上层应用所需的时间，包括系统调用、上下文切换等时间，与发送时间类似。

2. 同步的基本原理

在无线传感器网络中，节点的本地时钟依靠对自身晶振中断计数实现，晶振的频率误差因初始计时时刻不同，使得节点之间的本地时钟不同步。若能估算出本地时钟与物理时钟的关系或本地时钟之间的关系，则可以构造对应的逻辑时钟以达成同步。节点时钟通常用晶体振荡器脉冲来度量，任意一节点在物理时刻的本地时钟读数可表示为：

$$c_i(t) = \frac{1}{f_0}\int_0^t f_i(\tau)\mathrm{d}\tau + c_i(t_0) \tag{7-1}$$

式中，$f_i(\tau)$是节点i晶振的实际频率，f_0为节点晶振的标准频率，t_0代表开始计时的物理时刻，$c_i(t_0)$节点i在t_0时刻的时钟读数，t是真实时间变量，$c_i(t_0)$是构造的本地时钟，间隔$c(t)-c(t_0)$被用来作为度量时间的依据。由于节点晶振频率短时间内相对稳定，因此节点时钟又可以表示为：

$$c_i(t)=a_i(t-t_0)+b_i \tag{7-2}$$

对于理想的时钟，有$r(t) = \dfrac{\mathrm{d}c(t)}{\mathrm{d}t} = 1$，也就是说，理想时钟的变化频率$r(t)$为1。但工程实践中，因为温度、压力、电源电压等外界环境的变化往往会导致晶振频率产生波动，所以构造理想时钟比较困难。一般情况下，晶振频率的波动幅度并非任意的，而是局限在一定范围之内：

$$1-\rho \leqslant \frac{dC(t)}{dt} \leqslant 1+\rho \tag{7-3}$$

式中，ρ 为绝对频率差上界，由制造厂家标定，一般 ρ 多为 $(1\sim100)\times10^6$，即一秒钟内会偏移 $\sim100\mu s$。

在无线传感器网络中，主要有以下3个原因导致传感器节点时间的差异：

（1）节点开始计时的初始时间不同。

（2）每个节点的石英晶体可能以不同的频率跳动，引起时钟值逐渐偏离，这个误差称为偏差误差。

（3）随着时间的推移，时钟老化或随着周围环境（如温度）的变化导致时钟频率发生变化，这个误差称为漂移误差。

对任何两个时钟 A 和 B，分别用 $C_A(t)$ 和 $C_B(t)$ 来表示它们在 t 时刻，那么偏移可表示为 $C_A(t)-C_B(t)$，偏差可表示为 $\frac{dC_A(t)}{dt}-\frac{dC_B(t)}{dt}$，漂移或频率可表示为 $\frac{\partial^2 C_A(t)}{dt^2}-\frac{\partial^2 C_B(t)}{dt^2}$。

假定 $c(t)$ 是一个理想的时钟，如果在 t 时刻有 $c(t)=c_i(t)$，则称时钟 $c_i(t)$ 在 t 时刻是准确的；如果 $\frac{dC(t)}{dt}-\frac{dC_i(t)}{dt}$，则称时钟 $c_i(t)$ 在 t 时刻是精确的；而如果 $c_i(t)=c_k(t)$，则称时钟 $c_i(t)$ 在 t 时刻与时钟 $c_k(t)$ 是同步的。上面的定义表明：两个同步的时钟不一定是准确或精确的，时间同步与时间的准确性和精度没有必然的联系，只有实现了与理想时钟（即真实的物理时间）的完全同步之后，三者才是统一的。对于大多数的传感器网络应用而言，只需要实现网络内部节点间的时间同步，就意味着节点上实现同步的时钟可以是不精确甚至是不准确的。

本地时钟通常由一个计数器组成，用来记录晶体振荡器产生脉冲的个数。在本地时钟的基础上，可以构造出逻辑时钟，目的是通过对本地时钟进行一定的换算以达成同步。节点的逻辑时钟是任一节点，在物理时刻 t 的逻辑时钟读数可以表示为 $LC_i(t)=la_i\times C_i(t)+lb_i$。其中，$C_i(t_0)$ 为当前本地时钟读数，la_i、lb_i 分别为频率修正系数和初始偏移修正系数。采用逻辑时钟的目的是对本地任意两个节点 i 和 j 实现同步。构造逻辑时钟有以下两种途径：

一种途径是根据本地时钟与物理时钟等全局时间基准的关系进行变换。将式（7-2）反变换可得：

$$t = \frac{1}{a_i}C_i(t) + \left(t_0 - \frac{b_i}{a_i}\right) \tag{7-4}$$

将 la_i、lb_i 设为对应的系数，即可将逻辑时钟调整到物理时间基准上。

另一种途径是根据两个节点本地时钟的关系进行对应换算。由式（7-2）可知，任意两个节点 i 和 j 的本地时钟之间的关系可表示为：

$$c_j(t)=a_{ij}c_i(t)+b_{ij} \tag{7-5}$$

式中，$a_{ij}=\frac{a_j}{a_i}$，$b_{ij}=b_j-\frac{a_j}{a_i}b_i$。将 la_i、lb_i 设为对应 a_{ij}、b_{ij} 构造出的一个逻辑时钟的对应系数，即可与节点的本地时钟达成同步。

以上两种途径都估计了频率修正系数和初始偏移修正系数，精度较高；对应低精度类的应用，还可以简单地根据当前的本地时钟和物理时钟的差值或本地时钟之间的差值进行修正。

一般情况下，都采用第二种途径进行时钟间的同步，其中 a_{ij} 和 b_{ij} 分别称为相对漂移和相对偏移。式（7-5）给出了两种基本的同步原理，即偏移补偿和漂移补偿。如果在某个时刻，通过一定的算法求得 b_{ij}，也就意味着在该时刻实现了时钟 $c_i(t)$ 和 $c_j(t)$ 的同步。偏移补偿同步没有考虑时钟漂移，因此同步时间间隔越大，同步误差越大，为了提高精度，可以考虑增加同步频率。另一种解决途径是估计相对漂移量，并进行相应的修正来减小误差。可见漂移补偿是一种有效的同步手段，在同步间隔较大时效果尤其明显。当然，实际的晶体振荡器很难长时间稳定地工作在同一频率上，因此综合应用偏移补偿和漂移补偿才能实现高精度的同步算法。

3. 同步算法

1）同步算法机制

无线传感器网络的时间同步在近几年有了很大的发展，开发出了很多同步协议，根据同步协议的同步事件及其具体应用特点，时间同步算法机制可以分为以下不同的种类：

（1）按同步事件划分

① 主从模式与平等模式。在主从模式下，从节点把主节点的本地时间作为参考时间并与之同步。一般而言，主节点要消耗的资源量与从节点的数量呈正比，所以一般选择负荷小、能量多的节点为主节点。在平等模式下，网络中的每个节点是相互直接通信的，这减小了因主节点失效而导致同步瘫痪的危险性。平等模式更加灵活，但难以控制，参考广播时钟同步协议（Reference Broadcast Synchronization，RBS）是采用平等模式的。

② 内同步与外同步。在内同步中，全球时标（即真实时间）是不可获得的，它关心的是让网络中各个时钟的最大偏差如何尽量减小。在外同步中，有一个标准时间源（如UTC）提供参考时间，从而使网络中所有的点都与标准时间源同步，可以提供全球时标。但是，绝大部分的无线传感器网络同步机制是不提供真实时间的，除非其体应用需要真实时间。内同步需要更多的操作，可用于主从模式和平等模式；外同步提供的参考时间更精确，只能用于主从模式。

③ 概率同步与确定同步。概率同步可以在给定失败概率（或概率上限）的情况下，给出某个最大偏差出现的概率。这样可以减少像确定同步情况下那样的重传和额外操作，从而节能。当然，大部分算法是确定的，都给出了确定的偏差上限。

④ 发送者－接收者与接收者－接收者。传统的发送者－接收者同步方法分为以下3步：

A. 发送者周期性地把自己的时间作为时标，用消息的方式发给接收者。

B. 接收者把自己的时标和收到的时标同步。

C. 计算发送和接收的延时。

接收者－接收者时间同步，假设两个接收者大约同时收到发送者的时标信息，然后相互比较它们记录的信息收到时间，达到同步。

（2）按具体应用特点划分

① 单跳网络与多跳网络。在单跳网络中，所有的节点都能直接通信以交换消息。但是，大部分无线传感器网络应用都要通过中间节点传送消息，它们规模太大，往往不可能是单跳的。大部分算法都提供了单跳算法，同时有把它扩展到多跳的情形。

② 静态网络与动态网络。在静态网络中，节点是不移动的。例如，监测一个区域内车辆动作

的无线传感器网络，这些网络的拓扑结构是不会改变的。RBS等连续时间同步机制针对的网络是静态网络，在动态网络中，节点可以移动，当一个节点进入另一个节点的范围内时，两个节点才是连通的，它的拓扑结构是不断改变的。

③ 基于MAC的机制与标准机制。MAC有两个功能，即利用物理层的服务向上提供可靠服务和解决传输冲突问题。MAC协议也有很多类型，不同的类型特性不一样。有一部分同步机制是基于特定的MAC协议的，有些是不依赖具体MAC协议的，也称为标准机制。

总之，在具体应用中同步协议的设计需要因地制宜。

2）典型时间同步协议

下面具体介绍实际应用的几种典型时间同步协议，并进行简要对比分析。

（1）RBS

RBS是典型的接收者—接收者同步。其最大的特点是发送节点广播不包含时间的同步包，在广播范围内接收节点同步包，并记录收到包的时间。而接收节点通过比较各自记录的收包时间（需要进行多次通信）达到时间同步，消除了发送时间和接收时间的不确定性带来的同步偏差。在实际应用中，传播时间是忽略的（考虑到电磁波传播速度等同于光速），所以同步误差主要是由接收时间的不确定性引起的。RBS之所以能够进行精确同步，主要是因为经过实验（用Motes实验）验证，各个节点接收时间之间的差是服从高斯分布的（$\mu=0$，$\sigma=11.1\mu s$，confidence=99.8%），因此可以通过发送多个同步包减小同步偏差，以提高同步精度。

RBS算法示意图如图7-3所示。

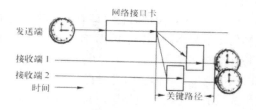

图 7-3　RBS 算法示意图

假设有两个接收者i和j，发送节点每轮同步向它们发送m个包，计算它们之间的时钟偏差为：

$$\text{Offset}[i, j] = \frac{1}{m} \sum_{k=1}^{m} (T_{i,k} - T_{j,k}) \qquad (7\text{-}6)$$

式中，$T_{i,k}$和$T_{j,k}$分别是接收者i和j记录的收到第k个同步包的时间。当接收节点的接收时间之间的差服从高斯分布时，可以通过发送多个同步包的方式来提高同步精度，这在数学上是很容易证明的。

经过多次广播后，可以获得多个点，从而可以用统计的方法估计接收者i相对于接收者j的漂移，用于进一步的时钟同步。

RBS也能扩展到多跳算法，可以选择两个相邻的广播域的公共节点作为另一个时间同步消息的广播者，这样两个广播域内的节点就可以同步起来，从而实现多跳同步。

RBS的优点：使用了广播的方法同步接收节点，同步数据传输过程中最大的不确定性可以从关键路径中消除，这种方法比起计算回路延时的同步协议有更高的精度；利用多次广播的方式可以提高同步精度，因为实验证明回归误差是服从良好分布的，这也可以被用来估计时钟漂移；奇异点及同步包的丢失可以很好地处理，拟合曲线在缺失某些点的情况下也能得到；RBS允许节点构建本地的时间尺度，这对于很多只需要网内相对同步而非绝对时间同步的应用很重要。

当然，RBS也有它的不足之处，这种同步协议不能用于点到点的网络，因为协议需要广播信道：对于 n 个节点的单跳网络，RBS需要 $O(n^2)$ 次数据交互，这对于无线传感器网络来说是非常高的能量消耗；由于很多次的数据交互，同步的收敛时间很长，在这个协议中，参考节点是没有被同步的。如果网络中的参考节点需要被同步，那么会导致额外的能量消耗。

（2）TPSN

无线传感器网络时间同步协议（Timing-sync Protocol for Sensor Network，TPSN）是较典型的实用算法。TPSN算法是由加州大学网络和嵌入式系统实验室的Saurabh Ganeriwal等于2003年提出的，算法采用发送者－接收者之间进行成对同步的工作方式，并将其扩展到全网域的时间同步。算法的实现分两个阶段：层次发现阶段和同步阶段。

在层次发现阶段，网络产生一个分层的拓扑结构并赋予每个节点一个层次号。同步阶段进行节点间的成对报文交换。图7-4中给出了TPSN一对节点报文的交换情况。发送方通过发送同步请求报文，接收方接收到报文并记录接收时间后，向发送节点发送响应报文，发送方可以得到整个交换过程中的时间戳 T_1、T_2、T_3 和 T_4，由此可以计算节点间的偏移量和传输延迟为：

$$\beta = \frac{(T_2 - T_1) - (T_3 - T_4)}{2} \tag{7-7}$$

$$d = \frac{(T_2 - T_1) - (T_3 - T_4)}{2} \tag{7-8}$$

根据上式计算得到它们之间的偏移和传输延迟，并调整自身时间到同步源时间。各节点根据层次发现阶段所形成的层次结构，分层逐步同步，直至全网同步完成。

TPSN能够实现全网范围内的节点间的时间同步，同步误差与跳数距离呈正比关系。

TPSN的优点：该协议是可以扩展的，它的同步精度不会随着网络规模的扩大而急速降低；全网同步的计算量比起NTP要小得多。

TPSN的缺点：当节点达到同步时，需要本地修改物理时钟，能量不能有效利用，因为TPSN需要一个分级的网络结构，所以该协议不适用于快速移动节点，并且TPSN不支持多跳通信。

（3）FTSP

泛洪时间同步协议（Flooding Time Synchronization Protocol，FTSP）利用无线电广播同步信息，将尽可能多的接收节点与发送节点同步，同步信息包含估计的全局时间（即发送者的时间）。接收节点在收到信息时，从各自的本地时钟读取相应的本地时间，因此一次广播信息提供了一个同步点（全局－本地时间对）给每个接收节点。接收节点根据同步节点中全局时间和本地时间的差异来估计自身与发送节点之间的时钟偏移量。FTSP通过在发送节点和接收节点多次记录时间戳来有效降低中断处理和编码/解码时间的抖动。时间戳是在传输或接收同步信息的边界字节时生成的，中断处理时间的抖动主要是由于单片机上的程序段禁止短时间中断产生的，这个误差不是高斯分布的，但是将时间戳减去一字节传输时间（即传输一字节花费的时间）的整数倍数可使其标准化。选取最小的标准化时间戳可基本消除这个误差，编码和解码时间的抖动可以通过取这些标准化时间戳的平均值而减少。接收节点的最终平均时间戳还需要通过从传输速度和位偏移量计算得到的字节校准时间进一步校正。

多跳FTSP中的节点利用参考点来实现同步。参考点包含一对全局时间与本地时间戳，节点通过定期发送和接收同步信息来获得参考点。在网络中，根节点是一个特殊节点，由网络选择并动态重选，它是网络时间参考节点。在根节点的广播半径内的节点，可以直接从根节点接收同步信息并获得参考点，在根节点的广播半径之外的节点，可以从其他与根节点的距离更近的同步节点接收同步信息并获得参考点。当一个节点收集到足够的参考点后，它通过线性回归估算自身的本地时钟的漂移和偏移以完成同步。

如图7-5所示，FTSP提供多跳同步，网络的根节点保存全局时间，网络中的其他节点将它们的时钟与根节点的时钟同步，节点形成一个Ad hoc网络结构来将全局时间从根节点转换到所有的节点。这样可以节省建立树的初始相位，并且使节点、链路故障和动态拓扑改变有更强的健壮性。实验显示，使用FTSP可以达到很高的同步精度。在实际应用中，FTSP以其算法的低复杂度、低消耗等优势被广泛应用。

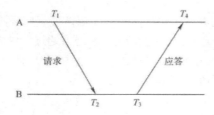

图 7-4　TPSN 一对节点报文交换情况

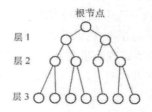

图 7-5　FTSP 同步协议示意图

3）经典同步协议比较

首先进行定性分析，主要分析各种协议是否达到设计的目标。设计的目标包括能量有效性、精确性、扩展性、总体复杂性和容错能力。定性分析3种经典同步协议如表7-3所示。

表 7-3　定性分析 3 种经典同步协议

协　议	精　确　性	能量有效性	总体复杂性	扩　展　性	容错能力
RBS	高	高	高	好	无
TPSN	高	一般	低	好	有
FTSP	高	高	低	不可用	有

其次进行定量分析，要比较的参数如下：

（1）同步精度：同步精度有两种定义方式：绝对精度——节点的逻辑时钟和标准时间（如UTC）之间的最大偏差；相对精度——节点之间逻辑时钟的值的最大差值。这里使用相对精度。

（2）捎带：在同步期间把回复信息与同步信息相结合，节约了传播的开销。

（3）复杂度：传感器节点的硬件计算能力有限，对复杂度有特定的约束。

（4）同步花费时间：同步整个网络所用的时间。

（5）GUI服务：包括可以读取时间和调度同步事件。

（6）网络尺寸：可以同步的网络的最大节点数。

定量比较3种经典同步协议如表7-4所示。

表 7-4 定量比较 3 种经典同步协议

协 议	同步精度/μs	捎 带	复 杂 度	同步花费时间	GUI 服务	网络尺寸
RBS	1.85±1.28	不可用	高	不可用	无	2～20
TPSN	16.9	无	低	不确定	无	150～300
FTSP	1.48	无	低	低	无	不确定

最后通过比较分析可以看到，不同的同步协议各有优劣，在具体应用中，要根据实际情况选择合适的同步协议。

7.2.2 定位算法

节点定位技术是无线传感器网络的核心技术之一，其目的是通过网络中已知位置信息的节点计算出其他未知节点的位置坐标。一般来说，无线传感器网络需要大规模地部署无线节点，手工配置节点位置坐标的方法需要消耗大量人力、时间，已经很难实现，而GPS并不是所有的场合都适用，因此为了满足日益增长的生产、生活需要，需要对无线传感器网络的节点定位技术进行进一步的研究。

无线传感器网络主要应用于事件的监测，而事件发生的位置对于监测消息是至关重要的，没有位置信息的监测消息毫无意义，因此需要利用定位技术来确定相应的位置信息。此外，节点自定位系统是无线传感器网络实际应用的必要模块，是路由算法、网络管理等核心模块的基础，同时也是目标定位的前提条件。因此，定位技术是无线传感器网络关键的支撑技术，是无线网络其他相关技术研究的基础，在相关领域的研究十分广泛。

1. 基于距离的定位

基于距离的定位机制（range-based）是通过测量相邻节点间的实际距离或方位进行定位的。这种定位技术一般分为以下3个阶段：

（1）测距阶段。未知节点通过测量接收到的信标节点发出信号的某些参数（如强度、到达时间、达到角度等），计算出未知节点到信标节点之间的距离。该距离可能是未知节点到信标节点的直线距离，也可能是两者之间的近似直线距离。

（2）定位阶段。未知节点根据自身到达至少3个信标节点的距离值，再利用三边测量法、三角测量法或极大似然估计法等定位算法，计算出自身的位置坐标。

（3）修正（循环求精）阶段。采用一些优化算法或特殊手段将之前得到的未知节点的位置坐标进行优化，以减小误差，提高定位精度。

基于距离的定位算法通过获取电波信号的参数，如接收信号强度（Receive Signal Strength Indication，RSSI）、信号传输时间（Time Of Arrival，TOA）、信号到达时间差（Time Difference Of Arrival，TDOA）、信号到达角度（Arrival Of Angle，AOA）等，再通过合适的定位算法来计算节点或目标的位置。

1）基于 TOA 的定位

在TOA方法中，信标节点发射出某种已知传播速度的信号，未知节点根据接收到信号的时间得出该信号的传播时间，再计算出未知节点到信标节点间的距离，最后用三边测量算法等定位算法计算出该未知节点的位置信息。系统通常使用慢速信号（如超声波）测量信号到达的时间，原理如图7-6所示。

超声信号从发送节点传送到接收节点后，接收节点再发送另一个信号给发送节点作为响应，通过双方的"握手"，发送节点即能从节点的周期延迟中推断出距离为：

$$\frac{[(T_3 - T_0) - (T_2 - T_1)] \times V}{2} \tag{7-9}$$

式中，V代表超声波信号的传递速度，这种测量方法的误差主要来自信号的处理时间（如计算延迟以及在接收端的位置延迟$T_2 - T_1$）。

TOA定位方法定位精度高，但需要未知节点和信标节点之间保持严格的时钟同步，因此对硬件系统的要求很高，成本也很高。

2）基于 TDOA 的定位

基于到达时间TDOA的定位方法，是一种基于测量信号到达时间差的定位方法。在该定位方法中，信标节点将会同时发射两种不同频率的无线信号，它们在传输过程中的速度不同，到达未知节点的时间也会不同，根据这个到达时间的不同和这两种信号的传输速度，可以计算出未知节点和信标节点之间的距离，最后通过三边测量算法等定位算法就可以最终计算出该未知节点的位置坐标。TDOA定位方法误差小，精度高，但受限于超声波传播距离有限和非视距（NLOS）问题对超声波信号的传播影响。

如图7-7所示，发射节点同时发射无线射频信号和超声波信号，接收节点记录两种信号分别到达的时间为T_1和T_2，已知无线射频信号和超声波的传播速度分别为c_1和c_2，那么两点之间的距离为$(T_2-T_1) \times S$，其中$S=c_1 c_2/(c_1-c_2)$。在实际应用中，TDOA的测距方法可以达到较高的精度。

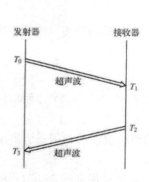

图 7-6　TOA 测距原理图

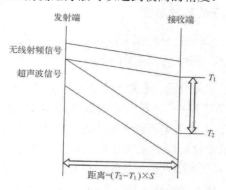

图 7-7　TDOA 定位原理图

3）基于 AOA 的定位

基于到达角度AOA的定位方法是一种基于测量信号到达角度的定位方法。未知节点上将增加一种大线阵列或其他某种接收器的阵列，通过该接收器阵列可以测得信标节点到该未知节点的角度信息，通过三角测量法就可以计算出该未知节点的位置信息。这种定位方法需要额外增加很多硬件模块，实施成本高，硬件设计复杂。

4）基于 RSSI 的定位

基于RSSI的定位方法是一种基于测量接收到的信号强度的定位方法。RSSI是信标节点发射出的信号强度已知的射频信号，未知节点测量到的从信标节点发出的射频信号的强度，根据信号传播损耗理论和经验公式计算出该未知节点到对应信标节点之间的距离，最后采用三边测量方法等定位算法计算出该未知节点的位置坐标。由于该定位方法主要采用的是射频技术，且无线通信是无线传感器节点的基本功能之一，因此使用该定位方法不需要增加额外的硬件模块，是一种成本低、功耗低的定位技术。但现实环境中的反射效应、多径效应、NLOS等问题很容易给RSSI带来较大的定位误差。

常用的无线信号传播模型为：

$$P_{r,dB}(d) = P_{r,dB}(d_0) - \eta 10\lg\left(\frac{d}{d_0}\right) + X_{\delta,dB} \tag{7-10}$$

式中，$P_{r,dB}(d_0)$是以d_0为参考点的信号的接收功率；η是路径衰减常数；$X_{\delta,dB}$是以δ^2为方差的正态分布，为了说明障碍物的影响。

式（7-10）是无线信号较常使用的传播损耗模型，如果参考点的距离d_0和接收功率已知，就可以通过该公式计算出距离d_0。理论上，如果环境条件已知，路径衰减常数为常量，接收信号强度就可以应用于距离估计。然而，不一致的衰减关系影响了距离估计的质量。这就是RSSI-RF信号测距技术的误差经常为米级的原因。在某些特定的环境条件下，基于RSSI的测距技术可以达到较好的精度，可以适当地补偿RSSI造成的误差。

2. 与距离无关的定位

尽管基于距离的定位方法在定位的精确性上有很强的优势，但这也需要传感器节点增加额外的硬件模块，增加了硬件设计的复杂度，也增加了成本。为了在低成本、低功耗的环境中进行定位，人们开始对与距离无关的定位方法进行深入而广泛的研究。

与距离无关的定位方法为了不增加额外的硬件模块，放弃了测量未知节点到信标节点绝对距离的做法，而是采用无线传感器网络中所有节点相互通信，得到节点间的相对距离，再通过待定的算法计算出各个节点之间的位置坐标。这种方法大大降低了对无线传感器网络节点硬件的要求，降低了功耗，但增加了节点之间的通信量，增大了定位误差。

与距离无关的定位方法不需要实际准确地测得未知节点到信标节点的距离，仅仅根据节点之间相互通信获得未知节点到信标节点距离的估计，再根据极大似然估计法等算法计算出未知节点的位置坐标；或者通过节点之间的通信确定未知节点在某一区域，再根据质心算法等算法计算出未知节点的位置信息。这种定位算法虽然定位误差较大，但是对传感器网络节点硬件的要求低，功耗小，自组织能力强，在一些特殊的场合里得到了广泛的应用。

与距离无关的定位方法需要确定包含待测目标的可能区域，以此确定目标位置，主要的算法包括质心定位算法、距离向量－跳段（DV-Hop）算法、近似三角形内点测试（APIT）算法、凸规划定位算法等。

1）质心定位算法

质心定位算法是南加州大学的Nirupama Bulusu等学者提出的一种基于网络连通性的室外定位算法。在平面几何中，一个多边形的中心称为该多边形的质心，它的位置坐标为这个多边形各个顶点坐标的平均值，如图7-8所示。该算法的核心思想是：传感器节点以所有在其通信范围内的信标节点的几何质心作为自己的估计位置。

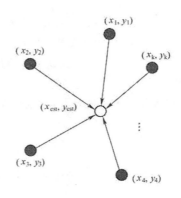

图 7-8　质心定位法示意图

具体的算法过程：信标节点每隔一段时间向邻居节点广播一个信标信号，该信号中包含节点自身的ID和位置信息；当传感器节点在一段侦听时间内接收到来自信标节点的信标信号数量超过某一个预设门限后，该节点认为与此信标节点连通，并将自身位置确定为所有与之连通的信标节点所组成的多边形的质心；当传感器节点接收到所有与之连通的信标节点的位置信息后，就可以根据由这些信标节点所组成的多边形的顶点坐标来估算自己的位置了。假设这些坐标分别为 (x_1, y_1)、(x_2, y_2)、(x_k, y_k)，则可根据下式计算出传感器节点的坐标：

$$(x_{est}, y_{est}) = \left(\frac{x_1 + \cdots + x_k}{k}, \frac{y_1 + \cdots + y_k}{k} \right) \tag{7-11}$$

质心定位算法完全根据未知节点是否能接收到信标节点发送的无线信号进行定位，依赖于无线传感器网络的连通性，不需要节点之间的频繁通信协调和计算，所以算法相对简单，易于实现。但质心定位算法都是假设信标节点发射的无线信号遵从理想无线信号模型进行传播，而没有考虑现实中无线信号在传播过程中会被反射、折射、吸收、干扰等现象。此外，由几何关系可以看出，要想对无线传感网络中所有的未知节点进行定位，要求信标节点部署的数目多、分布均匀、密度大，这将导致整个无线传感器网络成本增大，维护困难。

2）DV-Hop 算法

DV-Hop算法类似于传统网络中的距离向量路由机制。算法的基本原理是信标节点发送无线电波信号，未知节点接收到之后进行转发，直至整个网络中的节点都接收到该信号。相邻节点之间的通信记为I跳，未知节点先计算出接收到信标节点信号的最小跳数，可估算平均每跳的距离，将未知节点到达信标节点所需要的最小跳数与平均每跳的距离相乘，可以计算出未知节点与信标节点之间相对的估算距离，最后用三边测量法或极大似然估计法等估算方法计算该未知节点的位置坐标。

DV-Hop算法的定位过程可以分为以下三个阶段：

（1）计算未知节点与每个信标节点的最小跳数

首先使用典型的距离矢量交换协议，使网络中的所有节点获得距离信标节点的跳数。

信标节点向邻居节点发射无线电信号，其中包括自身的位置信息和初始化为0的跳数计数值，未知节点接收到该信号后，与接收到的其他跳数进行比较，保留每个发送信号信标节点的最小跳数，舍弃相同信标节点其他的跳数值，然后将保留的每个信标节点最小跳数加1后进行转发。由此，网络中每个节点都可以得到每个信标节点到达自身节点的最小跳数。

（2）计算未知节点与信标节点的实际跳段距离

每个信标节点根据第一个阶段中记录的其他信标节点的位置信息和相距跳段数，利用式（7-12）估算平均每跳的实际距离：

$$\text{Hopsize}_i = \frac{\sum\limits_{j \neq i} \sqrt{(x_i - x_j)^2 + (y_i - y_j)^2}}{\sum\limits_{j \neq i} h_j} \tag{7-12}$$

式中，(x_i, y_i)、(x_j, y_j)是信标节点i、j的坐标，h_j是信标节点i与j（$j \neq i$）之间的跳段数。

然后，信标节点将计算的每跳平均距离用带有生存期字段的分组广播到网络中。未知节点只记录接收到的每跳平均距离，并转发给邻居节点。这个策略保证了绝大多数节点仅从最近的信标节点接收每跳平均距离，未知节点接收到每跳平均距离后，根据记录的跳段数（hops）来估算它到信标节点的距离。

$$D_i = \text{hops} \times \text{Hopsize}_{\text{ave}} \tag{7-13}$$

（3）利用三边测量法或极大似然估计法计算自身的位置

估算出未知节点到信标节点的距离后，就可以用三边测量法或者极大似然估计法计算出未知节点的自身坐标。

将1, 2, 3, …, n个节点的坐标分别设为(x_1, y_1)，(x_1, y_2)，(x_3, y_3)，…，(x_n, y_n)。以上n个节点到节点A间的距离分别为$d_1, d_2, …, d_n$，此时将节点A的坐标设为(x, y)，则可得：

$$\begin{cases} (x_1 - x)^2 + (y_1 - y)^2 = d_1^2 \\ \vdots \\ (x_n - x)^2 + (y_n - y)^2 = d_n^2 \end{cases} \tag{7-14}$$

将式（7-14）中的前$n-1$个方差分别减去最后一个方程可得：

$$\begin{cases} x_1^2 - x_n^2 - 2(x_1 - x_n)x - y_1^2 - y_n^2 - 2(y_1 - y_n)y = d_1^2 - d_n^2 \\ x_{n-1}^2 - x_n^2 - 2(x_{n-1} - x_n)x - y_{n-1}^2 - y_n^2 - 2(y_{n-1} - y_n)y = d_{n-1}^2 - d_n^2 \end{cases} \tag{7-15}$$

此式的线性方程表示为$AX = \text{b}$，其中：

$$A = \begin{bmatrix} 2(x_1 - x_n) & 2(y_1 - y_n) \\ 2(x_{n-1} - x_n) & 2(y_{n-1} - y_n) \end{bmatrix}$$

$$b = \begin{bmatrix} x_1^2 - x_n^2 + y_1^2 - y_n^2 - d_1^2 + d_n^2 \\ x_{n-1}^2 - x_n^2 + y_{n-1}^2 - y_n^2 - d_{n-1}^2 + d_n^2 \end{bmatrix} \tag{7-16}$$

$$X = \begin{bmatrix} x \\ y \end{bmatrix}$$

对上式用最小二乘法求解，即：

$$X = (A^{\mathrm{T}} A) A^{\mathrm{T}} b$$

从而估计出未知节点x的位置坐标。

DV－Hop算法对硬件的要求很低，能够轻易地在无线传感器网络平台上实现。其缺点在于用每跳平均距离来估算未知节点到信标节点距离的做法本身就存在明显的误差，定位精度难以保证。

3）APIT 算法

近似三角形内点测试法（Approximate Point-in-Triangulation Test，APIT）本质上来看是对质心算法的一种改进。APIT定位算法的基本原理是未知节点先得到临近所有信标节点的位置信息，随机选取3个信标节点组成一个三角形，然后测试该三角形区域是否包含该未知节点，如果包含则保留，如果不包含则舍弃。不断地选取测试，直至选取的包含该未知节点的三角形区域达到定位精度的要求时停止，再计算出选取的三角形重叠后多边形的质心，并将该质心的位置作为该未知节点的位置坐标，如图7-9所示。

在该算法中，需要测试未知节点是否包含于三角形。这里介绍一种十分巧妙的方法，其理论基础是最佳三角形内点测试法。该测试原理指出，如果存在一个方向，一点沿着该方向移动会同时远离或接近三角形的3个顶点，则该点一定位于三角形外，否则该点位于三角形内。将该原理应用于静态环境的APIT定位算法时，可利用该节点的邻居节点来模拟该节点的移动，这要求邻居节点距离该节点较近，否则该测试方法将出现错误。

APIT定位算法的优点是：当值标节点发射的无线信号传播有明显的方向性，且信标节点的位置较随机时，该定位算法定位更加准确。其缺点在于需要无线传感器网络中有大量的信标节点。

4）凸规划定位算法

加州大学伯克利分校的Doherty等人将节点间点到点的通信连接视为节点位置的几何约束，把整个模型化为一个凸集，从而将15点定位问题转化为凸约束优化问题，然后使用半定规划和线性规划方法得到了一个全局优化的解决方案，确定节点位置，同时也给出了一种计算传感器节点有可能存在的矩形空间的方法。如图7-10所示，根据传感器节点与信标节点之间的通信连接和节点无线通信射程，可以估算出节点可能存在的区域（图中阴影部分），并得到相应的矩形区域，然后以矩形的质心作为传感器节点的位置。

凸规划是一种集中式定位算法，定位误差约等于节点的无线射程（信标节点比例为10%）。为了高效工作，信标节点需要被部署在网络的边缘，否则外围节点的位置估算会向网络中心偏移。该算法的优点在于定位精确性得到了很大的提高,缺点是信标节点在整个无线传感器网络区域中需要靠近边缘，且分布密度要求也较高。

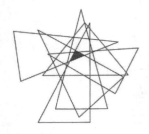

图 7-9　AP1T 定位原理示意图

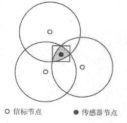

○ 信标节点　　● 传感器节点

图 7-10　凸规划定位算法示意图

7.2.3　数据管理

无线传感器网络是一个以数据为中心的网络，脱离数据谈论传感器网络是毫无意义的。在用户看来，以数据为中心的无线传感器网络就是一个产生许多无限流感知数据的数据源；从数据库研究的观点来看，无线传感器网络数据库系统可理解为一个分布式数据库，无线传感器网络的数据管理主要包括对监测数据的采集、存储、查询、挖掘等处理操作。无线传感器数据管理的目的是把用户关心的逻辑视图与无线传感器网络真正的物理视图分离开来，使得用户不需要知道网络的实现细节，而只需要关心查询的逻辑结构。

1. 系统结构

无线传感器网络的体系结构主要由节点本身的资源（通信能力、存储容量和电源等）限制和目标应用功能决定。目前，网络系统结构主要有集中式结构、分布式结构、半分布式结构、层次式结构4种类型。

1）集中式结构

在集中式结构中，感知数据经过节点预处理后，被传送到离线的中心服务器聚集并存储，然后利用传统的查询方法在中心服务器中进行数据查询。这种结构容易部署，因此目前大多数的实际监测应用网络采用集中式结构的数据管理系统。但是，这种结构存在两个主要缺点，一是结构适应性不高，用户不能根据需求改变其动态性能要求，因此该结构被称为dumb系统；二是数据集中过程中的通信开销会极大地消耗节点能量，网络寿命较短。

2）分布式结构

分布式结构假设传感器节点有着和普通计算机相同的计算和存储能力，并将计算和通信全部集成到传感器节点上。该结构只适用于基于事件的查询，系统通信开销大。由于目前的硬件水平不能达到其假设的要求，因此这类结构仅处于仿真阶段。

3）半分布式结构

典型传感器网络的系统结构包括资源受限的传感器节点群组成的多跳自组织网络、资源丰富的Sink节点、互联网和用户界面等，如图7-11所示。传感器网络层的节点具有较低的计算和存储能力，完成从代理层接收指令、进行本地计算和将数据传送到代理3项任务。代理层的节点具有丰富的存储计算和通信能力，每个代理完成5项任务，包括接受用户查询、向传感器节点发送命令、从传感器层接收数据、处理查询和将查询结果返回给用户。该系统中，传感器网络层只是简单地作为数据来源，主要的数据计算、存储和通信都在代理层完成，大大减少了网络的通信次数，延长了网络寿命。目前，大多数研究工作都集中在半分布式结构方面。

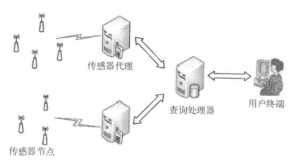

图 7-11　半分布式结构图

4）层次式结构

针对上述系统结构的不足，研究者提出了层次式结构，这种结构分为网络层和代理网络层。在传感器网络层，每个传感器节点都需要完成以下3个任务：

（1）从代理网络层接收命令。

（2）在本地节点进行计算。

（3）将处理后的数据传送到代理网络层。

网络代理完成以下任务：

（1）从终端接收用户输入的查询命令并解析优化查询命令。

（2）向网络层发送解析优化后的查询请求。

（3）从网络层接收查询请求返回的感知数据。

（4）处理查询到的数据。

（5）对查询结果进行最后的处理，并将最终结果返回给终端用户。

层次式结构将计算、处理数据的开销分担在了各个代理节点上，使得多个代理节点共同承担计算、通信的开销，可延长网络的生存期。

2. 数据存储与索引

为了将无线传感器网络的外部逻辑与内部物理实现分离开来，使用户可以不用了解网络的内部硬件实现与物理逻辑，便可以方便、有效地对网络数据进行访问，需要对无线传感器网络数据进行有效的管理。无线传感器数据管理的研究内容涉及数据模式、查询语言、数据存储、数据查询的分发与优化、数据融合等，其中数据存储、数据查询这些方面直接影响传感器网络数据查询的效率、系统的性能等。

1）无线传感器网络数据

（1）数据类型

- 观测值（Observation）：由传感器节点直接感知到的数据读数，如温度值和压力值。观测值一般情况下不能直接与网络外部进行通信操作。
- 事件（Events）：由一系列观测值构成，通常是提前定义好的，如动物监测，在无线传感器网络中，通过对低级的观测值的操作处理可以得到事件。事件也可以由其他一些事件构成，如高级事件可由几个低级事件组成，用户可以直接查询事件。

（2）数据存储方法

根据监测节点感知到的数据在网络中存储位置的不同，无线传感器网络数据存储的方法可以分为以下3种：

- 本地存储：传感器监测数据存储在产生数据的本地节点中。存储感知数据时间节点不需要消耗额外的通信能量，但是当用户查询时，网络需要消耗大量的能量将分布在网络的各数据传送给用户，此时这种方法不仅会消耗大量的通信能源，而且会延长查询时延，增加了查询的困难。
- 外部存储：将所有监测节点感知到的数据传送到网络外部的数据库节点上保存。若监测节点频繁感知到大量数据，则需要频繁地传送大量数据到外部的数据库节点，这将消耗许多能量，造成不必要的冗余数据传输，与外部数据库节点邻近的节点可能因为频繁传送数据而消耗太多的能量，导致过早地失效或损坏。当感知数据的访问频率远远高于数据存储的频率时，或者用户关心的只是少部分数据时，外部存储方法就不适用了，因为大部分传送的数据都是冗余的；且当查询频率高于数据存储频率时，用户可能无法查询到他想要的数据，例如，用户每5分钟查询一次温度值，而网络中的感知数据每10分钟将数据传送到外部传感器节点，此时无法保证用户查询的准确性。

- 以数据为中心的存储：将网络中监测节点感知到的数据根据数据所属的事件类型通过某种映射方法存储到对应映射地理位置的传感器节点上，使得同一节点存储的数据均为同一类型的数据，查询时可以很方便地通过对应的映射方法从相应的节点中获取对应的感知数据。以数据为中心的存储方法不仅不存在本地存储带来的查询困难和外部存储带来的存储能耗浪费等问题，而且有效地避免了查询命令的泛洪和广播，减少了数据传输的盲目性。如今大多数研究学者都更加热衷于研究以数据为中心的存储方法。

（3）数据处理操作

- 任务（Task）：用于发出指令，要求节点完成的本地认证操作。
- 操作（Action）：识别事件后，节点可以对审件信息执行3种操作：将信息存储在网络外部、存储在网内及使用以数据为中心的存储方式，这3种操作分别对应3种类型的数据存储方式。
- 查询（Query）：从无线传感器网络中提取出事件信息，查询方式与操作方式有关，即不同的存储方式需要不同的查询方式。

2）以数据为中心的存储技术

以数据为中心的存储技术（Data-Centric Storage，DCS）使用数据名来存储和查询数据。数据命名的方法很多，如层次式命名法和"属性值"命名法，具体的应用可根据需求采用不同的命名方法。数据存储通过数据名到传感器节点的映射算法来实现。

DCS按照事件的命名存储数据，这个命名为关键字。DCS提供一个基于（关键字，数值）对的存储形式。事件的存储和索引都利用关键字完成。DCS是一种与命名无关的存储方式，即任意命名方式都能满足用于区分不同事件的需求。DCS支持两种操作：Put和Get。Put（k,v）根据关键字k（数据的名字）存储观测值v，Get（k）索引与k有关的数值。

无线传感器网络是一个分布式网络，DCS设计的首要标准是可适用性和健壮性。但是，无线传感器网络的一些特性给DCS的设计带来了一些挑战，如节点发生故障、传感器网络拓扑结构发生改变和节点的能源有限等。这些特点使得DCS的设计必须满足以下标准：

（1）持久性：存储在系统中的（关键字，数值）对必须对查询有效，即使在某些恶劣的环境下（如节点发生故障或系统拓扑结构发生改变），（关键字，数值）对也必须对查询有效。

（2）一致性：对关键字k的查询必须对应到目前存储该关键字的节点上。如果存储该关键字的节点发生改变（如出现故障），则查询和存储必须更新到一个新的节点，以保证一致性。

（3）数据库大小的可扩展性：随着系统中（k, v）对数量的增加，不能将其集中存储于同一个节点。

（4）节点数量的可扩展性：随着系统中节点数量的增加，系统的存储容量必须增加。然而通信开销必须有所限制，防止出现通信热点。

（5）拓扑结构的适用性：要求系统在不同的网络拓扑结构下工作时性能良好。

地理散列函数算法是一种能满足上述要求，且目前使用较为广泛的以数据为中心的数据存储方法。该方法主要靠以下两个步骤来实现：第一步为使用地理位置散列表（Geographic Hash Table，GHT）将一个数据的关键字映射为一个地理位置，具有相同散列地理位置的数据将被存储在同一个传感器节点上，因此关键字的选取对系统的性能有很大的影响，也决定了地理散列方法所支持的查询类型；第二步利用贪婪周边无状态路由协议（Greedy Perimeter Stateless Routing，GPSR）将数据存储到距离散列位置最近的传感器节点上，存储感知数据的某个传感器节点成为该数据的主节点。地理散列方法采用简单的周边更新协议来保持主节点和周界上传感器节点的联系，增强该算法的健壮性，避免因主节点失效和新节点的加入导致主节点发生改变而产生的误差。

3）索引

由于传感器节点规模庞大，感知的数据量也非常多，若将所有节点中的感知数据都传递到存储节点保存，则会消耗大量的能源，而且大量的数据也大大增加了数据检索的困难。为了节省网络存储数据消耗的能源，提高数据检索的效率，可以采用索引技术将繁多的感知数据用更小数据域的索引表示，并可对索引进行排序。因此，索引有效地减少了数据检索的困难，提高了数据查询的效率，减少了保存繁多感知数据的能源消耗。索引的设计需要根据数据存储方法和系统的应用需求表示为根据查询请求检索数据的算法，检索数据时可以通过查询索引来寻找所需要的数据。

DIMENSIONS系统采用以数据为中心的存储概念构建存储层次，采用空间分解技术对数据建立索引。该索引技术利用数据的小波系数来处理大规模数据集上的近似查询，支持给定时间和空间范围的多分辨率查询。无线传感器网络用户除了时空聚集和精确匹配查询外，也需要进行区域查询。

DIFS（Distributed Index for Features in Sensor Network）是一种支持区域查询的一维索引结构，它综合利用GHT技术和空间分解技术构造了多根层次结构树。该索引方法具有两个特点：第一，层次结构树具有多个根，解决了DIXII NSIONS的单根造成的通信瓶颈问题；第二，数据沿层次结构树向上传播聚集，减少了不必要的数据发送，DIFS仅支持两个属性上的具有区域约束条件的查询，即二维查询。

DIM（Distributed Index for Multi-dimensional Data）为支持多维查询处理的分布式索引结构，它使用局部保持的地理散列函数来实现数据存储的局限性。无线传感器网络中每个节点都为自己分配一个子空间，每个子空间的感知数据都存储在该子空间内的节点上。DIM的缺陷是仅适用于节点和感知数据都是均匀分布的情况，当感知数据在其取值范围内非均匀分布时会产生热点问题。采用直方图的设计思想，调整多维数据各个维的划分点来平衡每个节点的数据存储量，达到负载平衡，可以有效地解决热点问题。

3. 查询处理

数据查询主要是指结合有效的存储方法，高效、节能地实现查询处理。在无线传感器网络中，用户通过对感知数据的查询和分析检测各种物理现象。目前，对无线传感器网络的数据查询主要分为两类：动态数据查询和历史数据查询。在动态数据查询中，数据仅在一个小的时间窗内有效；而历史数据查询是对检测到的历史数据进行检测、分析走势等，该类查询通常认为每个数据都是同等重要的，是不可缺少的。

1）动态数据查询

大量的数据管理系统和技术都支持动态数据查询，如TinyDB、Cougar和Directed Diffusion都为连续查询提供了数据下推过滤技术，使得查询过程中的数据处理在感知节点处进行，并且只传输最终结果。这种查询方式减少了通信次数，延长了网络寿命。具体的查询过滤技术不仅支持基于事件的查询，也适用于基于生命周期的查询。采集查询处理（AQP）技术同样支持动态数据查询，根据查询的需求，AQP技术可以决定查询节点、采样属性和采样时间，避免不必要的数据采集。在TinyDB中，节点可以决定回复查询的采样顺序，并且消耗最少的能量。

2）历史数据查询

相对于动态数据查询，关于历史数据查询的相关技术研究较少，主要分为两类，一类是集中式查询，它将网络内的所有感知数据聚集并存储到网外的中心数据库中，应用传统的数据库查询方式从中心数据库中查询所需的数据。由于易于布置实施，实际监测系统大多采用集中式存储和查询。但是这种方式容易产生热点，影响网络性能和寿命，集中式查询方式仅适用于传感器能量充足且数据采集周期长的应用环境。另一类是分布式查询，查询请求被传送到网络中，甚至直接传送到存储所需查询数据的主节点，由于在传感器节点上进行数据处理，并且只有相关数据被传送给用户，减少了通信量，因此分布式查询被认为更节能。但是由于传感器节点计算能力、存储容量等方面的限制，使得该类方法未能真正实现，目前还只是停留在仿真阶段。

7.2.4　目标跟踪

1. 目标跟踪的主要技术

由于无线传感器网络具有很多独有的特性，因此传统的跟踪算法并不适用于传感器网络。许多研究者开始从无线传感器网络的分布式特点着手，致力于减少网络能耗，提高跟踪精度。

如图7-12所示为目标跟踪系统的五大关键技术。

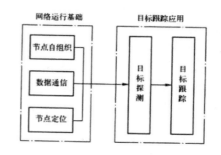

图 7-12　目标跟踪系统的五大关键技术

1）节点自组织

传感器节点采用随机布置的方式无法事先确定节点的位置和相互联系。所以，传感器网络需要通过自组织的方式形成一个功能完备的网络系统。节点自组织就是采取有效的方式自我管理，同时确保网络的稳定性，具有可扩展性，为目标跟踪系统提供运行基础。这些节点的自我管理方法、节点分簇的依据以及簇头的选举方法是科研工作者研究的重点。

目前，最流行的组织形式是把整个网络划分为多个子网，每个子网称为一个簇，由一个簇头节点负责管理，所有成员节点只向本簇头汇报数据。簇头把这些数据融合之后再向汇聚节点上报，这样就避免了大量的远程通信。

2）数据通信

信息传输是节点交换信息的过程，探测区域内的传感器节点需要把目标信息上报到汇聚节点。目标感知消息中通常包含节点ID、节点自身位置以及该节点探测到的目标信号强度，邻居节点对收到的数据包进行转发，以保证数据传输畅通。及时把目标信息上报到汇聚节点是通信系统的主要工作。根据不同的无线传感器网络结构和数据传输模型，目前的路由算法可以分成以下4类：

（1）泛洪（Flooding）方式：这一类的代表为SPIN（Sensor Protocol for Information via Negotiation）协议。该协议注意到邻近的节点所感知的数据具有相似性，所以通过节点间协商的方式，传感器节点只广播其他节点没有的数据以减少冗余数据，从而有效减少能量消耗。同时，SPIN还提出使用元数据（meta-data，是对节点感知数据的抽象描述）而非原始感知数据来交换节点感知事件的信息。

（2）集群（Clustering）方式：这一类的代表为LEACH（Low Energy Adaptive Clustering Hierarchy）协议。该协议的思路主要是根据节点接收到的信号强度进行集群分组，LEACH算法是完全分布式的，其数据传输的延迟很小。同时，集群分组方式带来了额外开销以及覆盖问题。

（3）地理信息（Geographic）方式：这一类的代表为GEAR（Geographic and Energy Aware Routing）协议。该协议在Directed Diffusion算法的基础上进行了一系列改进，考虑到传感器节点的位置信息，在interest报文添加地址信息字段，并根据地址信息字段将interest往特定方向传输以替代原泛洪方式，从而显著节省能量消耗。

（4）基于服务质量（QoS）方式：这一类的代表为SAR（Sequential Assignment Routing）协议。该协议第一次在路由算法层次引入了QoS的概念。该算法以汇聚节点的邻节点为根，生成多个树状结构，到达远端传感器节点。数据包传输时，SAR协议根据QoS参数、能量情况和数据包的优先级，在所有的生成树中选择一条路径。通过downstream和upstream，在局部范围内自动维护路由状态表。但是维护节点的路由表和状态开销很大，故该算法不适用于具有大量传感器节点的应用。

3）节点定位

节点的自身定位是目标跟踪的基础，只有在节点知道自身位置的情况下，才能以自身为参考计算目标位置，为目标跟踪系统提供坐标系基础，目前在自组网的定位系统中，大部分依赖GPS，因此这些系统也受到GPS带来的诸多限制，如费用、功耗、信号干扰以及地形制约等。另外，微小的传感器节点能量有限，全部利用GPS设备定位也是不切实际的。一个可行的方法是让网络中少量携带GPS装置的点作为信标节点，其他节点以这些信标节点为参考计算自身位置。如何利用少量的信标节点去定位其他节点成为研究重点。总的来说，现存的节点定位算法主要分为以下两大类：

（1）基于距离的定位算法

基于距离的定位算法包括测量、定位和修正等步骤，常用的测量手段有TOA、TDOA、AOA、RSSI。当测出以上参数之后，可以利用相应的算法计算节点位置。

（2）免测距的定位算法

免测距的定位算法是对节点间的距离进行估计，或者确定包含未知节点的可能区域。通过这种方法来确定未知节点的位置。目前，免测距定位算法主要有质心算法、DV Hop算法、APIT算法等。

4）目标探测

目标探测是通过传感器节点感知的环境信息来判断附近是否有目标出现。目标探测是目标跟踪的前提，它涉及监测区域覆盖和节点调度两个方面的内容。

有的算法利用周期性的探测机制实现对覆盖区域的监测。该方法中的活动节点在一定范围内广播探测信息并等候一定时间，如果在等待时间内收到其他节点的信息，则该节点进入休眠状态；

否则节点就进行监测，直到能量耗尽。Mc-MIP也是通过对节点工作状态的调节达到延长网络使用寿命的目的，在监测过程中，某些区域的覆盖质量和传感器采集频率要根据具体情况进行调整。

（5）目标跟踪

发现目标以后，需要在一定时间内计算出目标的位置、速度、运行角度等特征量，要根据目标位置的历史数据来估计目标的运动轨迹，推断目标下一时刻可能出现的位置，提前激活该位置附近的节点，使它们进入工作状态。这不仅要求传感器节点对感知数据进行处理，还要根据不同的任务需求和有限资源选择合适的算法完成目标跟踪。这个过程需要网络中的多个节点协同工作，通过交换感知信息共同确定目标的运动轨迹，并将跟踪结果发送给用户。

2. 目标跟踪算法中的节点调度策略

如何在达到指定跟踪精度的条件下，最大限度地节约能量是无线传感器网络目标跟踪的主要目的之一。网络的能量消耗主要由监测能耗、通信能耗和处理能耗组成。网络中的传感器节点主要有5种工作状态，分别为簇头状态、簇成员状态、等待状态、睡眠状态和死亡状态。其中簇结构内的点都处于工作状态。这些节点需要进行数据传送，因此消耗的能量最多。无线传感器网络中节点之间的通信距离和处于通信状态的节点数目共同决定了通信能耗的大小，所以可以减少每一时刻处于工作状态的传感器节点的数目或缩短需要通信的传感器节点之间的距离，以降低无线传感器网络的能耗。

下面将具体介绍几种主要的无线传感器网络目标跟踪算法中跟踪节点的组织方法。

1）双元检测协作跟踪

（1）双元检测

双元检测目标跟踪算法中的节点只具备两种工作状态：节点检测到了目标和节点未检测到目标。这种传感器节点的简单模型如图7-13所示，图中圆心 O 表示传感器节点，圆的半径 R 代表节点的检测半径，e 代表检测点的检测误差。当运动目标与节点 O 之间的长度大于（$R+e$）时，目标不会被节点 O 检测到；距离小于（$R+e$）时，会被节点 O 检测到。当目标距节点的距离介于两者之间时，节点有可能检测到目标，也有可能没有检测到目标。

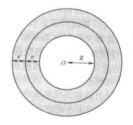

图 7-13　双元检测传感器模型

（2）双元检测目标跟踪算法的过程

在双元检测算法中，使用的节点可以判断出移动目标是否在该节点的有效检测范围内，但这些节点不具备测距功能。因此，双元检测算法中的运动目标的位置是通过多个节点共同工作来确定的。若检测区域内的节点足够密集，则当移动目标进入检测区域后，会被多个节点检测到。这些节点的检测范围的质量区域就是移动目标的位置。由此可以看出，检测区域中传感器节点的密度大小决定了测量得到的移动目标的位置是否准确，即密度越大，测出的位置越准确。双元检测协作目标跟踪的主要步骤如下：

① 当移动目标进入检测区域时，检测到目标的传感器节点唤醒自身的无线通信模块并向自己的相邻节点广播一个消息，告诉相邻节点该节点检测到了目标。消息中包含该节点所处的位置信息和ID号。与此同时，该节点记录并存储自身检测到目标的时间。

② 若节点检测到目标出现的同时收到多个节点发送来的消息，则该节点计算目标所处的位置。为了使所得目标位置更加准确，可以把目标在传感器节点内持续的时间当作对应传感器的权值引入计算过程。

③ 当移动目标脱离传感器网络的检测范围时，该节点把自身所处的位置信息和检测到目标的时间发送给汇聚节点，汇聚节点根据自身得到的数据进行拟合，从而得出目标的轨迹。

双元检测目标跟踪的优点是跟踪过程中所使用的传感器结构简单，缺点是需要在检测区域分布大量节点才可以实现有效跟踪。

2）信息驱动协作跟踪

无线传感器网络对目标的跟踪通常需要多个节点共同协作。通过选取比较合适的节点进行协同工作能有效减少节点之间的数据通信量，进而降低节点的能耗，延长无线传感器的网络生命。协同工作的关键点在于怎样通过传感器节点之间相互交换跟踪数据信息来实现对运动目标轨迹的有效跟踪，与此同时，尽量降低传感器节点的能耗。要想达到这样的目的，关键包括3点：首先，需要确定对运动目标进行跟踪的节点；其次，确定节点需要检测并获得的数据信息；最后，必须确定协作节点之间需要交换哪些数据信息。信息驱动协作跟踪的本质就是参加跟踪的节点充分结合自身获得的检测数据和接收到的网络中其他节点的信息，来预测运动目标可能的运动路径，然后唤醒最佳的节点参加下一刻的跟踪过程。

（1）信息驱动协作跟踪算法

在实际应用过程中，移动目标的运动轨迹是没有规律的，此外被跟踪的目标还有可能做减速或加速运动，因此通过提前选择的一些节点对目标进行跟踪得到的结果可能并不理想。例如，跟踪的效率低下，甚至可能发生更加糟糕的情况，即不能对运动目标进行有效的跟踪。因此，部分研究者提出了基于信息驱动的无线传感器网络协作跟踪算法，该算法中参加跟踪的传感器节点可以通过交换检测数据来选取合适的传感器节点来监测运动目标并传递测得的数据。

（2）选择跟踪目标的节点

信息驱动协作跟踪算法的关键研究内容是怎样选择下一时刻用来跟踪目标的节点。如果在跟踪过程中选择了不适宜的传感器节点，则传感器网络有可能会产生不必要的通信代价，甚至可能会丢失运动目标。下一时刻用来跟踪目标的节点的选取要综合考虑多方面的因素：首先，需要考虑节点测量得到的数据对目标跟踪结果所造成的影响；其次，需要考虑怎样用较低的能耗来降低对运动目标位置估计的不确定性。

① 对目标监测精度的评估。综合考虑附近多个传感器节点的测量数据，可以有效降低对运动目标位置估计的不确定性。传感器节点提供的数据可能是冗余的，或者提供的信息可能并不可靠，所以需要找到一个较优的传感器节点子集，然后需要对该子集中的数据进行排序并加入目标位置估计过程。

② 通信代价评估。下一时刻跟踪节点的选取需要充分考虑该节点的通信能耗、计算能耗以及感应能耗，其中通信能耗是最重要的部分，一般来说，节点之间的通信能量消耗随距离的减小而降低。因此，为了提高运动目标位置估计的准确性，同时又降低传感器节点的能量消耗，应选取令运动目标位置估计的不确定性椭圆面积最小的节点担任下一步的跟踪节点。

信息驱动目标跟踪算法的优点是：可以在不降低跟踪精确度的同时提高传感器节点之间有效

通信的效率。节点的跟踪精度是节点是否选为跟踪节点的主要依据。在保证节点跟踪精度的同时要尽可能地提高节点的能量利用效率。怎样更好地综合考虑节点的跟踪精度和节点能量利用率，是基于信息驱动的跟踪算法的发展趋势，在信息驱动目标跟踪算法时，传感器节点能够自主选取下一个跟踪节点。所以该方法可以减少跟踪运动目标的传感器节点数量。

3）动态簇结构目标跟踪算法

无线传感器网络中的动态簇结构是指在监测目标附近形成的一个传感器节点集合。对于形成的每个局部簇结构来说，它包括一个簇头节点并且仅此一个，其余簇内节点以簇成员的身份连接至簇头，由此形成一个结构，即为簇。

（1）动态簇结构

动态簇的簇头节点负责收集簇内所有成员感测到的信息，同时进行数据融合。簇内成员节点负责监测目标并且将采集到的运动目标的数据信息发送到簇内的簇头节点。在每一时间段内，无线传感器网络中只有当前簇内的节点处于工作状态，该动态簇负责运动目标的跟踪。随着目标的移动，动态簇结构可以根据指定的方式自动调整，即动态簇会根据目标的移动动态添加或删除簇内的节点，并且在满足一定条件时重新组织簇结构，以达到簇内节点最优的目的。网络中其余的节点则可以处于休眠状态，以利于网络节能，延长无线传感器网络的工作时间。由于在任一时刻，只有运动目标所处位置附近的节点是有效的跟踪节点，因此由这些节点组成的动态簇结构非常适合无线传感器网络。

基于动态簇结构的无线传感器网络目标跟踪算法是典型的分布式跟踪算法。分布式跟踪算法的特点是，网络中的传感器节点收集监测所得的数据后，通过局部节点（基于动态簇结构的算法中，即指簇内的节点）交换测量信息进行处理来达到目标跟踪的目的。相对而言，集中式目标跟踪算法中，传感器节点需要把监测到的信息传送给数据中心处理。

（2）基于动态簇结构的目标跟踪算法

基于动态簇结构的目标跟踪算法的基本过程如下：

① 初始化无线传感器网络。
② 当运动目标进入网络监测区域时，构造初始动态簇结构。
③ 动态簇结构随目标的运动进行调整。
④ 当动态簇结构满足重组条件时，重新构造动态簇。

上述步骤是该算法的主要过程，具体每一步如何操作，因实现方案的不同而不同。

4）传送树目标跟踪算法

与基于动态簇结构的跟踪算法一样，传送树跟踪算法也是一种典型的分布式算法。传送树是一种树形结构，由运动目标周围的节点组合而成。它可以根据运动目标的运动方向动态地删除或者添加一些传感器节点。

为了达到降低传感器节点能量消耗的目的，网络采用网格状分簇结构，如图7-14所示。各个簇内节点周期性地担任簇头节点。当传感器网络中没有运动目标时，只有担任簇头的节点处于工作状态，其余传感器节点则处于睡

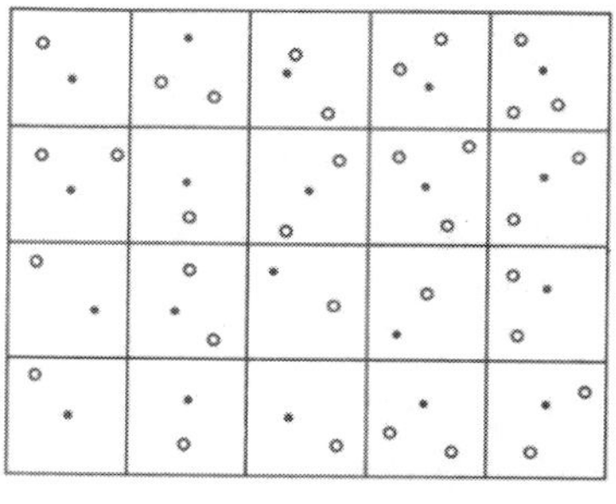

图 7-14　网络划分示意图

眠状态。当移动目标进入传感器网络时，簇头节点负责唤醒自身网格中的其他传感器节点。

传送树目标跟踪算法的关键问题如下：当运动目标刚进入监测范围时，需要创建一个初始传送树结构，传送树结构随着运动目标位置的改变进行动态调整，若根节点距离运动目标的距离偏离设定的阈值，则需要重新选择传感器节点担任传送树的根节点，并重新创建传送树结构。基于传送树结构的目标跟踪过程与基于动态簇结构的目标跟踪过程基本相同。具体过程如下：

（1）构造初始传送树结构

当运动目标刚进入无线传感器网络的监测区域时，距离目标比较近的簇头节点会检测到运动目标，随后簇头会唤醒自身网格中的其他传感器节点。被唤醒的传感器节点之间相互交换自身到运动目标的距离，并选取距离目标最近的节点担任传送树的根节点。若多个节点到运动目标的距离相同，则可以选择传感器节点编号较小的担任传送树的根节点。

根节点的选择过程如下：首先，处于工作状态的传感器节点都广播一个选择消息给它们的邻居节点，消息中包括本节点的节点编号和本节点离目标的距离。若某个传感器节点在所有邻居节点中离运动目标的距离最短，则选举该传感器节点为传送树根节点的候选节点。剩余处于工作状态的传感器节点放弃根节点竞选，同时选择相邻节点中离运动目标最近的传感器节点作为自己的父节点。然后，选出的多个根节点候选者广播胜利者消息，该消息中仍然包括自身到运动目标的距离和传感器节点的节点编号，假如一个候选节点收到一个胜利者消息，而且该消息中的信息显示到运动目标的距离比自身节点到目标的距离短，则该节点主动竞选传送树的根节点，与此同时，该节点选择发来消息的节点为自己的父节点，如此不断进行该过程，最终剩余一个距运动目标距离最短的传感器节点作为传送树结构的根节点，其他检测到运动目标的传感器节点此时已经连接至传送树，形成的初始传送树如图7-15所示。

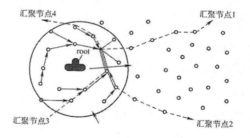

图 7-15　基于传送树结构的目标跟踪示意图

（2）传送树结构的调整

随着运动目标的移动，传送树结构上的部分节点不能够继续监测到移动目标，而处在运动目标移动方向上的一些传感器节点能够检测到目标的存在，因此这些传感器节点需要加入传送树跟踪结构。当传送树上的节点不能检测到运动目标时，它们会向自己的父节点发出通告信息，父节点在接收到该信息后将对应的子节点从传送树结构中删除。怎样确定加入传送树上的节点是一个需要考虑的重要问题，目前学术界已经存在两种方法：预测机制和保守机制。这两种方法的共同点是都需要传送树的根节点，计算并得出需要加入传送树的传感器节点。

（3）传送树结构的重新构造

当传送树的根节点距离运动目标超过指定阈值时，传送树结构需要重新构造，这样才能保证对运动目标的有效跟踪。这个阈值取为$d_m+a\times V_t$，其中a表示一个0~1的数，V_t代表运动目标t时刻的速度，d_m 是传送树最小的重构距离。

重新构造传送树时，仍然按照上述方法选出距运动目标最近的传感器节点担任新的根节点，新的传送树根节点选出后，需要进行根节点的迁移。当前传送树的根节点只是知道新选出的根节点离运动目标较近，所以当前根节点首先找到运动目标当前的网络单元格，随后向该网络单元格的簇头节点发送信息，提出迁移。簇头节点收到迁移请求消息后，把这个消息转发给新选出的根节点，传送树根节点的变动促使传送树的重新构造，以便于使新的传送树结构的能量消耗最小。这个过程如下所述：新的传送树根节点广播一个重组消息给它自己的临近传感器节点，接收到消息的节点在重组消息中加入自己的位置信息和与根节点之间的通信代价，然后继续广播消息，其余传感器节点接收到重组消息后，等待一段时间以便接收到发送给自己的所有重组消息。接着，每个传感器节点选择与新的根节点通信代价最小的相邻节点担任自己的父节点。该过程完成后，新的传送树结构就形成了。

7.3　网络安全

安全性是无线传感器网络应用的一个重要保障。判断一个无线传感器网络应用是否安全的标准是，当无线传感器网络遭受可能的攻击时，它是否依然能够提供用户可接受的服务。

7.3.1　安全分析

无线传感器网络是一种大规模的分布式网络，常常部署于无人维护、条件恶劣的环境当中，且大多数情况下传感器节点都是一次性使用的，从而决定了传感器节点是价格低廉、资源极度受限的无线通信设备。大多数无线传感器网络在进行部署前，其网络拓扑是无法预知的，在部署后，整个网络拓扑、传感器节点在网络中的角色也是经常变化的，因而不像有线网、无线网那样能对网络设备进行完全配置。由于对无线传感器节点进行预配置的范围是有限的，因此很多网络参数、密钥等都是传感器节点在部署后进行协商而形成的。无线传感器网络的安全性主要源自两个方面：通信安全需求和信息安全需求。

1. 通信安全需求

（1）节点的安全保证。传感器节点是构成无线传感器网络的基本单元，节点的安全性包括节点不易被发现和节点不易被篡改。在无线传感器网络中，由于普通传感器节点分布密度大，因此少数节点被破坏不会对网络造成太大影响。但是，一旦节点被俘获，入侵者可能从中读取密钥、程序等机密信息，甚至可以重写存储器，将节点变成一个"卧底"。为了防止为敌所用，要求节点具备抗篡改能力。

（2）被动抵御入侵能力。无线传感器网络安全系统的基本要求是，在网络局部发生入侵的情况下，保证网络的整体可用性。被动防御是指当网络遭到入侵时，网络具备对抗外部攻击和内部攻击的能力，它对抵御网络入侵至关重要。外部攻击者是指那些没有得到密钥、无法接入网络的节点。外部攻击者虽然无法有效地注入虚假信息，但可以通过窃听、干扰、分析通信量等方式，为进一步的攻击行为收集信息，因此对抗外部攻击需要先解决保密性问题。其次，要防范能扰乱网络正常运转的简单的网络攻击,如重放数据包等,这些攻击会造成网络性能的下降。最后,要尽量减少入侵者得到密钥的机会,防止外部攻击者演变成内部攻击者。内部攻击者是指那些获得了相关密钥,并以合法身份混入网络的攻击节点,由于无线传感器网络不可能阻止节点被篡改,而且密钥可能会被对方破解,因此总会有入侵者在取得密钥后以合法身份接入网络。同时,由于至少能取得网络中一部分节点的信任,因此内部攻击者能发动的网络攻击种类更多、危害更大,形式也更隐蔽。

(3)主动反击入侵的能力。主动反击入侵的能力是指网络安全系统能够主动地限制甚至消灭入侵者而需要具备的能力。主要包括以下几种:

① 入侵检测能力。和传统的网络入侵检测相似,首先需要准确地识别出网络内出现的各种入侵行为并发出警报。其次,入侵检测系统还必须确定入侵节点的身份或位置,只有这样才能随后发动有效的攻击。

② 隔离入侵者的能力。网络需要具有根据入侵检测信息调度网络的正常通信来避开入侵者,同时丢弃任何由入侵者发出的数据包的能力。这相当于把入侵者和己方网络从逻辑上隔离开来,以防止它继续危害网络安全。

③ 消灭入侵者的能力。由于无线传感器网络的主要用途是为用户收集信息,因此让网络自主消灭入侵者是较难实现的。

2. 信息安全需求

信息安全就是要保证网络中传输信息的安全性。就无线传感器网络而言,具体的信息安全需求如下:

(1)数据机密性:保证网络内传输的信息不被非法窃听。
(2)数据鉴别:保证用户收到的信息来自己方,而非入侵节点。
(3)数据的完整性:保证数据在传输过程中没有被恶意篡改。
(4)数据的时效性:保证数据在时效范围内被传输给用户。

综上所述,无线传感器网络安全技术主要研究两方面的内容:通信安全和信息安全。通信安全是信息安全的基础,用于保证无线传感器网络内部数据采集、融合、传输等基本功能的正常运行,是面向网络基础设施的安全性保障。信息安全侧重于保证网络中所传送消息的真实性、完整性和保密性,是面向用户应用的安全性保障。

值得一提的是,不同应用场景的无线传感器网络的安全级别和安全需求不同,如军事和民用对网络的安全需求不同。无线传感器网络的安全目标及实现该目标的主要技术如表7-5所示。

表 7-5　无线传感器网络安全目标及实现该目标的主要技术

目　　标	意　　义	主要技术
可用性	确保网络能够完成基本的任务,即使受到攻击,如 DoS 攻击	冗余、入侵检测、容错、容侵、网络自愈和重构
机密性	保证机密信息不会暴露给未授权的实体	信息加解密
完整性	保证信息不会被篡改	MAC、Hash、签名
不可否认性	信息源发起者不能够否认自己发送的信息	签名、身份认证、访问控制
数据新鲜度	保证用户在指定时间内得到所需要的信息	网络管理、入侵检测、访问控制

7.3.2 安全体系结构

无线传感器网络容易受到各种攻击，存在许多安全隐患。目前，比较通用的无线传感器网络安全体系结构如图7-16所示。无线传感器网络协议栈由硬件层、操作系统层、中间件层和应用层构成。其安全组件分为安全原语、安全服务和安全应用三层组件，还有各种攻击和安全防御技术存在于上述三层中的各个层。

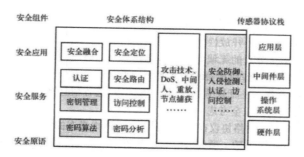

图 7-16 无线传感器网络安全体系结构图

安全路由协议就是抵制敌人利用路由信息而获取相应的知识来对网络实施攻击，对路由信息要进行相应的认证，必要时采用多种方式来避免敌人的攻击，保证网络路由协议的健壮性。

安全中间件为网络和应用之间提供中间桥梁，封装了相应的安全组件，为应用的开放提供可信的开发环境，需要保证安全中间件的可靠性。

入侵检测模块也是贯穿各个层次，其主要功能是及时发现传感器网络的异常，并及时给予相应的处理。

7.3.3 协议栈的安全

无线传感器网络是由成千上万的传感器节点大规模随机分布而形成的具有信息收集、传输和处理功能的信息网络，通过动态自组织方式协同感知并采集网络覆盖区域内被查询对象或事件的信息，用于决策支持和监控。

由于无线传感器网络无中心管理点，网络拓扑结构在分布完成前是未知的，无线传感器网络一般分布于恶劣环境、无人区域或敌方阵地，无人参与值守，传感器节点的物理安全不能保证，不能够更换电池或补充能量。无线传感器网络中的传感器都使用嵌入式处理器，其计算能力十分有限。无线传感器网络一般采用低速、低功耗的无线通信技术，其通信范围、通信带宽均十分有限。传感器节点属于微元器件，只有非常小的代码存放空间，这些特点对无线传感器网络的安全与实现构成了挑战。目前，传感器网络在网络协议栈的各个层次中可能受到的攻击方法和防御手段如表7-6所示。

表 7-6 无线传感器网络攻击方法和防御手段

网络层次	攻击方法	防御手段
物理层	干扰攻击	宽频、优先级消息、区域映射、模式转换
	物理破坏	破坏感知、节点伪装和隐藏
	篡改破坏	消息认证

（续表）

网络层次	攻击方法	防御手段
链路层	碰撞攻击	纠错码
	耗尽攻击	设置竞争门限
	非公平竞争	使用短帧策略和非优先级策略
网络层	伪造路由信息	认证、监测、冗余机制
	黑洞攻击	认证
	Sybil 攻击	认证
传输层	泛洪攻击	客户端谜题
	异步攻击	认证

1. 物理层的攻击与安全策略

物理层协议负责频率选择、载波频率产生、信号探测、调制和数据加密。无线传感器网络使用基于无线电的媒介，所以干扰攻击容易发生在无线传感器网络中。无线传感器网络中的节点往往被部署在不安全的地区，节点的物理安全得不到保障，因此无线传感器网络在物理层容易遭受如下攻击：

1）干扰攻击

干扰攻击的攻击方式是干扰无线传感器网络中节点所使用的无线电频率。不同干扰源的破坏力是不同的，既可能影响整个网络，也可能只干扰网络中的一个小区域。即使只使用破坏力较小的干扰源，如果这些干扰源是随机地分布在网络的各处，攻击者依然有可能破坏整个网络。典型的防御干扰攻击的方法包括各种扩频通信方式，如跳频扩频和编码扩频。

跳频扩频就是根据发送者和接收者都知道的伪随机数列，快速地在多个频率中进行切换。攻击者由于不知道跳频的规律，因此无法一直干扰通信。但由于可用的频率是有限的，因此在实际应用中，攻击者可以干扰到所使用的频率带宽的绝大部分。

编码扩频的设计复杂度十分高，而且能量开销大。这些缺点限制了它在无线传感器网络中的应用。通常为了降低节点成本和能量开销，传感器节点一般使用单频的通信方式，所以对于干扰攻击的抵抗力很弱。

2）物理破坏

因为传感器节点往往分布在一个很大的区域内，所以保证每个节点的物理安全是不可能的。敌人很可能俘获一些节点，对其进行物理上的分析和修改，并利用它干扰网络的正常功能，甚至可以通过分析器内部的敏感信息和上层协议机制破解网络的安全外壳。针对无法避免的物理破坏，需要传感器网络采用更精细的控制保护机制。

（1）增加物理损害感知机制。节点能够根据其收发数据包的情况、外部环境的变化和一些敏感信号的变化来判断是否遭受物理侵犯。例如，当传感器节点上的位移传感器感知自身位置被移动时，可以作为判断它可能遭到物理破坏的一个要素。节点在感知到被破坏以后，就可以采用具体的策略，如销毁敏感数据、脱离网络、修改安全处理程序等。这样，敌人将不能正确地分析系统的安全机制，从而保护了网络剩余部分的节点免受安全威胁。

（2）对敏感信息进行加密存储。现代安全技术依靠密钥来保护和确认信息，而不是依靠安全算法，所以对通信的加密密钥、认证密钥和各种安全启动密钥需要严密的保护。对于破坏者来说，读取系统动态内存中的信息比较困难,所以他们通常采用静态分析系统来获取非易失存储器中的内容。因此,在实现时,敏感信息尽量存放在易失存储器上。如果不可避免地必须存储在非易失存储器上,则必须先进行加密处理。

3）后改攻击

由于攻击者可以捕获站点,因此攻击者可以知道节点上所保存的任何信息,如密钥。利用这些信息,攻击者可以制造出具有合法身份的恶意节点。要识别出这些合法的恶意节点所发出的报文,仅仅使用数字签名机制是不够的,还需要其他方法的配合。

2. 链路层的攻击与安全策略

链路层负责管理数据的多路复用、数据帧的探测、介质存取和纠错控制。它保证网络中点对点、单点对多点的可靠连接,针对链路层的攻击包括有意冲突、节点的资源耗尽和信道的不公平竞争。

1）碰撞攻击

无线网络的承载环境是开放的,两个邻居节点同时发送信息导致信号相互重叠而不能被分离,从而产生碰撞。只要有一字节产生碰撞,整个数据包均被丢弃。

解决碰撞的方法有:一是使用纠错编码技术,通过在数据包中增加冗余信息来纠正数据包中的错误位;二是使用信道监听和函传机制,通过监听信道,当信道为空闲时才发送信息,从而降低碰撞的概率。

2）耗尽攻击

攻击者可以通过重复的冲突来耗尽节点资源,不断地发送数据冲突将引起节点不断地重发数据,从而耗尽节点的能量。耗尽攻击就是利用协议漏洞,通过持续通信的方式使节点能够将资源耗尽。例如,利用链路层的错包重传机制,使节点不断重复发送上一个数据包,最终耗尽节点的资源。

应对耗尽攻击的一种方法是限制网络的发送速度,节点自动抛弃那些多余的数据请求,但是这样会降低网络的效率;另一种方法是在协议实现时制定一些执行策略,对过度频繁的请求不予理睬,或者对数据包的重传次数进行限制,避免恶意节点无休止地干扰导致能量耗尽。

3）非公平竞争

如果忘了数据包通信机制中存在优先级控制,恶意节点或被俘获节点可能被用来不断发送高优先级的数据包,占据通信信道,使其他节点在通信过程中处于劣势。

这是一种弱DoS攻击方式,需要敌方完全了解传感器网络的MAC协议机制,并利用MAC协议进行干扰性攻击。一种缓解的方法是采用短包策略,即在MAC层中不允许使用过长的数据包,这样可以缩短每个包占用信道的时间;另一种方法是弱化优先级之间的差异,或者不采取优先级策略,而采用竞争或时分复用的方式实现数据传输。

3. 网络层的攻击与安全策略

网络层负责数据路由的确定,能量高效是网络层协议设计的首要目标。针对网络层的攻击方式有伪造路由信息、选择性转发、黑洞攻击和Sybil攻击。

要进行网络层的攻击,敌方必须要对网络的物理层、链路层及网络层完全了解。网络层的攻击包括丢弃和贪婪破坏、方向误导攻击、汇聚节点攻击和黑洞攻击等。由于网络层攻击的特点,这里假设敌方已经通过俘获网络中的物理节点进行了详细的代码分析,或通过其他手段获得了网络细节，并制作了一些使用同样的通信协议并安插了恶意代码的节点，将这些节点布置在目标网络中，成为网络的一部分。

1）伪造路由信息

破坏路由协议的最直接方法是针对路由信息本身，攻击者可以伪造路由信息来破坏网络中数据的转发。伪造路由信息的方式有篡改路由、欺骗路由和重放路由3种。前两种方式可以通过对路由信息加签名来防御，第三种可以通过在消息中加计数值或时间戳来防御。

2）选择性转发

恶意节点对接收到的报文选择一部分正常转发，剩下的直接丢弃。这种攻击的隐蔽性很强，一般很难发现。一般只能把它看成通信环境差，不过可以采用多路冗余传送的方式来降低攻击者这种攻击的危害。

3）黑洞攻击

基于距离向量的路由机制通过路径长短进行选路，这样的策略容易被恶意节点利用。通过发送零距离公告，恶意节点周围的节点会把所有的数据包都发送到恶意节点，而不能到达正确的目标，从而在网络中形成一个路由黑洞。通信认证、多路径路由等方法可以抵御黑洞攻击。

4）Sybil 攻击

在Sybil攻击中，一个恶意节点扮演几个节点，那些容错协议、网络拓扑维护协议和分布存储协议都很容易遭受此类攻击。例如，一个分布式存储协议需要同一数据的3个副本来保持系统所要求的冗余度，但在Sybil攻击下，它可能只能保持一个数据副本，要抵御Sybil攻击，必须采用对样点身份进行确认的机制。

4. 传输层的安全策略

传输层负责管理端到端的链接。泛洪攻击和异步攻击是针对这个层次的主要攻击手段。

1）泛洪攻击

对于需要维持链接两端节点状态的协议，泛洪攻击可以用来耗尽那些节点的内存空间。攻击者可以重复地发送新的链接请求，一直到被请求节点的资源被耗尽或链接数到了最大值。此时其他的合法请求将被忽略。

解决这个问题可以采用客户端谜题技术。它的思路是在建立新的链接前，服务节点要求客户节点解决一个谜题，而合法节点解决谜题的代价远远小于恶意节点的代价。

2）异步攻击

异步攻击是指攻击者破坏目前已经建立的链接。一个攻击者可以反复地向接收节点发送欺骗信息，使得接收节点要求发送节点重传丢失的帧。如果时间标记准确，攻击者可以降低甚至完全破坏接收节点变换数据的能力。

一种防御异步攻击的手段是要求在交换数据包时进行双方节点的身份确认，但由于无线传感器网络中节点的物理安全得不到保障，因此节点使用的身份确认机制也可以被攻击者知道，从而无法判断数据的真假。

7.3.4　密钥管理

1. 预共享密钥分配模型

预共享密钥是最简单的一种密钥建立过程。SPINS（安全协议框架是最早的无线传感器网络安全框架之一）就是使用这种密钥建立模式的。预共享密钥有以下几种主要的模式。

1）每对节点之间都共享一个主密钥

这种方式保证每个节点之间的通信都可以使用这个预共享密钥衍生出来的密钥进行加密。该模式要求每个节点都存放与其他所有节点的共享密钥。这种模式的优点如下：不依赖于基站、计算复杂度低、引导成功率为100%；任何节点之间共享的密钥是独享的，其他节点不知道。但是这种模式的缺点也很明显：扩展性不好，无法加入新的节点，除非重建网络；网络免疫力很低，一旦一个节点被俘，敌人将很容易使用该节点获得与所有节点之间的秘密，并通过这些秘密破坏整个网络；支持的网络规模小，每个传感器节点都必须存储与所有节点共享的密钥，如网络的规模为n个节点，每个节点都至少要存储一个密钥。如果考虑到各种衍生密钥的存储，则整个网络的密钥存储的开销是非常庞大的。

2）每个普通节点与基站之间共享一对主密钥

这样每个节点需要存储密钥的空间将非常小，计算和存储压力全部集中在基站上。该模式的优点如下：计算复杂度低，对普通节点资源和计算能力要求不高；引导成功率高，只要节点都能够连接到基站就能够进行安全通信；支持的网络规模取决于基站的能力，可以支持上千个节点；对于异构节点基站可以进行识别，并及时将其排除在网络之外。其缺点如下：过分依赖基站，如果节点被俘，会暴露与基站的共享密钥，而基站被俘，则整个网络被攻破，所以要求基站被部署在安全的位置；整个网络通信或多或少地都要经过基站，基站可能成为网络的瓶颈，如果基站能够动态更新，则网络能够扩展新节点，否则将无法扩展。这种模式对于收集性网络比较有效，因为所有的节点都是与基站直接联系的，而对于协同性网络，如用于目标跟踪的应用网络，效率会比较低。在协同性网络的应用中，数据要安全地在各个节点之间通信，一种方法就是通过基站，但会造成数据拥塞；另一种方法是要通过基站建立点到点的安全通道，对于通信对象变化不大的情况，建立点到点的安全通道的方式还能够进行正常的工作，如果通信对象频繁切换，安全通道的建立过程会严重影响网络的运行效率。另一个问题就是在多跳网络的环境下，它对于DoS攻击没有任何的防御能力。在节点和基站之间的通信过程中，中间转发节点没有办法对信息包进行任何认证判断，只能透明转发，恶意节点可以利用这一点伪造各种错误数据包发送给基站。因为中间节点是透明转发数据包，只有到达基站才能够被识别出来。

预共享密钥引导模型虽然有很多不尽如人意的地方，但因其实现简单，所以在一些网络规模不大的应用中可以得到有效的实施。

2. 随机密钥预分配模型

解决DoS攻击的最基本方式就是实现逐跳认证，或者说每一对相邻的通信节点之间传递的数据都能够进行有效性认证。这样，一个数据包在每对节点之间转发都可以进行一次认证过程，恶意节点的DoS攻击包会在刚刚进入网络时就被丢弃。

实现点到点安全最直接的办法是预共享密钥引导模型中的点到点共享安全密钥的模式。不过这种模式对节点资源要求过高，事实上并不要求任何两个节点之间都共享密钥，而是能够直接在通信节点之间共享密钥就可以了。由于缺乏后期节点部署的先验知识,传感器网络在部署节点时并不知道哪些节点会与该节点直接通信,因此这种确定的预共享密钥模式就必须在任何可能建立通信的节点之间设置共享密钥。

1)基本随机密钥预分配模型

基本随机密钥预分配模型是Eschenauer和Gligor首先提出来的,目的是保证在任意节点之间建立安全通道的前提下,尽量降低模型对节点资源的要求。其基本的思想是:生成一个比较大的密钥池,任何节点都拥有密钥池中的一部分密钥,只要节点之间拥有一对相同的密钥就可以建立安全通道。如果存放密钥池的全部密钥,则基本密钥预分配模型就退化成点到点的预共享模型。

Eschenauer和Gligor提出的密钥预分配模型不但满足实际的可操作性,而且满足分布式传感器网络的安全需求。这个模式包括传感器密钥的选择性分发和注销,以及在不需要充足的计算和通信能力的前提下的节点密钥的重置。这个模型依赖节点之间随机曲线的概率密钥共享,以及使用一个简单的密钥共享、发现和密钥路径建立的协议,可以方便地进行密钥的撤销、收置和增加节点。基本随机密钥预分配模型的具体实施过程如下:

(1)在一个比较大的密钥空间中为一个传感器网络选择一个密钥池S,并为每个密钥分配一个ID。在进行节点部署前,从密钥池S中选择m个密钥存储在每个节点中。这m个密钥称为节点的密钥环。m大小的选择要保证两个都拥有m个密钥的节点存在相同密钥的概率大于一个预先设定的概率p。

(2)节点布置好以后,节点开始进行密钥发现过程。节点广播自己密钥环中所有密钥的ID,寻找那些和自己有共享密钥的邻居节点。不过使用ID的一个弊端就是敌人可以通过交换的ID分析出安全网络拓扑,从而对网络造成威胁。解决这个问题的一个方法就是使用Merkle谜题来完成密钥的发现。Merkle谜题的技术基础是正常的节点之间解决谜题要比其他人容易。任意两个节点之间通过谜题交换密钥,它们可以很容易判断出彼此是否存在相同的密钥。而中间人却无法判断这一结果,也就无法构建网络的安全拓扑。

(3)根据网络的安全拓扑,节点和那些与自己没有共享密钥的邻居节点建立安全通信密钥。节点首先确定到达该邻居节点的一条安全路径,然后通过这条安全路径与该邻居节点协商一对路径密钥。未来这两个节点之间的通信将直接通过这一对路径密钥进行,而不再需要多次的中间转发。如果安全拓扑是连通的,则任何两个节点之间的安全路径总能找到。

基本随机密钥预分配模型是一个概率模型,可能存在个这样的节点或者一组节点,它们和它们周围的节点之间没有共享密钥。所以不能保证通信连通的网络一定是安全连通的。影响基本密钥预分配模型的安全连通性的因素有:密钥环的尺寸m、密钥池S的大小$|S|$以及它们的比例、网络的部署密度(或者说是网络的通信连通度数)、布置网络的目标区域状况。$m/|S|$越大,则相邻节点之间存在相同密钥的可能性越大。但m太大会导致节点资源占用过多,$|S|$太小或者$m/|S|$太大导致系统变得脆弱。这是因为当一定数量的节点被俘获以后,敌方人员将获得系统中绝大部分的密钥,导致系统的秘密彻底暴露。$|S|$的大小与网络的规模也有紧密的关系,网络部署密度越高,则节点的邻居节点越多,能够发现具有相同密钥的概率就会越大,整个网络的安全连通概率也会比较高。对于网络布置区域,如果存在大量物理通信障碍,不连通的概率会增大。为了解决网络安全不连通的问题,传感器节点需要完成一个范围扩张过程。该过程可以使不连通节点通过增大信号传输功率,从而找到更多的邻居。

增大与邻居节点共享密钥概率的过程,也可以是不连通节点与两跳或者多跳以外的节点进行密钥发现的过程（跳过几个没有公共密钥的节点）。范围扩张过程应该逐步增加，直到建立安全连通图为止。多跳扩张容易引起DoS攻击，因为无认证多跳会给敌人可乘之机。

网络通信连通度的分析基于一个随即图 $G(n, p_1)$。其中 n 为节点个数，p_1 是相邻节点之间能够建立安全链路的概率。根据Erdos和Renyi对于具有单调特性的图 $G(n, p_1)$ 的分析，有可能为图中的顶点计算出一个理想的度数 d，使得图的连通概率非常高，达到一个指定的门限 c（如 $c=0.999$）。Eschenauer和Gligor给出规模为 n 的网络节点的理想度数如下式：

$$d = \left(\frac{n-1}{n}\right) \times (\ln n - \ln(-\ln c)) \qquad (7\text{-}17)$$

对于一个给定密度的传感器网络，假设 n' 是节点通信半径内邻居个数的期望值，则成功完成密钥建立阶段的概率可以表示为：

$$p = \frac{d}{n'} \qquad (7\text{-}18)$$

诊断网络是否连通的一个实用方法是检查它能不能通过多跳连接到网络中所有的基站上，如果不能，就启动范围扩张过程。

随机密钥预分配模型和基站预共享密钥相比有很多优点，主要表现在以下几个方面：

（1）节点仅存储密钥池中的部分密钥，大大降低了每个节点存放密钥的数量和空间。

（2）更适合解决大规模的传感器网络的安全引导，因为大网络有相对比较小的统计涨落。

（3）点到点的安全信道通信可以独立建立，减少网络安全对基站的依赖，基站仅仅作为一个简单的消息汇聚和任务协调的节点，即使基站被俘，也不会对整个网络造成威胁。

（4）有效地抑制DoS攻击。

2）q-composite 随机密钥预分配模型

在基本模型中，任何两个邻居节点的密钥环中至少有一个公共的密钥。Chan-Perring-Song提出了q-composite模型。该模型将这个公共密钥的个数提高到 q，提高 q 值可以提高系统的抵抗力。攻击网络的攻击难度和共享密钥个数 q 之间呈指数关系。但是要想使安全网络中任意两点之间的安全连通度超过 q 的概率达到理想的概率 p（预先设定），就必须缩小整个密钥池的大小，增加节点间共享密钥的交叠度。但密钥池太小会使敌人通过俘获少数几个节点就能获得很大的密钥空间。寻找一个最佳的密钥池的大小是本模型的实施关键。

q-composite随机密钥预分配模型和基本模型的过程相似，只是要求相邻节点的公共密钥数要大于 q。在获得了所有共享密钥信息以后，如果两个节点之间的共享密钥数量超过 q，为 q' 个，那么就用所有 q' 个共享密钥生成一个密钥，作为两个节点之间的共享主密钥。Hash函数的自变量的密钥顺序是预先议定的规范，这样两个节点就能计算出相同的通信密钥。

q-composite随机密钥预分配模型中密钥池的大小可以通过下面的方法获得。

假设网络的连通概率为 C，每个节点的全网连通度的期望值为 n'。根据式（7-17）式（7-18），可以得到任何给定节点的连通度期望值 d 和网络连通概率 p。设任何两个节点之间共享密钥个数为 i 的概率为 $p(i)$，则任意节点从 $|S|$ 个密钥池中选取 m 个密钥的方法有 $C(|S|, m)$ 种。两个节点分布选取 m 个密钥的方法数为 $C^2(|S|, m)$ 个。假设两个节点之间有 i 个共同的密钥，则有 $C(|S|, m)$ 种方法选出相同的密钥，另外 $2(m-i)$ 个不同的密钥从剩下的 $|S|-i$ 个密钥中获取，方法数为 $C(|S|-i, 2(m-i))$。于是有：

$$p(i) = \frac{C(|S|,i)C(|S|-i,2(m-i),C(2(m-i),(m-i))}{C^2(|S|,m)}$$ （7-19）

用p_c表示任意两个节点之间存在至少q个共享密钥的概率，则有：

$$p_c = 1 - (p(0) + p(1) + p(2) + \cdots + p(q-1))$$ （7-20）

根据不等式$p_c \geqslant p$计算最大的密钥池尺寸$|S|$。q-composite随机密钥预分配模型相对于基本随机密钥预分配模型，对节点被俘有很强的自恢复能力。规模为n的网络，在x个节点被俘获的情况下，正常的网络节点通信信息可能被俘获的概率如式（7-21）所示：

$$p = \sum_{i=q}^{m} \left(\left(1 - \left(1 - \frac{m}{|S|} \right)^x \right)^i \times \frac{p(i)}{p} \right)$$ （7-21）

q-composite随机密钥预分配模型因为没有限制节点的度数，所以不能够防止节点的复制攻击。

3）多路径密钥增强模型

假设初始密钥建立完成（用基本模型），很多链路通过密钥缝中的共享密钥建立安全链接。密钥不能一成不变，使用了一段时间的通信密钥必须更新。密钥的更新指在已有的安全链路上更新，但是存在危险。假设两个节点间的安全链路都是根据两个节点间的公享密钥K建立的，根据随机密钥分布模型的基本思想，共享密钥K很可能存放在其他节点的密钥池中。如果对手俘获了部分节点，获得了密钥K，并跟踪了整个密钥池的所有信息，它就可以在获得密钥K以后解密密钥的更新信息，从而获取新的通信密钥。

为此，Anderson和Perring提出了多路径密钥增强的思想。多路径密钥增强模型是在多个独立的路径上进行密钥更新。假设有足够的路由信息可用，以至于A节点知道所有到达B节点的跳数小于h的不相交路径。设A、N_1、N_2、$\cdots$、N_i、B是在密钥建立之初建立的一条从A到B的路径。任何两点之间都有公共密钥，并设这样的路径存在j条，且任何两条之间不交叉。产生j个随机数v_1、v_2、$\cdots$、v_i，每个随机数与加解密密钥有相同的长度。A将这j个随机数通过j条路径发送到B。B接收到这j个随机数将它们异或之后，作为新密钥。除非对手能够掌握所有的j条路径才能获得密钥K的更新密钥。使用这种算法，路径越多则安全度越高，但路径越长则安全度越差。对于任何一条路径，只要路径中的任一节点被俘获，则整条路径就等于被俘获了。考虑到长路径降低了安全性，所以一般只研究两跳的多路径密钥增强模型，即任何两个节点间更新密钥时，使用两条安全链路，且任何一条路径只有两跳的情况。此时，通信开销被降到最小，A和B之间只需要交换邻居信息，并且两跳不可能存在路径交叠问题，降低了处理难度。

多路增强一般应用在直连的两个节点之间。如果用在没有共享密钥的节点之间，会大大降低因为多跳带来的安全隐患。但多路径增强密钥模型增加了通信开销，是不是划算要看具体的应用。密钥池大小对多路径增强密钥模型的影响表现在，密钥池小会削弱多路径密钥增强模型的效率，因为敌方人员容易收集到更多的密钥信息。

4）随机密钥对模型

随机密钥对模型是Chan-Perring-Song等人提出共享的又一种安全引导模型。它的原型始于共享密钥引导中的节点共享密钥模式。节点共享密钥模式是在一个n个节点的网络中，每个节点都存储另外$n-1$个节点的共享密钥，或者说任何两个节点之间都有一个独立的共享密钥。随机密钥对模型是一个概率模型，它不存储所有$n-1$个密钥对，而只存储一定数量的节点之间的共享密钥对，以保证节点之间的安全连通的概率p，进而保证网络的安全连通概率达到c。式（7-22）给出了节点需要存储密钥对的数量m。从式中可以看出，p越小，则节点需要存储的密钥对越少。所以对于随机密钥对模型来说，要减少密钥存储给节点带来的压力，就需要在给定网络的安全连通概率c的前提下，计算单对节点的安全连通概率p的最小值。单对节点安全连通概率p的最小值可以通过式（7-17）和式（7-18）计算。

$$m = np \tag{7-22}$$

如果给定节点存储m个随机密钥对，则能够支持的网络大小为$n = m/p$。根据连通度模型，p在n比较大的情况下可能会增长缓慢。n随着m的增大和p的减小而增大，增大的比率取决于网络配置模型。与上面介绍的随机密钥预分配模型不同，随机密钥对模型没有共享的密钥空间和密钥池。密钥空间存在的一个最大的问题就是节点中存放了大量使用不到的密钥信息，这些密钥信息只在建立安全通道和维护安全通道时用得到，而这些冗余的信息在节点被俘时会给攻击者提供大量的网络敏感信息，使得网络对节点被俘的抵御力非常低。密钥对模型中每个节点存放的密钥具有本地特性。也就是说，所有的密钥都是节点本身独立拥有的，这些密钥只在与其配对的节点中存在一份。这样，如果节点被俘，它只会泄露和它相关的密钥以及它直接参与的通信，不会影响其他节点。当网络感知到节点被俘时，可以通知与其共享密钥对的节点将对应的密钥对从自己的密钥空间中删除。

为了配置网络的节点对，引入了节点标识符的概念，每个节点除了存放密钥外，还要存放与该密钥对应的节点标识符。有了节点标识符的概念，密钥对模型能够实现网络中的点到点的身份认证。任何存在密钥对的节点之间都可以直接进行身份认证，因为只有它们之间才存在这个密钥对。点到点的身份认证可以实现很多安全功能，如可以确认节点的唯一性，阻止复制节点加入网络。

随机密钥对模型的初始化过程如下，这里假设网络最大容量为n个节点：

（1）初始配置阶段。为可能的n个独立节点分配唯一节点标识符，网络的实际大小可能比n小，不用的节点标号在新的节点加入网络中时使用，以提高网络的扩展性。每个节点标识符和另外m个随机选择的不同节点标识符相匹配，并且为每对节点产生一个密钥对，存储在各自的密钥环中。

（2）密钥建立的后期配置阶段，每个节点i首先广播自己的ID_i给它的邻居，邻居节点在接收到来自ID_i的广播包以后，在密钥环中查看是否与这个节点共享密钥对。如果是，则通过一次加密的握手过程来确认本节点确实和对方拥有共享密钥对。例如，节点A和B之间存在共享密钥，则它们之间可以通过下面的信息交换完成密钥的建立：

$$
\begin{aligned}
A \rightarrow &* : \{\mathrm{ID}_A\} \\
B \rightarrow &* : \{\mathrm{ID}_B\} \\
B \rightarrow &A : \{\mathrm{ID}_A \mid \mathrm{ID}_B\} K_{AB}, MAC(K'_{AB}, \mathrm{ID}_A \mid \mathrm{ID}_B) \\
A \rightarrow &B : \{\mathrm{ID}_B \mid \mathrm{ID}_A\} K_{AB}, MAC(K'_{AB}, \mathrm{ID}_B \mid \mathrm{ID}_A)
\end{aligned}
\tag{7-23}
$$

经过握手，节点双方确认彼此之间确实拥有共同的密钥对。因为节点标识符很短，所以随机密钥对的密钥发现所需的通信开销和计算开销比前面介绍的随机密钥预分配模型要小。与其他随机密钥预分配模型相同，随机密钥对模型同样存在安全拓扑图不连通的问题。这一点可以通过多跳方式扩展节点的通信范围来缓解。例如，在3跳以内的节点发现共享密钥，这样可以大大地提高有效通信距离内的安全邻居节点的个数，从而提高安全连通的概率。

通过多跳方式扩展通信范围必须小心使用，因为在中间节点转发过程中，数据包没有认证和过滤。在配置阶段，攻击者如果向随机节点发送数据包，则该数据包会被当作正常的密钥协商数据包在网络中重复很多遍。这种潜在的DoS攻击可能会终止或减缓密钥的建立过程，通过限定跳数可以减少这种攻击方法对网络的影响。如果系统对DoS攻击敏感，最好不要使用多跳特性。多跳过程在随机密钥模型的操作过程中不是必需的。

（3）随机密钥对模型支持分布节点的撤除。节点撤除过程主要在发现失效节点、被俘节点或者被复制节点时使用。前面描述过如何通过基站完成对已有节点的撤除，但是因为节点和基站的通信延迟比较大，所以这种机制会降低节点撤除的速度。在撤除节点的过程中，必须在恶意节点对网络造成危害之前将它从网络中剪除，所以快速反应是非常必要的。

在随机密钥对引导模型中定义了一个投票机制来实现分布式的节点撤除过程，使它不再依靠基站。这个投票机制需要的前提是，每个节点中存在一个判断其邻居节点是否已经被俘的算法。这样，节点可以在收到这样的投票请求时，对它的邻居节点是否被俘进行投票，这个投票过程是一个公开的投票过程，不需要隐藏投票节点的节点标识符。如果在一次投票过程中，节点A收到弹劾节点B的节点数超过门限值t，节点A将断开与节点B之间的所有连接。这个撤除节点的消息将通过基站传送到网络配置机构，使后面部署的节点不再与节点B共享密钥。

3. 基于位置的密钥预分配模型

基于位置的密钥预分配方案是对随机密钥预分配模型的一个改进。这类方案在随机密钥对模型的基础上引入了传感器节点的位置信息，每个节点都存放一个地理位置参数，基于位置的密钥预分配方案借助位置信息，在相同网络规模、相同存储容量的条件下可以提高两个邻居节点具有相同密钥对的概率，也能够提高网络攻击节点被俘获的能力。

Liu的方案是把传感器网络划分为大小相等的单元格，每个单元格共享一个多项式。每个节点存放节点所在的单元格及相邻4个单元格的多项式。那么周围节点可以根据自身的坐标和该节点的坐标判断是否共有相同的多项式。如果有，就可以通过多项式计算出共享密钥对，建立安全通信信道；否则可以考虑通过已有的安全通道协商共享密钥对。该方案需要部署服务器帮助确定节点的期望位置及其邻近节点，并为其配置共享多项式。

Huang的方案是对基本的随机密钥分配方案的扩展。它把密钥池分为多个子密钥池，每个子密钥池又包含多个密钥空间，传感器网络被划分为二维单元格，每个单元格根据位置信息对应一个子密钥池。每个单元格中的节点在对应的子密钥池中随机选择多个密钥空间。特别是，为每个节点选择其每个相邻单元格中的一个节点，并部署与它共享的秘密密钥。这样，每个单元格中的每个节点都分配了唯一的密钥，使节点具有更强的抗俘获能力。

基于对等中间节点（peer intermediary）的密钥预分配方案也是一种基于位置的密钥预分配方案。它的基本思想是把部署的网络节点划分成一个网络，每个节点分别与它同行和同列的节点共享密钥对。对于任意两个节点A和B都能够找到一个节点C，分别与节点A和B共享秘密的会话密钥，这样通过节点C，A和B就能够建立一个安全通信信道。该方案大大减小了节点在建立共享密钥时的计算量及对存储空间的需求。

4. 其他的密钥管理方案

基于KDC的组密钥管理主要是在逻辑层次密钥（Logical Key Hierarchy，LKH）方案上的扩展，如有Routing Awared Key Distribution Scheme方案、ELK方案。这些密钥管理方案对于普通的传感器节点要求的计算量比较少，而且不需要占用大量的内存空间，有效地实现了密钥的前向保密和后向保密，并且可以利用Hash方法减少通信开销，提高密钥更新效率。但在无线传感器网络中，KDC的引入使网络结构异构化，增加了网络的脆弱环节。KDC的安全性直接关系到网络的安全。另外，KDC与节点距离很远，节点要经过多跳才能到达KDC，会导致大量的通信开销。一般来说，基于KDC的模型不是传感器网络密钥管理的理想选择。

无线传感器网络的密钥管理方案还有许多，如multipath key reinforcement scheme、using deployment knowledge等。通常，应根据具体的应用来选取合适的密钥管理方案。然而，目前大多数的预配置密钥管理机制的可扩展性不强，而且不支持网络的合并，网络的应用受到了局限，而且在资源受限的网络环境下，让传感器节点随机性地和其他节点预配置密钥也不是一个高效能的选择。因此，与应用相关的定向、动态的密钥预配置方案将获得更多的关注。随着新应用的出现和传感器网络中一些基础协议的研究的发展，也需要提出新的相应的密钥管理协议。因此，密钥管理仍然是传感器网络安全的一个研究热点。

7.3.5　入侵检测

无线传感器网络安全防护（见图7-17）可以分成两层：第一层主要集中在密钥管理、认证、安全路由、数据融合安全、冗余、限速及扩频等方面。第一层防御机制可以对攻击进行防范，但是攻击者总能找出网络的脆弱点实施攻击，任防御机制被攻克，攻击者在发动攻击时防御方缺乏有效的检测与应对措施，没有针对入侵的自适应能力，所以入侵检测作为第二道防线就显得尤为重要。

入侵是指破坏系统机密性、可用性和完整性的行为。入侵检测提供了一种积极主动的深度防护机制，通过对系统的审计数据或者网络数据包信息来识别非法攻击和恶意使用的行为。当发现被保护系统可能遭受攻击和破坏后，通过入侵检测响应维护系统安全。相比下第一层防御致力于建立安全、可靠的系统或网络环境，入侵检测采用预先主动的方式，全面地自动检测被保护的系统，通过对可疑攻击行为进行报警和控制来保障系统的安全。目前，入侵检测系统已被广泛应用到网络系统和计算机主机系统安全中。

由于无线传感器网络与传统的计算机网络在终端类型、网络拓扑、数据传输等很多方面的不同，且面临的安全问题也有较大的差别，因此已有的检测方法已经不适用。如何设计实现适用于无线传感器网络的入侵检测系统，已经成为当前无线传感器网络安全防御机制的重点。

1. 入侵检测的分类

通常入侵检测技术分为基于误用的检测、基于异常的检测和基于规范的检测。

（1）基于误用的检测。通过比较存储在数据库中的已知攻击特征来检测入侵，然而由于无线传感器网络中节点的存储能力的限制，以及无线传感器网络数据管理系统的不成熟，建立完善的入侵特征库存在一定困难。

（2）基于异常的检测。通过建立系统状态和用户行为的正常轮廓，然后与当前的活动进行比较，如果有明显的偏差，则发生异常。由于无线传感器网络动态性强，以及当节点能量消耗殆尽而导致的无线传感器网络拓扑结构变化，网络流量一方面呈现出一种高度非线性、耗散与非平衡的特性，另一方面并非所有的入侵都表现为网络流量异常，给区分无线传感器网络的正常行为和异常行为带来了极大的挑战。

（3）基于规范的检测。主要是定义一系列描述程序或协议的操作规范，通过比较系统程序的执行、系统定义正常的程序和协议规范来判断异常。无线传感器网络中的异常检测器利用预先定义的规则把数据分为正常和异常，当监控网络时，通过应用合适的规则，如果定义为异常条件的规则得到满足，则发生异常。

2. 入侵检测体系框架

无线传感器网络入侵检测由3个部分组成：入侵检测、入侵跟踪和入侵响应。这3个部分顺序执行，首先执行入侵检测，若入侵存在，则执行入侵跟踪来定位入侵，然后执行入侵响应来防御攻击者。入侵检测框架如图7-18所示。

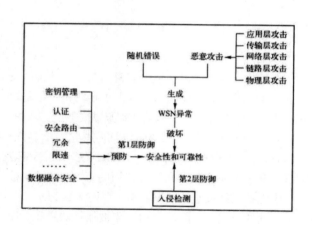

图 7-17　无线传感器网络安全防护

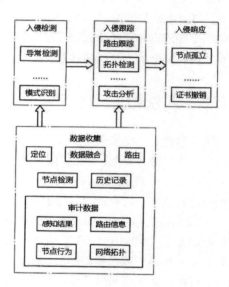

图 7-18　入侵检测框架

W.Ribeiro等提议通过监测恶意信息传输来标识传感器网络的恶意节点。如果信息传输的信号强度和其所在的地理位置相矛盾，那么此信息被认为是可疑的。节点接收到信息时，比较接收信息的信号强度和期望的信号强度（根据能力损耗模型计算），如果相匹配，则将此节点的不可疑投票加1，否则将可疑投票加1，然后通过信息发布协议来标识恶意节点。

A.Agah等通过博弈论的方法衡量传感器网络的安全。协作、信誉和安全质量是衡量节点的基本要素。另外，攻击者和传感器网络之间规定非协作博弈，最终得到抵制入侵的最近防御策略。

3. 三种入侵检测方案的工作原理

1）博弈论框架

对于一个固定的簇k，攻击者有三种可能的策略：（AS_1）攻击群k、（AS_2）不攻击群k、（AS_3）攻击其他群。IDS也有两种策略：（SS_1）保护簇k或者（SS_2）保护其他簇。考虑到这样一种情况，在每一个时间片内，IDS只能保护一个簇，那么这两个博弈者的支付关系可以用一个2×3的矩阵表示，矩阵A和B中的a_{ij}和b_{ij}分别表示IDS和攻击者的支付。此外，还定义了以下符号：

$U(t)$：传感器网络运行期间的效用。

C_k：保护簇k的平均成本。

AL_k：丢掉簇k的平均损失。

N_k：簇k的节点数量。

IDS的付出矩阵 $A = [a_{ij}]_{2\times3}$ 定义如下：

$$A = \begin{pmatrix} a_{11} & a_{12} & a_{13} \\ a_{21} & a_{22} & a_{23} \end{pmatrix} \tag{7-24}$$

这里$a_{11}=U(t)-C_k$，表示(AS_1, SS_1)，即攻击者和IDS都选择同一个簇k，因此对于IDS，它最初的效用值$U(t)$要减去它的防御成本。$a_{12}=U(t)-C_k$，表示(AS_2, SS_1)，即攻击者并没有攻击任何簇，但是IDS却在保护簇k，所以必须扣除防御成本。$a_{13} = U(t)-C_k-\sum_{i=1}^{N_k'}AL_{k'}$，表示$(AS_3, SS_1)$，IDS保护的是簇$k$，但攻击者攻击的是簇$k'$。在这种情况下，需要从最初的效用中减去保护一个簇所需的平均成本，另外还需要减去由于丢掉簇k'带来的平均损失。$a_{21} = U(t)-C_{k'}-\sum_{i=1}^{N_k}AL_k$，表示$(AS_1, SS_2)$，即攻击者攻击的簇为$k$，而IDS保护的簇为$k'$。$a_{22} = U(t)-C_{k'}$，表示$(AS_2, SS_2)$，即攻击者没有攻击任何簇，但IDS却在保护簇$k'$，所以必须减去保护成本。$a_{23} = U(t)-C_{k'}-\sum_{i=1}^{N_k''}AL_{k''}$，表示$(AS_3, SS_2)$，即IDS保护的是簇$k'$，但是攻击者攻击的却是$k''$。在这种情况下，要从最初的效用中减去防御簇$k'$的平均成本，另外还要减去丢掉簇$k''$带来的平均损失。

定义攻击者的付出矩阵 $B=(b_{ij})$如下：

$$B_{ij} = \begin{pmatrix} PI(t)\text{-}CI & CW & PI(t)\text{-}CI \\ PI(t)\text{-}CI & CW & PI(t)\text{-}CI \end{pmatrix} \tag{7-25}$$

其中，CW为等待并决定攻击所需的成本，CI为攻击者入侵的成本，$PI(t)$为每次攻击的平均收益。在上述付出矩阵中，b_{11}和b_{21}表示对簇k的攻击，b_{13}和b_{23}表示对非簇k的攻击，它们都为$PI(t)\text{-}CI$，表示从攻击一个簇所获得的平均收益中减去攻击的平均成本。同样b_{12}和b_{22}表示非攻击模式，如果入侵者在这两种模式下准备发起攻击，那么CW就代表因为等待攻击所付出的代价。

现在讨论博弈的平衡问题。首先介绍博弈论中的支配策略，给定由两个$m\times n$矩阵A和B定义的双博弈矩阵，A和B分别代表博弈者p_1和p_2的支付。假定$a_{ij}\geqslant a_{kj}$，$j=1$，…，n，则行i支配行k，行i称为p_1的支配策略。对p_1来说，选出支配行i要优先于选出被支配行k，所以行k实际上可以从博弈中去掉，这是因为作为一个合理的博弈者，p_1根本不会考虑这个策略。

从上面的讨论中可以获得这样一个直觉：对于IDS来说，最好的策略就是选择最恰当的簇予以保护，这样就使$U(t)-C_l$的值最大；对于攻击者最好的策略就是选择最合适的簇来攻击，因为$PI-C$总比CW大，所以总是鼓励入侵者的攻击。

2）马尔科夫判定过程

假设在有限值范围内存在随机过程：$\{X_n, n=0,1,2,\cdots\}$，如果$X_n=i$，那么就说这个随机过程在任意时刻n的状态为i。假定随机过程处于状态a，那么该过程在下一时刻从状态i转移到状态j的概率为p_{ij}，这样的随机过程称为"马尔科夫链"。基于过去状态和当前状态的马尔科夫链的条件分布与过去状态无关，而仅取决于当前状态。对IDS来说，可以给出一个奖励概念，只要正确地选出予以保护的簇，它将为此得到奖励。

马尔科夫判定过程（Markov Decision Process，MDP）为解决连续随机判定问题提供了一个模型，它是一个关于（S, A, R, tr）的四元组。其中，S是状态的集合，A是行为的集合，R是奖励函数，tr是状态转移函数。状态$s \in S$封装了环境状况的所有相关信息。行为会引起状态的改变，二者之间的关系由状态转移函数决定。状态转移函数定义了每一个（状态，行为）对的概率分布。因此，tr（s, a, s'）表示的是当行为a发生时，从状态s转移到s'的概率。奖励函数为每一个（状态，行为）对定义了一个实际的值，该值表示在该状态下发生这次行为所获得的奖励（或所需要的成本）。入侵检测系统的IDS的MDP状态相当于预测模型的状态。例如，状态（x_1, x_2, x_3）表示对x_3的攻击（{$x_1, x_2,$}表示在过去曾经遭受过攻击）。这种对应也许不是最佳的，事实上，获取更准确的对应关系需要大量的数据（如"在线时间"等数据）。每一次MDP的行为相当于一个传感器节点的一次入侵检测，一个节点可以建立基于MDP的多个入侵检测系统，但是为了使模型简化和计算简单，这里只考虑一种入侵检测的情况，即当检测到节点x'遭受入侵时，MDP要么认同这次检测，把状态（x_1, x_2, x_3）转移到（x_1, x_2, x'）；要么否定这次检测，重新选择另一个节点。MDP的奖励函数把检测入侵的效用进行编码，如状态（x_1, x_2, x_3）的奖励可能是维持节点x_3所获得的全部收益。简单地说，如果入侵被检测到，则可为奖励定义一个常量。MDP模型的转移函数$tr((x_1, x_2, x_3), x', (x_2, x_3, x''))$表示对节点$x'$的入侵行为被检测到的概率（假定节点$x'$在过去曾经遭受过攻击）。为了方便学习，这里使用学习方式，即Q-Learning。引入这种方式的目的是把获得的基于时间奖励的期望值最大化。这可以通过从学习状态到行为的随机映射来实现。例如，从状态$x \in S$到$a \in A$的映射被定义成$\Pi: S \to A$。在每一个状态中选择行为的标准使未来的奖励值达到最大，更确切地说就是选择的每一个行为能使获得的回报期值$R = E\left[\sum_{i=0}^{\infty} \lambda^i \omega_i\right]$达到最大，其中$\lambda \in [0,1)$是一个折扣率参数，$\omega_i$表示第$i$步的奖励值。如果在状态$s$时的行为为$a$，则折扣后的未来奖励期望值由Q-函数定义。

如果$Q(s_t, a_t) \leftarrow Q(s_t, a_t) + a\left[\omega t + 1 + \lambda \max_{a \in A} Q(s_{t+1}, a) - Q(s_t, a)\right]$，那么$Q: S \times A \to R$。

一旦掌握了Q-函数，就可以根据Q-函数贪婪地选择行为，从而使R函数的值最大。这样就有了如下表示：

$$\prod(s) = \arg\max_{a \in A} Q(s, a) \tag{7-26}$$

3）依据流量的直觉判断

第三种方案通过直觉进行判断。在每一个时间片内，IDS必须选择一个簇来进行保护。这个簇要么是前一个时间片内被保护的簇，要么重新选择一个更易受攻击的簇。我们使用通信负荷来表征每个簇的流量。IDS根据这个参数值的大小选择需要保护的簇。所以在一个时间片内，IDS应该保护的是具有最大流量的簇，也是最易受攻击的簇。

7.4　网络标准

由于无线传感器网络在智能电网、智能交通、智能建筑等诸多领域得到了应用，形成了巨大的市场和应用前景，因此目前全世界许多公司都推出了各自的无线传感器网络。这些不同的无线传感器网络最终都希望实现和互联网的通信。为此，世界各大标准化组织和中国的标准化组织均针对无线传感器网络进行了一系列标准化研究和制定工作。

7.4.1 ISO/IEC JTC1 WG7 标准

国际标准化组织（International Organization for Standardization，ISO）成立于1947年，是一个全球性的非政府组织，也是国际标准化领域中一个十分重要的组织。国际电工委员会（International Electro technical Commission，IEC）成立于1906年，是世界上成立最早的国际性电工标准化机构，负责有关电气工程和电子工程领域中的国际标准化工作。

1. ISO/IEC JTC1 WG7 标准工作组简介

ISO/IEC JTC1（国际标准化组织/国际电工委员会的第一联合技术委员会）是一个信息技术领域的国际标准化委员会。ISO/IEC JTC1是在原ISO/TC97（信息技术委员会）、IEC/TC47/SC47B（微处理机分委员会）和IEC/TC83（信息技术设备）的基础上于1987年合并组建而成的。2009年10月，ISO/IEC JTC1全体会议在以色列召开，会上正式通过了成立传感器网络标准化工作组（ISO/1EC JTC1 WG7）的决议。

2. ISO/IEC JTC1 WG7 标准框架

ISO/IEC JTC1 WG7将其他的国际标准组织以及各分技术委员会协调在一起，建立了一个统一构架，制定了标准体系相关的系列标准；确定了在各行业应用领域内传感器网络存在的差异性以及共性等，同其他的标准组织实现共享信息；推动了各工作组之间能够在传感器网络研究领域内充分实现信息交流以及共享等。目前，该工作组有3项传感器相关标准正在制定之中（ISO/IEC WD29182、ISO/IEC NP30101、ISO/IEC WD20005），如表7-7所示。

表 7-7 ISO/1EC JTCIWG7 传感器网络标准制定

编　号	名　　　称
ISO/IEC WD29182	第一部分：概述和需求
	第二部分：词汇表
	第三部分：参考结构
	第四部分：实体模型
	第五部分：接口定义
	第六部分：应用配置
ISO/IEC NP30101	第七部分：智能网格系统中传感器网络及其接口的互操作指南
ISO/IEC WD20005	智能传感器网络中，域服务规范的数据值和接口支持协作信息处理

7.4.2 无线传感器网络相关标准

在ISO/IEC JTC1 WG7的研究报告中列出了与无线传感器网络相关的标准，主要包括ISO系列相关标准、IEC系列相关标准、ITU-T系列相关标准、IEEE 802.15系列相关标准、IEEE 1451系列相关标准、IEEE 1588相关标准、ISA 100相关标准、ZigBee联盟标准、IETF相关标准和OGC OpenGIS相关标准等。

1. ISO 系列相关标准

ISO标准的制定工作主要由该组织中的技术委员会（TC）负责进行，TC由ISO理事会授权成立，并在其监督下进行工作，按照不同的专业性质分设不同的TC，如其中有关汽车、摩托车产品的国际标准主要由ISO下属的TC22制定。ISO系列标准主要包括ISO TC22道路车辆、TC184/SC自动化系统及其集成、TC204智能传输系统、TC205建筑环境设计、TC205/WG3建筑控制系统设计等。本书给出其中的两个例子供参考。

表7-8是ISO TC204智能传输系统标准，表7-9是ISO TC205建筑环境设计标准。

表 7-8　ISO TC204 智能传输系统标准

Subcommittee/Working Group	Title	对应中文翻译
ISO/TC 204/WG 1	Architecture	体现框架
ISO/TC 204/WG 3	ITS database technology	智能运输系统数据库技术
ISO/TC 204/WG 4	Automatic vehicle and equipment identification	自动车辆和设备识别
ISO/TC 204/WG 5	Fee and toll collection	收费
ISO/TC 204/WG 7	General fleet management and commercial/freight	车队管理和商业/运输
ISO/TC 204/WG 8	Public transport/emergency	公共/紧急交通
ISO/TC 204/WG 9	Integrated transport information, management and control	运输信息、管理、控制集成
ISO/TC 204/WG 10	Traveler information systems	旅行者信息系统
ISO/TC 204/WG 14	Vehicle/roadway warning and control systems	车辆/道路预警和控制系统
ISO/TC 204/WG 16	Communications	通信
ISO/TC 204/WG 17	Nomadic Devices in ITS Systems	智能运输系统中的移动设备
ISO/TC 204/WG 18	Cooperative systems	协作系统

表 7-9　ISO TC205 建筑环境设计标准

Subcommittee/Working Group	Title	对应中文翻译
ISO/TC 205/WG 1	General principles	总则
ISO/TC 205/WG 2	Design of energy-efficient buildings	节能建筑设计
ISO/TC 205/WG 3	Building Automation and Control System（BACS）Design	楼宇自动化和控制系统（BACS）设计
ISO/TC 205/WG 5	Indoor thermal environment	室内空气质量
ISO/TC 205/WG 7	Indoor visual environment	室内视觉环境
ISO/TC 205/WG 8	Radiant heating and cooling systems	辐射制热和冷却系统
ISO/TC 205/WG 9	Heating and cooling systems	制热和冷却系统
ISO/TC 205/WG 10	Commissioning	试运行

2. IEC 系列相关标准

IEC系列相关标准如下：

（1）IEC/TC17开关设备和控制设备技术委员会：负责建立和维护高低压开关设备和辅助设备及其组件的标准，以及相关的控制或电力设备、计量和信号设备的标准。

（2）IEC/TC22电力电子系统和设备技术委员会：负责制定关于系统、设备及电子能量变换和电子功率开关组件的国际标准，也包括其控制、保护、监控和测量方法的标准。

（3）IEC/TC57：负责国际电力通信相关标准制定的国际组织，目前下设11个工作组（包含一个临时工作组）。

IEC/TC65工业过程测量、控制和自动化技术委员会：负责制定用于工业过程测量、控制和自动化的系统和元件方面的国际标准，负责协调系统集成相关标准化工作，在国际领域参与电气、气动、液压、机械或其他测量和控制系统相关的国际标准化工作。

3. ITU-T 系列相关标准

ITU-T（国际电信联盟电信标准化部）从事电信标准制定工作，着眼于泛在网方面的研究工作。

（1）SG11：研究节点标识（NID）和泛在感测网络（USN）的测试架构、H.1RP测试规范以及X.oid-rcs测试规范。

（2）SG13：研究与未来网络相关的要求、架构、研究和融合，同时还包含跨研究组下一代网络（NGN）标准化工作的管理协调、发布计划、实现场景、部署模型、网络和服务能力、互操作、IPv6的影响、NGN移动性和网络融合，在公众数据网络方面，负责移动通信网络方面的研究，包括国际移动通信（IMT）、无线互联网、固定移动网融合、移动性管理、移动多媒体网络功能、互通、互操作，以及对现有ITU-T IMT相关建议的增强。

（3）SG16：研究的具体内容包括Q.25/16 USN应用和业务、Q.27/16通信/智能交通系统（ITS）业务/应用的车载网关平台、Q.28/16电子健康（E-Health）应用的多媒体架构、Q.21和Q.22标志研究（主要给出了针对标志应用的需求和高层架构）。

（4）SG17：针对RFID、泛在网安全、解析以及身份管理方面的研究工作。

4. IEEE 802.15 系列相关标准

随着通信技术的迅速发展，人们提出了在人自身附近几米范围之内通信的需求，这样就出现了 PAN和WPAN（Wireless PAN）的概念。WPAN为近距离范围内的设备建立无线连接，把几米范围内的多个设备通过无线方式连接在一起，使它们可以相互通信，甚至接入互联网。1998年3月，IEEE 802.15工作组成立。该工作组致力于WPAN网络的物理层和MAC层的标准化工作。该系列标准主要包含以下内容：

（1）IEEE 802.15标准：即IEEE 802.15.1标准，主要用于蓝牙无线通信。

（2）IEEE 802.15.2标准：主要研究蓝牙标准和Wi-Fi标准之间的兼容性。

（3）1EEE 802.15.3标准：主要研究UWB标准，应用于短距离、数据率在100Mbit/s左右进行通信的PAN多媒体方面。

（4）IEEE 802.15.4标准：主要针对低速无线个人局域网WPAN进行研究。该标准把低功耗、低速率、低成本作为重点研究目标，旨在为个人或者家庭范围内不同设备之间的低速互联提供统一标准。

（5）IEEE 802.15.5标准：研究WPAN的无线网状网（Mesh）组网。该标准致力于研究提供Mesh组网的物理层及MAC层的必要机制。

（6）IEEE 802.15.6标准：针对医疗环境下应用的人体局域网标准，用于对病人的身体特征实现连续实时的动态监测，旨在为卫生保健系统构建一个完全的无线传感器网络。

5. IEEE 1451 系列相关标准

基于各类现场总线的网络化智能传感器存在接口不统一的问题，对系统研发、集成和维护带来了很多问题，为此IEEE及美国国家标准技术总局（NIST）联合推出了IEEE 1451网络化智能传感器接口标准。该标准的推出使得各厂商研制的网络化智能传感器能够相互兼容，实现了各厂商传感器之间的互操作性与互换性。

1）IEEE 1451.1

IEEE 1451.1定义了网络独立的信息模型，它使用了面向对象的模型定义提供给智能传感器及其组件。该标准通过采用一个标准的应用编程接口（API）来实现从模型到网络协议的映射。同时，该标准以可选的方式支持所有的接口模型的通信方式，如其他的IEEE 1451标准所提供的STIM、TBIM和混合模式传感器。

2）IEEE 1451.2

IEEE 1451.2规定了一个连接传感器到微处理器的数字接口，描述了电子数据表格TEDS及其数据格式，提供了一个连接STIM和NCAP的10线的标准接口，使制造商可以把一个传感器应用到多种网络中，使传感器具有"即插即用"的兼容性。该标准没有指定信号调理、信号转换或TEDS如何应用，由各传感器制造商自主实现，以保持各自在性能、质量、特性与价格等方面的竞争力。

3）IEEE 1451.3

IEEE 1451.3定义标准的物理接口指标为以多点设置的方式连接多个物理上分散的传感器。例如，在某些情况下，由于恶劣的环境，不可能在物理上把TEDS嵌入传感器中，IEEE 1451.3标准提议以一种"小总线"方式实现变送器总线接口模型，这种小总线因足够小且便宜，可以轻易嵌入传感器中，从而允许通过一个简单的控制逻辑接口进行最大量的数据转换。

4）IEEE 1451.4

IEEE 1451.4定义了一个混合模式变送器接口标准，如为控制和自我描述的目的，模拟量变送器将具有数字输出能力。它将建立一个标准允许模拟输出的混合模式的变送器与IEEE 1451兼容的对象进行数字通信。每一个IEEE 1451.4兼容的混合模式变送器将至少由一个变送器、一个TEDS控制和传输数据进入不同的已存在的模拟接口的接口逻辑。变送器的TEDS很小，但定义了足够的信息，可允许一个高级的1451对象来进行补充。

5）IEEE 1451.5

IEEE 1451.5标准即无线通信与变送器电子数据表格式（Wireless Communication and Transducer Electronic Data Sheet Formats）。标准定义的无线传感器通信协议和相应的TEDS，旨在现有的IEEE 1451框架下构筑一个开放的标准无线传感器接口。

6）IEEE 1451.6

IEEE 1451.6标准用于本质安全和非本质安全的应用，基于CANopen协议的变送器网络接口标准，主要致力于建立在CANopen协议网络的多通道变送器模型，定义了一个安全的CAN物理层。

6. IEEE 1588 相关标准

IEEE 1588的全称是网络测量和控制系统的精密时钟同步协议标准。以太网于1985年成为IEEE 802.3标准后，在1995年将数据传输速度从10Mbit/s提高到100Mbit/s的过程中，计算机和网络业界也在致力于解决以太网的定时同步能力不足的问题,开发出了一种软件方式的网络时间协议(NTP),用于提高各网络设备之间的定时同步能力。1992年,NTP版本的同步准确度可以达到200μs,但是仍然不能满足测量仪器和工业控制所需的准确度。为了解决测量和控制应用的分布网络定时同步的需要,具有共同利益的信息技术、自动控制、人工智能、测试测量的工程技术人员在2000年年底倡议成立网络精密时钟同步委员会,2001年年中获得IEEE仪器和测量委员会美国标准技术研究所(NIST)的支持。该委员会起草的规范在2002年年底获得IEEE标准委员会通过作为IEEE 1588标准。

7. 1SA100 相关标准

ISA100自动化用无线系统标准在与工业通信用的复合协议相结合的同时,寻求着一种工业用的无线架构,是最终用户、无线自动化供应商、原始设备制造商、系统集成商等共同创建的一种综合方法。

ISA100下面有超过12个按主题进行分类并以数字编号来命名的工作组。其他制定标准化文件的工作组也将获得一个以ISA100.XX形式命名的编号。以下列举了部分工作组及其职能:

(1)WG1:ISA 100.1,统筹整合所有标准,并促进新工作组的形成。它拟定了一份为仪器技术员提供帮助的技术报告,名为"ISA-TR 100.00.01-2006-自动化工程师无线技术指南第1部分:无线通信物理学指南"。

(2)WG2:技术RFP评估标准(TREC),"授权"工作组。对使用者团体发展无线需求进行许可。

(3)WG3:ISA100.Ha,过程监控用。

(4)WG8:解决用户需求,包括电池寿命等。

(5)WG12:ISA100.12,集合Wireless HART。成员已经进行了逾一年时间的会商,探讨ISA100.11a和Wireless HART如何能共同工作。

(6)WG15:无线骨干网/无线回传。在网关背后进行改造,以取代连接到控制室的有线以太网。

(7)WG16:工厂自动化。制定无线工厂自动化的规范标准。除其他方面的差异外,比ISA100.11a具有更严密的适时性。现在规范文件正在起草中,参与者包括汽车制造商Proctor & Gamble以及其他离散自动控制厂商。

(8)WG21:人员及资产的跟踪和识别,包括RFID和其他方法。该小组也制定了相关技术报告。

8. ZigBee 联盟标准

ZigBee是基于IEEE 802.15.4标准的低功耗局域网协议。根据国际标准规定,ZigBee技术是一种短距离、低功耗的无线通信技术。其特点是近距离、低复杂度、自组织、低功耗、低数据速率,主要适用于自动控制和远程控制领域,可以嵌入各种设备。其目标市场包括商业楼宇管理、消费类电子产品、能源管理、医疗保健及健身、小区管理、零售管理和电子通信等。

ZigBee技术并不是完全独有、全新的标准。它的物理层、MAC层和链路层采用了IEEE 802.15.4协议标准,但在此基础上进行了完善和扩展,其网络层、应用汇聚层和高层应用规范由ZigBee联盟制定。

网络功能是ZigBee最重要的特点,也是与其他WPAN标准的区别。在网络层方面,其主要工作在于负责网络机制的建立与管理,并具有自我组态与自我修复功能,无须人工干预,网络节点能够感知其他节点的存在,并确定连接关系,组成结构化的网络。若增加或者删除一个节点、节点位置发生变动、节点发生故障等,网络都能够自我修复,并对网络拓扑结构进行相应的调整,无须人工干预，保证整个系统仍然能正常工作。

基于ZigBee的应用产品不仅提供RF的无线信道解决方案，同时其内置的协议栈将ZigBee的通信、组网等无线沟通方面的功能已完全实现，用户只需要根据协议提供的标准接口进行应用软件编程即可。

9. IETF 相关标准

国际互联网工程任务组（Internet Engineering Task Force，IETF）是一个公开性质的大型民间国际团体，汇集了与互联网架构和互联网顺利运作相关的网络设计者、运营者、投资人和研究人员，并欢迎所有对此行业感兴趣的人士参与。IETF的主要任务是负责互联网相关技术标准的研发和制定，是国际互联网业界具有一定权威的网络相关技术研究团体。

IETF将工作组分类为不同的领域，每个领域由几个Area Director（AD）负责管理。国际互联网工程指导委员会（The Internet Engineering Steering Group，IESG）是IETF的上层机构，它由一些专家和AD组成，设一个主席职位。国际互联网架构理事会（Internet Architecture Board，IAB）负责互联网社会的总体技术建议，并任命IETF主席和IESG成员OIAB和IETF为互联网社会（Internet Society，ISOC）的成员。

目前，IETF共包括8个研究领域、133个处于活动状态的工作组。

（1）应用研究领域（App-Applications Area），含20个工作组。

（2）通用研究领域（Gen-General Area），含5个工作组。

（3）网际互联研究领域（Int-Internet Area），含21个工作组。

（4）操作与管理研究领域（ops-Operations and Management Area），含24个工作组。

（5）路由研究领域（rtg-Routing Area），含14个工作组。

（6）安全研究领域（sec-Security Area），含21个工作组。

（7）传输研究领域（tsv-Transport Area），含1个工作组。

（8）临时研究领域（sub-Sub-IP Area），含27个工作组。

10. OGC OpenGIS 相关标准

OpenGIS（Open Geodata Interoperation Specification）开放的地理数据互操作规范由美国OGC（Open Geospatial Consortium）协会提出。OGC是一个非营利性组织，目的是促进采用新的技术和商业方式来提高地理信息处理的互操作性，它致力于消除地理信息应用（如地理信息系统、遥感、土地信息系统、自动制图/设施管理（AM/FM）系统）之间以及地理应用与其他信息技术应用之间的藩篱，建立一个无"边界"的、分布的、基于构件的地理数据互操作环境。

OGC促进了GIS的互操作。它通过规范改变了地理数据及其服务的处理方式，通过互操作的开放式系统将它们集成，从而在Intranet/Internet环境下，通过分布式平台从异构信息中直接获取信息。OGC促进了地理数据提供者、厂商和服务商之间的联合，推动了全球范围内的标准化进程，拓宽了地理数据服务市场。OpenGIS技术将使GIS始终处于一种有组织、开放式的状态，真正成为服务于整个社会的产业，以及实现地理信息的全球范围内的共享与互操作，是未来网络环境下GIS技术发展的必然趋势。

7.5　传感器节点及网络设计

7.5.1　传感器节点的分类

针对感知的内容不同来对传感器节点进行分类，一般分为标量感知节点和媒体感知节点。

1. 标量感知节点

环境中的标量信息主要包含温度、湿度、光照以及CO_2等信息。标量感知节点主要具备以下特点：

（1）传感器节点处理能力较低：无线传感器网络中的标量感知节点首先通过节点上各种各样的标量传感器对环境信息进行转换，转换的结果一般都比较简单，并且不需要CPU再做其他处理就可以进行数据的传输。例如，在智能楼宇的实际系统中，温度、光照、湿度以及CO_2等标量数据都是通过采集后，进行极少的额外处理就发送出去了。

（2）传感器节点输入与输出系统简单：无线传感器网络中的标量信息在采集的过程都是通过各类传感器实现的，并且采集的标量信息一般数据量都十分小，对于数据的发送也不需要引入环形缓存等特殊的机制。例如，实际的智能楼宇系统中，直接通过串口把采集的标量信息发送出去。

（3）传感器节点能量消耗低：标量信息成功采集后，无须CPU进行太多额外的处理，同时在采集与发送的整个过程中也都很少需要实现复杂的程序，所以大多时候CPU以及外围硬件都处于较为空闲的状态，降低了对能量的开销。

2. 媒体感知节点

媒体信息是当前多媒体信息的一种简称。多媒体信息主要包含声音、图像以及视频。媒体感知节点就是专门用于采集环境中多媒体信息数据的节点。这些节点主要具备以下特点：

（1）传感器节点处理能力较强：声音、图像以及视频这些媒体信息在通过声电转换后，还必须使用CPU对其进行采样、量化以及压缩编码处理，处理的过程中将涉及较为复杂的算法实现，所以CPU必须有较好的处理能力才能够很好地完成这些工作。

（2）传感器节点输入与输出系统复杂：无线传感器网络中媒体信息在采集的过程中都需要专门的一些设备，短时间内都会产生大量的数据信息，由于媒体信息一般都具备实时性，因此这些媒体信息也需要在短时间内发送出去。因此，在数据发送的过程中会引入一些特殊的缓存机制以及发送方式来保证数据采集、处理发送之间的独立性。

（3）传感器节点能量消耗高：媒体信息的采集不但需要较多硬件的支持，它的处理也需要不断地执行复杂的软件程序，而且数据发送的过程中也需要特殊的缓存机制。这些复杂的过程就导致了进行媒体信息采集时会有较大的能量开销。

7.5.2　传感器节点硬件设计

根据无线传感器网络应用的特殊要求，考虑传感器网络系统的特有结构以及优于其他技术的优点，可以总结出无线传感器网络系统有以下几个关键的性能评估指标：网络的工作寿命、网络覆盖范围、网络搭建的成本和难易程度、网络响应时间。但这些评定指标之间是相互关联的。通常为了提高其中一个指标必须降低另一个指标，如降低网络的响应时间性能可以延长系统的工作寿命。这些指标构成的多维空间可以用于评估一个无线传感器网络系统的整体性能。

1. 节点的设计原则

由于传感器节点工作的特殊性，在设计时应从以下几方面考虑：

（1）微型化。微型化是无线传感器网络追求的终极目标。只有节点本身体积足够小，才能保证不影响目标系统环境或造成的影响可以忽略不计。另外，在某些特殊场合甚至要求目标系统能够小到不容易被人察觉的程度。例如在战争侦查等特定用途的环境下，微型化更是先考虑的问题之一。

（2）低能耗。节能是传感器节点设计最主要的问题之一，无线传感器网络要部署在人们无法接近的场所，而且不常更换供电设备，对节点功耗要求就非常严格。在设计过程中，应采用合理的能量监测与控制机制，功耗要限制在几十毫瓦甚至更低的数量级。

（3）低成本。成本的高低是衡量传感器节点设计好坏的重要指标，只有成本低才能大量地布置在目标区域中，表现出传感器网络的各种优点。这就要求传感器节点的各个模块的设计不能特别复杂，使用的所有器件都必须是低功耗的，否则不利于降低成本。

（4）可扩展性和灵活性。可扩展性也是传感器节点设计中必须考虑的问题，需要定义统一、完整的外部接口，在需要添加新的硬件部件时可以在现有节点上直接添加，而不需要开发新的节点，即传感器节点应当在具备通用处理器和通信模块的基础上拥有完整、规范的外部接口，以适应不同的组件。

（5）稳定性和安全性。设计的节点要求各个部件都能在给定的外部环境变化范围内正常工作，在给定的温度、湿度、压力等外部条件下，传感器节点各部件能够保证正常功能，且能够工作在各自量程范围内。另外，在恶劣环境条件下能保证获取数据的准确性和传输数据的安全性。

（6）深度嵌入性。传感器节点必须和所感知场景紧密结合才能非常精细地感知外部环境的变化。而正是所有传感器节点与所感知场景的紧密结合，才对感知对象有了宏观和微观的认识。

2. 节点的硬件设计

建设一个无线传感器网络首先要开发可用的传感器节点。传感器节点应满足特定应用的特色需求：尺寸小、价格低、能耗低；可为所需的传感器提供适当的接口，并提供所需的计算和存储资源；能够提供足够的通信能力。如图7-19所示为传感器节点体系结构。

无线传感器节点由传感器模块、处理器模块、无线通信模块和电源模块4部分组成。

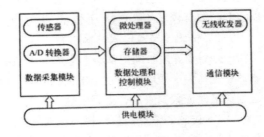

图 7-19　传感器节点体系结构

1）传感器模块

传感器在现实中的应用非常广泛，渗透在工业、医疗、军事和航天等各个领域，所以有些机构把传感器网络称为未来三大高科技产业之一。传感器网络研究的近期意义不是创造出多少新的应用，而是通过网络技术为现有的传感器应用提供新的解决办法。网络化的传感器模块相对于传统传感器的应用有如下特点：

（1）传感器模块是硬件平台中真正与外部信号量接触的模块，一般包括传感器探头和变送系统两部分。探头采集外部的温度、光照和磁场等需要传感的信息，将其送入变送系统，后者将上述物理量转化为系统可以识别的原始电信号，并且通过积分电路、放大电路整形处理，最后经过A/D转换器转换成数字信号送入处理器模块。

（2）对于不同的探测物理量，传感器模块将采用不同的信号处理方式。因此，对于温度、湿度、光照、声音等不同的信号量，需要设计相应的检测与传感器电路，同时需要预留相应的扩展接口，以便于扩展更多的物理信号量。

传感器种类很多，可以监测温湿度、光照、噪声、振动、磁场、加速度等物理量。美国的Crossbow公司基于Mica节点开发了一系列传感器板，采用的传感器有光敏电阻Clairex CL4L、温敏电阻PHERTJIVRI03J（松下电子公司）、加速度传感器ADI ADXL202、次传感器 Honeywell HMC1002等。

传感器电源的供电电路设计对传感器模块的能量消耗来说非常重要。对应小电流工作的传感器（几百微安），可由处理器I/O口直接驱动，当不用该传感时，将I/O口设置为输入方式。这样外部传感器没有能量输入，也就没有能量消耗，如温度传感器DS18B20就可以采用这种方式。对应大电流工作的传感器模块，I/O口不能直接驱动传感器，通常使用场效应管来控制后级电路的能量输入。当有多个大电流传感器接入时，通常使用集成的模拟开关芯片来实现电源控制。

2）处理器模块

处理器模块是传感器节点的计算核心，所有的设备控制、任务调度、能量计算和功能协调、通信协议的执行、数据整合和数据转储程序都将在这个模块的支持下完成，所以处理器的选择在传感器节点设计中是至关重要的。作为硬件平台的中心模块，除了应具备一股单片机的基本性能外，还应该具有适合整个网络需要的特点：

（1）尽可能高的集成度。受外形尺寸限制，模块必须能够集成更多节点的关键部位。

（2）尽可能低的能源消耗。处理器的功耗一般很大，而无线网络中没有持续的能源供给，这就要求节点的设计必须将节能作为一个重要因素来考虑。

（3）尽量快的运行速度。网络对节点的实时性要求很高，要求处理器的实施处理能力要强。

（4）尽可能多的I/O和扩展接口。多功能的传感器产品是发展的趋势，而在前期设计中，不可能把所有的功能都包括进来，这就要求系统有很强的可扩展性。

（5）尽可能低的成本。如果传感器节点成本过高，必然会影响网络化的布局。

目前，使用较多的有ATMEL公司的AVR系列单片机，Berkeley大学研制的Mica系列节点，它们大多采用ATMEL公司的微控制器。TI公司的MSP430超低功耗系列处理器不仅功能完整、集成度高，而且根据存储容量的多少提供多种引脚兼容的处理器，使开发者很容易根据应用对象平滑升级系统。在新一代无线传感器节点Tools中使用的就是这种处理器，Motorola公司和Renesas公司也有类似的产品。

3）无线通信模块

无线通信模块由无线射频电路和天线组成，目前采用的传输媒体包括无线电、红外线和光波等。它是传感器节点中最主要的耗能模块，是传感器节点的设计重点。

（1）无线电传输

无线电波易于产生，传播距离较远，容易穿透建筑物，在通信方面没有特殊的限制，比较适合在未知环境中需求的自主通信，是目前传感器网络的上流传输方式。

在频率选择方面，一般选用ISM频段，主要原因在于ISM频段是无须注册的公用频段，具有大范围的可选频段，没有特定标准，可灵活使用。

在机制选择方面，传统的无线通信系统需要考虑的重要指标包括频谱效率、误码率、环境适应性以及实现的难度和成本。在无线传感器网络中，由于节点能量受限，需要设计以节能和低成本为主要指标的调制机制。为了实现最小化符号率和最大化数据传输率的指标，研究人员将M-ary调制机制应用于传感器网络，然而简单的多相位M-ary信号会降低检测的敏感度，而为了恢复连接则需要增加发射功率，因此导致额外的能量浪费。为了避免该问题，准正交的差分编码位置调制方案采用四位二进制符号，每个符号被扩展为32位伪噪声码片序列，构成半正弦脉冲波形的交错正交相移键控调制机制，仿真实验表明该方案的节能性能较好。

另外，加州大学伯克利分校U.C. Berkeley研发的PicoRadio项目采用了无线电唤醒装置。该装置支持休眠模式，在满占空比情况下消耗的功率也小于1μW。DARPA资助的WINS项目研究了如何采用CMOS电路技术实现硬件的低成本制作。AIT研发的uAMPS项目在设计物理层时考虑了无线收发器启动能量方面的问题。启动能量是指无线收发器在休眠模式和工作模式之间转换时消耗的能量。研究表明，启动能量可能大于工作时消耗的能量。这是因为发送时间可能很短，而无线收发器由于受制于具体的物理层的实现，其启动时间却可能相对较长。

（2）红外线传输

红外线作为传感器网络的可选传输方式，其最大的优点是这种传输不受无线电干扰，且红外线的使用不受国家无线电管理委员会的限制。然而，红外线对非透明物体的穿透性极差，只能进行视距传输，因此只在一些特殊的应用场合下使用。

（3）光波传输

与无线电传输相比，光波传输不需要复杂的调制、解调机制，接收器的电路简单，单位数据传输功耗较小。在Berkeley大型的SmartDust项目中，研究人员开发了基于光波传输，具有传感、计算能力的自治系统，提出了两种光波传输机制，即使用三面直角反光镜（CCR）的被动传输方式和使用激光二极管、易控镜的主动传输方式。对于前者，传感器节点不需要安装光源，通过配置CCR来完成通信；对于后者，传感器节点使用激光二极管和主控激光通信系统发送数据。光波与红外线相比，通信收发不能被非透明物体阻挡，只能进行视距传输，应用场合受限。

（4）传感器网络无线通信模块协议标准

在协议标准方面，目前传感器网络的无线通信模块设计有两个可用标准：IEEE 802.15.4和IEEE 802.15.3a。IEEE 802.15.3a标准的提交者把UWB作为一个可行的高速率WPAN的物理层选择方案，传感器网络正是其潜在的应用对象之一。

4）电源模块

电源模块是任何电子系统的必备基础模块。对传感器节点来说，电源模块直接关系到传感器节点的寿命、成本、体积和设计复杂度。如果能够采用大容量电源，那么网络各层通信协议的设计、网络功耗管理等方面的指标都可以降低，从而降低设计难度。容量的扩大通常意味着体积和成本的增加，因此电源模块设计中必须首先合理地选择电源种类。

市电是最便宜的电源，不需要更换电池，而且不必担心电能耗尽。但在具体应用市电时，一方面因受到供电电缆的限制而削弱了无线节点的移动性和适用范围。另一方面，用于电源电压的转换电路需要额外增加成本，不利于降低节点造价。但是对于一些使用市电方便的场合，如电灯控制系统等，仍可以考虑使用市电供电。

电池供电是目前最常见的传感器节点供电方式。原电池（如AAA电池）以其成本低廉、能量密度高、标准化程度高、易于购买等特点而备受青睐。虽然使用可充电的蓄电池似乎比使用原电池好，但与原电池相比，蓄电池也有很多缺点，如它的能量密度有限。蓄电池的重量能量密度和体积能量密度远低于原电池，这就意味着要达到同样的容量要求，蓄电池的尺寸和重量都要大一些。此外，与原电池相比，蓄电池的维护成本也不可忽略。尽管有这些缺点，蓄电池仍然有很多可取之处。蓄电池的内阻通常比原电池要低。这在要求峰值电流较高的应用中是很有好处的。

在某些情况下，传感器节点可以直接从外界的环境中获取足够的能量，包括通过光电效应、机械振动等不同方式获取能量。如果设计合理，采用能量收集技术的节点尺寸可以做得很小，因为它们不需要随身携带电池。最常见的能量收集技术包括太阳能、风能、热能、电磁能、机械能的收集等。例如，利用袖珍化的压电发生器收集机械能，利用光敏器件收集太阳能，利用微型热电发电机收集热能等。

节点所需的电压通常不止一种，这是因为模拟电路与数字电路所要求的最优供电电压不同，非易失性存储器和压电发生器及其他的用户界面需要使用较高的电源电压。任何电压转换电路都会有一定开销，对于占空比非常低的传感器节点而言，这种开销占总功率的比例可能是非常大的。

7.5.3　网络开发测试平台

无线传感器网络软件平台在体系架构上与传统无线设备具有鲜明的差异性，传统无线设备解决重点在于人与人的互联互通，而传感器网络技术则将通信的主体从人与人扩展到了人与物、物与物的互连互通。因此，必须在软件平台设计中详细考虑传感器、协同信息处理、特殊应用开发等。

1. 操作系统

对于某些只需执行单一任务的设备（如数码照相机、微波炉等），在其微处理器上运行更多的是针对特定应用的前后台系统。相反，通用设备（如掌上电脑、平板电脑等）采用嵌入式操作系统提供面向多种应用的服务，以降低开发难度。

传感器节点介于不需要操作系统执行的单一任务设备和需要嵌入式操作执行更多的扩展性应用的通用设备之间，因而需要设计符合无线传感器网络需求的操作系统。从传统操作系统定义出发，无线传感器网络操作系统并不是真正意义上的操作系统，它只为开发应用提供数量有限的共同服务，最为典型的是对传感器、I/O总线、外置存储器件等的硬件管理。根据应用需求，无线传感器网络操作系统还提供诸如任务协同、电源管理、资源受限调整等共同服务。

无线传感器网络操作系统与传统的PC操作系统在很多方面都是不同的。这些不同来源于其独特的硬件结构和资源。无线传感器网络操作系统设计考虑以下几个方面：

1）硬件管理

操作系统的首要任务是在硬件平台上实现硬件资源管理。无线传感器网络操作系统提供如读取传感器、感知、时钟管理、收发无线数据等抽象服务。由于硬件资源受限，无线传感器网络操作系统不能提供硬件保护，这就直接影响到调试、安全及多任务系统协同等功能。

2）任务协同

任务协同直接影响调度和同步。无线传感器网络操作系统需为任务分配CPU资源，为用户提供排队和互斥机制。任务协同决定了两种代价消耗：CPU的调度策略和内存。每个任务需要分配固定大小的静态内存和栈。对于资源受限的传感器节点来讲，多任务情况下的内存代价是很高的。

3）资源受限

资源受限主要体现在数据存储、代码存储空间和CPU速度。从经济角度出发，无线传感器网络操作系统总是运行在低成本的硬件平台上，以便于大规模部署。硬件平台资源受限只能依赖于信息技术的进步。目前的芯片技术还无法大规模降低无线传感器网络的硬件成本。

4）电源管理

近几十年来，根据摩尔定律，CPU的速度和内存大小有了很大的进步，但是电池技术不像芯片技术那样发展迅速，传感器节点大部分采用电池供电，电池技术没有实质性的提高。因而只能减少节点的电池消耗，延长节点寿命。在传感器节点中，无线传输产生的功耗是最大的，发送1bit数据的功耗远大于处理1bit数据的功耗。

5）内存

内存是网络协议栈的主要代价消耗之一。为最大化利用数据内存，应整合利用网络协议栈和无线传感器网络操作系统的内存。

6）感知

无线传感器网络操作系统必须提供感知支持。感知数据来源于连续信号、周期性信号或事件驱动的随机信号。

7）应用

与用户驱动的应用不同，一个传感器节点只是一个分布式应用中的很少一部分，优化无线传感器网络操作系统以实现与其他节点的交互，对系统应用具有很重要的意义。

8）维护

大量随机布设传感器节点，很难通过人工的方法实现维护。无线传感器网络操作系统应支持动态重编程，允许用户通过远程终端实现任务的重新分配。

2. WSN 专用软件开发平台 TinyOS

针对无线传感器网络的编程语言目前最流行的是nesC语言。nesC是一种C语法风格、开发组件式结构程序的语言，支持TinyOS的并发模型，以及组织、命名和连接组件成为健壮的嵌入式网络系统的机制，利用nesC语言开发的TinyOS软件开发系统是专门针对无线传感器网络的操作系统。

TinyOS是一个开源的嵌入式操作系统，它是由U.C. Berkeley开发出来的，主要应用于无线传感器网络方面。它是基于组件（Component-Based）的架构方式，使得能够快速实现各种应用。TinyOS的程序采用的是模块化设计。所以它的程序核心往往都很小（一般来说核心代码和数据大概在400B左右），能够突破传感器存储资源少的限制，这能够让TinyOS很有效地运行在无线传感器网络上并去执行相应的管理工作等。TinyOS本身提供了一系列的组件，可以简单方便地编制程序，用来获取和处理传感器的数据并通过无线电来传输信息。可以把TinyOS看成是一个可以与传感器进行交互的API接口，它们之间可以进行各种通信。TinyOS在构建无线传感器网络时，会有一个基地控制台，主要用来控制各个传感器子节点，并聚集和处理它们所采集到的信息。TinyOS在控制台发出管理信息，然后由各个节点通过无线网络互相传递，最后达到协同一致的目的，非常方便。

1）TinyOS 框架

图7-20是TinyOS的总体框架。物理层硬件为框架的最底层，传感器、收发器以及时钟等硬件能触发事件的发生，交由上层处理。相对下层的组件也能触发事件交由上层处理，而上层会发出命令给下层处理。为了协调各个组件任务的有序处理，需要操作系统采取一定的调度机制。

图7-21提供了TinyOS组件所包括的具体内容，包括一组命令处理函数、一组事件处理函数、一组任务集合、一个描述状态信息和固定数据结构的框架。除了TinyOS提供的处理器初始化、系统调度和C运行时库（C Run-Time）3个组件是必需的以外，每个应用程序可以非常灵活地使用任何TinyOS组件。

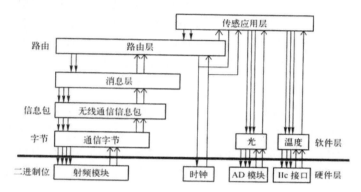

图 7-20　TinyOS 总体框架图

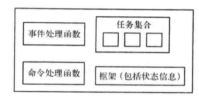

图 7-21　TinyOS 组件的功能模块

这种面向组件的系统框架的优点如下：首先，"事件－命令－任务"的组件模型可以屏蔽低层细节，有利于程序员更方便地编写应用程序；其次，"命令－事件"的双向信息控制机制使得系统的实现更加灵活；再次，调度机制独立成单独的一块，有利于为了满足不同调度需求进行的修改和升级。

2）TinyOS 内核

（1）调度机制

TinyOS的调度模型为"任务+事件"的两级调度，调度的方式是任务不抢占，事件要抢占，调度的算法是简单的先入先出（FIFO），任务队列是功耗敏感的。调度模型有以下4点：

① 基本的任务单线程运行到结束，只分配单个任务栈。这对内存受限的系统很重要。

② FIFO的任务调度策略是电源敏感的。当任务队列为空时，处理器休眠，等待事件发生来触发调度。

③ 两级的调度结构可以实现优先执行少量同事件相关的处理，同时打断长时间运行的任务。

④ 基于事件的调度策略，只需少量空间就可以获得并发性，并允许独立的组件共享单个执行上下文。同事件相关的任务集合可以很快被处理，不允许阻塞，具有高度并发性。

TinyOS只是搭建好了最基本的调度框架，只实现了软实时，而无法满足硬实时，这对嵌入式系统的可靠性会产生影响。同时，由于是单任务的内核，吞吐量和处理器利用率不高。因此，有可能需要设计多任务系统。为保证系统的实时性，多采用基于优先级的可抢占式的任务调度策略。依赖于应用需求，出现了许多基于优先级多任务的调度算法的研究。把TinyOS扩展成多任务的调度，给TinyOS加入了多任务的调度功能，提高了系统的响应速度。Pankaj G Sodagam提出在TinyOS中实现基于时限（deadline）的优先级调度，有利于提高无线传感器网络系统的实时性。Venkat Subramaniam提出了一种任务优先级调度算法来相对提高过载节点的吞吐量以解决本地节点包过载的问题。

（2）中断

在TinyOS中，代码运行方式为响应中断的异步处理或同步调度任务。TinyOS的每一个应用代码里，约有41%~64%的中断代码，可见中断的优化处理非常重要。对于低功耗的处理而言，需要长时间休眠，可以通过减少中断的开销来降低唤醒处理器的功耗。目前通过禁用和打开中断来实现原子操作，这个操作非常短暂。然而，让中断关掉很长时间会延迟中断的处理，造成系统反应迟钝。TinyOS的原子操作能工作得很好，是因为它阻止了阻塞的使用，也限制了原子操作代码段的长度，而这些条件的满足是通过nesC编译器来协助处理的。nesC编译器对TinyOS做静态的资源分析以及其调度模式决定了中断不允许嵌套。在多任务模式下，中断嵌套可以提高实时响应速度。

（3）时钟同步

TinyOS提供获取和设置前系统时间的机制，同时在无线传感器网络中提供分布式的时间同步。TinyOS是以通信为中心的操作系统，因此更加注重各个节点的时间同步。例如，传感器融合应用程序收集一组从不同地方读来的信息（如较短距离位置需要建立暂时一致的数据），TDMA风格的介质访问协议需要精确的时间同步，电源敏感的通信调度需要发送者和接收者在它们的无线信号开始时达成一致等。

加州大学洛杉矶分校（UCLA）、Vanderbilt和U.C. Berkeley分别用不同方法实现了时间同步。这3个实现都精确到了毫秒级，最初打算开发一个通用的、底层的时间同步组件，结果失败了。应用程序需要一套多样的时间同步，因此只能把时钟作为一种服务来灵活地提供给用户取舍使用。

某些情况允许逐渐的时间改变，但另一些则需要立即转换成正确的时间。当时间同步改变下层时钟时，会导致应用失败。某些系统（如NTP）通过缓慢调整时钟来同邻节点同步的方式规避这个问题。NTP方案很容易在像TinyOS那样对时间敏感的环境中出错，因为时间即使早触发几毫秒都会引起无线信号或传感器数据丢失。

目前，TinyOS采用的方案是提供获取和设置当前系统时间的机制（TinyOS的通信组件GenericComm，使用hook函数为底层的通信包打上时间戳，以实现精确的时间同步），同时靠应用来选择何时激活同步。例如，在TinyDB应用中，当一个节点监听到来自路由树中父节点的时间戳消息后会调整自己的时钟，以使下一个通信周期的开始时间跟父节点一样。它改变通信间隔的睡眠周期持续时间，而不是改变传感器的工作时间长度，因为减少工作周期会引起严重的服务问题，如数据获取失败。

J.Elson和D.Estrin给出了一种简单实用的同步策略。其基本思想是节点以自己的时钟记录事件，随后用第三方广播的基准时间加以校正，精度依赖于对这段间隔时间的测量。这种同步机制应用在确定来自不同节点的监测事件的先后关系时有足够的精度。设计高精度的时钟同步机制是无线传感器网络设计和应用中的一个技术难点。

有一些应用更重视健壮性而不是最精确的时间同步。例如，TinyDB只要求时间同步到毫秒级，但需要快速设置时间。在TinyDB中，简单的、专用的抽象是一种很自然的提供这种时间同步服务的方式，但是这种同步机制并不满足所有需要的通用的时间同步。为外，还可以采取Lamport分布式同步算法，并不全都靠时钟来同步。

（4）任务通信和同步

任务同步是在多任务的环境下存在的。因为多个任务彼此无关，并不知道有其他任务的存在，如果共享同一种资源就会存在资源竞争的问题，它主要解决原子操作和任务间相互合作的同步机制。

TinyOS中用nesC编译器检测共享变量有无冲突，并把检测到的冲突语句放入原子操作或任务中来避免冲突（因为TinyOS的任务是串行执行的，任务之间不能互相抢占）。TinyOS单任务的模型避免了其他任务同步的问题。如果需要，可以参照传统操作系统的方法，利用信号量来给多任务系统加上任务同步机制，使得提供的原子操作不是关掉所有的中断，从而使得系统的响应不会延迟。

在TinyOS中，由于是单任务的系统，不同的任务来自不同的网络节点，因此采用管道的任务通信方式，也就是网络系统的通信方式。管道是无结构的固定大小数据流，但可以建立消息邮箱和消息队列来满足结构数据的通信。

3）TinyOS 内存管理

TinyOS的原始通信使用缓冲区交换策略来进行内存管理。若网络包被收到，则无线组件传送一个缓冲区给应用，应用返回一个独立的缓冲区给组件，以备下一次接收。在通信栈中，管理缓冲区是很困难的。传统的操作系统把复杂的缓冲区管理推给了内核处理，以复制复杂的存储管理以及块接口为代价，提供一个简单的、无限制的用户模式。AM通信模型不提供复制，而只提供简单的存储管理。消息缓冲区数据结构是固定大小的。若TinyOS中的一个组件接收到一个消息，则它必须释放一个缓冲区给无线栈。无线栈使用这个缓冲区来存放下一个到达的消息。一般情况下，一个组件在缓冲区用完后会将其返回，但是如果这个组件希望保存这个缓冲区预留给以后用，会返回一个静态的本地分配缓冲区，而不是依靠网络栈提供缓冲区的单跳通信接口。

静态分配的内存有可预测性和可靠性高的优点，但缺乏灵活性，不是预估大了而造成浪费，就是预估小了造成系统崩溃。为了充分利用内存，可以采用响应快的、简单的slab动态内存管理。

4）TinyOS 通信

通信协议是无线传感器网络研究的另一大重点。通信协议的好坏不仅决定通信功耗的大小，同时也影响通信的可靠性（包的丢失率、包过载等）。TinyOS为满足这样要求的通信协议提供了基于轻量级AM通信模型的最小通信内核。

5）低功耗实现技术

（1）电源管理服务

TinyOS的电源管理服务就是提供功能库，供应用程序决定何时用何种功能，不是强迫应用必须使用，而是给应用很大的决定权。

（2）编译技术

由于在无线传感器网络中，许多组件长时间不能维护，需要稳定和健壮性，而且因为资源受限，要求非常有效的简单接口，只能静态分析资源和静态分配内存。nesC就是满足这种要求的编译器，使用原子操作和单任务模型来实现变量竞争检测，消除了许多变量共享带来的并发错误；使用静态的内存分配和不提供指针来增加系统的稳定性和可靠性；使用基于小粒度的函数剪裁方法（inline）来减少代码量和提高执行效率（减少了15%~34%的执行时间）；利用编译器对代码整体的分析做出对应用代码的全局优化。nesC提供的功能整体地优化了通信和计算的可靠性和功耗。又如galsC编译器，它是对nesC语言的扩展，有更好的类型检测和代码生成方法，并具有应用级的很好的结构化并发模型，很大程度上减少了并发的错误，如死锁和资源竞争。

（3）分布式技术

计算和通信的整体效率的提高需要用到分布式处理技术。借鉴分布式技术，实现优化有两种方式：数据迁移和计算迁移。数据迁移是把数据从一个节点传输到另一个节点，然后由后一个节点进行处理。而计算迁移是把处理数据的计算过程从一个节点传输到另一个节点。在无线传感器网络系统中，假设节点运行的程序一样，那么计算过程就不用迁移，只要发送一个过程的名字就可以了，这也就是AM通信模型的做法。

（4）数据压缩

在GDI项目中，使用Huffman编码或Lempel-Ziv对数据进行了压缩处理，使得传输的数据量减少了2~4倍。但是，当把这些压缩数据写入存储区时，功耗却增加了许多。综合起来并未得到好的功耗结果。由于GDI项目的重点在于降低系统的功耗，因此它并未分析压缩处理同增加系统可靠性的关系，最后它摒弃了数据压缩传送的方法。事实上，可以对数据压缩方法给功耗和可靠性带来的影响做进一步分析。

7.6　工程应用设计案例

无线传感器网络是由应用驱动的网络，凭借其可快速部署、可自组织、隐蔽性等技术特点，广泛应用于国防军事、环境监测、医疗卫生、工业监控、智能电网、智能交通等多个领域。本节将列举无线传感器网络在一些重要领域的应用实例，如智能家居、智能温室系统及智能化远程医疗监护等典型应用系统的设计，深入理解无线传感器网络软硬件相关技术的设计与应用。

7.6.1　智能家居系统

良好、宜居的生活环境一直是人类对于幸福生活的憧憬与追求之一。随着社会的不断发展和居民的生活水平持续提高，人们对于家居环境的要求也越来越高。目前，中国大多数住宅的家居环境都存在能耗过高与安防措施落后等问题。进入信息时代，家居环境构建思路正在转向健康、舒适、便利、安全。家居智能化已经成为人们的迫切需求。

智能家居（又称智能住宅）是集系统、结构、服务、管理等于一体的居住环境。它以住宅为平台，利用先进的计算机控制技术、智能信息管理技术与通信传输技术，将家庭安防系统、家电控制系统等各子系统有机地结合在一起，通过统筹管理，使家居环境变得更加舒适与安全。与传统家居相比，智能家居让住宅变为能动的、有智慧的生活工具，它不仅能够提供安全、宜居的家庭空间，还能够优化家居生活方式，帮助人们实时监控家庭的安全性并能高效地利用能源，实现低碳、节能、环保。

智能家居利用了计算机、传感、网络、通信与自动控制等技术，将与家庭及生活有关的各种应用子系统有机地结合在一起，通过综合管理，使得家庭生活更舒适、安全、有效和节能。智能家居一般包括以下系统：智能照明、网络通信、家电控制、家庭安防等。

1. 相关技术

智能家居系统中的关键技术是信息传输和智能控制，涉及综合布线技术、电力线载波技术、无线网络技术等。

（1）综合布线技术：需要更新额外布设弱电控制线，信号比较稳定，比较适合楼宇和小区智能化等大区域范围的控制，但安装比较复杂，造价较高，工期较长。

（2）电力线载波技术：可以通过电线传递信号，无须重新布线，但存在噪声干扰强、信号会在传输过程中衰减等缺点。

（3）无线网络技术：通过红外线、蓝牙、ZigBee等技术实现了各类电子设备的互联互通与智能控制。无线网络技术可以提供更大的灵活性、流动性，省去了花在综合布线上的费用和精力，无线网络技术应用于家庭网络已成为势不可挡的趋势。红外技术比较成熟，但必须直线视距连接；蓝牙适合语音业务及需要高数据量的业务，如耳机、移动电话等；ZigBee作为一种低成本、低功耗、低数据速率的技术，更适合家庭自动化、安全保障系统及进行低数据速率传输的低成本设备。目前，ZigBee是智能家居最理想的选择。

2. 需求分析

当前国内信息化产业发展迅速，数字化的家居设备层出不穷，智能家居系统在人们日常生活中的作用变得越来越重要，随着数字化设备的增多和人们对舒适度要求的提高，现有的智能家居系统越来越难以满足人们的要求。

目前的智能家居系统在家庭内部的通信方式要么采用有线的方式，要么采用蓝牙等短距离通信协议。有线的通信方式不仅费用高，而且复杂的布线会使家居的美观程度大打折扣，并且灵活度很低；对于蓝牙的通信方式，虽然改善了有线通信的不足，但是其设备的高额成本很大程度上限制了智能家居的发展。由此看来，需要选择一种灵活、可靠，而且成本低廉的内部通信方式。

通过借鉴国内外智能家居系统的设计经验和思想，家庭内部网络通过ZigBee协议形成组织的无线局域网络，不受布线的限制，而且成本低廉，适合大量生产使用，真正地实现智能化控制。

1）功能需求

（1）借助传感器实现对温度、湿度、照度的监测。

（2）防盗系统红外感应及报警。

（3）消防系统煤气及烟感报警。

（4）家电的控制系统的开关状态。

（5）移动网络相联通的远程监控。

2）应用需求

（1）系统整体的安全性。

（2）传输数据的可靠性。

（3）用户操作简单易行。

（4）设备控制规范。

（5）低成本运行（包括低功耗）。

3. 系统架构

用户通过安装在手持终端的上位机软件（通常为PC、智能手机、平板电脑等）来对家居设备进行控制，控制命令由手持终端通过网络发送到家庭网关中，家庭网关接收到控制指令后，下发到中央控制器中，即由ZigBee协议组成的自组织局域网络协调器，中央控制器对命令进行解析，形成内网控制帧，发送给相应控制终端节点完成控制操作。控制结果会及时反馈到上位机界面中进行显示。智能家居系统架构图如图7-22所示。

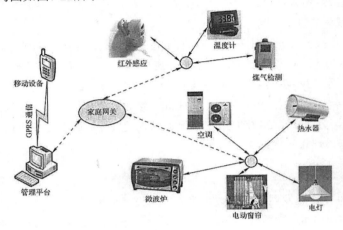

图 7-22　智能家居系统架构图

4. 功能模块

根据系统各模块的不同功能对系统进行详细划分，可得到如图7-23所示的系统功能模块图。最上端为客户端应用软件，属于整个系统的上位机部分，为用户提供友好的操作和反馈界面。用户首先需要通过Wi-Fi、GPRS或互联网连接到家庭网关，然后进入登录界面，输入授权账号和密码，获得对智能家居系统的操作权，进入操作界面后，可通过单击交互界面中的控制按钮，甚至可通过语音的方式实现对家居的远程无线控制。

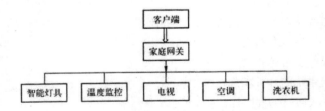

图 7-23　系统功能模块图

位于客户端下面的是系统的家庭网关，它在系统中充当服务器的角色，负责侦听和处理来自客户端发起的连接请求，由于用户通常不只有一个网关服务器需要对多个用户的接入进行管理，并保存用户操作记录，同时负责从网络上接收来自用户的操作指令，对命令进行解析和处理后，发送到家庭内部网络的中央控制器中。智能家居设备的操作结果和数据也要通过网关反馈给相应的用户上位机程序进行显示，当用户退出时，负责切断当前的连接。家庭网关的设立有助于整个系统安全性的提升，使内网协议与外网协议完全独立开来，内外网络通信协议的改变对整个系统其他模块没有影响，便于系统的开发扩展，同时可做到为不同的用户设定不同的权限，进行身份验证，保证位于内网的智能设备不被非法访问和操作。

家庭网关中集成智能家居系统内部网络的ZigBee控制器负责解析来自客户端的控制命令，同时以ZigBee协议与下端的控制节点、监测节点形成网络，解析来自网关的控制命令后，发送到相应的控制节点中，完成对智能设备的控制动作。同时，ZigBee控制器收集来自终端控制节点和监测节点的状态数据，如温度数据、控制结果反馈数据等。收集到的数据通过外部网络传递到用户界面中进行显示。

智能家居系统的最下端是与家用电器相连的控制终端节点，或者是用于环境检测的传感节点。控制节点与家用电器相连，对家用电器进行直接控制，如开关、电视的调台、空调的温度调节等。传感节点用于室内温度和湿度的监控。

系统中还包括视频监控功能，可以通过IP摄像头远程获取视频流，随时随地地了解家里面的动向，同时实现手势识别功能，位于摄像头范围内的人员可以通过手势动作对家居设备进行控制。

5. 软件设计与评测

1）软件设计

智能家居系统软件设计分为客户端、家庭网关和控制终端3部分。

（1）客户端为运行于手机及平板电脑的控制软件。

（2）家庭网关是客户端通过外部网络接入家庭内部网络的关口，包含网络接入和中央控制器等模块。ZigBee控制器是家庭内部网络的核心部分，是家居设备和网关的连接桥梁。

（3）控制终端直接负责执行控制动作和数据采集。

一个智能家居系统中只能有一个网关，终端控制节点和温度监控节点数量根据用户的需求确定。

上位机的主要功能是提供友好的人机交互界面，用户通过可视化界面触控、声音和手势控制等发送指令，同时控制结果和数据也及时地显示在用户的操作界面中。

下位机为家庭网关，包括网络接入模块、ZigBee控制器和控制监控终端3部分。其中网络接入模块是上位机与ZigBee控制器建立连接的桥梁，使上位机通过Wi-Fi、GPRS、互联网等方式与ZigBee控制器进行通信；ZigBee控制器负责解析接收到的客户端指令，通过ZigBee网络分发到相应的ZigBee控制终端，并且负责汇集控制监控终端的信息；ZigBee控制终端的作用是接收ZigBee控制器的无线指令，完成对家居的控制动作或者进行温度监控。

2）评测

各项评测要求如下：

（1）稳定性测试：长时间运行系统，检查电源电压、液晶显示、传感器、无线模块等。经测试，系统各电源运行正常，电压均在正常值范围之内；液晶显示清晰、无闪屏；传感器工作正常，采样的数据正确；无线模块无死机现象等。

（2）硬件安全性：电路板焊接完毕后，找出硬件整体上的错误，如接口松动、接触不良、电源不稳定等；检查各类接口，保证电路不出现短路等问题；长时间运行程序并检查芯片工作情况与工作状态（温度、电压等）。

（3）传感器采样程序测试。以1s或2s间隔频率采集各个传感器，连续采集24小时以上，观察LCD显示是否有异常数据出现。

（4）单片机与无线模块通信测试。单片机每采样到一次传感器信号，处理后及时将数据发送到无线模块，通过观察电路板上的通信指示灯观察无线模块是否接收到数据。

（5）人机操作界面程序测试。多次重复操作按键菜单，设置各个系统参数，查看程序是否正常运行，分析是否有Bug。

（6）位机通信程序测试。以1s间隔频率发送命令（24小时以上），查看系统是否能及时返回数据，返回数据是否正确；设置各个波特率，查看通信是否正常。

7.6.2　智能温室系统

智能温室在普通日光温室的基础上，借助传感器、电子设备、计算机网络等高科技手段，对植物生长环境中的温度、湿度、光照、土壤水分、CO_2 等环境因子进行检测，通过执行机构实现加温、通风、施肥、补光、帘幕开关等自动控制，从而达到全天候无人管理，实现生产的自动化。创造适合作物生长的最佳环境，以及能够提高产品质量和生产效率的高效农业设施。

随着社会经济的发展，以智能温室为代表的设施作为农业可持续发展、提高农业生产率的重要途径，越来越受到相关企业的重视，成为农业生产的重要组成部分。温室大棚内温度、湿度、光照强弱以及土壤的温度和含水量等因素对温室的作物生长起着关键性作用。温室自动化控制系统采用计算机集散网络控制结构对温室内的空气、温度、土壤温度、相对湿度等参数进行实时自动调节、检测，创造植物生长的最佳环境，使温室内的环境接近人工设想的理想值，以满足温室作物生长发育的需求，适用于种苗繁育、高产种植、名贵珍稀花卉培养等场合，以增加温室产品产量，提高劳动生产率，是高科技成果为规模化生产的现代农业服务的成功范例。

智能温室的应用会逐渐普及，作为智能温室核心组成部分的环境控制系统也有很大的市场需求，具有广阔的产业化前景和推广价值。除了温室生产外，基于无线传感器网络的温室测量系统经过改动，完全可以使用到其他场景之中。例如，无线传感器网络在智能家居中的应用，通过无线方式人们可以对家居环境进行远程监测和遥控，很大程度地提高了家居生活水平；在环保领域，无线传感器网络可以用于监控某些地区的环境污染情况等。

1. 需求分析

国内外智能温室的研究发展方向主要有以下几个方面：

（1）多参数综合监测：影响植物生长的因素除了温度、湿度外，还与光照强度、CO_2、通风、水分等因素有关，因此监测功能齐全的多参数监控系统成为温室测控系统的发展主体。

（2）无线网络结构：无线网络环境监控系统具有传统有线方式不具备的很多优势，如性价比高，已成为设施农业技术研发的方向，并逐渐取代有线方式成为监控系统的主流。

（3）远距离分散式监控：通过互联网、GPRS等技术将多个智能温室连接到一起，充分发挥计算机技术、网络技术的优势，实现温室作物生产的无人化管理，提高产品质量，降低生产成本，节省人力物力，提高温室产品在市场的竞争力。

1）功能需求

（1）能够通过PC、浏览器、手机实时访问智能温室内的传感器数据，能够对大棚温度控制、喷洒进行实时控制。

（2）在每个智能温室内部部署空气温度传感器，用来监测大棚内的空气温度、空气湿度参数；

每个智能温室内部署土壤温度传感器、土壤湿度传感器、光照度传感器，用来监测大棚内的温度、土壤水分、光照等参数。

（3）在每个需要智能控制功能的大棚内安装智能控制设备，用来传递控制指令、响应控制执行设备，实现在大棚内的智能高温、智能喷水、智能通风等行为。

（4）智能温室项目中的控制器节点与智能家居有很大区别，智能家居的控制器主要用于控制红外发送，但智能温室项目的控制器通过继电器控制USB接口，进而控制各种设备。

2）应用需求

（1）系统自动化控制。

（2）传输数据的可靠性。

（3）设备控制规范。

（4）低成本运行（包括低功耗）。

2. 系统架构

温室内部为了全面检测不同区域的温度、湿度、光照等环境参数，需要布置很多不同功能的传感器，用于检测各区域的环境参数变化情况，由主控微机控制执行设备，实现温室内部小环境的自动调整，达到作物所需的最佳生长环境。为了满足不同规模温室的实际需要，增强系统的灵活性、通用性，通过对几种硬件方案的比较论证，温室环境监控系统决定采用树状拓扑结构。

网络系统分为4个层次，主要由监控主机、大量无线温湿度传感器节点（终端）、若干无线路由器节点和一个网络协调器节点构成。智能温室系统架构图如图7-24所示。

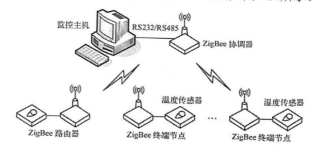

图 7-24　智能温室系统架构图

为了保证系统的长期可靠运行，网络协调器采用了交流电源供电方式。监控功能的实现主要由上位主机实现，还可以通过网络协调器配置的键盘显示器进行各种功能的设置与查看。网络协调器作为监控主机和其他节点信息交换的总枢纽，一方面通过RS232或RS485串行总线与上位监控主机相连，另一方面通过无线方式与路由节点或传感器节点交换数据。系统工作过程中，网络协调器接收传感器监测的环境参数后发送到主机，将主机发出的控制命令发送到路由节点，并实时检测和显示网络状态。监控主机除了管理无线传感器网络外，还对接收到的环境参数运算进行处理，然后通过控制机构进行加温、加湿、通风、遮阳、浇灌、施肥等工作，实现温室环境的全自动无人控制，创造适宜作物生长的最佳环境。

路由器节点主要用于协调器与传感器节点之间数据的中继转发、邻居表和路由表的维护，根据实际需要也可以配置传感器模块，采集环境信息。

传感器节点是监视通道最前端，用于采集温室内各点的温湿度数据，作为控制设备进行环境自动控制的主要依据。为了降低功耗，采用LCD显示器显示传感器现场的温湿度数据，便于工作人员查看。为了便于节点移动,传感器节点主要采用电池供电方式。另外,配置了太阳能电池供电模块,如果传感器等器件工作电流大,可以方便地通过太阳能电池供电,不用另外铺设供电线路。

3. 功能模块

根据需求,下位机由协调器节点、传感器节点和控制器节点组成。传感器节点与智能家居系统类似,只是多了一个光照传感器。在智能温室项目中,控制器节点通过继电器控制USB接口,进而控制各种设备。

上位机通过串口向协调器发送指令,协调器向控制板发送指令,控制板继电器开关加热器、加湿器、风扇等设备。自动控制结构图如图7-25所示。

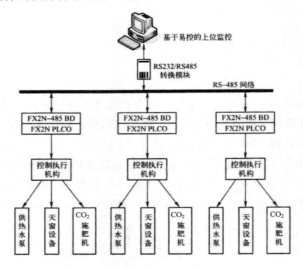

图 7-25   自动控制结构图

4. 软件设计评测

1)软件设计

ZigBee无线节点软件设计分为节点应用程序编程和ZigBee协议栈两大部分。节点应用程序的作用是实现节点需完成的具体功能,ZigBee协议栈用于进行ZigBee网络的通信与数据传输。

协调器节点初始化后,在信道内搜索其他协调器,若有其他协调器在工作,则向该协调器发送组网申请;若没有其他协调器,则该设备自己组建ZigBee无线网,主节点在初始化后就开始对所在通信通道做出监视和等待状态。一旦有一个子节点向协调器发出组网请求,协调器便会分配一个16位ID给这个节点作为它唯一的标识。在子节点分配完网络段地址后,就成功地加入了这个无线网。网络建立后,如果系统的设备很多,则可能会出现网络堆叠或ID冲突的现象,所以为了尽量减少这种错误,可以在子节点出现冲突后,初始化协调器来重置子节点的地址。ZigBee网络数据传递流程如图7-26所示。

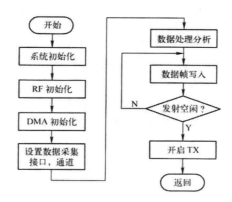

图 7-26　ZigBee 网络数据传递流程

监控软件实现的主要功能如下：

（1）接收各网络协调器送来的温湿度环境数据，根据预设值进行综合数据分析处理，向控制器发送控制命令，控制设备的运转。

（2）定时向数据库中存储温湿度等环境数据。

（3）控制面板界面显示控制的设备的运行状态、故障信息提示、设备手动/自动控制状态切换。

（4）主控界面实时显示温室内务监测点的温湿度数据，为了便于直观查看温度变化，当实测温度值超过设置上限时，以红色报警提示，当实测值超过设置下限时，以蓝色报警提示，当实测值在设置的极限范围内时，温度显示窗口为绿色。

2）评测

（1）在上位机安装USB驱动程序和MoteView 2.0监视管理软件。然后通过USB接口连接协调器，打开MoteView 2.0，设置串口为COM4，设置波特率为57600bit/s。准备工作做好后就可以进行测试了。

（2）给各个终端节点上电，通过协调器组建新网，控制终端接点发送数据到上位机，通过MoteView 2.0显示数据，可以看出终端的节点ID，以及每个节点的电池电压和各自传感器采集到的温度、湿度、光照强度、气压值。这些值的精度都是0.01，满足温室测量要求。

（3）为了测试系统的数据传输延迟问题，采用遮挡住一个终端节点的方法改变光照强度，或者使终端节点倾斜一个角度，观察上位机显示界面的光照强度值，发现系统存在一定的延迟，但是满足温室测量系统的实时性要求。

7.6.3　智能远程医疗监护系统

远程医疗监护的概念是将采集的病人生理信息数据和医学信号，通过电子信息技术及通信网络系统传送到监护中心进行分析处理，并及时将诊断意见反馈到医疗终端的医疗技术。在计算机技术、现代通信技术等高新技术的高速发展以及人们对现代医疗服务的要求越来越高的大背景下，远程医疗服务应运而生。通过远程医疗服务可以方便地实现病人与医护人员、医护人员之间的医学信息的远程传送和交流、远程会诊以及实时监控，而无线传感器网络远程医疗监护系统的医学信息数据传送方式采用无线传感器网络组网通信的方式。

远程医疗监护系统包括3部分：医疗监测设备、通信传输设备和监护中心平台。因此，整个监护系统要求多种技术支持，包括传感技术、电子技术、计算机技术、通信技术、嵌入式技术等。

医疗监测设备主要用来采集人体的生理信息数据，人体数据采集主要包括体温、心率、血压、脉搏、血糖、血脂、血氧饱和度等生理信息。医生可以通过监护设备监测的数据对病人的生理状况进行医疗分析，并对出现异样的现象进行及时治疗和重点监控，目前医院或监护中心主要使用的是固定的、大体积的监护仪器。

通信传输设备负责监护设备与监护中心的数据通信，可采用有线通信和无线通信两种方式，包括光纤、广播、卫星、非对称数字用户线环路等通信方式。

监护中心则负责将采集到的数据信息进行医学分析和处理，监护中心可以设立在医院、急救中心或其他可实施医疗救助的社区医疗中心。

远程监护系统对象如下：

（1）重症监护病房：监护重症病人的生理状况，并在病人出现紧急突发病症时发出警报处理。

（2）普通监护病房：病人日常病情监护，通过监测的数据分析病人病情。

（3）慢性病病人或老人长期家庭监护，采集生理数据用于存储、分析，用于预防或及时发现病情。

1. 需求分析

远程医疗监护节点应用于医疗领域，面向对象特殊，是对现有医疗条件的有效补充。发展远程监护的意义如下：

（1）当病人发生突发病变时，监护设备可以马上向监护中心发送警报信号，医护人员可以在第一时间确定病变信息及病人位置，从而及时进行诊治。

（2）在家里或别的熟悉环境中生活并部署医疗监护设备，也可以减轻病人的心理负担，减轻心理压力可以提高监测数据的准确性，而且也起到了辅助心理治疗的作用。

（3）医生通过监护系统随时查看需要长期监护的慢性病患者的生理状况，及时跟踪记录生理信息，便于分析和研究病情。

（4）监护系统还可以及早发现病情，达到提前预防的目的。

1）功能需求

（1）专业的病理信息采集、数据分析功能。

（2）满足设备间的数据传输需要。

（3）界面友好、功能灵活的人机交互功能。

（4）便携性和移动能力，不受物理环境的约束。

2）应用需求

（1）安全性。

（2）数据可靠性。

（3）简单易操作。

（4）设备规范。

（5）低成本运行（包括低功耗）。

2. 系统架构

远程医疗监护系统是融合了包括传感技术、计算机技术以及无线通信技术等多种高新技术的一种新型医疗监护系统，是为了改善现有的医疗环境、提高医疗水平、减轻医护人员工作而专门开发的一种医疗监护系统。在系统中，病人携带的ZigBee节点以自组织形式组成网络，通过多跳中继方式将监测数据传到基站，并由基站装置将数据传输至监护中心服务器上，医护人员就可以通过服务器获得病人的生理数据，从而对监护病人的病情做出及时处理。远程医疗系统架构图如图7-27所示。

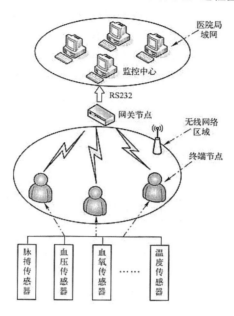

图 7-27　远程医疗系统架构图

医疗监护的应用环境有多种，大致可分为病房和医院监护、家庭监护和社区监护。因此，医疗监护系统的网络通信系统有较大的灵活性。但不论是哪种应用环境，监护系统的整体功能结构都是一样的，包括生理数据采集部分、数据无线传输部分和监控中心处理部分。其中生理数据采集部分包括用于采集生理数据的传感器模块和数据处理模块两部分。监护系统由ZigBee节点、监控中心和两者之间的通信网络组成，其中ZigBee节点分为终端设备和协调器两种。

医院医疗监护系统网络由ZigBee节点间的无线通信和医院内部局域网组成，监护对象携带的监测节点模块将采集的数据通过ZigBee节点的多跳通信传送给协调器，由协调器转发给距离最近的网关设备，再由网关设备利用内部局域网传送给医生值班室。

家庭和社区的监护系统网络由ZigBee节点通信和互联网组成，通过ZigBee节点的多跳传输将采集的生理数据传送给基站，基站连接互联网，从而最终由互联网将数据传送给社区医疗中心或医院。

医生对传回监控服务器的数据进行保存、分析、处理，根据处理结果决定对病人采用怎样的治疗措施。同时，病人家属也可以通过专用账号和密码登录医院的服务器查看并咨询病人的状况。

当病人出现紧急情况时，值班医生则通过ZigBee节点定位系统迅速找到病人，提供及时的医疗救助。定位系统由设置在固定位置的参考节点、病人携带的传感器节点和协调器节点组成。

3. 功能模块

（1）信息管理功能是管理人员用来管理远程医疗监控系统的数据库信息的。本系统会有很多数据库，如患者数据库、医护人员数据库、药品数据库等。这些数据库包括患者和医护人员的基本信息，管理人员必须根据病人的流动情况和医护人员的变动情况做出相应的更新，包括添加、删除、修改、打印等功能。

（2）远程监护中心网关信息的接收由代理功能实现。当二者建立连接后，便启动请求代理和响应代理，主要用于接收来自网关的数据并对数据进行分析验证。同时完成控制操作，代理平台对生理参数的处理如图7-28所示。

（3）医生可以通过诊断平台对患者的病情进行诊断。医生从诊断平台进入数据库，在数据库中搜索到该病人的信息，根据这些信息数据快速地对病人进行诊断，分析病人的相关生理情况，从而得出诊断结果。医生给病人看病前，可以查看病人以前的病历信息表和生理情况信息表。同时还可以通过远程控制窗口进行监视，得到病人的当前信息，这样的信息对医生来说是非常有利的，诊断平台的模块分化如图7-29所示。

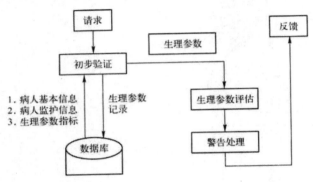

图 7-28　代理功能处理流程　　　　　　图 7-29　诊断平台的模块分化

医生根据上面的信息可以对病人有一个全面的了解，对病人的病情给出诊断结果，并将其备案存入数据库中，方便以后的使用。如果某个病人正处于利用无线远程设备监控中，医生可以通过远程系统对病人进行远程诊断，这样为病人带来了很多的便利，可以说在家里就可以得到医生的指导和诊治。

4. 软件设计与评测

1）软件设计

（1）监护系统网络组件的软件实现

远程医疗监护系统节点分为3种：网关节点、路由节点和传感器节点。网关节点负责发送和接收路由节点或传感器节点数据，且将数据转发给监护中心。网关节点完成网络建立、地址分配、数据更新和转发、新节点的加入和失效节点的脱离等工作，是一个完整的网络中必须配置的节点。网关节点通过串口与固定网络设备连接通信，通过CC2530的前端射频部分与其他节点实现数据传输。如图7-30所示为网关节点组网流程图。在节点上电后先扫描信道并建立网络，当加入网络申请时，接受申请并为申请节点分配地址，发送回入网响应，允许子节点加入。当离网关节点最近的节点发现网络后，便申请加入网络，此时需要得到网关节点的允许信号，并分配网络地址才可以加入网络。节点加入网络的流程如图7-31所示。而其他节点也通过扫描发现网络后，向离自己最近的父节点申请加入网络。理论上直至监护系统网络中所有节点均加入网络为止。

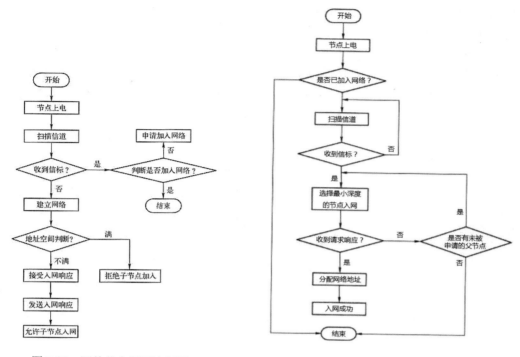

图 7-30　网关节点组网流程图　　　　　图 7-31　节点加入网络的流程

（2）节点工作过程的软件实现

当监控中心发出命令后，网关节点判断命令是否为有效命令，如果为有效命令，则将命令数据信息传递给指定的节点；网关节点接收到由指定节点发回的数据信息后，按照一定的格式发送给监控中心，最终由监控中心的软件平台显示出来，并进行相应的数据处理工作。网关节点的工作流程如图7-32所示。

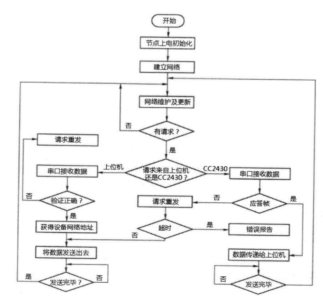

图 7-32　网关节点的工作流程

路由节点部署在病人的活动区域内，用于传感器节点与网关节点之间的数据转发，是两者连接通信的中介设备，可以实现整个网络的连通。路由节点的工作流程如图7-33所示。路由节点接收到数据后，首先判断数据的发送方和接收方，并把数据转发给相应的传感器节点或网关节点。

传感器节点就是携带在病人身上的节点模块，通过专用传感器实现病人生理数据采集，通过射频部分与上层节点通信，并向上以节点发送数据。传感器节点的工作流程如图7-34所示。

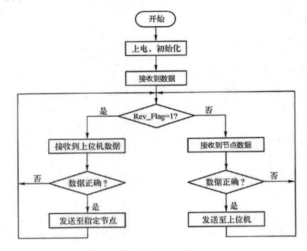

图 7-33　路由节点的工作流程

2）评测

监护中心的软件平台上，采集的病人生理信息传入后，系统会自动评估数据，并发出警告反馈信息，而且监护窗口可以显示所有监护病人的生理数据及位置，医生可以随时查看病人的个人信息及病历档案。监护中心的功能如图7-35所示。

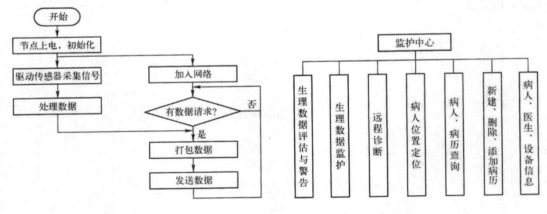

图 7-34　传感器节点的工作流程　　　　　　图 7-35　监护中心的功能

（1）生理数据的评估和警告

生理数据的评估与警告这一过程是由监护中心的代理平台完成的。代理平台主要实现的功能是完成网关节点信息的接收和响应。监护中心与网关节点建立连接后，会启动请求代理和响应代理两个线程。请求代理负责监听网关节点传送的数据，并且验证生理数据是否有效。验证信息包括来源ID是否有效、数据格式是否正确、数据类型是否正确等，如果数据有效，则将生理数据保存到数据库中，并评估生理数据是否异常。若异常，则调用警告处理，响应代理负责执行监护中心对网关节点的控制请求响应以及任务命令，任务响应有优先级高低之分，优先级高的先处理。

（2）生理数据的分析与处理

监护中心监控平台上可以随时查看某一位病人的生理数据，并可观察连续的生理数据的变化图，同时还可以查看该病人的基本信息和病历资料，分析病人的生理现状进行诊断处理，并且将诊断过程及结果进行记录保存。

（3）监护中心信息管理平台

在监护中心系统内保存有所有被监护病人的数据资料（包括个人信息、病历资料以及采集的生理数据），医生可以查看这些信息并可记录保存每一次对病人生理数据的分析、处理和诊断结果，可以添加或删除某一个病人的信息记录。同时，系统还可以设置、添加以及删除生理数据的参数指标，以适应当前生理数据监护需要。系统信息管理平台还可以记录所有设备的基本信息，并可对设备的使用情况实行监管。因此，应分别设计所有信息的数据表，在系统调用某一个信息数据时，可按照数据表的设置信息完整显示。例如，当查看某个病人的信息时，应该包括病人 ID 号、姓名、年龄、性别、住址、联系方式、建档时间等信息。在查看其生理数据时，可显示病人 ID 号、生理数据类别、采集数值以及数值采集时间，当生理信息异常时，警告信息应包括病人 ID 号、生理参数类别、生理数据参考标准、当前数据值数据、自动警报结果。而在查看其病历资料时，可显示病人 ID 号、诊治医生 ID 号、医生诊断时的生理数据信息、诊断处理结果以及诊断时间。

7.7　小　结

1. 本章主要介绍了无线传感器网络的结构特点。
2. 定位跟踪（时间同步、定位计算、数据管理、目标跟踪）技术。
3. 网络安全（安全分析、安全系统结构、协议栈安全、密钥管理、入侵检测）技术。
4. 网络标准（ISO/IEC JTC1 WG7 标准、无线传感器网络相关标准）。
5. 传感器的节点及网络设计（传感器节点的分类、传感器节点的硬件设计、网络开发测试平台）技术。
6. 3 个工程应用设计案例（智能家居系统、智能温室系统、智能远程医疗监护系统）。

7.8　习　题

1. 无线传感器网络的结构、特点是什么？
2. 定位跟踪技术包含哪些内容？
3. 网络安全技术包含哪些内容？
4. 网络相关标准有哪些？
5. 无线传感器网络的节点设计、网络设计要注意什么问题？
6. 无线传感器网络的工程应用设计有什么方法和技巧？

第 **8** 章

云计算大数据应用

本章内容

- 了解云计算的组成与关键技术、物联网中的云计算，以及大数据的架构与关键技术、物联网中的大数据。
- 掌握云计算、大数据的结构、类型与特点，以及在物联网中应用的方法、技巧与注意事项。

本章主要介绍云计算的结构类型、特点、组成与关键技术，物联网中的云计算，云计算在物联网中的应用——医疗助手与120导航，以及大数据的类型特点、架构与关键技术，物联网中的大数据，大数据在物联网中的应用等。

值得一提的是，物联网的发展借助云计算技术的支持，则能更好地提升数据的存储和处理能力，从而为大量物联信息的处理和整合提供平台条件，云计算的集中数据处理和管理能力将有效地解决大量物联信息的存储和处理问题。物联网如果失去了云计算的支持，就没有太大的意义可言，因为小范围传感信息的处理和数据整合是已经很成熟的技术，没有广泛整合的传感系统是不能被确切地称为物联网的，所以云计算技术在物联网技术的发展中起着决定性的作用，如果失去了云计算的支持，物联网的工作性能会大大降低，和其他传统的技术相比，它的意义也会大打折扣。因此可以说物联网对云计算有着很强的依赖性。

本章先介绍云计算（系统架构、关键技术、物联网应用），再介绍大数据及应用。

8.1 云计算的结构特点

8.1.1 类型特点

云计算被提出来的时候，有一种常见的说法来解释"云计算"：在互联网兴起的时候，人们习惯用一朵云来表示互联网,因此在选择一个名词来表示这种新一代计算方式的时候就选择了"云计算"这个名词，如图8-1所示。虽然这个解释非常有趣，但是却容易让人们陷入不解。那么究竟什么是云计算呢？

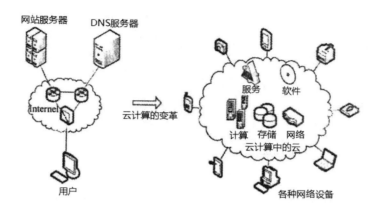

图 8-1　云计算中的"云"

1. 云计算的概念

"云计算"相对于"分布式计算"或"网络计算"等技术类名词的确显得更加有趣，甚至很难让人们从这个词本身推断出它确切的范畴。事实上，不但第一次听说云计算的普通技术工作者会感到不知所云，就连众多的行业精英和学术专家们也很难对云计算给出确切的定义。

云计算的概念是由谷歌（Google）提出来的，关于云计算的定义说法不一，美国国家标准与技术研究院（National Institute of Standards and Technology，NIST）定义：云计算是一种按使用量付费的模式，这种模式提供可用的、便捷的、按需的网络访问，进入可配置的计算资源共享池（资源包括网络、服务器、存储、应用软件、服务），这些资源能够被快速提供，只需投入很少的管理工作，或与服务供应商进行很少的交互。太阳公司（Sun Microsystems）的联合创始人Scott McNealy认为"云计算就是服务器"。而针对云计算，解放军理工大学的刘鹏教授给出了如下定义：云计算是一种新兴的商业计算模型，它将计算任务分布在大量计算机构成的资源池上，使各种应用系统能够根据需要获取计算力、存储空间和各种软件服务。

大体来说，云计算的定义可以分为狭义和广义两种。狭义上，对云计算的理解是信息系统基础设施的支付和使用模式，指通过网络，以按需、易扩展的方式获取所需的资源（硬件、软件、平台）。提供资源的网络称为"云"，"云"中的资源对使用者而言是可以无限扩展的，并且可以随时获取。按需使用、随时扩展、按使用付费这种特性经常被称为像使用水电一样使用IT基础设施。

广义上，云计算是服务的交付和使用模式，指通过网络以按需、易扩展的方式获得所需的服务。这种服务可以是IT和软件、互联网相关的，也可以是任意其他的服务，它具有超大规模、虚拟化、可靠安全等独特功效。

"云计算"概念被大量运用到生产环境中，国内的"阿里云"与云谷公司的XenSystem，以及在国外已经非常成熟的Intel和IBM，各种"云计算"的应用服务范围也正逐渐扩大，影响力无可估量。

2. 云计算的特点

通过使计算分布在大量的分布式计算机上，而非本地计算机或远程服务器中，数据中心的运行将与互联网更相似。这使得资源很容易切换到需要的应用上，用户可以根据需求访问计算机和存储系统。

云计算具有以下几个主要特征：

1）资源配置动态化

根据用户的需求动态划分或释放不同的物理和虚拟资源，当需求增加时，可通过增加可用的资源进行匹配，提供快速弹性的资源，如果这部分资源不再被使用，就被释放掉。云计算为用户提供的这种能力是无限的，实现了IT资源利用的可扩展性。

2）需求服务自助化

云计算向用户提供自助的资源服务，用户不需要和提供商交互就能获得自助的计算资源。同时云系统为用户提供一定的应用服务目录，用户可以依照自身的需求采用自助方式选择服务项目及服务内容。

3）网络访问便捷化

用户利用不同的终端设备，通过标准的应用来访问网络，使得应用无处不在。

4）服务可计量化

在提供云服务的过程中，根据用户的不同服务类型，通过计量的方法来自动控制并且优化资源配置。

5）资源的虚拟化

借助虚拟化技术，将分布在不同地点的计算资源整合起来，达到共享基础设施资源的目的。

3. 云计算的种类

以上分析了云计算的概念和特点。在云计算中，硬件和软件都被抽象为资源并被封装成服务并向用户提供，用户以互联网为接入方式，获取云提供的服务。下面分别从云计算提供的服务类型和服务方式的角度对云计算进行分类。

1）按服务类型分类

所谓云计算的服务类型，就是指为用户提供什么类型的服务，通过这种类型的服务，用户可以获得什么类型的资源，以及用户该如何使用这样的服务。目前业界普遍认为，云计算按照服务类型可以分为以下三类：

（1）基础设施云

基础设施云（Infrastructure Cloud，IC）向用户提供直接操作硬件资源的服务接口。通过调用这些接口，用户可以直接获得计算资源、存储资源和网络资源，而且非常自由灵活。但是也存在一定的问题，用户在设计和实现自己的应用时需要进行大量的工作，因为基础设施云除了为用户提供计算和存储等基本功能外，不做进一步任何应用类型的假设。

（2）平台云

平台云（Platform Cloud，PC）为用户提供托管平台，用户将开发和运营的应用托管到云平台上。但是，该平台的规则会限制应用的开发和部署，如语言风格、编程框架、数据存储模型等。通常能够在该平台上运行的应用类型也会受到一定的制约。但是，一旦用户的应用被开发和部署完成，所涉及的其他管理工作，如动态资源调整等，都将由该平台来负责。

（3）应用云

应用云（Application Cloud，AC）提供直接的应用，这些应用一般是基于浏览器的，针对某一功能。应用云最容易被使用，因为它们都是开发完成的软件，只需要定制就可以交付。然而，它们也是灵活性最差的，因为一种应用云只针对一种功能。

云计算的服务类型划分如表8-1所示。

表 8-1　云计算的服务类型划分表

分　类	服务类型	运用的灵活性	运用的难易程度
基础设施云	接近原始的计算存储能力	高	难
平台云	应用的托管环境	中	中
应用云	特定功能的应用	低	易

表8-1总结了从服务类型的角度来划分的云计算的类型。实际上，正如我们所熟悉的软件架构模式，自底向上依次为计算机硬件→操作系统→中间件→应用一样，这种云计算的分类也暗含了相似的层次关系。

2）按服务方式分类

根据云计算服务的部署方式和服务对象的范围，可将云分为三类：公有云、私有云和混合云。

（1）公有云

① 公有云的定义

所谓公有云，是指云按服务方式提供给用户。公有云由云提供商运行，为用户提供各种IT资源。云提供商可以提供从应用服务、软件运行环境到物理基础设施等方面的IT资源的安装、管理、部署和维护。用户通过共享的IT资源实现自己的目的，并且只需为其使用的资源付费，通过这种方式获取需要的服务资源。

在公有云中，用户不知与其共享资源的用户及具体的资源底层的实现，甚至无法控制物理基础设施。所以云服务提供商必须保证所提供资源的安全性和可靠性等非功能性需求，云服务提供商的服务级别也因这些非功能性服务的不同而不同。特别是需要严格按照安全性和法规遵从性的云服务要求来提供的服务，也需要更高层次、更成熟的服务质量保证。

② 公有云的应用

这种类型的云服务遍布整个互联网，能够服务于几乎不限数量的、拥有相同基本机构的用户。

具体的应用有：公司管理日程安排、管理联系人列表、管理项目、在报告上协作、在营销材料上协作、在开支报告上协作、在预算上协作、在财务报表上协作、在演示文稿上协作、在路上发表演讲、在路上访问文档等。

（2）私有云

① 私有云的定义

私有云或称专属云，是商业企业和其他社团组织不对公众发放，为本企业或社团组织云服务（IT资源）的数据中心。不同于传统的数据中心，云数据中心支持动态灵活的基础设施，为自动化部署提供策略驱动的服务水平管理，使IT资源更容易满足各种业务需求。相对于公有云，私有云的用户完全拥有整个云的中心设施（如中间件、服务器、网络和磁盘），可以控制应用程序的运行，并且可以决定哪些用户可以使用云服。由于私有云的服务提供对象是针对企业或社团内部，私有云的服务可以更少地受到公有云中的诸多限制，例如带宽、安全和法规遵从性等。而且，通过用户范围的控制和网络限制等手段，私有云可以提供更多的安全和私密性等专属性的保证。

② 私有云的应用

这种类型的云主要针对单个机构特别定制，例如金融机构或政府机构。一般情况下，这类机构都会采用一些虚拟化操作系统和网络技术，因此能够降低使用服务器和网络设备的数量，或者至少能够使这些设备的管理更加明晰。

具体的应用：以电子邮件通信为中心、在日程安排上协作、在购物清单上协作、在待办事项上协作、在家庭预算上协作、在通信列表上协作、在学校项目上协作、共享家庭照片。

（3）混合云

① 混合云的定义

混合云就是把"公有云"和"私有云"结合到一起，如图8-2所示。用户可以通过某种可控的方式部分拥有，部分与他人共享，企业可以利用公有云的成本优势，将非关键的应用部分运行在公有云上，同时将安全性要求更高、关键性更强的主要应用通过内部的私有云提供服务。然而，由于私有云和公共服务组件间的交互和部署会带来更多的网络和安全方面的要求，这会相应带来较高的设计和实施难度。

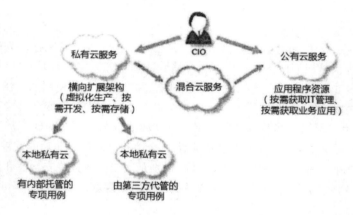

图 8-2　混合云

② 混合云的应用

混合云为公有云和私有云配置的组合，数个云以某种方式整合在一起，为一些商业计划提供支持。有时用户可能需要用一套单独的证书访问多个云，有时数据可能需要在多个云之间流动，或者某个私有云的应用可能需要临时使用公有云的资源。

具体的应用：跨地区通信、在日程安排上协作、在群组项目和活动上协作。

4. 云计算服务形式

云计算可以认为包括以下几个层次的服务：基础设施即服务（Infrastructure as a Service，IaaS），平台即服务（Platform as a Service，PaaS）和软件即服务（Software as a Service，SaaS），如图8-3所示。

1）基础设施即服务

消费者通过互联网可以从完善的计算机基础设施获得服务。

基础设施即服务通过网络向用户提供计算机（物理机和虚拟机）、存储空间、网络连接、负载均衡和防火墙等基本计算资源，用户在此基础上部署和运行各种软件，包括操作系统和应用程序。

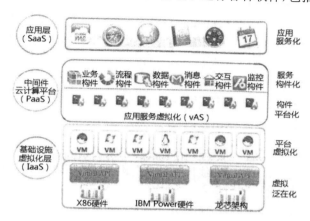

图 8-3 云提供的服务

2）平台即服务

平台即服务是指将软件研发的平台作为一种服务，以软件即服务的模式提交给用户。因此，平台即服务也是软件即服务模式的一种应用。但是，平台即服务的出现可以加快软件即服务的发展，尤其是加快软件即服务应用的开发速度。

平台通常包括操作系统、编程语言的运行环境、数据库和Web服务器，用户在此平台上部署和运行自己的应用。用户不能管理和控制底层的基础设施，只能控制自己部署的应用。

3）软件即服务

软件即服务是一种通过互联网提供软件的模式，用户无须购买软件，而是向提供商租用基于Web的软件来管理企业经营活动。

云提供商在云端安装和运行应用软件，云用户通过云客户端（通常是Web浏览器）使用软件。云用户不能管理应用软件运行的基础设施和平台，只能做有限的应用程序设置。

5. 云计算平台

云计算已经成为突出的技术趋势之一。随着计算机技术行业不断出现为个人和企业提供随时随地按需的平台即服务和软件即服务，可利用的云计算平台将不断增加，很多研究单位和工业组织已经开始研究开发云计算的相关技术和基础架构。本节我们将介绍几个典型的云计算平台。

1）IBM

IBM是一家业务涵盖硬件、软件、咨询和服务的中和信息服务公司，也是云计算的先行者和推动者。IBM凭借虚拟化、标准化和自动化方面积累的经验和雄厚的技术实力，推出了一系列的解决方案，为不同的用户量身打造适合他们的云环境，也在自由的数据中心搭建开发测试云等多种云环境，以"服务"的形式销售公有云。

IBM构建了用于公有云和私有云服务的多种云计算解决方案。IBM云计算构建的服务包括服务器、存储和网络虚拟化、服务管理解决方案，支持自动化负载管理、用量跟踪与计费，以及各种能够使最终用户信赖的安全和弹性产品。

2）Amazon

亚马逊（Amazon tom）的云计算称为亚马逊网络服务（Amazon Web Service，AWS），它主要由4块核心服务组成：简单存储服务（Simple Storage Service，SSS）、弹性计算云（Elastic Compute Cloud，EC2）、简单排列服务（Simple Queuing Service，SOS）和简单数据库（Simple DB，SDB）。换句话说，亚马逊提供的是可以通过网络访问的存储、计算机处理、信息排队和数据库管理系统等接入式服务。只要是使用AWS的研发人员，都可以在亚马逊的基础架构上进行应用软件的研发和交付，而无须实现配置软件和服务器。

3）Microsoft

Microsoft云计算解决方案称为Windows Azure，它是一种允许组织运行Windows应用程序并且使用Microsoft的数据中心存储文件和数据的操作系统。它还提供了Azure Service Platform，包含一些服务，允许开发人员在Microsoft的在线计算平台上构建软件程序时建立用户身份、管理工作流、同步数据，以及执行其他功能。

Azure Service Platform的关键组件如下：

- Windows Azure：提供服务托管和管理，以及低级可伸缩的存储器、计算和联网。
- Microsoft SQL Service：提供数据库服务和报表。
- Microsoft .NET Service：提供.NET Framework概念的基于服务的实现。
- Live Service：用于PC、手机、PC应用程序和Web站点之间共享、存储和同步文档、图片和文件。
- Microsoft SharePoint Service和Microsoft Dynamics CRM Service：用于云中的业务内容、协作和解决方案开发。

4）Google

Google公司拥有目前全球最大规模的搜索引擎，并在海量数据处理方面拥有最先进的技术。2008年，Google公司推出了谷歌应用程序引擎（Google App Engine，GAE）Web平台，使客户的业务系统能够运行在Google的全球分布式基础设施之上。GAE与其他Web应用平台的不同之处在于系统的易用性、可伸缩性及成本低廉。

GAE平台主要可分为以下5部分：

（1）应用服务器：主要用于接收来自外部的Web请求。

（2）Datastore：主要用于对信息进行持久化，并基于Google著名的BigTable技术。

（3）服务：除了必备的应用服务器和Datastore之外，GAE还自带很多服务来帮助开发者，比如Memcache、邮件、网页抓取、任务队列、XMPP等。

（4）管理界面：主要用于管理应用并监控应用的运行状态。

（5）本地开发环境：主要帮助用户在本地开发和调试基于GAE的应用，包括用于安全调试的沙盒、SDK和IDE插件等工具。

6. 云计算发展趋势

云计算正在成为推动不同产业改变原有模式的动力，其规模越来越大。其发展趋势可归纳为以下几方面：

1）云计算的标准和技术趋向规范化

目前，国内外与云计算技术相关的标准化组织大约有40个，进行云计算产业活动的行业也有很多，但是还没有一个统一的、标准的技术体系结构，如果不同厂家设备之间的硬件互通、互联、互操作等方面出现问题，将会阻碍云计算的发展。研究和制定与云计算相关的标准和技术是云计算大规模占领服务市场的关键问题。

2）云计算数据趋于安全化

数据的安全包括两个方面：一是数据完整，不会丢失；二是数据不会泄露和被非法访问。云计算的虚拟化、多用户和动态性不仅加重了传统的安全问题，同时也引入了新的安全问题。云计算数据的安全性问题会影响云计算的发展和应用。

3）网络性能趋向优化

云计算存储、计算和服务远程化势必会给通信网络带来压力，接入网络的带宽较低或网络环境不稳定都会降低云计算的性能，因此运营商只有优化网络带宽并提高质量才能满足云计算的需求。云计算服务的深入将催生高速、安全和稳定的网络服务。

8.1.2　组成及关键技术

20世纪90年代，互联网在中国出现，近十年来，互联网在全国范围普及，到如今，互联网成为人们生活的必需品，内容涉及学习、娱乐、投资、购物、求职、医疗等各个方面。互联网的出现改变了人们的生活方式，改变了人们相互沟通的方式，开阔了人们的眼界。然而，随着云计算这种新型计算模式的应用，互联网在传统模式中的角色将发生新的改变。在云计算中，我们关注的焦点将是如何充分地利用互联网上的计算机、服务和应用，以及如何更好地使各个计算设备协同工作，将资源的效用发挥到最大。其基本思想是"把计算机资源联合起来，提供给每一个用户使用"。试想，当人们可以像使用水、电、天然气那样方便地使用云端的计算资源的时候，那将是一个崭新的时代。与互联网的传统模式相比，云计算存在着具有变革意义的新思想。因此，也形成了新的系统构架及技术体系。

1. 系统组成

云计算服务的建立需要一个计算能力强大的云网络。这个云网络是由一个并行的网格所组成的云计算平台，连接着大量的硬件设备作为底层的支持。利用虚拟化技术，每一个硬件的计算和存储功能都能得到扩展，并通过云计算平台进行有效的融合，共同创造出超强的计算能力和存储能力。在讨论云计算系统时，可以把整个云计算系统简单地分成两部分：前端和后端。前端指的是用户的客户端，或者说是用户的个人计算机；后端指的是系统中的服务器集群，也就是通常所说的云端。二者一般通过网络互联进行数据的交互和传输。在前端，用户的计算机应该包括云计算系统的登录程序，不同的云计算系统具有不同的用户界面。例如，以网络为基础的邮件系统一般都是借助IE等网络浏览器进行客户端登录的。其他云计算系统具有各自不同的登录程序，用户可以运行登录程序接入网络。在后端，运行着各种各样的计算机、服务器和数据存储系统，它们共同组成了云计算系统中的"云"。当然，"前端"和"后端"只是一种简单的描述云计算系统组成的说法，细分的话，还有很多更加详细的系统模型。

如图8-4所示，这是一种比较常见的云计算系统组成模型。数据的处理及存储均通过云端的服务器集群来完成，这些集群由大量普通的工业标准服务器组成，并由一个大型的数据处理中心负责管理，数据中心按用户的需要分配计算资源，以此达到共享计算资源、存储资源、软件资源的效果。

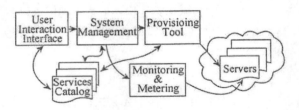

图 8-4　云计算系统组成模型

1）用户交互界面

用户交互界面（User Interaction Interface，UII）也就是云客户端，这是用户使用云计算资源的入口。用户可以通过客户端或者Web浏览器进行云端系统的注册和登录，之后就可以向服务云提出请求、定制服务、访问在线应用，与其他用户共享计算资源和存储资源，使用在线应用软件等。

2）服务目录

当云计算用户通过用户交互界面获取了相应的权限时，需要根据需求定制专属于自己的服务列表。而服务目录（Service Catalog，SC）是云端可以给用户提供的所有服务的总目录，用户从中选择相应的选项更新自己的服务列表，或者进行服务的退定。

3）系统管理和部署工具

系统管理和部署工具（System Management and Provisioning Tool，SMPT）这两部分可以看作一个整体，主要进行用户请求的处理及系统资源的调度与配置，并在用户对资源的占用结束后回收资源。这可以说是整个系统的关键环节。另外，服务目录的更新也由系统管理和部署工具动态地执行。

4）监控和测度

云计算系统是一个具有极大计算能力的系统，云端存在着大量的硬件资源和软件资源，所以需要完善的监控和测度（Monitoring&Metering，M&M）机制来保证系统的正常运行。这部分会实时监控和测量云计算系统中资源的使用情况，并把测量数据提交给中心服务器进行分析，确保系统的正常运行以及计算资源的合理分配。

5）服务器

服务器（Server）可以是虚拟的，也可以是物理的服务器集合，这是云系统计算和存储的核心。服务器集群会处理高并发的用户请求，并承载大量的计算以及数据存储工作。

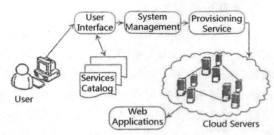

图 8-5　用户获取云计算资源的过程

用户获取云计算资源的基本过程如图8-5所示。首先，用户（User）通过前端用户交互界面登录客户端，根据需求在服务目录（Service Catalog）选择自己所需的服务，生成服务列表。当服务请求发送并通过验证后，由系统管理（System Management）来找到与服务列表相对应的资源，并通过部署工具（Provisioning Tool）进行资源的挖掘和服务或应用的配置。整个过程完成之后，云端就可以为用户提供各种运行于后端的服务或Web应用，而用户不必在自己的计算机安装任何多余的软件资源，只需根据实际情况和云端的运行章程支付相应的费用即可。在云端资源的使用过程中，系统也会根据需要对资源进行动态的再配置和解除。

2. 服务层次

云计算的兴起不过短短的几年时间，但目前已有庞大的厂商以及研究队伍在开发各种各样的云计算服务系统，如Google的搜索服务、Google Apps、百度网盘、腾讯空间在线制作Flash图片等。由于云计算架构中的每一层都可以为用户提供服务，进而整个云计算系统可以被看作一组有层次的服务集合。因此，形成了被业界广泛认可的云计算服务层次，如图8-6所示。整个服务层次可以被划分为硬件即服务、基础设施即服务、平台即服务、软件即服务和云客户端。其中，核心的服务层次是基础设施即服务、平台即服务和软件即服务这三层。基础设施即服务通过互联网提供数据中心、基础架构硬件和软件资源，还可以提供服务器、操作系统、磁盘存储、数据库和信息资源。平台即服务则提供了基础架构，软件开发者可以在这个基础架构之上建设新的应用，或者扩展已有的应用，同时却不必购买开发、质量控制或生产服务器。软件即服务是一种软件分布模式，在这种模式下，应用软件安装在厂商或者服务供应商那里，用户可以通过某个互联网来使用这些软件。

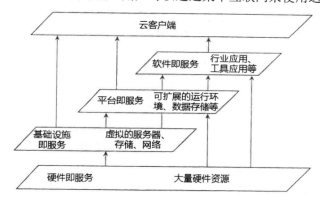

图 8-6 云计算服务层次

1）硬件即服务

硬件即服务（Hardware as a Service，HaaS）是整个云计算系统服务层次的底层，存在着大量的硬件资源，包括高性能、可扩展的硬件设备，它是云计算平台的基础。

2）基础设施即服务

基础设施即服务这一层交给用户的是基本的基础设施资源。基础设施即服务把厂商的由多台服务器组成的"云端"基础设施作为计量服务提供给用户。它将内存、I/O设备、存储和计算能力整合成一个虚拟的资源池，为整个业界提供所需要的存储资源和虚拟化服务器等服务。在享受云系统基础设施即服务的资源时，用户无须购买硬件设备和相关系统软件，更不用对硬件进行维护，只需支付相应的费用，就可以在基础设施上直接运行自己的软件系统和应用。很显然，这是一种托管型硬件方式。基础设施即服务的优点是用户只需低成本硬件，按需租用相应计算能力和存储能力，大大降低了用户在硬件上的开销。

简单地说，基础设施即服务层提供的基本服务分为三类：计算服务、存储服务和网络服务。在实际应用中，一项服务可能是这三类中的一种，但更多的是这三类服务的组合。例如，一个对海量数据进行处理的集群、计算、存储及网络资源就是一个也不能少。计算服务是这一层提供的最核心服务。虚拟化技术的出现使得计算资源的复用成为可能。在计算服务中，云端提供给用户的基本单元就是服务器，包括CPU、内存单元、操作系统等。存储服务也是基础设施中不可或缺的部分。存储是数据的载体，面对直线增长的数据量，传统的本地存储模式已经远远不能满足需求。网络存储的出现给数据存储问题提出了一个新思路，但前提是必须保证数据读写操作的可靠性和安全性，并满足响应速率及吞吐量等指标性要求。基础设施提供的存储服务有三种形式：块级别存储、文件级别存储和结构化数据存储。除了计算服务和存储服务外，网络服务也是基础设施层的重要一环。如我们所熟悉的IP地址分配就是网络服务的一种。除此之外，还包括域名管理服务、虚拟化的VLAN和VPN服务等。

基础设施即服务的一个典型例子是Amazon EC2。它底层采用Xen虚拟化技术，以虚拟机的形式动态地向用户提供计算资源和存储资源。Amazon EC2的网络服务体现在它可以向虚拟机提供动态的IP地址，并且应用了较为可靠的安全机制来保障用户通信的私密性。Amazon EC2采用了较为传统的计费方式，按用户使用资源的数量和时间计费。

3）平台即服务

平台即服务是在基础设施即服务之上的服务层次，它把开发环境作为一种服务来提供。相比基础设施层所要解决的问题是计算和存储资源的虚拟化和硬件资源的管理整合，平台即服务层要解决的问题是如何为某一类应用提供一致的、易用且自动的运行管理平台及相关的通用服务。平台层即通过一系列的面向应用需求的基本服务和功能来提供应用运行管理的基础，而它本身也屏蔽了基础设施层的多样性，可运行在不同的基础设施层之上。

不难看出，平台即服务层主要是为应用程序开发者而设计的。这是一种分布式平台服务，云系统可以为用户（或开发者）提供并行编程接口、开发环境、分布式存储管理系统、海量数据分布式文件系统，以及实现云计算的其他系统管理工具，如资源的部署、监控、分配以及安全管理等。所有的服务可以被简单地看作一个云计算操作系统，而用户可以在其平台基础上定制开发自己的应用程序并通过其服务器和互联网传递给其他用户。平台即服务能够给企业或个人提供研发的中间件平台，提供应用程序开发、数据库、应用服务器、试验、托管及应用服务。

平台即服务作为整个云计算系统的重要的服务层次之一，相比传统的本地开发和部署环境，有着较为明显的优势。首先，它的开发环境非常友好。在平台即服务模式下，用户可以在一个提供软件开发工具包（Software Development Kit，SDK）、文档、测试环境和部署环境等在内的开发平台上非常方便地开发自己所需要的应用。而在开发过程中，用户无须关注操作系统、硬件等资源的运营与维护，这些都由云端的平台来提供。其次，它的服务类型丰富多样。平台即服务平台会为上层提供各种各样的API，用户可以根据自己的需求选择合适的接口与编程模型，进而实现应用程序的开发。再次，平台即服务还有一个显著的特点是多租户弹性。多租户是指一个软件系统可以同时被多个实体所使用，每个实体之间是逻辑隔离、互不影响的。一个租户可以是一个应用，也可以是一个组织。弹性是指一个软件系统可以根据自身需求动态地增加、释放其所使用的计算资源。多租户弹性是指租户或者租户的应用可以根据自身需求动态地增加、释放其所使用的计算资源。多租户弹性是平台即服务区别于传统应用平台的本质特性，其实现方式也是用来区分各类平台即服务的重要标志。除此之外，平台即服务还有着服务和监控精细、伸缩性强、整合率高等明显优势。

平台即服务的一个典型例子是Force.com。Force.com几乎可以说是业界第一个平台即服务。它有着完善的开发环境和强大的基础设施资源，可以为第三方供应商或企业提供交付可靠的、强健的、可伸缩的在线应用。Force.com所采用的多租户架构也使得它成为PaaS的典范。另外，Google App

Engine也是一个较为典型的平台即服务系统，它是一个由Python应用服务器群、BigTable数据库及GFS组成的平台，为开发者提供一体化主机服务器及可自动升级的在线应用服务。用户编写应用程序并在Google的基础架构上运行就可以为互联网用户提供服务，Google提供应用运行及维护所需要的平台资源。

4）软件即服务

软件即服务位于基础设施即服务层、平台即服务层之上，是最常见的一种云计算服务，并且是一种不断扩展的软件使用模式。在软件即服务的模式下，云计算提供商将应用软件统一安装并部署在自己的服务器集群上，用户则根据需求通过互联网向云端订购应用软件服务。用户只需根据软件的类型、使用数量与使用时间等因素交付一定的费用，就可以以浏览器的方式使用相应的软件。这种服务模式的优势是，由服务提供商维护和管理软件，提供软件运行的硬件设施，用户只需拥有能够接入互联网的终端，即可随时随地使用软件。与传统的本地使用软件的模式相比，在软件即服务服务中，用户不再需要花费大量资金在硬件、软件及其维护上，只需要通过互联网就可以享受相应的硬件、软件和维护服务。可以说，这是网络应用最具效益的营运模式。

在软件即服务的模式下，云端的应用程序的集合叫作云应用。每个应用都对应一个业务需求，实现一组特定的业务逻辑，并通过业务接口与用户进行交互。云应用发展至今，种类与产品已经非常丰富，面向个人用户的应用包括在线文档编辑、表格制作、账务管理、文件管理、照片管理、资源整合、日程表管理、联系人管理等，面向企业用户的应用包括用户关系管理（CRM）、企业资源管理（ERP）、在线存储管理、网上会议、项目管理、人力资源管理（HRM）、销售管理（STS）、协调办公系统（EOA）、财务管理、在线广告管理等，还有一些针对特定行业和领域的应用服务。

软件即服务的服务通常基于一套标准软件系统为成百上千的不同用户（又称租户）提供服务。这要求软件即服务的服务能够支持不同租户之间数据和配置的隔离，从而保证每个租户数据的安全与隐私，以及用户对诸如界面、业务逻辑、数据结构等的个性化需求。由于软件即服务同时支持多个租户，每个租户又有很多用户，这对支撑软件的基础设施平台的性能、稳定性、扩展性提出了很大挑战。现今，成熟的软件即服务软件开发商多采用一对多的软件交付模式，也就是一套软件多个用户使用。这种方式也称为单软件多重租赁。在数据库的设计上，多重租赁的软件有三种设计，每个用户公司独享一个数据库，或独享一个数据库中的一个表，或多用户公司共享一个数据库的一个表。几乎所有软件即服务软件开发商都选择后两种方案，也就是说，所有公司共享一个数据库许可证，从而降低了成本。有些软件即服务软件公司专门为单一企业提供软件服务，也就是一对一的软件交付模式，用户可以要求将软件安装到自己公司内部，也可托管到服务商那里。相比之下，多重租赁大大增强了软件的可靠性和可扩展性，并且同时降低了维护和升级成本。

目前，提供软件即服务的服务提供商和公司很多，Salesforce.com是提供这类服务最有名的公司，Google Doc、Google Apps和NetSuite也属于这类服务。

5）云客户端

之前提到过，可以把整个云计算系统简单地分成两部分：前端和后端。如果把前面的几部分看作后端的话，那么云客户端就相当于系统的前端，是用户直接使用的工具。云客户端包括专门提供云服务的计算机硬件和计算机软件终端，以及提供云计算服务的方式，如产品、服务和解决方案等。云客户端的具体实例有智能手机、各种各样的浏览器、在线支付系统、Google地图等。

在云计算中，整个系统可以看作4个层次，即应用层、平台层、基础设施层和虚拟化层。这4个层次每一层都对应一个子服务集合，如图8-7所示。

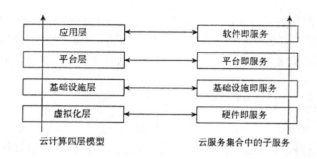

图 8-7　云计算系统

云计算的服务层次是根据服务类型（即服务集合）来划分的，与计算机网络体系结构中层次的划分不同。在计算机网络中每个层次都实现一定的功能，层与层之间有一定关联。而云计算体系结构中的层次是可以分割的，即某一层次可以单独完成一项用户的请求而不需要其他层次为其提供必要的服务和支持。

从以上的介绍及图8-7可以知道，云计算系统的核心服务层次是基础设施即服务、平台即服务和软件即服务。这三种服务的对比如表8-2所示。

表 8-2　基础设施即服务、平台即服务和软件即服务三种服务对比

种 类	服务内容	服务对象	使用方式	关键技术	系统实例
基础设施即服务	提供基础设施部署服务	需要硬件资源的用户	使用者上传数据、程序代码、环境配置	数据中心管理技术、虚拟化技术等	Ama200 EC2 Eucalyptus 等
平台即服务	提供应用程序部署与管理服务	程序开发者	使用者上传数据、程序代码	海量数据处理技术、资源管理与调度技术等	Google App Engine、Microsoft Azure、Hadoop 等
软件即服务	提供基于互联网的应用程序服务	企业和需要软件应用的用户	使用者上传数据	Web 服务技术、互联网应用开发技术等	Google Apps、Salesforce CRL

基础设施即服务、平台即服务和软件即服务之间的关系可从两个角度来看：从用户体验角度来看，它们之间的关系是独立的，因为它们面对不同类型的用户；而从技术角度而言，它们并不是简单的继承关系（软件即服务基于平台即服务，而平台即服务基于基础设施即服务），因为首先软件即服务可以是基于平台即服务或者直接部署于基础设施即服务之上，其次平台即服务可以构建于基础设施即服务之上，也可以直接构建于物理资源之上。基础设施即服务、平台即服务和软件即服务这三种模式都采用了外包的方式，可以减轻企业负担，降低管理、维护服务器硬件、网络硬件、基础架构软件和应用软件的人力成本。从更高的层次上看，它们都试图去解决同一个商业问题——用尽可能少甚至是为零的资本支出获得功能、扩展能力、服务和商业价值。

3. 关键技术

云计算作为一个具有改变网络服务模式潜质的新兴技术，需要很多关键技术作为技术支撑。下面简要介绍几种关键技术。

1）虚拟化技术

数据中心为云计算提供了大规模资源。为了实现基础设施即服务（IaaS）的按需分配，需要研

究虚拟化技术。虚拟化是IaaS层的重要组成部分，也是云计算最重要的特点。虚拟化的核心理念是以透明的方式提供抽象了的底层资源，这种抽象方法并不受现实、地理位置或底层资源的物理配置所限。由于虚拟化技术能够灵活地部署多种计算资源，发挥资源聚合的效能，并为用户提供个性化、普适化的资源使用环境，因此被业内人士高度重视并研究。

虚拟化技术有以下特点：

（1）资源分享

通过虚拟机封装用户各自的运行环境，有效实现多用户分享数据中心资源。

（2）资源定制

用户利用虚拟化技术配置私有的服务器，指定所需的CPU数目、内存容量、磁盘空间，实现资源的按需分配。

（3）细粒度资源管理

将物理服务器拆分成若干虚拟机，可以提高服务器的资源利用率，减少浪费，而且有助于服务器的负载均衡和节能。

在虚拟机技术中，被虚拟的实体是各种各样的IT资源。按照这些资源的类型，可以对虚拟化进行分类。

① 硬件虚拟化

硬件虚拟化就是用软件来虚拟一台标准计算机的硬件配置，如CPU、内存、硬盘、声卡、显卡、光驱等，成为一台虚拟的裸机，然后就可以在上面安装操作系统了。

② 系统虚拟化

系统虚拟化是被广泛接受并认识、人们接触最多的一种虚拟化技术。系统虚拟化实现了操作系统与物理计算机的分离，使得一台物理计算机上可以同时安装多个虚拟的操作系统。人们所熟知的VMware虚拟机就是一个常见的系统虚拟化平台。在虚拟机里可以安装如Linux、UNIX、OS/2等操作系统，而虚拟机外部可能是基于另一个系统，如Windows。

③ 网络虚拟化

网络虚拟化是使用基于软件的抽象从物理网络元素中分离网络流量的一种方式。对网络虚拟化来说，抽象隔离了网络中的交换机、网络端口、路由器及其他物理元素的网络流量。

网络虚拟化可以分为两种形式，即局域网络虚拟化和广域网络虚拟化。在局域网络虚拟化中，多个本地网被整合成一个网络，或一个本地网被分隔成多个逻辑网络。这种网络的典型代表是虚拟局域网（Virtual LAN，VLAN）。对于广域网虚拟化，典型应用是虚拟专用网（VPN），它属于一种远程访问技术。

④ 存储虚拟化

存储虚拟化是指为物理的存储设备提供一个抽象的逻辑视图，用户可以通过这个视图中的统一逻辑接口来访问被整合的存储资源。磁盘阵列技术是存储虚拟化的一个典型应用。磁盘阵列是由许多台磁盘机或光盘机按一定的规则，如分条、分块、交叉存取等组成一个快速、超大容量的外存储器子系统。它把多个硬盘驱动器连接在一起协同工作，大大提高了速度，同时把硬盘系统的可靠性提高到接近无错的境界。

⑤ 应用程序的虚拟化

随着虚拟化技术的发展，逐渐从企业往个人、往大众应用的趋势发展，便出现了应用程序虚拟化技术。应用虚拟化的目的也是虚拟操作系统，但只是为保证应用程序正常运行虚拟系统的某些关键部分，如注册表、C盘环境等，所以较为轻量、小巧。应用虚拟化技术的兴起最早也是从企业市场而来的。一个软件被打包后，通过局域网很方便地分发到企业的几千台计算机上去，不用安装，可以直接使用，大大降低了企业的IT成本。它应用到个人领域，可以实现很多非绿色软件的移动使用，如CAD、3DS Max、Office等，可以让软件免去重装烦恼，不怕系统重装，很有绿色软件的优点，但又在应用范围和体验上超越绿色软件。

2）数据存储技术

云计算采用了分布式存储方式和冗余存储方式，这大大提高了数据的可靠性与实用性。在这种存储方式下，云存储中的同一数据往往会有多个副本。在服务过程中，云计算系统需要同时满足大量用户的需求，并行地为大量用户提供服务。因此，云计算的数据存储技术具有高吞吐率和高传输率的特点。云计算的数据存储技术未来的发展将集中在超大规模的数据存储、数据加密和安全性保证及继续提高I/O速率等方面。

数据存储技术典型实例主要有谷歌的非开源的Google文件系统（Google File System，GFS）和Hadoop开发团队开发的GFS的开源实现Hadoop文件系统（Hadoop Distributed File System，HDFS）。

以GFS为例，GFS是一个管理大型分布式数据密集型计算的可扩展的分布式文件系统，它使用廉价的商用硬件搭建系统并向大量用户提供容错的高性能的服务。GFS和普通的分布式文件系统的区别主要体现在组件失败管理、文件大小、数据写方式及数据流和控制流等方面，如表8-3所示。

表 8-3　GFS 和传统分布式文件系统的区别

文件系统	组件失败管理	文件大小	数据写方式	数据流和控制流
GFS	不作为异常处理	少量大文件	在文件末尾附加数据	数据流和控制流分开
传统分布式文件系统	作为异常处理	大量小文件	修改现存数据	数据流和控制流结合

GFS系统由一个Master和大量块服务器构成。所有元数据，包括名字空间、存取控制、文件分块信息、文件块的位置信息等都存放在Master文件系统中。GFS中的文件首先被切分为64MB的块，然后进行存储。在GFS文件系统中，采用冗余存储的方式来保证数据的可靠性，一般保存三个以上的备份。为了保证数据的一致性，对于数据的所有修改都要在所有的备份上进行，并用版本号的方式来确保所有备份处于一致的状态。GFS的写操作将写操作控制信号和数据流分开，如图8-8所示。

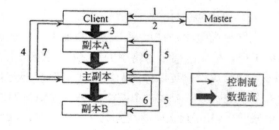

图 8-8　GFS 的写操作

客户端在获取Master的写授权后，将数据传输给所有的数据副本，在所有副本都收到修改的数据后，客户端才发出写请求控制信号。在所有的数据副本更新完数据后，由主副本向客户端发出写操作完成控制信号。

3）数据管理技术

数据管理技术也是云计算系统的一项必不可少的关键技术，它是对大规模数据的计算、分析和处理，如百度、谷歌等搜索引擎。云集的高度共享性及高数据量要求系统能够对分布的、海量的数据进行可靠有效的分析和处理。通常情况下，数据管理的规模要达到TB级甚至是PB级别。

　　由于采用列存储的方式管理数据，必须解决的问题就是如何提高数据的更新速率及进一步提高随机读速率是未来的数据管理技术。最著名的云计算数据管理技术是谷歌提出的BigTable数据管理技术。BigTable数据管理方式设计者——谷歌给出了如下定义：Big Table是一种为了管理结构化数据而设计的分布式存储系统，这些数据可以扩展到非常大的规模，例如在数千台商用服务器上的达到PB规模的数据。

　　BigTable对数据读操作进行优化，采用列存储的方式提高数据读取效率。BigTable在执行时需要三个主要的组件：链接到每个客户端的库、一个主服务器以及多个记录板服务器。主服务器用于分配记录板到服务器及负载平衡、垃圾回收等；记录板服务器用于管理一组记录板，处理读写请求等。BigTable采用三级层次化的方式来存储位置信息，确保了数据结构的高可扩展性。

　　除了虚拟化技术、数据存储技术和数据管理技术外，云计算系统还依靠着很多其他的关键技术来保障系统的可行性，如访问接口、服务管理、编程模型、资源监控技术等。

8.2　物联网中的云计算

8.2.1　云计算与物联网

　　物联网，从字面上讲，就是物与物相连成网。这有两层意思：①物联网的核心和基础仍然是互联网，是在互联网基础上延伸和扩展的网络；②其用户端延伸和扩展到了任何物品与物品之间，用于进行信息交换和通信，如图8-9所示。它实际上是指通过射频识别（Radio Frequency Identification，RFID）、红外感应器、全球定位系统、激光扫描器等信息传感设备，按约定的协议把任何物品和互联网连接起来，进行信息交换和通信，以实现智能化识别、定位、跟踪、监控和管理的一种网络。

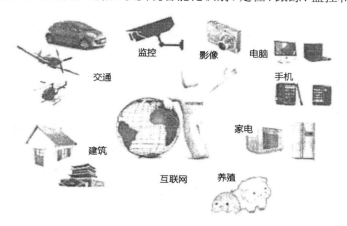

图 8-9　物联网示意图

　　物联网的产业链可以细分为标识、感知、处理和信息传送4个环节，每个环节的关键技术分别为RFID、传感器、智能芯片和电信运营商的无线传输网络。从它的产业链来看，无论是RFID技术、智能芯片技术，还是无线传感器网络技术，其实都早已存在，甚至趋于成熟，开发难度应该不大。那么是什么赋予物联网这样的魅力，能让中国如此重视？

　　西安优势微电子公司研制的中国芯——"唐芯一号"，其无线网络已基本覆盖整个国家。全球领先的传感器网络技术、全球定位系统的成熟，特别是我国研制的北斗导航系统已经开始使用这种芯片，使中国在互联网领域与计算机、互联网产业有所不同，不再受限于外国的芯片、软件，而享有自己的话语权。

　　物联网难在海量信息如何在互联网上分析和处理，并对物体实施智能化的控制。要解决这个问题，就必须建立一个全国性的乃至全球性的、功能强大的业务管理调度平台，否则再强大的物联网也只不过是一个又小又破的专用网，其结局不言而喻。

　　换句话说，物联网的问题不是别的问题，就是平台的问题。没有平台，只谈物联网，就是一句空话。云计算正是为了解决平台问题而出现的一种全新的完整的体系架构，让世人看到了物联网在互联网基础之上延伸和发展的希望。图8-10展示了物联网和云计算之间的关系。

图 8-10　物联网和云计算之间的关系

　　有了云计算也就有了平台；有了平台，物联网就有了稳定的根基；只有有了稳定的根基，物联网才能欣欣向荣。甚至可以说，物联网虽然不因云计算而生，却因云计算而存在，它只是云计算的一种应用。源于物联网中的物，在云计算模式中，不过是带上传感器的云终端，与上网本、手机并没有什么本质上的区别。这也可能就是为什么物联网只有在云计算日渐成熟的今天，才能重新被激活的主要原因。

　　IBM的智慧地球可以理解为物联网和互联网的融合，把商业系统和社会系统与物理系统融合起来，形成新的、智慧的、全面的系统，并且达到运行"智慧"状态，提高资源利用率和生产力水平，改善人和自然的关系。

　　构建智慧地球，将物联网和互联网进行融合，不是简单地将实物和互联网进行连接，不是简单的"鼠标"加"水泥"的数字化和信息化，而是需要进行更高层次的整合，需要"更透彻的感知，更全面的互联互通，更深入的智能化"。

1. 更透彻地感知

　　这里的"更透彻地感知"是超越传统传感器、数码相机和RFID的一个更为广泛的概念。具体来说，它是随时随地利用任何可以感知、测量、捕获和传递信息的设备、系统或流程。通过使用这些设备，从人的血压到公司财务数据或城市交通状况等任何信息，都可以被快速获取并进行分析，以便于立即采取应对措施和进行长期规划。

2. 更全面的互联互通

　　互联互通是指通过各种形式的、高速的、高带宽的通信网络工具，将个人电子设备、组织和政府信息系统中收集和存储的分散的信息及数据连接起来，进行交互和多方共享，从全局的角度分析形势并实时解决问题，使得工作和任务可以通过多方协作来得以远程完成，从而彻底改变整个世界的运作方式。

3. 更深入地智能化

智能化是指深入分析收集到的数据,以获取更加新颖、系统且全面的洞察力来解决特定的问题。

云计算作为一种新兴的计算模式,可以从两方面促进物联网和智慧地球的实现。云计算支持物联网的实现并促进物联网和互联网的融合,从而构建智慧地球。

首先,云计算是实现物联网的核心。运用云计算模式,使得物联网中数以兆计的各类物品的实时动态管理、智能分析变得可能。建设物联网的三大基石中的第三基石——"高效的、动态的、可以大规模扩展的计算资源处理能力",正是云计算模式帮助实现的。

其次,云计算促进物联网和互联网的智能融合,从而构建智慧地球。物联网和互联网的融合需要更高层次的整合,需要"更透彻地感知,更全面地互联互通,更深入地智能化"。这样也需要依靠高效的、动态的、可以大规模扩展的计算资源处理能力,而这正是云计算模式擅长的。同时,云计算的服务支付模式,可以简化服务的支付,能够促进物联网和互联网之间及内部的互联互通,并且可以实现新商业模式的快速创新,促进物联网和互联网的智能融合。

8.2.2 云计算在物联网中的应用——医疗助手与 120 导航

新的平台必定造就新的物联网,把云计算的特点与物联网的实际相结合,云计算技术将给物联网带来如下深刻的变革:

(1)解决服务器节点不可靠的问题,最大限度地降低服务器的出错率。

(2)低成本的投入换来高收益,让限制访问服务器次数的瓶颈成为历史。

(3)让物联网从局域网走向城域网甚至广域网,在更广的范围内进行信息资源共享。

(4)将云计算与数据挖掘技术相结合,增加物联网的数据处理能力,快速做出商业抉择。

接下来介绍云计算在物联网中的实际应用。

1. 医疗助手

2010年10月,IBM和Aetna子公司Active Health Management推出了新的云计算和临床决策支持解决方案,帮助医疗机构、医院和国家改变提供医疗保健服务的方式,以更低的成本提供更优质的服务。

IBM和Active Health Management公司通过合作,开发出了协同医护解决方案(Collaborative Care Solution),帮助医生和患者获取所需的信息,从而提高整体的医护服务的质量,同时无须新建基础设施。

患者每次就医都要带上病历,而医生要迅速做出医疗决定时经常会找不到需要的信息。协同医护解决方案从多种来源收集患者的健康数据,建立详细的病历,解决了这些问题。

该解决方案利用先进的分析软件提供一种创新医疗服务方法,医生比较容易获取和自动分析患者的病情。利用Active Health的循环临床决策支持软件Care EngineR整合电子病历记录、患者主诉、用药情况、实验室数据等信息,并通过IBM云计算平台将这些信息提供给医生,医生就能做出更全面、更准确的医疗决策。这样能减少医疗失误和不必要的昂贵治疗。

使用协同医护解决方案,医院和医疗机构可以实现以下目标:

(1)通过健康信息交互平台,或称"保健互联网",连接、分析和共享大量来自不同系统及来源的临床和管理数据,减少错误,消除效率低下。

（2）利用Active Care Team SM软件，在患者和医疗实践的层面自动测量、跟踪和报告临床服务质量。

（3）通过Active Health Care EngineR的循环临床决策支持功能改善医疗服务。

（4）改变医疗从业结构，协助它们获得NCQA三级"以患者为中心的医疗之家"资质，成为"负责的医疗组织"。

（5）通过使用My Active Health SM患者门户，在医疗团队和患者之间实现安全的电子信息沟通，以便鼓励患者参与治疗。

2. 120 导航

随着社会的发展，人们的生活水平不断提高，对生活质量的要求也不断提高。在发急病和发生意外伤害事件之后，若在从现场到医院的这段时间内得到正确、有效的院前急救，可使疾病及意外伤害得到控制，从而为院内治疗成功获得宝贵的时间及机会，使患者机体的功能损伤减小到最低程度，最大限度地提高人们今后的生活质量，这就是院前急救的重要性所在。因此，院前急救（120）是病人的生命之光。

那么云计算对于120导航有什么应用呢？

首先是一些前期工作，为了便于120急救的时候迅速锁定患者的位置，并立即提供相应医院的信息，接通医院的急救电话，要通过云计算对居民的居住位置、医院的具体位置进行备案存储，将每个医院的位置标识在地图上，并对医院的专业性和专科医院进行备案存储，如妇产科医院、心脏专科医院等。这样，当患者或患者家属拨打120电话时，就可以通过云计算锁定患者所在的位置。

其次是根据患者或患者家属的意愿进行选择。一种是选择最近的医院，对于相对紧急的情况，如动脉出血、脑血栓、休克、高空坠落等，这些情况需要立即处理，云计算将给出最优的路径选择，提供离患者最近的医院，并接通医院的电话，这样患者或患者家属就不用去寻找最近的医院浪费时间，耽误生命。另一种是患者或患者的家属选择相对较近的专业医院，如生产（选择妇产科医院）、骨折（选择专业骨科医院）等相对无须立即处理的情况。这样可以避免送到最近的医院却发现不能处理，再转院浪费时间。这种情况下，专业性相对重要，而时间相对居其次。通过云计算，可根据家属的选择提供相应医院的120电话。

8.3 大 数 据

8.3.1 类型特点

1. 大数据的定义

大数据是基于多源异构、跨域关联的海量数据分析所产生的决策流程、商业模式、科学范式、生活方式和关联形态上的颠覆性变化的总和。"大数据"是一个体量特别大、数据类别特别多的数据集，并且这样的数据集不能用传统数据库工具对其内容进行抓取、管理和处理。目前全球比较认可IDC对"大数据"的定义：为了更经济地从高频率获取的、大容量的、不同结构和类型的数据中获得价值而设计的新一代架构和技术。

虽然大数据异常火爆，但很少有人真正理解大数据的核心内容。一个普遍的误解是：大数据等于数据大，即大数据就是量大的数据。事实上，除了数据量大这个字面意义，大数据还有两个更重要的特征：

（1）跨领域数据的交叉融合。相同领域数据量的增加是加法效应，不同领域数据的融合是乘法效应。

（2）数据的流动。数据必须流动，流动产生价值。

2. 大数据的兴起

大数据在2009年逐渐开始在互联网领域内传播。直到2012年，美国奥巴马政府高调宣布了其"大数据研究和开发计划"，使得大数据概念真正流行起来。美国政府希望利用大数据解决一些政府部门面临的重要问题，该计划由横跨6个政府部门的84个子课题组成。这标志着大数据真正开始进入主流的传统线下经济。

大数据出现的时间点有着深刻的原因。2009年至2012年这段时间正是电子商务在全球全面繁荣的几年。电子商务是第一个真正将纯互联网经济与传统经济联系在一起的混合模式。准确地说，正是互联网与传统经济的碰撞，才真正催生出了"大数据"。大数据横跨互联网产业与传统产业，而且大数据广阔的应用领域也是比纯互联网经济大得多的传统产业。

从数据量的角度来看，传统企业的数据仓库中的数据大多数来自交易型数据，而交易行为处于用户消费决策漏斗的最底部，这决定了交易前的各种浏览、搜索、比较等用户行为产生数据的量都远远超过交易数据。电子商务模式使得企业可以采集到用户的浏览、搜索、比较等行为，这使得企业的数据规模至少提升了一个数量级。现在日益流行的移动互联网以及物联网又将使数据量提高两三个数量级。从这个角度来讲，大数据时代的出现是必然的。

3. 大数据的特点

大数据最重要的特性是它的4V特性，即数据体量巨大（Volume）、数据类型繁多（Variety）、价值密度低（Value）和处理速度快（Velocity）。原来没有价值这个V，其实价值才是大数据问题解决的最终目标，其他3V都是为价值目标服务的。

1）数据体量巨大

截至目前，人类生产的所有印刷材料的数据量是200PB（$1PB=2^{10}TB$），而历史上全人类说过的所有的话的数据量大约是5EB（$1EB=2^{10}PB$）。当前，典型个人计算机硬盘的容量为TB量级，而一些大企业的数据量已经接近EB量级。

2）数据类型繁多

类型的多样性把数据分为结构化数据和非结构化数据。相对以文本为主的结构化数据，非结构化数据越来越多，包括网络日志、音频、视频、图片、地理位置信息等，这些多类型的数据对数据的处理能力提出了更高的要求。

3）价值密度低

如何通过强大的机器算法更迅速地完成数据的价值"提纯"成为目前大数据背景下亟待解决的问题。

4）处理速度快

这是大数据区分于传统数据挖掘的最显著的特征。根据IDC的"数字宇宙"的报告，到2020

年，全球数据使用量将达到35.2ZB（1ZB=2^{10}EB）。在如此海量的数据面前，处理数据的效率就是企业的生命。

4. 大数据的应用

大数据的起源要归功于互联网与电子商务，但大数据最大的应用前景却在传统产业。一是因为几乎所有传统产业都在互联网化，二是因为传统产业仍然占据了国家GDP的绝大部分份额。大数据的应用如图8-11所示。

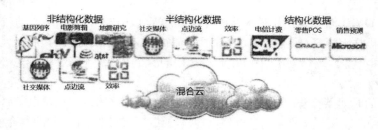

图 8-11　大数据的应用

至少有三类企业最需要大数据服务：

（1）面临互联网压力必须转型的传统企业。

（2）做小而美模式的中长企业。

（3）对大量消费者提供产品或服务的企业。

第（1）类企业主要指遭受来自互联网冲击的传统企业，此类企业需要利用互联网和大数据作为自我进化的工具；第（2）类企业需要利用大数据分析精准定位自己的客户群；第（3）类企业需要利用大数据精准分析不同消费者的偏好，提高营销和服务的质量。

具体来讲，中国最需要大数据服务的行业就是受互联网冲击最大的产业，首先是线下零售业，其次是金融业。

受电商的冲击，线下零售已经到了不得不变革的危急关头。而金融行业本身就是基于数据的产业，由于国家管制，金融业在前几年享受了非常好的政策红利，内部没有变革的动力。然而目前金融业已经开始放松管制，新兴的金融机构必将利用互联网以及大数据工具向传统金融产业发起猛烈攻击。而传统金融机构在互联网方面的技术积累和数据积累不足，要快速应对挑战，必然需要大数据服务。

传统产业需要的大数据服务主要包括三层：

（1）基于大数据的行业垂直应用。每个行业都有自己的特点，所以自然会存在行业应用的需求。

（2）顾客标签与商品标签的整理。每个企业都需要精细化整理自己顾客的属性标签以及商品属性标签，这些标签必须能够细化到单个顾客和单个商品。

（3）企业内部和外部数据的整合与管理。要给顾客和商品打标签，首先必须整合企业内部和外部数据，尤其是日益增长的外部数据。

5. 大数据的发展趋势

随着数据逐渐成为企业的一种资产，数据产业会向着供应链模式发展，最终形成"数据供应链"。在"数据供应链"中，存在数据供应、数据整合与挖掘以及数据应用这三大环节。企业在所有三个环节中都需要专业的服务。这里尤其有两个明显的现象：

（1）外部数据的重要性逐渐超过内部数据。在互联互通的时代，单一企业的内部数据与整个互联网数据比起来只是沧海一粟。

（2）能提供包括数据供应、数据整合与加工、数据应用等多环节服务的公司会有明显的综合竞争优势。

在大数据产业中，从"数据供应链"中的各个环节来分析，在下面几个方面具有突出优势的产业可能有更加广阔的发展前景。

（1）数据供应。在互联网没有流行的时代，很少有专业的数据供应商。互联网改变了这一局面，将来会有专业的数据供应商。既然是因为互联网的出现导致了数据供应商的出现，那么反过来数据供应商就必须具有很强的互联网基因。

（2）数据整合与挖掘。互联网时代使得企业的数据量激增，数据类型发生极大变化（不同于传统的来自单一领域的结构化数据，互联网数据以跨域的非结构化数据为主），虽然数据挖掘工具供应商在非互联网时代早已存在，但传统的数据挖掘工具供应商的技术和方法已经很难适应。要跟上时代的变化，数据挖掘技术与工具供应商具备互联网公司的海量数据处理和挖掘的能力已经成为必然的趋势。

（3）数据应用。具体的行业应用与传统行业的业务关系密切，要做好行业应用，最好有服务传统行业的经验，了解传统行业的内部运作模式。

8.3.2　架构与关键技术

1. 大数据的总体架构

大数据的总体架构包括三层，即数据存储、数据处理和数据分析。数据先要通过存储层存储下来，然后根据数据需求和目标来建立相应的数据模型和数据分析指标体系对数据进行分析。而中间的时效性又通过中间数据处理层提供的强大的并行计算和分布式计算能力来完成。三层相互配合，让大数据最终产生价值。

1）数据存储层

数据有很多分法，有结构化、半结构化、非结构化，也有元数据、主数据、业务数据，还可以分为GIS、视频、文件、语音、业务交易等各种数据。传统的结构化数据库已经无法满足数据多样性的存储要求，因此在RDBMS的基础上增加了两种类型：一种是HDFS，可以直接应用于非结构化文件存储；另一种是NoSQL类数据库，可以应用于结构化和半结构化数据存储。

存储层的搭建需要关系型数据库、NoSQL数据库和HDFS分布式文件系统三种存储方式。业务应用可以根据实际的情况选择不同的存储模式，但是为了存储和读取的方便性，可以对存储层做进一步的封装，形成一个统一的共享存储服务层，以简化操作。用户只关注方便性，通过共享数据存储层可以实现在存储上的应用和存储基础设置的彻底解耦。

2）数据处理层

数据处理层重点解决的问题在于数据存储出现分布式后带来的数据处理上的复杂度，海量存储后带来了数据处理上的时效性要求。

在传统的相关技术架构上，可以将hive、pig和hadoop-mapreduce框架相关的技术内容全部划入数据处理层。将hive划入数据分析层能力不合适，因为hive的重点还是在真正处理下的复杂查询的拆分，查询结果的重新聚合，而mapreduce本身又实现了真正的分布式处理能力。mapreduce只是实现了一个分布式计算的框架和逻辑，而真正的分析需求的拆分、分析结果的汇总和合并还需要hive层的能力整合。最终的目的很简单，即支持分布式架构下的时效性要求。

3）数据分析层

分析层的重点在于挖掘大数据的价值，而价值的挖掘核心又在于数据分析和挖掘。因此数据分析层的核心仍然在于传统的BI（Business Intelligence，商务智能）分析的内容，包括数据的维度分析、数据的切片、数据的上钻和下钻、Cube等。

2. 大数据的关键技术

大数据本质也是数据，其关键技术依然离不开：①大数据的存储和管理；②大数据的检索和使用（包括数据挖掘和智能分析）。围绕大数据，新兴的数据挖掘、数据存储、数据处理与分析技术将不断涌现，使处理海量数据更加容易、便宜和迅速，并逐渐成为企业业务经营的好助手，甚至可以改变许多行业的经营方式。

1）大数据的商业模式与架构

大数据处理技术正在改变目前计算机的运行模式，也在改变着这个世界：它能处理各种类型的海量数据；它工作的速度非常快，几乎是实时的；它具有普及性：大数据使用的都是低成本的硬件，而云计算将计算任务分布在大量计算机构成的资源池上，使用户能够按需获取计算力、存储空间和信息服务。云计算及其技术给了人们廉价获取巨量计算和存储的能力，云计算分布式架构能够很好地支持大数据存储和处理需求。这样的低成本硬件+低成本软件+低成本运维更加经济和实用，使得大数据处理和利用成为可能。

2）大数据的存储和管理

很多人把NoSQL称为云数据库（Cloud DB），因为其处理数据的模式完全是分布于各种低成本服务器和存储磁盘，能帮助各种交互性应用迅速处理过程中的海量数据。它采用分布式技术，可以对海量数据进行实时分析，满足大数据环境下一部分业务需求。

但这是远远不够的，无法彻底解决大数据存储管理的需求。云计算对关系型数据库的发展将产生巨大的影响，而绝大多数大型业务系统（如银行、证券交易等）、电子商务系统所使用的数据库还是基于关系型的数据库，随着云计算的大量应用，势必对这些系统的构建产生影响，进而影响整个业务系统及电子商务技术的发展和系统的运行模式。

基于关系型数据库服务的云数据库产品将是云数据库的主要发展方向，云数据库，提供了海量数据的并行处理能力和良好的可伸缩性等特性，提供了同时支持在线分析处理（OLAP）和在线事务处理（OLTP）能力，提供了超强性能的数据库云服务，并成为集群环境和云计算环境的理想平台。

这样的云数据库要满足以下条件：

（1）海量数据处理：对类似搜索引擎和电信运营商级的经营分析系统这样大型的应用而言，需要能够处理PB级的数据，同时应对百万级的流量。

（2）大规模集群管理：分布式应用可以更加简单地部署、应用和管理。

（3）低延迟读写速度：快速的响应速度能够极大地提高用户的满意度。

（4）建设及运营成本：云计算应用的基本要求是希望在硬件成本、软件成本以及人力成本方面都有大幅度的降低。所以云数据库必须采用一些支撑云环境的相关技术，比如数据节点动态伸缩与热插拔、对所有数据提供多个副本的故障检测与转移机制和容错机制、SN（Share Nothing）体系结构、中心管理、节点对等处理实现连通任一工作节点，就是连入了整个云系统，使用任务追踪、数据压缩技术以节省磁盘空间，同时减少磁盘IO时间等。

云数据库路线是基于传统数据库不断升级并向云数据库应用靠拢，更好地适应云计算模式，如自动化资源配置管理、虚拟化支持以及高可扩展性等，才能在未来发挥不可估量的作用。

3）大数据的处理和使用

传统对海量数据的存储处理需要建立数据中心，建设包括大型数据仓库及其支撑运行的软硬件系统，设备（包括服务器、存储、网络设备等），数据仓库，OLAP（Online Analytical Processing，联机分析处理）及ETL（Extract-Transform-Load，抽取-转换-加载）、BI等平台，而面对数据的增长速度，越来越力不从心，所以基于传统技术的数据中心建设、运营和推广难度越来越大。

另外，一般使用传统的数据库、数据仓库和BI工具能够完成的处理和分析挖掘的数据，还不能称为大数据，也谈不上大数据处理技术。面对大数据环境，包括数据挖掘在内的商务智能技术正在发生巨大的变化。

由于云计算模式、分布式技术和云数据库技术的应用，我们不需要建立复杂的模型，不用考虑复杂的计算算法，就能够处理大数据。对于不断增长的业务数据，用户也可以通过添加低成本服务器甚至是PC机来处理海量数据记录的扫描、统计、分析、预测。如果商业模式变化了，则需要一分为二，新商务智能系统也可以相应地一分为二，继续强力支撑商务智能的需求。

8.4　物联网中的大数据

8.4.1　大数据与物联网

物联网的应用范围十分广泛，遍及智能交通、环境保护、政府工作、公共安全、智慧城市、智能家居、环境监测、工业监测、食品溯源等多个领域。物联网技术的应用遍及各行各业，具体来说，将传感器装备到电网、铁路、桥梁、家电、食品等物品中，通过网络对各种信息进行整合，由中心控制系统对信息进行实时地处理和反馈，达到更有效地对生产和生活进行管理的目的。

物联网系统有三个层次：

（1）感知层，即利用RFID、传感器、二维码等随时随地获取物体的信息。

（2）网络层，通过各种电信网络与互联网的融合，将物体的信息实时准确地传递出去。

（3）应用层，对感知层得到的信息进行处理，实现智能化识别、定位、跟踪、监控和管理等实际应用。

可见，物联网是大数据的重要来源之一（大数据来源主要有三个：物联网、互联网和移动网互联），它的系统性更强，辐射的范围更广。物联网不仅仅是传感器，而是支撑智慧地球的一个基础架构，物联网的存在使这种基于大数据的采集以及分析成为一种可能。

目前网络上产生的数据量远远大于物联网产生的数据量，这主要受制于物联网设备的普及和技术的进步。物联网已被定义为中国战略性产业，"十四五"规划全文中5次提到物联网，随着行业发展的日益深入，传感器数量的增多，其产生的数据量级要远超网络。

可以说物联网就是以"大数据"为驱动的产业，而不是以元器件和设备驱动的。但物联网的核心并不在感知层和网络层，而是在应用层。因此，物联网和大数据之间的联手将产生巨大的市场规模，衍生更有价值的商业模式。

大数据助力物联网，不仅是收集传感器的数据，实物跟虚拟物还要结合起来。例如北京交通堵塞，但是并不知道堵塞原因，如果政府发布消息和市民微博发布消息结合起来就知道发生了什么事，物联网要过滤，过滤要有一定模式。

总之，一句话，物联网促进大数据技术进步，大数据技术助力物联网的发展。

8.4.2　大数据在物联网中的应用

已经有很多城市在关注大数据，比如上海、重庆、西安，政府都在出面推动这个发展趋势，这里包括应用、政策以及产业配套发展，这是和物联网发展相配套的。

从关注的产业链来讲，产业链非常长，从基础到物联网数据的采集，到各类跟数据相关的行业应用，再到大数据处理，特别是现在卖得最好的大数据分析工具，能够把数据以人能接受的方式展现出来。真正的大数据是把信息非常有规则统一存储起来，而且不丢任何数据。基于这样的环境，在里面开发人类生活所需要的各类应用是大数据本质的含义。

从技术角度来讲，大数据的特征是有非常丰富的数据源、数据类型和数据量。

物联网大数据结合，以城市为背景，相信能给个人企业、政府带来新的生活智慧、管理智慧、决策智慧和商业智慧。大数据智慧为城市领导者在交通优化、社交媒体的分析、虚拟世界的网络安全、智能电网以及基础设施、自然灾难的防备、情报系统管理等方面带来了方便。

大数据在应用层面分成了行业应用、商务智能应用、媒体应用、虚拟可视化应用、DaaS应用等。平台有数据分析平台、数据操作平台以及IaaS和结构化数据库。

从平台来讲，支持传统方式、云方式和混合方式，这样一种技术能力可以一起和各方进行合作。

大数据在物联网中的应用也会随着时代的进步和技术的发展前景越来越广阔。

8.5　小　结

1. 本章主要介绍了云计算的结构类型、特点、组成与关键技术。
2. 物联网中的云计算，以及云计算在物联网中的应用——医疗助手与120导航。
3. 大数据的类型特点、架构与关键技术、物联网中的大数据、大数据在物联网中的应用。
4. 云计算、大数据在物联网中应用的方法、技巧与注意事项。

8.6　习　题

1. 什么是云计算，云计算的特点有哪些？
2. 按照服务方式和服务类型，云计算可以分为哪几类？
3. 简述云计算的服务形式。
4. 列举现有的典型云计算平台，并谈谈你对云计算的发展趋势的看法。
5. 具体描述云计算的系统架构及各个组成部分。
6. 简述云计算的服务层次及云计算的关键技术有哪些，这些技术在云计算中担当怎样重要的角色？
7. 云计算与物联网的关系如何，你对云计算在物联网中的应用有什么看法和构想？

第 9 章
综合应用举例

本章内容

- 了解典型应用实例中，最主要、最核心、最关键、最重要的电路原理、组成及特点。
- 掌握19个典型应用实例中的电路元器件的选择、安装方法、技巧与注意事项。

本章主要介绍可与通信卫星相连的、常用的智能住宅安防系统、声光遥控开关、声激光遥控开关、水电红外智能遥控、微电脑红外空调遥控、百米多键遥控、光磁摸合体遥控、短路保护声光报警电源、冠心病突发报警器、微光调光定时遥控、家用多功能环保器、智能遥控饮水机、桥梁健康检测与监测、粮仓温湿度监测、混凝土浇灌温度监测、无线抽水泵系统、无线模拟量与开关量检测、主从站多种信号检测，共19个应用实例。

值得一提的是，在19个典型的应用实例中，介绍了其他书籍不予介绍的，最主要、最核心、最关键、最重要的内容——"电路的组成及特点"技术细节，供读者参考、借鉴。

9.1　智能住宅安防系统

本例介绍公用电话网的智能防盗防火报警系统，包含硬件和软件系统。利用单片机、DTMF信号收发芯片、集成语音芯片等完成智能报警功能。自动报警器内按等级预先设置若干个报警电话号码，有警情发生时按等级次序依次拨出电话号码进行报警。管理中心主控计算机在查询到报警信号的同时，能及时显示报警单位或个人的电话号码，以便于采取紧急措施。

9.1.1　功能介绍

目前，居住安全防范正成为居民所关注的焦点，为了给居民创造安宁的生活环境，住宅小区适宜采用智能联网报警系统。利用单片机控制技术，我们将MCS-51单片机、DTMF信号收发芯片

MT8888、集成语音芯片ISD1420及液晶驱动显示模块HD44100等有机地结合在一起,与电话网络组成自动拨号防盗防火智能报警系统。本系统利用现有的电话线通信,不需另行敷线,具有报警优先功能。该报警系统的防范功能可由用户通过主机面板上的键盘进行设置,当被监测点有盗情或火灾事故发生时,事故地点的探测器将报警信号送入该系统,系统自动通过电话网络向管理中心或用户寻呼。报警控制主机与探测器之间采用无线工作方式,无线探测器包括无线红外/微波双鉴探测器、无线复合火灾探测器或带有紧急报警的无线遥控器。无线报警探测器微功耗工作,电池工作寿命长。当电池电压不足时,在报警控制主机面板上有欠电压显示和声音提示,使用户能及时更换电池,确保系统可靠工作。

9.1.2 系统硬件

报警系统组成框图如图9-1所示。报警系统分为前端探测器部分、用户端自动报警器部分和小区监控管理中心部分。其中前端探测器部分可根据需要放在现场的不同位置,能达到多项监控的目的;用户端自动报警器置于用户家中;小区管理监控中心部分用来对各自动报警器采集的报警信息进行监控和管理。

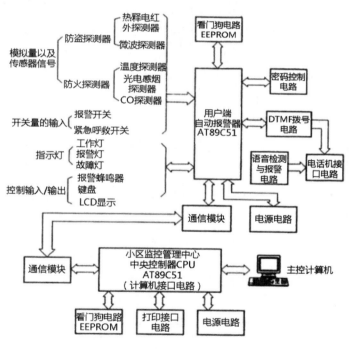

图 9-1 报警系统组成框图

1. 前端探测器部分

探测器由红外/微波双鉴探测器和复合火灾探测器构成,分别探测盗情和火灾信息。

2. 前端自动报警器部分

自动报警器包括DTMF自动拨号电路、密码控制电路、语音检测与报警电路、电话机接口电路、电源电路以及键盘显示电路。

3. 自动拨号报警部分

MT8888芯片不仅具有DTMF信号收发功能，而且具有电话信号音检测功能，它可以方便地与M351系列单片机接口。在本系统中，MT8888及外围电路如图9-2所示，它的接收部分采用单端输入，由R201、R202和C201组成，发送部分由R205、R206、C204、C205和XTAL2构成，控制部分由R203、C201构成。由于IRQ/CP端为开源输出，故要用上拉电阻R204。C203为去耦电容。DTMF IN和DTMF OUT与电话接口电路相连。

ISD1420是单片固态语音集成电路，语音一经录制，可保存10年以上，可反复录制10万次，其录放时间可达20秒。当按下REC键后，录音开始，数据从地址开始存储，直到存储器存储满或者松开按键为止。当按下PLAY键后，即开始放音，直到松开PLAY键或者存储器用完为止。本系统的语音电路如图9-3所示。语音信号由驻极体话筒拾取，从MIC和MIC REF两端输入芯片内部的放大器放大，经功放后的音频信号从SP+和SP-两端输出并推动扬声器放音。在此电路里，SP+被用来与电话接口电路相连，以送出语音信号。C305和R305为增益调整电路。

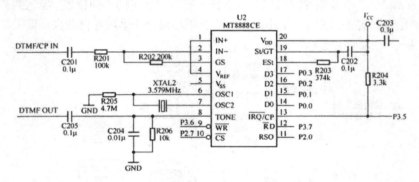

图 9-2　拨号电路

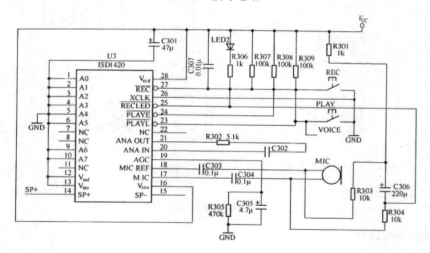

图 9-3　语音电路

拨号电路、语音电路均需要通过电话接口电路与外界相连。为确保拨号电路的DTMF信号正常发送和语音电路语音信号的正常播出，系统设置有极性保护电路，由二极管桥路构成，不论用户如何将外线接入LINE IN口，都能确保电路内部的2线为正电压。

4. 密码、键盘及显示部分

报警系统采用密码开启与关闭功能，并可随时加以修改。输入的密码值与密码缓冲区中的原始密码值相比较，相同则撤防，用户可以进入。当有6次误码输入时，密码电路就输出高电平，自动报警器进入报警状态，发出报警信号。密码电路设有90秒定时中断控制信号，防止长时间无效操作。

键盘是用来完成全部系统状态显示和所有功能操作的装置，在键盘上可以对系统进行密码布防、撤防、旁路及编程设置，如将预置各种延时时间、预置接警电话、通信格式及各类报告信息和触发紧急报警。对探头状态、电源状态以及各地址状态都有故障显示或报警显示。撤防时防区上方的指示灯会自动点亮，表示防区已撤防，可以随便通行，即使在有报警探头发出信号时，系统也不发出报警启动信号。

5. 电源部分

ICL7673是单片CMOS备用电源集成电路，正常工作时，主电源经过电阻和硅二极管对镍镉电池进行充电，输出电压为主电源电压。当电网突然停电时，改由备用电源对系统继续供电，输出电压变为备用电源电压值，可保证系统在主电源掉电时正常工作。

6. 监控管理中心部分

若有报警信号，则小区管理中心监控计算机启动报警处理程序，发出报警信号，值班人员接到报警信号后，必须输入出警人员姓名，才能退出报警状态。计算机退出报警状态时，将接警报的日期、时间、住户号、报警类别、出警人员姓名、出警时间等有关信息加载到报警文件中保存，以便日后查询。出警完毕后，填写出警报告并存入计算机，完成监控、报警、接警、出警的全过程。

9.1.3 系统软件

1. 报警电路软件

主程序主要执行初始化、检测探头与电源状态，然后查询是否有密码输入，并对结果进行相应处理。

当合法用户离开后，主程序等待一定时间，自动进入设防状态。主程序定时调用看门狗处理程序，使系统正常时不被复位。

2. 拨号控制电路软件设计

图9-4为拨号控制电路子程序流程图，拨号控制软件设计是自动报警器的核心，它完成摘机、信号音判断、拨号及发出语音求救信号，最后挂机。其中要考虑到拨号音、忙音、回铃音等各种信号音的存在。

3. 密码电路软件设计

密码控制电路子程序流程图如图9-5所示，用于控制报警器的外部输入。

住宅防盗防火智能电话/自动拨号报警系统是利用日益普及的住宅电话线来实现报警功能的，该系统可实现通信自动化、防盗电脑化、应答顺应化及家电遥控化的目的。同时，可在住宅安装医疗求助按钮及紧急安全求救按钮，与报警系统相结合，建立医疗看护求助系统及紧急安全求救系统。使用时，还可以加上摄录像系统。当报警时，自动启动自动录像，则可以构成一个非常完善的监控报警系统。本系统设计合理,运行可靠,提高了住宅安防系统的智能化水平。

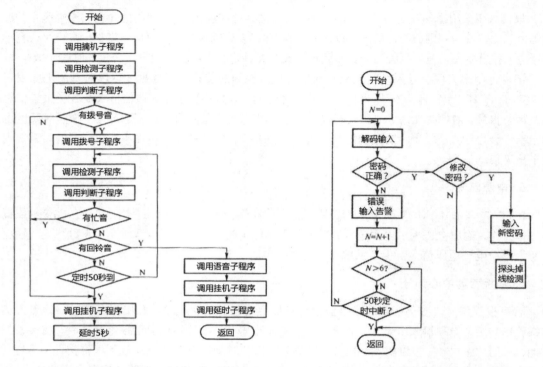

图 9-4　拨号控制电路子程序流程图　　　　图 9-5　密码控制电路子程序流程图

9.2　水电红外智能遥控

随着科学技术的发展,水电红外智能遥控将不卫生的触摸感应开关控制方式改为非接触式感应控制方式的智能电路。所谓智能,就是能自动辨别水池旁是否有人需要用水,当用水者靠近水池时,水龙头就自动放水,当你洗完手离开时,水会自动关闭。同时,照明灯延时数分钟后会随之熄灭。

本电路的功能是:

(1)能在用水者靠近水池后过2~3s才给水,这样可以避免过往行人在水池旁经过的瞬间供水。

(2)当用水者离开水池的瞬间即关水。

(3)白天不管是否有人洗手,灯泡均不亮。

(4)夜晚有人一到水池,即开灯照明。

(5)夜晚用水者离开水池数分钟(时间可调)熄灯。

9.2.1　工作原理

电路如图9-6所示。

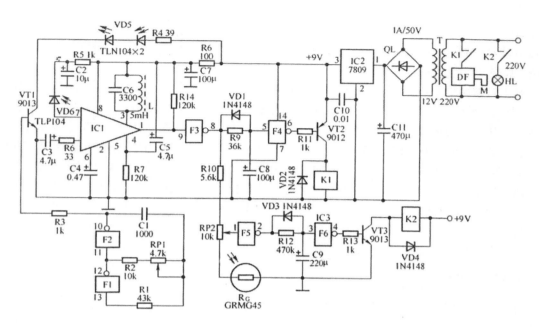

图 9-6　节约水电红外智能遥控开关电路

1. 电源电路

电路由降压、整流、滤波、稳压电路组成。

2. 红外振荡器及红外发射电路

图9-6中的反相器的两个非门F1、F2以及外围的R1、R2、RP1、C1构成自激多谐振荡器,其振荡频率由下式计算:$f=0.445/(R2+R_{RP1})C_1$,本例使振荡频率为38kHz。该振荡器输出的方波经R3限流,再经过三极管VT1放大去推动红外线发射管TLN104(VD5),并使其发射出经调制的红外光辐射波。

3. 红外接收与放大解调电路

假设这时无人洗手,则发射的红外光经空间辐射出去,而不会反射到红外接收管VD6上,则电磁阀DF处于静止状态。当有人洗手时情况则相反。这时,由于发射管与接收头安装在间距约20cm,其夹角为60℃左右的水池平面板上,所以红外线可以通过人体折射回落到接收管的端面上,经VD6输入红外线专用接收的集成块IC1内,使其内部的选频放大器选频放大,检波以及整形后,便由1脚输出低电平,再由反相器F3反相输出高电平。

4. 供水延时电路

由反相器F3反相输出高电平,一路送到放水电磁阀的鉴别电路R9及C8进行延时,电容器C8经R9充电,被充至2/3Vcc时(设置2s的延时电路是防止有人经水池旁通过的一瞬间使电磁阀DF误动作放水而设的),反相器F4便输出低电平,三极管VT2饱和导通,继电器K1吸合,常开接点K1亦闭合,接通电磁阀DF的工作电源,使电磁阀吸合,给洗手者供水。

5. 光敏控制照明电路

F3输出的另一路高电平经R10送至F5的检测点RP2中心触点上,若为白天的话,则光敏电阻R受到光照而使其阻值降到1kΩ以内,这样即使F3输出高电平,但是该电压经过电阻R10、RP2、光敏电阻R_G的分压并适当调整微调电阻RP2的动触点，使非门F5的输入电平处在1/3Vcc以下，因而它的输出仍为高电平，再经反相器F6的翻转输出低电平，促使三极管VT3截止，继电器K2不动作，其触点K2不闭合，照明灯不亮。

晚上光敏电阻无光照，阻值为暗阻（几乎为无穷大），即相当于开路，此时当F3输出为高电平时，非门F5的输入电平高于阈值，故F5输出低电平，非门F6则输出高电平，三极管VT3饱和导通，继电器K2吸合，常开触点K2也吸合，灯泡HL得电点亮，为洗手者提供照明。当洗手者用完水离开后，红外接收管接收不到VD5（TLN104）发出的信号，非门F3则输出低电平，电容器C8上的电荷经二极管VD1迅速泄放，即三极管VT2立刻由饱和转入截止状态，继电器K1释放，其触点K1打开，即电磁阀DF在人离去的瞬间迅速关闭，即停水。电阻R12及电容器C9的值选得较大，非门F5即使在人离开的瞬间翻转输出高电平，而二极管VD3反偏截止，电容器要经电阻R12缓慢地充电，约3分钟后，待C9上端电压充至2/3Vcc时，才转为低电平，F3失去基极偏压退出饱和而截止，继电器K2释放，触点K2打开，灯泡HL自动熄灭。

6. 驱动执行电路

驱动执行电路主要由继电器K1吸合，常开接点K1也闭合，接通电磁阀DF的工作电源，使电磁阀吸合，给洗手者供水，也接通照明电路，使灯泡HL发亮。反之，继电器常开触点断开，切断电磁阀和照明电路，停水熄灯。

9.2.2 元器件的选择

IC1选用红外专用前置放大与选频的集成块µPCI373。IC2选用LM7809三端稳压集成块，其稳压值为+9V。IC3选用CD4069，亦可采用国产同类型的C033。红外发射管VD5选用TLN104型，红外接收管VD6选用TLP104型。VT1、VT3选用9013晶体三极管，VT2选用9012晶体三极管。VD1~VD4选用1N4148二极管。光敏电阻要求其亮阻小于1kΩ，暗阻大于或等于1MΩ，如GRMG45等。L选用市售成品件，其电感为5mH，如需自制时，可用直径为0.08mm的漆包线在收音机中的骨架上绕300匝而成。电阻均用1/8W的碳膜电阻，其阻值如原理图9-6所示。K1和K2采用工作电压为9V的单触点直插式小型继电器。电磁阀应按自来水管的直径而选配，其工作电压为交流220V。

9.2.3 安装与调试

本电路的印制板图安装时应注意的是IC1的灵敏度很高，以防外界的磁场干扰，印制板与外接的元件之间要用导线连接。连线焊好后将印制板用铁皮全部屏蔽起来。光敏电阻的安装以阳光和灯光不能直接照到之处为妥。红外接收窗口最好加装一片适当的红色滤色片。经过上述技术措施后，电路会更加可靠。

9.3 微电脑红外空调遥控

微电脑红外空调遥控，本节采用三星公司的THBT-T01/THBT-R01专用发射/接收芯片，80个引脚组成的微电脑红外空调遥控器。KFR-24GW型是挂壁式空调器电控系统，采用无线遥控和液晶显示。遥控器由红外遥控发射器和红外遥控接收器两部分组成。

9.3.1　遥控发射器

1. 遥控发射器的功能与组成

遥控发射器的前部装有紫色有机透明玻璃的红外指令信号辐射窗口，发射器的功能是产生并向前方空间发射被38kHz调制信号调制的红外线，用以控制空调器的运转与关停，更好地实现空调器的各种功能，并能在自身的液晶显示屏上显示出风速、温度、定时等多种功能符号。图9-7为红外遥控发射器原理框图。

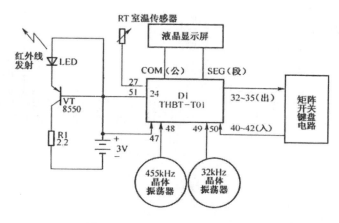

图 9-7　红外遥控发射器原理框图

遥控发射器的具体电路组成如图9-8所示。发射器主要由大规模集成电路芯片D1（THBT-T01）、455kHz晶体振荡器、32kHz晶体振荡器、液晶显示屏（LCD）、室温传感热敏电阻RT、红外线发光二极管（LED）、激励晶体管VT1、键盘开关矩阵电路等元件组成。该发射器由两节5号电池供电，电压为3V。

2. 双时钟脉冲振荡电路

该发射器采用双时钟脉冲振荡电路，其中由晶体XTAL1、电容C2、C3（100pF）和D1'的47、48脚组成455kHz的时钟振荡器,振荡器产生的455kHz的脉冲信号经分频以后产生38kHz的载频脉冲。由晶体XTAL2，电容C4、C5（100pF）和集成电路D1'的49、50脚组成32kHz（确切值为32.768kHz）的振荡器，其输出信号主要供时钟电路和液晶显示电路使用。

3. 扫描脉冲发生器

D1'的32~35脚是扫描脉冲发生器的4个输出端，40~42脚是键信号编码器的3个输入端。4个输出端和3个输入端构成4×3键矩阵，可以有12个功能键位。由于使用了SB10功能转换键，实际上只用了9个键位，这9个键位中的6个键SB2~SB7具有双重功能，遥控器工作时，单片机的32~35脚输出时序扫描脉冲。

D1'系四列扁平塑封80脚专用微电脑芯片，3V电源经R2降压以后接AVREF，V_{ss}接电源负极。

在集成电路内部，有分频器、数据寄存器、定时门、控制器（编码调制器）、键盘输入输出等电路。定时门能向键盘电路输出定时扫描脉冲，在定时脉冲作用下，键盘输出电路能产生数种相位不同的扫描脉冲。

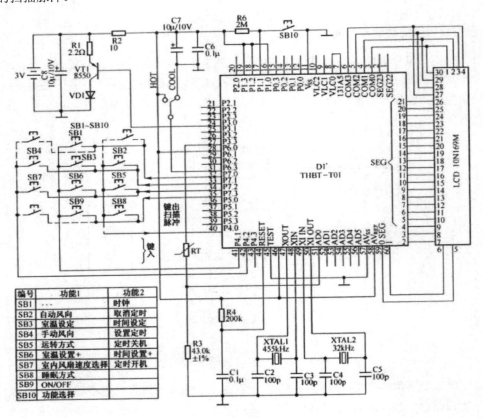

图 9-8　遥控发射器电路

4. 键盘矩阵电路

发射器键盘矩阵电路由4×3矩阵开关组成。它与D1'内的扫描脉冲发生器和键盘信号编码器构成了键控命令输入电路。键控命令输入电路根据按键矩阵不同键位输入的脉冲电平信号，向数据寄存器输出相应码值的地址码。数据寄存器是一个只读存储器（ROM），预先存储了各种规定的操作指令码。

当闭合某个功能键时，相应的两条交叉线被短接，相应的扫描脉冲通过按键开关输入D1'的40～42脚中的一个对应脚，使D1'中只读存储器的相应地址被读出，然后送到内部指令编码器转换成相应的二进制数字编码指令（以便遥控接收后微处理器进行识别），再送到编码调制器。

5. 编码、调制、驱动、发射电路

在编码调制器中，38kHz载频信号被编码指令调制，形成调制信号，再经缓冲级后，从单片机的24脚输出至激励管VT1的基极，放大后推动红外发光二极管（LED），发出被38kHz调制信号调制的红外线，通过发射器前端的辐射窗口向空间发射。

6. 液晶显示电路

LCD为液晶显示器。若在液晶正负电极上加上极性相反的交流方波电压，就能显示字符和数字，反之则不显示。液晶显示屏由D1′单片机的多个引脚输出信号推动，其中D1′的3~6脚（COM0~COM3）与液晶显示屏的4个公共电极相连，D1′的SEG0~SEG21分别与液晶显示屏相应的数字段电极相连，图中已明显标出。

7. 其他

单片机D1′的44脚为复位端，外接复位电阻R4和电容C1的作用是保证发射器起始工作状态正常。本发射器的传输指令由32位二进制代码组成，以脉冲间隔宽度来区分"0""1"码。

9.3.2 遥控接收器

1. 遥控接收器的组成与功能

遥控接收器是一块装有光敏二极管的专用集成电路，型号为GK409。集成电路内部的光敏二极管接收发射器发来的红外线载波信号，解码电路则输出控制信号。红外线遥控接收器的工作电压为5V。图9-9为红外遥控接收器原理框图。

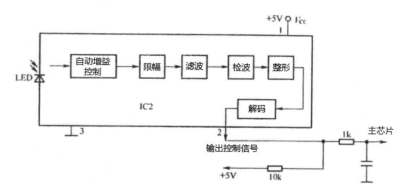

图 9-9 红外遥控接收器原理框图

KFR-24GW型室内机组接收原理示意图如图9-10所示。由图可见，电控部分的核心是韩国生产的微电脑主控芯片，型号为THBT-R01，它有42个引脚，采用双列直插式封装。

该接收器有人机对话功能，遥控或手控指令信号输入时，蜂鸣器驱动电路可以发出预先录制好的音响信号，告知空调器的工作情况，同时单片机还可以通过不同的发光二极管的发光来显示空调器的运行状态。

单片机的作用是根据内部编制好的固定程序对输入信号进行分析和判断，然后输出控制信号给执行机构，使空调器按照不同模式进行运转。单片机的内部程序还编有空调器的5种运转设定模式：①自动运转、②制冷、③除湿、④通风、⑤制热。

单片机有6种控制功能：①风门的开关与控制功能，②定时功能，③睡眠方式功能，④自动除霜访能，⑤过、欠电压报警功能，⑥3分钟延迟保护功能（保护压缩机）。

2. 信号输入电路

信号输入电路包括遥控信号输入电路和按建信号输入电路两部分，如图9-11所示。遥控输入信号由遥控接收头（X4）和R9、R8、C7组成的信号处理电路处理。处理后的信号以一串连续编码直接输入单片机的27脚，单片机依据解码程序判断出用户输入的指令，输出相应的控制信号给执行机构。

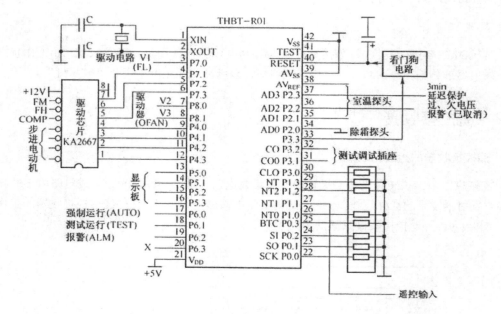

图 9-10　室内机组接收原理示意图

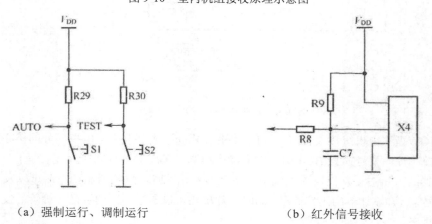

（a）强制运行、调制运行　　　　　　　　（b）红外信号接收

图 9-11　信号输入电路

同时在室内机上还设有两个手动按键S1、S2，在遥控器失灵或需要检修时，可以通过这两个键输入指令，控制和检查空调器的运行。这两个键通过机械开关的通断方式来接通单片机的零电平，使17脚或18脚的指令信号构成通路，可以提高人机对话的能力。

其中AUTO键为自动工作开关，用来控制室内和室外机组的启动和停止，按一次，空调器按自动模式运转，再按一次，则停止运转。温度设定标准为27℃，无定时控制功能。TEST键为调试键，可根据微电脑预先编好的软件程序检测系统全部工作过程。

3. 驱动电路

驱动电路如图9-12所示。驱动部分是连接单片机和空调运转件的桥梁。单片机的P4.0~P4.3口（9脚~12脚）和P7.1~P7.3口（4脚~6脚）输出的数字信号电平送至驱动器芯片，可以控制步进电动机，以及使继电器K4、K5、K1得电，从而实现对风扇、室内风机的高速、中速及压缩机开停的控制。

同时，单片机P7.0、P8.0、P8.1口（3、7、8脚）也输出数字信号电平，通过晶体管VT1、VT2、VT3分别驱动继电器K6、K2、K3，实现对室内风机的低速、四通阀、室外风机的开停控制。

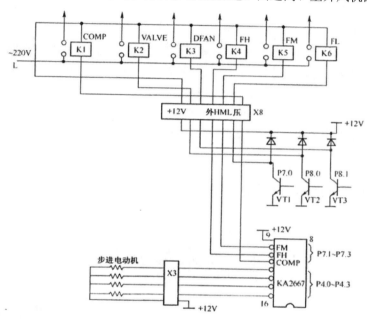

图 9-12 驱动电路示意图

4. 3分钟延迟保护电路保护压缩机

3分钟延退保护电路如图9-13所示。其工作原理如下：

当压缩机首次开机时，电容C8瞬间短路处于低电平，单片机的软件快速判断，可以迅速启动压缩机进行工作。

如果压缩机停机后再次启动，C8上的电荷还没来得及放掉，单片机判断出C8上的电位较高，故不能启动压缩机工作，C8的放电时间约为200s（3分钟左右），从而起到3分钟延迟保护作用（用于电源断电延迟保护）。

5. 抗干扰电路（看门狗电路）

KA555抗干扰模拟时基电路原理如图9-14所示。图中D4为KA555模拟/数字混合集成电路，2、6两脚为输入信号，3脚为输出信号。4、8两脚接5V电源，1脚接地，7脚为集成电路内接晶体管放电端。由于KA555的2、6脚输入端与地之间接有电容C12，而C12通过7脚充放电，其电压高低不断变化，输出端（3脚）与输入端就构成了一个多谐振荡器电路，R28为反馈电阻。

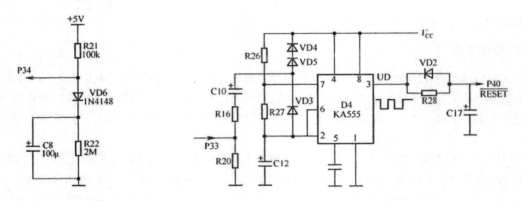

图 9-13　3分钟延时保护电路　　　　　　　图 9-14　抗干扰电路

在正常工作时，单片机的33脚定时发出脉冲信号，通过二极管VD3起到钳位作用，振荡电路不能起振。一旦遇到强干扰脉冲信号，单片机出现死机现象时，振荡电路立即起振，输出一个复位信号至单片机的6脚复位端，强行使单片机重新工作。

经过对数据的分析，单片机能输出指令，使空调器仍能按故障前的状态继续运行，大大提高了空调器的抗干扰能力。这种故障处理的过程时间极短，用户使用空调器时根本感觉不到。

6. 其他电路

除上述电路外，其还有晶体振荡器电路，过电压、欠电压保护电路，蜂鸣器电路，电源电路，除霜电路等，读者可参照原电路自行分析。

9.4　百米多键遥控

100米遥控器用于汽车、摩托车、仓库门的防盗遥控上。这种遥控器价格低廉、外观精致、耗电少、工作稳定可靠、小巧玲珑，可以像装饰品一样挂在钥匙圈上。内部电路由PT22G2-IR/2272发送/接收编码芯片及RX3310接收芯片等组成。电池用A27遥控专用12V小电池供电，发射天线采用内藏式的PCB天线，遥控手柄的防潮性能较好，适用于遥控距离100米处。

9.4.1　遥控专用集成电路

下面以遥控专用PT2262-IR/2272发送/接收芯片为例进行介绍。

PT2262-IR/PT2272是一对带地址、数据编码功能的红外遥控发射/接收集成芯片。其中发射芯片PT2262-IR将载波振荡器、编码器和发射单元集成于一身，使发射电路变得简单，使用方便。接收芯片PT2272的数据输出位根据其后缀的不同而不同，同时它的数据输出有"暂存"和"锁存"两种形式，使用时可根据不同需要来选用。

1. 分类

PT2272接收芯片的数据输出分为：后缀M的"暂存"型和后缀L的"锁存"型两种形式。其数据输出位又分为0、2、4、6位不同的输出，通常以后缀来区别。例如，PT2272-M6表示数据输出位为6位的暂存型红外遥控接收芯片。

2. 外形及引脚功能

PT2262-IR/PT2272红外遥控发射/接收芯片均为18脚双列直插塑料封装形式，其外形引脚排列如图9-15所示。相应引脚功能如表9-1和表9-2所示，电气参数如表9-3所示。图9-16给出了PT2262-IR的内部原理框图。

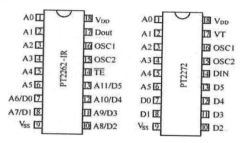

图 9-15　PT2262-IR/PT2272 引脚图

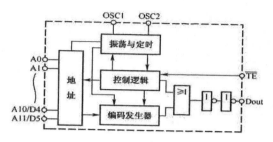

图 9-16　PT2262-IR 内部原理框图

表 9-1　PT2262-IR 引脚功能表

引脚号	符号	引脚功能
1~6	A0~A5	地址输入端，可编成"1""0""开路"三种状态
7，8，10~13	A6/D0~A11/D5	地址或数据输入端。进行地址输入时用1~6脚，进行数据输入时，可编成"1"和"0"两种状态
14	TE	发射使能端，低电平有效
15，16	OSC1，OSC2	外接振荡电阻，决定振荡时钟频率
17	Dout	数据输出端，编码由此叫串行输出
9，18	V_{SS}，V_{DD}	电源负、正输入端

表 9-2　PT2272 引脚功能表

引脚号	符号	引脚功能
1~6	A0~A5	地址输入端，要求与PT2262设定状态一样
7，8，10~13	D0~D5	数据输入端（6位），分"暂态"和"锁存"两种状态
14	DIN	脉冲编码信号输入端
15，16	OSC1，OSC2	外接振荡电阻端
17	VT	输出端，接收有效信号时，VT由低电平变为高电平，起指示作用，也可输出驱动负载
9，18	V_{SS}，V_{DD}	电源负、正输入端

表 9-3　PT2262-IR /PT2272 电气参数表

参数名称	符号	条件	最小值	典型值	最大值	极限值	单位
工作电压	V_{DD}		3		15	−0.3~+16	V
工作电流	I_{DD}	V_{DD}=12V 停振 A0~A11 开路		0.02	0.3		μA
输出驱动电流（Dout）	I_{CH}	V_{DD}=5V V_{CH}=3V	3				mA
		V_{DD}=8V V_{CH}=4V	6				
		V_{DD}=12V V_{CH}=6V	10				

（续表）

参数名称	符号	条件	最小值	典型值	最大值	极限值	单位
输出驱动电流（Dout）	I_{CL}	V_{DD}=5V V_{CL}=3V	2				mA
		V_{DD}=8V V_{CL}=4V	5				
		V_{DD}=12V V_{CL}=6V	9				
输入电压	V_1					$(-0.3)\sim(V_{DD}+0.3)$	V
输出电压	V_1					$(-0.3)\sim(V_{DD}+0.3)$	V
功耗	P_d					$300(V_{DD}=12V)$	mW
工作温度	T_{OPt}					$-20\sim+70$	℃
存储温度	T_{stg}					$-40\sim+125$	℃

9.4.2 遥控发射器

1. 遥控发射器实物外形尺寸

遥控发射器实物外形图如图9-17所示。通常外形尺寸为51mm×30mm×13mm，发射功率为10mW，工作电流为8mA，工作电压为12V，A27报警器专用电池。发射手柄上设置有4个不同图标的操纵按键SB1~SB4及一个发射指示灯。当按动发射机上的按键时，发射电路被激活而进入发射状态，发射机静态时不耗电。机内装配的电池只被用于点发射状态。用于报警设定和电器开关时，每节电池一般可用到一年以上，电池的容量为45mAh。

图 9-17 遥控发射器实物外形图

2. 发射电路

图9-18为发射器电路图。发射机内部采用进口的声表谐振器稳频，产品一致性非常好，频率稳定度极高，工作频率为315MHz，使用中无须任何调整，特别适合多发一收等无线电遥控系统使用。在本例中，与下面介绍的超再生和超外差接收器配套使用。

PT2262-IR发射芯片地址编码输入有三种状态："1""0"和"开路"，数据输入有两种状态："1"和"0"。当接通12V电源，按下操作键（如SB1），则在PT2262-IR发射芯片内经编码、振荡、定时、逻辑控制，由各地址、数据的不同状态而决定的各位编码从输出端（17脚）Dout串行输出，经三极管VT1放大，通过红外发射二极管VD1发射出红外线。需要说明的是，Dout端输出的数据信号是调制在38kHz的载波之上的，要使载波频率为38kHz，则应选择OSC1、OSC2外接振荡电阻的阻值，使振荡频率为载波频率的2倍即可。一般此电阻在430~470kΩ选取。

PT2262-IR编码波形图如图9-19所示。

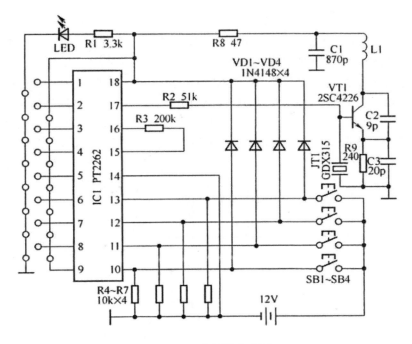

图 9-18　发射器电路图

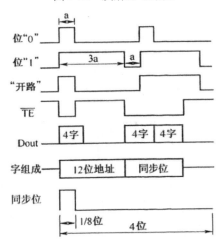

图 9-19　PT2262-IR 编码波形图

9.4.3　遥控接收器

遥控接收器分为超再生接收器和超外差接收器两种。

1. 超再生接收器

超再生接收器具有电路简单、成本低廉的优点。所以被广泛采用。

1) PT2272 接收模块测试

图9-20为接收模块测试电路，为了确保遥控模块工作正常，可以在接收模块的V_CC和GND端加

一个5~6V的直流电压，也可以通78L05三端稳压芯片稳压获得5V直流稳压电压，在10、11、12、13、17端分别对地接一个发光二极管（发光二极管负极接地），这里提供的遥控模块的接收机都是锁存型的，也就是说能够保持遥控信号的瞬间状态，假设按动发射机的SB1键时，与其对应11端的LED即可发光，松开发射机的SB1按键，11端的LED仍然点亮处于自保持状态（锁存），直到按动其他的按键（如S2B键）时，11端处的LED熄灭而12端处的LED点亮。17端是解码有效输出端，不论按动发射机的哪一个按键，只要解码成功，则17端变成高电平，直到发射机停止发射。我们可以利用17端配合10、11、12、13端使遥控模块具有非锁存的功能，可用于遥控一个电路的开和关或一盏灯的亮与灭。

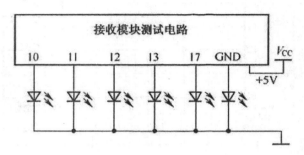

图 9-20　接收模块测试电路

2）超再生接收电路

超再生接收电路如图9-21所示。超再生接收模块有7个引出端，分别为10、11、12、13、GND、17和V_{CC}，其中V_{CC}为5V供电端，GND为接地端，17端为解码有效输出端，10、11、12、13是解码芯片PT2272（SC2272）集成电路的10~13脚，为4位数据锁存输出端，有信号时能输出5V左右的高电平，驱动电流约2mA，与发射器上的4个按键一一对应。

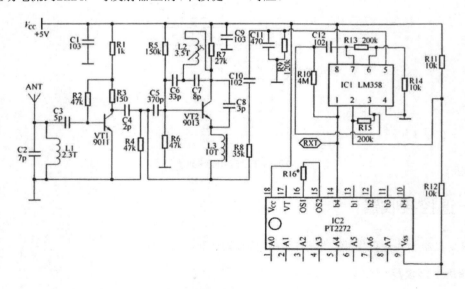

图 9-21　超再生接收电路图

接通5V电源，接收电路处于待机状态，当接收到发射器发出的遥控信号时，经L2、C2选频，VT1、VT2、LM358等放大、整形、编码、解码处理后，送到PT2272红外接收芯片，进行"暂存"

功能处理，使发射端信号消失时，PT2272对应的数据位输出变成低电平；或"锁存"功能处理使发射端信号消失时，PT2272的数据位输出保持原来的状态，直至再次接收到新的信号输入。最后由PT2272输出端（17端为有效解码输出端）通过各种接口电路去控制相应的负载。

图9-21中，PT2272的17脚为有效接收状态指示，10~13脚为解码后的4个数据脚，1~8脚为三态（VSS、VDD、空）编码脚，LM358的1脚（RXT）输出的是解码后的方波信号。

3）调试使用注意事项

（1）天线输入端有选频电路，而不依赖1/4波长天线的选频作用，控制距离较近时可以剪短甚至去掉外接天线。

（2）接收电路自身辐射极小，加上电路模块背面网状接地铜箔的屏蔽作用，可以减少自身振荡的泄漏和外界干扰信号的侵入。

（3）接收机采用高精度带骨架的铜芯电感将频率调整到315MHz后封固，这与采用可调电容调整接收频率的电路相比，温度、湿度稳定性及抗机械振动性能都有极大改善。可调电容调整精度较低，只有3/4圈的调整范围，而可调电感可以做到多圈调整。可调电容调整完毕后无法封固，因为无论是导体还是绝缘体，各种介质的靠近或侵入都会使电容的容量发生变化，进而影响接收频率。另外，未经封固的可调电容在受到振动时定片和动片之间会发生位移，温度变化时热胀冷缩会使定片和动片间的距离改变，湿度变化因介质变化改变容量，长期工作在潮湿环境中还会因定片和动片的氧化改变容量，这些都会严重影响接收频率的稳定性，而采用可调电感就可以解决这些问题，因为电感可以在调整完毕后进行。

2. 超外差接收器

超外差接收器除采用PT2272外，还采用RX3310A高性能无线遥控及数据传输专用集成电路，316.8MHz的声表谐振器，工作稳定可靠，适合比较恶劣的环境下全天候工作。

1）RX3310A 集成电路介绍

RX3310A是中国台湾HMARK公司生产的专门用于幅度键控ASK调制的无线遥控及数据传输信号的接收集成电路，内含低噪音高频放大、混频器、本机振荡、中频放大器、中频滤波器、比较器等，为一次变频超外差电路，双列18脚宽体贴片封装，技术指标如下：

工作频率：150~450MHz。

工作电压：2.7~6V。

工作电流：2.6mA（3V电源时）。

接收灵敏度：105dBM（1K数据速率且天线匹配时）。

最高数据速率：9.6kbit/s。

RX3310A内部结构如图9-22所示，其引脚功能如表9-4所示。

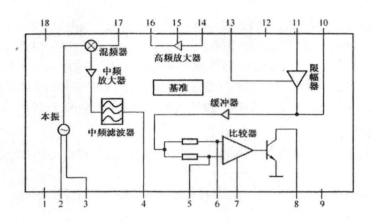

图 9-22   RX3310A 内部结构图

表 9-4   RX3310A 引脚功能

引脚号	引脚功能	引脚号	引脚功能	引脚号	引脚功能
1，2	本振回路	8	数据输出	14	高放输入
3	滤波器输出	9	休眠控制	15	高放专用地
4	比较器输入 A	10	比较器输入 C	16	高放输出
5	比较器输入 B	11	限幅放大器输入	17	混频输入
6	比较器校准	12	限幅放大器反馈输入	18	电源
7	地	13	限幅放大器反馈输出		

2）电路原理分析

超外差接收电路如图9-23所示。从外接天线接收的信号经C10耦合到L2、C11组成的选频网络进行阻抗变换后，输入RX3310的内部高频放大器输入端14脚，经芯片内的高频放大后（增益为15~20dB）的信号再经混频器与本机振荡信号（316.8MHz）混频，产生1.8MHz的中频信号，此中频信号经内部中频放大后由3脚输出，再进入比较器放大整形，最后数据从8脚输出。

超外差接收机对天线的阻抗匹配要求较高，要求外接天线的阻抗必须是50Ω的，否则对接收灵敏度有很大的影响，所以如果用1/4波长的普通导线时应为23cm最佳，要尽可能减少天线根部到发射模块天线焊接处的引线长度，如果无法减小，可以用特性阻抗50Ω的射频同轴电缆连接（天线焊接地焊点）。

超外差接收板通常左侧的ANT是天线端，旁边的GND为天线地端，最好能配接特性阻抗为50Ω的天线，也可以用一根30cm长的导线直接接到ANT端代替天线。

四路遥控接收器的遥控接收板与图9-21的发射器配合进行遥控发射与接收。接收板上有4个大电流继电器，对应发射机的4个按键，动作的逻辑关系是锁存方式，也就是说，按下发射机的一个按键，比如A，对应接收板键的A继电器就吸合，松开按键，A继电器仍然保持吸合，直到下次按动B、C、D中的任意一个按键时，B、C、D中的对应继电器吸合，而A继电器释放，也就是说接收板能记忆上次遥控的状态，并且能够自锁保持，直到接收到下次的遥控指令时才改变继电器的状态。

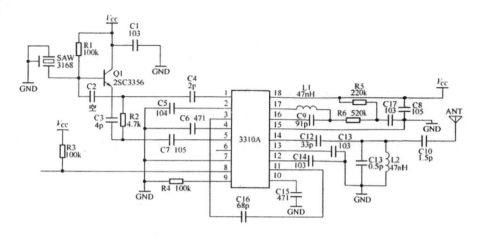

图 9-23　超外差接收电路

　　每个继电器都有一个对应的红色发光二极管指示它的工作状态，电路板上右下角的两个接线柱是12V直流电源输入端，左"+"右"-"，每个继电器都有一个对应的三位接线柱，是一组常开转常闭的触点，中间为公共端，左侧为常开，右侧为常闭，板上PCB面都有详细标注。

　　用于遥控一些需要点动实现四路遥控的场合，比如遥控电动门的开和关，一些用轻触开关控制的场合，如家用电器上的音量增加、减小按键，频道增加、减小按键。

　　在相同的条件下，非锁存的接收板的遥控距离远远小于锁存型的遥控距离，有时只有锁存型的一半甚至还不到，并且继电器有吸合不稳定的现象，这是因在非锁存状态遥控信号需要每秒同步30次左右，当继电器控制的负载是电机或者其他容易产生干扰的设备时，设备本身通电后产生的干扰会使遥控信号中断，从而使继电器工作在一种跳跃的不稳定状态。

　　四路带继电器的遥控接收板采用L4的解码芯片，通过将17脚输出的信号做一个0.5s左右的延时展宽，使遥控输出信号更加稳定。当然，这是以牺牲遥控实时性为代价换取的遥控稳定，在开发遥控大门的产品时就是采用这种办法，使遥控更远、更稳定，实践证明0.5s的滞后延时不会影响操作。

9.5　光磁摸合体遥控

　　光磁摸合体遥控器是集光控、磁控和触摸控制为一体的照明开关控制电路，即三种控制方式均可分别控制同一盏灯。本电路可用于控制家庭、楼道、公共场所的节能灯，也可用于控制其他负载以及往复运动机械限位自动控制等。

9.5.1　电路的工作原理

　　本电路由交流电源、变压、整流、滤波、三端稳压、光控、磁控、触摸控制、NE555转换电路及负载等部分组成，如图9-24所示。

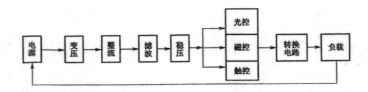

图 9-24　电路组成框图

图9-25为集"三种控制方式"为一体的节电开关电路原理图。通电后该开关处于守候状态，IC（NE555）输出低电平，继电器K无电，HL不亮。

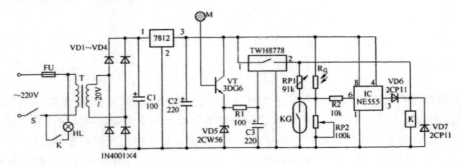

图 9-25　电路原理图

1. 光控原理

R_G为光敏电阻，在强光线照射下，呈低电阻，光电流大，经R4使NE555的6脚为高电平，约7.8V，3脚为低电平，则灯不亮。无光照时（夜晚），光敏电阻R_G暗阻很大，暗电流很小，使NG555 6脚为低电平，约1.8V左右，则3脚为高电平，K有电，则串在T原边上的常开触点K接通使HL亮。

2. 磁控原理

磁控电路采用磁簧管，受到磁力的作用，弹簧片吸合，短接RP2，使NE555的6脚为低电平，约1.2V左右，则输出端3脚为高电平而导通，使继电器K线圈有电，常开接点K接通电灯电源，HL亮。

3. 触摸式控制原理

人体所发出的电信号频率范围为0~5kHz，输出电压为微伏至毫伏级，是一个很弱的电压。经示波器观察，还有多种谐波成分。人用手触摸金属片M时，相当于给VT基极提供一个信号，经电流放大后，送到TWH8778大功率驱动开关集成电路，使NE555的6脚为低电平，则3脚为高电平，以后工作状态同前。所以日常使用时，用手一摸即亮，也可以用于报警。

9.5.2　元件选择及装调

1. 元件选择

变压器为T200V/20V，K选用JRX-13F小型继电器，直流电压12V，其他元件如图9-25所示。

2. 制作与调试

根据图9-25的电路原理图，市场购行列式印制板按照原理图一一对应顺序焊接元件，将变压器固定在机壳底板上。电源开关S，金属圆片M，光敏电阻、干簧管KG，固定在前面板上。保险管固定在后面板上，电源进线接灯泡出线，均从后面板上打孔引入或引出。

本电路只要元件质量合格，焊接无误，一般都能正常工作。调试时，先接通电源开关S，分别对三个开关电路进行操作，用万用表测量各关键点电压，有条件可用示波器观察各点波形。调整RP值即可改变延时时间。

9.6 桥梁及粮仓监测

9.6.1 桥梁健康检测及监测

桥梁结构健康监测（SHM）是一种基于传感器的主动防御型方法，在十分重要的结构中可以弥补安全性能，把传感器网络安置到桥梁、建筑和飞机中，利用传感器进行SHM是一种可靠且不昂贵的做法，可以在第一时间检测到缺陷的形成。这种网络可以提早向维修人员报告在关键结构中出现的缺陷，从而避免灾难性事故。

桥梁结构健康监测系统如图9-26所示。图9-26（a）为桥梁结构健康监测点，其中包括振动监测、应力监测、沉降监测、索力监测、GPS位移监测等。图9-26（b）为桥梁结构健康监测系统，其中包括传感器无线数据收发器、倾角传感器、位移传感器、应变传感器、扰度沉降测试仪、无线数据中继收发器（接电脑端）、笔记本电脑等。

（a）桥梁结构健康监测

图 9-26 无线桥梁健康检测及监测示意图

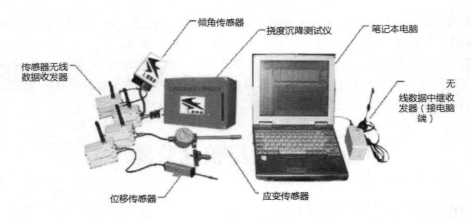

（b）监测系统

图 9-26 无线桥梁健康检测及监测示意图（续）

9.6.2 粮仓温湿度监测

无线传感器网络技术在粮库粮仓温湿度监测领域应用最为普遍。

这是由于粮库内的粮食在存储期间，由于环境、气候和通风条件等因素的变化，粮仓内的温度或湿度会发生异常，这极易造成粮食的腐烂或发生虫害。同时，粮仓中粮食的储存质量还受到粮仓粮食的温度中的气体、微生物以及虫害等因素的影响。

针对粮食存储的特殊性，粮仓监控系统一般以粮仓和粮食的温度与湿度为主要检查参数，粮仓内的气体成分含量为辅助参数。

粮仓温湿监控系统的设备、参数等如表9-5所示。由网络型温湿控制器（粮仓温湿度传感器专用）、通信转换模块、声光报警器控制器、声光报警器、计算机和系统监控软件组成。

表 9-5 粮仓温湿监测系统设备、参数表

名　称	组　成	参　数	用　途
网络型温湿度控制器	必选	1. 供电：12VDC 2. 量程：温度：−20~+60℃ 　　　　湿度：0~100%RH 3. 准确度：湿度±3%RH 　　　　温度±0.5℃ 4. 输出：RS485（标准 Modus 协议） 　　　　三路继电器输出 5. 安装：螺丝固定墙面	1. 采集环境监测点 2. 通过 RS485 总线传给上位机 3. 三路继电器输出，可以控制调节监测点的温湿度和通风
声光报警器控制器	可选	1. 供电：12VDC 2. 输出：RS485（标准 Modus 协议） 　　　　一路继电器输出 3. 安装：螺丝固定墙面	接受计算机 RS485 的报警信号，控制声光报警器
通信转换模块	必选	采用隔离型，高速隔离 RS485/RS232 转换器	RS485 信号转换为 RS232 信号

（续表）

名　称	组成	参　数	用　途
系统监控软件	必选	1. 环境监控软件，用于采集、控制、记录、查询	系统整体监控
	可选	2. 具备自动和手动（应急）控制功能	
		3. 可接入 LED 显示大屏幕	
计算机	可选	客户自己的需求来配置	
	可选	14 寸触摸屏（配套专业的监控软件）	
电话报警器	可选	1. DC12V（可外接 220V 电源适配器）可录制 10 秒报警语音内容 2. 可预置 10 组报警电话号码 3. 按接警电话机上的"#"键可远程遥控主机停止报警，返回布防状态	系统内任何监测点，超过设定点，将打电话给预设的电话号码

在本系统中，温湿度检测点主要为仓库内环境的温湿度值和粮食的温湿度值，分布在各个测点的温湿度控制器，将采集到的温度和湿度信息进行处理，利用 Rs485 总线将温湿度信息送给 485 转 232 的转换器，接到上位计算机服务器上进行显示、报警、查询。

监控中心将收到的采样数据以表格形式显示和存储，然后将其与设定的报警值相比较，若实测值超出设定范围，则通过屏幕显示报警或语音报警，并打印记录。与此同时，监控中心可向现场监测仪发出控制命令，监测仪根据指令控制空调器、吹风机、除湿机等设备进行降温除湿，以保证粮食存储质量。监控中心也可以通过报警指令启动现场监测仪上的声光报警装置，通知粮食仓库人员采取相应措施确保粮食存储安全。

本系统可以根据客户要求，现场使用监测仪采集粮仓粮情的更多参数，如粮食温度、仓库温度、相对湿度、粮食水分、粮仓内的二氧化碳和硫化氢气体含量等，监测点可以根据用户的要求组成 10~300 个监测点的 Rs485（见图 9-27）网络。

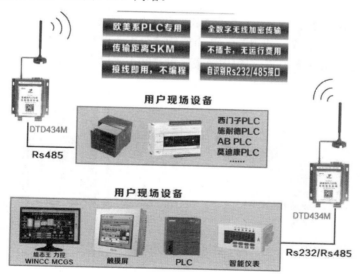

图 9-27　自识别 Rs232/Rs485 系统

粮仓温湿度监测软件部分要求：

（1）软件可以设定采集数据的时间间隔，从几分钟到几小时。

（2）可以实时监测所有监测点的温度和湿度。

（3）可以设定每路温度和湿度的上下限，条件超限相应的点有上光指示，同时计算机的PC喇叭发出滴滴的声音，也可以通过声光报警器控制器打开声光报警器，也可以电话报警。

（4）可以浏览、查询和保存历史数据。

另一个粮仓温湿度监测系统如图9-28所示。

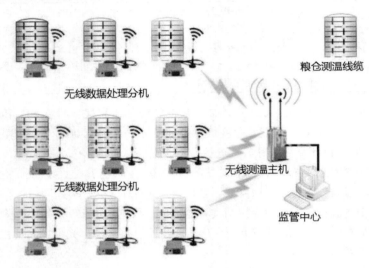

图 9-28　粮仓温湿度监测系统示意图

1. 系统特点

1台测控主机最多可带255台分机，20000多个测温点。测控分机的直线通信距离可达3km，通过中继路由可在10km以内的库区使用。无线/有线测控分机路由级数最多可达9级。

1台分机最多可带990个测温点，1组电缆最多可带80个测温点。其粮情测控系统的硬件展示如图9-29所示。

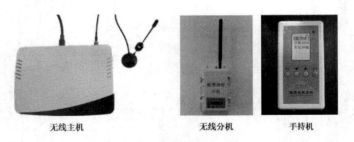

图 9-29　粮情测控系统的硬件示意图

2. 配件指标

1）粮温传感器（测温芯片 DS18B20）

温度量程：−55℃~+125℃。

温度误差：±0.5℃。

2）温湿度传感器

工作温度：-40℃~+80℃。

湿度量程：0~99.9%RH。

湿度误差：±2%RH。

温度量程：-40℃~+80℃。

温度误差：±0.3℃。

9.7　其他监测

9.7.1　混凝土浇灌温度监测

无线混凝土浇灌温度监测是在混凝土施工过程中，将数字温度传感器装入导热良好的金属套管内，可保证传感器对混凝土温度变化做出迅速的反应。每个温度监测金属管接入一个无线温度节点，整个现场的无线温度节点通过无线网络传输到施工监控中心，不需要在施工现场布放长电缆，安装布放方便，能够有效解决温度测量点因为施工人员损坏电缆造成的成活率较低的问题。

9.7.2　地震监测

无线地震监测是通过使用由大量互连的微型传感器节点组成的传感器网络对不同环境进行不间断的高精度数据搜集。采用低功耗的无线通信模块和无线通信协议，使传感器网络的生命期延续很长时间，保证了传感器网络的实用性。

无线传感器网络相对于传统的网络，其最明显的特色可以用6个字来概括，即"自组织，自愈合"。这些特点使得无线传感器网络能够适应复杂多变的环境，去监测人力难以到达的恶劣环境地区。BeeTech无线传感器网络节点体积小巧，不需要现场拉线供电，非常方便在应急情况下进行灵活部署监测并预测地质灾害的发生情况。

9.7.3　建筑物振动检测

无线建筑物振动检测是指建筑物悬臂部分不会因为旁边公路及地铁交通所引发的振动而超过舒适度的要求，通过现场测量，收集数据以验证由公路及地铁交通所引发的振动与主楼悬臂振动的相互关系，同时，通过模态分析得到主楼结构在小振幅脉动振动工况下前几阶振动模态的阻尼比，为将来进行结构的小振幅动力分析提供关键数据。

本检测应用采用高精度加速度传感器捕捉大型结构的微弱振动，同样适用于风载，车辆等引起的脉动测量。

9.7.4　无线抽水泵系统

如图9-30所示的无线抽水泵系统由水泵控制终端（断路器、GSM远程控制主机、交流接触器、负载水泵）、液位探测终端（GSM水位探测主机、液位探测开关）组成。手机远程控制检测图终端状态。

如图9-31所示的无线抽水泵系统由断路器、交流接触器、负载水泵、手动（启动停止）开关、无线收发器组成。

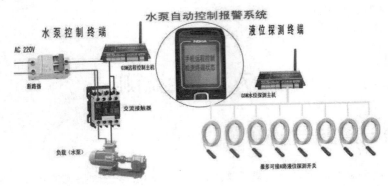

图 9-30　无线抽水泵系统示意图 1

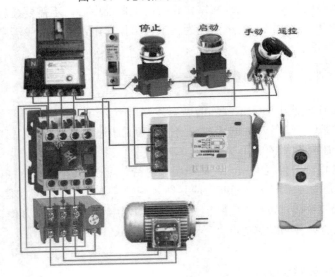

图 9-31　无线抽水泵系统示意图 2

9.7.5　无线模拟量与开关量检测

1. 无线模拟量

无线模拟量检测方案如图9-32所示，特点是无线传输5km，采集压力传感器、温度传感器、液位传感器的4~20mA模拟量信号，通过4A1发送设备发出，由4A0接收设备接收，然后分别传输到PLC器、智能仪表、无纸记录仪。

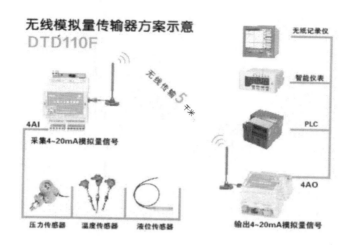

图 9-32 无线模拟量检测方案示意图

2. 无线开关量

无线开关量检测方案如图9-33所示，特点是无线传输20千米，采集按钮开关、浮球开关、继电器开关、普通开关、PLC开关的开关量信号，通过发送器发出，由开关信号接收器接收，然后分别传输到电磁阀、智能仪表、PLC器、无纸记录仪、报警灯。

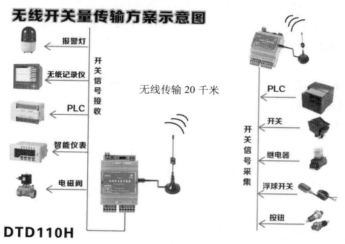

图 9-33 无线开关量检测方案示意图

9.7.6 主从站多种信号检测

主从站多种信号检测如图9-34所示，特点是可对力、热、声、光、电参数进行实时检测。

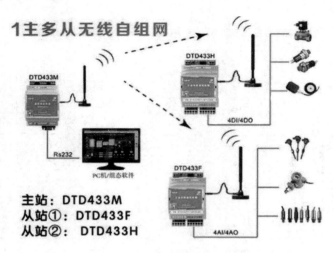

图 9-34 主从站多种信号检测示意图

9.8 小 结

1. 本章介绍了可与通信卫星相连的、常用的、典型应用实例：住宅安防系统、水电红外智能遥控、微电脑红外空调遥控、百米多键遥控、光磁摸合体遥控、桥梁健康与粮仓温湿度监测、混凝土浇灌温度监测、地震建筑物振动检测、无线抽水泵系统、无线模拟量与开关量检测、主从站多种信号检测。

2. 在上述11个典型的应用实例中，介绍了最主要、最核心、最关键、最重要的内容——"电路的组成及特点"技术细节，供读者参考、借鉴。

3. 在典型应用实例中，介绍了电路元器件的选择、安装方法、技巧与注意事项。

9.9 习 题

1. 本章介绍的无线传感器的典型应用有哪些？
2. 无线传感器在工程检测应用中有什么方法与技巧？
3. 无线传感器在工程检测应用中要注意什么问题？

无线遥控专用集成器件型号

1. 红外线遥控集成电路

（1）YN5101/5201多路红外遥控编码/解码器

（2）YN5103-IR/5203多路红外遥控编码/译码器

（3）YN5048多路红外遥控发射器

（4）YN5049/5050多路红外遥控接收器

（5）PT2262-IR/PT2272红外遥控发射/接收集成电路

（6）LC93.01/9305红外遥控发射/接收集成电路

（7）SFH506-38/RPM-638CBR新型红外遥控接收模块

（8）BTH-801F/801J红外遥控发射/接收模块

（9）TM703/702九功能红外遥控发射/接收集成电路

（10）BA5104/5204红外遥控发射/接收集成电路

（11）PFS-4091高灵敏度红外接收器件

（12）HF-15/HJ-15高灵敏度、远距离红外遥控发射接收组件

（13）BL20106红外线接收前置放大集成电路

（14）LS-18红外感应式遥控开关模块

（15）LS-2红外感应式遥控开关模块

（16）TC9012F红外编码发射器

2. 无线电遥控集成电路

（1）KIA6933S/6957P射频遥控发射/接收电路

（2）F03/J02微型调频发射/接收模块

（3）M303S/303R微型射频遥控发射/接收模块

（4）KD704/705射频遥控专用集成电路

（5）TM701/702射频遥控发射/接收集成电路

（6）RX5019/5020无线遥控发射/接收组件

（7）YN5103/5203多路射频遥控编码/译码集成电路

（8）KPSG-11F0/KPSG-11J0单片无线电遥控发射/接收模块

（9）TWH9236/9238微型无线电遥控组件

（10）TDC1808/1809射频无线遥控发射/接收模块

（11）LM1871/1872无线电遥控发射/接收电路

（12）MC2831无线电发射专用集成电路

（13）MC2833无线电发射专用集成电路

（14）MC3373无线电接收专用集成电路

3. 超声波遥控器件

（1）T/R-40-XX系列通用型超声波发射/接收传感器

（2）MA40ETS/EIR密封式超声波发射/接收传感器

（3）UCM-40-T/R超声波发射/接收传感器

（4）NYKO超声波发射专用集成电路

（5）LM1812超声波遥控专用集成电路

4. 可采用多种传媒介质的遥控器件

（1）Q.UM3758-108A/AM新型单片编码/解码电路

（2）MC145026/145027多路遥控编码/译码电路

（3）ED5026/5027遥控编码/译码电路

（4）KD-12E/KD-12D (F)遥控编码/译码电路

（5）LC219/LC220A通用遥控发射/接收电路

（6）LC2190/LC2200通用遥控编码发射/接收电路

（7）ZH8901多路遥控编码/译码电路

5. 语音集成电路

（1）语音合成芯片UM5101

（2）语音合成芯片UM5100

（3）语音合成芯片UM93520A/B

（4）语音合成芯片T6668

（5）语音合成芯片TC8830AF

（6）语音合成芯片YYH40..

（7）语言录放电路ISD2590

（8）语言录放电路ISD1000A

（9）智能型录放芯片HY18A和HY18B

（10）语言处理组件S-12

（11）语音合成芯片VP-1000

（12）语音合成芯片VP-1410

（13）语音合成芯片VP-2500/2505/2508

（14）可编程语音芯片IVR1061

（15）语音合成芯片YYH402

（16）语音合成芯片SR9F26C

（17）语音合成芯片KS5917

（18）语音合成芯片YYH16

（19）语音合成芯片HY-20A

（20）语音处理器VTV001B

（21）语音合成芯片D-16

数字集成块与三端稳压集成块参数

1. 数字集成块

各类常用数字集成电路的主要性能参数如表B-1所示。

表 B-1　各类数字集成电路主要性能参数比较表

电路种类		电源电压（V）	传输延迟时间(ns)	静态功耗（mW）	功耗一延迟积（pj）	直流噪声容限		输出逻辑摆幅（V）
						最小值	最大值	
TTL	T1000 系列	+5	10	15	150	1.2	2.2	3.5
	T4000 系列	+5	7.5	2	15	0.4	0.5	3.5
HTL		+15	85	30	2550	7	7.5	13
ECL	CE10K 系列	−5.2	2	2	50	0.125	0.155	0.8
	CE100K 系列	−4.5	0.75	40	30	0.130	0.135	0.8
I^2L		+0.8	20	$0.01×10^{-3}$	$0.01×10^{-3}$	0.1	0.1	0.6
CMOS	$V_{DD}=+5V$	+5	45	$5×10^{-3}$	$225×10^{-3}$	2.2	3.4	5
	$V_{DD}=+15V$	+15	12	$15×10^{-3}$	$180×10^{-3}$	6.5	9.0	15
高速 CMOS		+5	8	$1×10^{-3}$	$8×10^{-3}$	1.0	1.5	5

2. 三端稳压集成电路参数

三端稳压集成电路参数包括表B-2所示的三端稳压固定参数表、表B-3所示的K系列三端开关稳压器参数表、表B-4所示的LM系列可调电压参数表。

表 B-2　三端稳压固定参数表

型号	7805	7812	7815	7818	7824	7905	7912	7915
输入电压（V）	10	19	23	26	33	−10	−19	−23
输出电压（V）	5	12	15	18	24	−5	−12	−15
静态电流（mA）	8	8	8	8	8	2	2	3
短路电流（A）	2.2	2.2	2.1	2.1	2.1	2.5	2.5	2.2
压差（V）	2	2	2	2	2	2	2	2

表 B-3　K 系列三端开关稳压器参数表

最高输入电压（V）	40	输出电压纹波	100mV（峰峰值）
最低输入电压（V）	3	工作效率	80%
最大输出电流（mA）	500	工作温度	0℃~70℃
静态耗电量（mA）	30	外形尺寸（cm）	1.2×2.2×3.2
开关频率（kHz）	100		

表 B-4　LM 系列可调电压参数表

器件型号	最大输入电压	输出功率	负载电流	器件型号	最大输入电压	输出功率	负载电流
LM117		20W	1.5a	LM317T		1.5W	1.5A
LM217		2W	0.5a	LM317M		7.5W	1.3A
LM317	40V	2W	0.5A				

SS0001 遥控通用传感器参数

SS0001遥控通用传感器参数，如表C-1所示。

表 C-1　SS0001 遥控通用传感器参数表

参数名称	参数符号	测试条件	参 数 值		单 位
			最 小 值	最 大 值	
工作电压范围	U_{DD}		3	6	V
工作电流	I_{DD}	输出空载 U_{DD}=3V, 5V		50	μA
输入失调电压	U_{OS}	U_{DD}=5V		100	mA
输入失调电流	I_{OS}	U_{DD}=5V		50	μA
开环电压增益	A_{VO}	U_{DD}=5V，R_L=1.5M	60		dB
共模拟制比	CMRR	U_{DD}=5V，R_L=1.5M	60		dB
运放输出高电平	U_{rR}	U_{DD}=5V，R_L=500kΩ，接 1/2 U_{DD}	4.25		V
运放输出低电平	U_{rL}			0.75	V
U_C 端输入高电平	U_{RH}	$U_{RF}= U_{DD}$=5V	1.1		V
U_C 端输入低电平	U_{RL}			0.9	V
U_C 端输出高电平	U_{OH}	U_{DD}=5V，I_{OH}=0.5mA	4		V
U_C 端输出低电平	U_{OL}	U_{DD}=5V，I_{OL}=0.1mA		0.4	V
A 端输入高电平	U_{AH}	U_{DD}=5V	3.5		V
A 端输入低电平	U_{AL}	U_{DD}=5V		1.5	V

附录 D

CC2530 芯片简介

1. 芯片内部框架结构

CC2530芯片内部框架结构如图D-1所示。

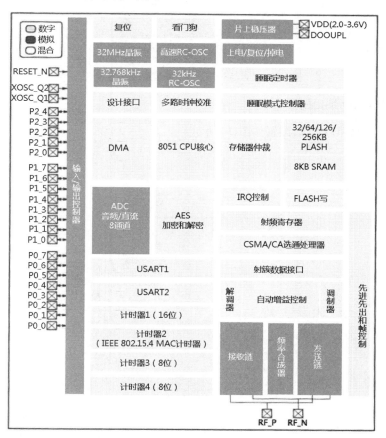

图 D-1　CC2530 芯片内部框架结构

2. 芯片内部框架结构电路图

CC2530芯片内部框架结构电路图如图D-2所示。

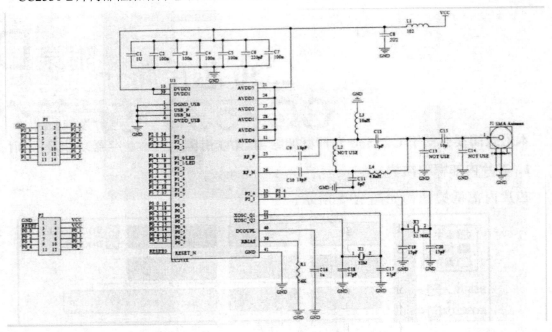

图 D-2　CC2530 芯片内部框架结构电路图

3. 芯片引脚和 I/O 端口配置

CC2530芯片引脚和I/O端口配置如图D-3所示。

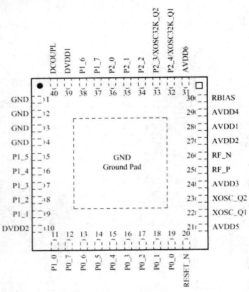

图 D-3　CC2530 芯片引脚和 I/O 端口配置

参考文献

[1] 张洪润，邓洪敏，郭竞谦，黄爱明. 传感器原理及应用（第二版）. 北京：清华大学出版社，2021.12.

[2] 张洪润. 传感器技术大全（上、中、下册）. 北京：北京航空航天大学出版社，2007.10.1.

[3] Yue Sun,Hongrun Zhang.Diagnoses of coaxial probesin shock compression[J]，REVIEW OF S-CIENTIFIC INSTRUMENTS. 80,063902,2009.

[4] Jinhong Li, Hongrun Zhang, Baida Lu. Partially coherent vortex beams propagating through slant atmospheric turbulence and coherence vortex evolution[J],Optics & Laser Technology. 41(8),907,2009.

[5] 张洪润，张亚凡. 传感技术与应用教程（第2版）. 北京：清华大学出版社，2005.4.1.

[6] 张洪润，傅瑾新. 传感器应用电路200例. 北京：北京航空航天大学出版社，2006.8.1.

[7] 张洪润，张亚凡. 传感技术与实验（传感器件外形、标定与实验）. 北京：清华大学出版社，2005.8.11.

[8] 张洪润，傅瑾新. 传感器应用设计300例（上、下册）. 北京：北京航空航天大学出版社，2010.9.

[9] 张洪润. 电子器件原理及应用（元器件外形特征、模拟与数字电路实验）. 北京：科学出版社，2009.4.

[10] 张洪润，金伟萍，关怀. 自动控制技术与工程应用. 北京：清华大学出版社，2013.10.

[11] 张洪润，金伟萍，关怀. 电工电子技术. 北京：清华大学出版社，2013.10.1.

[12] 张洪润，张亚凡，FPGA/CPLD应用设计200例（上、下册）. 北京：北京航空航天大学出版社，2009.1.

[13] 张洪润. 单片机应用技术教程（第3版）. 北京：清华大学出版社，2009.2.1.

[14] 张洪润，廖勇明，王德超. 模拟电路与数字电路. 北京：清华大学出版社，2009.1.

[15] 张洪润. 智能技术（系统设计与开发）. 北京：北京航空航天大学出版社，2007.

[16] 张洪润，刘秀英，张亚凡. 单片机应用设计200例（上、下册）. 北京：北京航空航天大学出版社，2006.7.1.

[17] 张洪润，马平安. 电子线路及应用. 北京：科学出版社，2003.1.1.

[18] 张洪润. 电子线路与电子技术-模拟电路与数字电路. 北京：科学出版社，2003.1.

[19] 百科. 无线传感器. https://baike.so.com/doc/6928005-7150213.html.

[20] 彭力. 无线传感器网络原理与应用. 西安：西安电子科技大学出版社，2014.1.

[21] 曾园园. 无线传感器网络技术与应用. 北京：清华大学出版社，2014.2.

[22] 张蕾. 无线传感器网络技术与应用. 北京：机械工业出版社，2020.1.

[23] 沈玉龙等. 无线传感器网络安全技术概论. 北京：人民邮电出版社，2010.2.

[24] 吕泉. 现代传感器原理及应用. 北京：清华大学出版社，2006.6.

[25] 森村正真，山奇弘郎[日]. 传感器工程学. 孙宝元译. 大连：大连工学院出版社，1988.

[26] H.K.P.纽伯特. 仪器传感器. 中国计量科学院等译. 北京：科学出版社，1985.

[27] 吕泉. 现代传感器原理及应用. 北京：清华大学出版社，2006.6.

[28] 森村正真，山奇弘郎[日]. 传感器工程学. 孙宝元译. 大连：大连工学院出版社，1988.

[29] H.K.P.纽伯特. 仪器传感器，中国计量科学院等译. 北京：科学出版社，1985.

[30] 王东. 基于无线传感器网络的分布式跟踪算法[D]. 沈阳：东北大学，2009.

[31] 刘海涛等. 物联网技术应用. 北京：机械工业出版社，2011.

[32] 张洪润等. 托盘式抗侧向力传感器. 中国专利：CN90212461.7，1990.3.

[33] 范波. 无线传感器网络安全的关键技术[J].建筑工程技术与设计，2018，(30):3397.

[34] 袁梦鑫. 浅谈无线传感器网络安全及策略[J].科教导刊-电子版，2018，(11):274.

[35] 范波. 无线传感器网络入侵检测分析[J].建筑工程技术与设计，2018，(32):4157.

[36] 唐明双. 无线传感器网络应用技术综述[J].科技资讯，2018，16(36):42-43.

[37] M. A. Rassam, M. A. Maarof, and A. Zainal, "A survey of intrusion detection schemes in wireless sensor networks," American Journal of Applied Sciences, vol.9, no.10, pp.1636–1652, 2012.